UG NX-CAD/CAM 技术应用

主　编　龚　璇　陈铁友　吕　洋（企业）
副主编　杨宝林　冯倩文　尹文静
主　审　陶维利

北京理工大学出版社
BEIJING INSTITUTE OF TECHNOLOGY PRESS

内容提要

本书聚焦智能设计与制造岗位，融合国家数控技术专业教学标准，融入“1+X数控多轴加工”中级技能等级证书标准，结合数控加工技能大赛要求，紧紧围绕企业生产中的三维模型设计、装配与仿真、工程图绘制、数控加工等典型岗位真实任务而编写。

本书分为项目学习和知识附录两大模块，项目学习模块具体为8个项目23个任务，每个任务包括任务描述、学习目标、知识储备、任务实施、任务总结、任务拓展、考核评价7个部分。每个任务实施配备视频资源，通过扫描二维码可辅助学习。知识附录包括8个章节、33个常用知识点，支持项目模块的学习。

本书建有配套的省级在线精品课程（https://www.xueyinonline.com/detail/233745956），提供了开阔的线上学习空间，具备极强的实践性，可作为装备制造业类相关专业的教材，也可作为企业工程技术人员的培训用书。

图书在版编目（CIP）数据

UG NX-CAD/CAM技术应用 / 龚璇，陈铁友，吕洋主编. -- 北京：北京理工大学出版社，2023.12

ISBN 978-7-5763-3246-9

Ⅰ.①U… Ⅱ.①龚… ②陈… ③吕… Ⅲ.①计算机辅助设计—应用软件 Ⅳ.①TP391.72

中国国家版本馆CIP数据核字（2023）第255492号

责任编辑： 王卓然　　**文案编辑：** 王卓然
责任校对： 周瑞红　　**责任印制：** 李志强

出版发行 / 北京理工大学出版社有限责任公司
社　　址 / 北京市丰台区四合庄路6号
邮　　编 / 100070
电　　话 / (010) 68914026（教材售后服务热线）
(010) 68944437（课件资源服务热线）
网　　址 / http://www.bitpress.com.cn

版 印 次 / 2023年12月第1版第1次印刷
印　　刷 / 河北鑫彩博图印刷有限公司
开　　本 / 787 mm×1092 mm　1/16
印　　张 / 20.5
字　　数 / 481千字
定　　价 / 89.90元

前言

制造业是我国经济发展的命脉所系，推进制造业现代化是实现中国式现代化至关重要的内容之一。党的二十大报告指出，建设现代化产业体系，坚持把发展经济的着力点放在实体经济上，推进新型工业化，加快建设制造强国。计算机辅助设计（Computer Aided Design，CAD）和计算机辅助制造（Computer Aided Manufacturing，CAM）技术对推动制造业智能化、绿色化、高端化发展有重要支撑作用。

本书聚焦面向机械制造相关岗位，融合国家数控技术专业教学标准，紧紧围绕制造企业生产中的三维模型设计、装配与仿真、工程图绘制、数控加工等典型工作任务，融入“1+X数控多轴加工”中级技能等级证书标准，结合数控加工技能大赛要求，培养能熟练使用UG软件进行机械零件的设计与三维造型、数字化加工与制造，具备爱岗敬业意识、工匠精神的高素质技术技能人才。

本书由国家级骨干专业教师团队和企业全国技术能手联合编写，具备名师引领、名企支持的校企合作特色。本书是国家高水平专业群、首批国家级教师教学创新团队、国家级数控技术专业教学资源库重要成果之一，基于亚龙智能装备集团股份有限公司校企合作，配有省级职业教育在线精品课程（UG NX-CAD/CAM技术应用）数字资源，打造了“一书一课一空间”学习新生态。

本书以亚龙智能装备集团股份有限公司提供的数控机床作为主要学习载体，形成“一主线、双体系、三阶段”的内容体系，以“亚龙YL-555型加工中心机床”模型为一条学习主线，开发了项目体系和知识体系的内容结构、双体系的内容框架；将内容划分为模块一学习项目和模块二知识附录，模块一围绕“亚龙YL-555型加工中心机床”载体，分解为机床结构与加工的8个学习项目、23个任务，包括二维草绘、实体建模、部件装配、工程图绘制、自动编程的计算机辅助设计和制造的知识与技能；模块二为知识附录，提供系统性的知识点和技能点支撑模块一的学习项目，配备“制造强国”“大国重器”“大国工匠”三大模块育人资源，循序渐进培养学习者精益求精的工匠精神。

本书具有以下重要特色。

（1）团队特色：本书主编为首批国家级教学创新团队核心成员，首批国家级课程思政教学名师团队，获全国职业院校信息化教学设计大赛一等奖，多次指导学生获国家级、省级技能大赛奖项，团队成员有亚龙智能装备集团股份有限公司技术总监、全国技术能手加盟，团队成员具备丰富的专业技能和教学经验。

（2）理念特色：基于行动导向学习法，在具体任务实施中学习CAD/CAM技术，建构三维建模、工程图、装配、自动编程等职业技能。

（3）结构特色：创新双体系式结构，还原真实岗位工作任务，打破传统的为了教知识而学的知识体系结构。以双模块的形式呈现，项目学习模块为主模块，知识附录模块为辅助模块。

（4）内容特色：内容选取企业真实的“亚龙 YL-555 型加工中心机床”，项目重构围绕机床这一主线，学习内容对接真实岗位工作，聚焦制造行业等相关岗位需求。课程思政围绕“制造强国”“大国重器”“大国工匠”，构建专业与课程思政同向同行育人新生态。

（5）形式特色：本书所有项目和任务配套开发视频、微课、动画等数字化学习资源，提升学习效果；本书已配套建成省级职业教育在线精品课程（https://www.xueyinonline.com/detail/233745956），课程团队在线全面支持本课程学习，为课程学习提供保障。

本书由武汉船舶职业技术学院龚璇、陈铁友，亚龙智能装备集团股份有限公司吕洋担任主编；由武汉船舶职业技术学院杨宝林、冯倩文、尹文静担任副主编，由武汉船舶职业技术学院陶维利主审，共同完成本书编写。

由于编者水平有限，本书若有不当之处，敬请广大读者批评指正！

编　者

课程思政设计

一、课程思政实施思路

本书采用真实数控机床为载体主线，在学生学习过程中，实战体验制造行业CAD/CAM技术技能，配备“制造强国”“大国重器”“大国工匠”三大模块育人资源，感受我国制造业的崛起、发展和转型，树立专业报国的使命感，循序渐进培养学生精益求精的工匠精神。采用行动导向六步法组织教学实施过程，植入制造业大国一些思政资源，通过“知、情、意、行”实施思政养成教育。

二、课程思政实施载体

序号	育人模板	案例	二维码
1	制造强国	铸大国重器，挺民族脊梁	
2		中国装备制造业从无到有，赶超世界先进水平背后的艰辛历程	
3		从“制造大国”迈向“制造强国”	
4		中国，已经是全球工程机械最大的制造基地	
5	大国重器	中国机床－四个世界第一	
6		印在人民币上的中国车床	

续表

序号	育人模板	案例	二维码
7	大国重器	中国研制出超精密数控机床，加工精度 0.01 微米	
8		完全智能化水平世界一流，中国高端数控机床	
9	大国工匠	李斌：上海电气液压气动有限公司数控车间工段长、上海电气（集团）总公司首席技师	
10		“研磨大师”魏红权：31 年“磨”成武重“魏大师”	
11		周虎：高级技工助力中国海军建设	
12		王阳：坚守三尺车床阵地 31 载 用心雕刻航天精品	
13		刘波：中国兵器工业集团关键技能带头人，攻克高端数控机床难题	
14		方文墨：自创 0.000 68 毫米公差！艺无止境，彰显真本领	
15		王连友：航天领域大型舱体数控加工领域的“鲁班”	
16		陈行行：大国重器高精度零件制造者，精雕细琢铸就无悔青春	

目　录

模块一　项目学习

项目一　机床刀库典型零件建模

一、项目介绍

刀库系统是加工中心自动化加工过程中储刀和换刀的一种装置。其主要由刀库和换刀机构组成。刀库主要提供储刀位置，并能依程式控制正确选择刀具加以定位，以进行刀具交换，是加工中心自动换刀的重要结构。项目一以机械手式刀库作为载体，以零件的三维建模为任务，掌握简单零件的三维建模方法。

活动门压块

◆ 活动门压块是控制钣金护罩门开关的主要部件

导轨轴支架

◆ 导轨轴支架用于支撑刀座滑移导轨

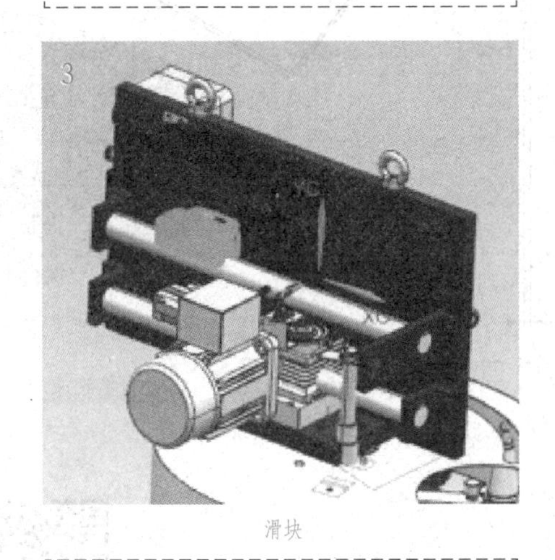

滑块

◆ 滑块由汽缸驱动左右移动，以进行刀座位置调整

刀盘座

◆ 刀盘座是刀夹安装的基础部件，刀具安装于刀夹上

刀库的零件相对较多，本项目选取其中具有代表性的 4 个零件的建模任务作为项目一学习的载体，包括任务一活动门压块、任务二导轨轴支架、任务三滑块、任务四刀盘座。

二、学习目标

通过本项目的学习，能够完成简单机械零件的建模，实现以下三维目标。

1. 知识目标

（1）掌握直线、圆弧等元素草图绘制方法；

（2）掌握直线、圆弧等草图的几何约束方法。

2. 能力目标

（1）能够利用拉伸进行简单零件的三维建模；

（2）能够解决拉伸操作中出现的问题。

3. 素养目标

（1）培养严谨规范的建模素养；

（2）培养对制造大国的敬畏之情。

任务一　活动门压块建模

一、任务描述

利用 UG 的草绘及拉伸功能，完成如图 1-1-1 所示的“活动门压块”的三维建模。

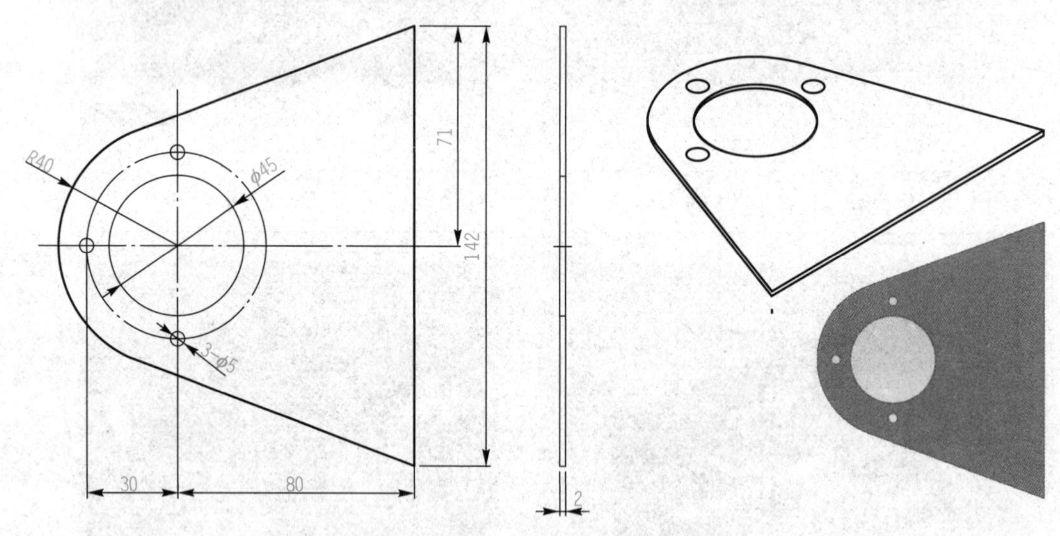

图 1-1-1　“活动门压块”图纸与三维模型

二、学习目标

1. 知识目标

（1）掌握直线、圆弧等草图绘制方法；

（2）掌握直线与圆弧相切等草图的几何约束方法；

（3）掌握直线长度、圆直径等草图的快速尺寸标注方法。

2. 能力目标

能够利用拉伸进行简单零件的三维建模。

3. 素养目标

（1）培养严谨规范的建模素养；

（2）培养对制造大国的敬畏之情。

三、知识储备

本任务涉及的知识点主要包括：

（1）草图绘制中的“直线”“圆”“圆弧”的画法：详见“知识点索引 3.1”。

（2）草图“快速修剪”：详见“知识点索引 3.1”。

（3）草图“设为对称”：详见“知识点索引 3.1”。

（4）草图几何约束中的“点在曲线上”“等半径”“竖直对齐”“水平对齐”：详见“知识点索引 3.2”。

（5）草图尺寸中的“自动判断尺寸”：详见“知识点索引 3.3”。

（6）拉伸中的“对称拉伸”：详见“知识点索引 4.1”。

四、任务实施

（1）打开 UG 软件，执行“文件”—“新建”命令，新建名称为 1_1.prt 的部件文档，“单位”选择为“毫米”，如图 1-1-2 所示。单击“确定”按钮，进入建模功能模块。

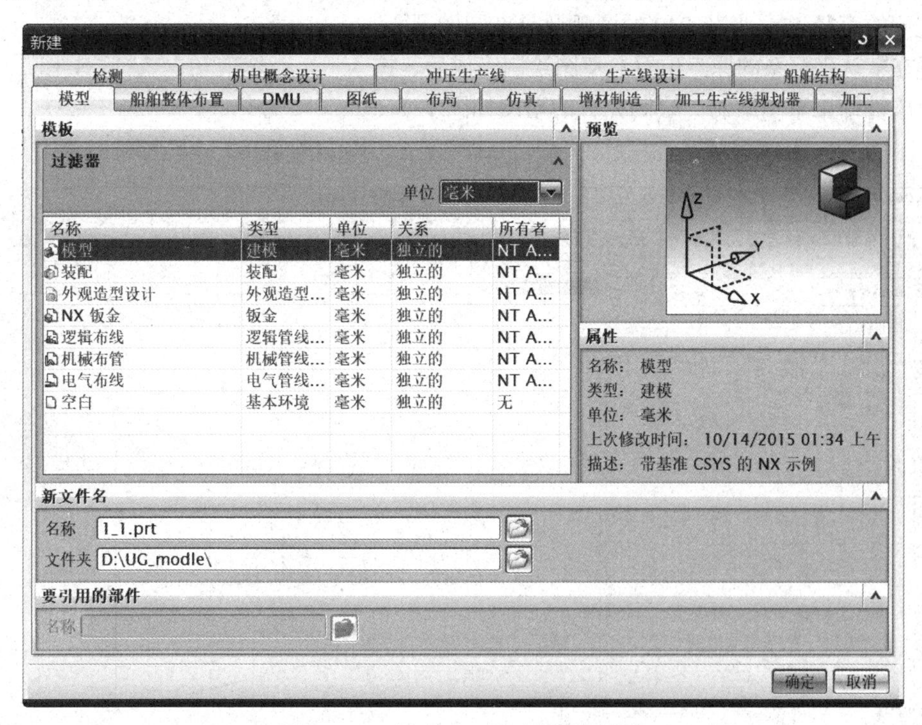

图 1-1-2 新建 1_1 活动门压块部件

（2）执行菜单栏“插入”—“在任务环境中绘制草图”命令，如图 1-1-3 所示。系统弹出“创建草图”对话框，如图 1-1-4 所示，所有选项均为默认，单击“确定”按钮创建草图环境。

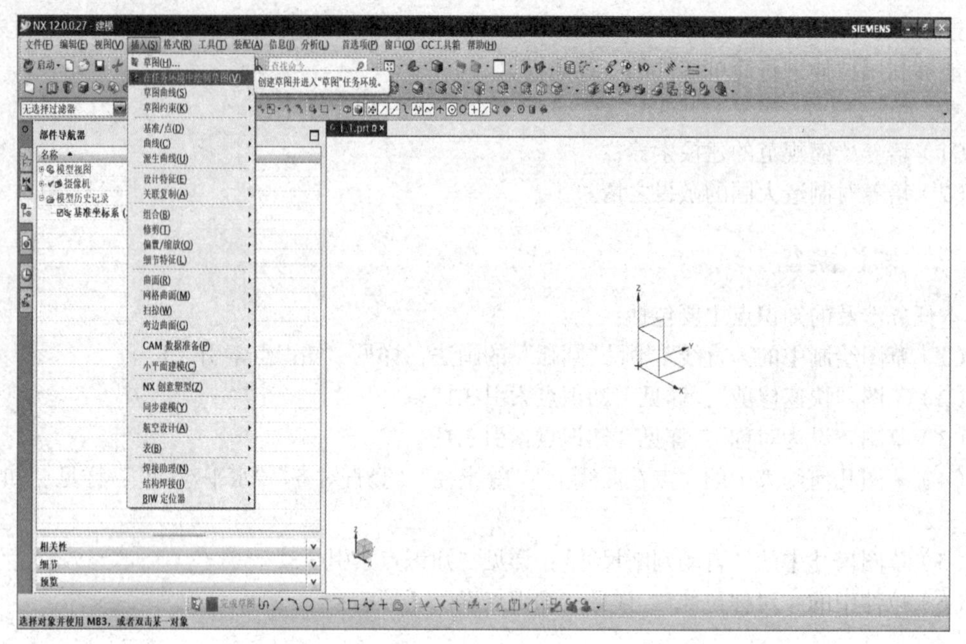

图 1-1-3 进入草绘环境

（3）利用草绘工具中的“直线”“圆”和“圆弧”及“快速修剪”命令，进行零件主视图的草图绘制。注意：左侧的直径 45、半径 $R40$ 的圆弧及分度圆的圆心，均设置在默认坐标系的原点位置。草图绘制完成后，按压鼠标中键结束草图绘制。绘制完成的草图如图 1-1-5 所示。

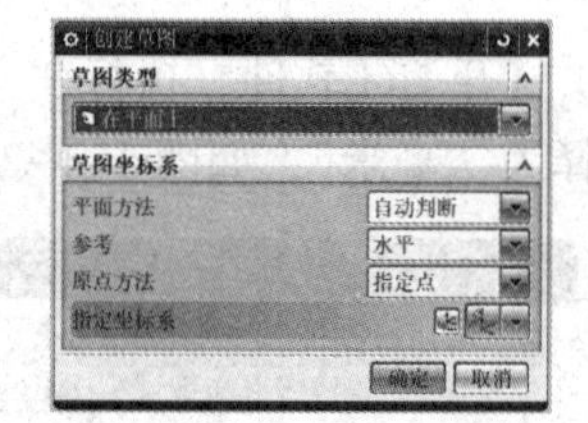

图 1-1-4 “创建草图”对话框

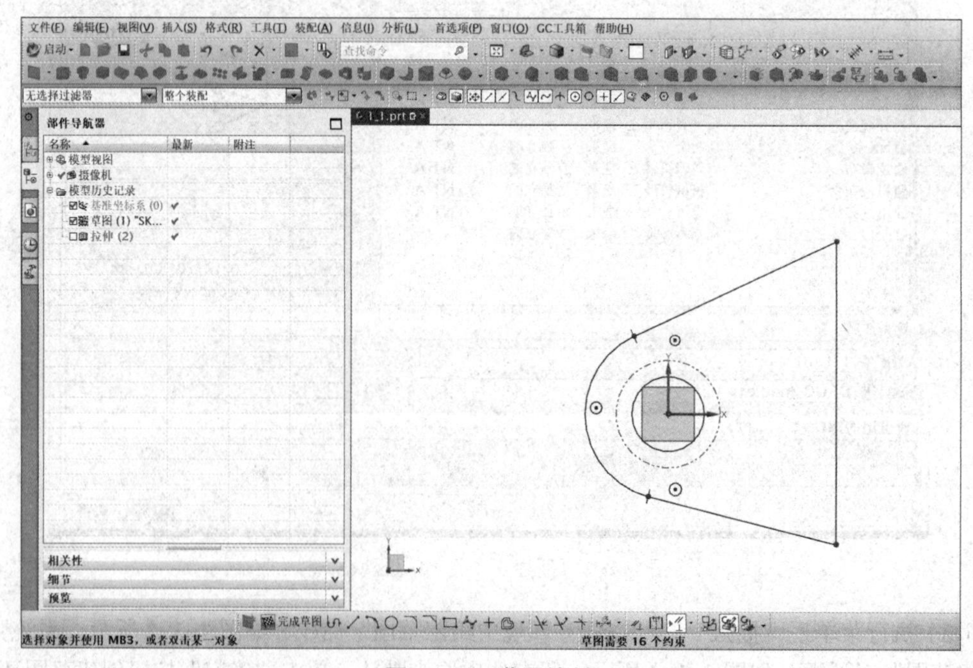

图 1-1-5 草图绘制

（4）执行“设为对称”命令，系统弹出“设为对称”对话框，如图 1-1-6 所示。

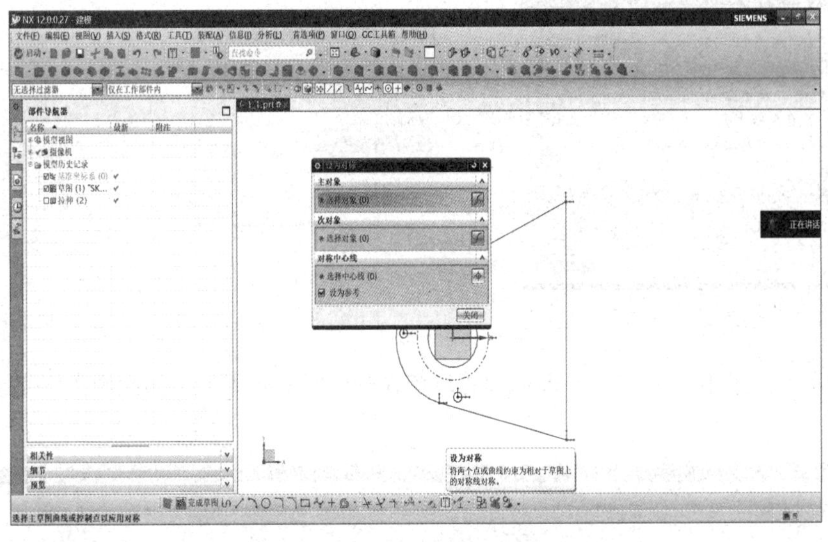

图 1-1-6　设为对称

在弹出的对话框中，“主对象”选择右侧竖直线的上端点；“次对象”选择右侧竖直线的下端点；“对称中心线”选择 X 轴，如图 1-1-7 所示，将竖直线设置为关于 X 轴对称。

（5）执行“几何约束”命令，系统弹出“几何约束”对话框，如图 1-1-8 所示。

约束类型选择“点在曲线上”选项，如图 1-1-9 所示。依次选择小圆的圆心作为“要约束的对象”，选择分度圆的圆心作为“约束到的对象”，如图 1-1-10 所示，将小圆的圆心落在分度圆的圆周上。

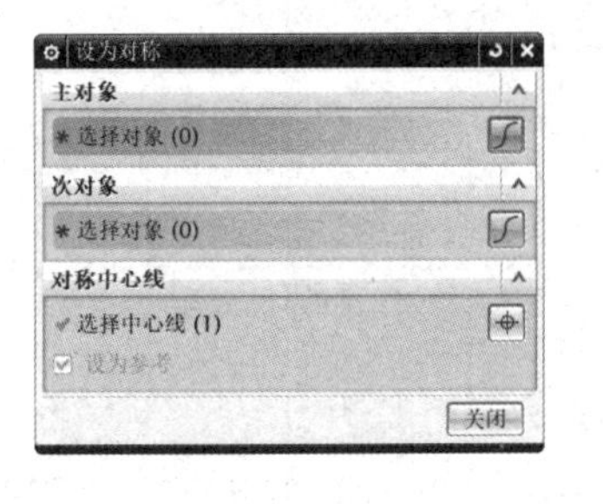

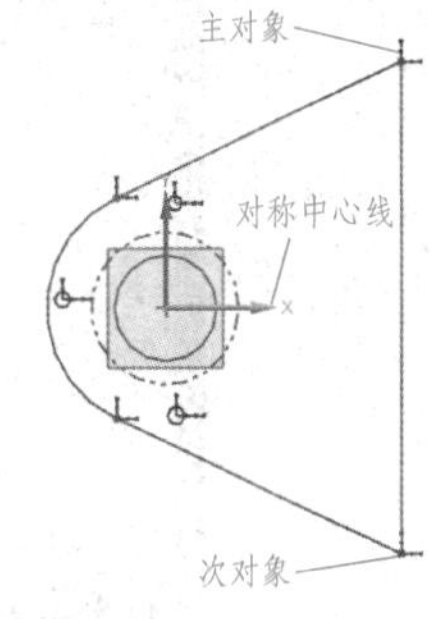

图 1-1-7　右侧竖直线的对称约束

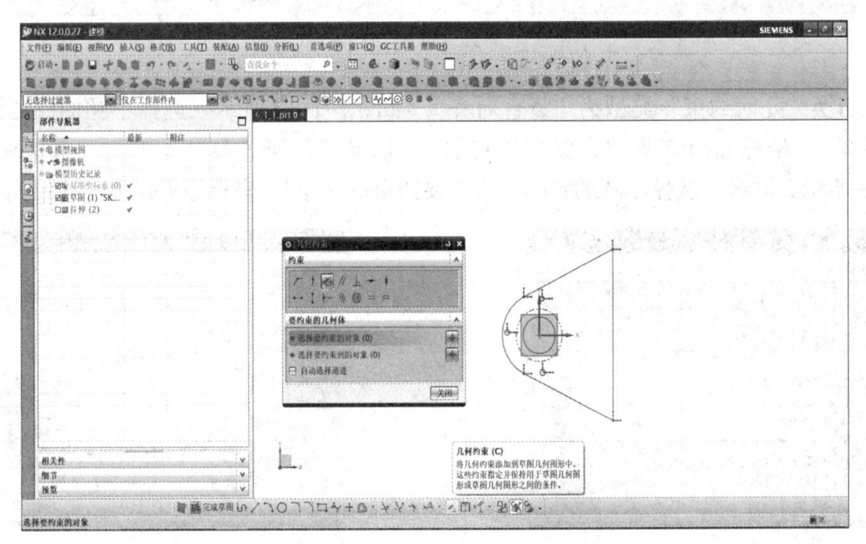

图 1-1-8　几何约束对话框

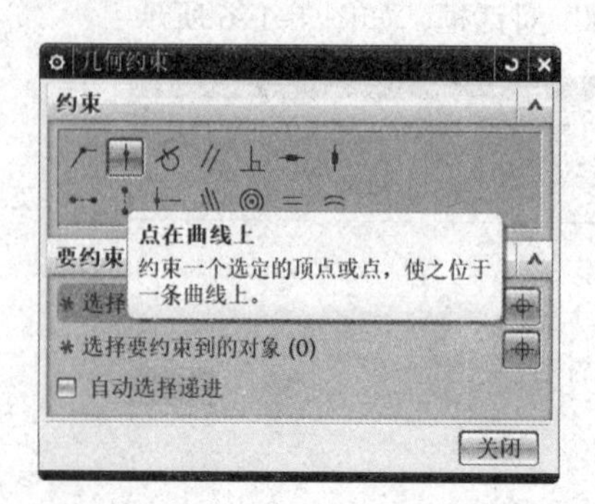

图 1-1-9　约束类型“点在曲线上”

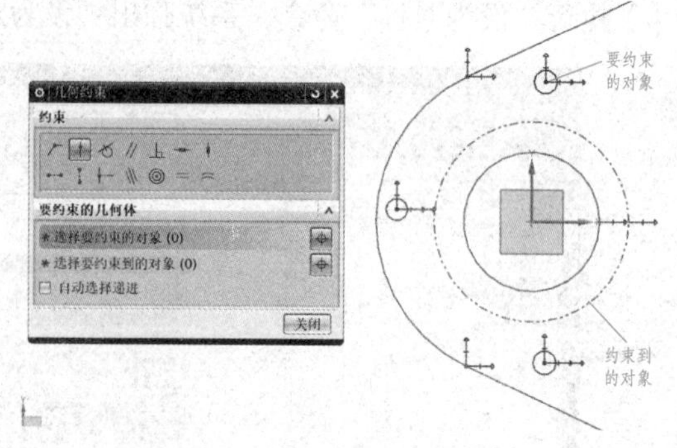

图 1-1-10　“点在曲线上”的对象选择

依次执行上述操作，将三个小圆的圆心均落在分度圆的圆周上。如此操作，完成后的草图如图 1-1-11 所示。

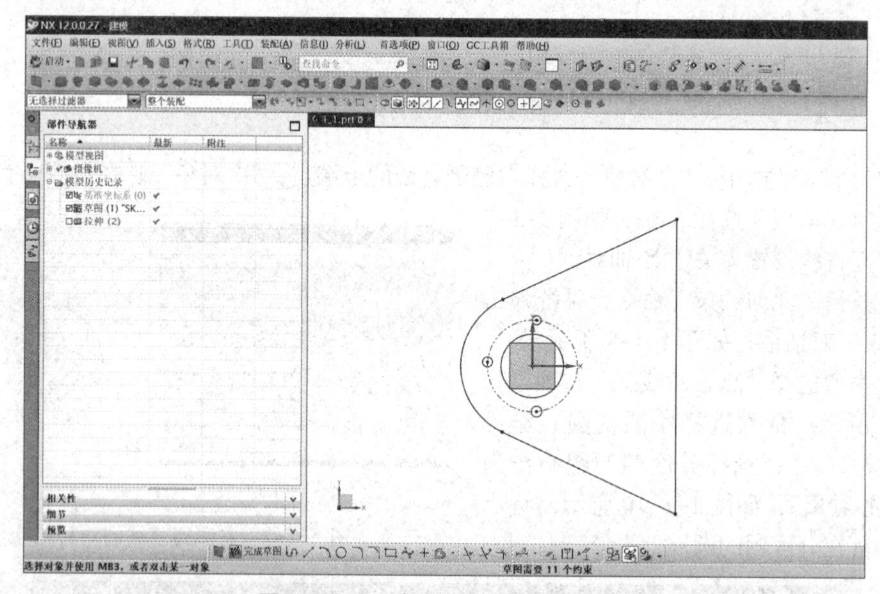
图 1-1-11　“点在曲线上”约束完成

（6）切换“几何约束”类型为“竖直对齐”，如图 1-1-12 所示。选择小圆的圆心作为“要约束的对象”，坐标原点作为“约束到的对象”。切换“几何约束”类型为“水平对齐”，如图 1-1-13 所示。同样，选择小圆的圆心作为“要约束的对象”，坐标原点作为“约束到的对象”。

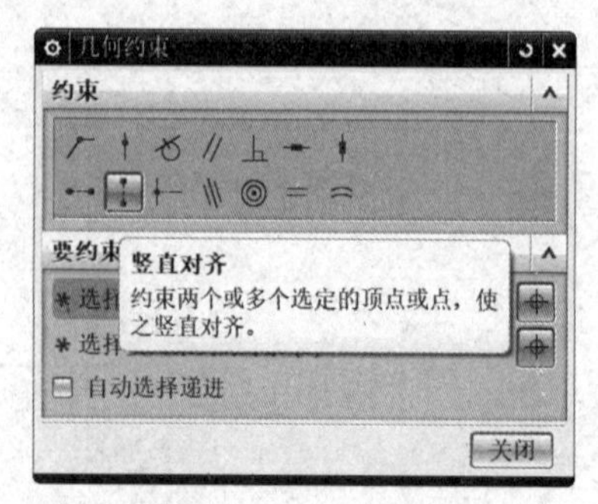

图 1-1-12　约束类型“竖直对齐”

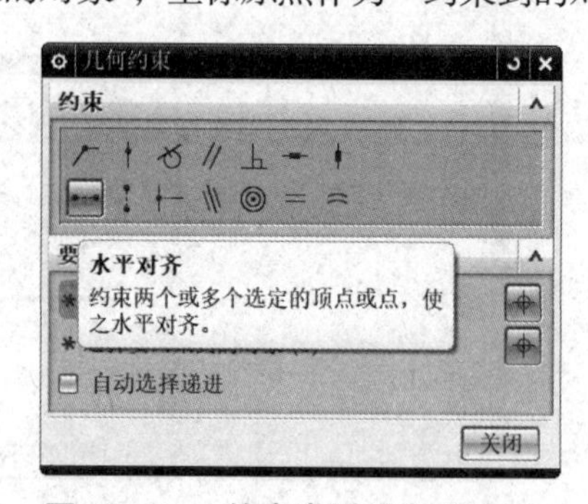

图 1-1-13　约束类型“水平对齐”

两种对齐约束完成后的草图，如图 1–1–14 所示。

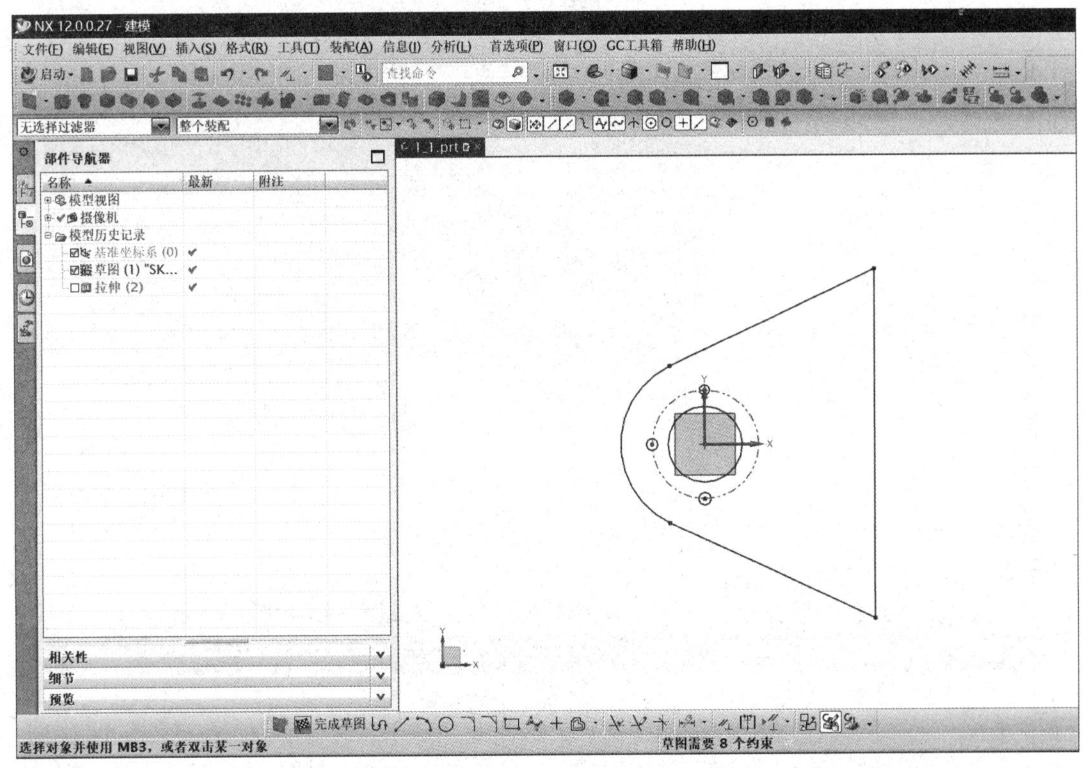

图 1–1–14　三个小圆对齐约束完成

（7）单击“尺寸约束”按钮，选择“快速尺寸”选项，如图 1–1–15 所示，对草图进行尺寸标注。

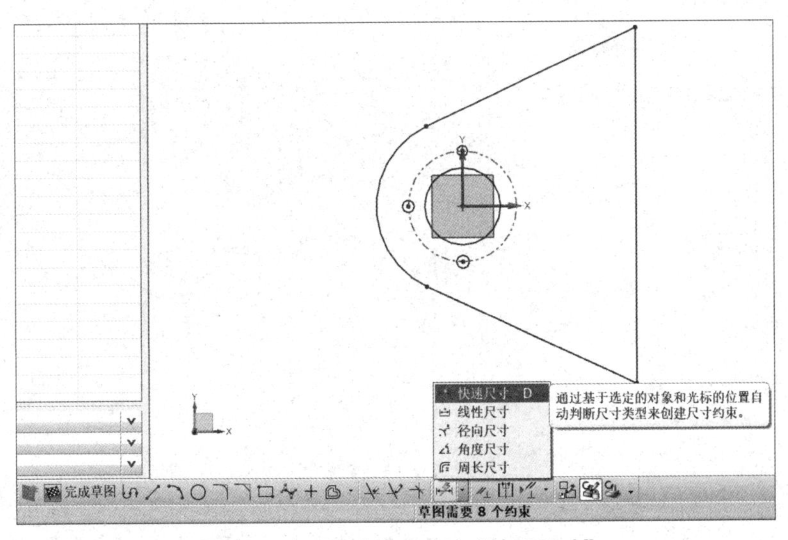

图 1–1–15　尺寸约束中的“快速尺寸”

依次完成草图的各几何元素的尺寸标注。全部完成后，下方提示栏显示“草图已完全约束”，说明草图已绘制完成，单击“完成草图”按钮，结束草图绘制，如图 1–1–16 所示。

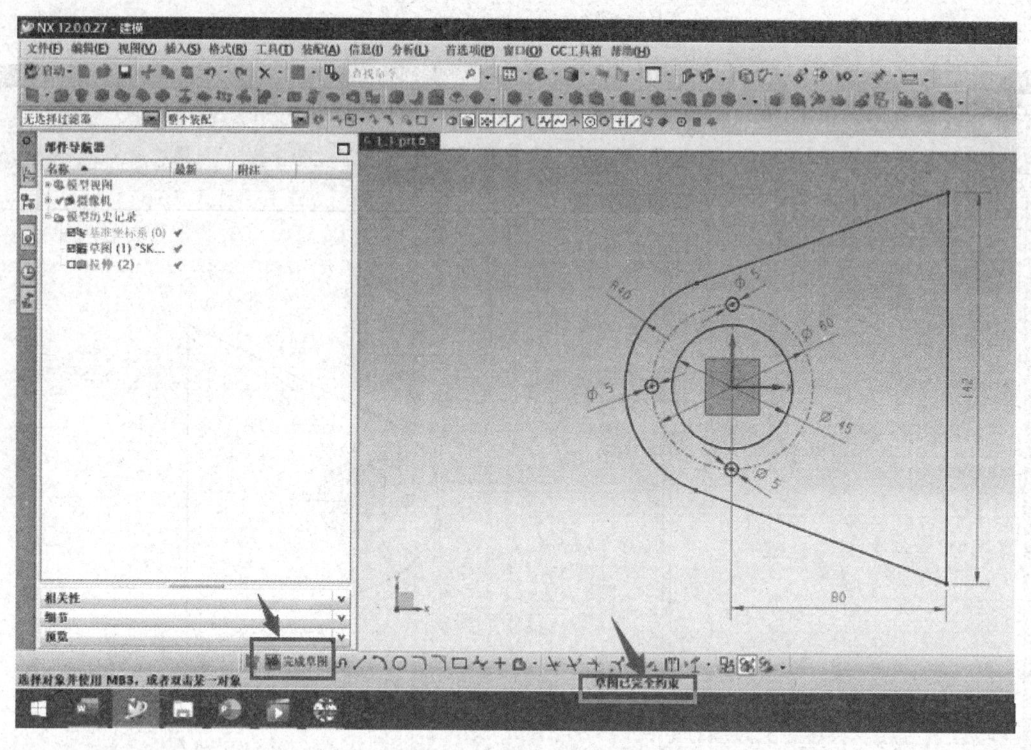

图 1-1-16　尺寸标注完成

（8）执行菜单栏“插入”—“设计特征”—“拉伸”命令，如图 1-1-17 所示，进入拉伸环境。

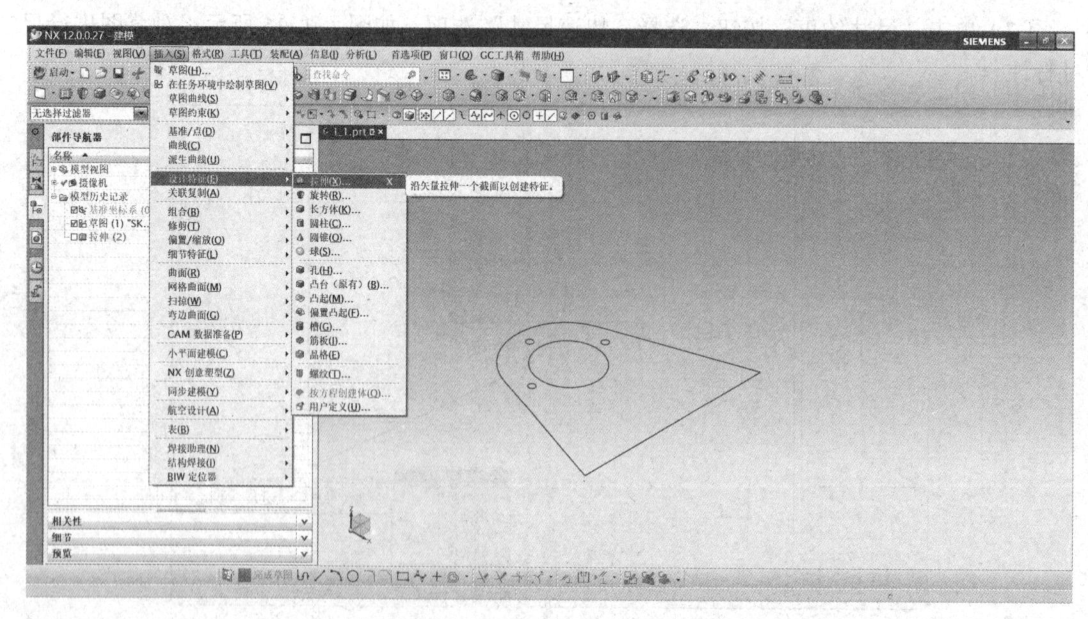

图 1-1-17　进入拉伸环境

在弹出的对话框中，拉伸“曲线”选择主窗口绘制完成的草图，“限制”中的“结束”选择为“对称值”，“距离”设置为 2，如图 1-1-18 所示。

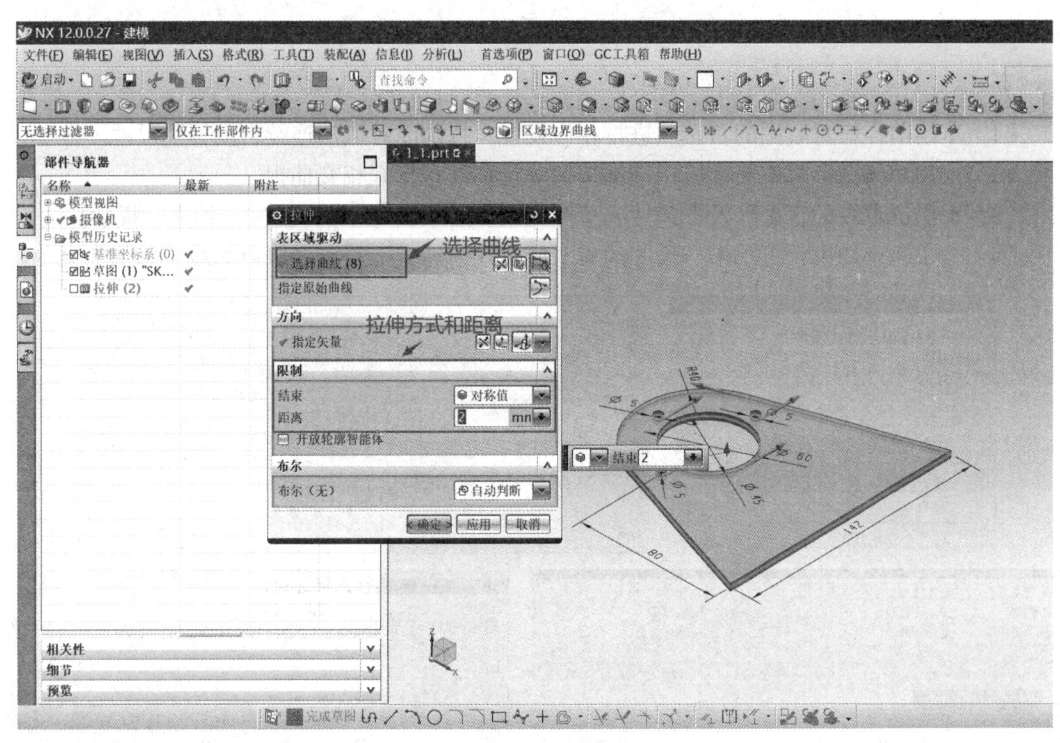

图 1-1-18　拉伸参数设置

（9）单击“确定”按钮，或按压鼠标中键，完成拉伸操作，即完成“活动门压块”零件的三维模型创建，如图 1-1-19 所示。

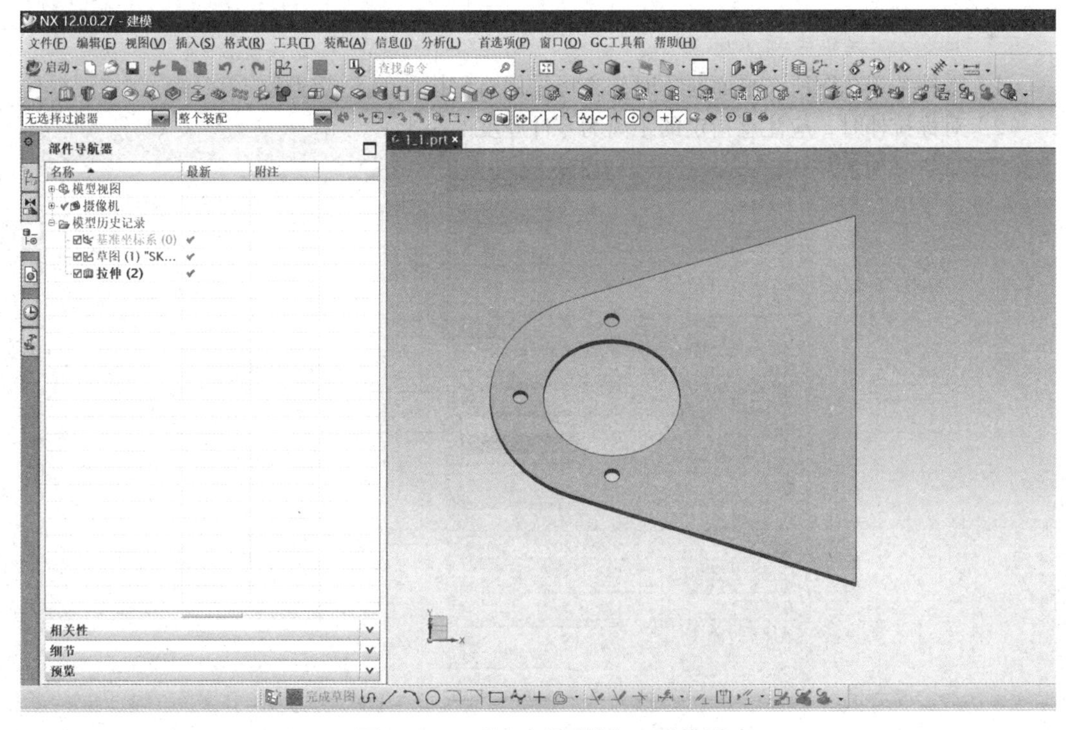

图 1-1-19　“活动门压块”三维模型

五、任务总结

1. 草绘注意事项（图 1-1-20）

（1）草绘前，应对草图的首选项进行相应设置。特别注意取消连续自动标注尺寸。

（2）绘制草绘图形时应灵活应用捕捉按钮。特别注意打开相交捕捉。

（3）为保证草图的正确性及严谨性，草图完成后必须出现“草图已完全约束”提示。

（4）若未完全约束，可单击“尺寸约束”或“几何约束”给未变绿色的线条添加约束。

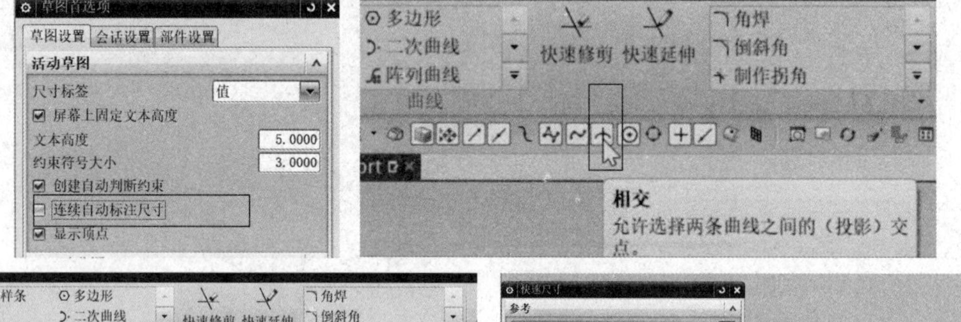

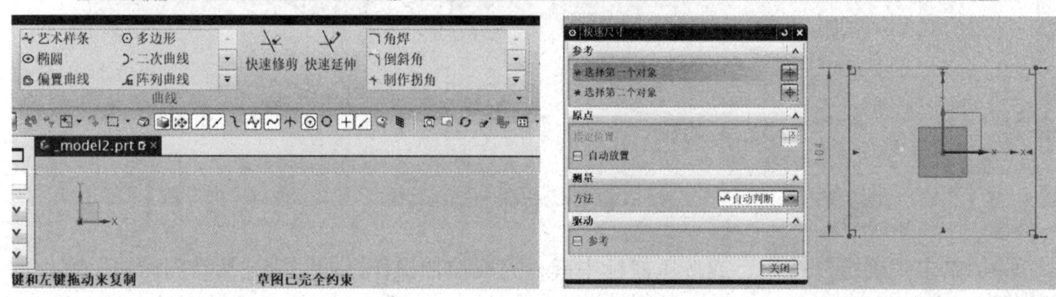

图 1-1-20　草绘注意事项

2. 对称拉伸注意事项（图 1-1-21）

（1）零件关于草图所在平面对称时，方可采用对称拉伸的方式建模。

（2）对称拉伸时，应注意指定的距离为零件厚度的一半。

图 1-1-21　对称拉伸注意事项

六、任务拓展

在完成本任务的学习后，请完成如图 1-1-22 所示的两个零件（厚度均为 20 mm）的三维建模，对本次任务中的知识点进行巩固。

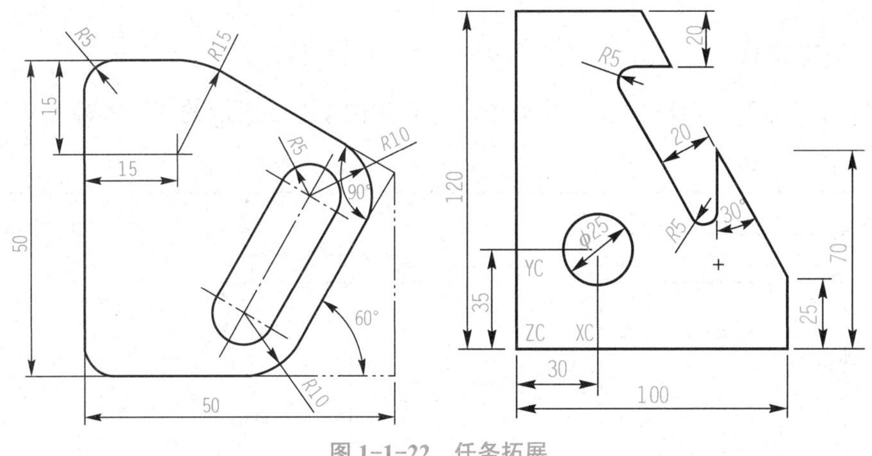

图 1-1-22　任务拓展

七、考核评价

任务评分表见表 1-1-1。

表 1-1-1　任务评分表

任务编号及名称：			姓名：	组号：		总分：
评分项		评价指标	分值	学生自评	小组互评	教师评分
专业能力	识图能力	能够正确分析零件图纸，设计合理的建模步骤				
	命令使用	能够合理选择、使用相关命令				
	建模步骤	能够明确建模步骤，具备清晰的建模思路				
	完成精度	能够准确表达模型尺寸，显示完整细节				
方法能力	创新意识	能够对设计方案进行修改优化，体现创新意识				
	自学能力	具备自主学习能力，课前有准备，课中能思考，课后会总结				
	严谨规范	能够严格遵守任务书要求，完成相应的任务				
社会能力	遵章守纪	能够自觉遵守课堂纪律、爱护实训室环境				
	学习态度	能够针对出现的问题，分析并尝试解决，体现精准细致、精益求精的工匠精神				
	团队协作	能够进行沟通合作，积极参与团队协作，具有团队意识				
备注：按照评价指标分为 4 档，优秀 10 分、良好 7 分、一般 5 分、合格 2 分						

任务二　导轨轴支架建模

一、任务描述

利用UG的草绘、两次拉伸及孔命令，完成如图1-2-1所示的“导轨轴支架”的三维建模。

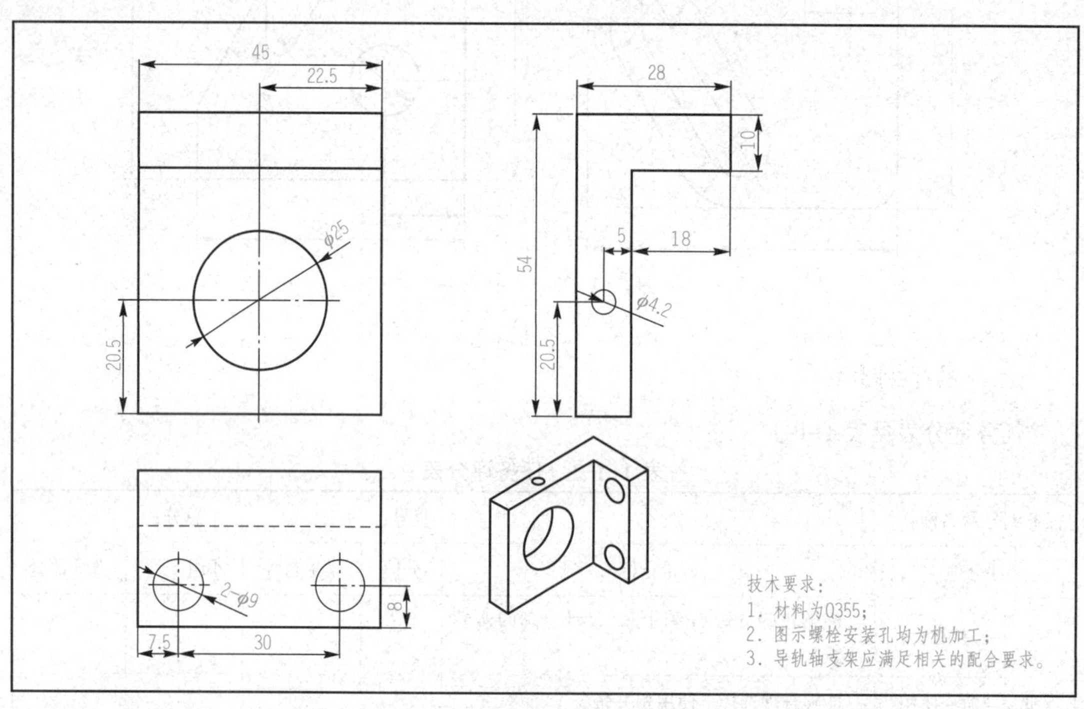

图1-2-1　“导轨轴支架”工程图

二、学习目标

1. 知识目标

（1）掌握草图的对称约束方法；

（2）掌握一次草图再分多次进行拉伸的建模方法。

2. 能力目标

能够运用简单孔命令进行打孔建模。

3. 素养目标

（1）培养严谨规范的建模素养；

（2）培养对制造大国的敬畏之情。

三、知识储备

本任务涉及的知识点主要包括：

（1）草图绘制中的“圆”“轮廓”的画法：详见“知识点索引3.1”。

（2）“值”的方式指定拉伸的起始、结束距离：详见“知识点索引 4.1”。

（3）布尔运算中的“合并”：详见“知识点索引 4.1”。

（4）“孔命令”创建孔特征：详见“知识点索引 5.1”。

四、任务实施

（1）打开 UG 软件，执行“文件”—“新建”命令，新建名称为 1_2.prt 的部件文档，单位选择为毫米，如图 1-2-2 所示。单击“确定”按钮，进入建模功能模块。

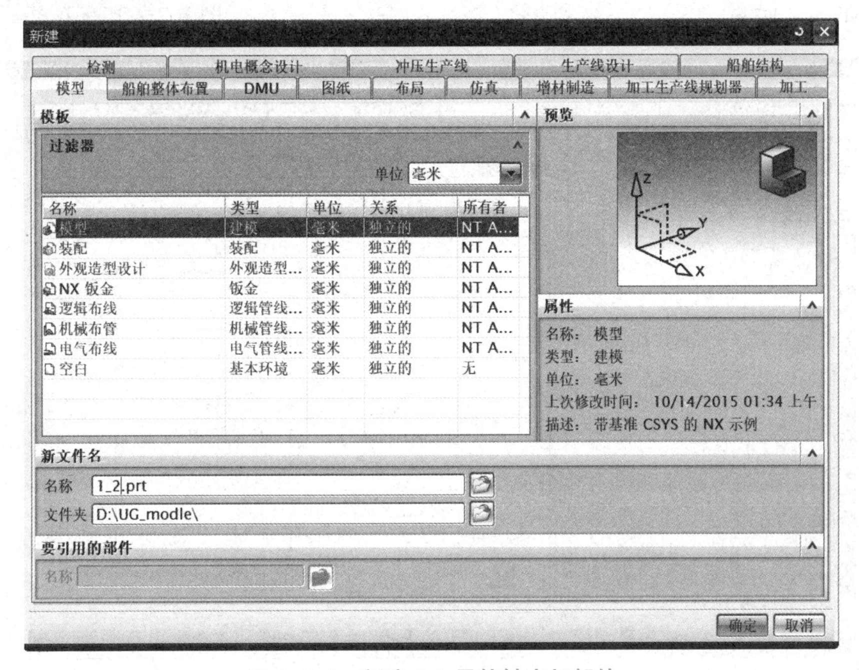

图 1-2-2　新建 1_2 导轨轴支架部件

（2）执行菜单栏“插入”—“在任务环境中绘制草图”命令，如图 1-2-3 所示。

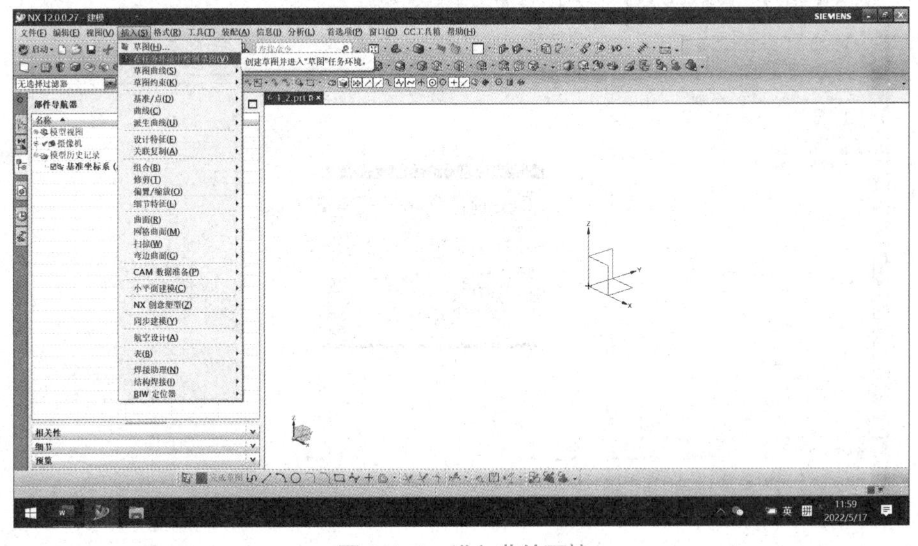

图 1-2-3　进入草绘环境

系统弹出“创建草图”对话框，如图 1-2-4 所示，所有选项均为默认，单击“确定”按钮进行草图环境创建。

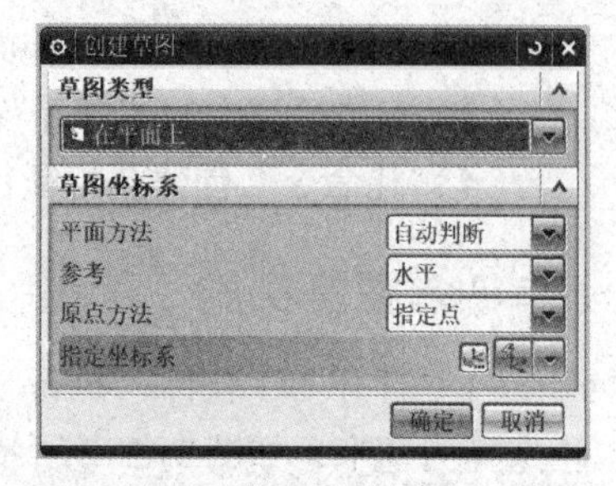

图 1-2-4 “创建草图”对话框

（3）绘制利用草绘工具中的“圆”和“轮廓”命令，进行零件主视图的草图绘制。注意：直径 25 圆的圆心，设置在默认坐标系的原点位置。草图绘制完成后，按压鼠标中键结束草图绘制，绘制完成的草图如图 1-2-5 所示。

（4）执行“设为对称”命令，系统弹出“设为对称”对话框，如图 1-2-6 所示。

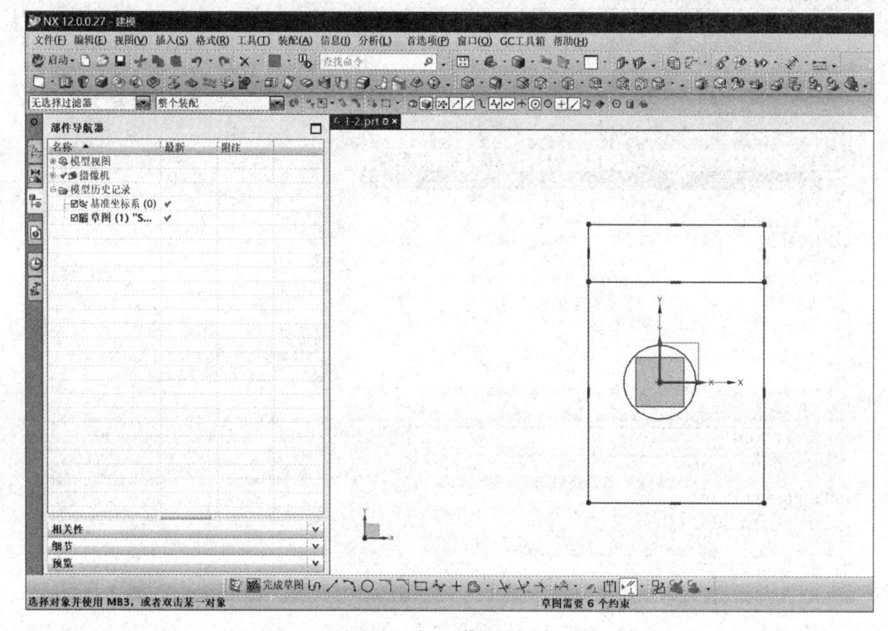

图 1-2-5 草图绘制

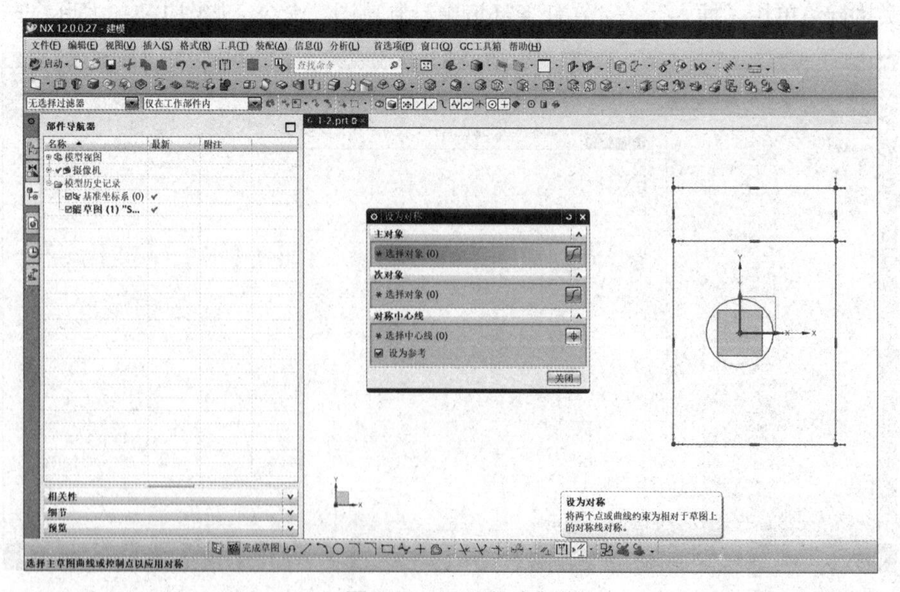

图 1-2-6 设为对称

在弹出的对话框中，“主对象”选择左侧的竖直线，“次对象”选择右侧的竖直线，“对称中心线”选择 Y 轴，如图 1-2-7 所示，将竖直线设置为关于 Y 轴对称。

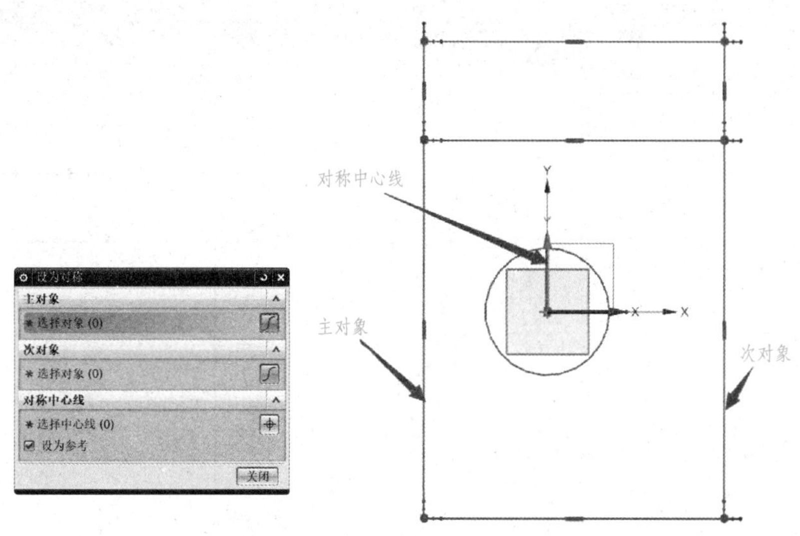

图 1-2-7　两侧竖直线的对称约束

（5）单击“尺寸约束”按钮，选择“快速尺寸”选项，如图 1-2-8 所示，对草图进行尺寸标注。

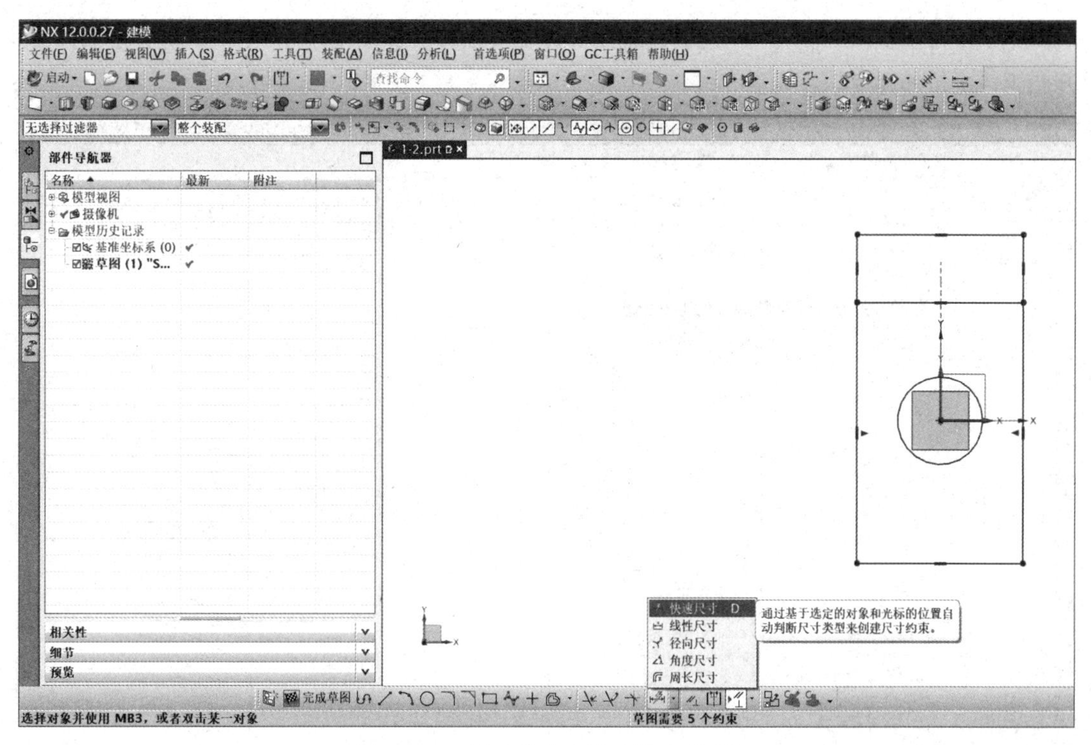

图 1-2-8　尺寸约束中的“快速尺寸”

依次完成草图的各几何元素的尺寸标注，全部完成后，下方提示栏显示“草图已完全约束”，说明草图已绘制完成，单击“完成草图”按钮，结束草图绘制，如图 1-2-9 所示。

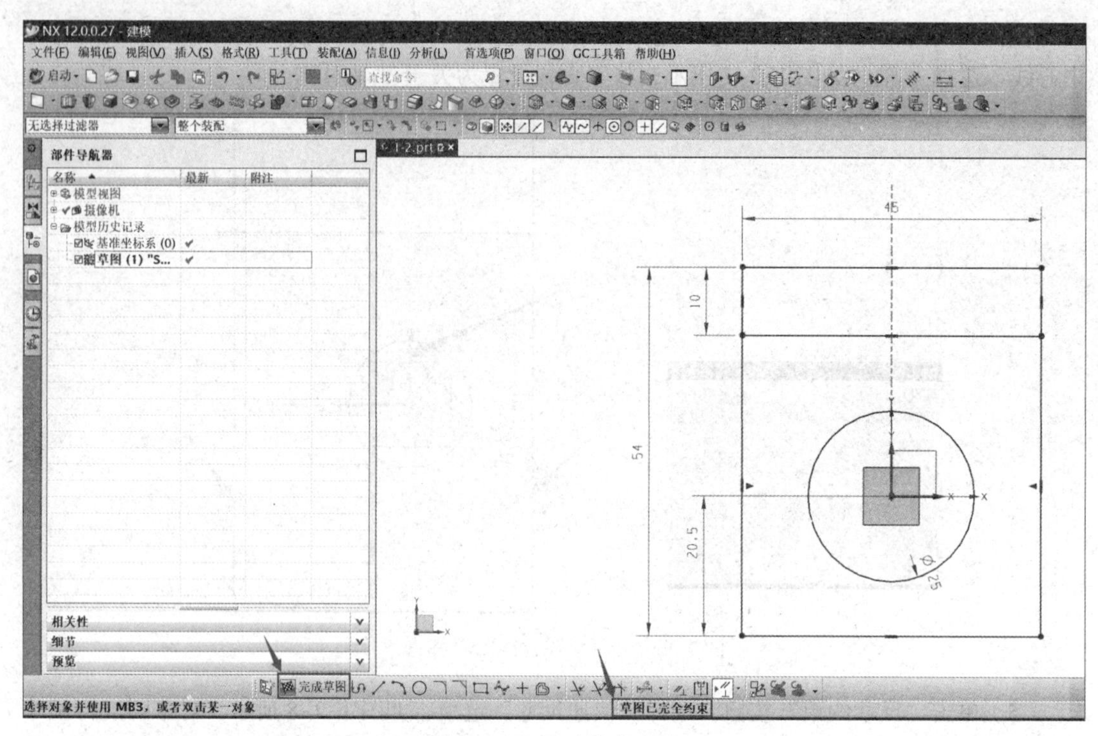

图 1-2-9　尺寸约束完成

（6）执行菜单栏“插入”—“设计特征”—“拉伸”命令，如图 1-2-10 所示，进入拉伸环境，开始第一次拉伸建模。

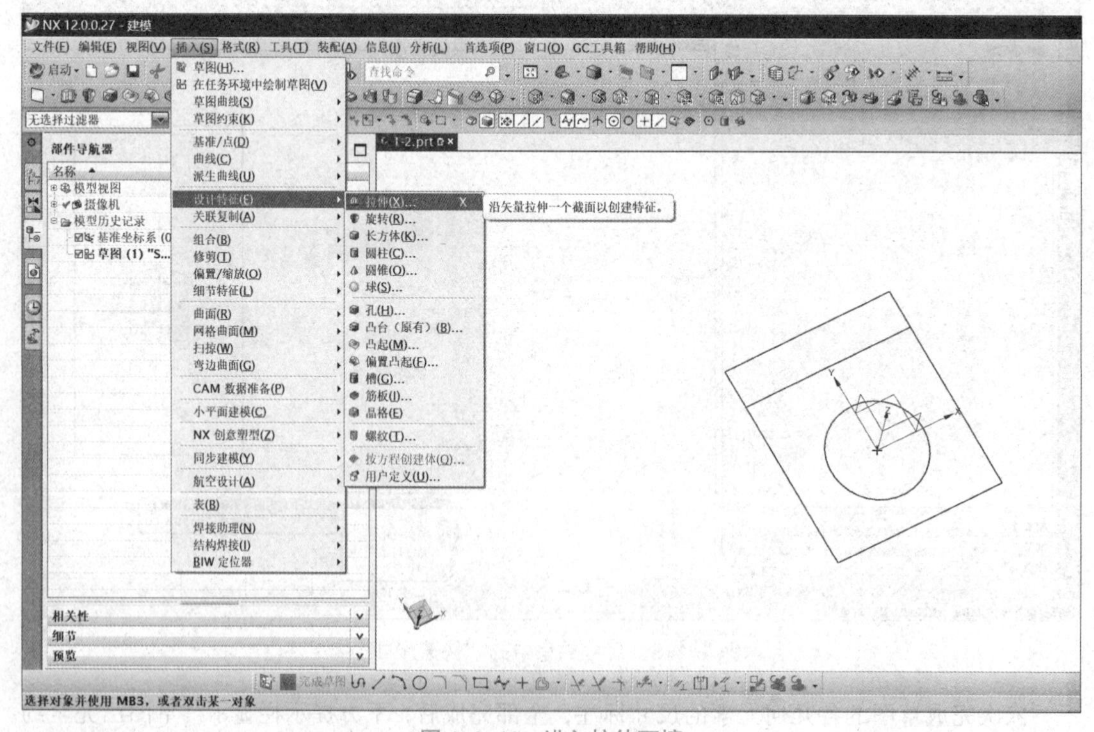

图 1-2-10　进入拉伸环境

将曲线选择过滤器设置为“区域边界曲线”，如图 1-2-11 所示。

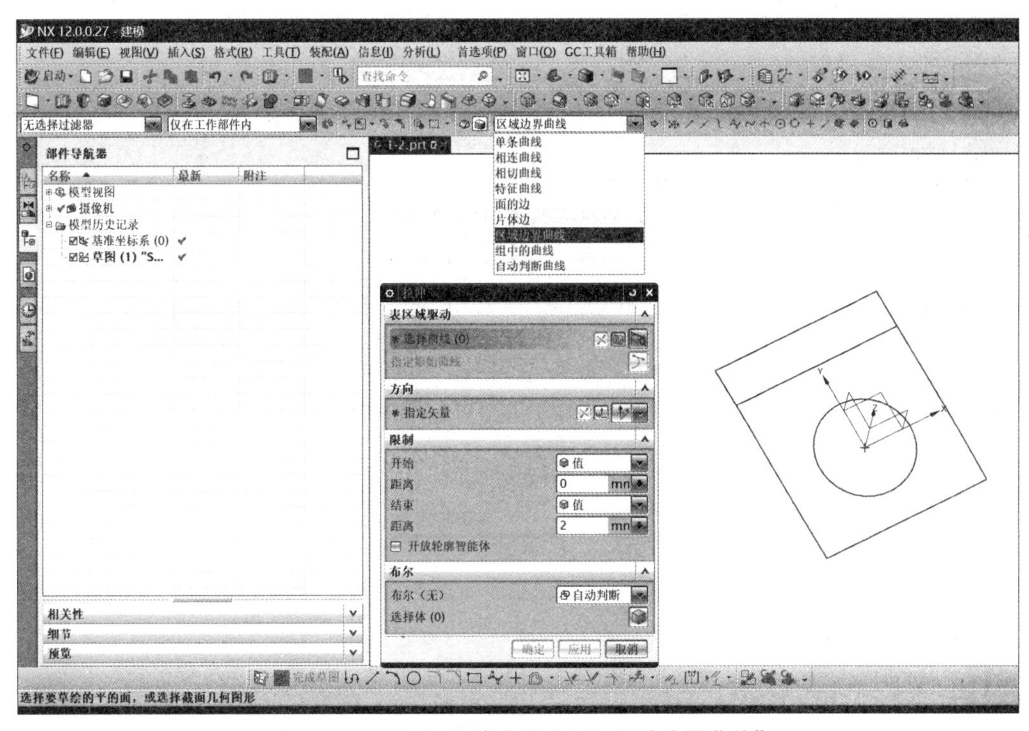

图 1-2-11 曲线过滤器设置为“区域边界曲线”

在弹出的对话框中，拉伸“曲线”选择主窗口的绘制小长方区域，如图 1-2-12 所示。

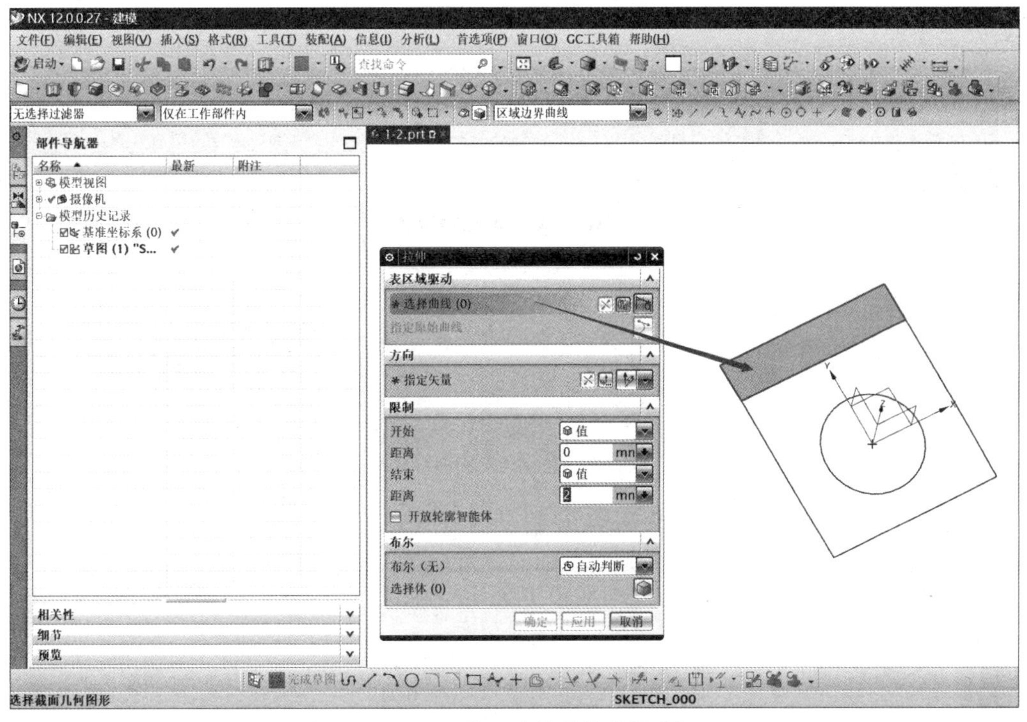

图 1-2-12 第一次拉伸的曲线选择

拉伸“限制”中的“开始”和“结束”均选择“值”，“开始距离”设置为 0，“结束距离”设置为 28，如图 1-2-13 所示。单击“确定”按钮，完成第一次拉伸建模。

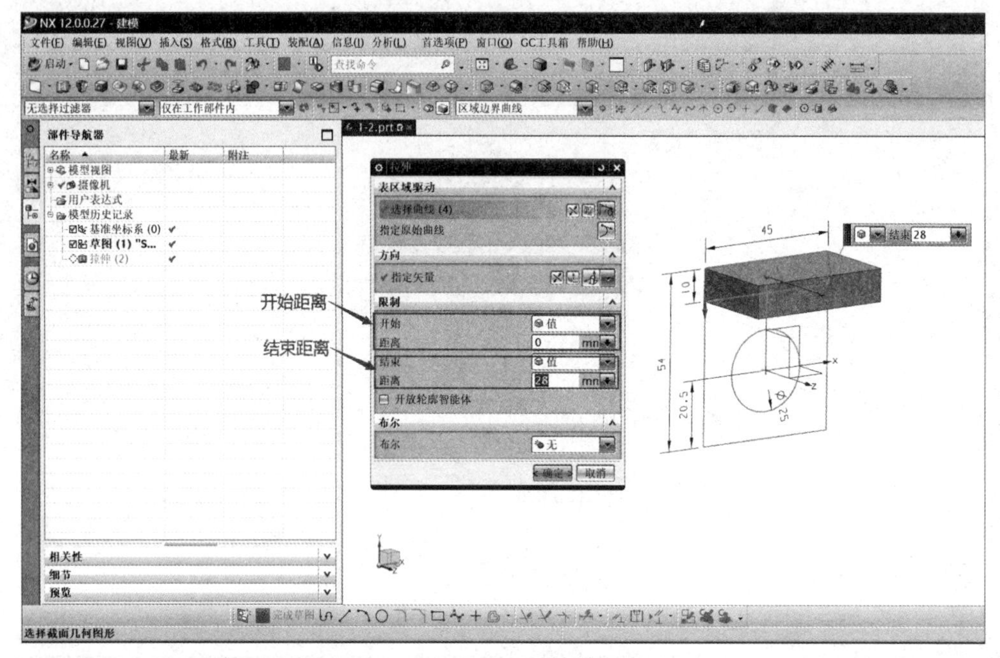

图 1-2-13　第一次拉伸的参数设置

（7）执行菜单栏“插入”—“设计特征”—“拉伸”命令，如图 1-2-10 所示，进入拉伸环境，开始第二次拉伸建模。拉伸“曲线”选择主窗口的绘制大长方区域，如图 1-2-14 所示。

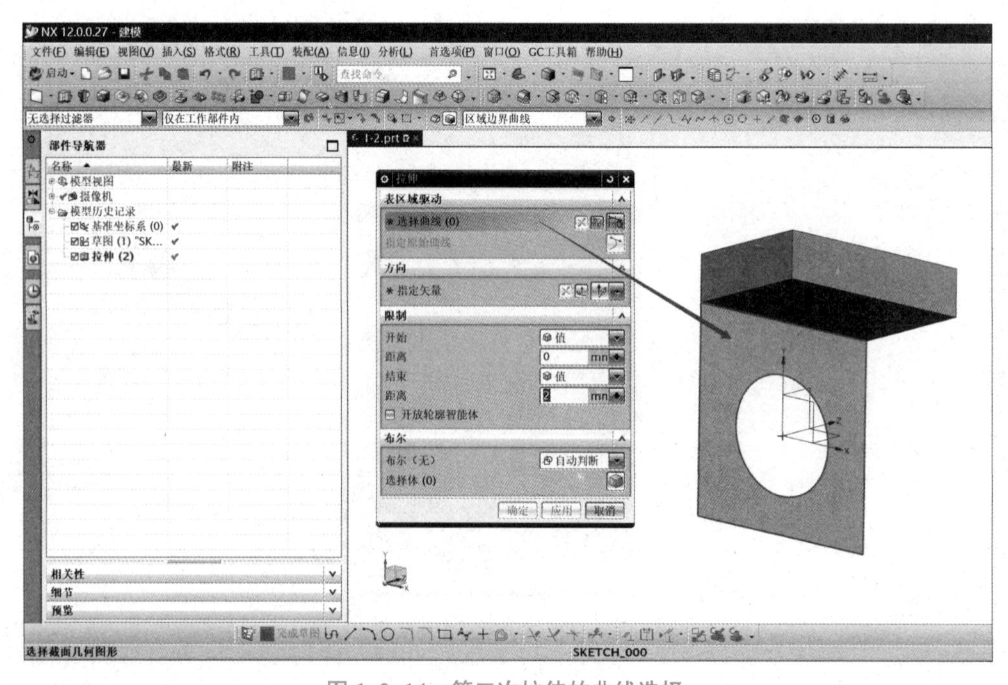

图 1-2-14　第二次拉伸的曲线选择

拉伸“限制”中的“开始”和“结束”均选择“值”，“开始距离”设置为 0，“结束距离”设置为 10，将布尔运算类型设置为“合并”，如图 1-2-15 所示。单击“确定”按钮，完成第二次拉伸建模，至此也完成零件主体部分的建模。

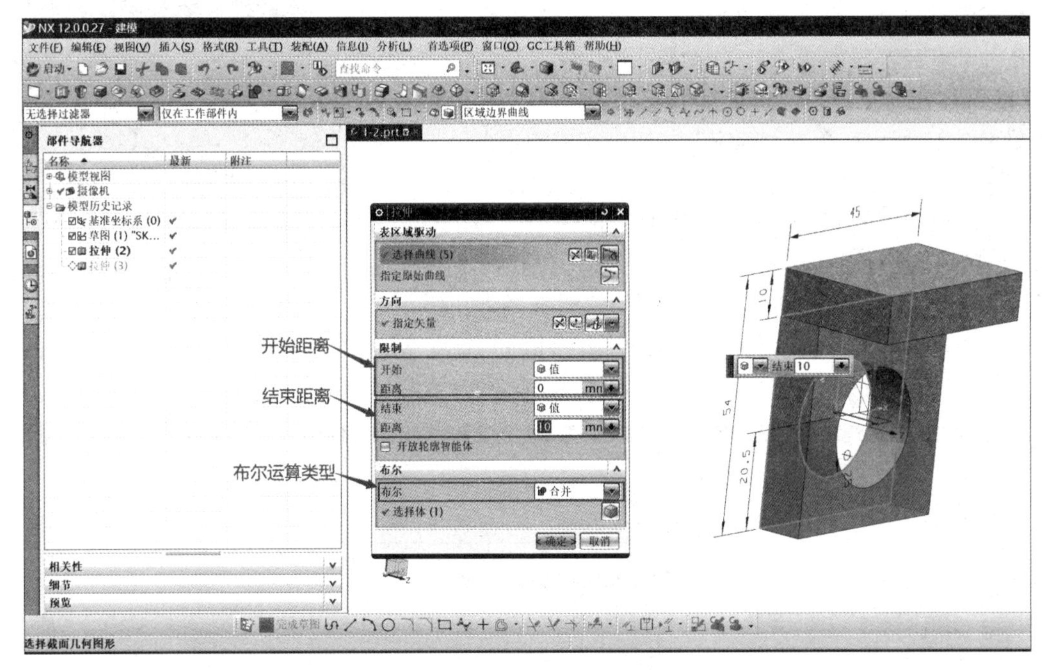

图 1-2-15　第二次拉伸的参数设置

（8）执行菜单栏“插入”—“设计特征”—“孔”命令，如图 1-2-16 所示，进入孔特征建模环境，创建直径为 4.2 的孔。

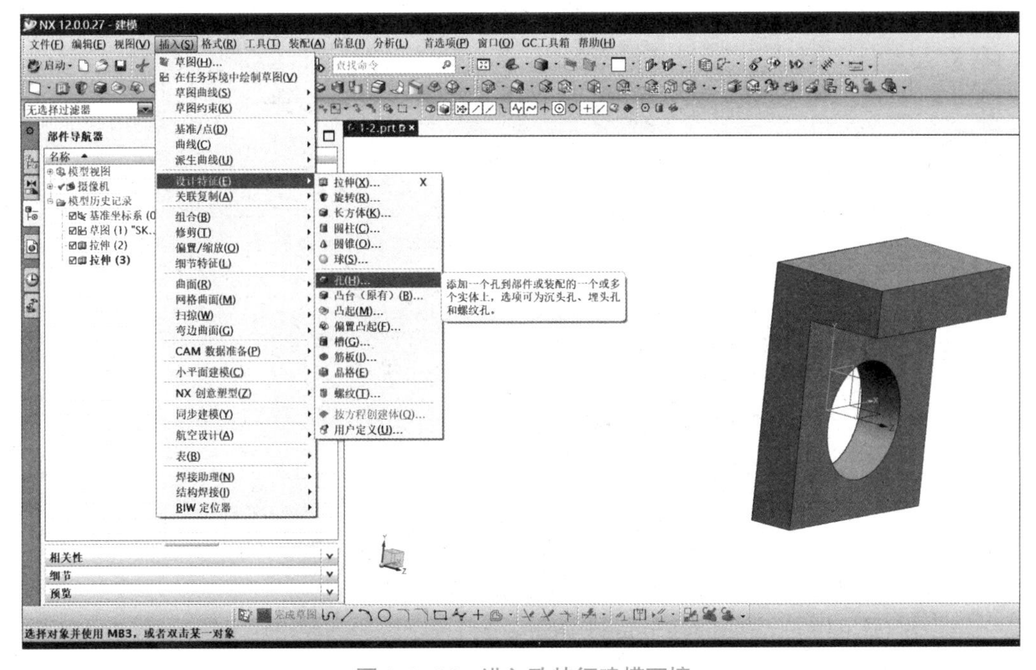

图 1-2-16　进入孔特征建模环境

在弹出的对话框中，孔的位置选择为左侧面，并对孔的中心点位置进行尺寸标注，完成孔的定位，如图 1-2-17 所示。

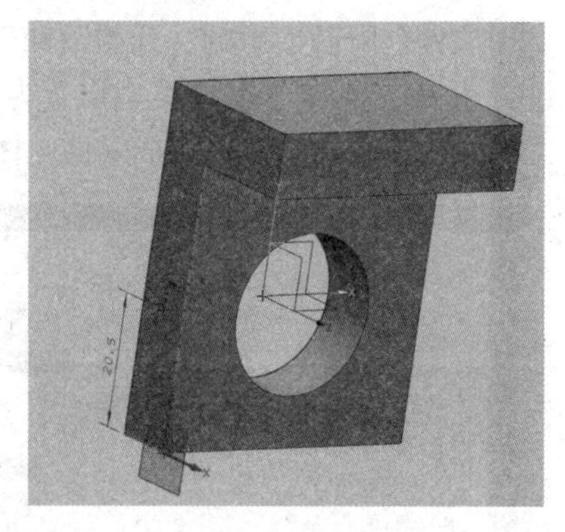

图 1-2-17　直径 4.2 的孔的中心点定位

孔的“类型”设置为“常规孔”，“成形”选择“简单孔”，“直径”设置为 4.2，“深度限制”设置为“值”，“深度”设置为 22.5，将布尔运算类型设置为“减去”，如图 1-2-18 所示。单击“确定”按钮，完成侧边直径为 4.2 的孔特征创建。

（9）执行菜单栏“插入”—“设计特征”—“孔”命令，如图 1-2-16 所示，进入孔特征建模环境，创建两个直径为 9 的孔。在弹出的对话框中，孔的位置选择为孔所在的平面，因此面有两个孔，需要增设一个孔的中心点（孔命令默认创建一个点）。对孔的中心点位置进行尺寸标注，完成孔的定位，如图 1-2-19 所示。

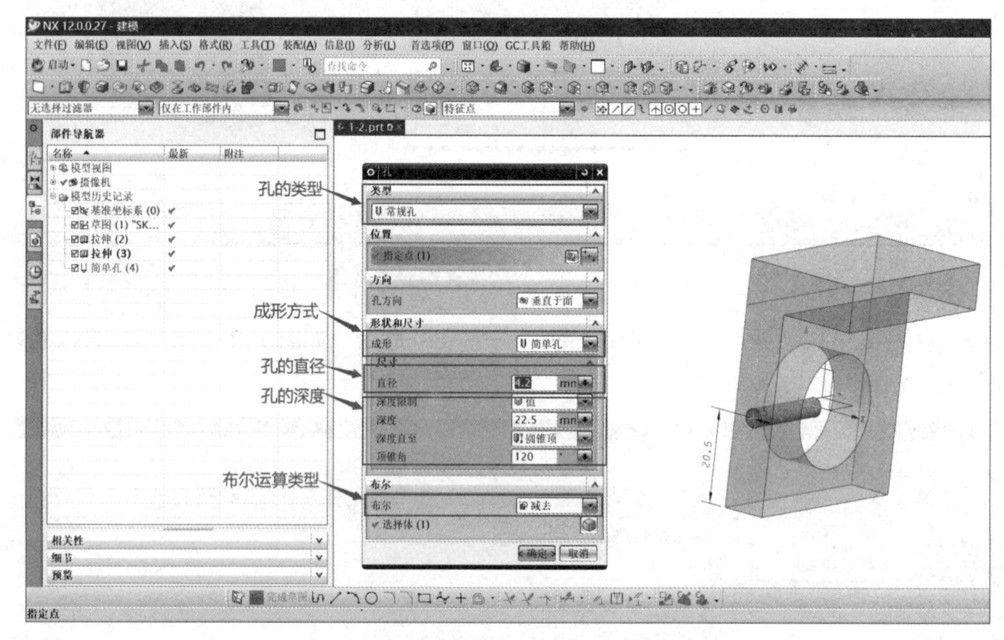

图 1-2-18　直径为 4.2 的孔的相关参数设置

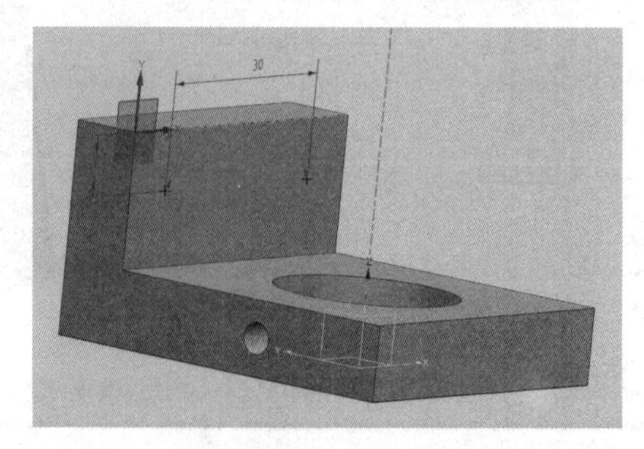

图 1-2-19　直径为 9 的孔的中心点定位

孔的“类型”设置为“常规孔”，“成形”选择“简单孔”，“直径”设置为9，“深度”限制设置为“贯通体”，将布尔运算类型设置为“减去”，如图1-2-20所示。单击“确定”按钮，完成两个直径为9的孔特征创建。至此，也完成整个“导轨轴支架”模型的创建。

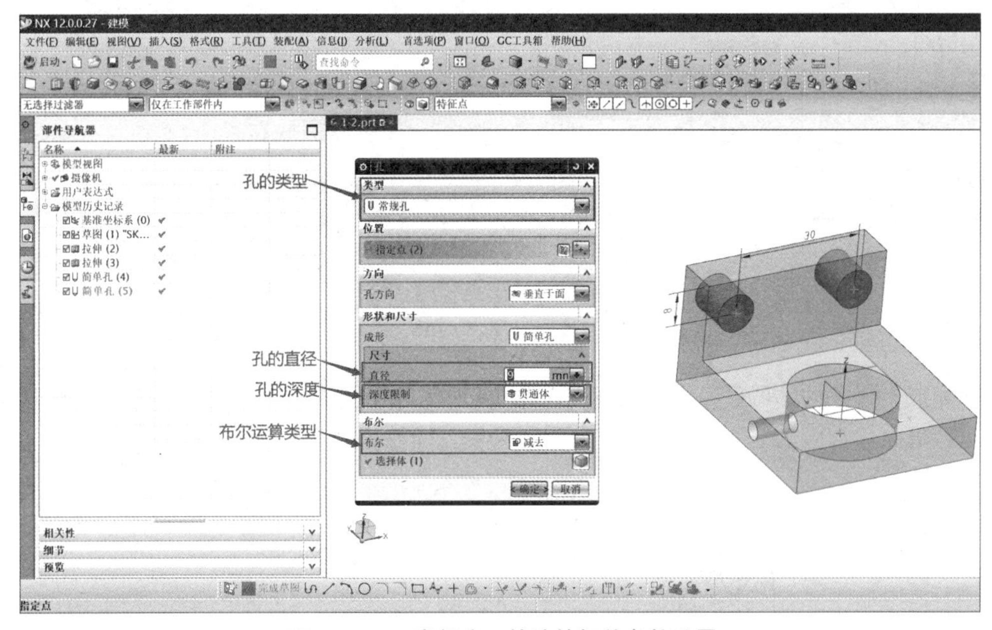

图 1-2-20　直径为 9 的孔的相关参数设置

五、任务总结

1. 草绘对称约束注意事项（图 1-2-21）

（1）对称约束时，注意指定正确的对称中心轴；

（2）若下一组对称约束的中心线不相同，需要关闭此对话框后重新指定中心线。

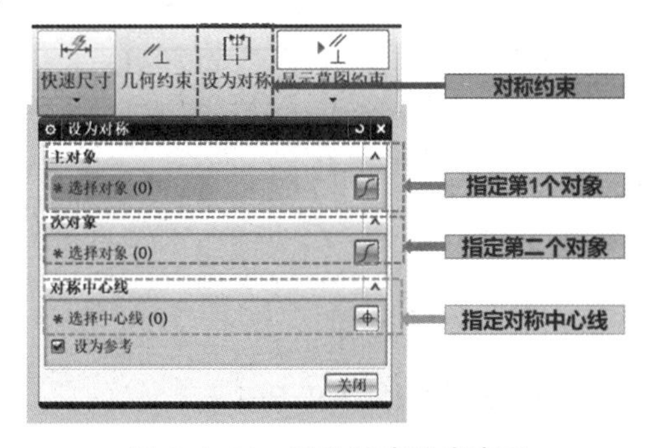

图 1-2-21　对称约束注意事项

2. 多次拉伸注意事项（图 1-2-22）

（1）台阶式的零件，各部分的厚度不同，无须绘制多个草图。可以一次性完成草图绘制，然后进行多次拉伸。

（2）多次拉伸时，应注意每次拉伸选择不同的曲线；同时应特别注意选用合适的曲线选择过滤器。

（3）多次拉伸应特别注意拉伸方向，若发现方向不对，可以单击“反向”按钮进行修正。

（4）每次拉伸时应注意正确指定开始、结束数值。

（5）多次拉伸时，若存在相加或相减情况，应注意指定布尔运算类型。

3. 简单孔注意事项（图 1-2-23）

（1）注意选择正确的孔类型；

（2）选择正确的孔的成形方式；

（3）注意指定正确的孔的参数。

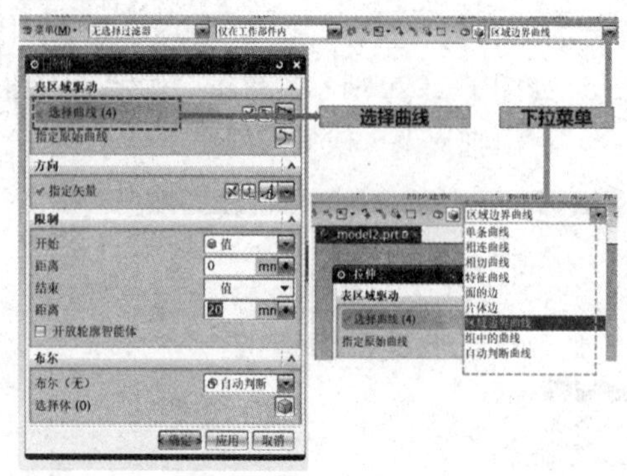

图 1-2-22　多次拉伸注意事项

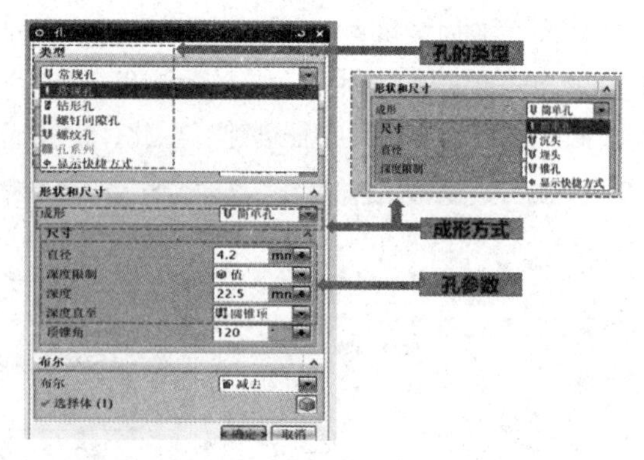

图 1-2-23　简单孔注意事项

六、任务拓展

在完成本任务的学习后，请完成如图 1-2-24 所示的零件的三维建模，对本次任务中的知识点进行巩固。

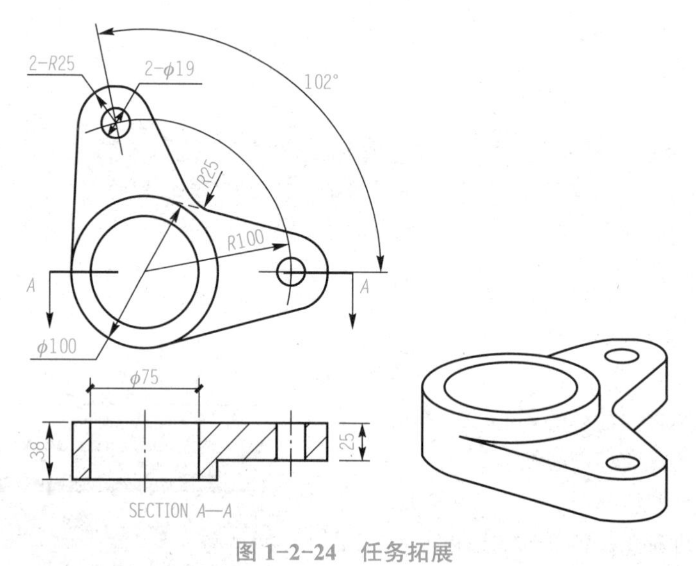

图 1-2-24　任务拓展

七、考核评价

任务评分表见表 1-2-1。

表 1-2-1　任务评分表

<table>
<tr><td colspan="3">任务编号及名称：</td><td colspan="2">姓名：</td><td colspan="2">组号：</td><td>总分：</td></tr>
<tr><td colspan="2">评分项</td><td>评价指标</td><td>分值</td><td>学生自评</td><td>小组互评</td><td colspan="2">教师评分</td></tr>
<tr><td rowspan="4">专业能力</td><td>识图能力</td><td>能够正确分析零件图纸，设计合理的建模步骤</td><td></td><td></td><td></td><td colspan="2"></td></tr>
<tr><td>命令使用</td><td>能够合理选择、使用相关命令</td><td></td><td></td><td></td><td colspan="2"></td></tr>
<tr><td>建模步骤</td><td>能够明确建模步骤，具备清晰的建模思路</td><td></td><td></td><td></td><td colspan="2"></td></tr>
<tr><td>完成精度</td><td>能够准确表达模型尺寸，显示完整细节</td><td></td><td></td><td></td><td colspan="2"></td></tr>
</table>

续表

评分项		评价指标	分值	学生自评	小组互评	教师评分
方法能力	创新意识	能够对设计方案进行修改优化，体现创新意识				
	自学能力	具备自主学习能力，课前有准备，课中能思考，课后会总结				
	严谨规范	能够严格遵守任务书要求，完成相应的任务				
社会能力	遵章守纪	能够自觉遵守课堂纪律、爱护实训室环境				
	学习态度	能够针对出现的问题，分析并尝试解决，体现精准细致、精益求精的工匠精神				
	团队协作	能够进行沟通合作，积极参与团队协作，具有团队意识				
备注：按照评价指标分为4档，优秀10分、良好7分、一般5分、合格2分						

任务三　滑块建模

一、任务描述

利用UG的草图镜像、拉伸、特征镜像等命令，完成如图1-3-1所示的“滑块”的三维建模。

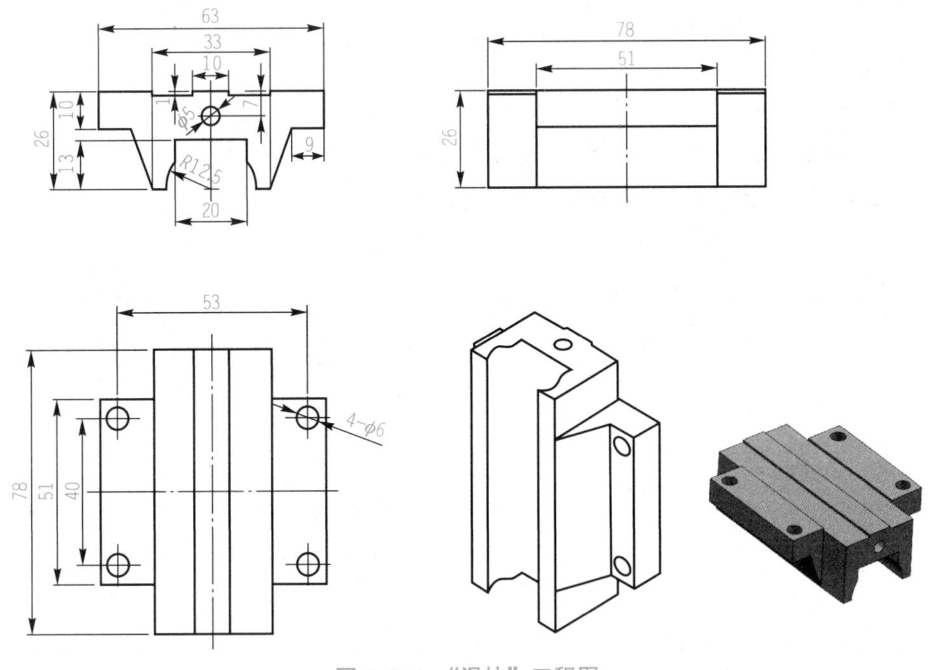

图1-3-1　“滑块”工程图

二、学习目标

1. 知识目标

（1）掌握中等复杂零件的草绘及约束方法；

（2）掌握草图镜像创建对称草图的方法。

2. 能力目标

运用特征镜像创建具体对称性的三维实体模型。

3. 素养目标

（1）培养严谨规范的建模素养；

（2）培养对制造大国的敬畏之情。

三、知识储备

本任务涉及的知识点主要包括：

（1）草图几何约束中的“水平对齐”和“竖直对齐”：详见“知识点索引 3.2”。

（2）草图几何约束中的“等长”：详见“知识点索引 3.2”。

（3）“镜像曲线”创建对称草图：详见“知识点索引 3.1”。

（4）拉伸中的“对称拉伸”：详见“知识点索引 4.1”。

（5）“镜像特征”创建对称实体：详见“知识点索引 6.4”。

四、任务实施

（1）打开 UG 软件，执行“文件”—“新建”命令，新建名称为 1_3.prt 的部件文档，单位选择为毫米，如图 1-3-2 所示。单击“确定”按钮，进入建模功能模块。

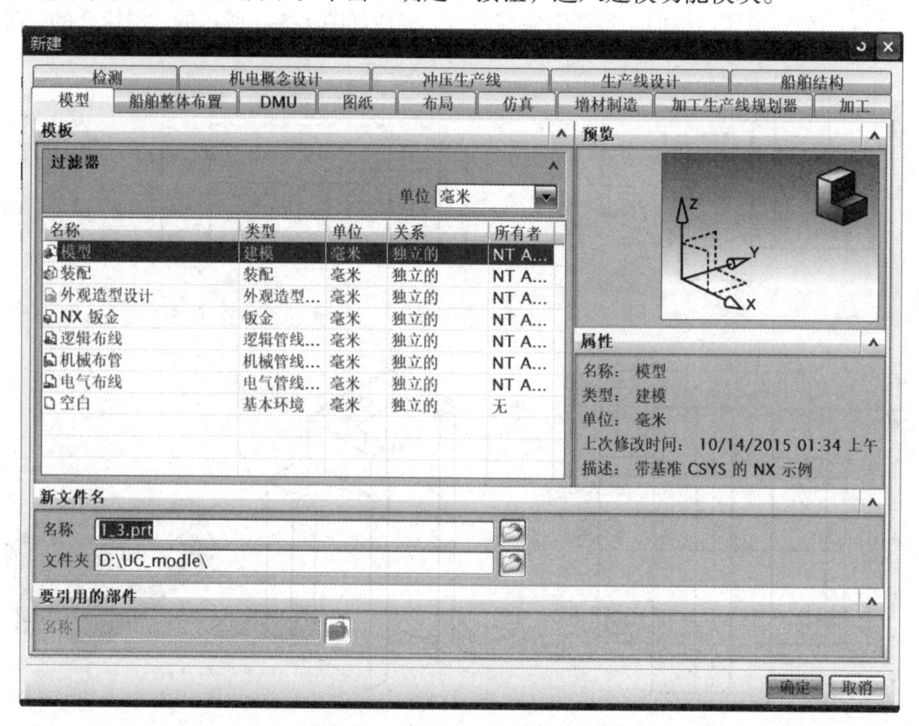

图 1-3-2　新建 1_3 滑块部件

（2）执行菜单栏“插入”—“在任务环境中绘制草图”命令，如图 1–3–3 所示。

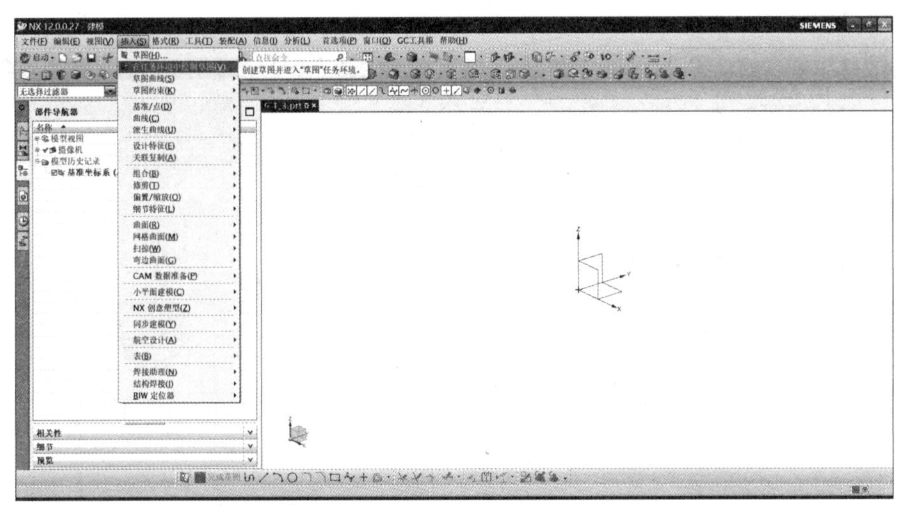

图 1–3–3　进入草绘环境

系统弹出“创建草图”对话框，如图 1–3–4 所示，所有选项均为默认，单击“确定”按钮进行草图环境创建。

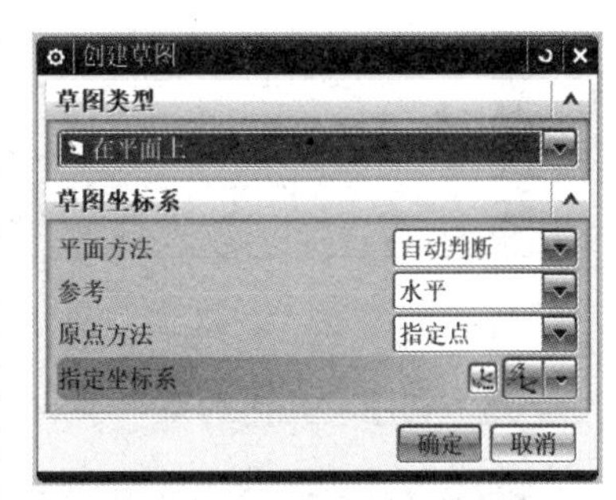

图 1–3–4　“创建草图”对话框

（3）先利用“直线”及“转换参考线”命令绘制两条中心线，并标注长度；再利用草绘工具中的“圆”和“轮廓”命令，进行零件主视图的左半部分草图绘制。注意：上方圆的圆心设置在默认坐标系的原点位置；下方圆的圆心设置在中心线的下端点；上方横线的起点与中心线上端点重合。草图绘制完成后，按压鼠标中键结束草图绘制。绘制完成的草图如图 1–3–5 所示。

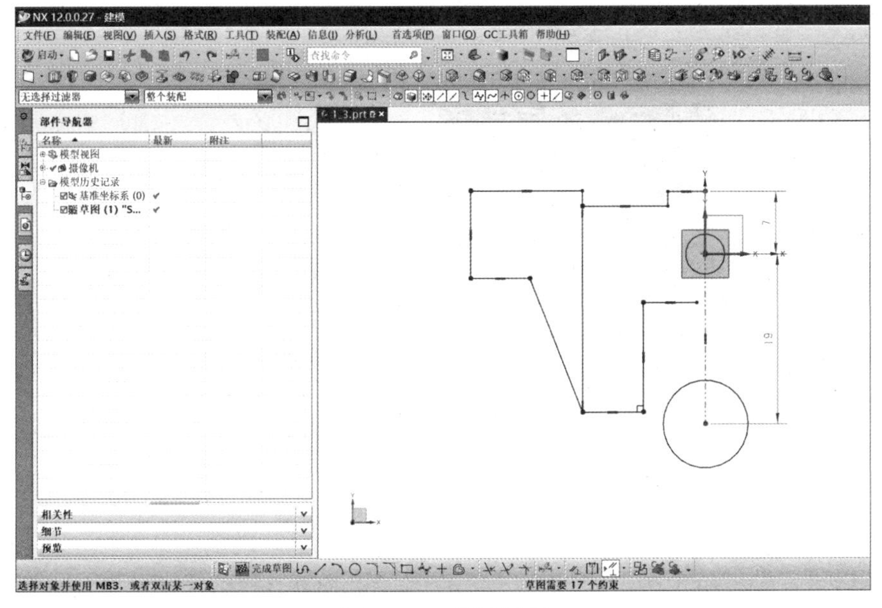

图 1–3–5　草图绘制

（4）利用“几何约束”中的“水平对齐”，将最下方的横线的两个端点与中心线的下端点对齐，如图 1-3-6 所示。

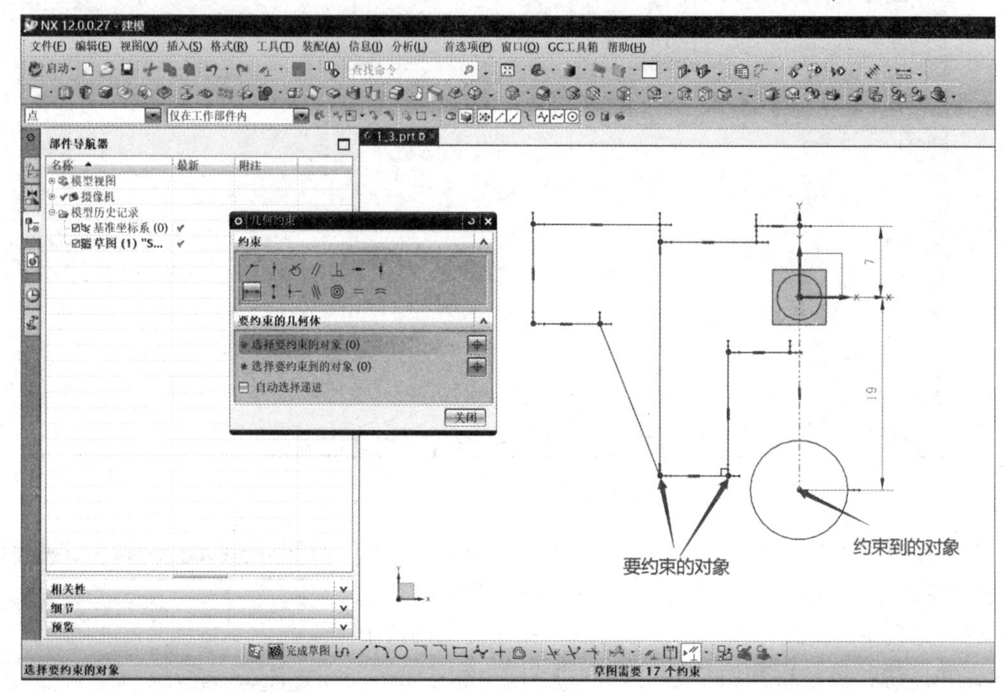

图 1-3-6 “水平对齐”约束

（5）利用“几何约束”中的“竖直对齐”，将如图 1-3-7 所示的两条竖线对齐。

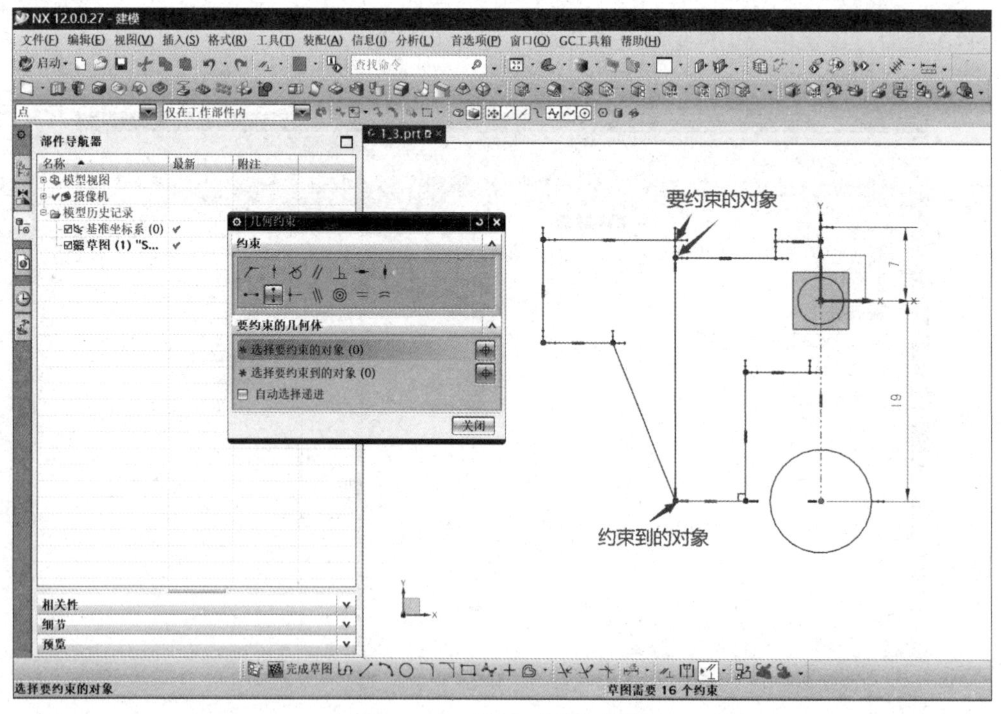

图 1-3-7 “竖直对齐”约束

（6）利用“几何约束”中的“等长”，将如图 1-3-8 所示的两条竖线设置为长度相等。

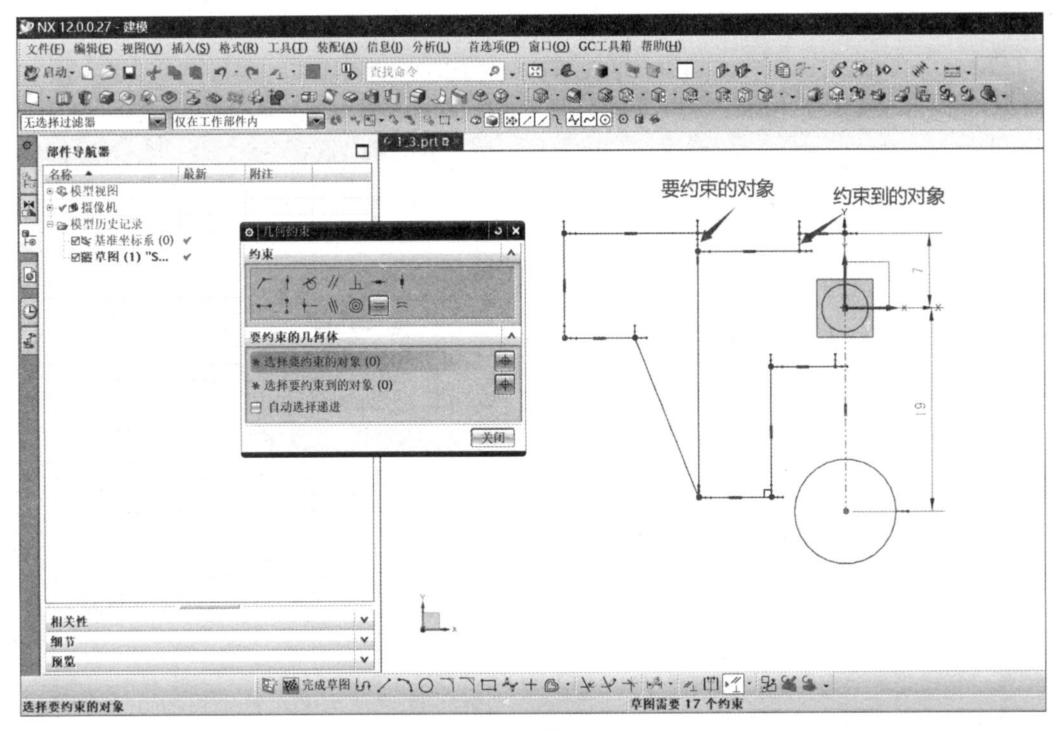

图 1-3-8 “等长”约束

（7）利用“几何约束”中的“点在曲线上”，将如图 1-3-9 所示的横线端点落在中心线上。

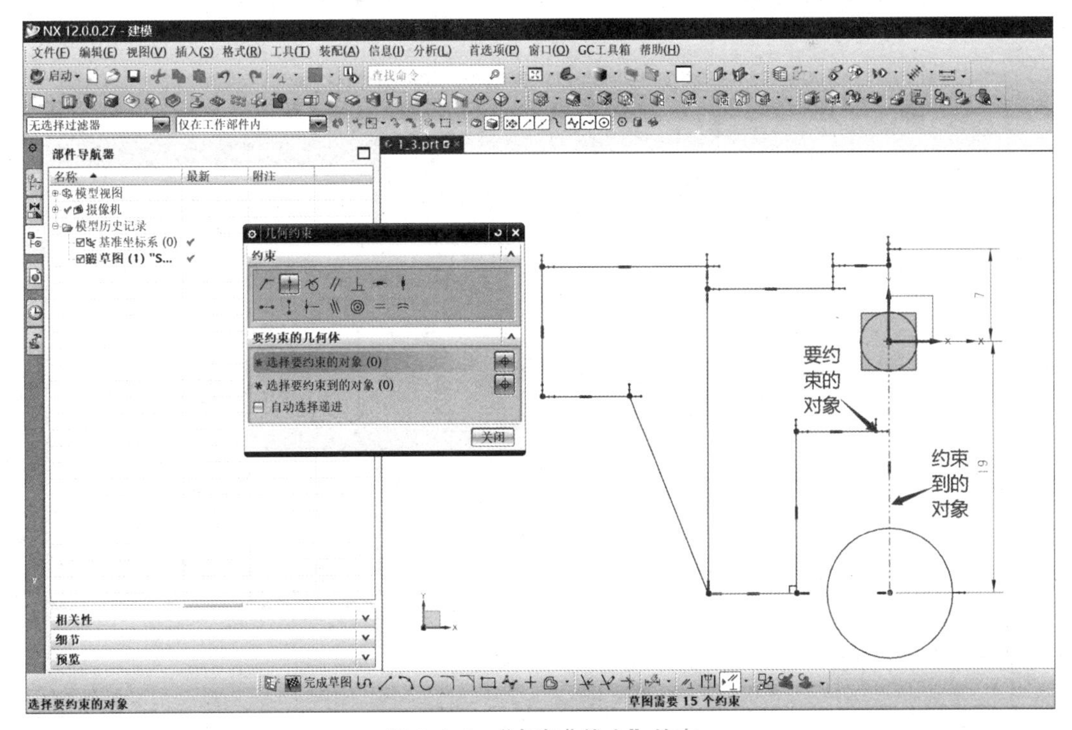

图 1-3-9 “点在曲线上”约束

（8）执行“快速尺寸标注”命令，对轮廓尺寸进行相应的标注，标注完成后的草图如图 1-3-10 所示。

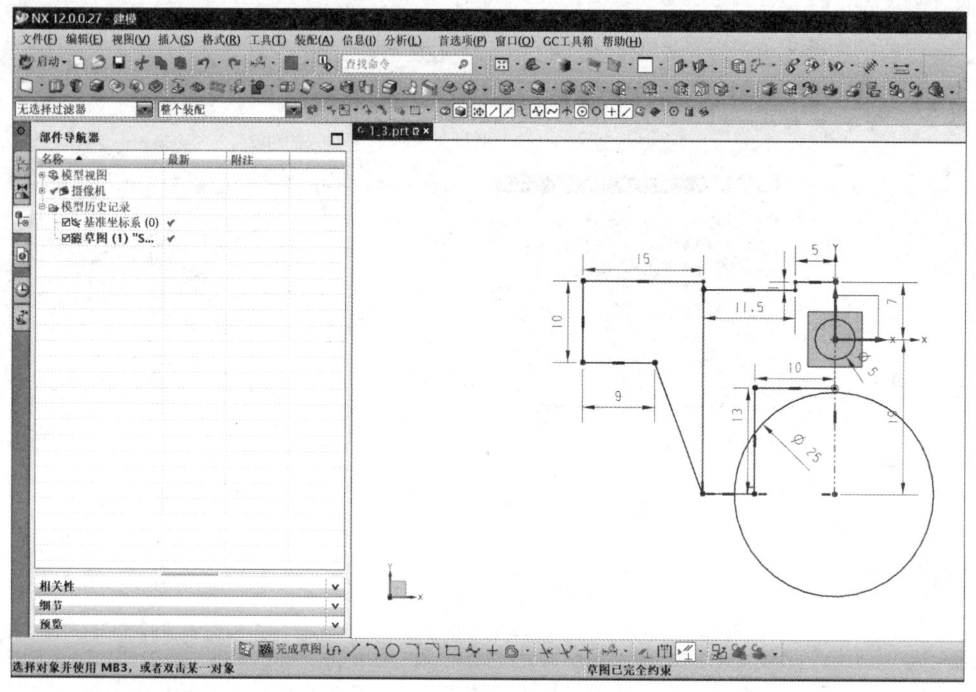

图 1-3-10 “快速尺寸标注”

（9）执行“快速修剪”命令，将下方大圆多余的部分及多余的直线部分修剪掉，完成后的草图如图 1-3-11 所示。

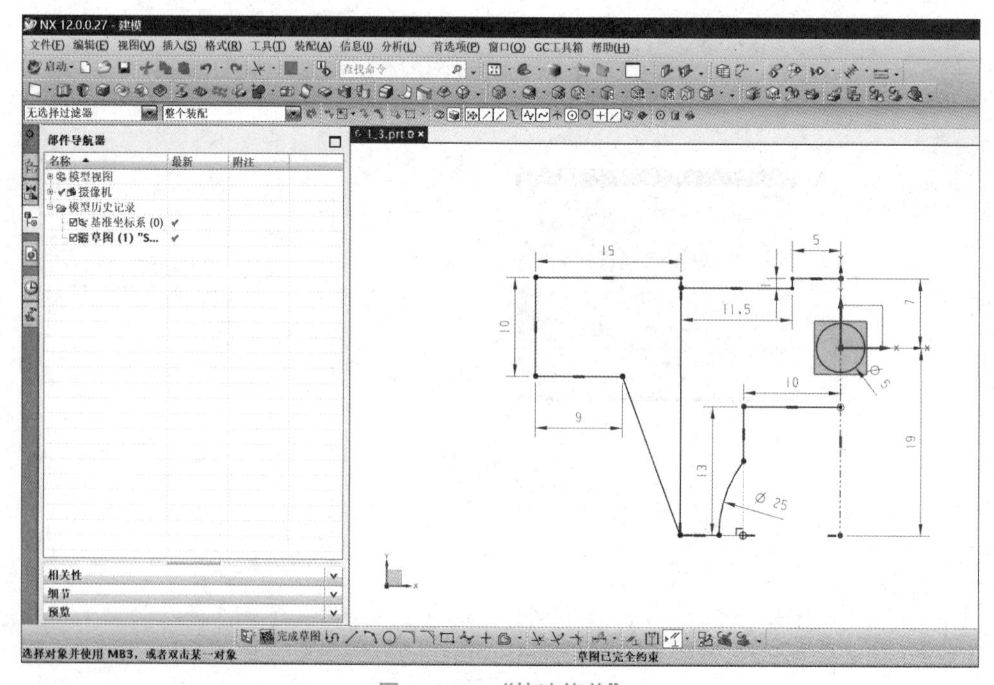

图 1-3-11 “快速修剪”

（10）选择“镜像曲线”选项，镜像完成草图的右半部分。“镜像曲线”命令如图 1–3–12 所示。

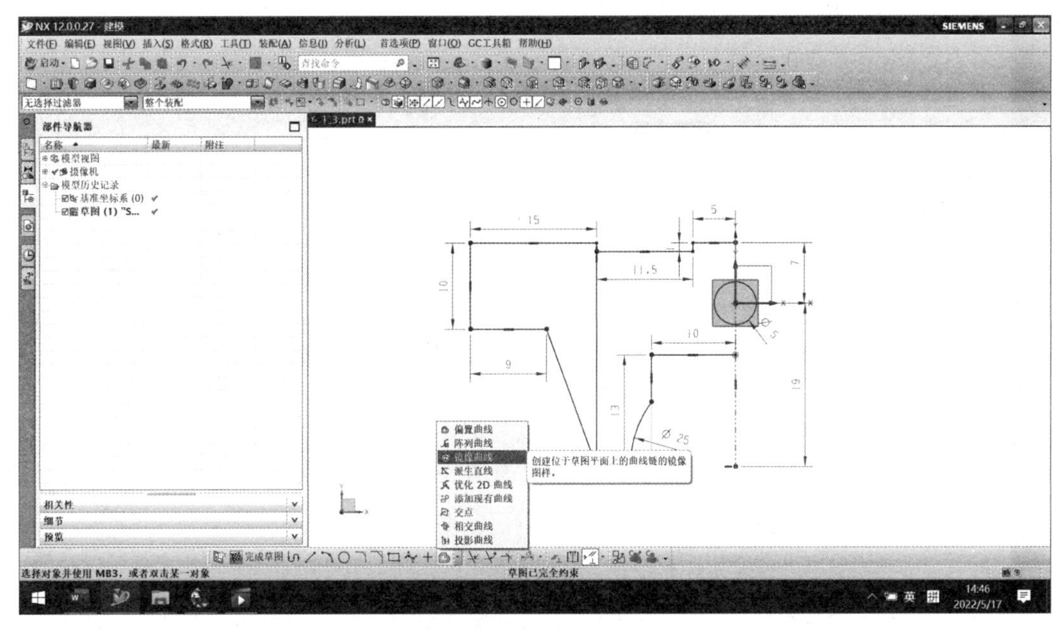

图 1–3–12 “镜像曲线”命令

在弹出的对话框中，“曲线”在主窗口中选择前面绘制的左半部分草图，“中心线”选择前面草图绘制的中心线，如图 1–3–13 所示。

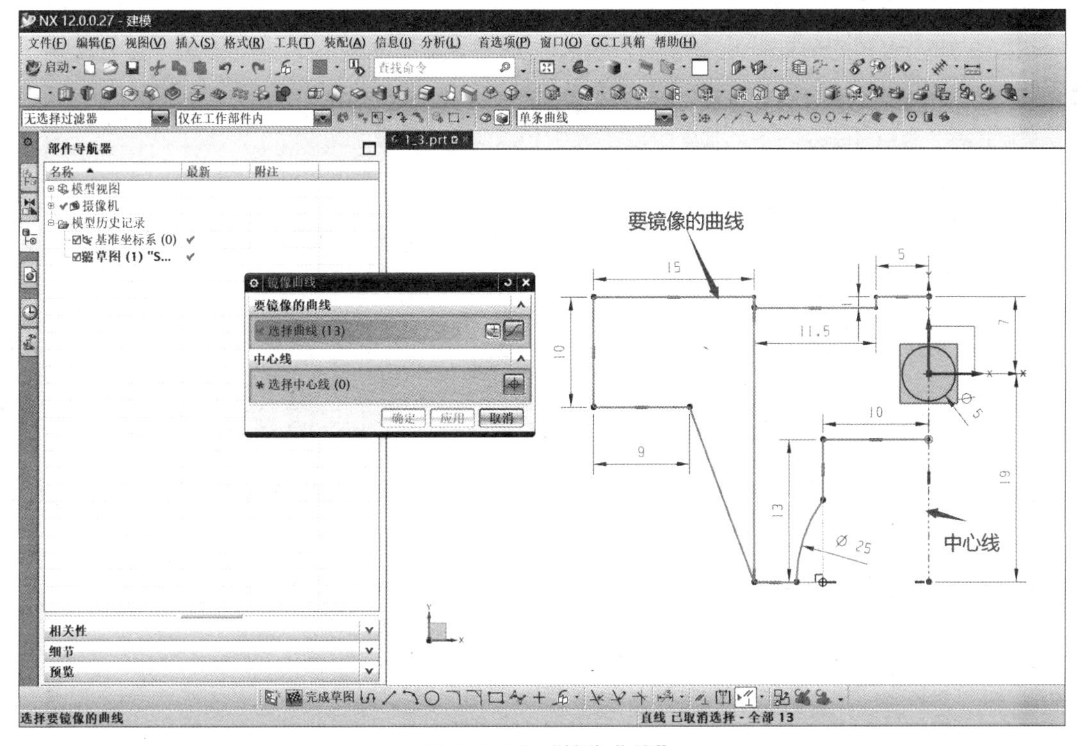

图 1–3–13 “镜像曲线”

下方提示栏显示“草图已完全约束”，说明草图已绘制完成，单击“完成草图”按钮，结束草图绘制，如图 1-3-14 所示。

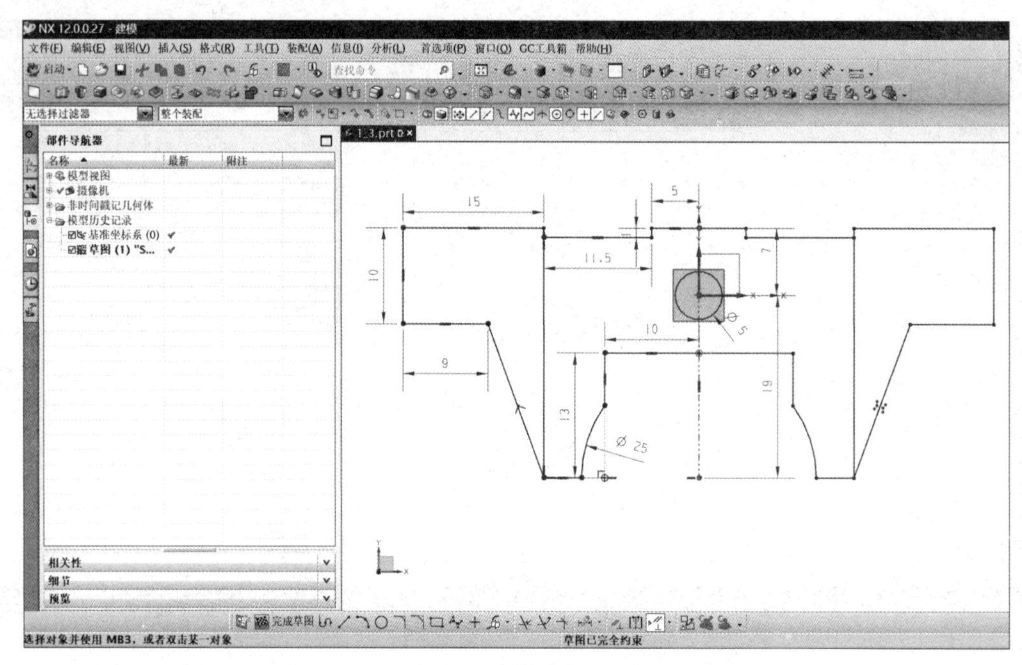

图 1-3-14　草图绘制完成

（11）执行菜单栏“插入”—“设计特征”—“拉伸”命令，如图 1-3-15 所示，进入拉伸环境，开始第一次拉伸建模。

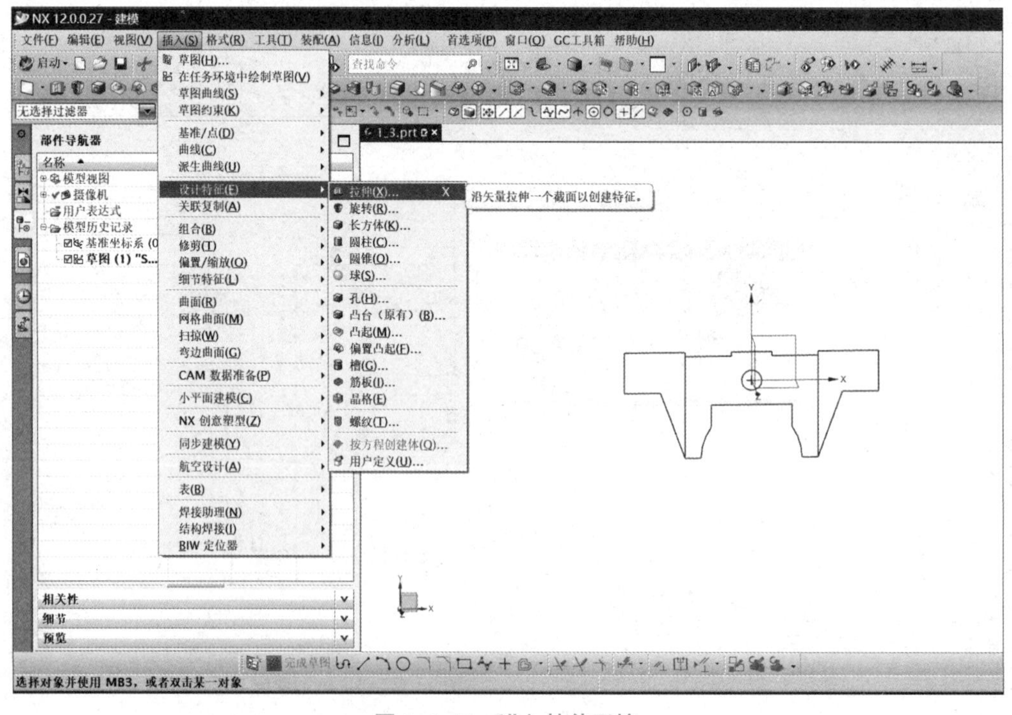

图 1-3-15　进入拉伸环境

将曲线选择过滤器设置为“区域边界曲线”，如图 1-3-16 所示。

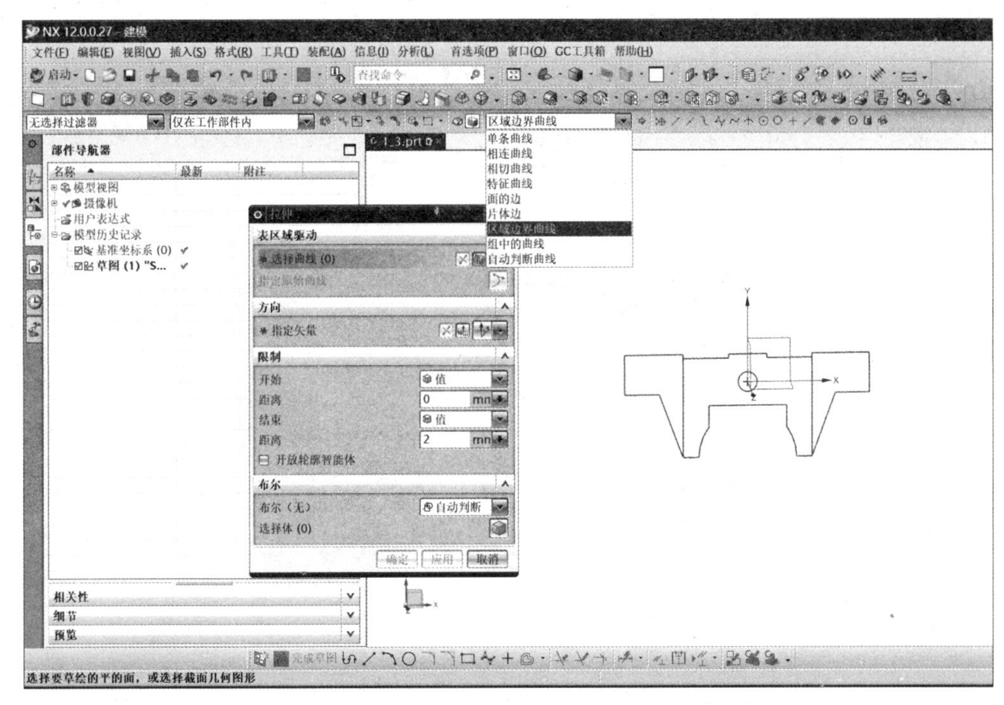

图 1-3-16　曲线过滤器设置为“区域边界曲线”

在弹出的对话框中，拉伸“曲线”在主窗口中选择绘制草图的中间部分区域，如图 1-3-17 所示。

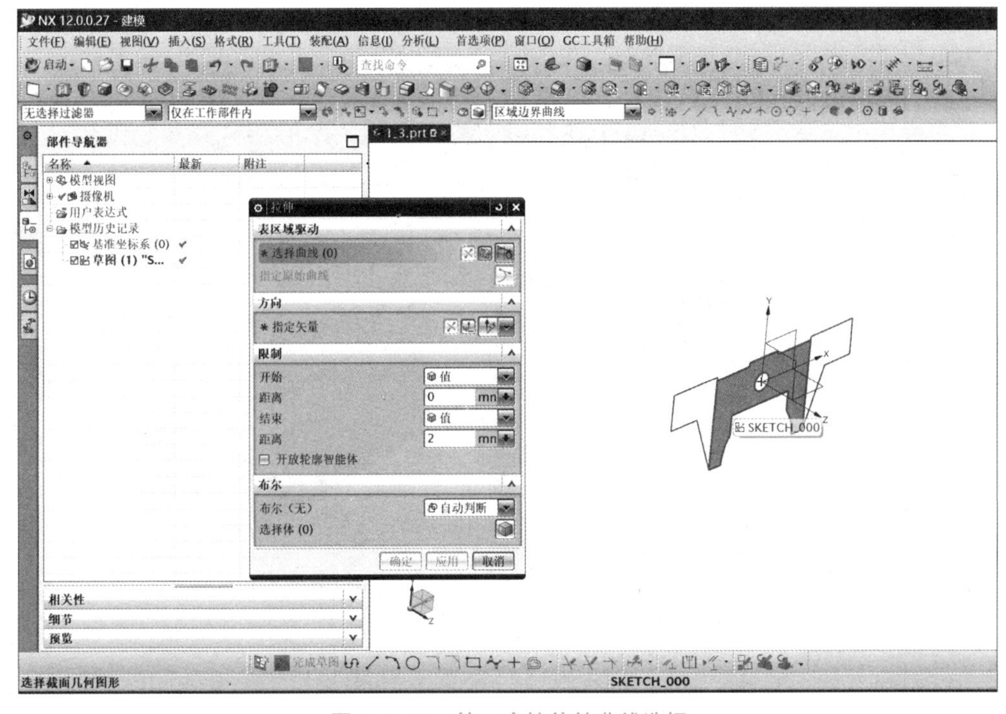

图 1-3-17　第一次拉伸的曲线选择

拉伸“限制”中的“结束”选择“对称值”，“距离”设置为39，如图1-3-18所示。单击“确定”按钮，完成第一次拉伸建模。

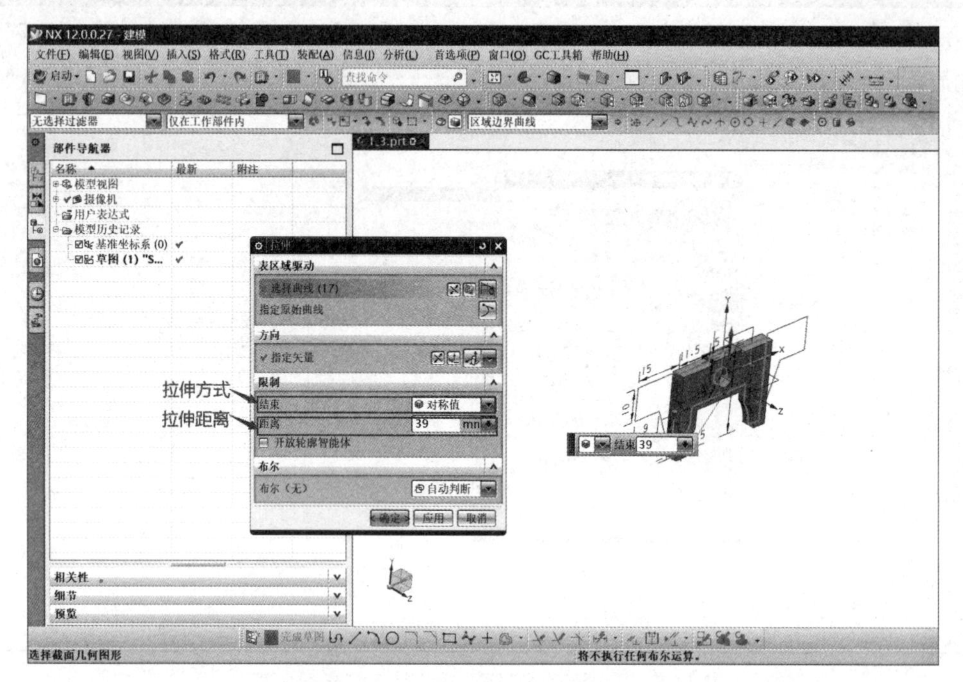

图1-3-18　第一次拉伸的参数设置

（12）执行菜单栏“插入”—“设计特征”—“拉伸”命令，如图1-3-15所示，进入拉伸环境，开始第二次拉伸建模。拉伸“曲线”在主窗口中，同时选择绘制草图的两侧部分区域，如图1-3-19所示。

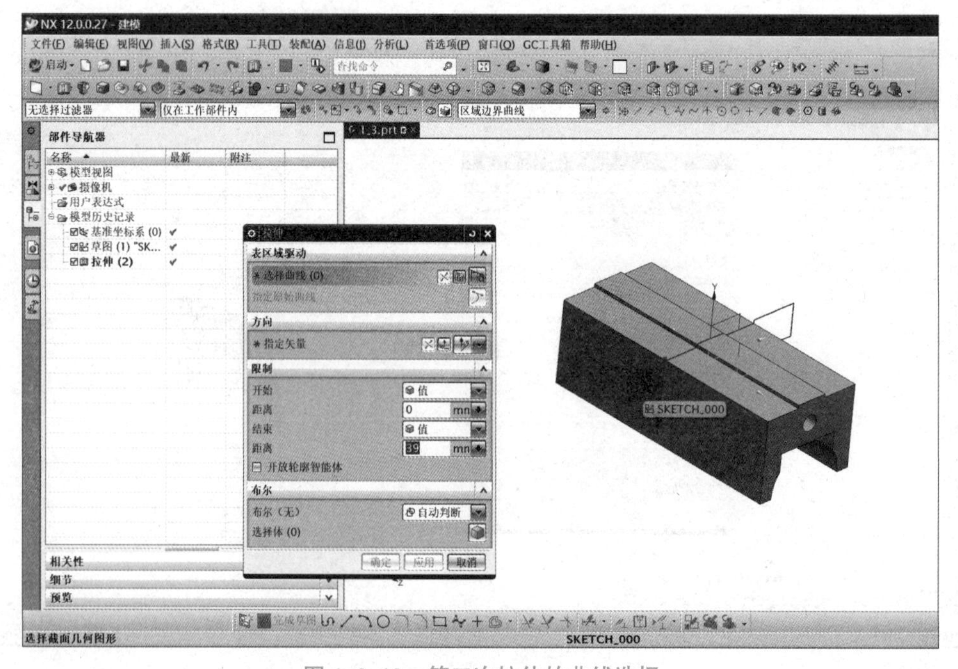

图1-3-19　第二次拉伸的曲线选择

拉伸“限制”中的“结束”选择“对称值”，“距离”设置为25.5，布尔运算的类型选择为“合并”，如图1-3-20所示。单击“确定”按钮，完成第二次拉伸建模，至此也完成零件主体部分的建模。

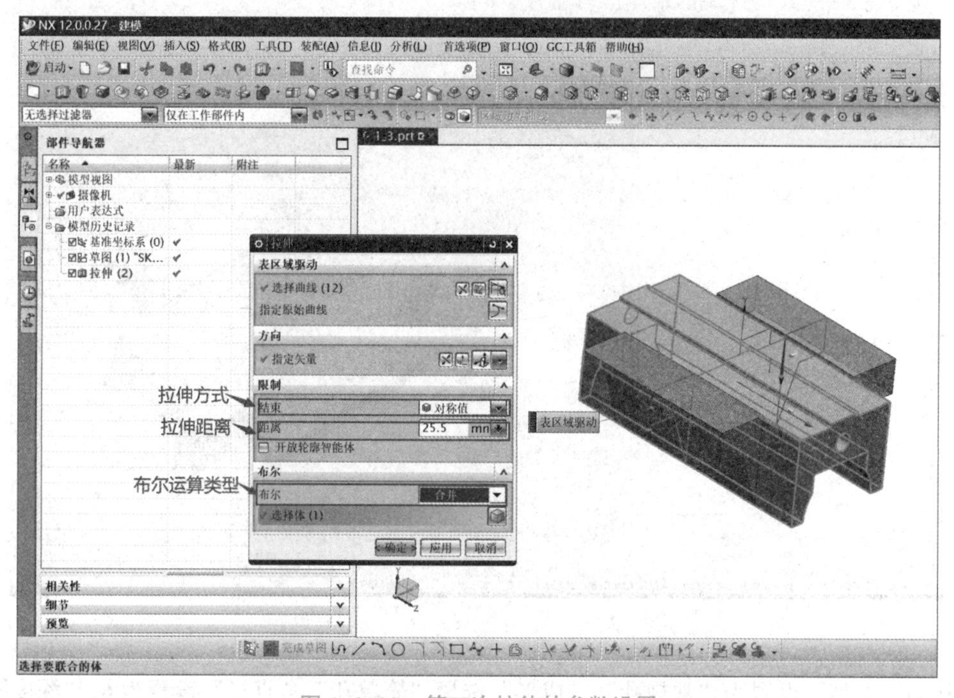

图 1-3-20　第二次拉伸的参数设置

（13）执行菜单栏“插入”—“设计特征”—“孔”命令，如图1-3-21所示，进入孔特征建模环境，创建一个孔。

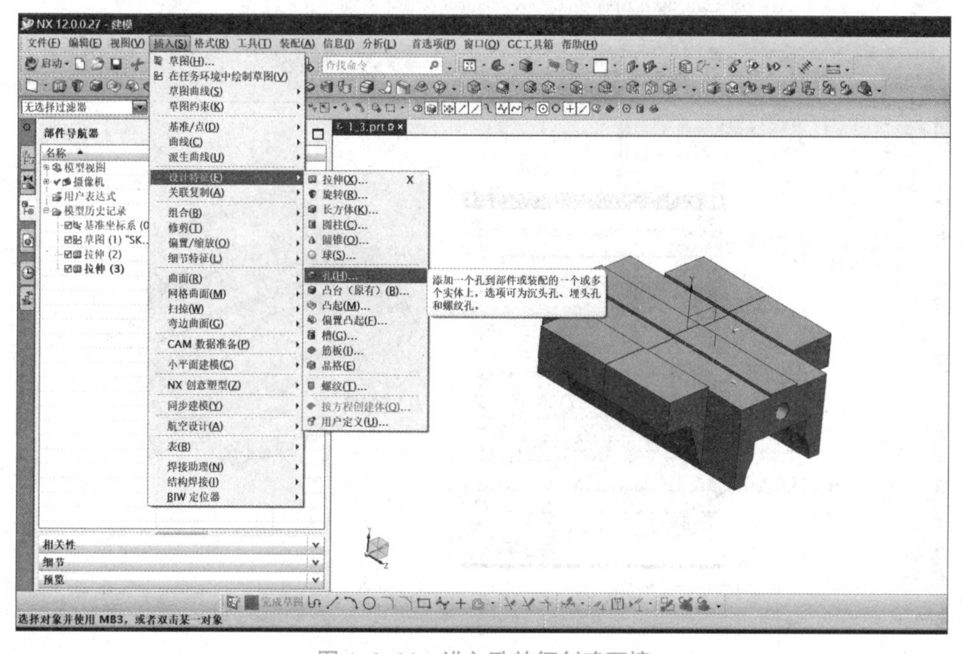

图 1-3-21　进入孔特征创建环境

在弹出的对话框中，孔的位置选择为左侧面，并对孔的中心点位置进行尺寸标注，完成孔的定位，如图 1–3–22 所示。

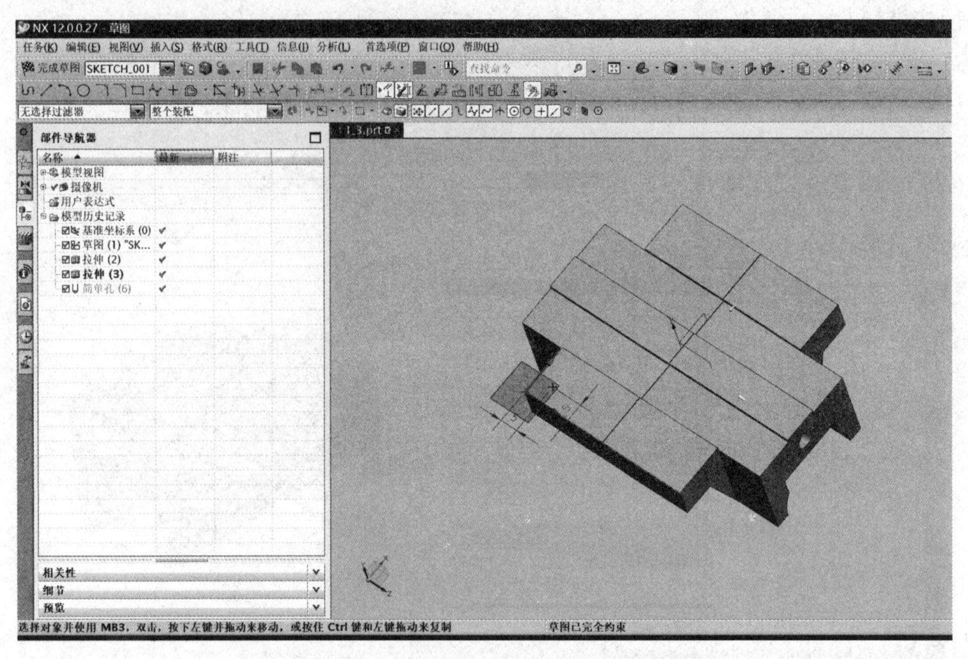

图 1–3–22　直径 6 的孔的中心点定位

孔的“类型”设置为“常规孔”，“成形”选择“简单孔”，“直径”设置为 6，“深度限制”设置为“贯通体”，将布尔运算类型设置为“减去”，如图 1–3–23 所示。单击“确定”按钮，完成一个直径为 6 的孔特征创建。

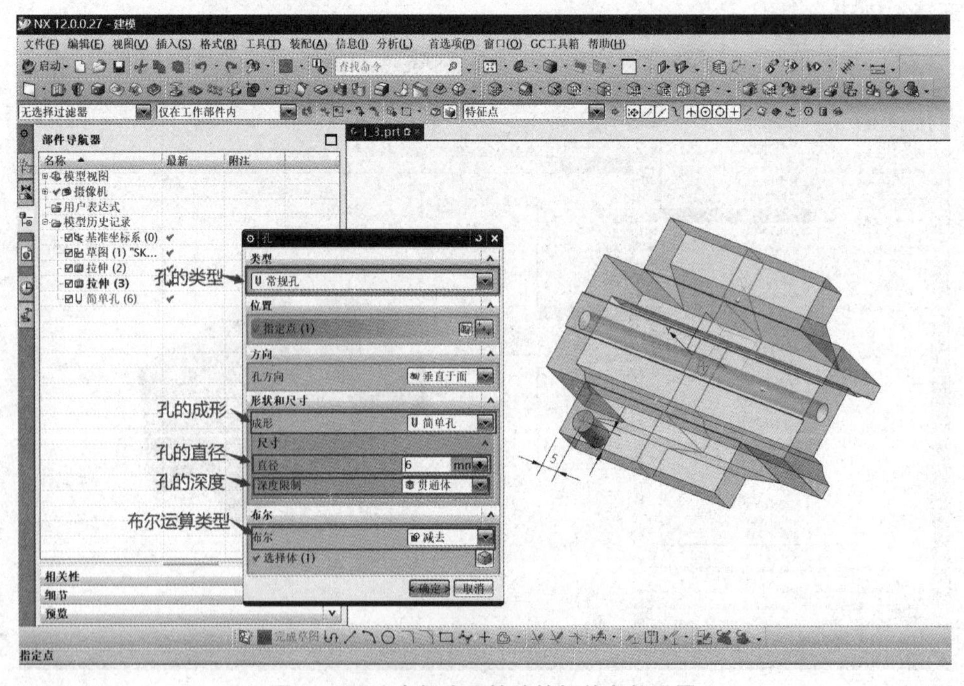

图 1–3–23　直径为 6 的孔的相关参数设置

（14）执行菜单栏“插入”—“关联复制”—“特征镜像”命令，如图 1-3-24 所示，利用镜像创建同侧的另外一个孔。

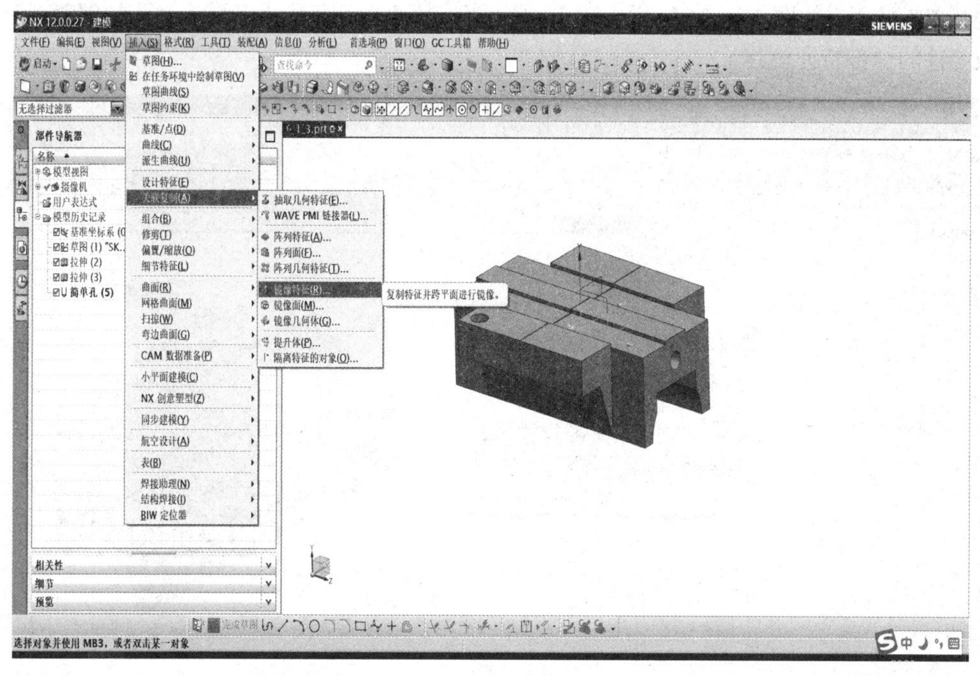

图 1-3-24　镜像特征

在弹出的对话框中，镜像特征选择刚刚创建的孔，镜像平面选择 XY 平面，如图 1-3-25 所示。单击“确定”按钮，完成同侧另外一个孔的创建。

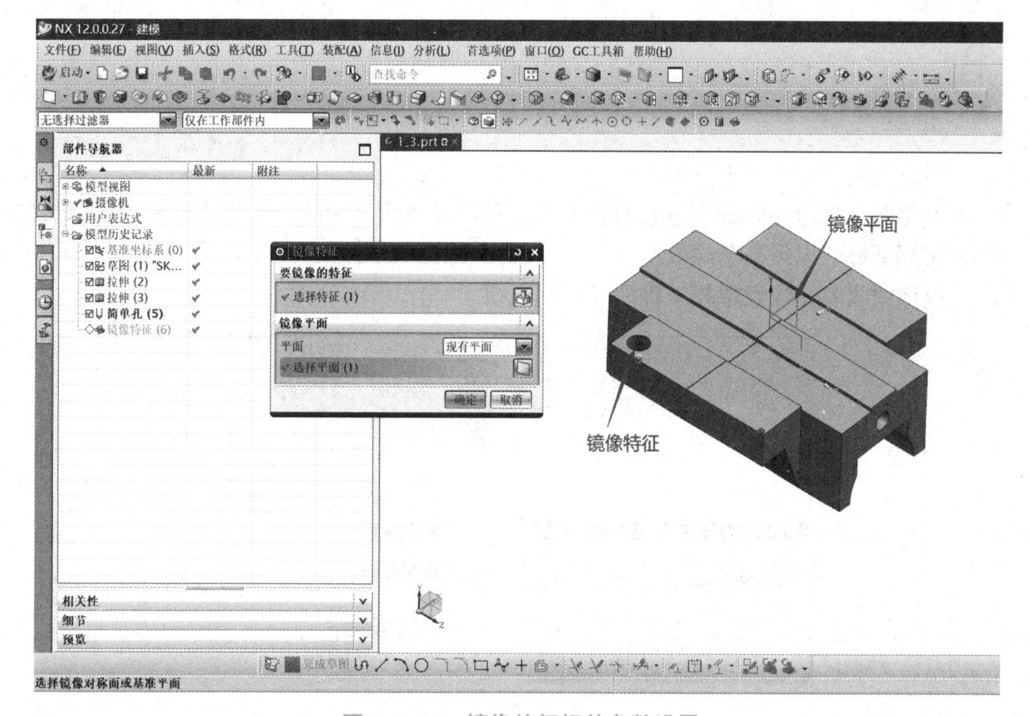

图 1-3-25　镜像特征相关参数设置

（15）执行菜单栏“插入”—“关联复制”—“特征镜像”命令，如图 1-3-24 所示，利用镜像创建另外一侧的两个孔。在弹出的对话框中，镜像特征选择左侧创建的两个孔，镜像平面选择 YZ 平面，如图 1-3-26 所示。单击“确定”按钮，完成另外一侧两个孔的创建。至此，完成零件的全部特征创建。

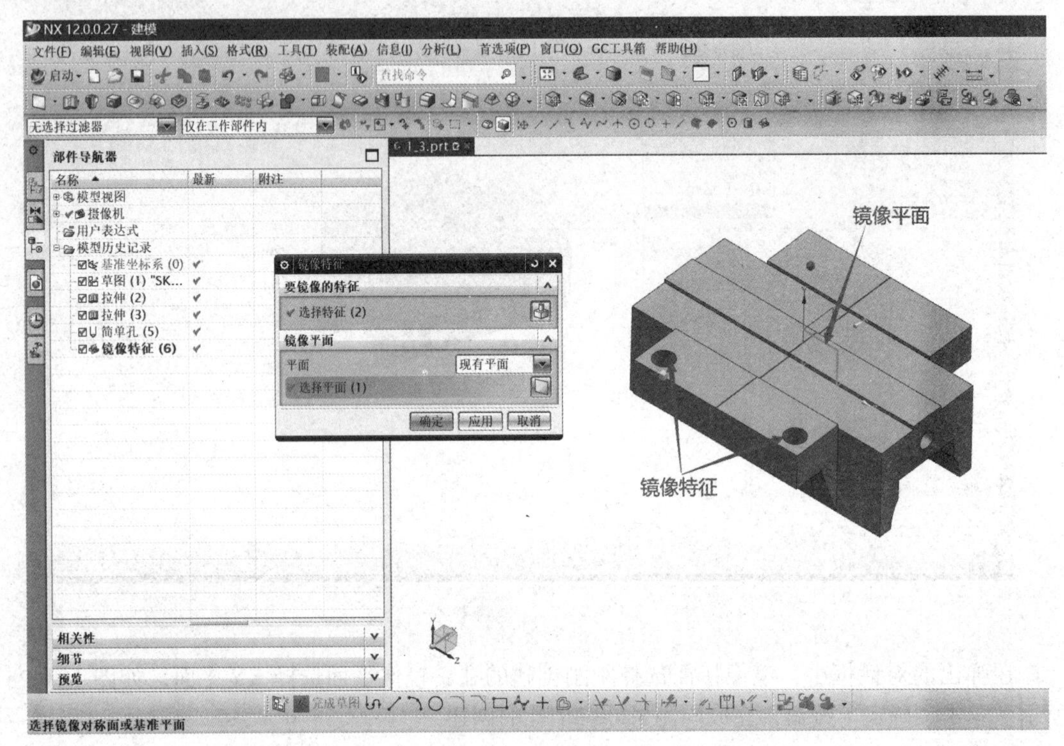

图 1-3-26　另外一侧两个孔的镜像特征相关参数设置

五、任务总结

1. 草图镜像注意事项（图 1-3-27）

（1）若草图有多个相同的部分且对称分布，可以先草绘其中的一部分，然后通过镜像曲线完成其余相同部分，以提高草绘效率。

（2）镜像曲线时，注意选择正确的对称中心线。

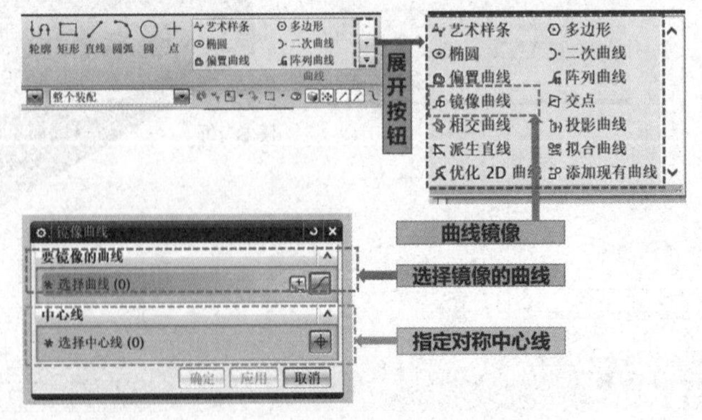

图 1-3-27　草图镜像注意事项

2. 镜像特征注意事项（图 1-3-28）

（1）若零件模型中有多个相同的特征且对称分布，可以先创建其中的一个特征，然后通过镜像特征完成其余特征，以提高建模效率。

（2）镜像曲线时，注意选择正确的对称平面。

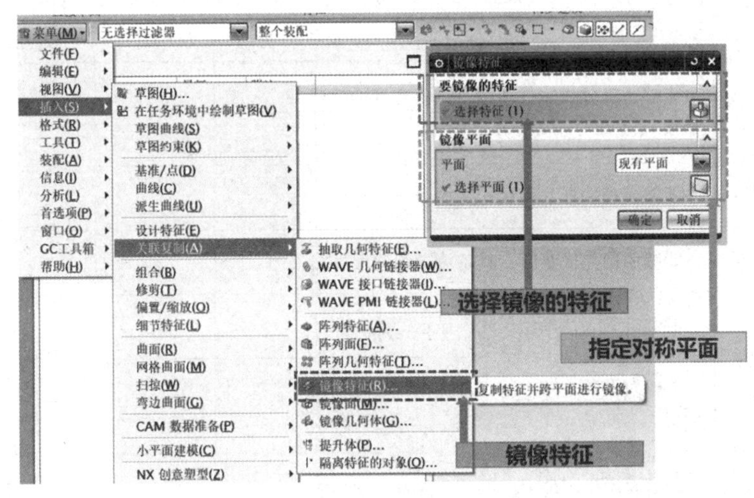

图 1-3-28　镜像特征注意事项

六、任务拓展

在完成本任务的学习后，请完成如图 1-3-29 所示的零件的三维建模，对本次任务中的知识点进行巩固。

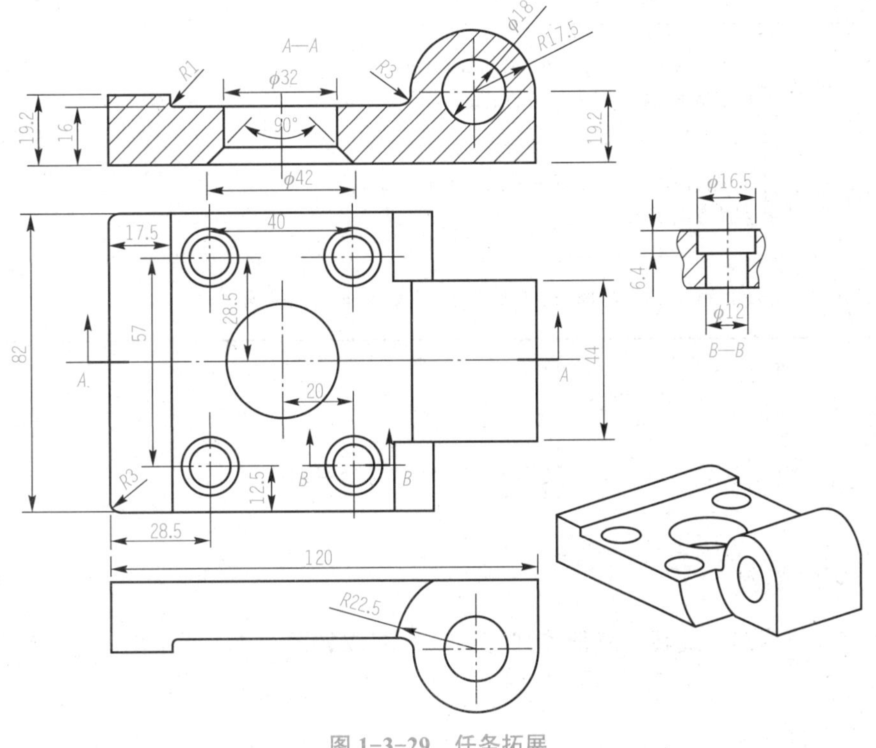

图 1-3-29　任务拓展

七、考核评价

任务评分表见表 1-3-1。

表 1-3-1　任务评分表

<table>
<tr><td colspan="3">任务编号及名称：</td><td colspan="2">姓名：</td><td colspan="2">组号：</td><td>总分：</td></tr>
<tr><td colspan="2">评分项</td><td>评价指标</td><td>分值</td><td>学生自评</td><td>小组互评</td><td colspan="2">教师评分</td></tr>
<tr><td rowspan="4">专业能力</td><td>识图能力</td><td>能够正确分析零件图纸，设计合理的建模步骤</td><td></td><td></td><td></td><td colspan="2"></td></tr>
<tr><td>命令使用</td><td>能够合理选择、使用相关命令</td><td></td><td></td><td></td><td colspan="2"></td></tr>
<tr><td>建模步骤</td><td>能够明确建模步骤，具备清晰的建模思路</td><td></td><td></td><td></td><td colspan="2"></td></tr>
<tr><td>完成精度</td><td>能够准确表达模型尺寸，显示完整细节</td><td></td><td></td><td></td><td colspan="2"></td></tr>
<tr><td rowspan="3">方法能力</td><td>创新意识</td><td>能够对设计方案进行修改优化，体现创新意识</td><td></td><td></td><td></td><td colspan="2"></td></tr>
<tr><td>自学能力</td><td>具备自主学习能力，课前有准备，课中能思考，课后会总结</td><td></td><td></td><td></td><td colspan="2"></td></tr>
<tr><td>严谨规范</td><td>能够严格遵守任务书要求，完成相应的任务</td><td></td><td></td><td></td><td colspan="2"></td></tr>
<tr><td rowspan="3">社会能力</td><td>遵章守纪</td><td>能够自觉遵守课堂纪律、爱护实训室环境</td><td></td><td></td><td></td><td colspan="2"></td></tr>
<tr><td>学习态度</td><td>能够针对出现的问题，分析并尝试解决，体现精准细致、精益求精的工匠精神</td><td></td><td></td><td></td><td colspan="2"></td></tr>
<tr><td>团队协作</td><td>进行沟通合作，积极参与团队协作，具有团队意识</td><td></td><td></td><td></td><td colspan="2"></td></tr>
<tr><td colspan="8">备注：按照评价指标分为 4 档，优秀 10 分、良好 7 分、一般 5 分、合格 2 分</td></tr>
</table>

任务四　刀盘座建模

一、任务描述

利用 UG 的草图、旋转、特征阵列等命令，完成如图 1-4-1 所示的“刀盘座”的三维建模。

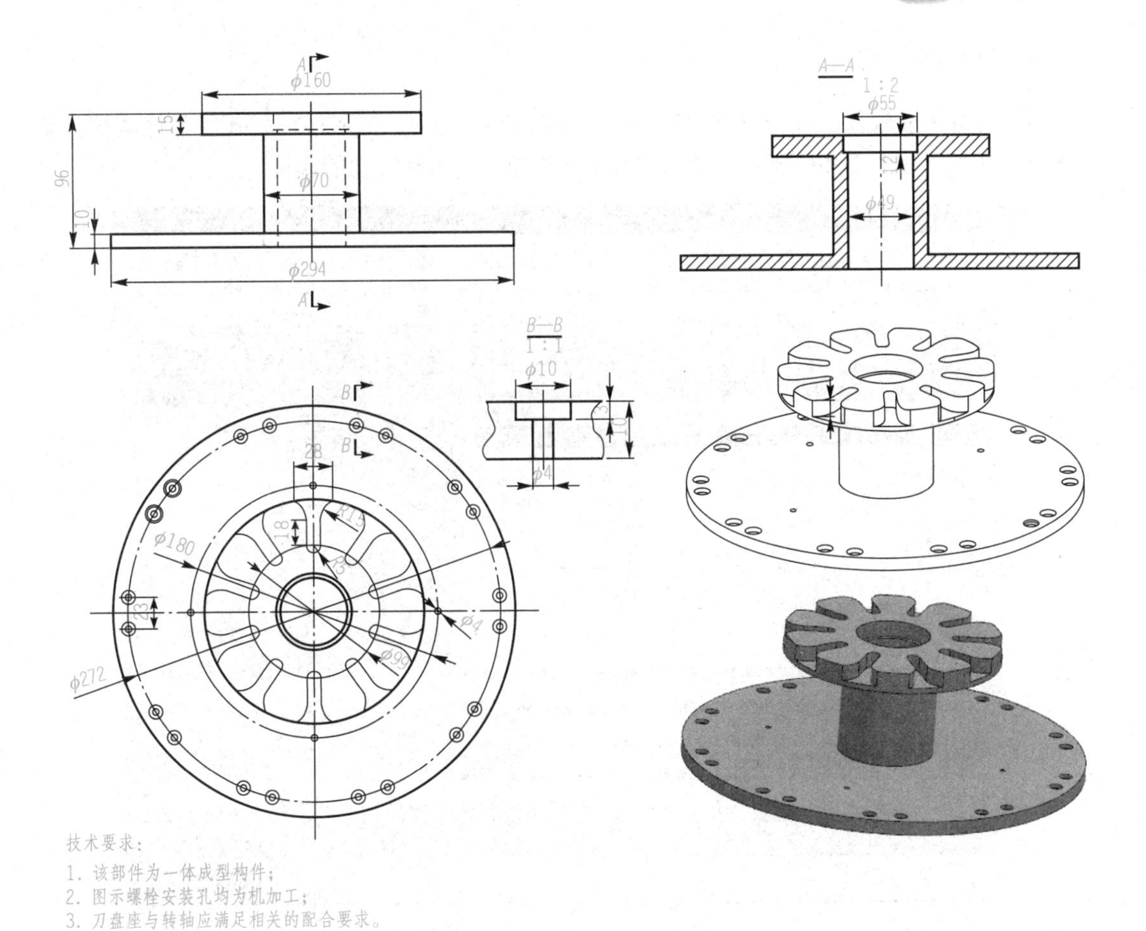

图 1-4-1 “刀盘座”工程图

二、学习目标

1. 知识目标

（1）掌握“阵列曲线”创建相似草图轮廓的方法；

（2）掌握“特征阵列”创建相似实体特征的方法。

2. 能力目标

能够利用“拉伸”并配合布尔运算中的“减去”创建凹槽。

3. 素养目标

（1）培养严谨规范的建模素养；

（2）培养对制造大国的敬畏之情。

三、知识储备

本任务涉及的知识点主要包括：

（1）“拉伸”配合布尔运算中的“减去”创建凹槽：详见“知识点索引 4.1”。

（2）草图中的“阵列曲线”：详见“知识点索引 3.1”。

（3）关联特征之“阵列特征”创建：详见“知识点索引 6.3”。

（4）“孔”特征之“沉头孔”创建：详见“知识点索引 5.1”。

四、任务实施

（1）打开 UG 软件，执行“文件”—“新建”命令，新建名称为 1_5.prt 的部件文档，单位选择为毫米，如图 1-4-2 所示。单击“确定”按钮，进入建模功能模块。

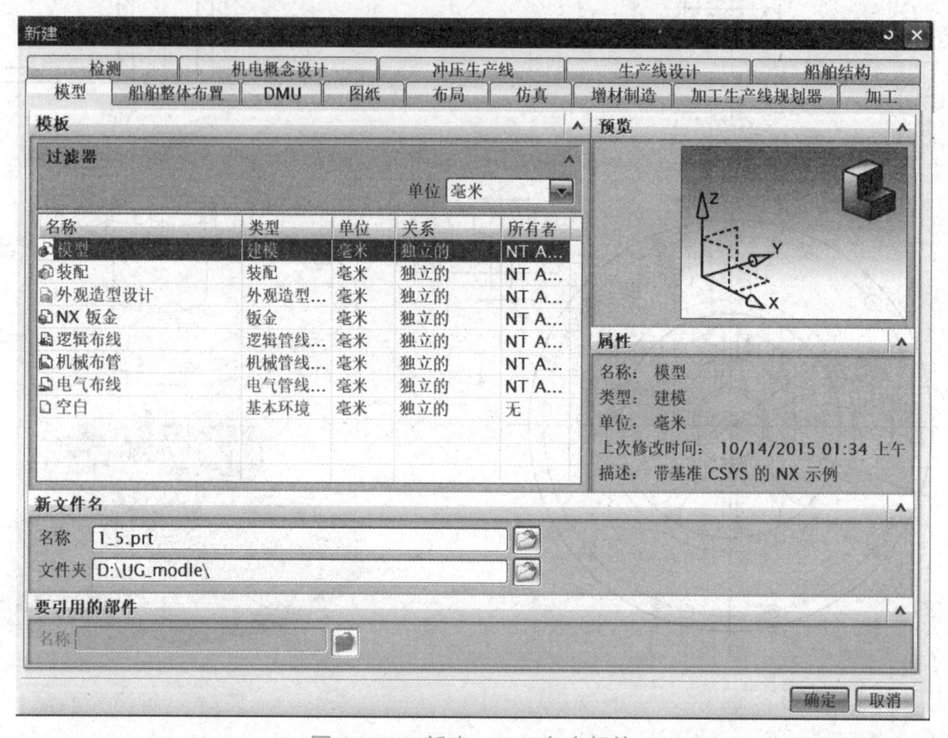

图 1-4-2　新建 1_5 刀盘座部件

（2）执行菜单栏“插入”—“在任务环境中绘制草图”命令，如图 1-4-3 所示。

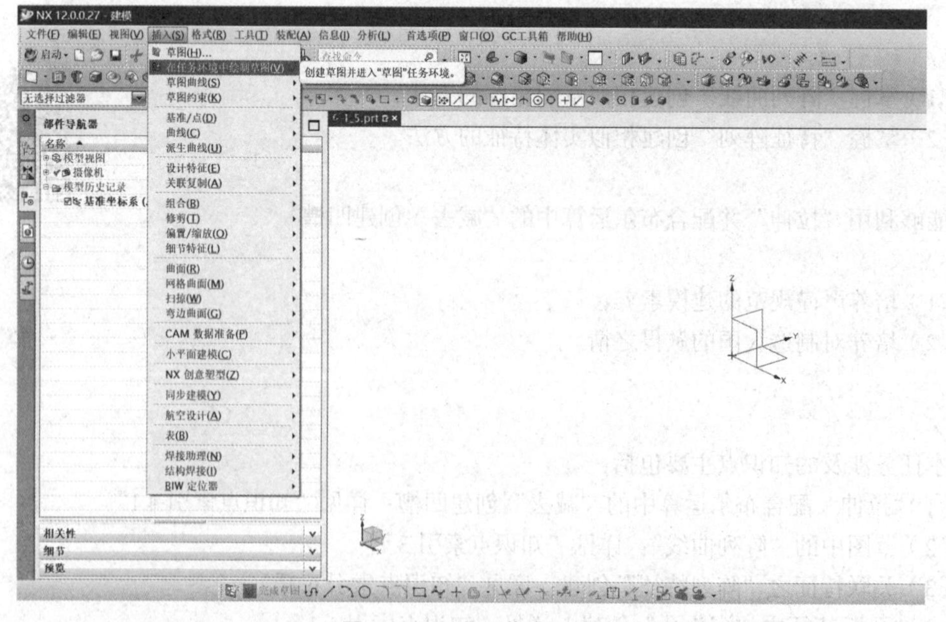

图 1-4-3　进入草绘环境

系统弹出“创建草图”对话框，如图 1-4-4 所示，所有选项均为默认，单击“确定”按钮进行草图环境创建。

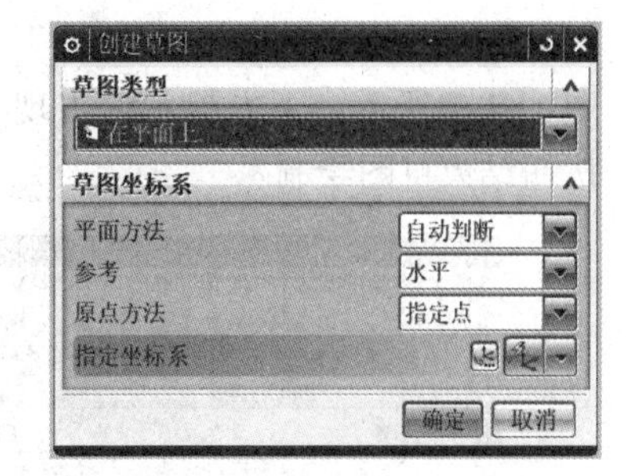

图 1-4-4 “创建草图”对话框

（3）利用草绘工具中的“轮廓”命令，进行零件 A-A 视图的左半部分草图绘制。草图绘制完成后，按压鼠标中键结束草图绘制。绘制完成的草图如图 1-4-5 所示。

（4）利用“几何约束”中的“水平对齐”，将最下方的横线的端点与坐标原点水平对齐，如图 1-4-6 所示。

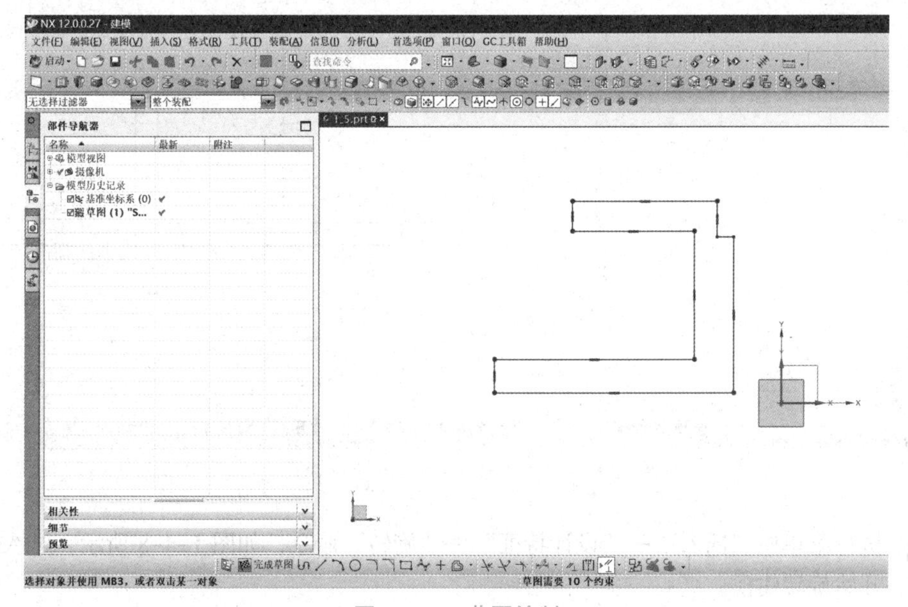

图 1-4-5 草图绘制

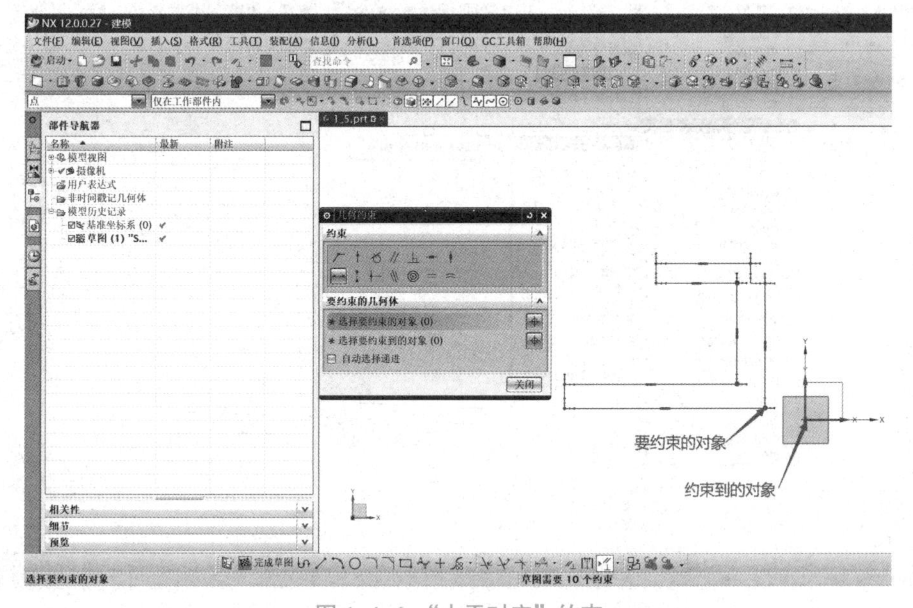

图 1-4-6 “水平对齐”约束

（5）执行“快速尺寸标注”命令，对轮廓尺寸进行相应的标注，标注完成后的草图如图 1-4-7 所示。下方提示栏出现“草图已完全约束”，说明草图绘制完毕。单击“完成草图”按钮结束草图绘制。

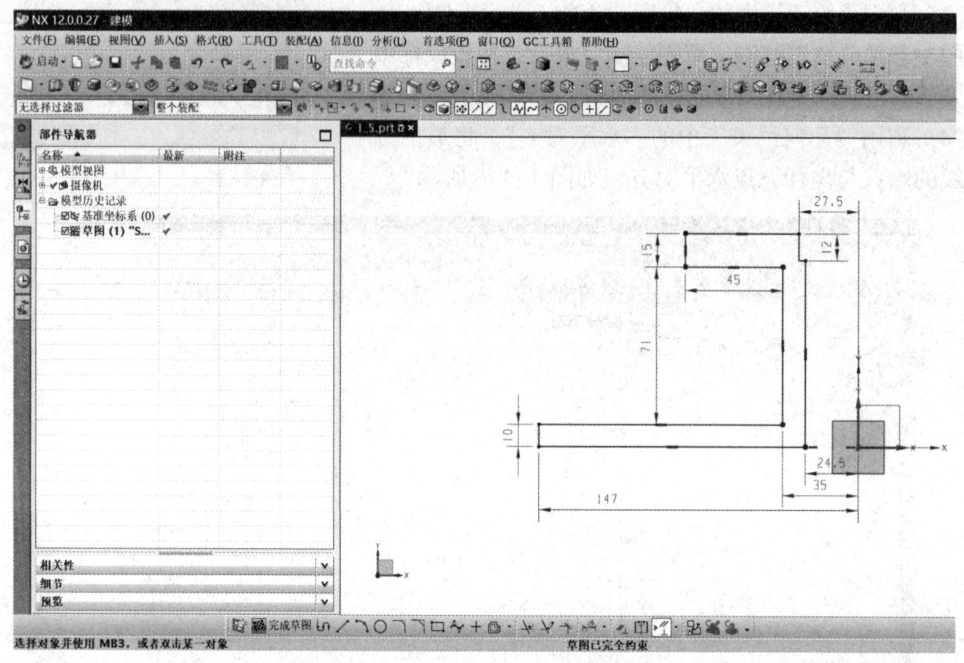

图 1-4-7 “快速尺寸标注”后完成草图

（6）执行菜单栏“插入”—“设计特征”—“旋转”命令，如图 1-4-8 所示，进入旋转建模环境，开始旋转建模。

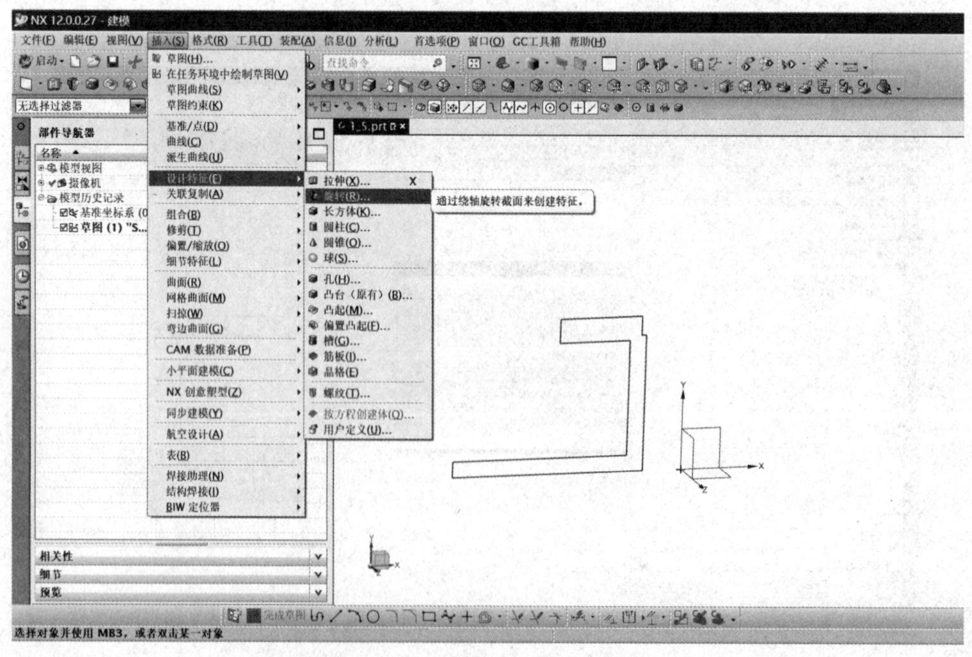

图 1-4-8 进入旋转建模环境

将曲线选择过滤器设置为“区域边界曲线”，如图 1-4-9 所示。

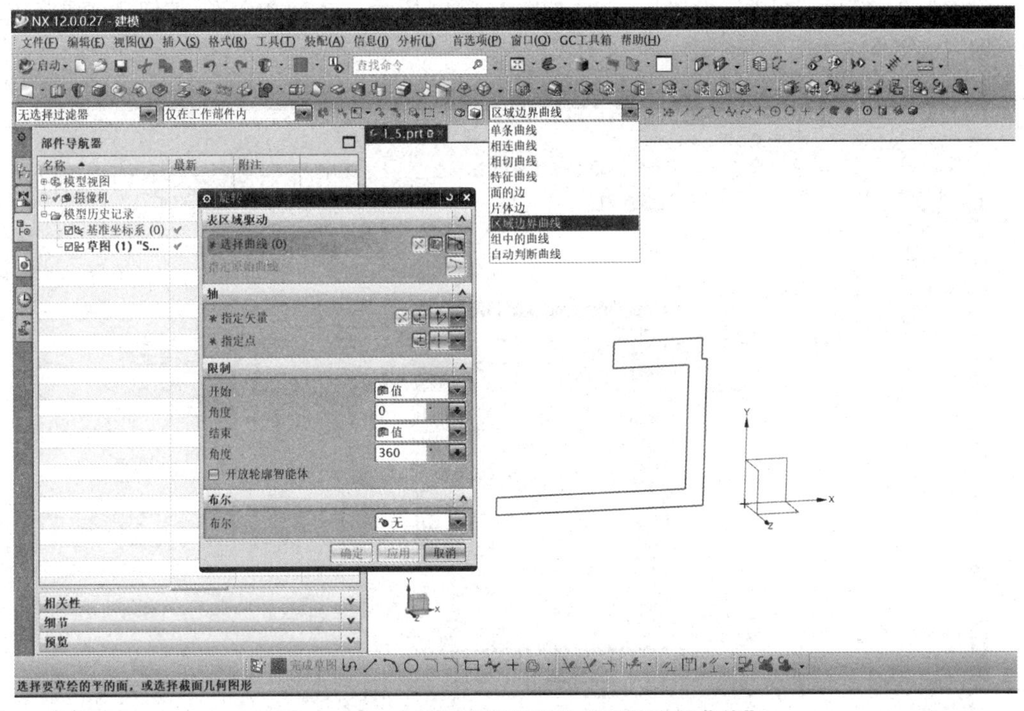

图 1-4-9　曲线过滤器设置为“区域边界曲线”

在弹出的对话框中，旋转“曲线”在主窗口中选择绘制草图的封闭区域，如图 1-4-10 所示。

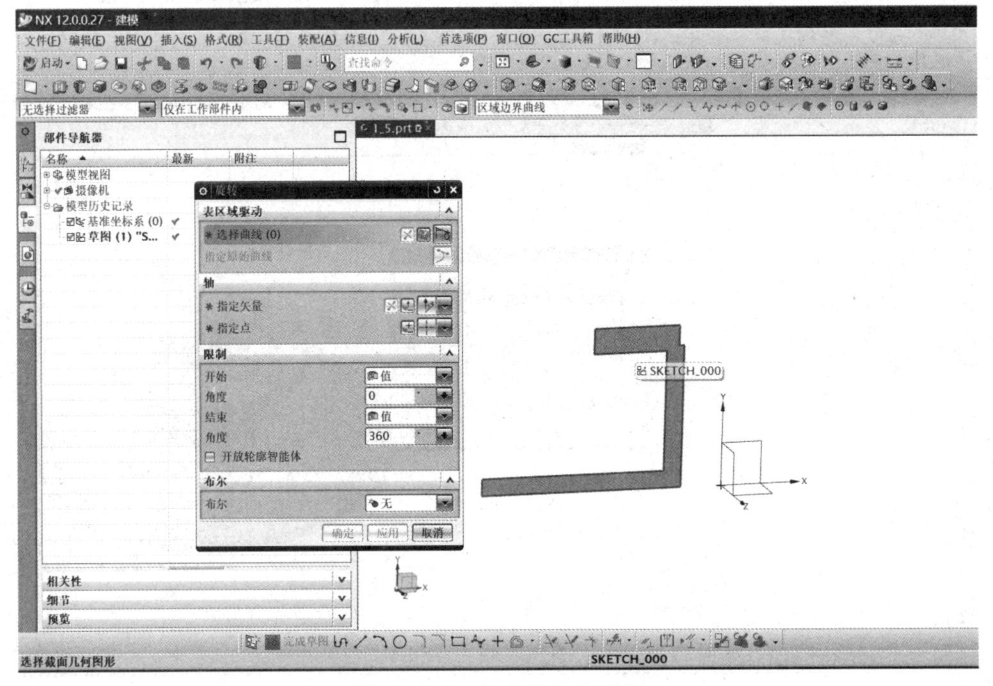

图 1-4-10　旋转的曲线选择

旋转“轴”选定为Y轴；旋转“限制”中的“开始”及“结束”均选择“值”，开始“角度”设置为0，结束“角度”设置为360，如图1-4-11所示。单击“确定”按钮，完成旋转建模，即完成零件主体部分的创建。

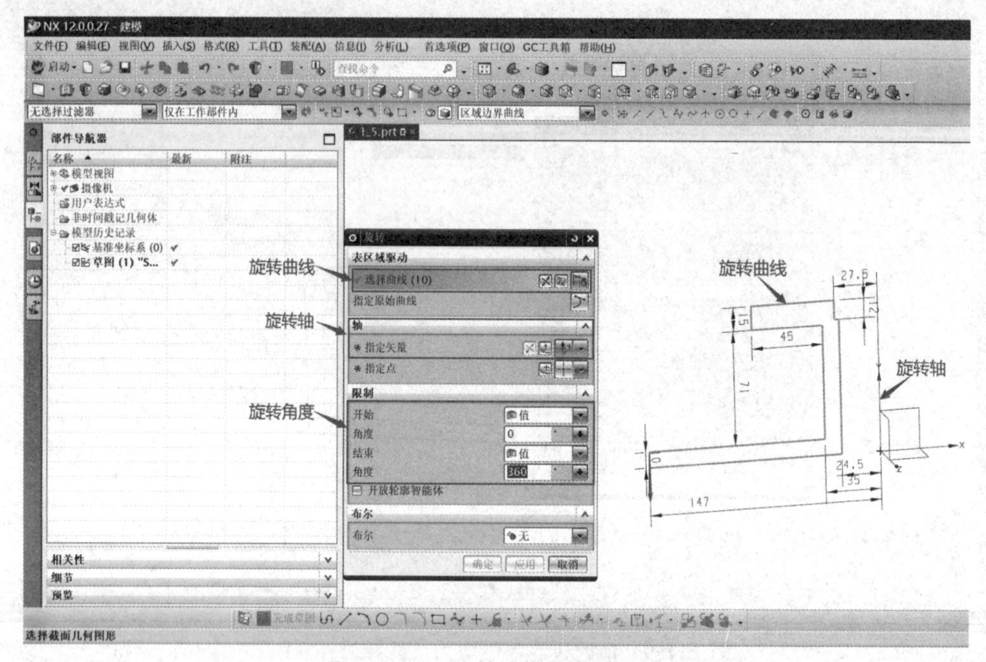

图1-4-11　旋转建模的参数设置

（7）执行菜单栏“插入”—“在任务环境中绘制草图”命令，在弹出的对话框中，指定上圆盘的上表面为草绘平面，如图1-4-12所示，单击“确定”按钮，进入草绘环境。

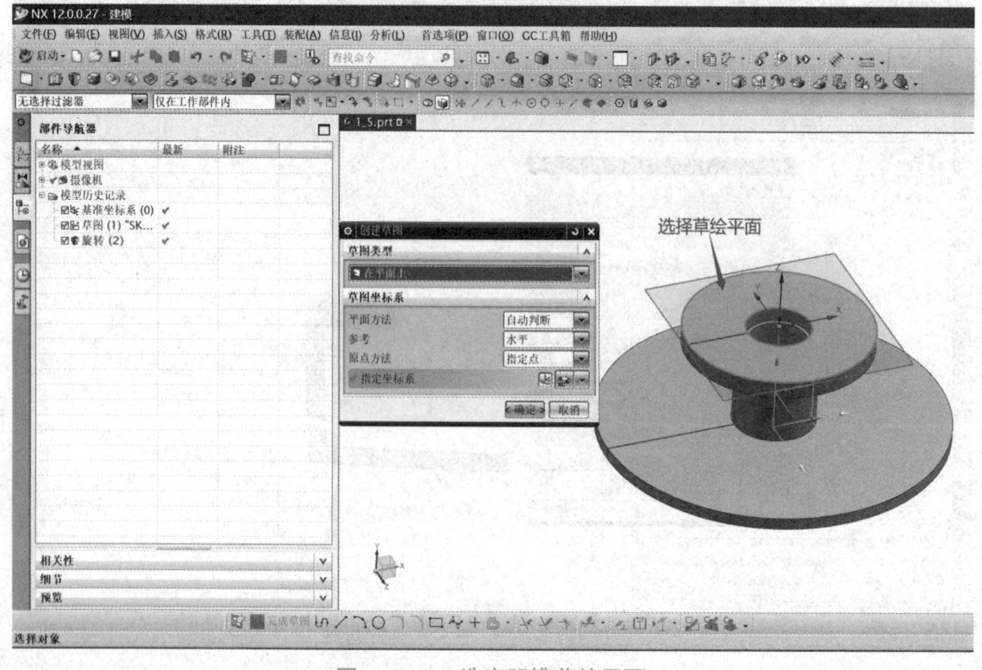

图1-4-12　选定凹槽草绘平面

为了减少干扰，在主窗口中选中刚刚创建的旋转体，单击鼠标右键，在弹出的快捷菜单中，选择“隐藏”选项，如图 1-4-13 所示，将先前创建的实体隐藏。

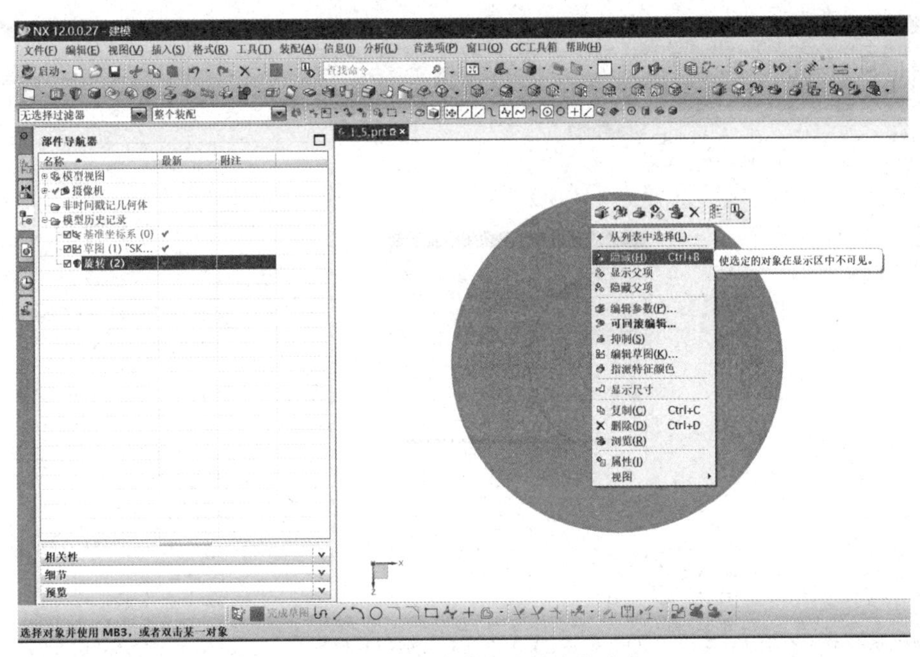

图 1-4-13 将先前创建的实体隐藏

选取其中一个凹槽（最上方的一个）进行草图绘制。草绘时，先绘制中心线（下端点与坐标原点重合），最下方的圆弧中心设置在中心线上端点，最上面圆弧的中心与坐标原点重合。另外，草绘时还要注意合理利用“快速延伸”和“快速修剪”工具。草图绘制完成后，按压鼠标中键，结束草图绘制。绘制完成的草图如图 1-4-14 所示。

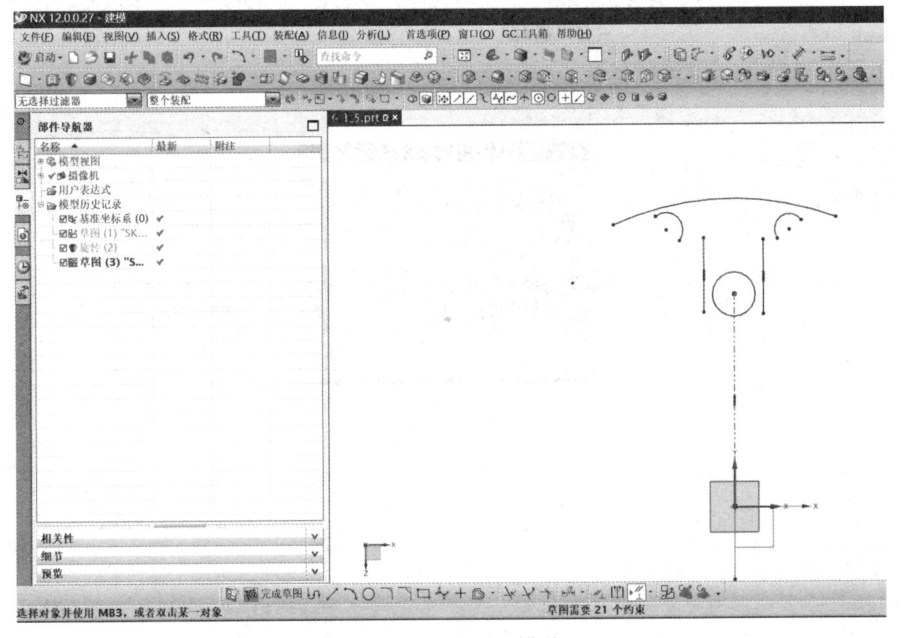

图 1-4-14 绘制凹槽草图

执行“设为对称”命令，将草图中心线两侧的两条竖直线及两条圆弧设为对称，如图 1–4–15 所示。

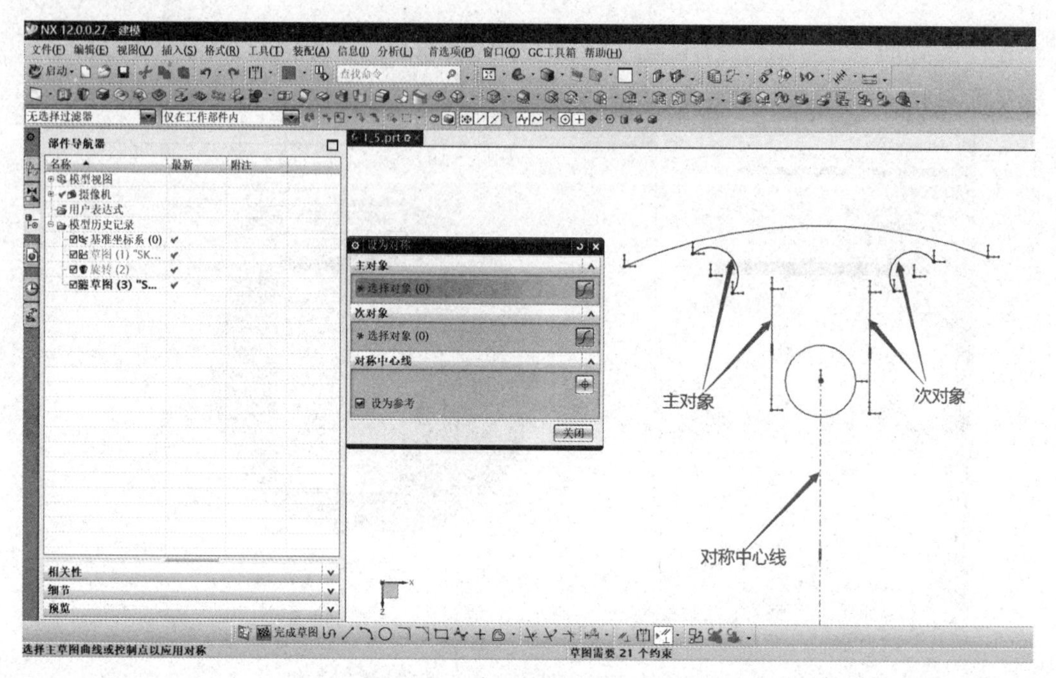

图 1–4–15 “设为对称”约束

利用“几何约束”中的“相切”，将左侧竖直线与下方圆相切，如图 1–4–16 所示。

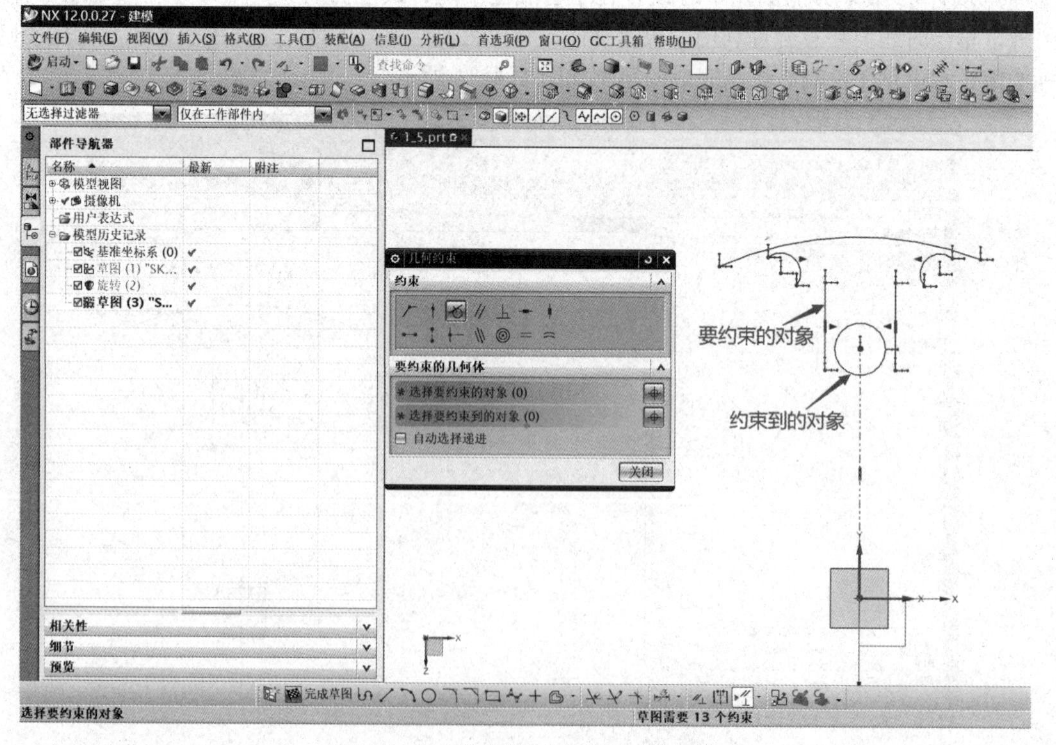

图 1–4–16 竖直线与圆“相切”约束

继续利用“几何约束”中的“相切”，将左侧竖直线与上方小圆弧相切，如图 1-4-17 所示。

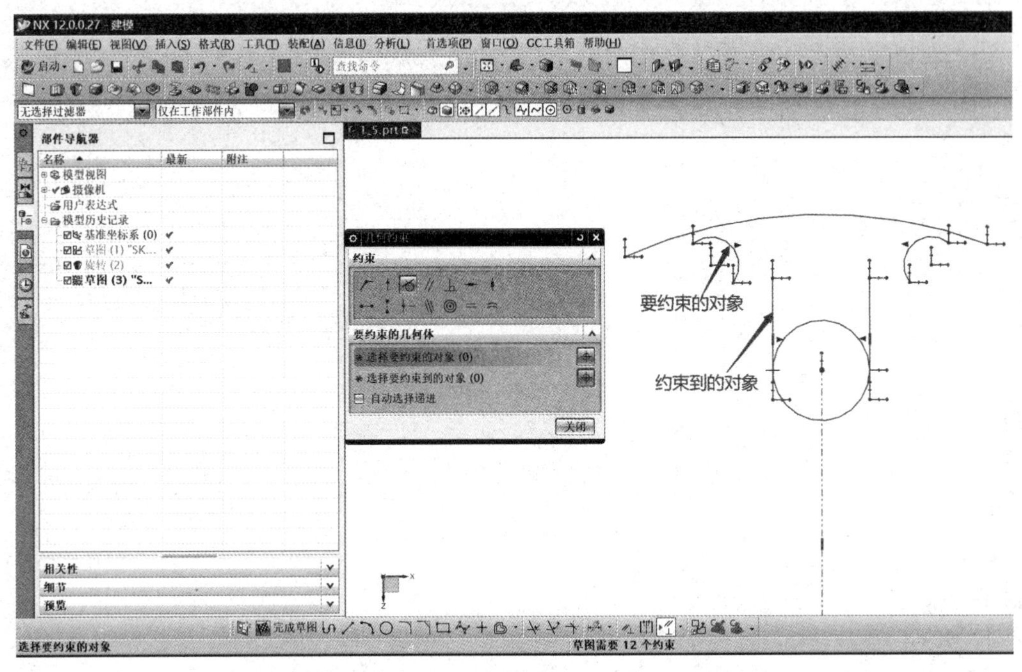

图 1-4-17　竖直线与上方小圆弧“相切”约束

执行“快速延伸”及“快速修剪”命令，将上方小圆弧延长，将多余的线头修剪，完成后的草图如图 1-4-18 所示。

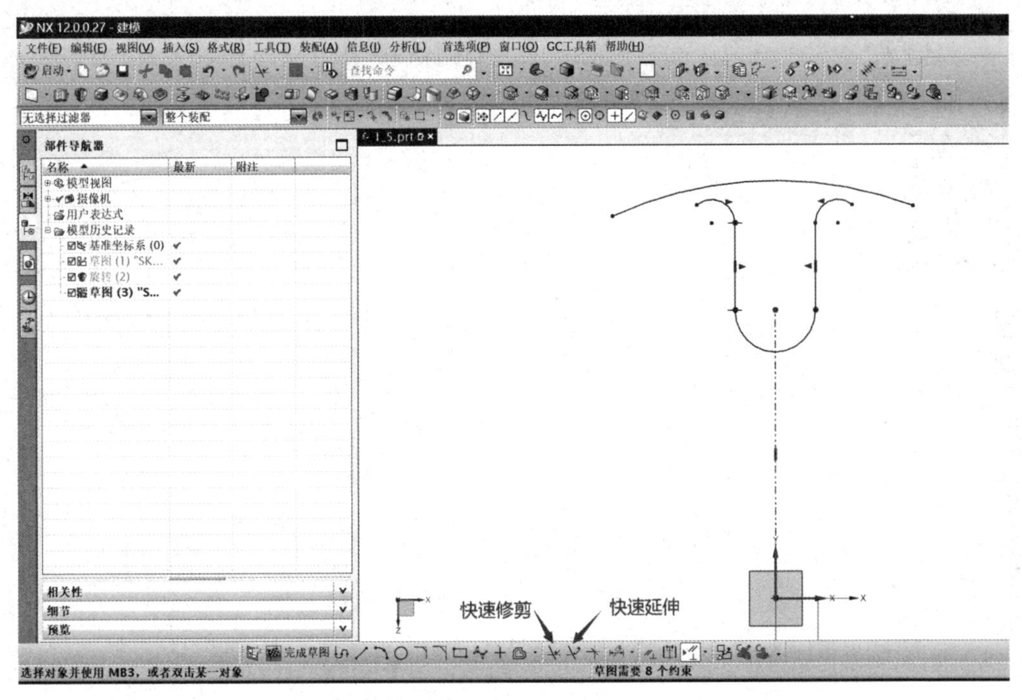

图 1-4-18　利用“快速延伸”及“快速修剪”对草图进行调整

利用“快速尺寸”，对草图进行尺寸标注，完成标注后的草图如图 1-4-19 所示。

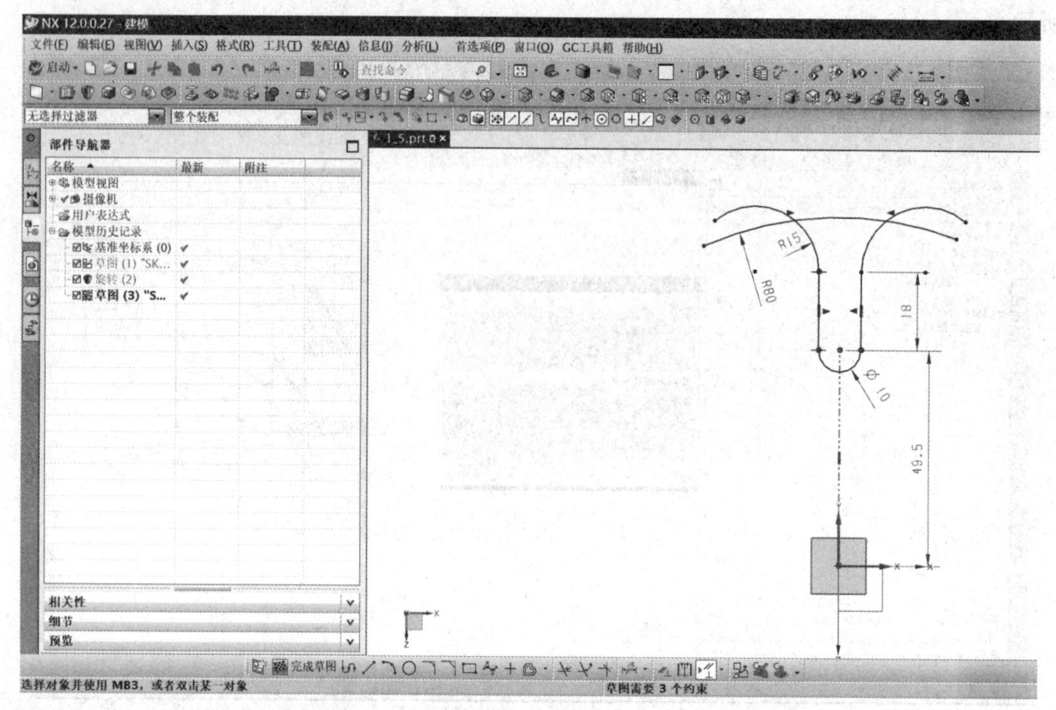

图 1-4-19　利用“快速尺寸”对草图进行尺寸标注

利用“快速修剪”，将上方多余的圆弧线头修剪，完成后的草图如图 1-4-20 所示。

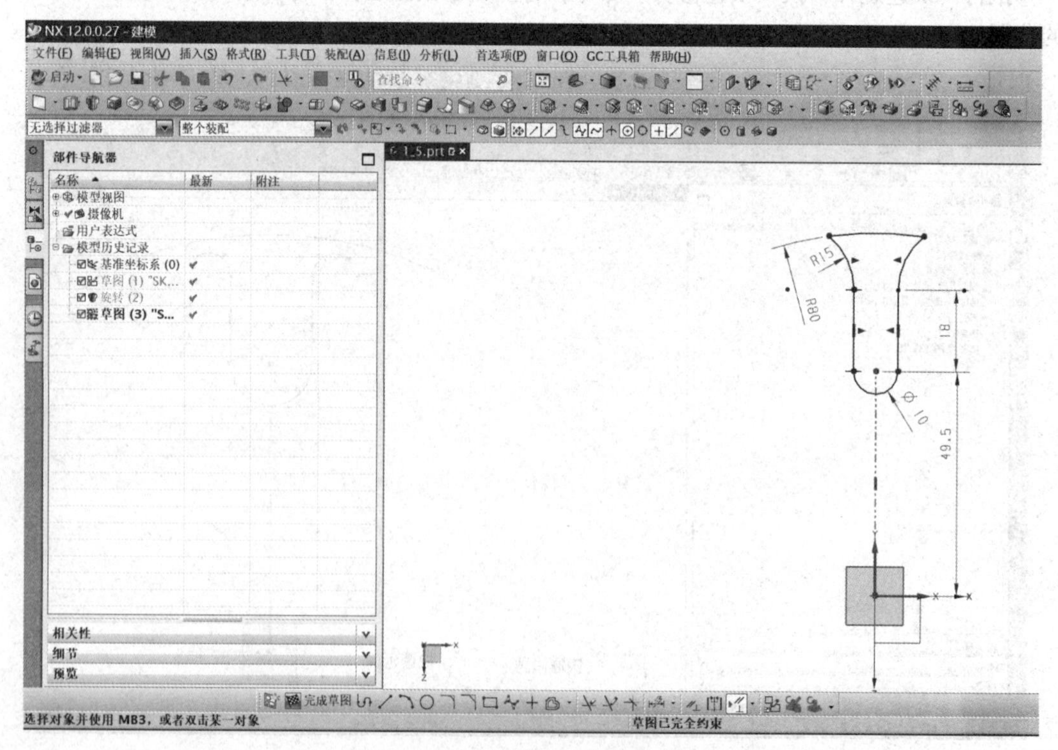

图 1-4-20　利用“快速修剪”对草图进行调整

选择“阵列曲线”选项，如图 1-4-21 所示，进入阵列曲线环境。

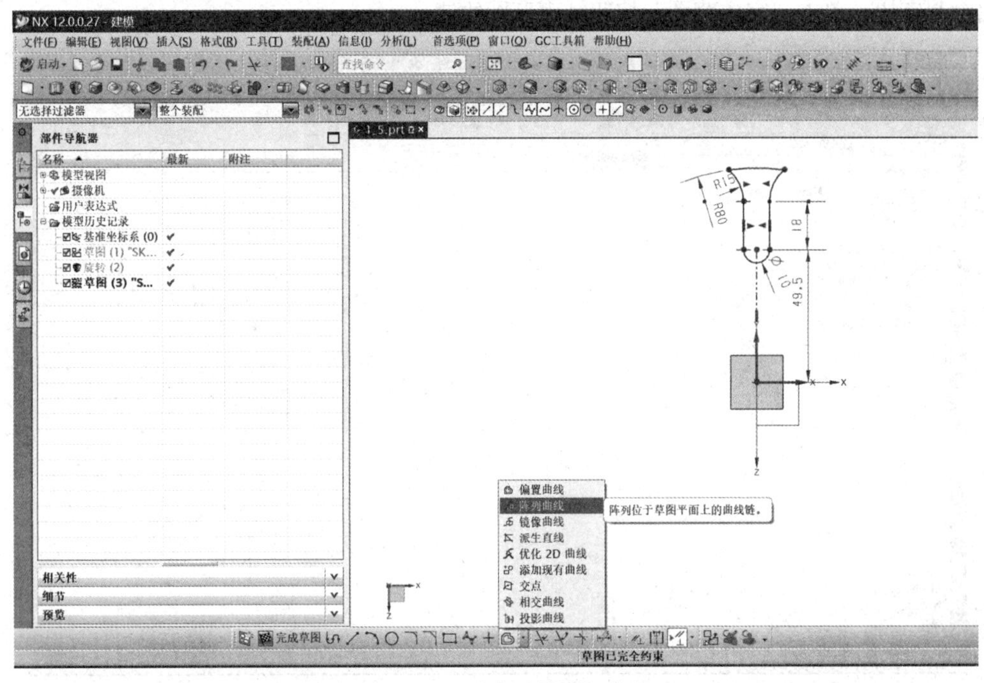

图 1-4-21 “阵列曲线”选项

曲线在主窗口中选择前面汇总的凹槽草图，阵列布局选择为“圆形”，阵列中心选择为“坐标原点”，阵列间距选择为“数量和跨距”，数量设置为“10”，跨角设置为“360”，如图 1-4-22 所示。

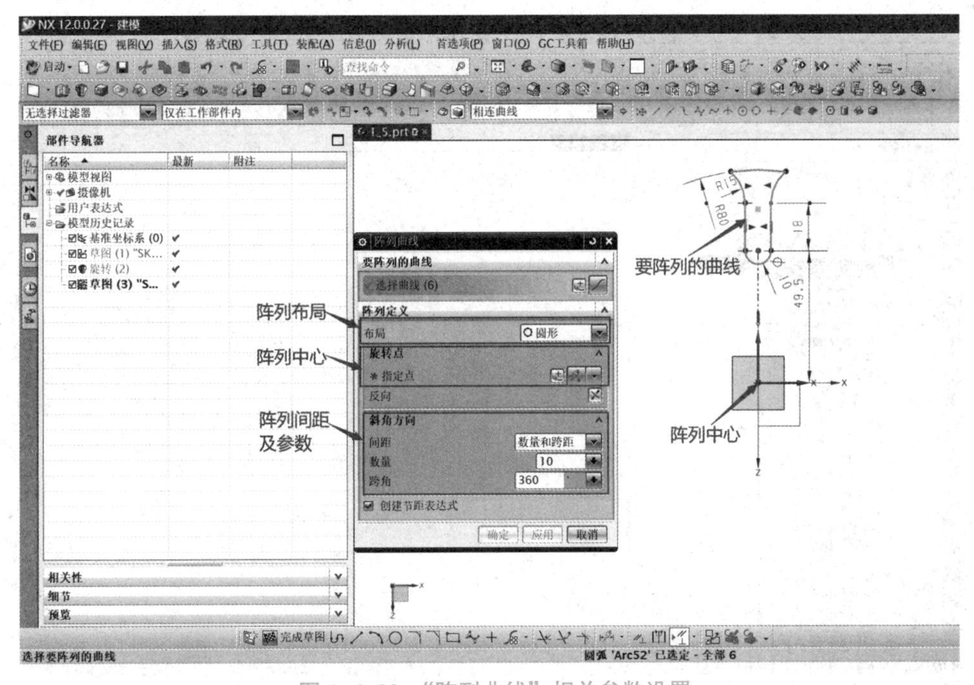

图 1-4-22 “阵列曲线”相关参数设置

"阵列曲线"完成后的草图如图 1-4-23 所示。下方提示栏出现"草图已完全约束"，说明草图绘制完毕。单击"完成草图"按钮结束草图绘制。

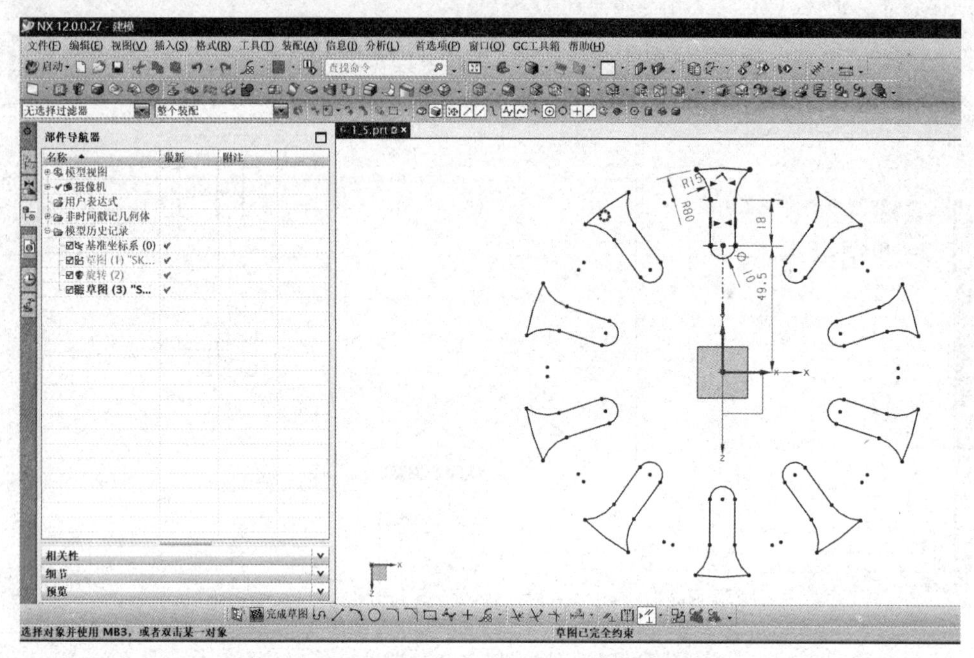

图 1-4-23 "阵列曲线"完毕，草图完全约束

在部件导航窗口中，选中前面隐藏的旋转体，单击鼠标右键，在弹出的快捷菜单中，选择"显示"选项，如图 1-4-24 所示，将旋转体显示出来。为减少干扰，可以将旋转体的草图隐藏，方法与上述相同。

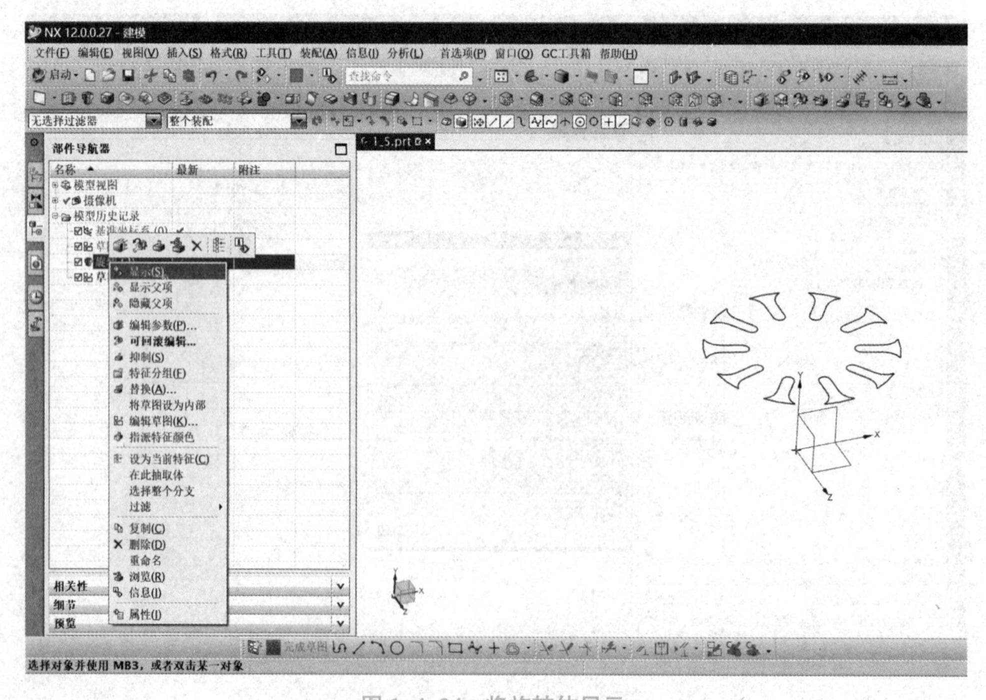

图 1-4-24 将旋转体显示

（8）执行菜单栏“插入”—“设计特征”—“拉伸”命令，如图 1-4-25 所示，进入拉伸环境。

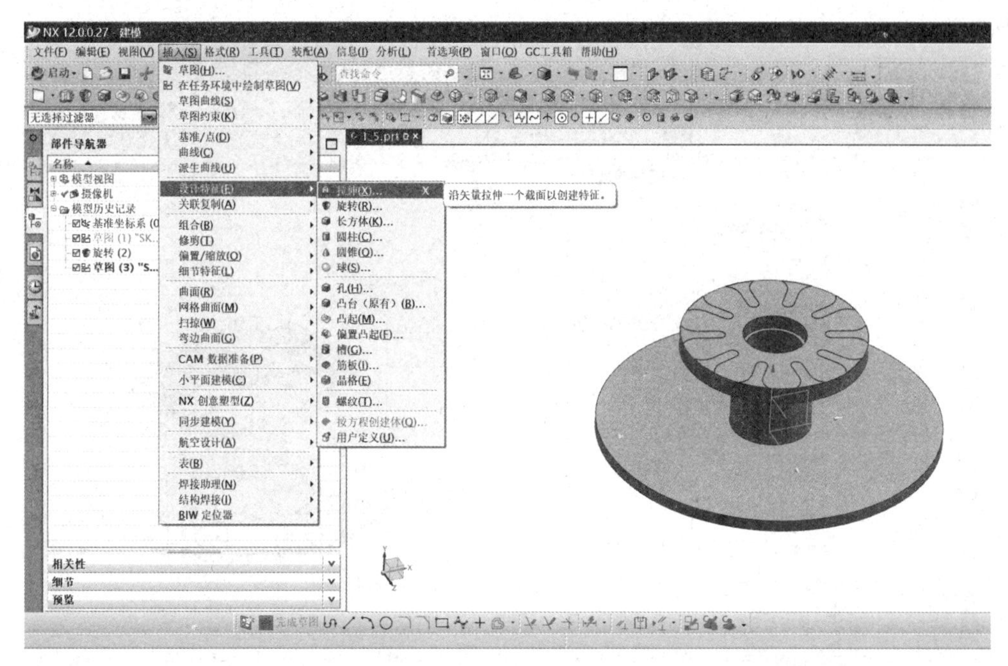

图 1-4-25　进入拉伸环境

在弹出的对话框中，拉伸曲线选择为“凹槽草图”；注意：拉伸方向为进入旋转体，若方向不正确可以单击“反向”按钮进行调整；拉伸方式设置为“值”，并指定开始距离为“0”，结束距离为“11”；布尔运算类型设置为“减去”，如图 1-4-26 所示，设置完成后，单击“确定”按钮，即可完成凹槽的创建。

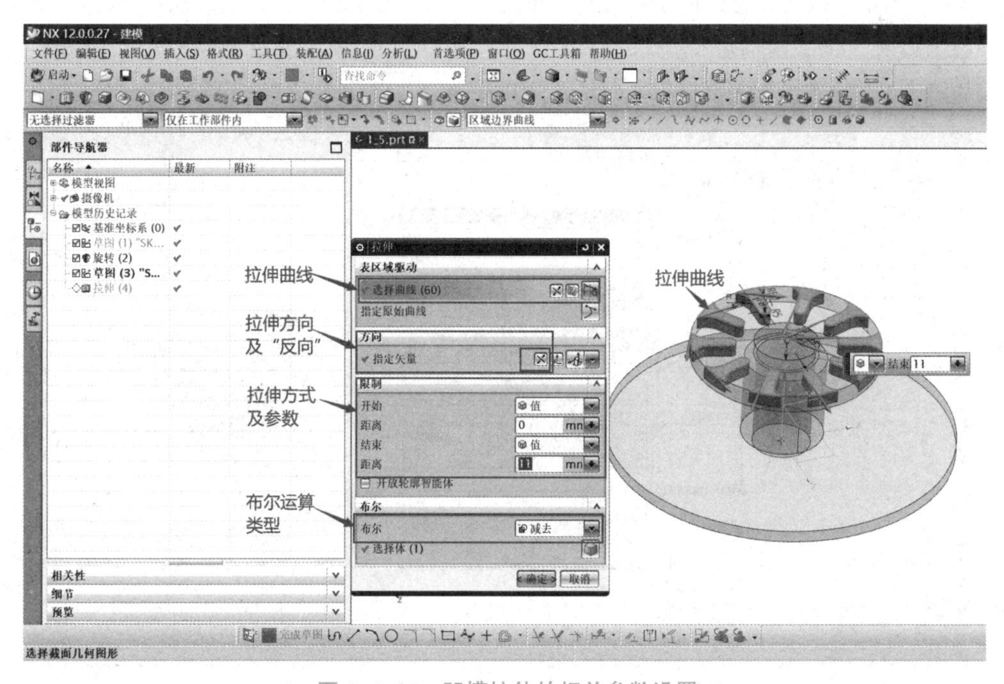

图 1-4-26　凹槽拉伸的相关参数设置

（9）执行菜单栏“插入”—“设计特征”—“孔”命令，如图 1-4-27 所示，进入孔特征建模环境，创建一个孔。

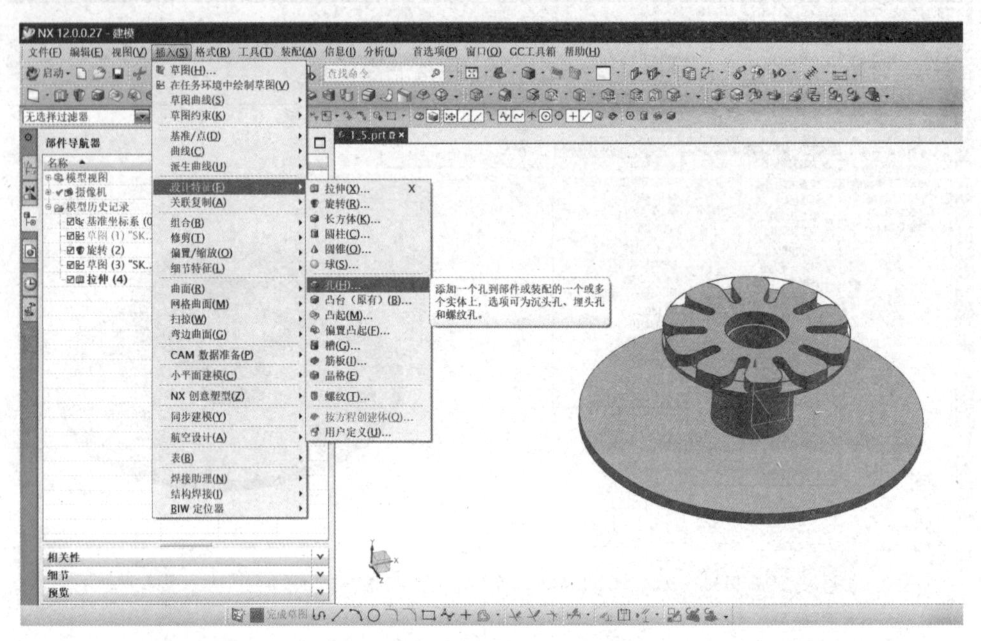

图 1-4-27　进入孔特征创建环境

在弹出的对话框中，孔的位置选择为下圆盘的上表面，并对孔的中心点位置进行尺寸标注，完成孔的定位。孔的“类型”设置为“常规孔”，“成形”方式选择为“简单孔”，“直径”设置为“4”，“深度限制”设置为“贯通体”，将布尔运算类型设置为“减去”，如图 1-4-28 所示。单击“确定”按钮，完成内层一个孔的创建。

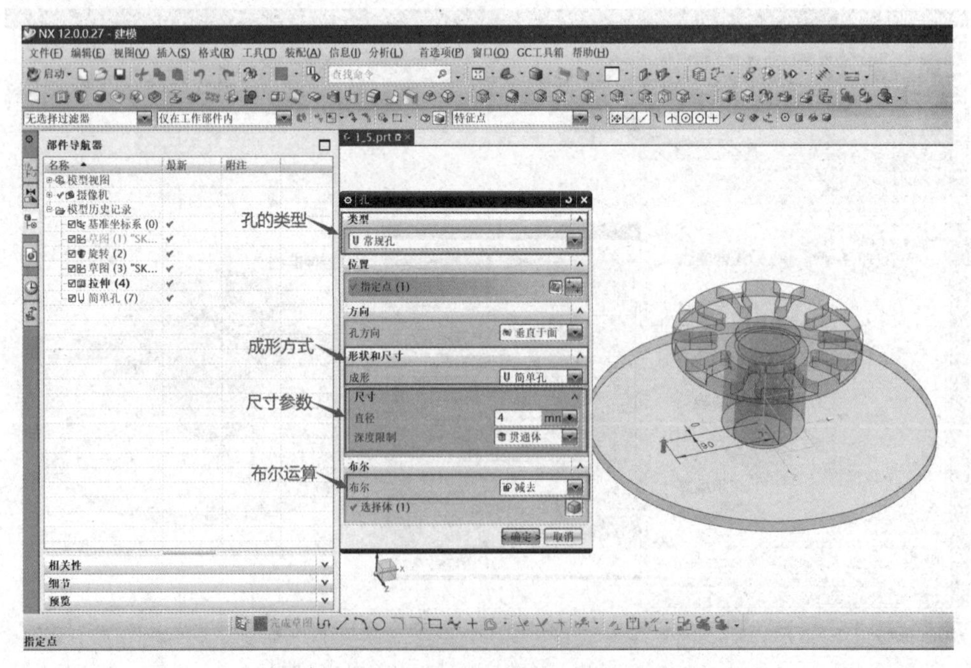

图 1-4-28　直径为 4 的孔的相关参数设置

（10）执行菜单栏“插入”—“关联特征”—“阵列特征”命令，如图 1-4-29 所示，进入孔特征阵列环境。

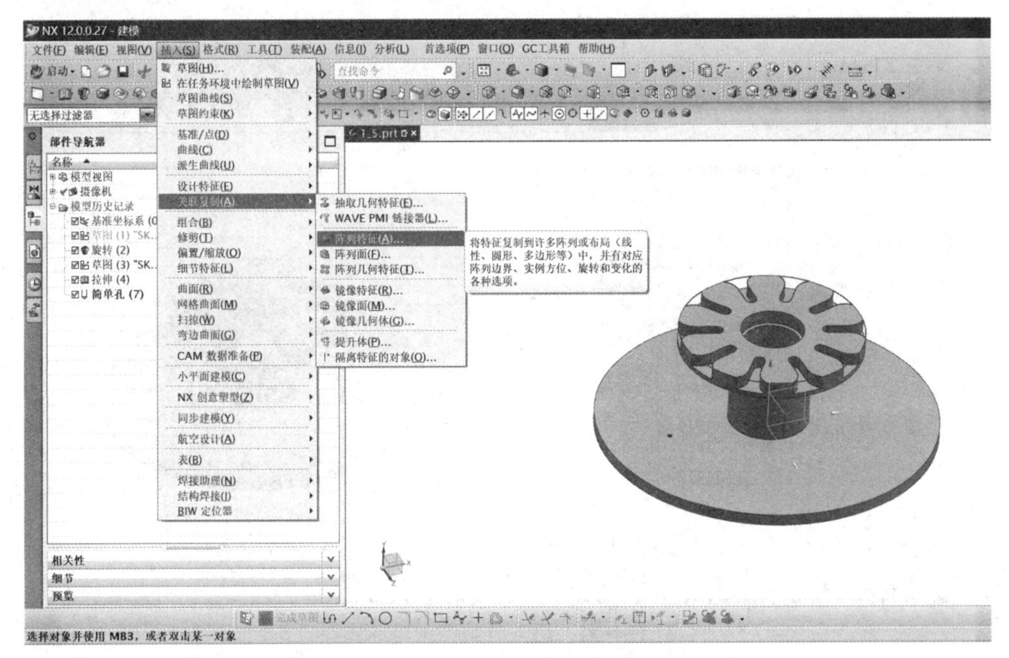

图 1-4-29 进入“阵列特征”

在弹出的对话框中，阵列特征选择为“上一步创建的孔”，布局设置为“圆形”，旋转轴选择为“Y 轴”，间距选择为“数量和间隔”，“数量”设置为“4”，“节距角”设置为“90”，如图 1-4-30 所示。单击“确定”按钮，即可完成内层四个孔的创建。

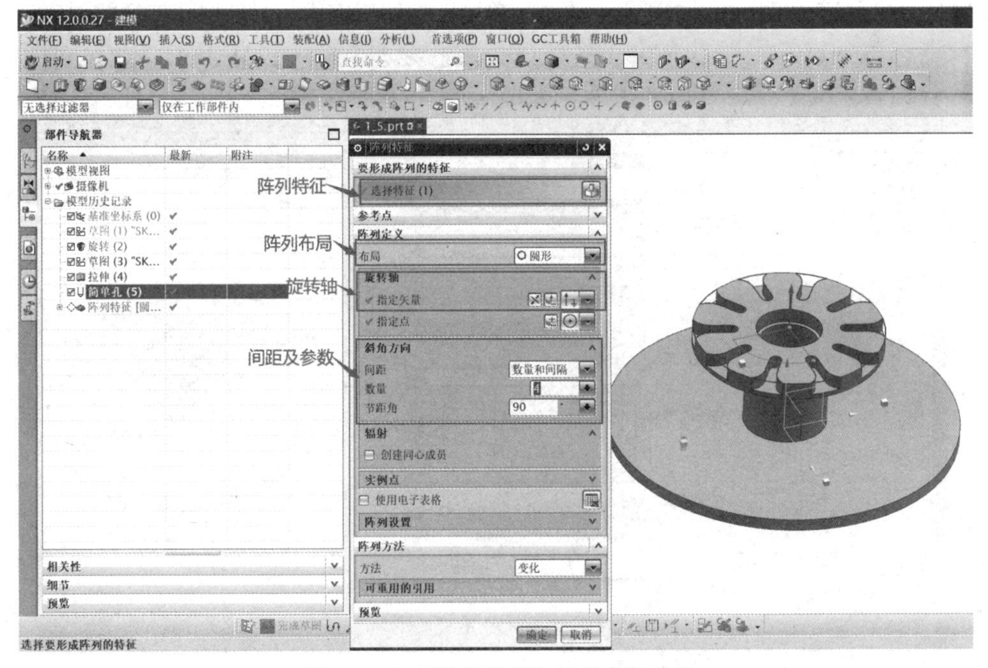

图 1-4-30 “阵列特征”相关参数设置

（11）执行菜单栏“插入”—“设计特征”—“孔”命令，如图 1-4-31 所示，进入孔特征建模环境，创建一个孔。

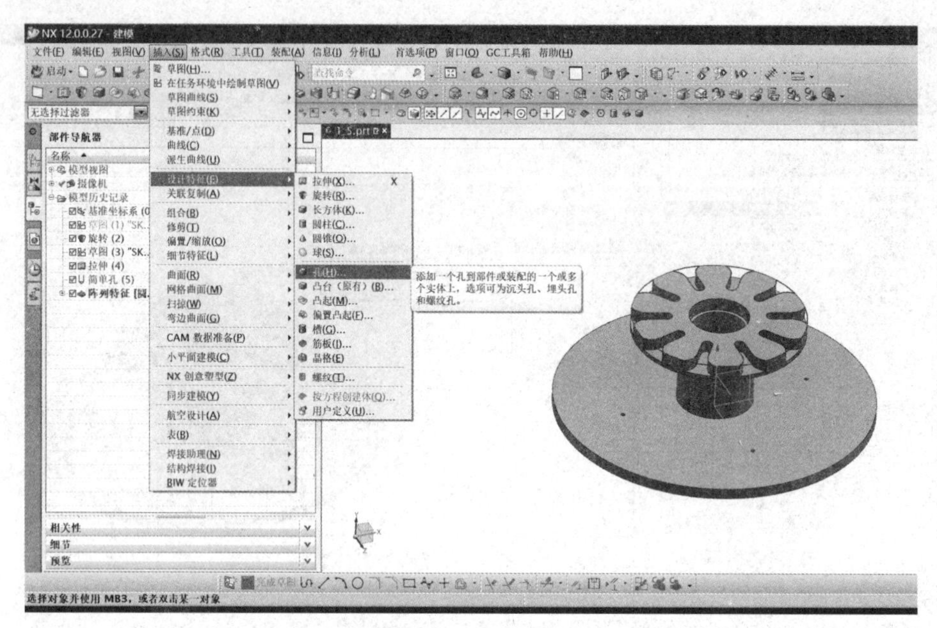

图 1-4-31　进入孔特征创建环境

在弹出的对话框中，孔的位置选择为下圆盘的上表面，并对一组外层孔（2 个）的中心点位置进行尺寸标注，完成孔的定位（注意：两个孔的间距为 23，均分布在直径为 272 的圆周上）。孔的“类型”设置为“常规孔”，“成形”方式选择“沉头”，“沉头直径”设置为“10”，“沉头深度”设置为“3”，“直径”设置为“4”，“深度限制”设置为“贯通体”，将布尔运算类型设置为“减去”，如图 1-4-32 所示。单击“确定”按钮，完成一组外层孔特征的创建。

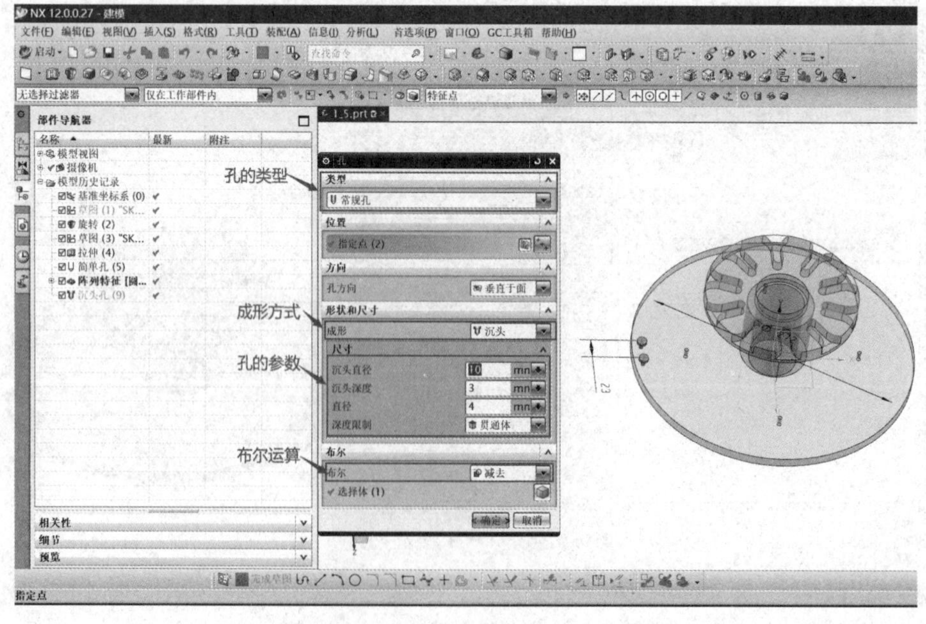

图 1-4-32　外层孔的相关参数设置

（12）执行菜单栏“插入”—“关联复制”—“阵列特征”命令，如图 1-4-33 所示，进入孔特征阵列环境。

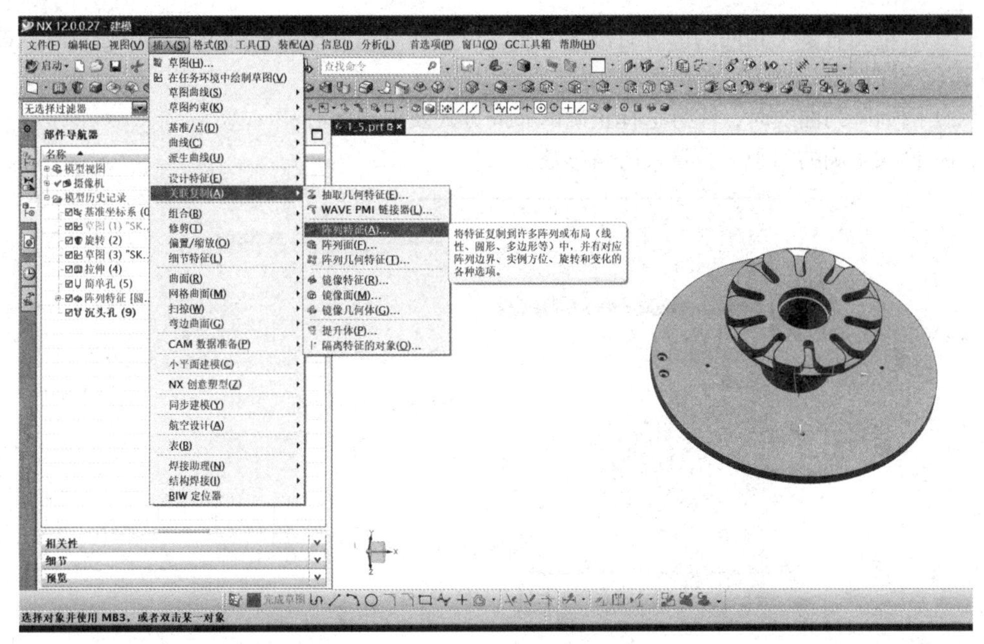

图 1-4-33　进入“阵列特征”

在弹出的对话框中，阵列特征选择为“上一步创建的外层孔”，“布局”选择为“圆形”，“旋转轴”选择为“Y 轴”，“间距”选择为“数量和跨距”，“数量”设置为“10”，“跨角”设置为“360”，如图 1-4-34 所示。单击“确定”按钮，即可完成外层所有沉头孔的创建。至此，也完成零件全部特征的创建。

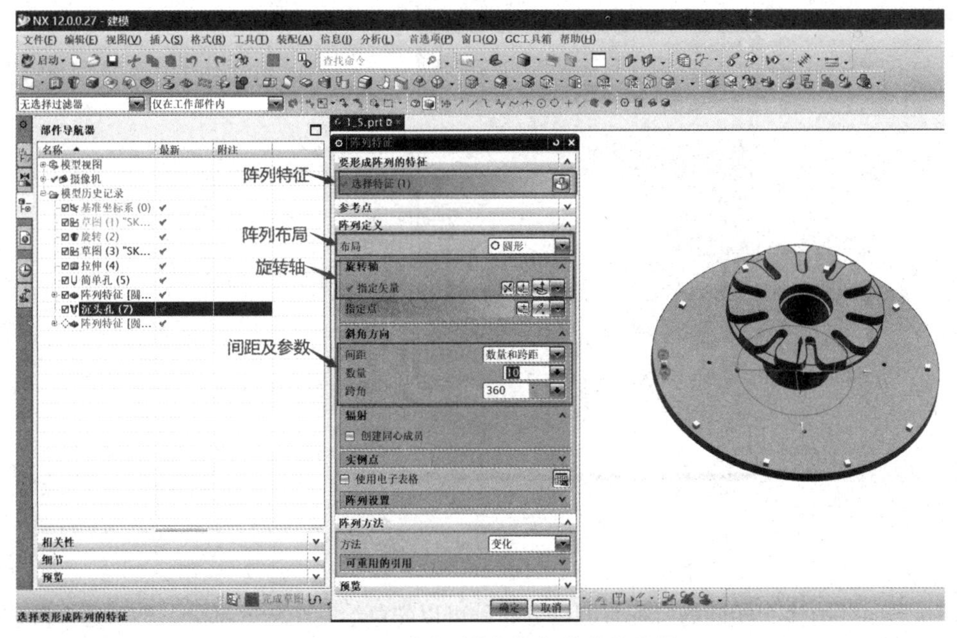

图 1-4-34　“阵列特征”相关参数设置

五、任务总结

1. 草图圆周阵列注意事项（图 1-4-35）

（1）若草图有多个相同的部分且圆周分布，可以先草绘其中的一部分，然后通过阵列曲线完成其余相同部分，以提高草绘效率；

（2）圆周阵列曲线时，注意选择正确的布局方式及圆周中心；

（3）输入正确的间距、数量及跨角参数。

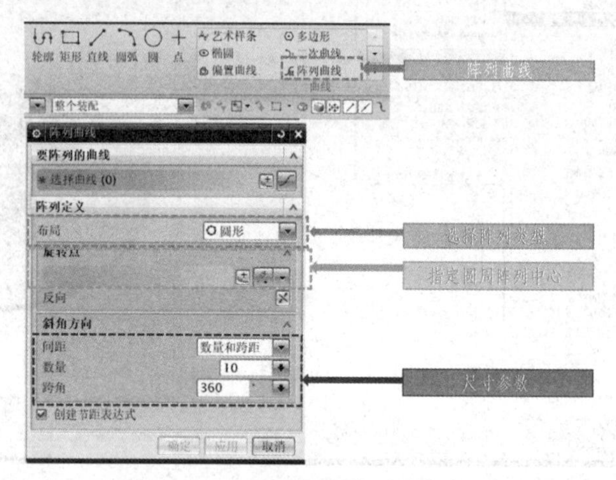

图 1-4-35　草图圆周阵列注意事项

2. 拉伸切除注意事项（图 1-4-36）

（1）拉伸切除时，应特别注意矢量的方向，要保证与已有实体有重叠部分；

（2）指定正确的拉伸参数；

（3）拉伸切除时，布尔运算的类型为“减去”。

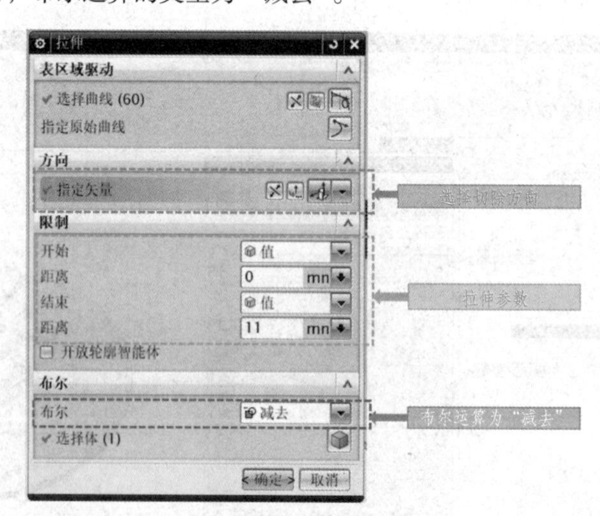

图 1-4-36　拉伸切除注意事项

3. 圆周阵列特征注意事项（图 1-4-37）

（1）若零件有多个相同的特征且圆周分布，可以先草绘其中的一部分，然后通过阵列特征完成其余相同部分，以提高建模效率；

（2）圆周阵列特征时，注意选择正确的布局方式及指定对称中心；
（3）输入正确的间距、数量及跨角参数。

图 1-4-37　圆周阵列特征注意事项

六、任务拓展

在完成本任务的学习后，请完成如图 1-4-38 所示的零件的三维建模，对本次任务中的知识点进行巩固。

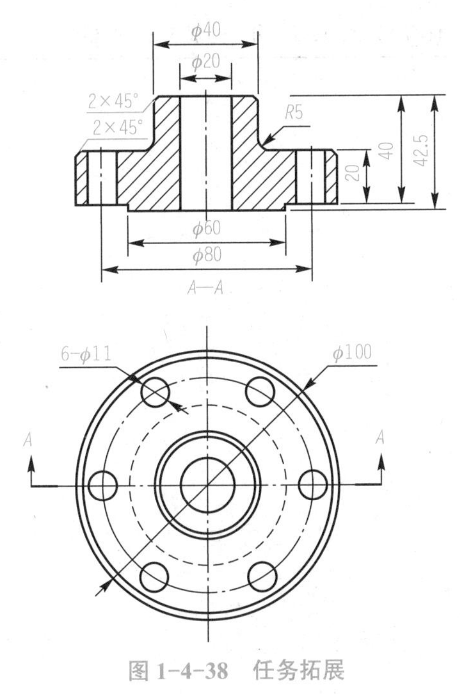

图 1-4-38　任务拓展

七、考核评价

任务评分表见表1-4-1。

表1-4-1　任务评分表

<table>
<tr><td colspan="3">任务编号及名称：</td><td colspan="2">姓名：</td><td colspan="2">组号：</td><td>总分：</td></tr>
<tr><td colspan="2">评分项</td><td colspan="2">评价指标</td><td>分值</td><td>学生自评</td><td>小组互评</td><td>教师评分</td></tr>
<tr><td rowspan="4">专业能力</td><td>识图能力</td><td colspan="2">能够正确分析零件图纸，设计合理的建模步骤</td><td></td><td></td><td></td><td></td></tr>
<tr><td>命令使用</td><td colspan="2">能够合理选择、使用相关命令</td><td></td><td></td><td></td><td></td></tr>
<tr><td>建模步骤</td><td colspan="2">能够明确建模步骤，具备清晰的建模思路</td><td></td><td></td><td></td><td></td></tr>
<tr><td>完成精度</td><td colspan="2">能够准确表达模型尺寸，显示完整细节</td><td></td><td></td><td></td><td></td></tr>
<tr><td rowspan="3">方法能力</td><td>创新意识</td><td colspan="2">能够对设计方案进行修改优化，体现创新意识</td><td></td><td></td><td></td><td></td></tr>
<tr><td>自学能力</td><td colspan="2">具备自主学习能力，课前有准备，课中能思考，课后会总结</td><td></td><td></td><td></td><td></td></tr>
<tr><td>严谨规范</td><td colspan="2">能够严格遵守任务书要求，完成相应任务</td><td></td><td></td><td></td><td></td></tr>
<tr><td rowspan="3">社会能力</td><td>遵章守纪</td><td colspan="2">能够自觉遵守课堂纪律、爱护实训室环境</td><td></td><td></td><td></td><td></td></tr>
<tr><td>学习态度</td><td colspan="2">能够针对出现的问题，分析并尝试解决，体现精准细致、精益求精的工匠精神</td><td></td><td></td><td></td><td></td></tr>
<tr><td>团队协作</td><td colspan="2">能够进行沟通合作，积极参与团队协作，具有团队意识</td><td></td><td></td><td></td><td></td></tr>
<tr><td colspan="8">备注：按照评价指标分为4档，优秀10分、良好7分、一般5分、合格2分</td></tr>
</table>

项目二　Z 轴装配典型零件建模

一、项目介绍

Z 轴装配的典型零件包括起着导向和支承作用的直线导轨、机床关键部分主轴组件及刀库安装部件等。本项目以 Z 轴装配的典型零件为载体，以零件的三维建模为任务，以掌握轴类、板类、齿轮等类型零件的 UG 三维建模为学习目标。

Z 轴装配的零件相对较多，选取其中具有代表性的 4 个零件的建模任务作为本项目学习的载体，包括 Z 向线轨、锁紧螺母、带轮、主轴。

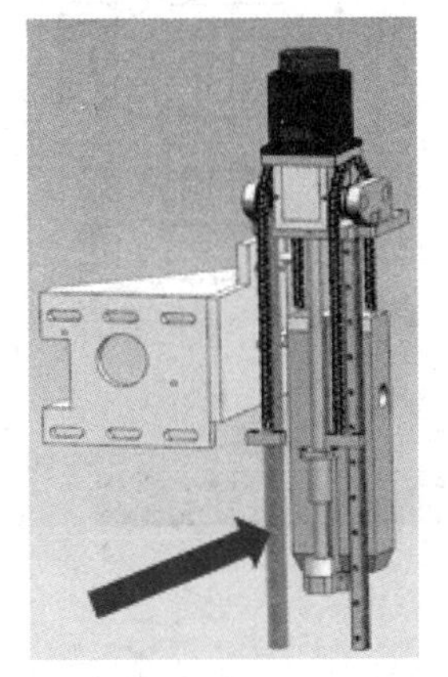

Z向线轨

◆ Z向线轨起Z轴方向的支承和导向作用。

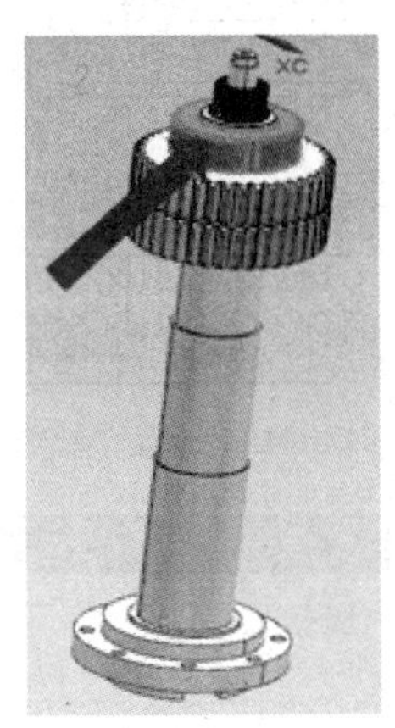

锁紧螺母

◆ 锁紧螺母用于承受高轴向力及跳动精度和刚性要求高的工况。

带轮

◆ 带轮是机床主轴部件中的传动件。

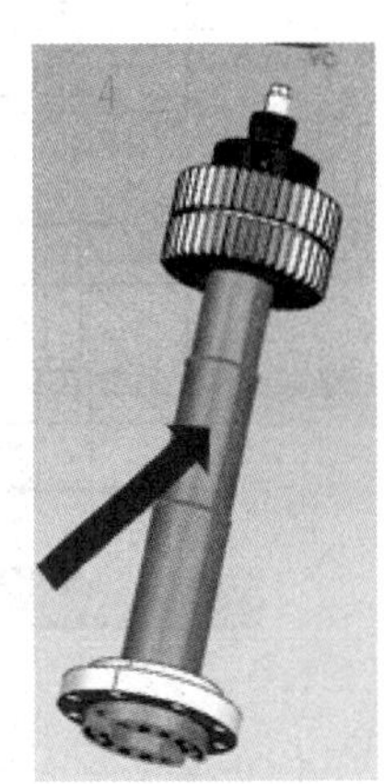

主轴

◆ 主轴是机床上带动工件或刀具旋转的轴。

二、学习目标

通过本项目的学习，能够完成简单机械零件的建模，实现以下三维目标。

1. 知识目标

（1）掌握拉伸、旋转、孔、键槽、倒角、拔模、螺纹、齿轮工具等特征建模方法；

（2）掌握圆柱体、圆锥体等基本体特征建模方法；

（3）掌握镜像和阵列等特征要素复制的操作方法。

2. 能力目标

（1）能够综合利用拉伸、旋转、孔等特征进行零件的三维建模；

（2）能够合理安排特征建模顺序进行较复杂零件的三维建模；

（3）能够利用镜像和阵列解决重复特征的建模问题，提高建模效率。

3. 素养目标

（1）培养严谨规范的建模素养；

（2）培养对制造大国的敬畏之情，激发专业自豪感和民族自信心。

任务一　Z 向线轨建模

一、任务描述

完成如图 2-1-1 所示的 Z 向线轨三维建模。

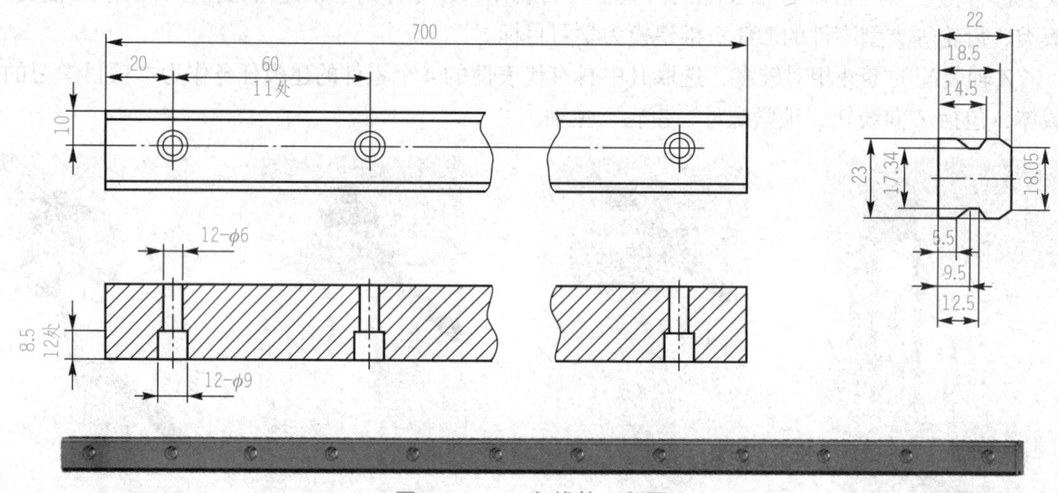

图 2-1-1　Z 向线轨工程图

二、学习目标

1. 知识目标

（1）掌握简单沉头孔特征创建；

（2）掌握单方向线性阵列特征方法。

2. 能力目标

能够完成含有孔要素的简单导轨建模。

3. 素养目标

（1）培养严谨规范的建模素养；

（2）培养对制造大国的敬畏之情，激发专业自豪感和民族自信心。

三、知识储备

本任务涉及的知识点包括二维建模相关知识和三维拉伸造型。

（1）草图绘制中的“轮廓”的画法：详见“知识点索引 3.1”。

（2）草图中的“快速尺寸”：详见“知识点索引 3.3”。

（3）草图中的“几何约束”：详见“知识点索引 3.2”。

（4）草图“镜像曲线”：详见“知识点索引 3.1”。

（5）沉头孔特征创建：详见“知识点索引 5.1”。

（6）线性阵列：详见“知识点索引 6.3”。

四、任务实施

（1）打开 UG 软件，执行“文件”—“新建”命令，新建名称为 2_1.prt 的部件文档，单位选择为毫米，如图 2-1-2 所示。单击“确定”按钮，进入建模功能模块。

图 2-1-2　创建新的部件

（2）执行菜单栏“插入”—“在任务环境中绘制草图”命令，系统弹出“创建草图”对话框，“草图类型”选择为“在平面上”，单击“确定”按钮进行草图创建，如图 2-1-3 所示，此草图创建在 XC-YC 平面上。

注：进入草图环境后，“连续自动标注尺寸”代表在曲线构造过程中启用自动标注尺寸，默认是点亮的，建议关闭，如图 2-1-4 所示。

图 2-1-3　创建草图

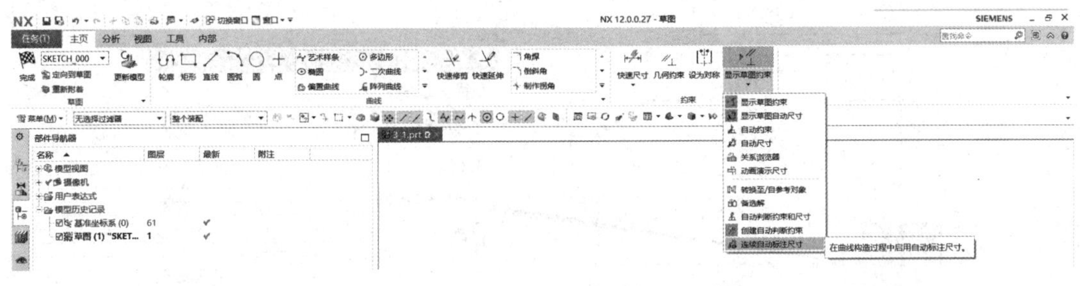

图 2-1-4　关闭“连续自动标注尺寸”

（3）绘制上半部分草图并约束，草图具体尺寸如图 2-1-5 所示。竖直方向尺寸标注可直接输入表达式，如“23/2”。

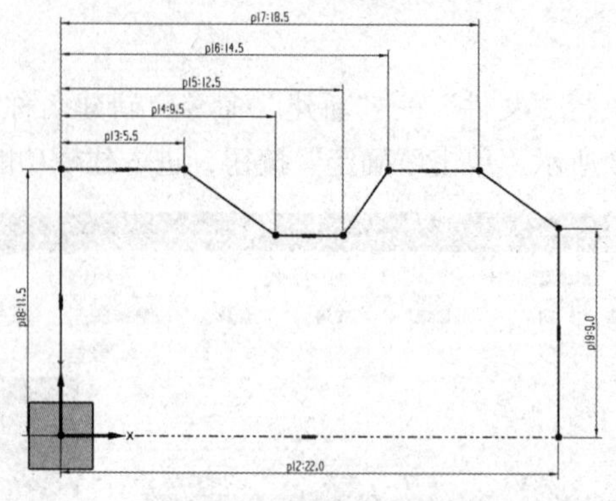

图 2-1-5　上半部分草图创建

草图绘制过程运用到如图 2-1-6 所示的命令。

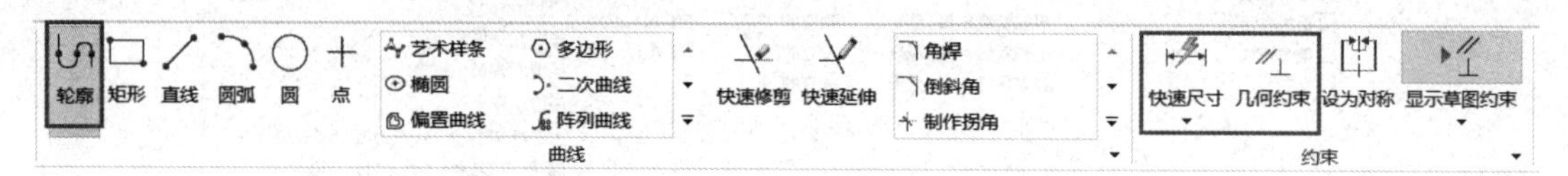

图 2-1-6　草图指令

（4）执行菜单栏“插入”—“草图曲线”—“镜像曲线”命令，系统弹出“镜像曲线”对话框，曲线过滤器中设置曲线选择方式为“相连曲线”，如图 2-1-7 所示，选取如图 2-1-8 所示的曲线，中心线选择“X 轴”，单击“确定”按钮，完成镜像曲线操作。

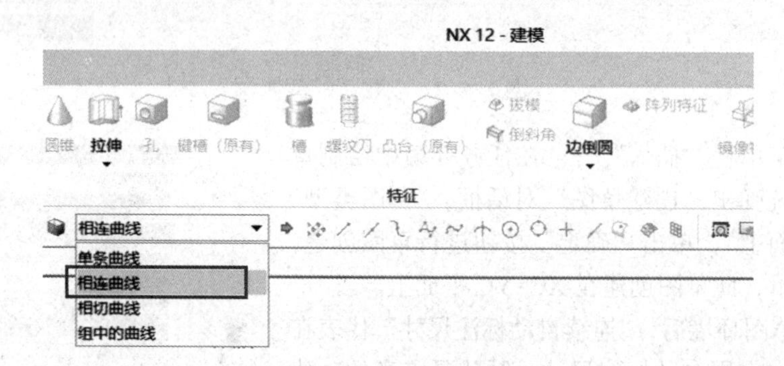

图 2-1-7　曲线过滤器选项

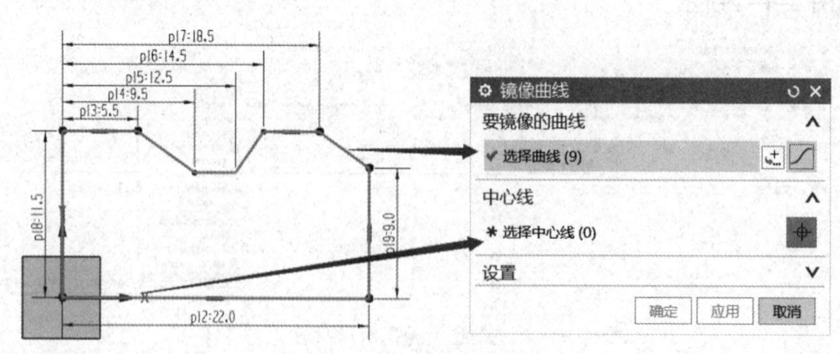

图 2-1-8　镜像曲线

（5）草图绘制完毕，如图 2-1-9 所示。单击按钮，退出草图界面。

（6）执行菜单栏“插入”—“设计特征”—“拉伸”，系统弹出“拉伸”对话框，“指定矢量”选择为“ZC”，开始距离设置为“0”，结束距离设置为“700”，选取如图 2-1-10 所示的曲线，单击“确定”按钮完成拉伸操作。

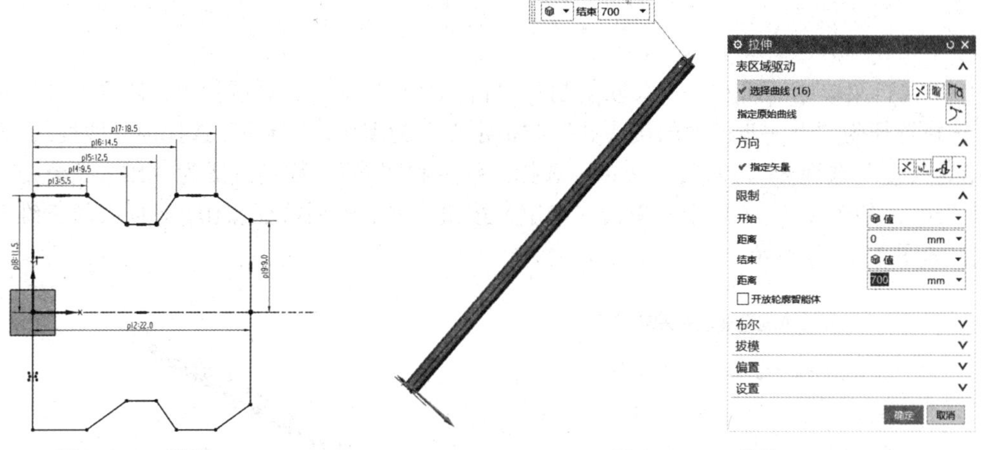

图 2-1-9　草图　　　图 2-1-10　拉伸

（7）执行菜单栏“插入”—“设计特征”—“孔”命令，系统弹出“孔”对话框，“类型”选择为“常规孔”。单击“模型顶面”，进入草图模式，进行快速尺寸标注，确定孔所在的位置进行绘制，如图 2-1-11 所示，单击“完成”按钮，返回“孔”对话框。“孔方向”选择为“垂直于面”，“成形”方式选择“沉头”，“沉头直径”设置为“9”，“沉头深度”设置为“8.5”，“直径”设置为“6”，“深度限制”选择为“贯通体”，如图 2-1-12 所示，单击“确定”按钮，完成孔创建，如图 2-1-13 所示。

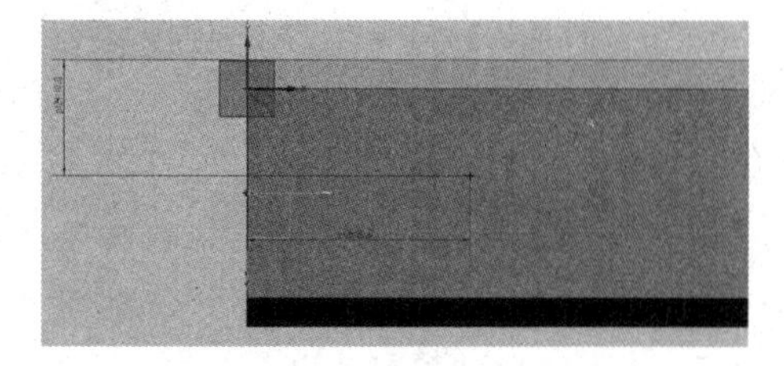

图 2-1-11　确定孔的位置

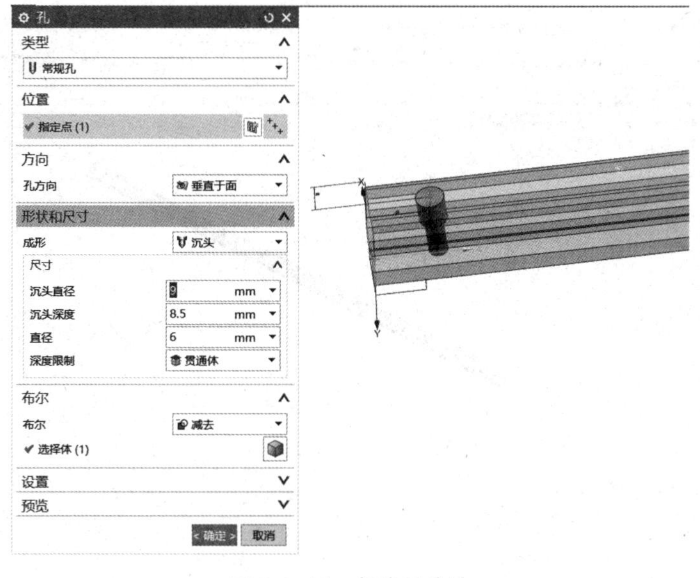

图 2-1-12　创建沉头孔

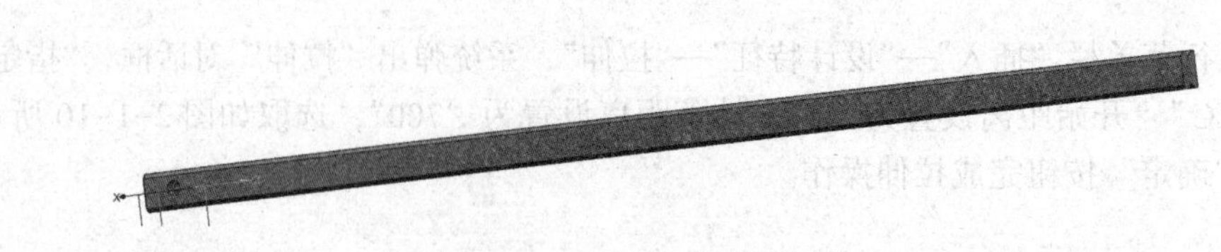

图 2-1-13　完成单个孔创建

（8）执行菜单栏“插入”—“关联复制”—“阵列特征”命令，系统弹出“阵列特征”对话框，选择特征为“上一步创建的沉头孔”，“指定点”为默认，“布局”选择为“线性”，方向 1“指定矢量”选择为“ZC”，“间距”选择“数量和间隔”，数量设置为“12”，“节距”设置为“60”，如图 2-1-14 所示。单击“确定”按钮，完成阵列特征操作，Z 向线轨三维建模完成，如图 2-1-15 所示。

图 2-1-14　线性阵列特征

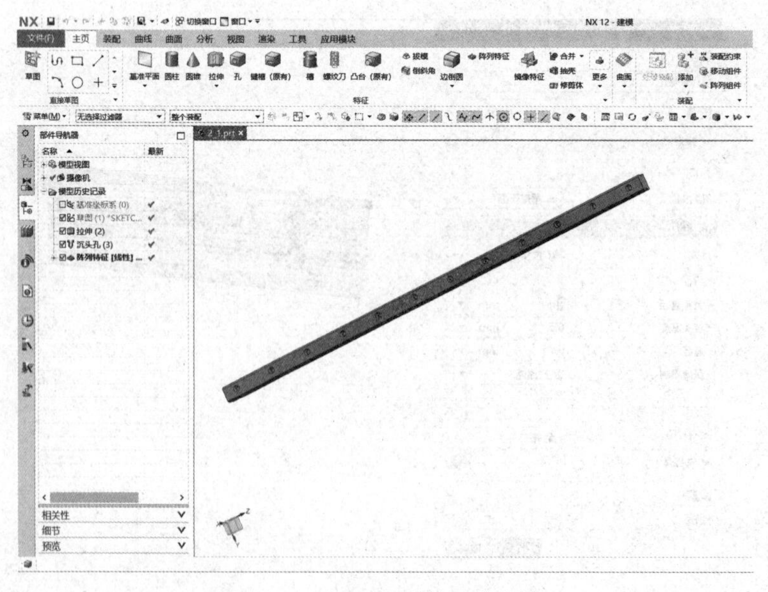

图 2-1-15　Z 向线轨三维建模

五、任务总结

1. 沉头孔注意事项（图 2-1-16）

（1）沉头直径必须大于孔径；

（2）深度限制是指大小两孔深度之和。

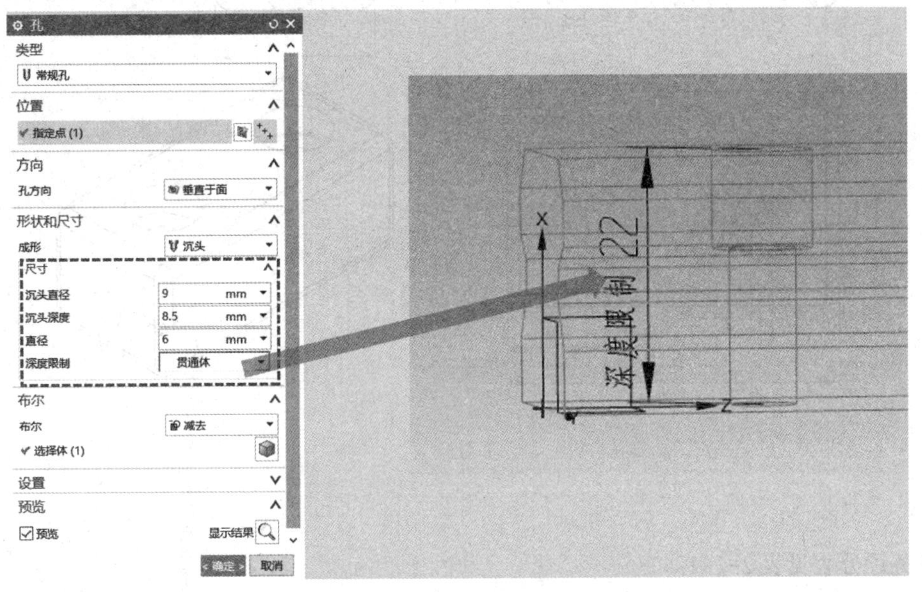

图 2-1-16　沉头孔注意事项

2. 单方向线性阵列注意事项（图 2-1-17）

（1）阵列数量为方向 1 上该特征阵列的总数（包含原特征）；

（2）包含父体特征（如拔模）的线性阵列需连同父体特征一起进行阵列，否则将会弹出警报。

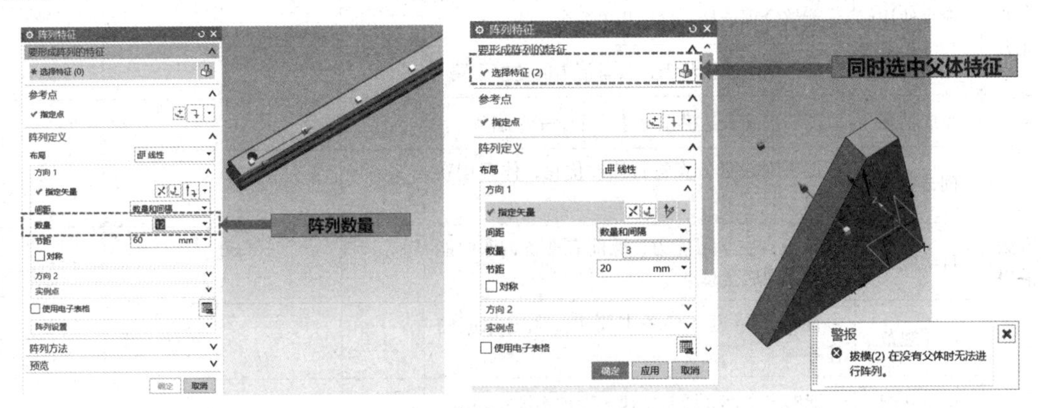

图 2-1-17　单方向线性阵列注意事项

六、任务拓展

在完成本任务的学习后，请完成如图 2-1-18 所示的三维建模，对本次任务中的知识点进行巩固。

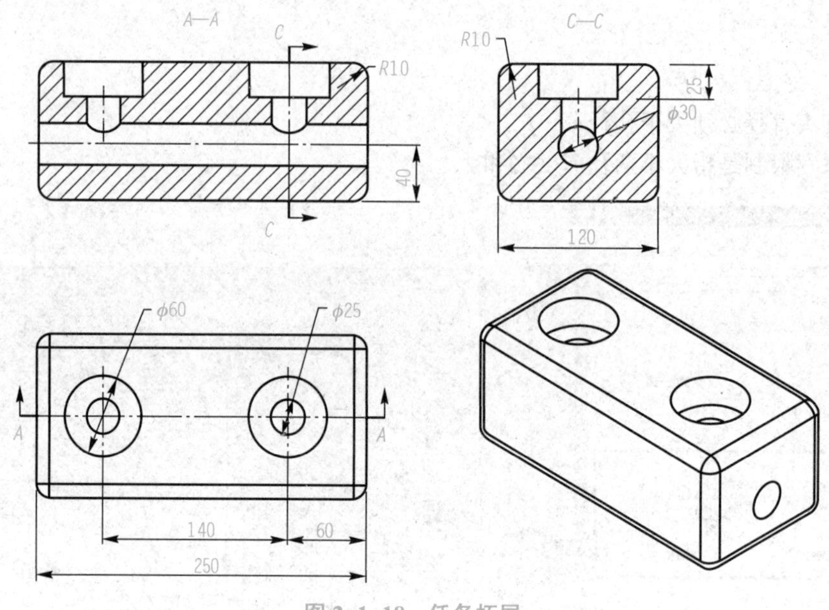

图 2-1-18 任务拓展

七、考核评价

任务评分表见表 2-1-1。

表 2-1-1 任务评分表

<table>
<tr><td colspan="3">任务编号及名称：</td><td>姓名：</td><td colspan="2">组号：</td><td colspan="2">总分：</td></tr>
<tr><td colspan="2">评分项</td><td colspan="2">评价指标</td><td>分值</td><td>学生自评</td><td>小组互评</td><td>教师评分</td></tr>
<tr><td rowspan="4">专业能力</td><td>识图能力</td><td colspan="2">能够正确分析零件图纸，设计合理的建模步骤</td><td></td><td></td><td></td><td></td></tr>
<tr><td>命令使用</td><td colspan="2">能够合理选择、使用相关命令</td><td></td><td></td><td></td><td></td></tr>
<tr><td>建模步骤</td><td colspan="2">能够明确建模步骤，具备清晰的建模思路</td><td></td><td></td><td></td><td></td></tr>
<tr><td>完成精度</td><td colspan="2">能够准确表达模型尺寸，显示完整细节</td><td></td><td></td><td></td><td></td></tr>
<tr><td rowspan="3">方法能力</td><td>创新意识</td><td colspan="2">能够对设计方案进行修改优化，体现创新意识</td><td></td><td></td><td></td><td></td></tr>
<tr><td>自学能力</td><td colspan="2">具备自主学习能力，课前有准备，课中能思考，课后会总结</td><td></td><td></td><td></td><td></td></tr>
<tr><td>严谨规范</td><td colspan="2">能够严格遵守任务书要求，完成相应的任务</td><td></td><td></td><td></td><td></td></tr>
<tr><td rowspan="3">社会能力</td><td>遵章守纪</td><td colspan="2">能够自觉遵守课堂纪律、爱护实训室环境</td><td></td><td></td><td></td><td></td></tr>
<tr><td>学习态度</td><td colspan="2">能够针对出现的问题，分析并尝试解决，体现精准细致、精益求精的工匠精神</td><td></td><td></td><td></td><td></td></tr>
<tr><td>团队协作</td><td colspan="2">能够进行沟通合作，积极参与团队协作，具有团队意识</td><td></td><td></td><td></td><td></td></tr>
<tr><td colspan="8">备注：按照评价指标分为 4 档，优秀 10 分、良好 7 分、一般 5 分、合格 2 分</td></tr>
</table>

任务二　锁紧螺母建模

一、任务描述

完成如图 2-2-1 所示的锁紧螺母三维建模。

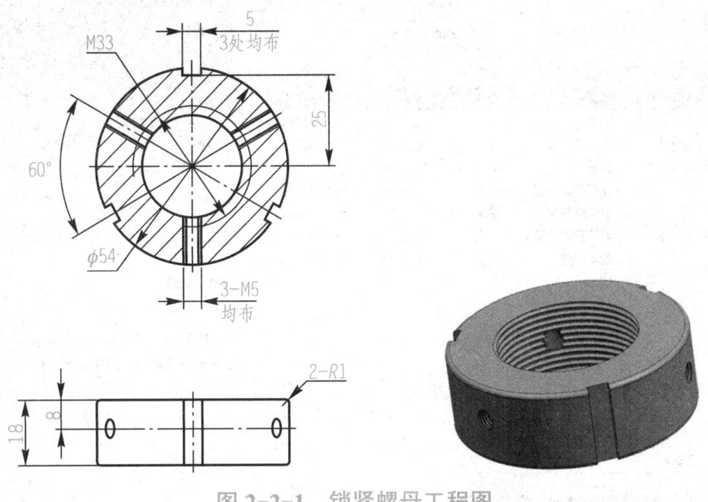

图 2-2-1　锁紧螺母工程图

二、学习目标

1. 知识目标

（1）掌握基准平面创建方法；

（2）掌握在圆柱面上创建孔和详细内螺纹的方法；

（3）掌握详细螺纹特征（含父体特征）的圆周阵列方法。

2. 能力目标

能够完成锁紧螺母细节特征的三维建模。

3. 素养目标

（1）培养严谨规范的职业素养；

（2）培养对制造大国的敬畏之情，激发专业自豪感和民族自信心。

三、知识储备

本任务涉及的知识点包括设计特征、细节特征创建方法。

（1）圆周阵列特征：详见“知识点索引 6.3”。

（2）“基准平面”创建方法：详见“知识点索引 1.5”。

（3）圆周面上孔特征创建：详见“知识点索引 5.1”。

（4）详细螺纹特征创建：详见“知识点索引 5.5”。

（5）边倒圆：详见“知识点索引 2.1”。

四、任务实施

（1）打开 UG 软件，执行“文件”—“新建”命令，新建名称为 2_2.prt 的部件文档，单位选择为毫米，如图 2-2-2 所示。单击“确定”按钮，进入建模功能模块。

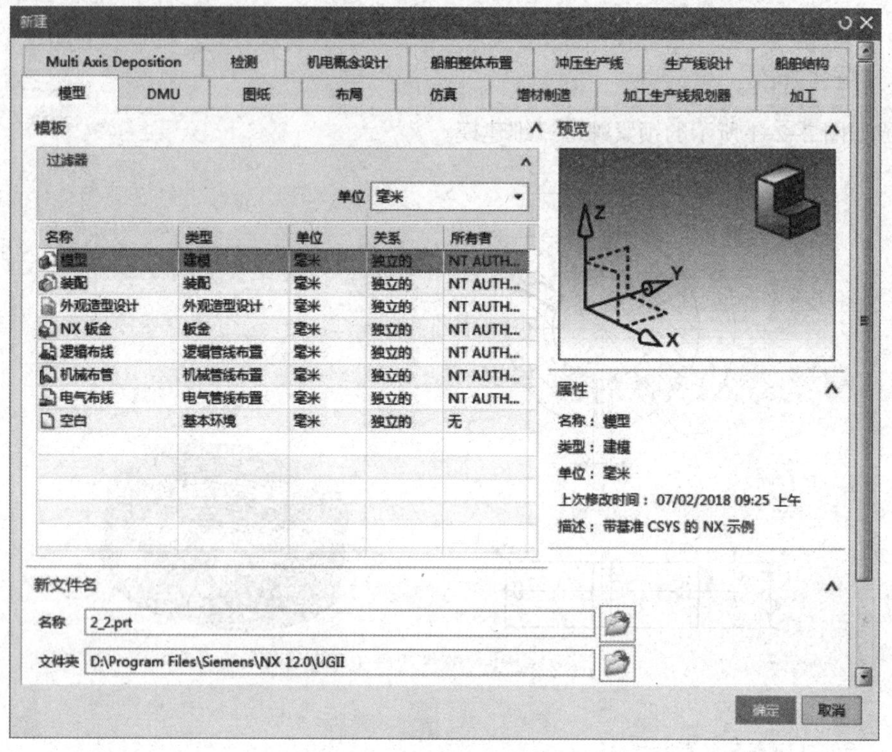

图 2-2-2　创建新的部件

（2）执行菜单栏“插入”—“在任务环境中绘制草图”命令，系统弹出“创建草图”对话框，“草图类型”为“在平面上”，单击“确定”按钮进行草图创建，如图 2-2-3 所示，此草图创建在 XC-YC 平面上。

（3）绘制锁紧螺母主体部分草图并约束，草图具体尺寸如图 2-2-4 所示，内圆直径为 M33 内螺纹底孔直径。单击按钮，退出草图界面。

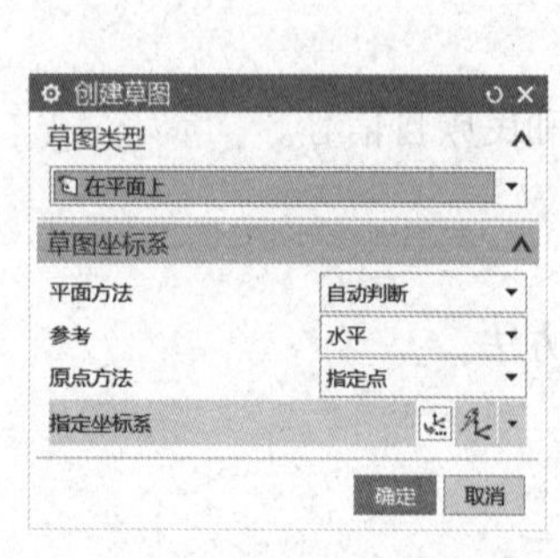

图 2-2-3　“创建草图”对话框

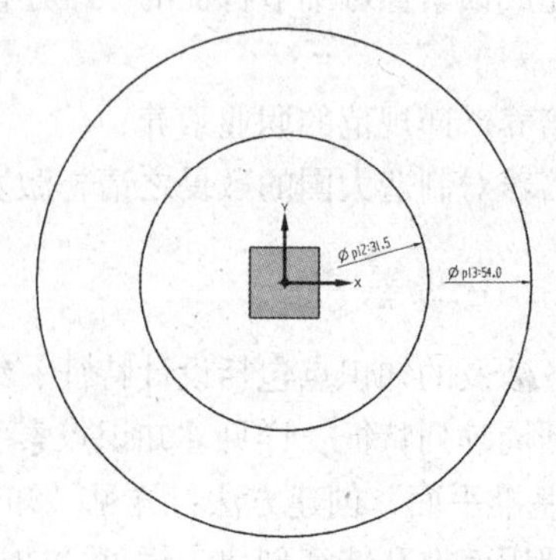

图 2-2-4　锁紧螺母主体部分草图创建

（4）执行菜单栏“插入”—“设计特征”—“拉伸”命令，系统弹出“拉伸”对话框，“指定矢量”选择为“ZC”，开始距离设置为“0”，结束距离设置为“18”，选取如图 2-2-5 所示的曲线轮廓，单击“确定”按钮完成拉伸操作。

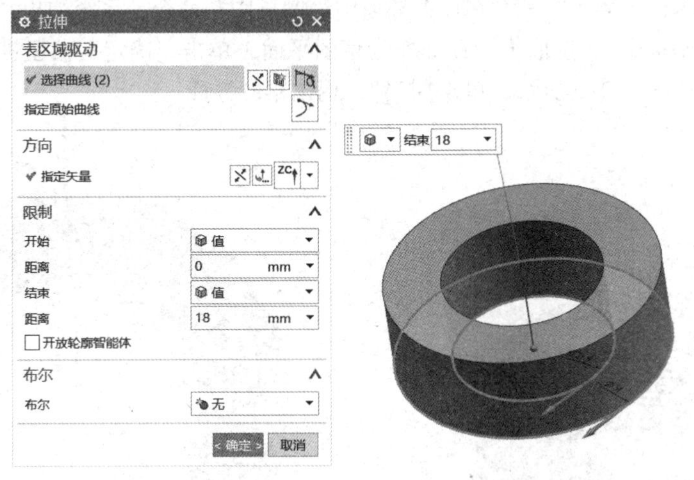

图 2-2-5 拉伸锁紧螺母主体部分

（5）执行菜单栏“插入”—“设计特征”—“螺纹”(功能区螺纹刀）命令，在弹出的对话框中，选择“螺纹类型”为“详细”，选择螺纹圆柱面为内部圆柱面，同时设置螺纹参数，单击选择起始按钮，指定螺纹起始面，如图 2-2-6 所示，螺纹轴方向为“-ZC”，如图 2-2-7 所示，单击“确定”按钮，返回到“螺纹切削”对话框。

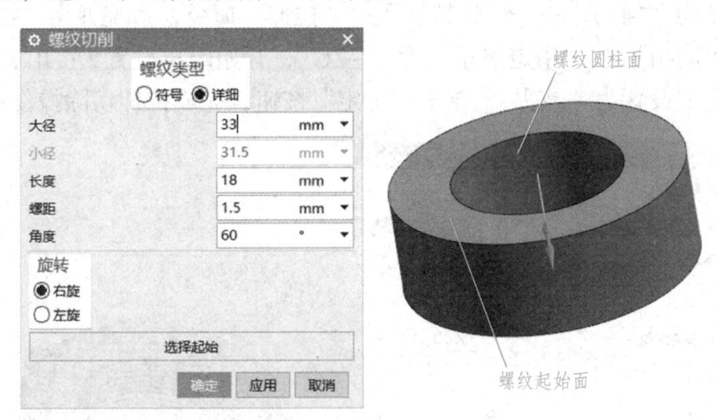

图 2-2-6 螺纹参数设置

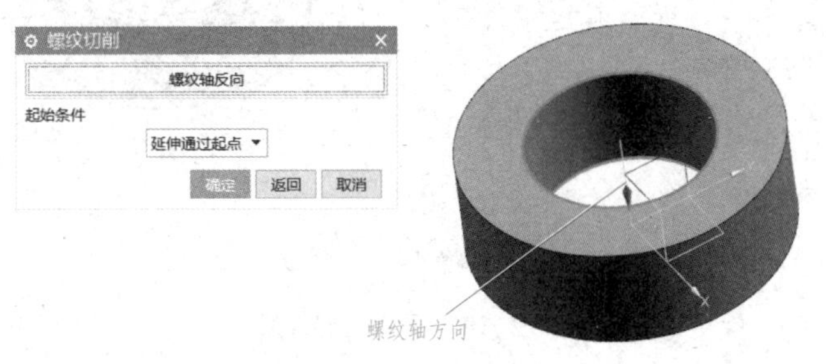

图 2-2-7 螺纹轴方向

注：如果螺纹轴方向相反，则可单击螺纹轴反向按钮，反转螺纹轴方向。

（6）单击“螺纹切削”对话框中的“确定”按钮，详细螺纹切削操作完成，M33 内螺纹特征如图 2-2-8 所示。

（7）执行菜单栏“插入”—“在任务环境中绘制草图”命令，系统弹出“创建草图”对话框，类型为“在平面上”，选取模型顶面作为草图平面，单击“确定”按钮进行草图创建，绘制草图并约束，如图 2-2-9 所示，单击按钮，退出草图界面。

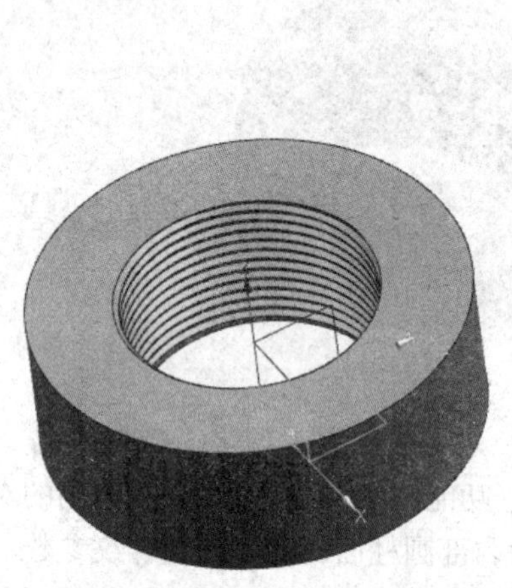

图 2-2-8　M33 内螺纹特征

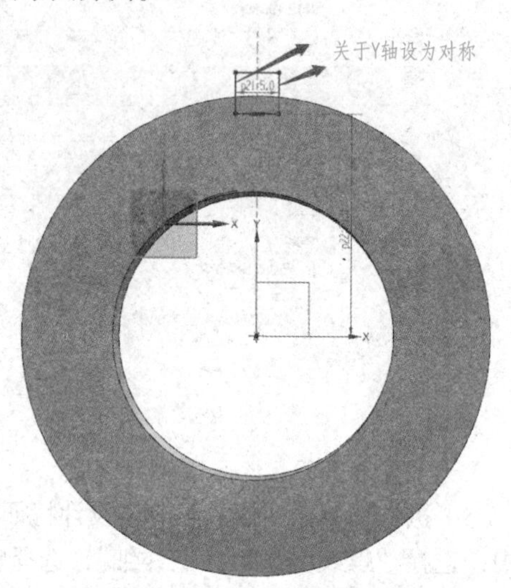

图 2-2-9　槽特征草图创建

（8）执行菜单栏“插入”—“设计特征”—“拉伸”命令，系统弹出“拉伸”对话框，选取如图 2-2-10 所示的曲线，“指定矢量”为“-ZC”，开始距离设置为“0”，结束距离设置为“18”，布尔运算类型设置为“减去”，单击“确定”按钮，完成拉伸切除操作。

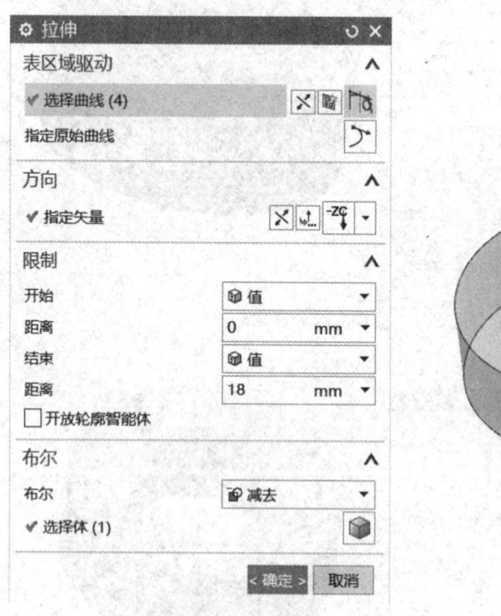

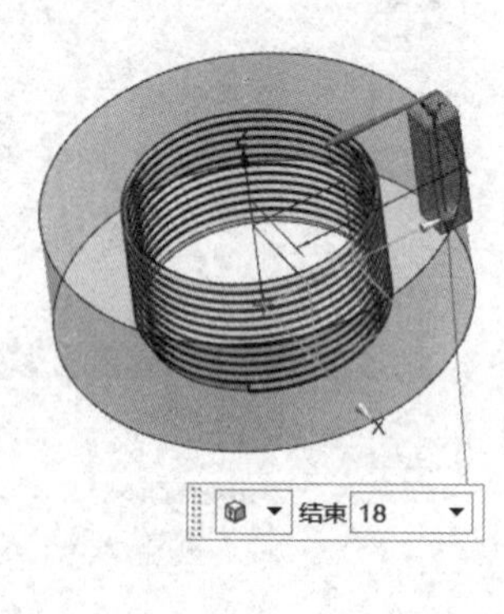

图 2-2-10　槽特征拉伸切除

（9）执行菜单栏“插入”—“关联复制”—“阵列特征”命令，系统弹出“阵列特征”对话框，选择特征为“上一步拉伸切除”，指定点为默认，阵列布局选择为“圆形”，旋转轴“指定矢量”为“ZC”，指定点选择为“顶面内圆圆心”，“数量”设置为“3”，“节距角”设置为“120°”，如图 2-2-11 所示。单击“确定”按钮，完成槽特征圆周阵列操作，如图 2-2-12 所示。

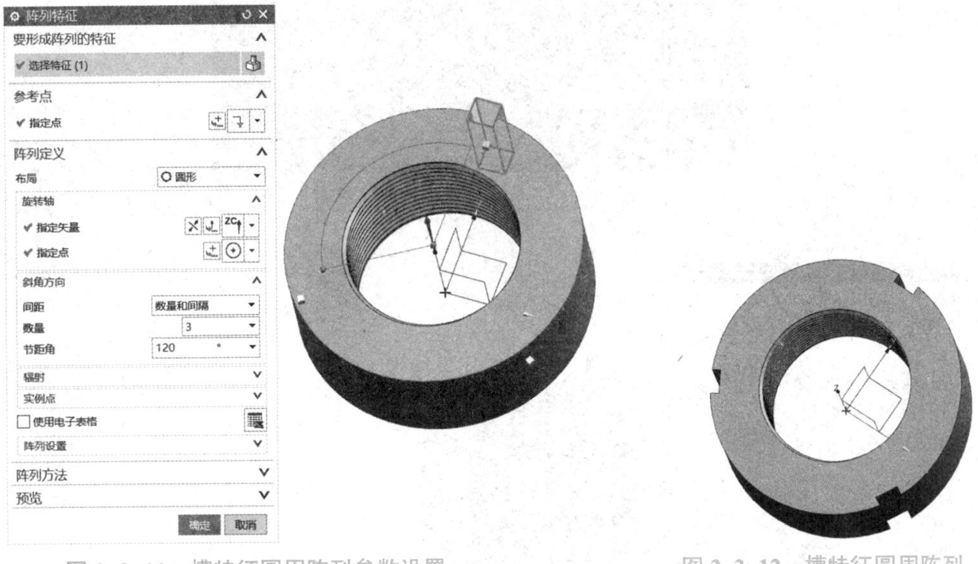

图 2-2-11　槽特征圆周阵列参数设置　　　图 2-2-12　槽特征圆周阵列

（10）执行“基准平面”命令，系统弹出“基准平面”对话框，“类型”选择为“自动判断”，选择对象为“XZ 平面”，偏置距离设置为“27”，创建的基准平面在槽特征对面，若观察到方向相反，则单击距离前反向箭头按钮，参数设置完成，单击“确定”按钮，创建与 XZ 平面平行且与外圆柱面相切的基准平面 1，如图 2-2-13 所示。

图 2-2-13　创建基准平面 1

（11）执行菜单栏“插入”—“设计特征”—“孔”命令，系统弹出“孔”对话框，类型选择为“常规孔”。拾取上一步创建的基准平面 1，进入草图模式，进行快速尺寸标注，确定孔所在的位置，如图 2-2-14 所示。单击“完成”按钮，返回到“孔”对话框，设置孔的参数，如图 2-2-15 所示，单击“确定”按钮，完成螺纹底孔创建，如图 2-2-16 所示。

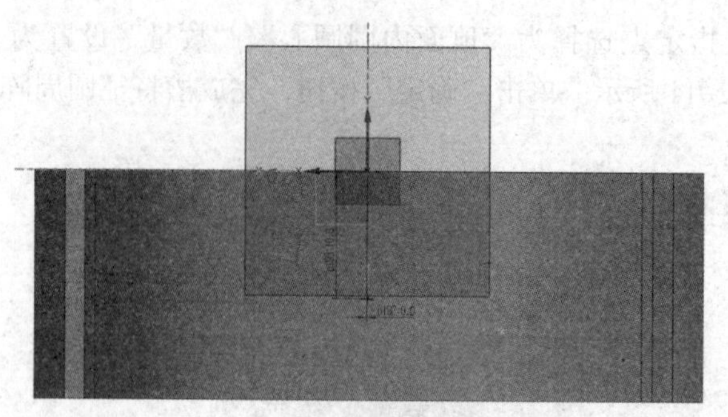

图 2-2-14　确定孔所在的位置

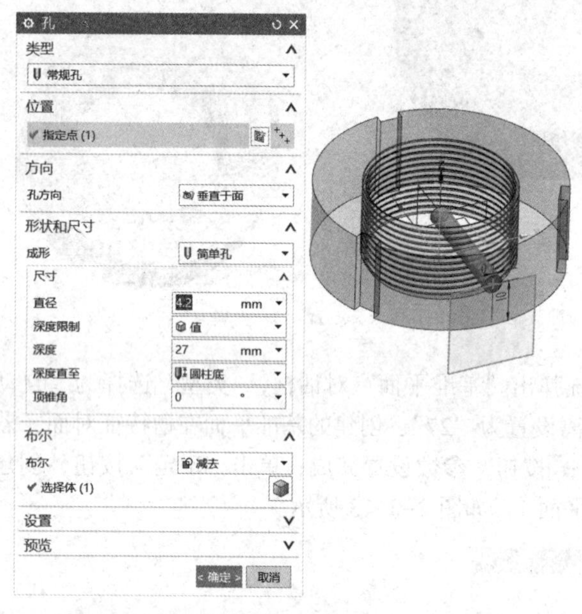

图 2-2-15　螺纹底孔参数

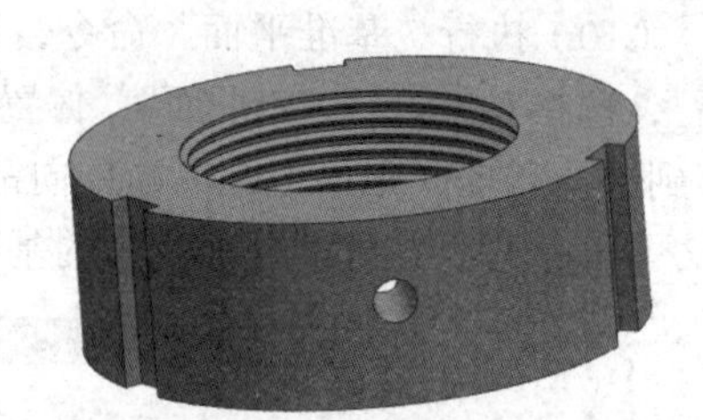

图 2-2-16　创建螺纹底孔

（12）执行菜单栏“插入”—“设计特征”—“螺纹”（功能区螺纹刀）命令，螺纹类型选择为“详细”，选择螺纹圆柱面为上一步创建的螺纹底孔圆柱面，螺纹起始面为基准面 1，螺纹轴方向为“YC”，设置螺纹参数如图 2-2-17 所示，单击“确定”按钮，详细螺纹切削操作完成。M5 内螺纹特征如图 2-2-18 所示。

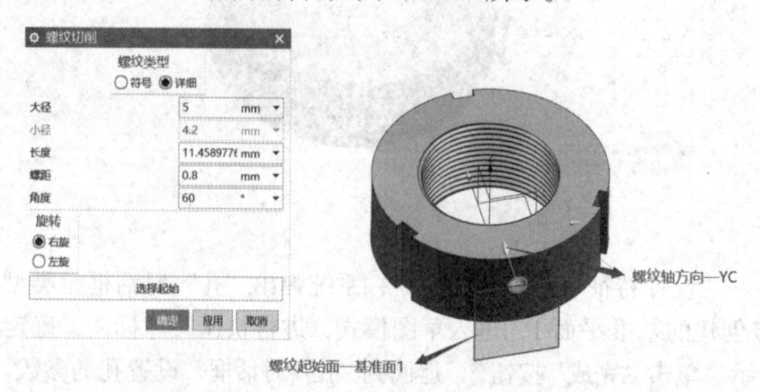

图 2-2-17　设置螺纹参数

图 2-2-18　M5 详细内螺纹特征

（13）执行菜单栏“插入”—“关联复制”—“阵列特征”命令，系统弹出“阵列特征”对话框，选择特征为“基准面 1、螺纹底孔、详细螺纹”3 个特征，指定点为默认，阵列布局选择为“圆形”，旋转轴“指定矢量”为“ ZC”，指定点选择“顶面内圆圆心”，数量设置为“3”，节距角设置为“120° ”，如图 2–2–19 所示。单击“确定”按钮，完成详细螺纹孔圆周阵列特征操作，如图 2–2–20 所示。

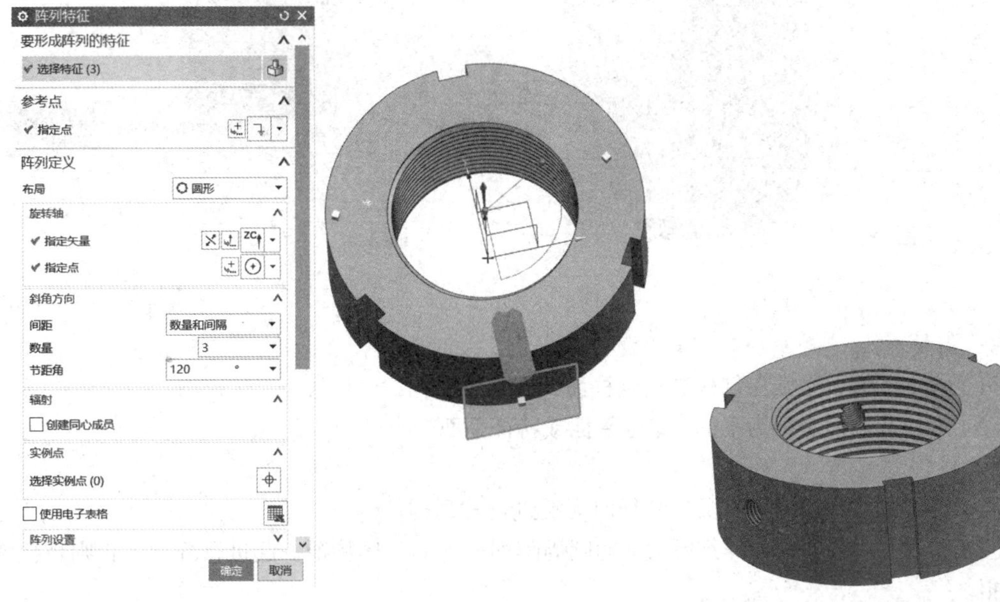

图 2–2–19　详细螺纹孔圆周阵列参数设置　　图 2–2–20　详细螺纹孔圆周阵列

（14）执行菜单栏“插入”—“细节特征”—“边倒圆”命令，系统弹出“边倒圆”对话框，连续性选择为“G1（相切）”，形状选择为“圆形”，半径 1 设置为“1”，选取如图 2–2–21 所示的边，单击“确定”按钮，完成边倒圆操作。完成锁紧螺母的三维建模如图 2–2–22 所示。

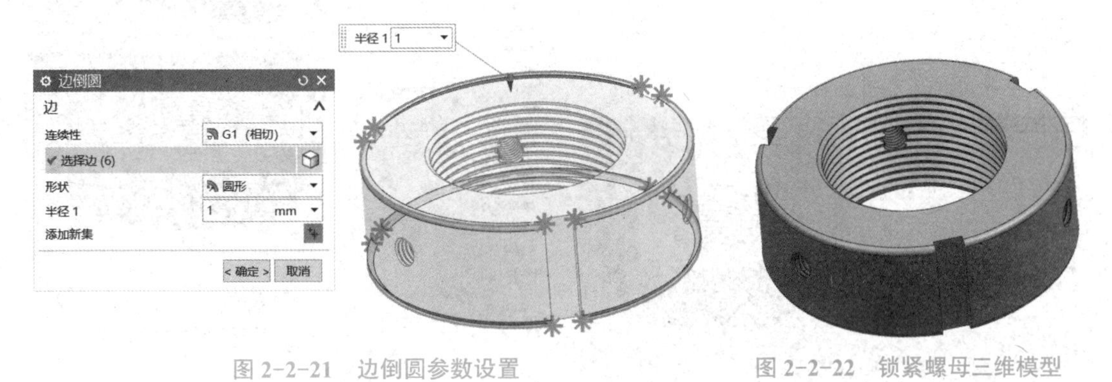

图 2–2–21　边倒圆参数设置　　图 2–2–22　锁紧螺母三维模型

五、任务总结

1. 基准平面创建注意事项（图 2–2–23）

（1）在已知基准平面条件但不确定类型时，可选择“自动判断”的方式；

（2）设定的基准条件若有多个解，可通过“备选解”和“反向”最终选定目标方案。

2. 圆柱面上创建孔注意事项（图 2-2-24）

（1）打孔前必须创建打孔基体，即本任务的锁紧螺母主体；

（2）圆柱面上创建孔特征需创建孔定位基准平面。

图 2-2-23　基准平面创建注意事项

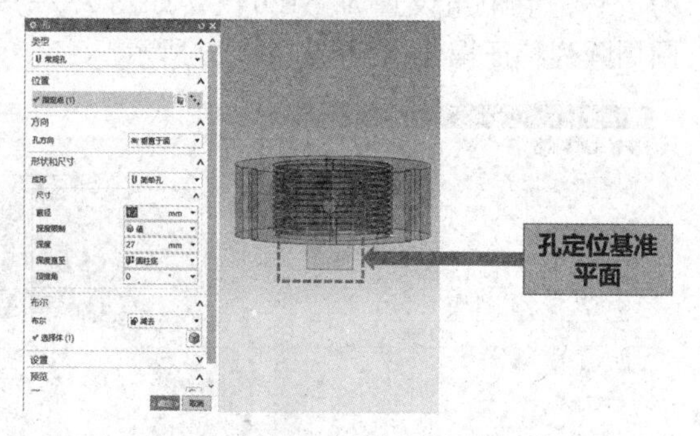

图 2-2-24　圆柱面上创建孔注意事项

3. 圆柱面上创建详细内螺纹注意事项（图 2-2-25）

（1）详细内螺纹必须先创建螺纹圆柱面，即螺纹底孔；

（2）螺纹起始面必须为平面（基准平面或特征平面）。

4. 详细螺纹圆周阵列注意事项（图 2-2-26）

（1）详细螺纹在没有所有父体特征时无法进行阵列；

（2）包含父体特征（如详细螺纹）的圆周阵列需连同父体特征一起进行阵列，否则将会弹出警报。

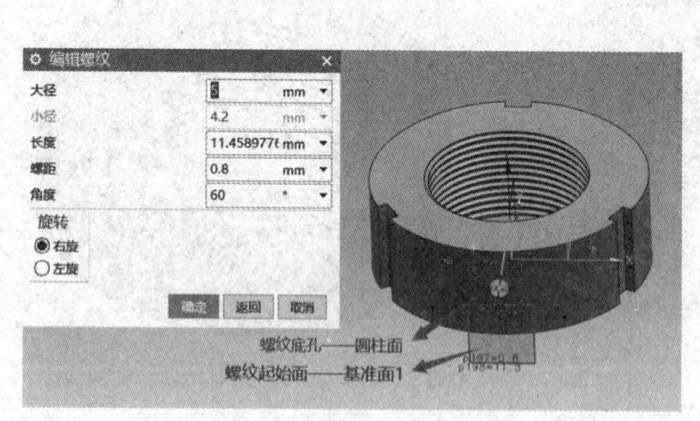

图 2-2-25　圆柱面上创建详细内螺纹注意事项

图 2-2-26　详细螺纹圆周阵列注意事项

六、任务拓展

在完成本任务的学习后，请完成如图 2-2-27 所示的拉刀杆尾端螺母三维建模，对本次任务中的知识点进行巩固。

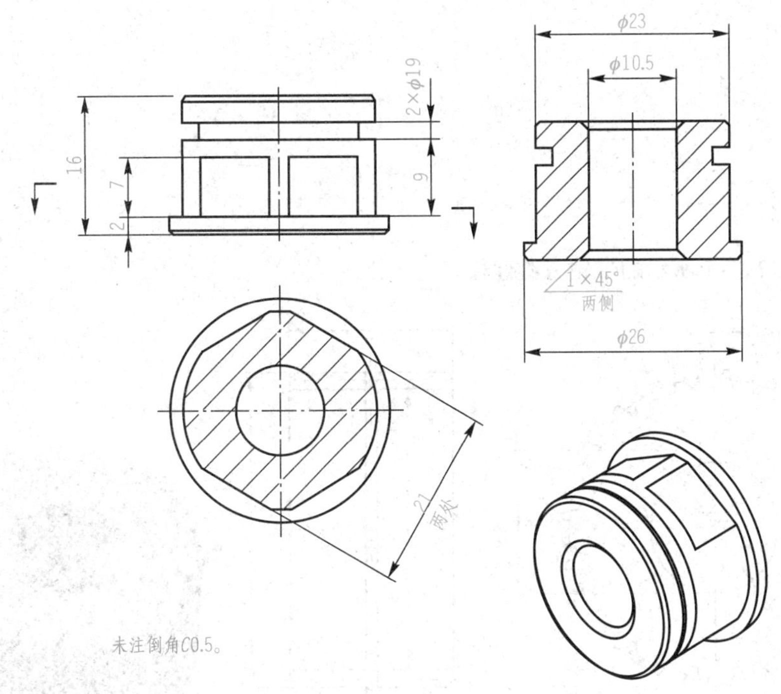

图 2-2-27　任务拓展

七、考核评价

任务评分表见表 2-2-1。

表 2-2-1　任务评分表

任务编号及名称：			姓名：	组号：		总分：
评分项		评价指标	分值	学生自评	小组互评	教师评分
专业能力	识图能力	能够正确分析零件图纸，设计合理的建模步骤				
	命令使用	能够合理选择、使用相关命令				
	建模步骤	能够明确建模步骤，具备清晰的建模思路				
	完成精度	能够准确表达模型尺寸，显示完整细节				
方法能力	创新意识	能够对设计方案进行修改优化，体现创新意识				
	自学能力	具备自主学习能力，课前有准备，课中能思考，课后会总结				
	严谨规范	能够严格遵守任务书要求，完成相应的任务				
社会能力	遵章守纪	能够自觉遵守课堂纪律、爱护实训室环境				
	学习态度	能够针对出现的问题，分析并尝试解决，体现精准细致、精益求精的工匠精神				
	团队协作	能够进行沟通合作，积极参与团队协作，具有团队意识				
备注：按照评价指标分为 4 档，优秀 10 分、良好 7 分、一般 5 分、合格 2 分						

任务三　带轮建模

一、任务描述

完成如图 2-3-1 所示的带轮三维建模。

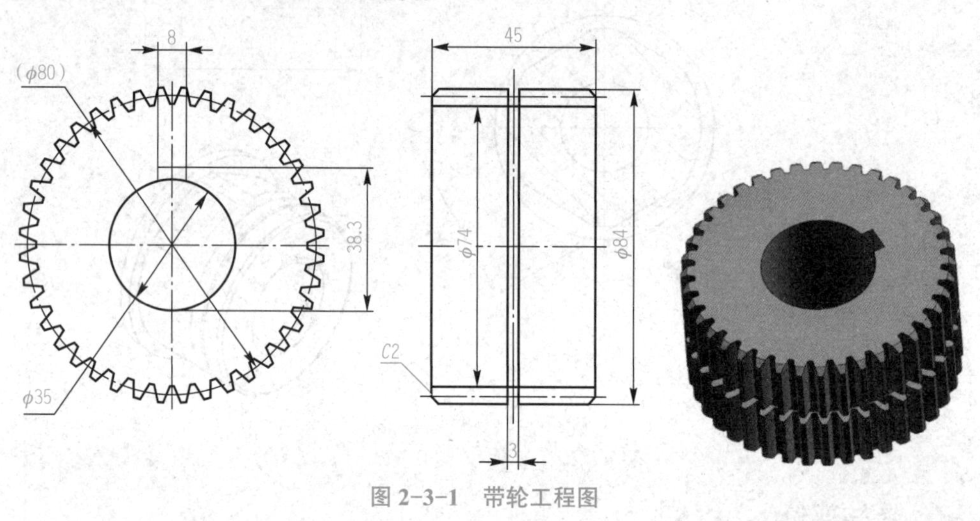

图 2-3-1　带轮工程图

二、学习目标

1. 知识目标

（1）掌握利用 GC 齿轮工具创建直齿圆柱齿轮的方法；

（2）掌握创建齿轮环形槽和旋转切除操作方法；

（3）掌握辅助线（相交曲线）草绘创建方法。

2. 能力目标

能够完成带轮细节特征的三维建模。

3. 素养目标

（1）培养严谨规范的建模素养；

（2）培养对制造大国的敬畏之情，激发专业自豪感和民族自信心。

三、知识储备

本任务涉及的知识点包括 GC 齿轮工具、环形槽等特征创建方法。

（1）槽特征创建方法：详见“知识点索引 5.4”。

（2）拉伸切除特征创建：详见“知识点索引 4.1”。

（3）旋转切除特征创建：详见“知识点索引 4.2”。

四、任务实施

（1）打开 UG 软件，执行“文件”—“新建”命令，新建名称为 2_3.prt 的部件文档，单位选择为毫米，如图 2-3-2 所示。单击“确定”按钮，进入建模功能模块。

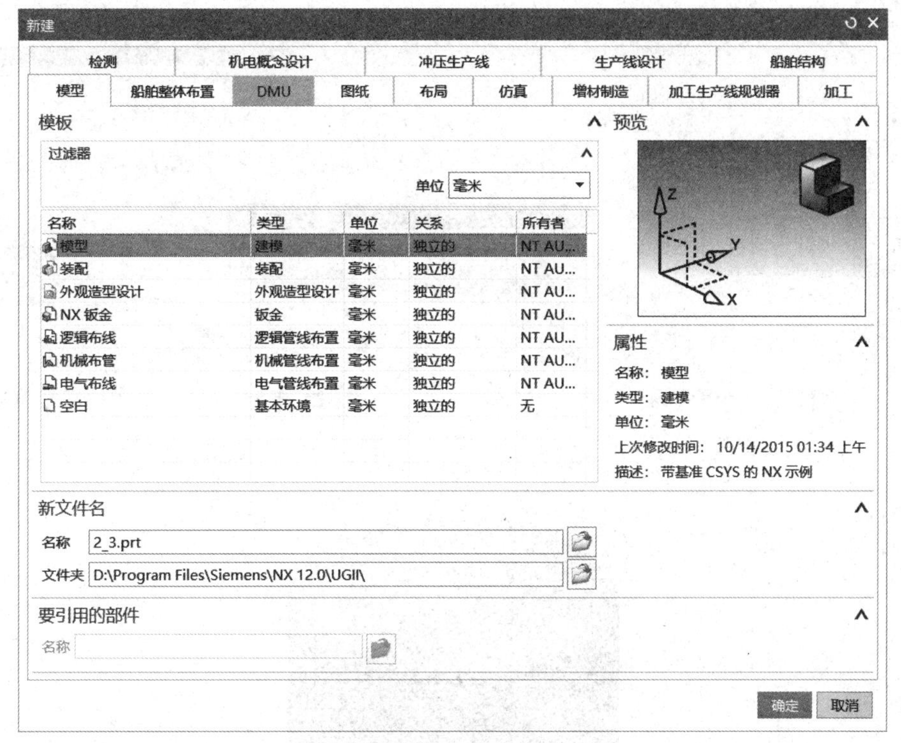

图 2-3-2 创建新的部件

（2）执行菜单栏“GC 工具箱”—“齿轮建模”—“柱齿轮”命令，系统弹出“渐开线圆柱齿轮建模”对话框，选择“创建齿轮”选项，单击“确定”按钮，系统弹出“渐开线圆柱齿轮类型”对话框。选择“直齿轮”“外啮合齿轮”选项，“加工”选择“滚齿”选项，单击“确定”按钮，如图 2-3-3 所示，系统弹出的“渐开线圆柱齿轮参数”对话框。具体参数如图 2-3-4 所示，标准齿轮名称为“带轮”，模数设置为“2.0000”，牙数设置为“40”，齿宽设置为“45.0000”，压力角设置为“20.0000”，齿轮建模精度选择默认“中部”，单击“确定”按钮，矢量选择“ZC 轴”，在“矢量”对话框中，类型选择“ZC 轴”，在“点”对话框中，点位置选择“坐标原点（0，0，0）”如图 2-3-5 所示，单击“确定”按钮，创建齿轮如图 2-3-6 所示。

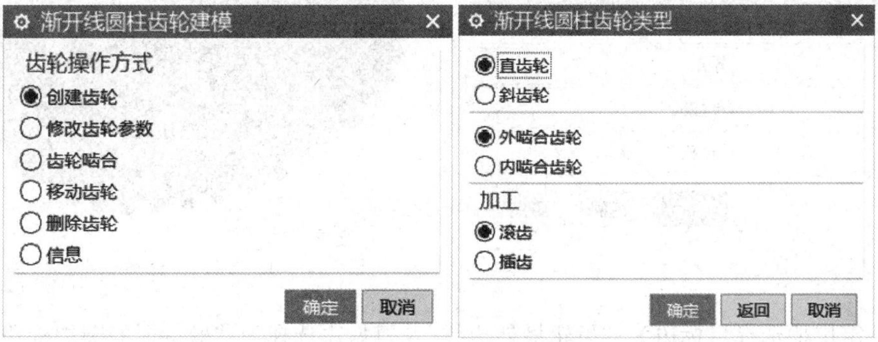

渐开线圆柱齿轮建模
齿轮操作方式
创建齿轮
修改齿轮参数
齿轮啮合
移动齿轮
删除齿轮
信息
确定 取消

渐开线圆柱齿轮类型
直齿轮
斜齿轮
外啮合齿轮
内啮合齿轮
加工
滚齿
插齿
确定 返回 取消

图 2-3-3 “渐开线圆柱齿轮建模”和“渐开线圆柱齿轮类型”对话框

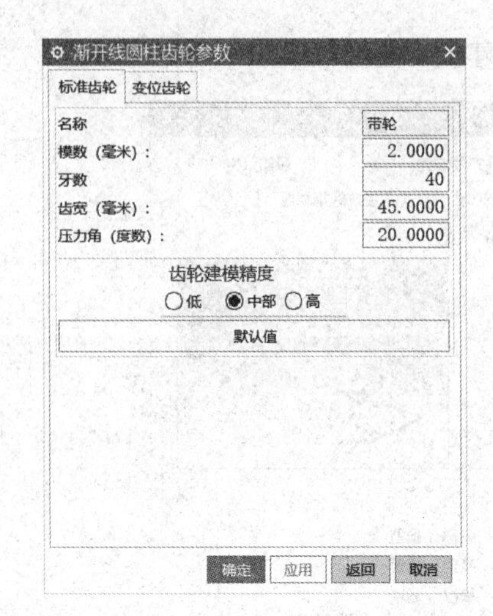

图 2-3-4 “渐开线圆柱齿轮参数”对话框

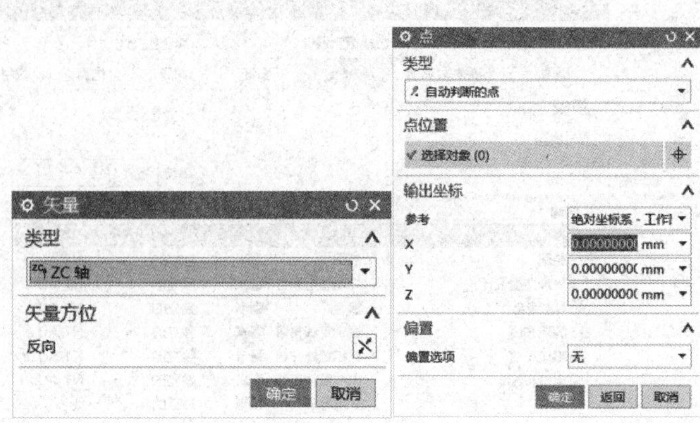

图 2-3-5 齿轮创建中矢量和点设置

图 2-3-6 齿轮模型

（3）执行菜单栏“插入”—“设计特征”—“槽”命令，系统弹出“槽”对话框，选择“矩形”选项，如图 2-3-7 所示，单击“确定”按钮。选择放置面为如图 2-3-8 所示的齿轮圆柱面，设置矩形槽参数，槽直径设置为“74”，宽度设置为“3”，单击“确定”按钮。

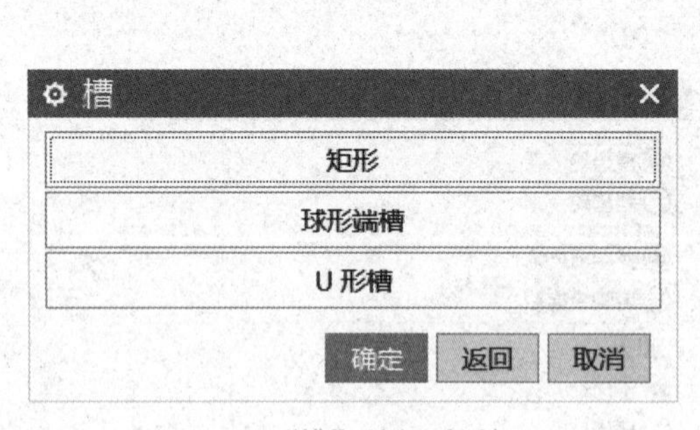

图 2-3-7 “槽”特征对话框

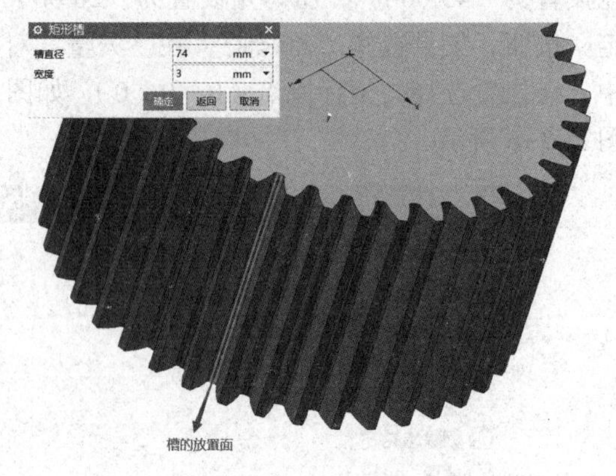

图 2-3-8 矩形槽参数设置

（4）定位槽选择目标边为“齿轮最外边线”，刀具边选择为“槽特征的圆周外边线”，如图 2-3-9 所示，定位尺寸设置为“21”，如图 2-3-10 所示。单击“确定”按钮，得到槽特征，如图 2-3-11 所示，单击“取消”按钮，退出槽命令。

（5）执行菜单栏“插入”—“在任务环境中绘制草图”命令，系统弹出“创建草图”对话框，类型为“在平面上”，选取模型上表面（平面），单击“确定”按钮，进行草图创建，绘制草图并约束，如图 2-3-12 所示，单击按钮，退出草图。

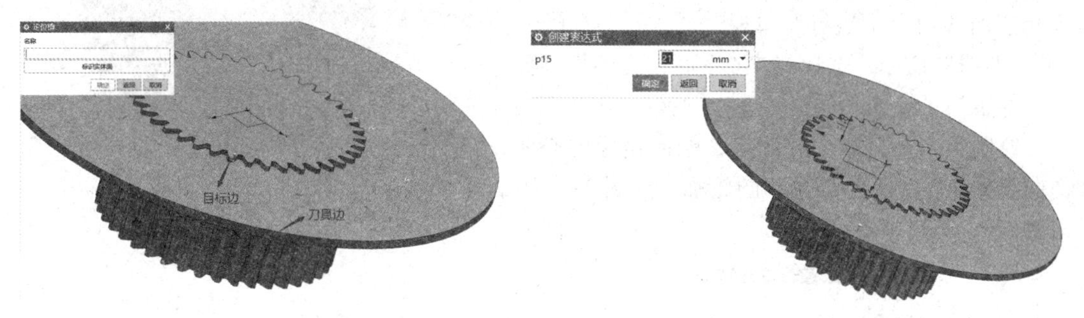

图 2-3-9　矩形槽定位对象选取　　　　图 2-3-10　矩形槽定位尺寸

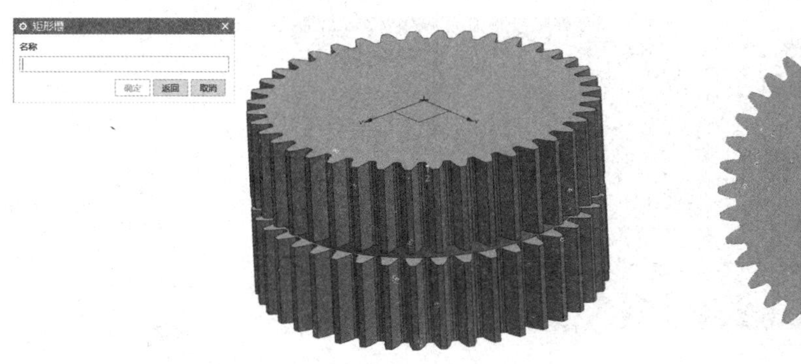

图 2-3-11　矩形槽特征

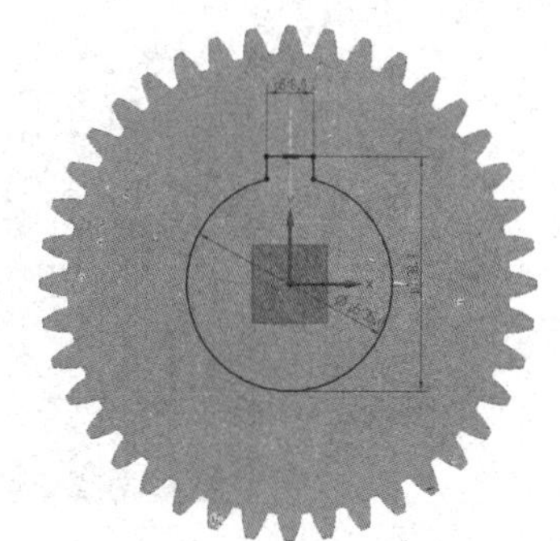

图 2-3-12　拉伸切除草图

（6）执行菜单栏“插入”—“设计特征”—“拉伸”命令，系统弹出“拉伸”对话框，选取如图 2-3-13 所示的曲线，“指定矢量”为“-ZC”，开始距离设置为“0”，“结束”选择为“贯通”，布尔运算类型选择为“减去”，单击“确定”按钮，完成拉伸切除操作，如图 2-3-14 所示。

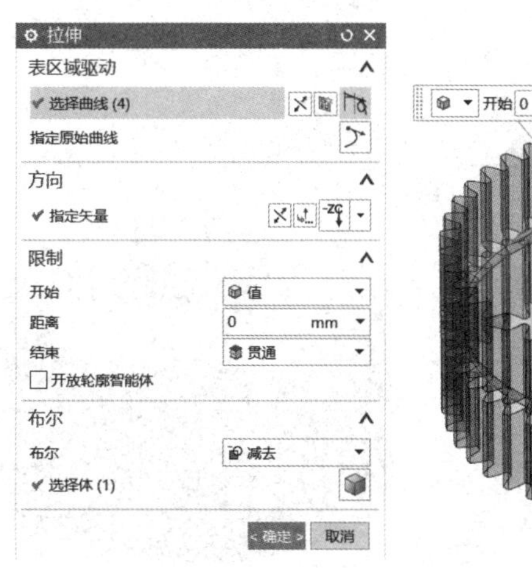

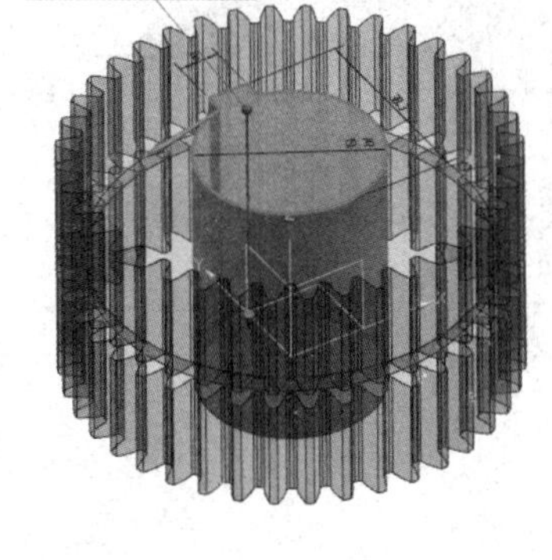

图 2-3-13　拉伸切除参数设置

图 2-3-14　拉伸切除特征

（7）执行菜单栏“插入”—“在任务环境中绘制草图”命令，系统弹出“创建草图”对话框，类型为“在平面上”，选取“YZ 平面”，单击“确定”按钮，进行草图创建。

注：为保证建模的准确性，创建草图的过程中需要用到相交曲线命令，执行菜单栏“插入”—“配方曲线”—“相交曲线”命令，选择与 YZ 平面相交的齿顶面，得到与“YZ 平面”的交线，如图 2-3-15 所示，作为草图参考线。

绘制上半部分草图并约束，绘制镜像中心线，完成镜像曲线操作得到下半部分草图轮廓，如图 2-3-16 所示，单击按钮，退出草图。

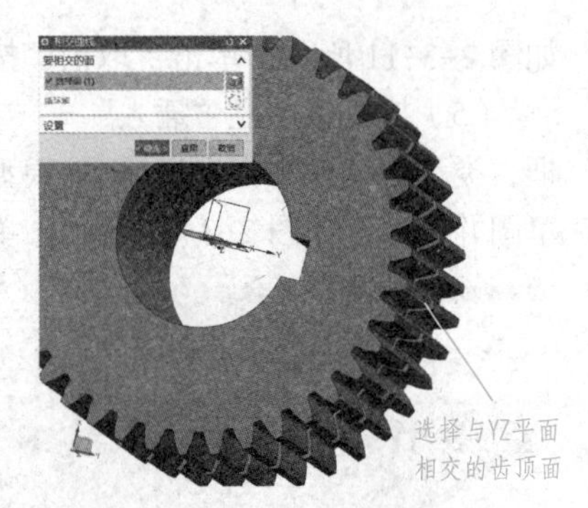

图 2-3-15　相交曲线

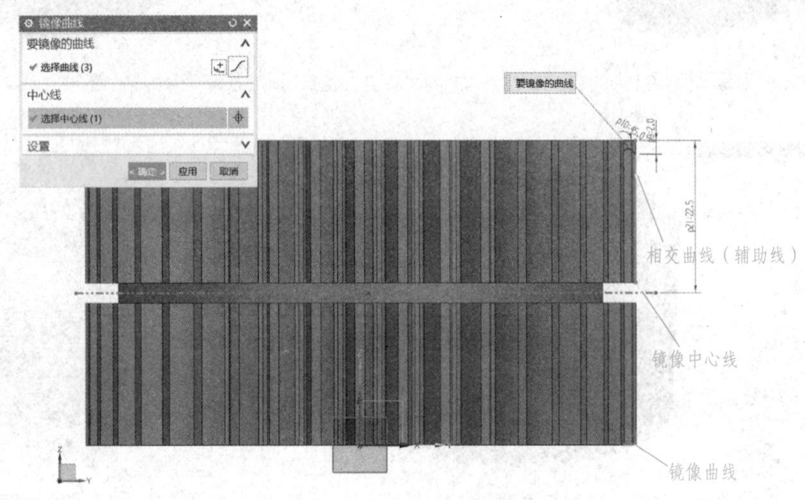

图 2-3-16　旋转切除草图

（8）执行菜单栏“插入”—“设计特征”—“旋转”命令，选择曲线为上一步创建的草图轮廓，“指定矢量”为“ZC”，指定点为顶面内圆周圆心，开始角度设置为“0°”，结束角度设置为“360°”，布尔运算类型选择为“减去”，如图 2-3-17 所示，单击“确定”按钮，带轮的三维建模完成，如图 2-3-18 所示。

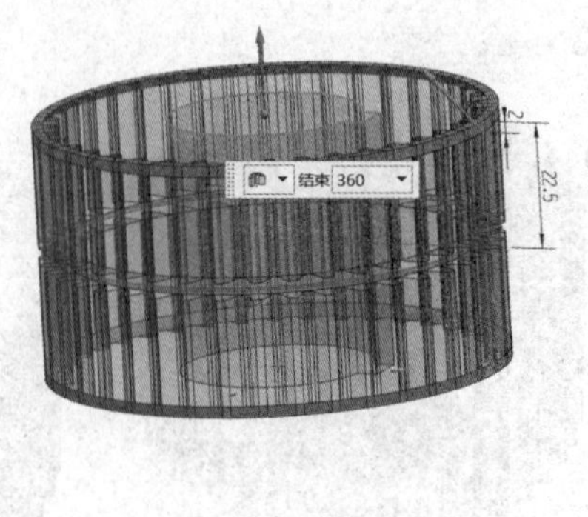

图 2-3-17　旋转切除参数设置

图 2-3-18　带轮三维模型

注：若不方便选中轮廓，可将模型显示切换为“静态线框”。

五、任务总结

1. GC 齿轮工具注意事项（图 2-3-19）

（1）在创建直齿圆柱齿轮时，所有参数均要填写完整；

（2）采用 GC 齿轮工具自动创建的齿轮是由多个特征形成的特征组，不属于简单几何体。

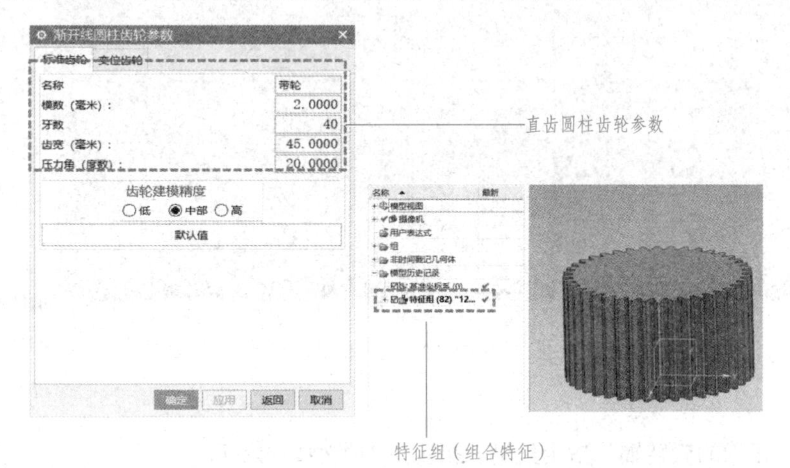

图 2-3-19　GC 齿轮工具注意事项

2. 环形槽特征注意事项（图 2-3-20）

（1）“槽”命令一般处于隐藏状态，可通过命令查找器搜索；

（2）槽的放置面必须是圆柱形或圆锥形表面（轴或齿轮表面的圆柱面均可）；

（3）定位槽时，若选不中参考目标线，可将模型调整为静态线框显示或其他易于观察的模式。

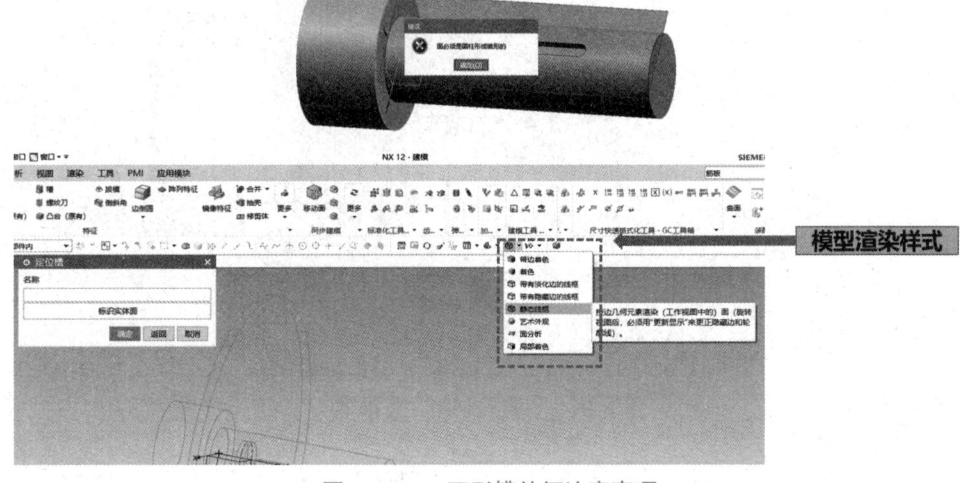

图 2-3-20　环形槽特征注意事项

3. 相交曲线注意事项（图 2-3-21）

（1）进入草图环境，相交曲线将创建草图平面与指定面的交线；

（2）相交曲线通常用作草图参考，保证建模的准确性（此任务中为了得到齿轮最外侧边线）。

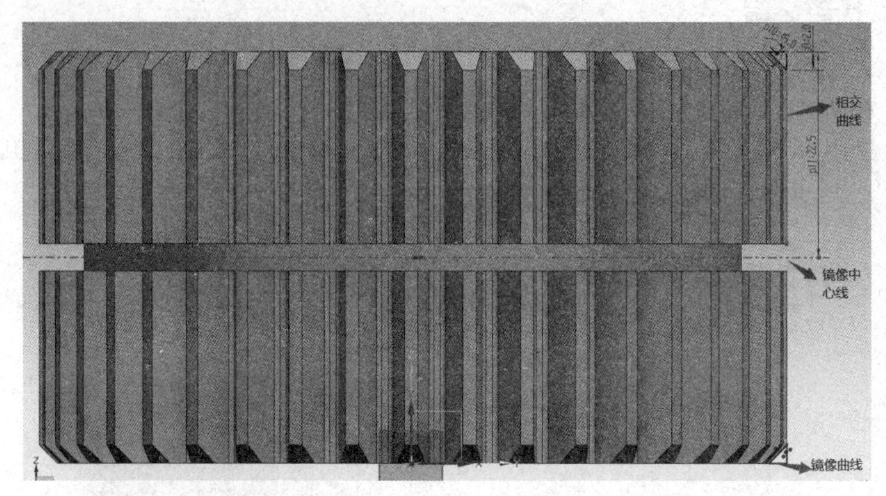

图 2-3-21　相交曲线注意事项

4. 旋转切除注意事项（图 2-3-22）

（1）指定正确的旋转轴，指定矢量和指定点的类型均可更改；

（2）根据零件的旋转特征指定开始、结束角度值；

（3）选择旋转切除轮廓时，可更改上边框条曲线过滤器类型方便选取。

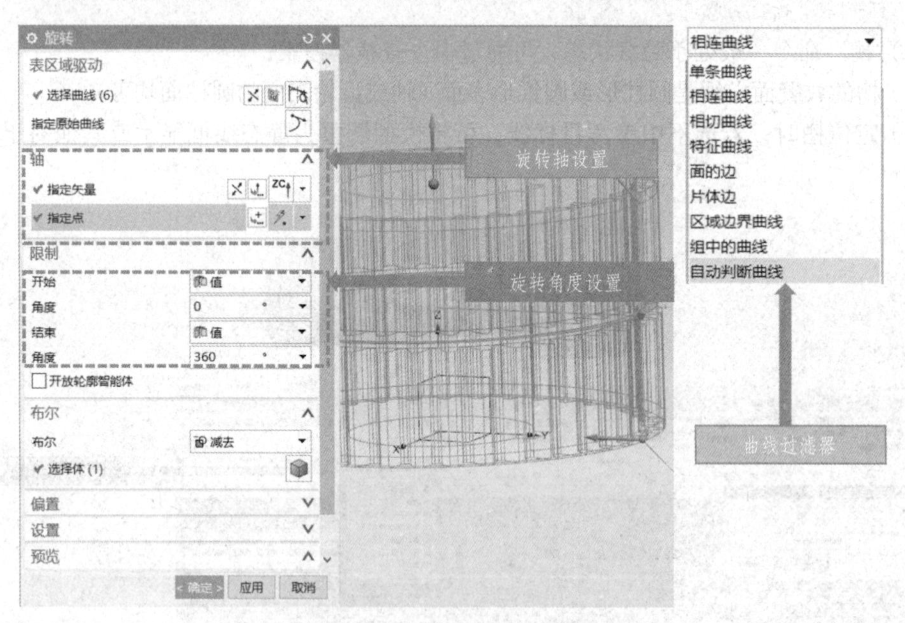

图 2-3-22　旋转切除注意事项

六、任务拓展

在完成本任务的学习后，请完成如图 2-3-23 所示的齿轮三维建模，对本次任务中的知识点进行巩固。

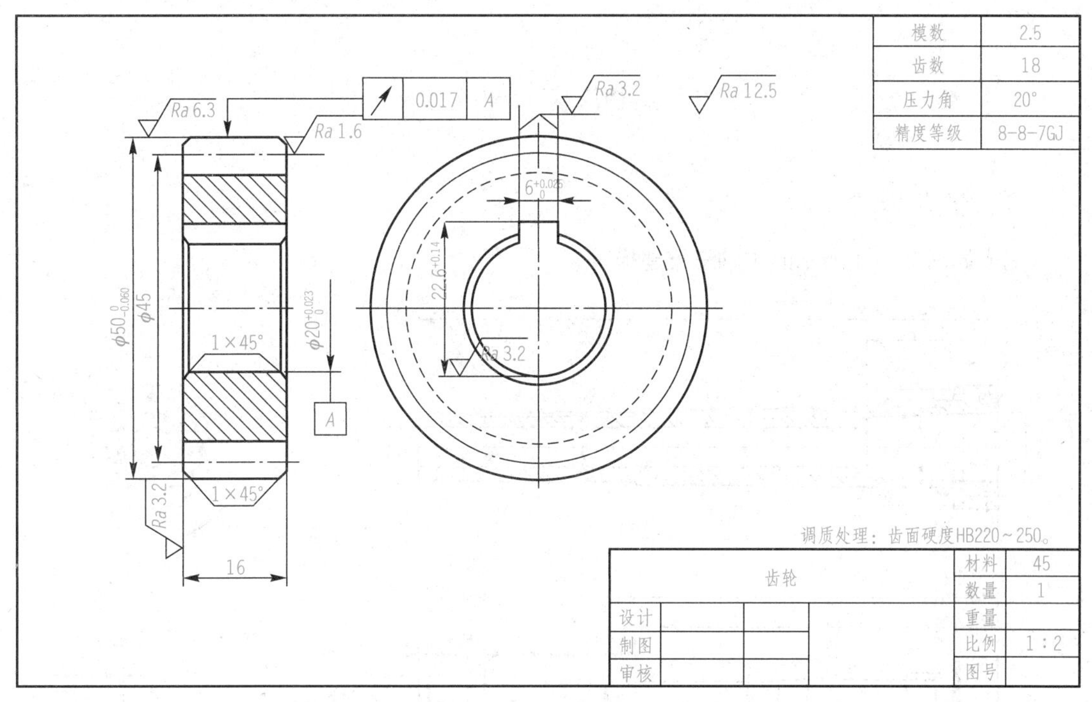

图 2-3-23　任务拓展

七、考核评价

任务评分表见表 2-3-1。

表 2-3-1　任务评分表

任务编号及名称：		姓名：	组号：		总分：	
评分项		评价指标	分值	学生自评	小组互评	教师评分
专业能力	识图能力	能够正确分析零件图纸，设计合理的建模步骤				
	命令使用	能够合理选择、使用相关命令				
	建模步骤	能够明确建模步骤，具备清晰的建模思路				
	完成精度	能够准确表达模型尺寸，显示完整细节				
方法能力	创新意识	能够对设计方案进行修改优化，体现创新意识				
	自学能力	具备自主学习能力，课前有准备，课中能思考，课后会总结				
	严谨规范	能够严格遵守任务书要求，完成相应的任务				
社会能力	遵章守纪	能够自觉遵守课堂纪律、爱护实训室环境				
	学习态度	能够针对出现的问题，分析并尝试解决，体现精准细致、精益求精的工匠精神				
	团队协作	能够进行沟通合作，积极参与团队协作，具有团队意识				
备注：按照评价指标分为 4 档，优秀 10 分、良好 7 分、一般 5 分、合格 2 分						

任务四　主轴建模

一、任务描述

完成如图 2-4-1 所示的主轴三维建模。

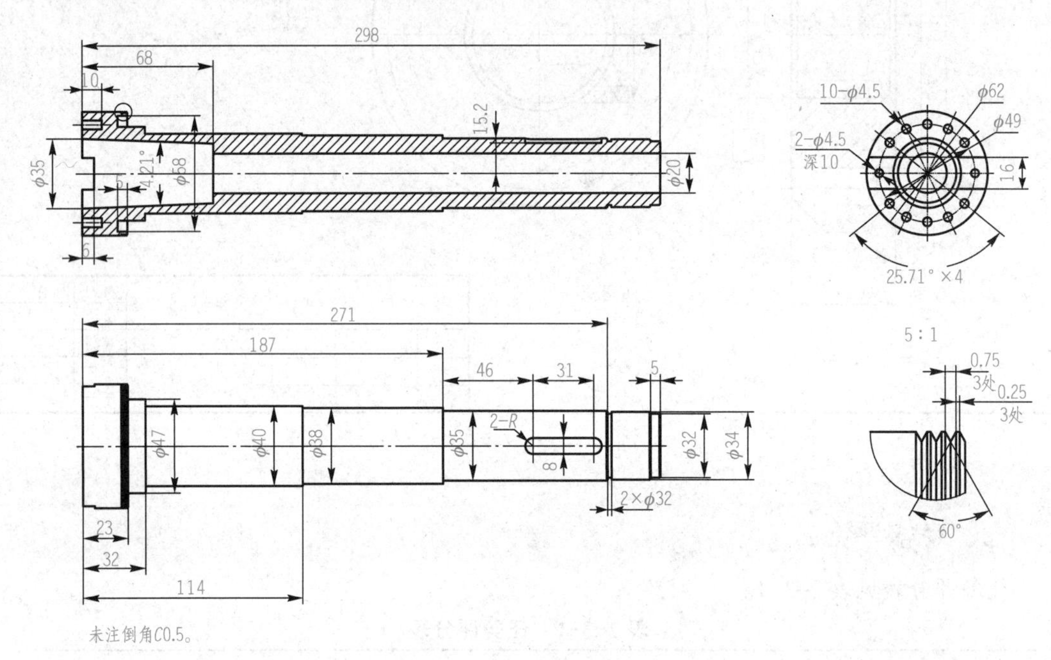

图 2-4-1　主轴工程图

二、学习目标

1. 知识目标

（1）掌握基本圆柱体、圆柱凸台、圆锥体的建模方法；

（2）掌握完整键槽创建方法。

2. 能力目标

（1）能够利用镜像特征和阵列特征完成特征要素的复制操作；

（2）能够完成含多特征要素的主轴三维建模。

3. 素养目标

（1）培养严谨规范的建模素养；

（2）培养对制造大国的敬畏之情，激发专业自豪感和民族自信心。

三、知识储备

本任务涉及的知识点包括圆柱体、圆柱凸台、圆锥体等基本体素特征，键槽等细节特征创建方法。

（1）圆柱体特征创建方法：详见“知识点索引 1.2”。

（2）圆锥体特征创建方法：详见“知识点索引 1.3”。

（3）键槽特征创建方法：详见“知识点索引 5.3”。

（4）镜像特征和阵列特征综合应用方法：详见“知识点索引 6.3 和 6.4”。

四、任务实施

（1）打开 UG 软件，执行“文件”—“新建”命令，新建名称为 2_4.prt 的部件文档，单位选择为毫米，如图 2-4-2 所示。单击“确定”按钮，进入建模功能模块。

图 2-4-2　创建新的部件

（2）执行菜单栏“插入”—“设计特征”—“圆柱”命令，系统弹出“圆柱”对话框，类型选择为“轴、直径和高度”，“指定矢量”选择为“ZC”，“指定点”选择为“坐标原点（0,0,0）”，直径设置为“62”，高度设置为“23”，单击“确定”按钮，创建 $\phi 62\times 23$ 的圆柱体，如图 2-4-3 所示。

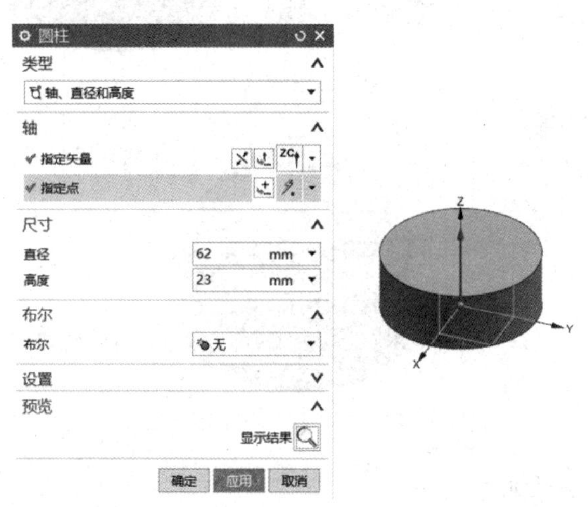

图 2-4-3　创建 $\phi 62\times 23$ 的圆柱体

（3）执行菜单栏“插入”—“设计特征”—“凸台（原有）”命令，系统弹出“支管”对话框，选择凸台放置平面，输入凸台的参数，直径设置为“47”，高度设置为“9”，锥角设置为“0°”，如图 2-4-4 所示，单击“确定”按钮，创建 $\phi47\times9$ 的圆柱凸台。

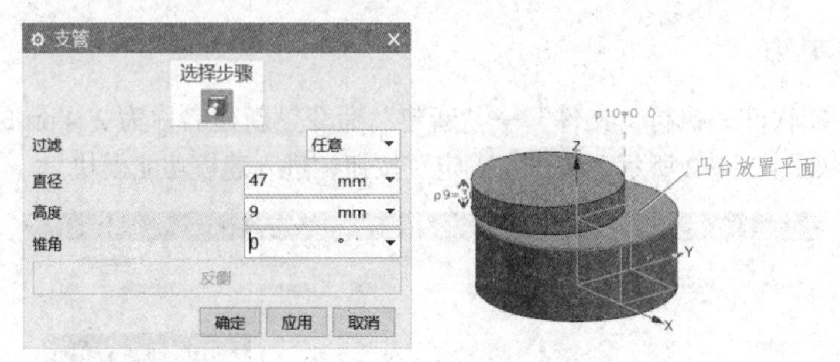

图 2-4-4　创建 $\phi47\times9$ 的圆柱凸台

（4）在凸台“定位”对话框中选择“点落在点上”，如图 2-4-5 所示，单击“确定”按钮，选择定位目标对象为图 2-4-6 所示的“圆柱圆弧边线”，然后设置圆弧位置。在“设置圆弧的位置”对话框中选择“圆弧中心”选项，如图 2-4-7 所示，单击“确定”按钮，创建 $\phi47\times9$ 的圆柱凸台，如图 2-4-8 所示。

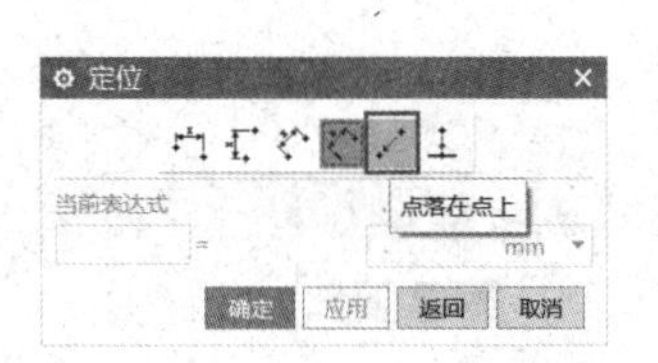

图 2-4-5　凸台定位对话框

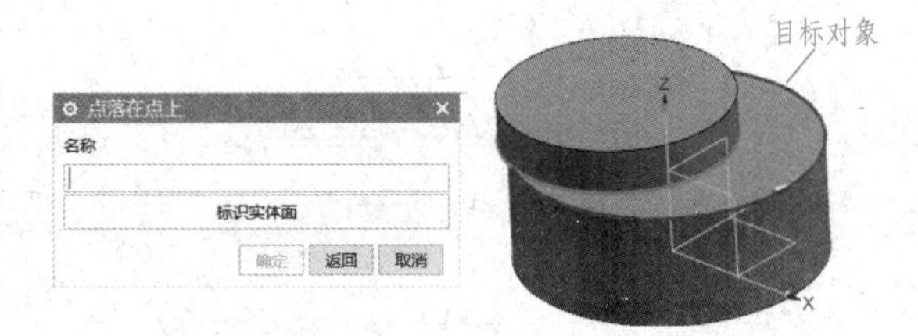

图 2-4-6　选择定位目标对象

图 2-4-7　设置圆弧位置

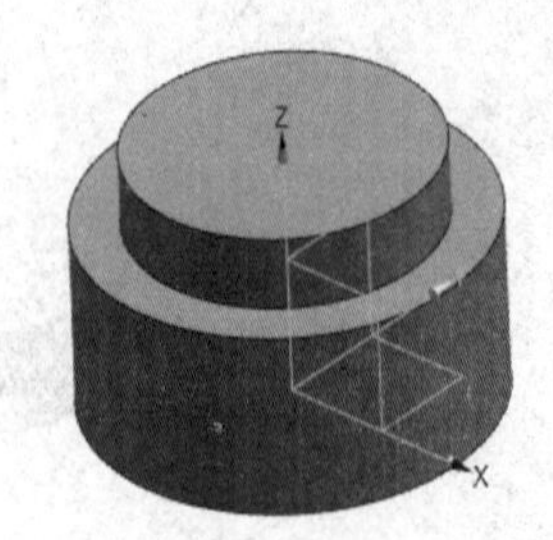

图 2-4-8　创建 $\phi47\times9$ 的圆柱凸台

注：凸台命令定制方法如下：

1）在工具栏空白处单击鼠标右键，选择“定制”选项，如图 2-4-9 所示。

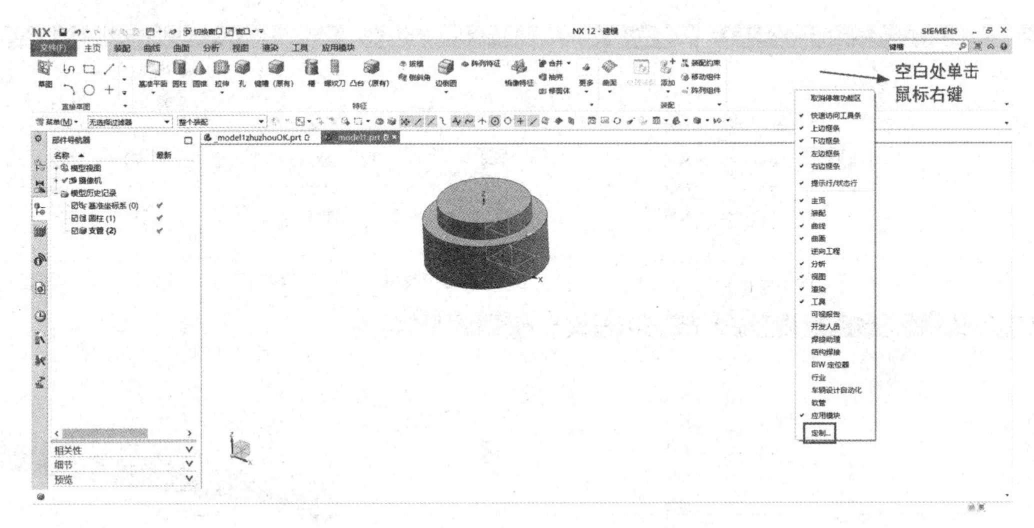

图 2-4-9　命令定制第一步

2）依次单击“菜单”—“插入”前的+按钮，选择“设计特征”选项，在右侧“项”选项组中选择“凸台（原有）”选项，如图 2-4-10 所示。

3）选中命令，拖放按钮以定制，即按住鼠标左键不松开，拖动至需要放置的位置后松开鼠标，可放置在功能区选项卡处或“菜单”—“插入”—“设计特征”下，如图 2-4-11 所示。定制命令后可方便绘图者使用常用的命令，提高绘图效率。

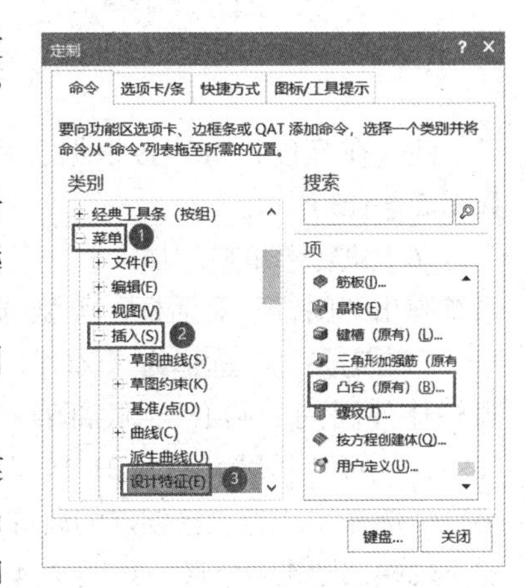

图 2-4-10　命令定制第二步

（5）按照第（4）步圆柱凸台的创建方法，依次创建 $\phi40\times82$、$\phi38\times73$、$\phi35\times84$、$\phi34\times22$、$\phi32\times5$ 的圆柱凸台，绘制完成，单击“取消”按钮，结束凸台绘制命令，如图 2-4-12 所示。

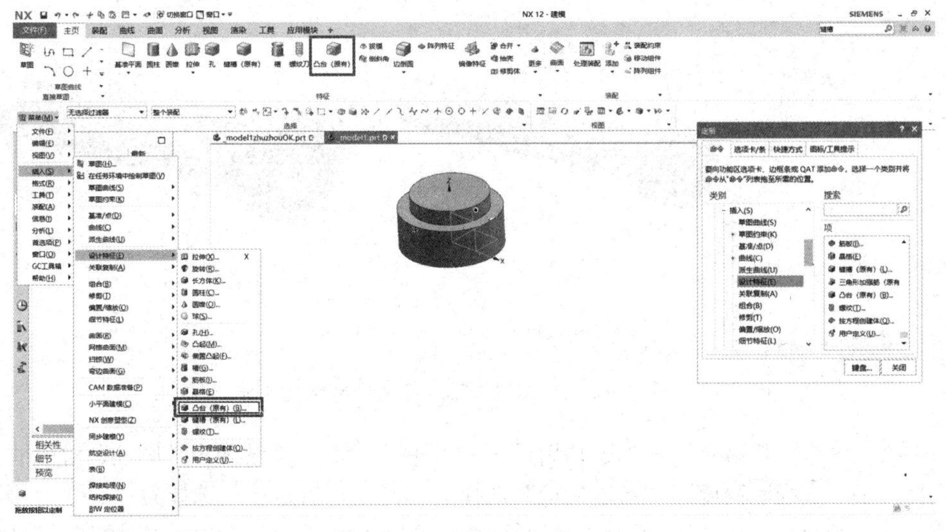

图 2-4-11　命令定制第三步

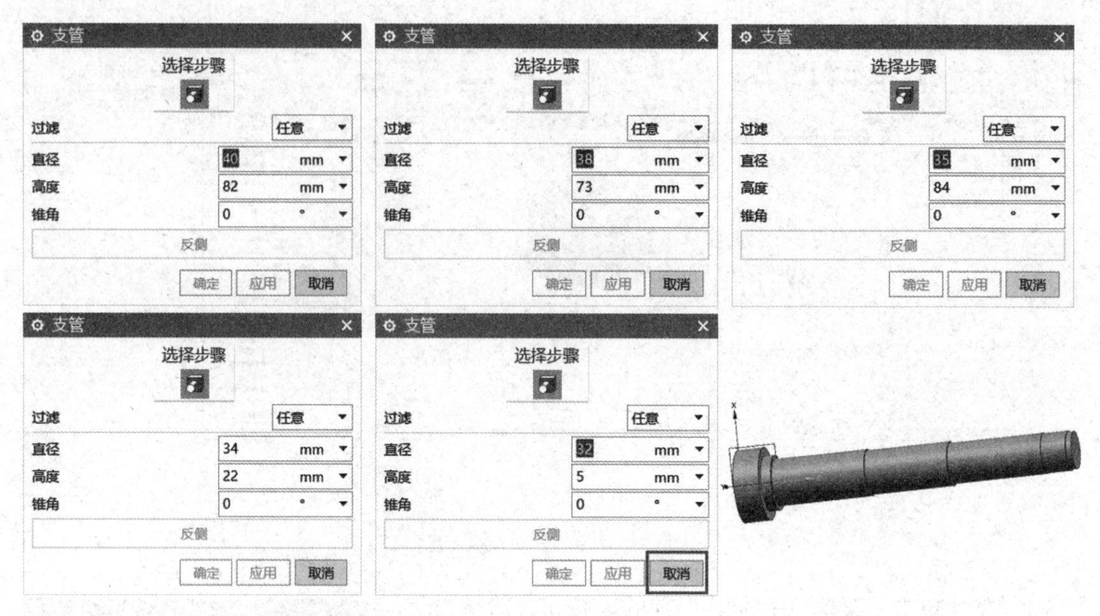

图 2-4-12　依次创建剩余圆柱凸台

注：在高度栏可直接根据工程图数据，输入高度表达式，如图 2-4-13 所示。

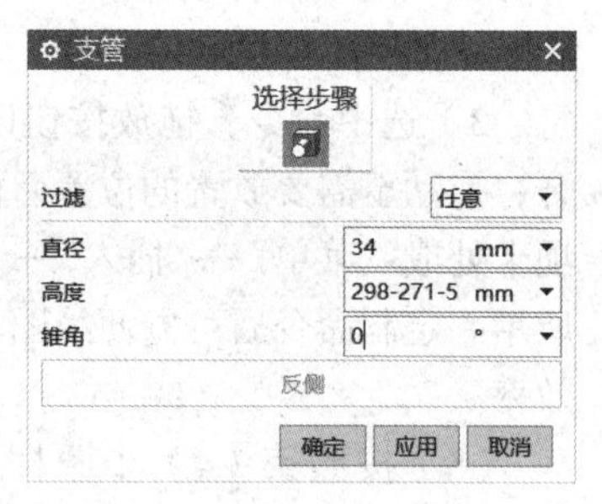

图 2-4-13　圆柱凸台参数设置（输入高度表达式）

（6）执行菜单栏“插入”—“设计特征”—“圆锥”命令，系统弹出“圆锥”对话框，类型选择为“底部直径、高度和半角”，“指定矢量”选择为“ZC”，“指定点”选择为“$\phi62\times23$ 圆柱体外圆周的圆心”，底部直径设置为“35”，高度设置为“68”，“半角”设置为“4.21/2°”，布尔运算类型选择为“减去”，“选择体”为“已创建的阶梯轴”，单击“确定”按钮，创建主轴端部圆锥台空腔，如图 2-4-14 所示。

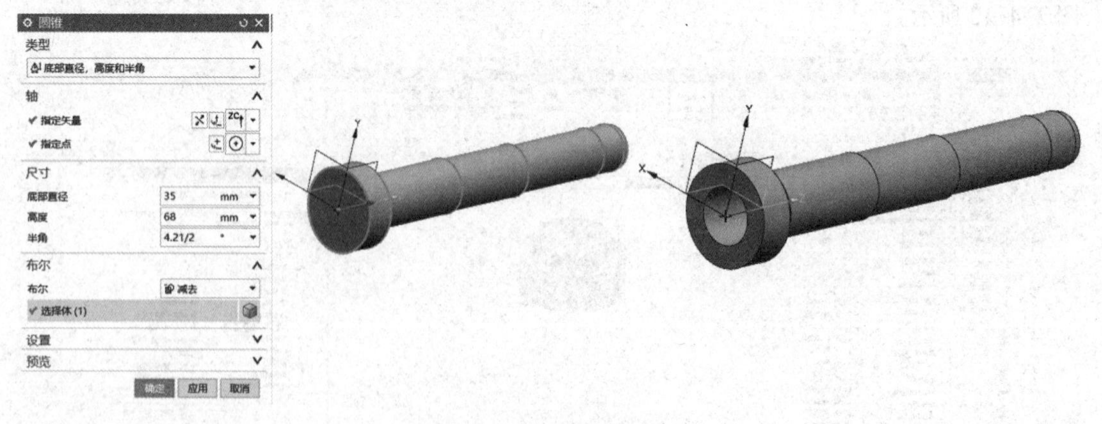

图 2-4-14　创建主轴端部圆锥台空腔

（7）执行菜单栏“插入”—“设计特征”—“圆柱”命令，系统弹出“圆柱”对话框，“类型”选择“轴、直径和高度”，“指定矢量”选择“-ZC”，“指定点”选择为“$\phi32\times5$ 圆柱凸台端面外圆周的圆心”，直径设置为“20”，高度设置为“298”，单击“确定”按钮，布尔运算类型选择为“减去”，选择体为“上一步创建的基本体”，单击“确定”按钮，创建主轴端部圆柱空腔，如图 2-4-15 所示。

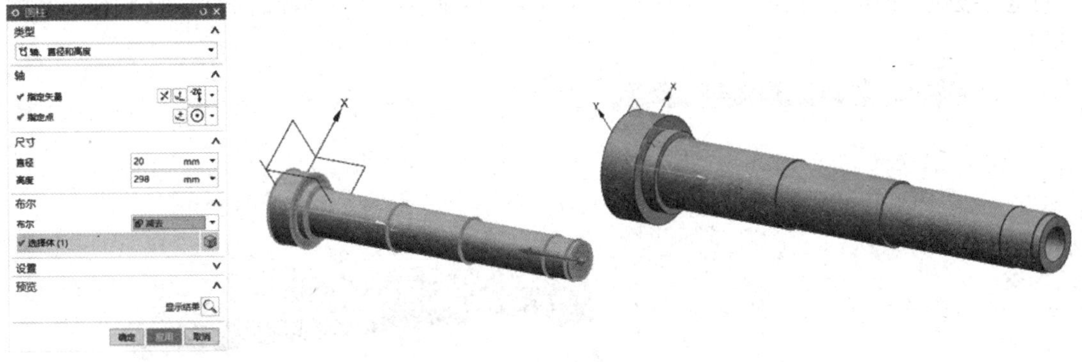

图 2-4-15　创建主轴端部圆柱空腔

（8）执行菜单栏“插入”—“设计特征”—“槽”命令，系统弹出“槽”对话框，选择“矩形”命令，单击“确定”按钮。选择槽的放置面为“ϕ34 圆柱面”，设置矩形槽参数，“槽直径”设置为“32”，“宽度”设置为“2”，单击“确定”按钮，如图 2-4-16 所示。定位槽如图 2-4-17 所示，依次选择目标边和刀具边，定位尺寸设置为“0”，单击“确定”按钮，得到 2×ϕ32 的矩形槽特征，单击“取消”按钮，退出槽命令。

图 2-4-16　槽参数设置

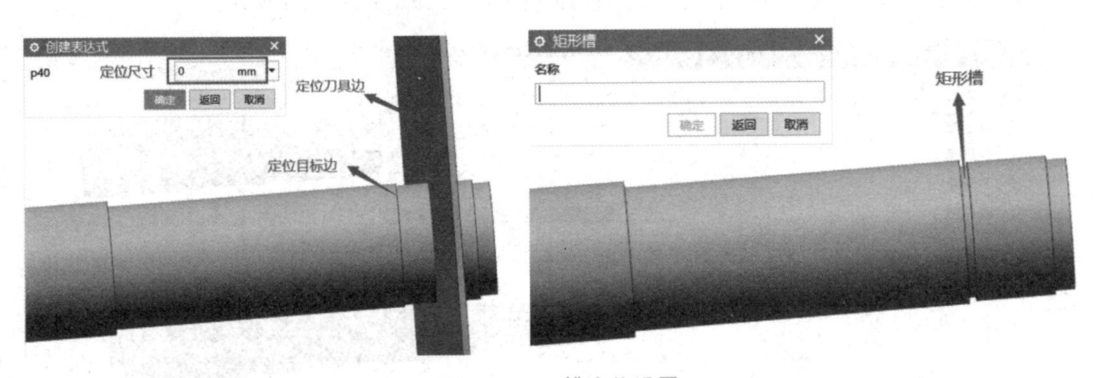

图 2-4-17　槽定位设置

（9）执行“基准平面”命令，弹出“基准平面”对话框，类型选择为“自动判断”，依次选择对象“XZ 平面和 $\phi35\times84$ 圆柱面”，角度值为“0°”，偏置距离设置为“0”，单击“确定”按钮，即可创建如图 2-4-18 所示的与 XZ 平面平行且与圆柱面 $\phi35\times84$ 相切的基准面 1。

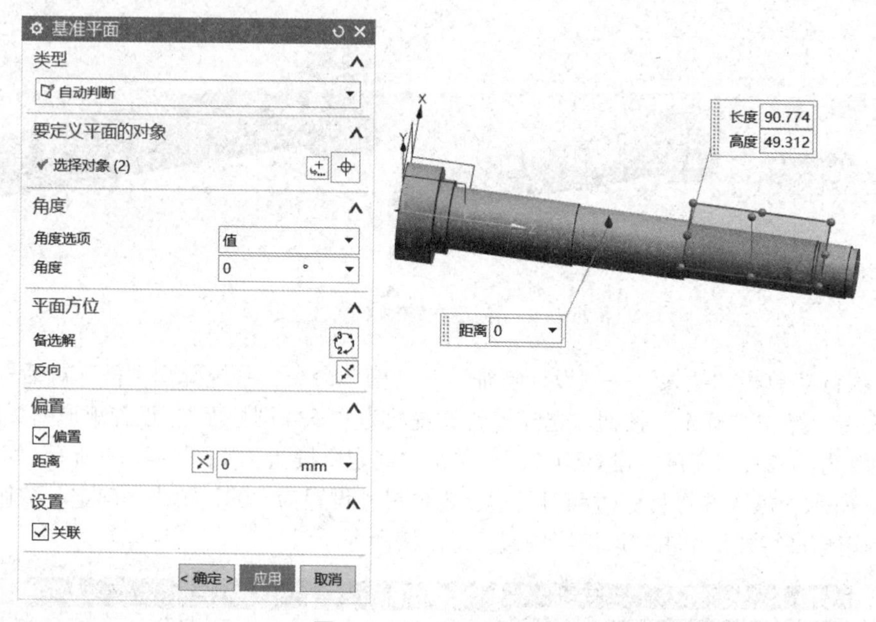

图 2-4-18　创建基准面 1

（10）执行菜单栏“插入”—“设计特征”—“键槽（原有）”命令，在弹出的对话框中选择“矩形槽”选项，单击“确定”按钮，选择放置面为“基准面 1”，选择“接受默认边”，如图 2-4-19 所示，对话框将自动跳转。选择水平参考为“Z 轴”，设置键槽参数，“长度”设置为“39”，“宽度”设置为“8”，“深度”设置为“17.5-15.2”，单击“确定”按钮，如图 2-4-20 所示。定位方式选择“水平”，单击“确定”按钮，目标对象选择“$\phi38$ 圆柱凸台右端圆弧”，选择圆弧中心，刀具边选择“键槽左端圆弧”，同样选择圆弧中心，定位尺寸输入“46”，单击“确定”按钮，如图 2-4-21 所示。定位方式选择“线落在线上”，单击“确定”按钮，目标边选择“Z 轴”，工具边选择“键槽长边的中心线”，如图 2-4-22 所示。键槽特征创建完成，单击“取消”按钮，退出键槽命令，如图 2-4-23 所示。

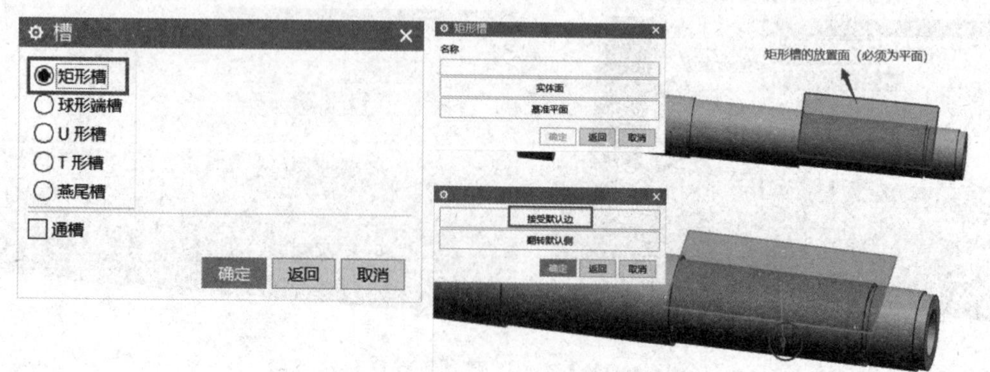

图 2-4-19　矩形槽特征及放置参数设置 1

图 2-4-20　矩形槽尺寸参数设置

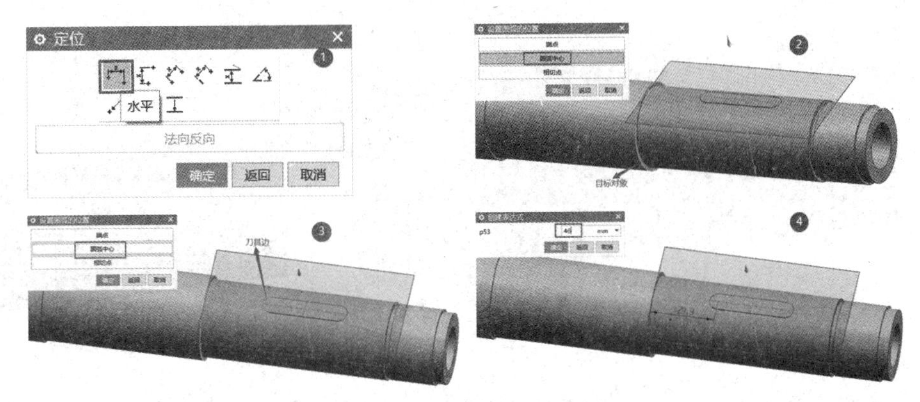

图 2-4-21　“水平”定位方式

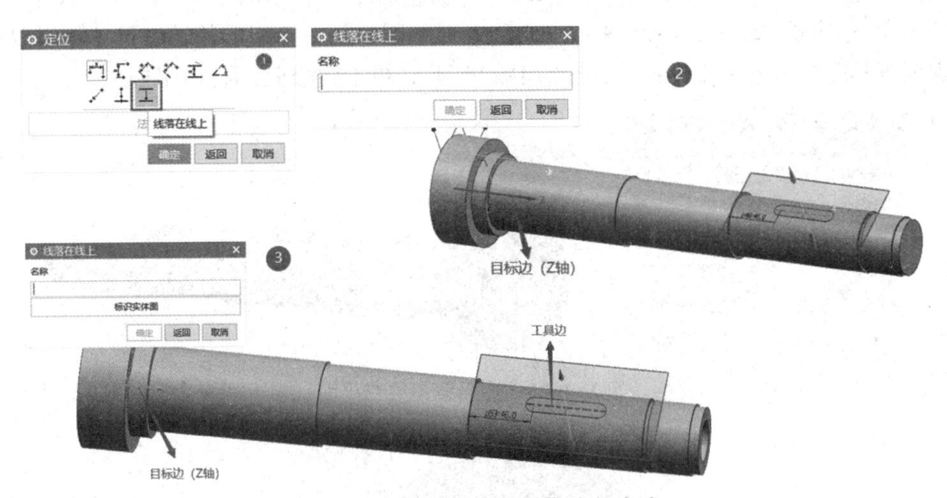

图 2-4-22　“线落在线上”定位方式

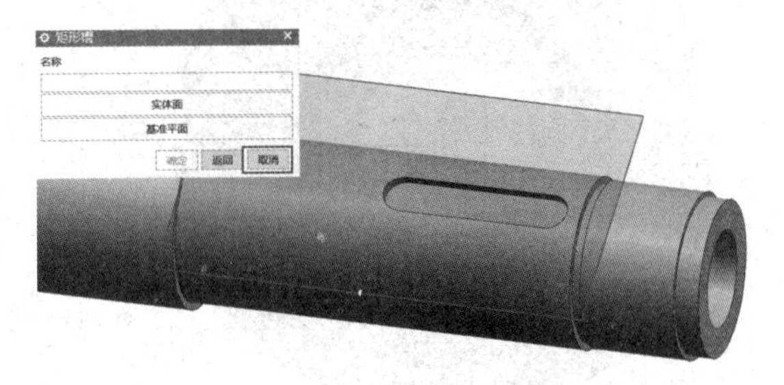

图 2-4-23　键槽特征创建完成

注：键槽命令定制方法同“凸台”命令定制。

（11）执行菜单栏“插入”—“细节特征”—“倒斜角”命令，系统弹出“倒斜角”对话框，选择如图 2-4-24 所示的 3 处边界。在偏置参数中，“横截面”选择“偏置和角度”，“距离”设置为“0.5”，“角度”设置为“45° ”，单击“确定”按钮，完成倒斜角操作，如图 2-4-25 所示。

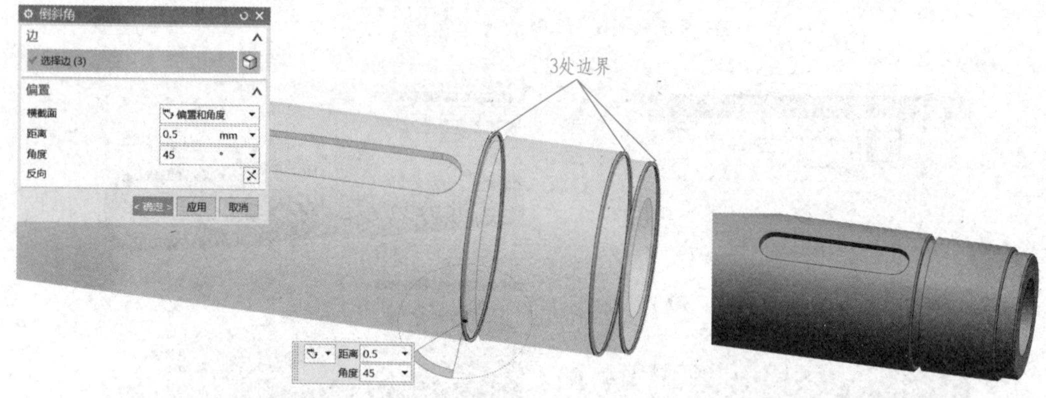

图 2-4-24　倒斜角 3 处边界

图 2-4-25　倒斜角特征创建完成

（12）执行菜单栏“插入”—“在任务环境中绘制草图”命令，系统弹出“创建草图”对话框，“草图类型”选择为“在平面上”，选取“主轴左端面”作为草图绘制平面，单击“确定”按钮进行草图创建，如图 2-4-26 所示。绘制矩形草图并约束，矩形的长度尺寸不需要指定，只需保证将其完全超出主轴实体，如图 2-4-27 所示，单击按钮，退出草图。

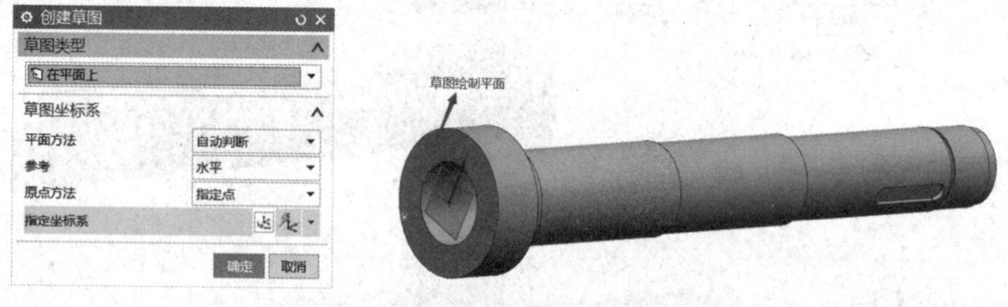

图 2-4-26　选择草图绘制平面

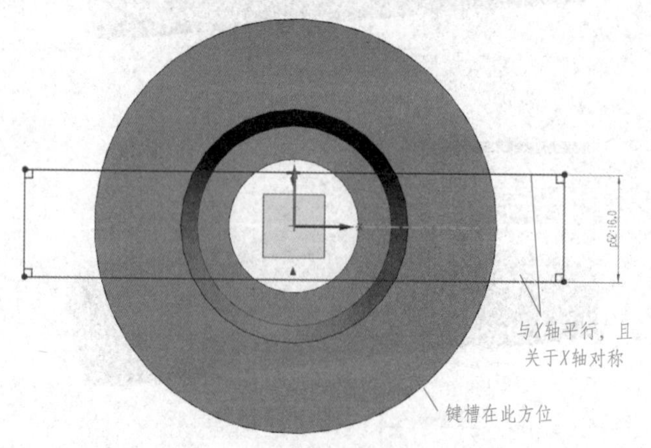

图 2-4-27　绘制矩形草图并约束

注：绘制矩形时，需要注意矩形方位和轴上键槽的相对位置关系。

（13）执行菜单栏“插入”—“设计特征”—“拉伸”命令，系统弹出“拉伸”对话框，选取如图 2-4-28 所示的矩形轮廓，“指定矢量”选择“自动判断”，选择“Z 轴”，开始距离设置为“0”，结束距离设置为“6”，布尔运算类型选择为“减去”，“选择体”为“主轴主体”，单击“确定”按钮，完成拉伸切除操作，矩形凹槽特征创建完成，如图 2-4-29 所示，拉伸完成后可将草图隐藏。

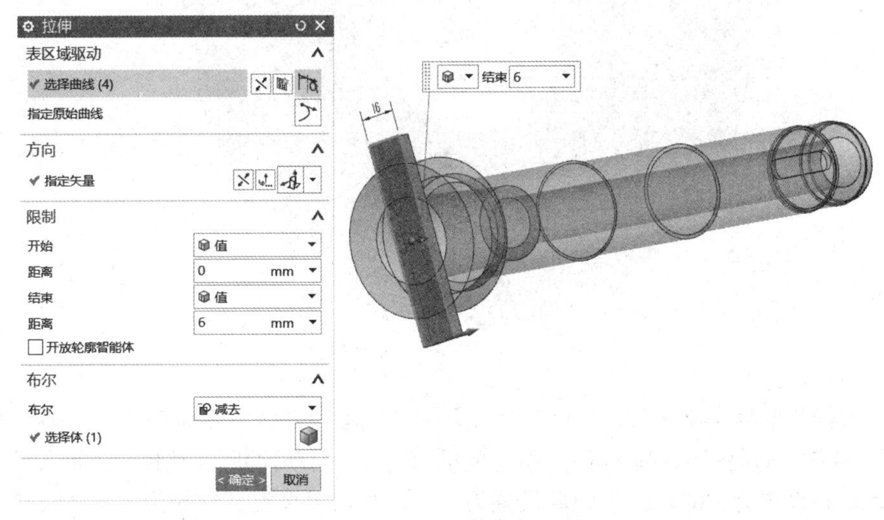

图 2-4-28　拉伸参数设置

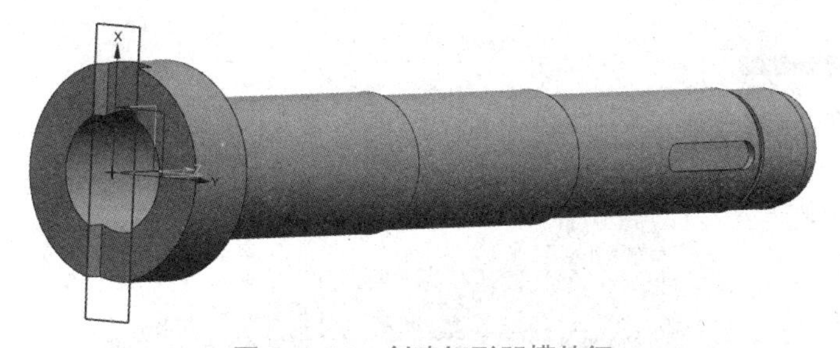

图 2-4-29　创建矩形凹槽特征

（14）执行菜单栏“插入”—“在任务环境中绘制草图”命令，系统弹出“创建草图”对话框，类型选择为“在平面上”，选取“主轴 $\phi62$ 圆柱凸台右端面”作为草图绘制平面，单击“确定”按钮进行草图创建，如图 2-4-30 所示。绘制同心圆并约束如图 2-4-31 所示，单击按钮，退出草图。

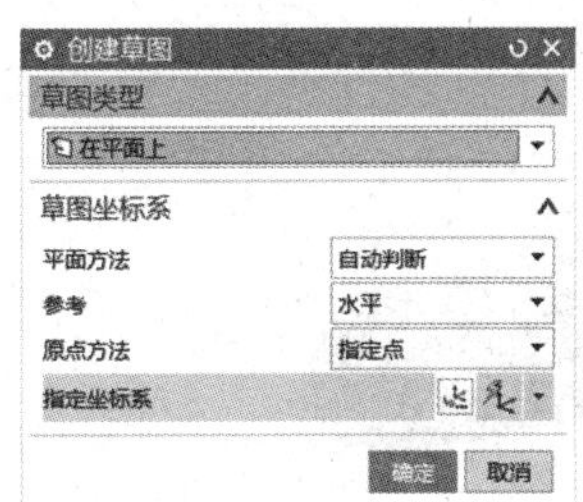

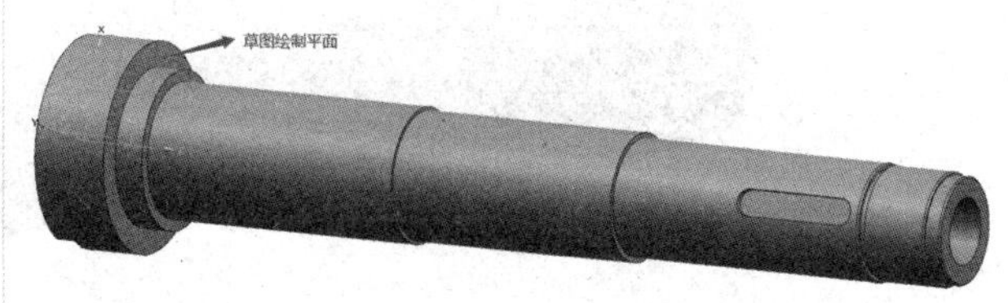

图 2-4-30　选择草图绘制平面

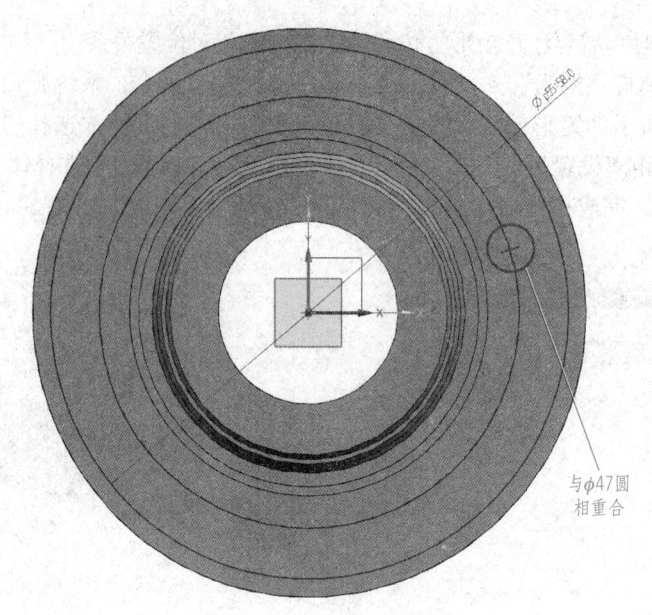

图 2-4-31　绘制同心圆草图

（15）执行菜单栏“插入”—“设计特征”—“拉伸”命令，系统弹出“拉伸”对话框，选取如图 2-4-32 所示的同心圆区域，“指定矢量”选择“自动判断”，选择“Z 轴”，设为“反向”，开始距离设置为“0”，结束距离设置为“5”，布尔运算类型选择为“减去”，“选择体”为“主轴主体”，单击“确定”按钮，完成拉伸切除操作，凹槽特征创建完成，如图 2-4-33 所示。

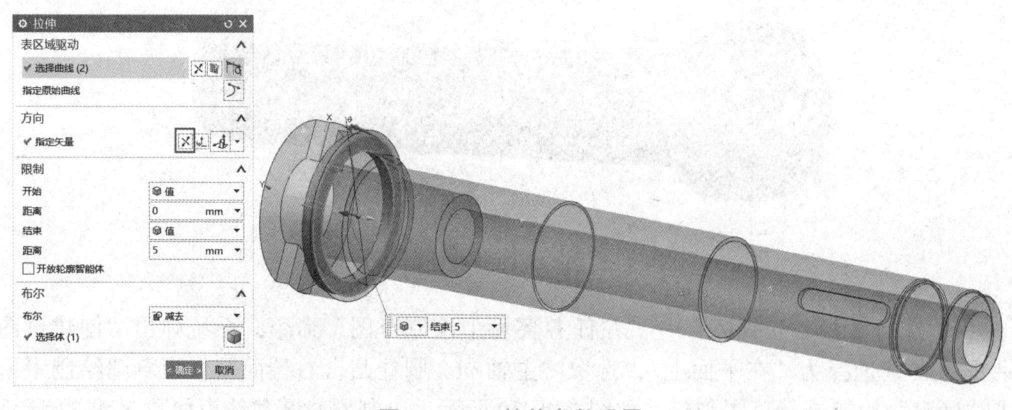

图 2-4-32　拉伸参数设置

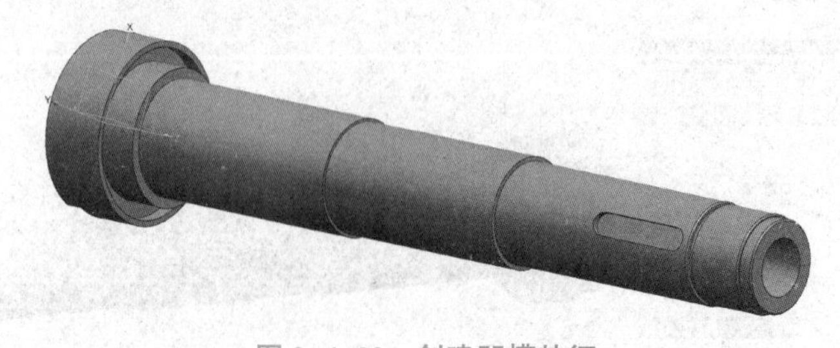

图 2-4-33　创建凹槽特征

（16）执行菜单栏“插入”—“设计特征”—“孔”命令，系统弹出“孔”对话框，“类型”选择为“常规孔”。拾取左端矩形凹槽平面，进入草图模式，绘制一个点并进行快速尺寸标注，如图 2-4-34 所示，确定孔所在的位置，单击“完成”按钮，返回到“孔”对话框。“孔方向”选择为“垂直于面”，“成形”选择为“简单孔”，“直径”设置为“4.2”，“深度限制”选择为“值”，“深度”设置为“10”，“深度直至”选择为“圆柱底”，“顶锥角”设置为“0°”，如图 2-4-35 所示，单击“确定”按钮完成孔创建，矩形凹槽单侧孔特征创建完成，如图 2-4-36 所示。

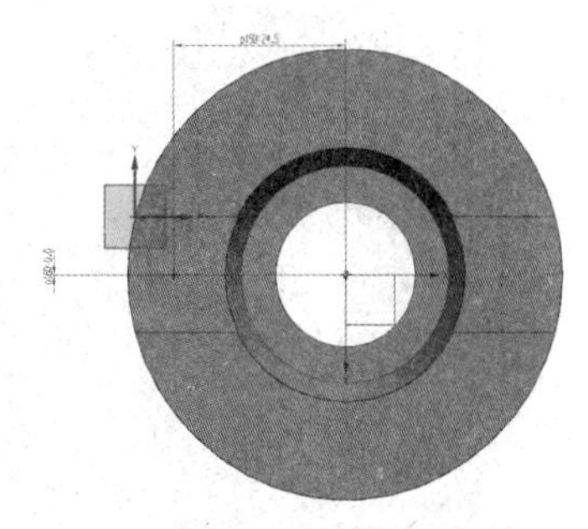

图 2-4-34　确定孔的位置

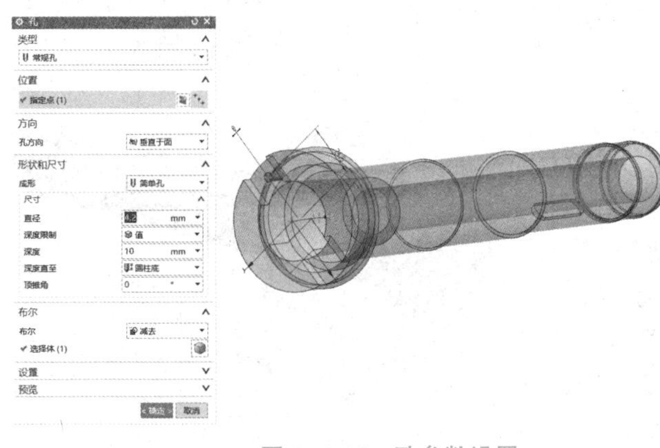

图 2-4-35　孔参数设置

图 2-4-36　矩形凹槽单侧孔特征

（17）执行菜单栏“插入”—“关联复制”—“镜像特征”命令，系统弹出“镜像特征”对话框，选择特征为“上一步创建的简单孔”，“镜像平面”选择“现有平面”“YZ 平面”，单击“确定”按钮，矩形凹槽双侧孔特征建模完成，如图 2-4-37 所示。

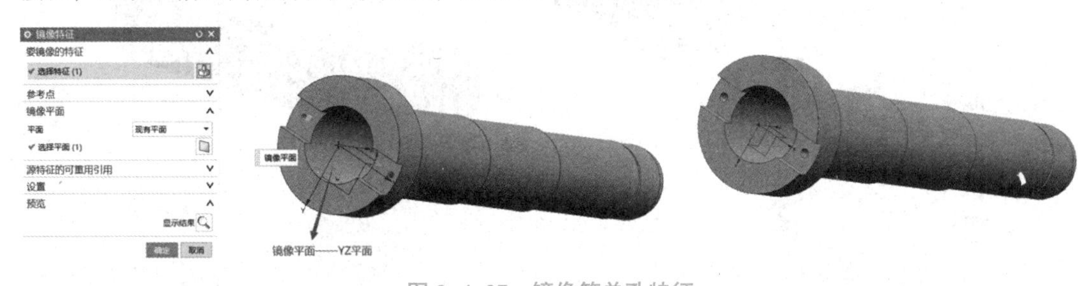

图 2-4-37　镜像简单孔特征

（18）执行菜单栏“插入”—“设计特征”—“孔”命令，系统弹出“孔”对话框，“类型”选择为“常规孔”。拾取主轴左端面的平面，进入草图模式，绘制竖直方向的一个点并进行快速尺寸标注，如图 2-4-38 所示，确定孔所在的位置，单击“完成”按钮，返回“孔”对话框。“孔方向”选择为“垂直于面”，“成形”选择为“简单孔”，“直径”设置为“4.5”，“深度限制”设置为“值”，“深度”设置为“10”，“深度直至”选择为“圆柱底”，“顶锥角”设置为“0°”，如图 2-4-39 所示，单击“确定”按钮完成孔创建，矩形凹槽单侧孔特征创建完成，如图 2-4-40 所示。

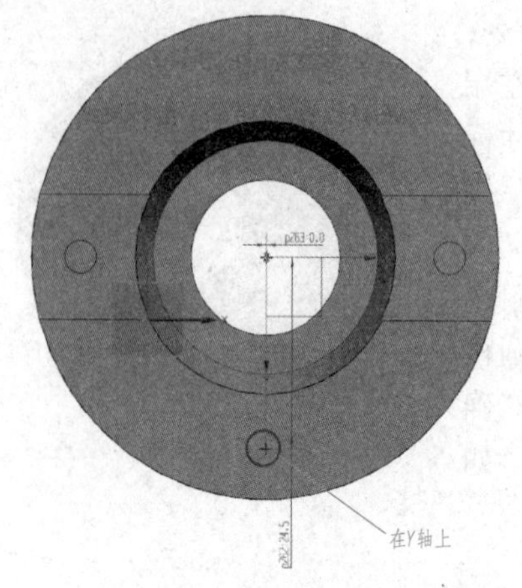

图 2-4-38 确定孔的位置

图 2-4-39 孔参数设置

（19）执行菜单栏“插入”—“关联复制”—“阵列特征”命令，系统弹出“阵列特征”对话框，选择特征为“上一步创建的ϕ4.5 简单孔”，阵列布局选择“圆形”，“指定矢量”选择“自动判断”设置“Z 轴”，“指定点”选择“主轴左端圆弧圆心”，“间距”选择“数量和间隔”，“数量”设置为“3”，“节距角”设置为“25.71°”，单击“确定”按钮，左侧两孔特征建模完成，如图 2-4-41 所示。

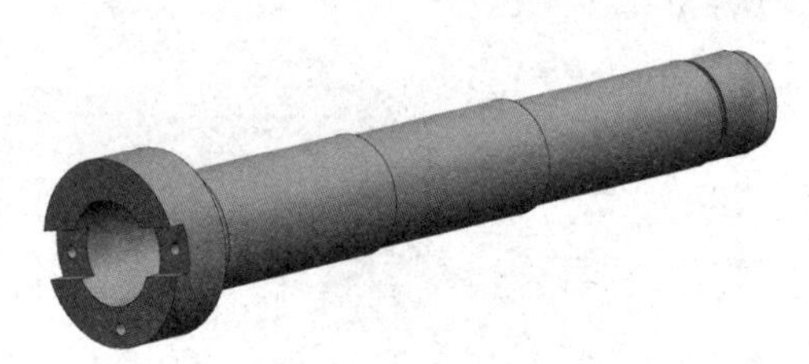

图 2-4-40 竖直方向单个孔特征

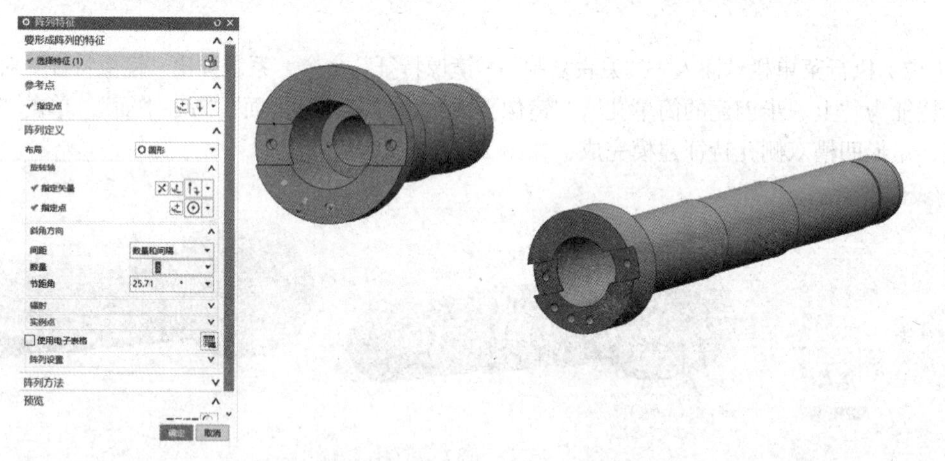

图 2-4-41 圆周阵列简单孔特征

（20）执行菜单栏“插入”—“关联复制”—“镜像特征”命令，系统弹出“镜像特征”对话框，选择特征为“上一步创建的孔的圆周阵列”，“镜像平面”选择“现有平面”“YZ 平面”，单击“确定”按钮，主轴左端下方孔特征建模完成，如图 2-4-42 所示。

（21）执行菜单栏“插入”—“关联复制”—“镜像特征”命令，系统弹出“镜像特征”对话框，选择特征为“ϕ4.5 简单孔、圆形阵列和上一步创建的镜像特征”，总共 3 处特征，“镜像平面”选择“现有平面”“XZ 平面”，单击“确定”按钮，主轴左端全部孔特征建模完成，如图 2-4-43 所示。

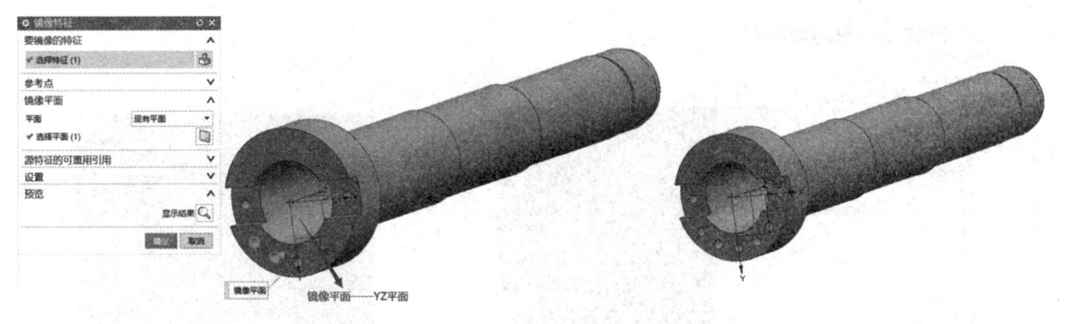

图 2-4-42 镜像得到下方孔特征

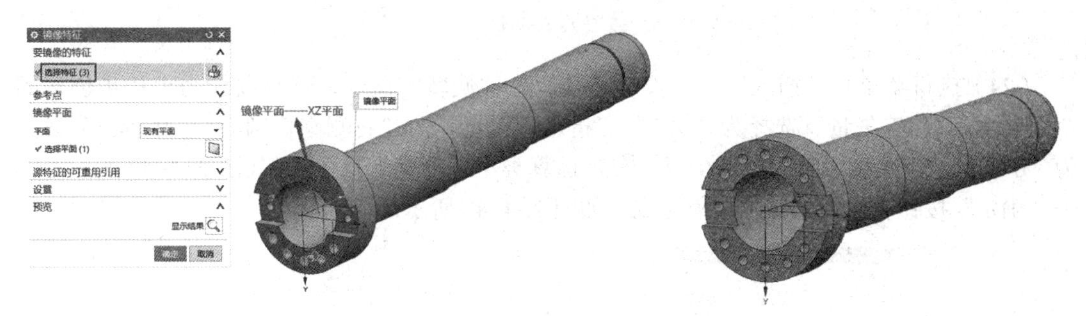

图 2-4-43 镜像得到全部孔特征

（22）执行菜单栏“插入”—“在任务环境中绘制草图”命令，系统弹出“创建草图”对话框，“类型”选择为“在平面上”，选取“YZ 平面”，单击“确定”按钮进行草图创建。

注：为保证建模的准确性，创建草图的过程中需要用到相交曲线命令，执行菜单栏“插入”—“配方曲线”—“相交曲线”命令，选择与 YZ 平面相交的 $\phi 62$ 圆柱面，得到与“YZ 平面”的交线，如图 2-4-44 所示，作为草图参考线。

（23）与相交曲线贴边，绘制第一个边长为 0.75 的等边三角形，约束完成后，如图 2-4-45 所示，单击“阵列曲线”按钮，选择上一步创建的三角形，阵列布局选择为“线性”，方向选择为“相交曲线”，预览若方向相反，则单击反向按钮，间距选择为“数量和间隔”，数量设置为“4”，节距设置为“1”，完成阵列曲线操作得到草图轮廓，如图 2-4-46 所示，单击按钮，退出草图。

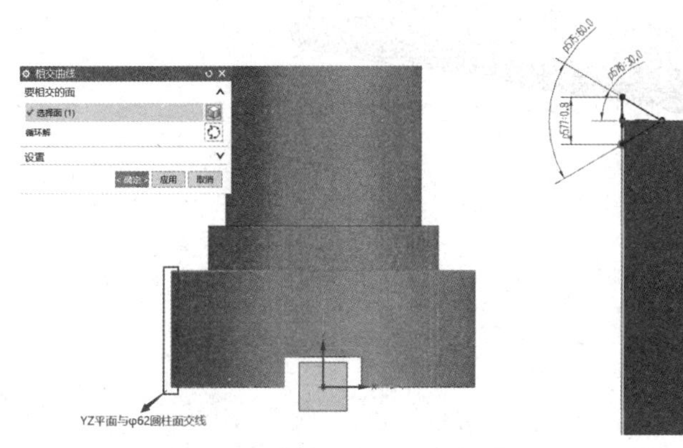

图 2-4-44 相交曲线

图 2-4-45 绘制单个三角形草图

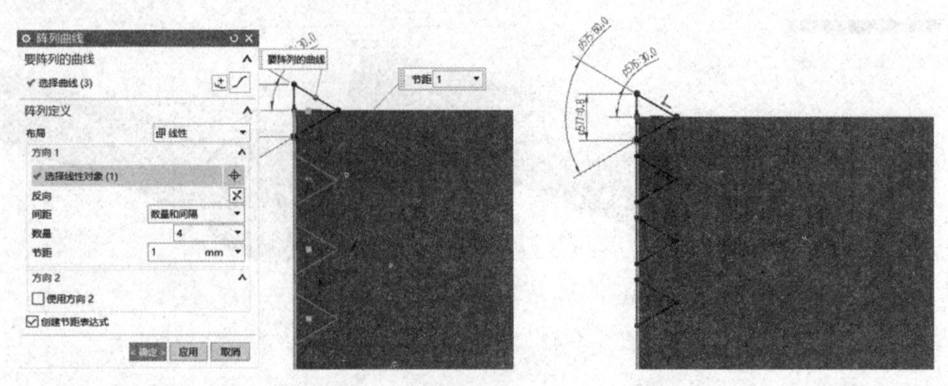

图 2-4-46　线性阵列得到旋转切除草图

（24）执行菜单栏“插入”—“设计特征”—“旋转”命令，选择曲线为上一步创建的草图轮廓，“指定矢量”选择为“ZC”，“指定点”选择为“右侧圆弧圆心”，开始角度设置为“0°”，结束角度设置为“360°”，布尔运算类型选择为“减去”，如图 2-4-47 所示，单击“确定”按钮，主轴的三维建模完成，如图 2-4-48 所示。

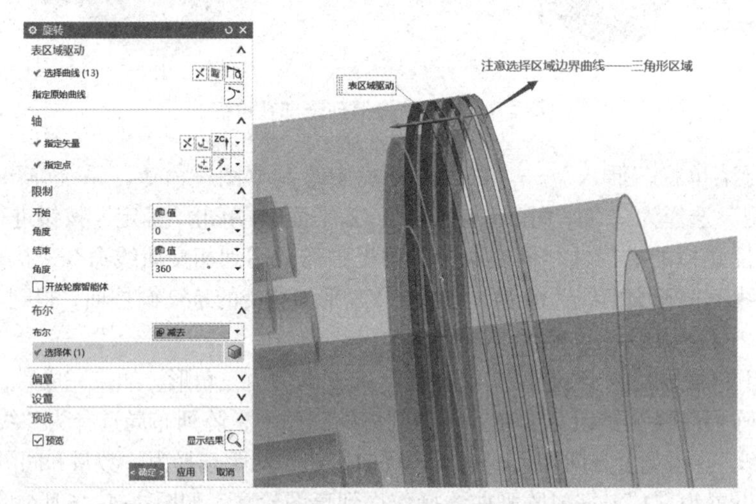

图 2-4-47　旋转切除参数设置

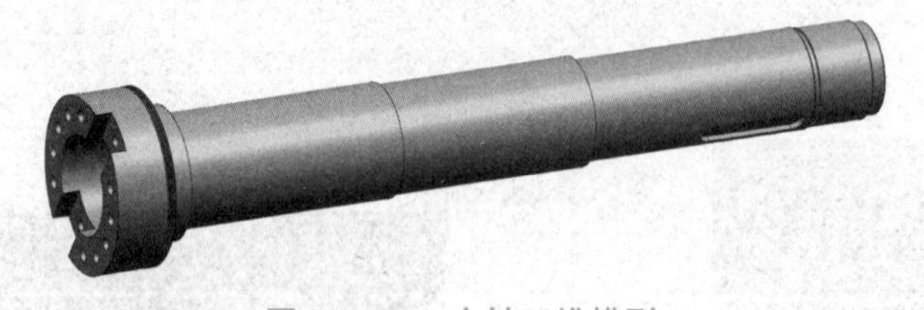

图 2-4-48　主轴三维模型

五、任务总结

1. 凸台建模注意事项（图 2-4-49）

（1）凸台创建的放置面必须为平面；

（2）创建的凸台默认与放置实体求和，要与已有几何体有相交的关系；

（3）凸台可以有锥度，锥角为 0 则创建圆柱凸台；

（4）凸台定位中心为底面圆心处，在圆柱体上创建凸台，通常采用“点落在点上”，约束两个圆弧棱边的圆心重合。

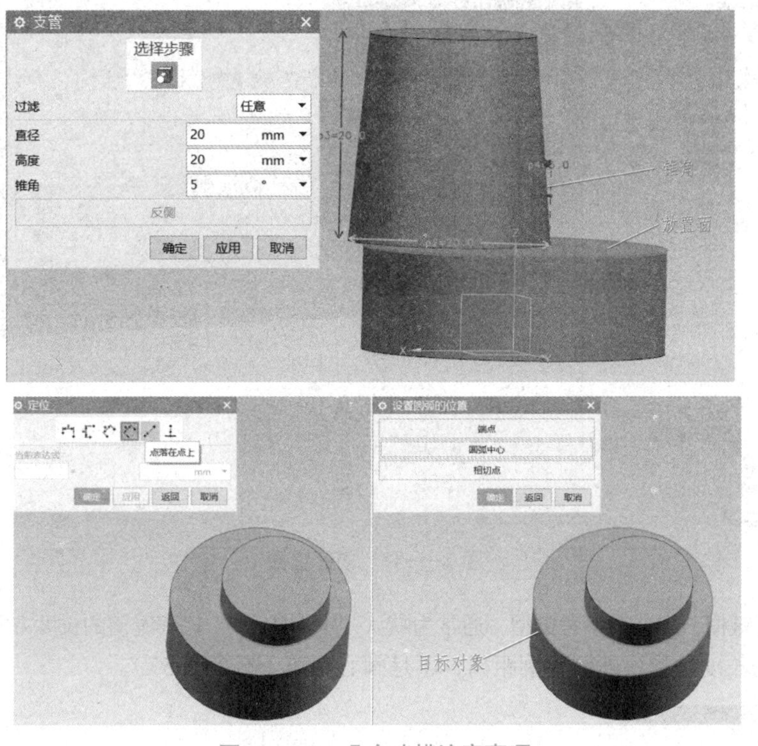

图 2-4-49　凸台建模注意事项

2. 圆锥创建注意事项（图 2-4-50）

（1）圆锥体创建方法有 5 种，依据具体图形的尺寸标注选择；

（2）在圆锥命令中，顶部直径 =0 时，绘制圆锥体，顶部直径≠ 0 时，可以绘制圆锥台。

图 2-4-50　圆锥创建注意事项

3. 完整键槽创建注意事项

（1）创建键槽之前，先要创建一个实体；

（2）键槽放置面必须为平面，若在圆周面上创建键槽，需创建基准平面（通常为与圆周面相切的平面）(图 2-4-51)；

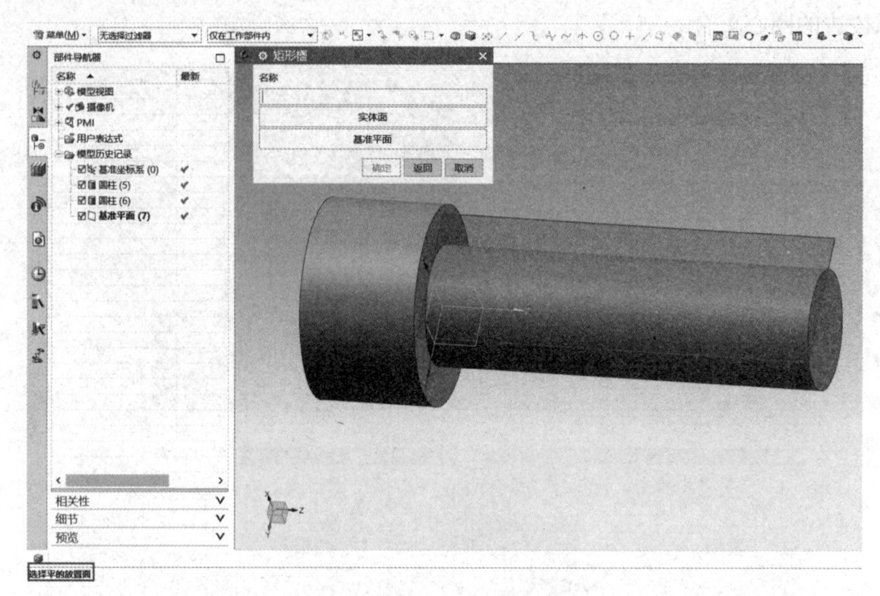

图 2-4-51　创建键槽

（3）创建键槽，先选择参考类型，通常为默认“水平参考”，代表键槽的长度方向（图 2-4-52)；

（4）键槽长度是指最外侧轮廓距离，不是圆心距离（图 2-4-53)。

图 2-4-52　水平参考

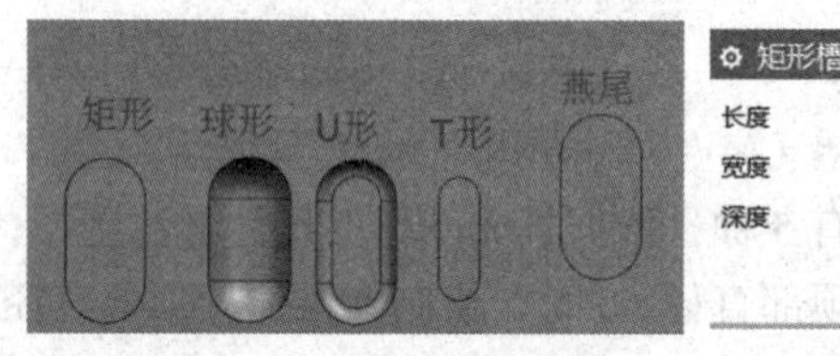

图 2-4-53　键槽长度

4．阵列镜像综合应用注意事项（图 2-4-54）

（1）根据图纸中的尺寸标注，绘制最方便定位的第一个特征；

（2）阵列镜像综合应用时，注意命令操作的先后顺序，避免软件报错。

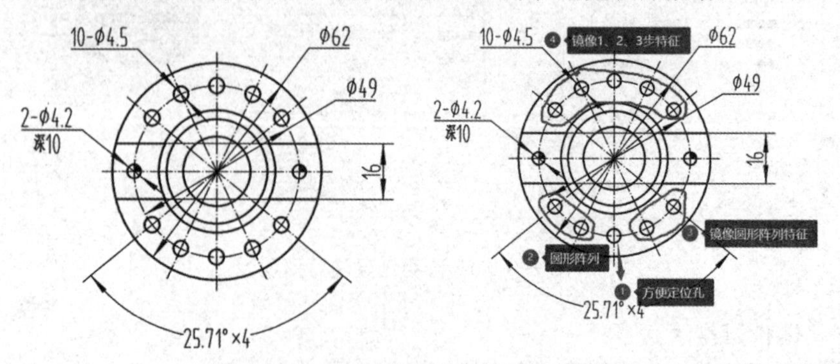

图 2-4-54　阵列镜像综合应用注意事项

六、任务拓展

在完成本任务的学习后，请完成如图 2-4-55 所示的主轴衬套三维建模，对本次任务中的知识点进行巩固。

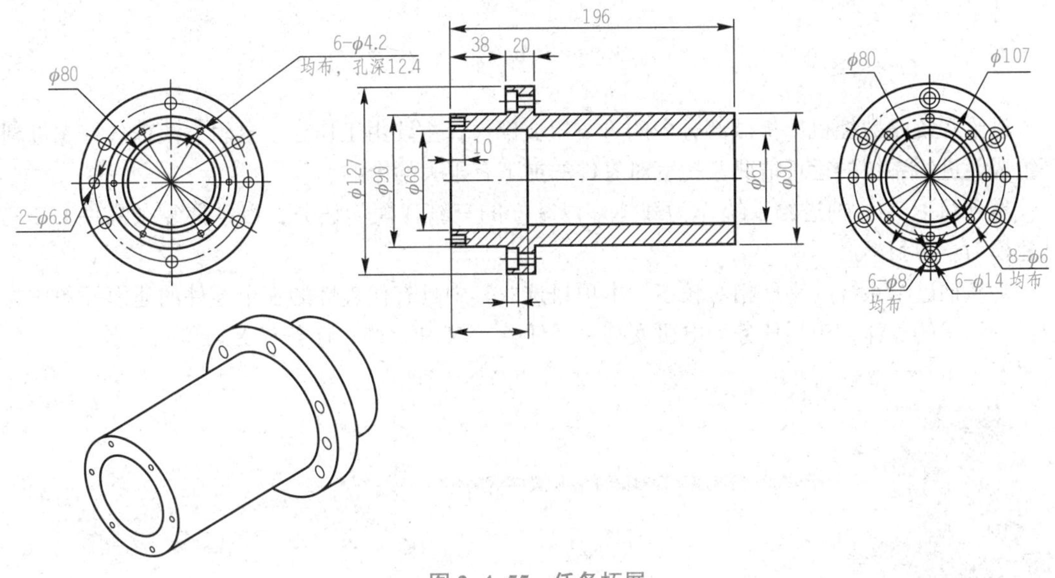

图 2-4-55　任务拓展

七、考核评价

任务评分表见表 2-4-1。

表 2-4-1　任务评分表

任务编号及名称：		姓名：	组号：		总分：	
评分项		评价指标	分值	学生自评	小组互评	教师评分
专业能力	识图能力	能够正确分析零件图纸，设计合理的建模步骤				
	命令使用	能够合理选择、使用相关命令				
	建模步骤	能够明确建模步骤，具备清晰的建模思路				
	完成精度	能够准确表达模型尺寸，显示完整细节				
方法能力	创新意识	能够对设计方案进行修改优化，体现创新意识				
	自学能力	具备自主学习能力，课前有准备，课中能思考，课后会总结				
	严谨规范	能够严格遵守任务书要求，完成相应的任务				
社会能力	遵章守纪	能够自觉遵守课堂纪律、爱护实训室环境				
	学习态度	能够针对出现的问题，分析并尝试解决，体现精准细致、精益求精的工匠精神				
	团队协作	能够进行沟通合作，积极参与团队协作，具有团队意识				
备注：按照评价指标分为 4 档，优秀 10 分、良好 7 分、一般 5 分、合格 2 分						

项目三　X/Y 轴进给系统典型零件建模

一、项目介绍

进给系统是数控机床机械部分中的重要组成部件，主要由工作台、导轨、滚珠丝杠螺母副等组成。进给系统的运行情况及精度对零件的加工有很大的影响。

本项目以 X/Y 轴进给系统作为载体，以零件的三维建模为任务，以掌握复杂零件 UG 三维建模为学习目标。

X/Y 轴进给系统的零件相对较多，本项目选取其中具有代表性的 3 个零件的建模任务作为项目一学习的载体，包括任务一电机安装座、任务二 X 轴丝杠、任务三 X 轴焊接工作台。

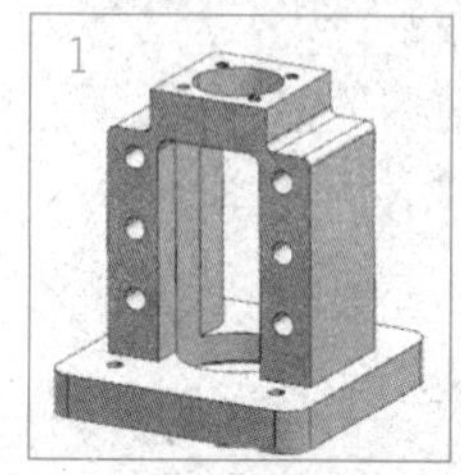

电机安装座

X轴丝杠

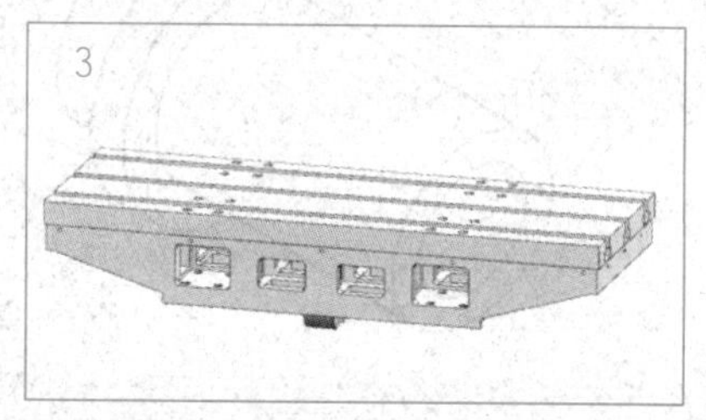

X轴焊接工作台

◆ 电机安装座是用于伺服电机在工作台上的固定安装。

◆ X轴丝杠是将旋转运动转换成直线运动的机械结构。

◆ X轴焊接工作台是用于机床加工工作平面。

二、学习目标

通过本项目的学习，能够完成中等复杂机械零件的建模，实现以下三维目标。

1. 知识目标

（1）掌握对称命令和阵列曲线命令的草绘方法；

（2）掌握基于路径的草图绘制方法；

（3）掌握圆柱体、孔、凸台等特征的创建方法。

2. 能力目标

（1）能够利用对称拉伸、偏移拉伸进行复杂零件的三维建模；

（2）能够运用扫掠、阵列命令进行特征建模。

3. 素养目标

（1）培养严谨规范的建模素养；

（2）培养对制造大国的敬畏之情。

任务一　电机安装座建模

一、任务描述

完成如图 3-1-1 所示的电机安装座三维建模。

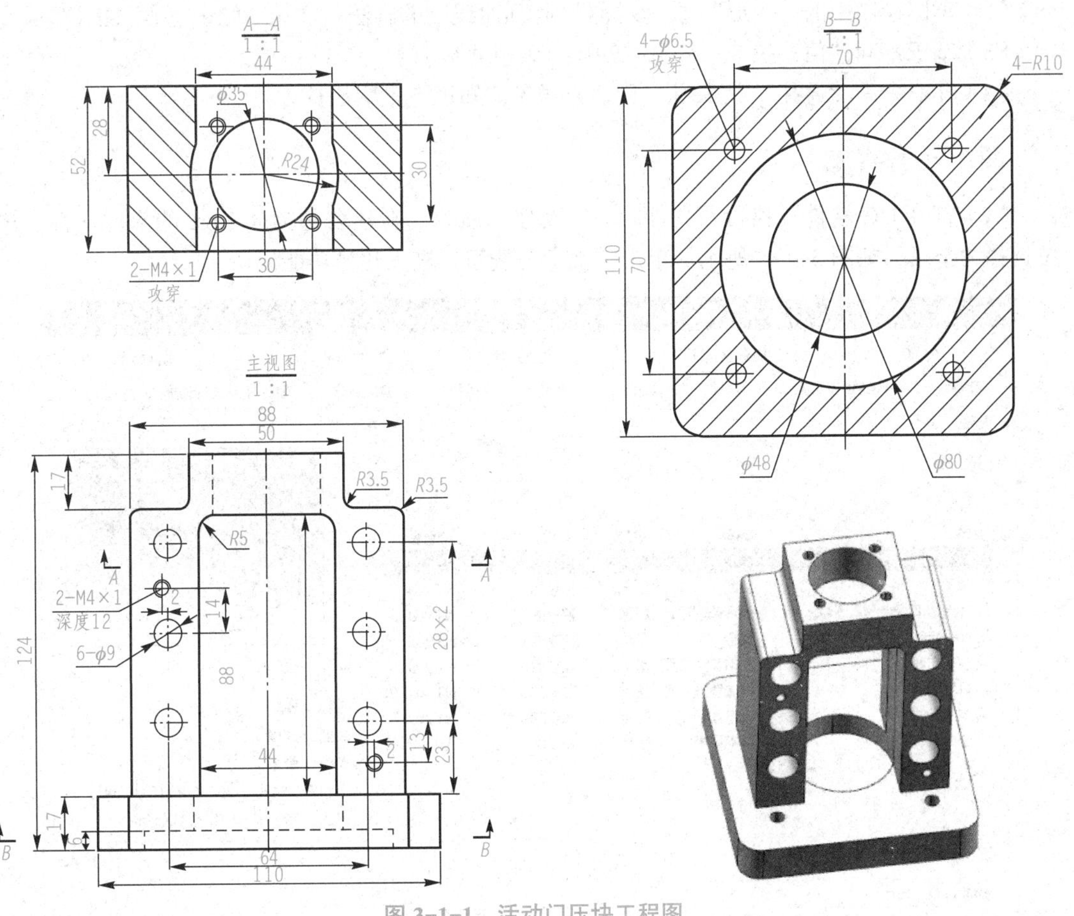

图 3-1-1　活动门压块工程图

二、学习目标

通过本任务的学习，能够完成活动门压块三维建模，实现以下三维目标。

1. 知识目标

（1）掌握矩形绘制、对称命令和阵列曲线命令的草绘方法；

（2）掌握螺纹孔、通孔、沉头孔特征的创建方法。

2. 能力目标

能够综合运用拉伸和创建多种孔创建完成电机安装座建模。

3. 素养目标

（1）培养严谨规范的建模素养；

（2）培养对大国重器的敬畏之情和民族自信心。

三、知识储备

本任务涉及的知识点主要包括：

（1）倒圆角：详见“知识点索引 2.1”。

（2）草图绘制中的“矩形”“设为对称”“阵列曲线”的画法：详见“知识点索引 3.1”。

（3）基于不同“值”拉伸：详见“知识点索引 4.1”。

（4）孔命令中“通孔”“沉头孔”创建：详见“知识点索引 5.1”。

四、任务实施

（1）打开 UG 软件，执行“文件”—“新建”命令，新建名称为 3_1.prt 的部件文档，单位选择为毫米，如图 3-1-2 所示。单击“确定”按钮，进入建模功能模块。

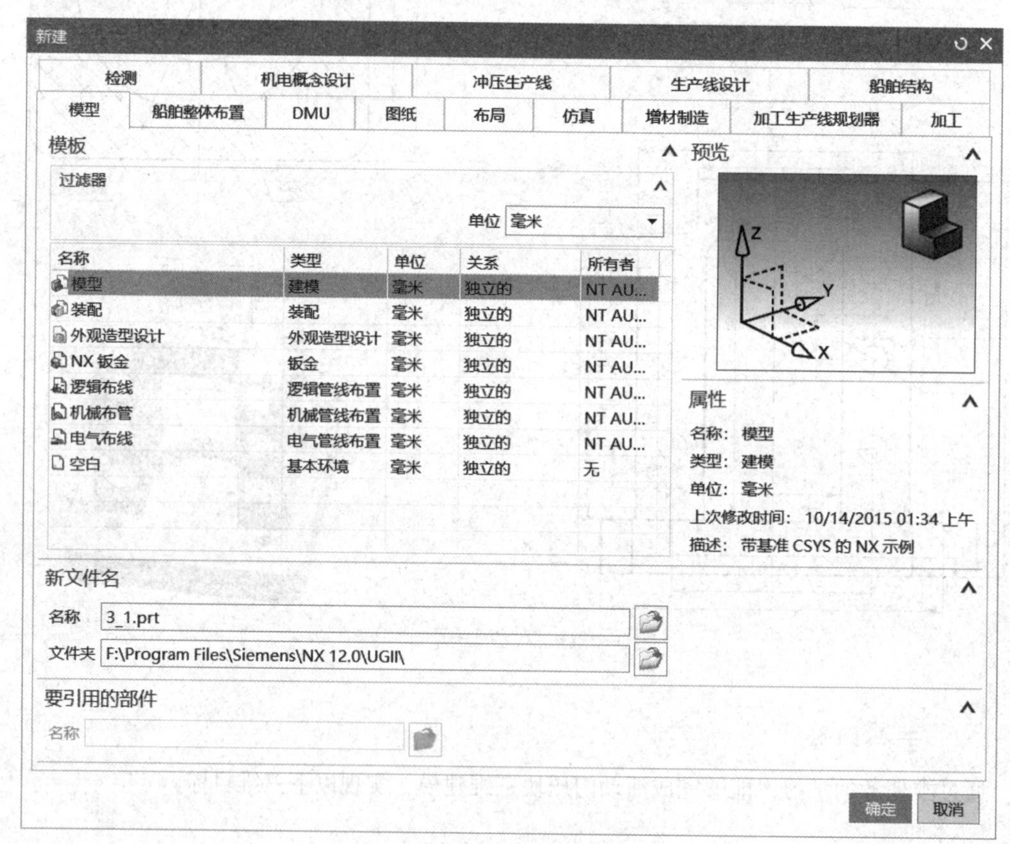

图 3-1-2　创建新的部件

（2）执行“菜单”—“插入”—“在任务环境中绘制草图”命令，系统弹出“创建草图”对话框，“草图类型”选择为“在平面上”，单击“确定”按钮进行草图创建，如图 3-1-3 所示，此草图创建在 XC-YC 平面上。

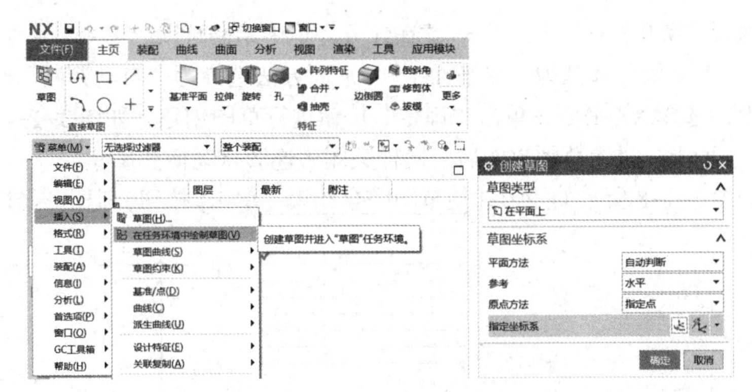

图 3-1-3　创建草图

注：进入草图环境后，"连续自动标注尺寸"代表在曲线构造过程中启用自动标注尺寸，默认是点亮的，建议关闭，如图 3-1-4 所示。

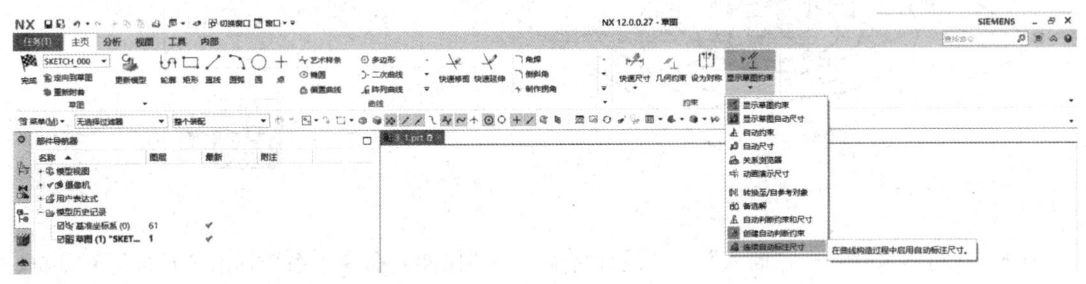

图 3-1-4　关闭"连续自动标注尺寸"

（3）结合 *A*—*A* 和 *B*—*B* 视图，绘制草图（1）并使草图完全约束，草图具体尺寸如图 3-1-5 所示，单击按钮，退出草图界面。

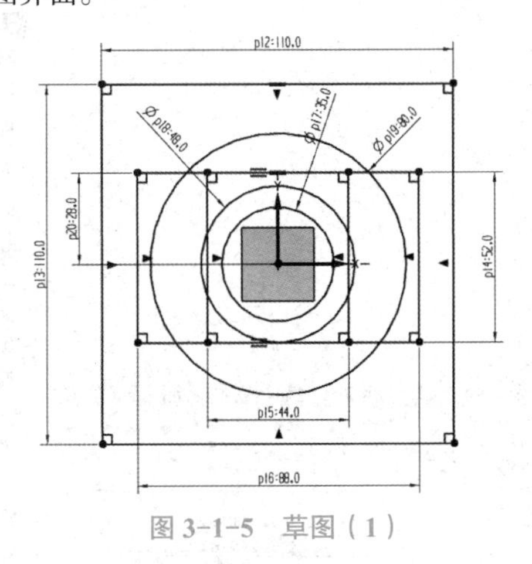

图 3-1-5　草图（1）

草图绘制过程运用到如图 3-1-6 所示命令。

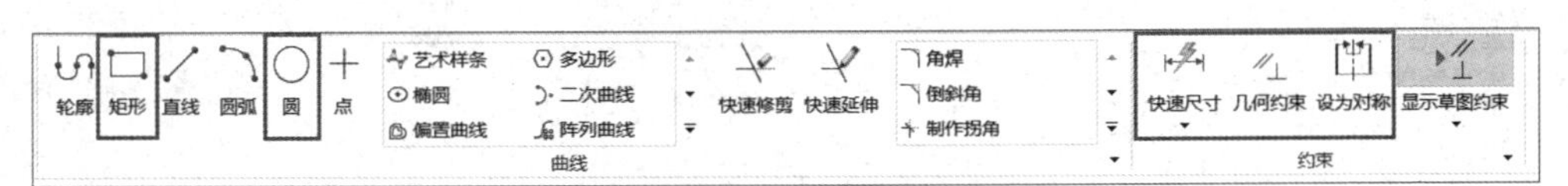

图 3-1-6　草图指令

（4）再次执行“菜单”—“插入”—“在任务环境中绘制草图”命令，系统弹出“创建草图”对话框，“草图类型”选择为“在平面上”，平面方法选择为“自动判断”，鼠标光标移动到基准坐标系上，选择 XZ 平面，单击“确定”按钮进行草图创建，如图 3-1-7 所示，此草图创建在 XC-ZC 平面上，进入草图界面后，同样关闭“连续自动标注尺寸”。

（5）绘制如图 3-1-8 所示的矩形并使草图完全约束，单击按钮，退出草图界面。

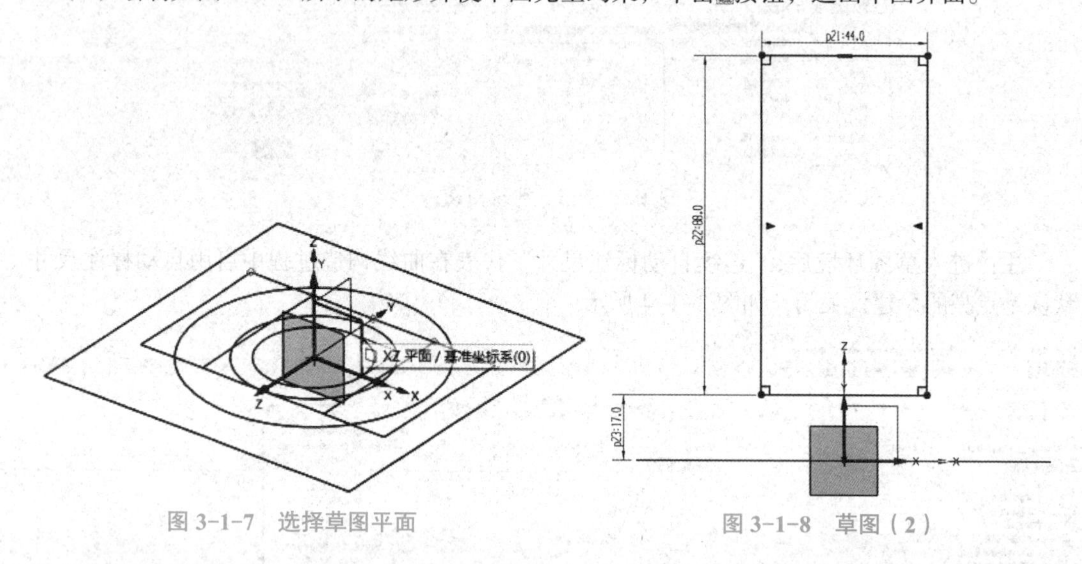

图 3-1-7　选择草图平面　　　　图 3-1-8　草图（2）

（6）执行“菜单”—“插入”—“设计特征”—“拉伸”命令，系统弹出“拉伸”对话框，曲线规则选择为“相连曲线”，选取尺寸为“110×110”的矩形曲线，“指定矢量”为“ZC”，开始距离设置为“0”，结束距离设置为“17”，单击“应用”按钮，完成矩形底座拉伸操作，如图 3-1-9 所示。

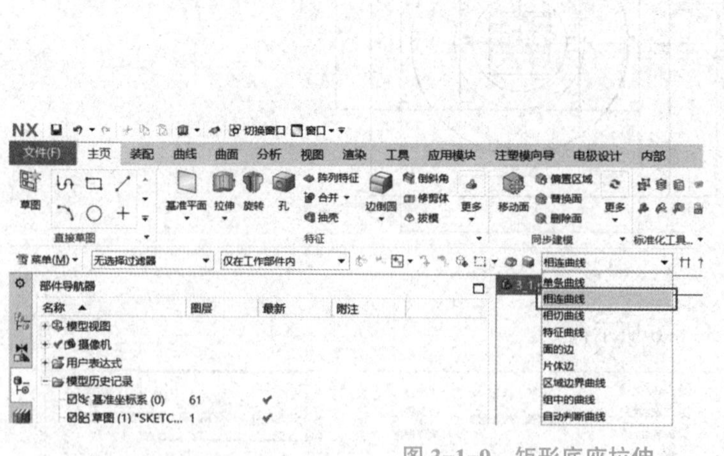

图 3-1-9　矩形底座拉伸

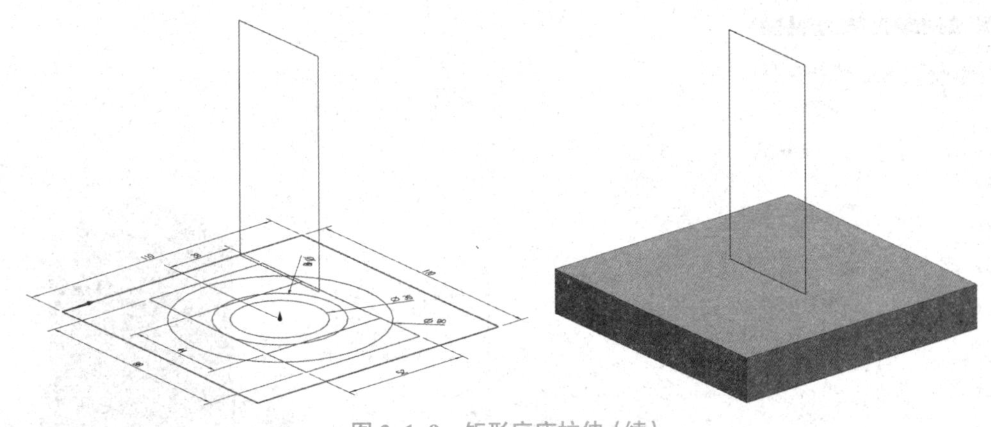

图 3-1-9 矩形底座拉伸（续）

（7）在“拉伸”对话框中，选取尺寸为“88 × 52”的矩形曲线，“指定矢量”为“ZC”，开始距离设置为“0”，结束距离设置为“107”，布尔运算类型选择为“合并”，单击“应用”按钮，完成凸台 1 拉伸操作，如图 3-1-10 所示。

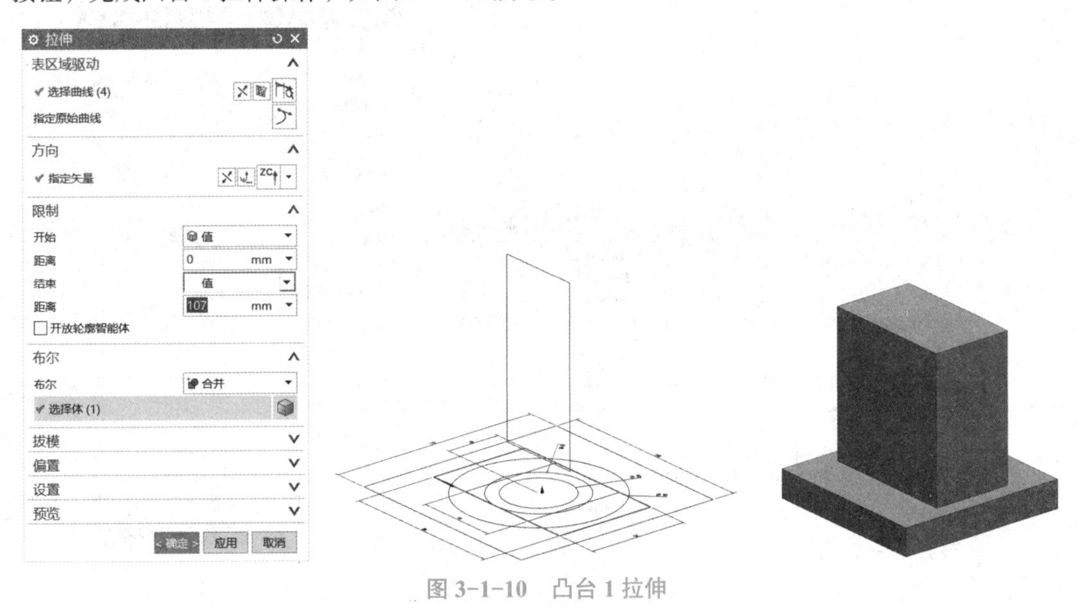

图 3-1-10 凸台 1 拉伸

（8）在“拉伸”对话框中，选取尺寸为“44 × 52”的矩形曲线，“指定矢量”为“ZC”，开始距离设置为“0”，结束距离设置为“124”，布尔运算类型选择为“合并”，单击“应用”按钮，完成凸台 2 拉伸操作，如图 3-1-11 所示。

（9）将模型调整为“静态线框”模式，“结束”在“拉伸”对话框，选取 XZ 平面上尺寸为“88 × 44”的矩形曲线，“指定矢量”为“YC”，限制“结束”改为“对称值”，拖动蓝色箭头更改拉伸距离，直至贯穿整个凸台，布尔运算类型选择为“减去”，单击“应用”按钮，完成矩形腔体的拉伸操作，完成后，将模型改回带边着色模式，如图 3-1-12 所示。

（10）在“拉伸”对话框中，分别选取直径为“80”“48”“35”的圆形曲线，“指定矢量”为“ZC”，限制模式改为“值”，拉伸距离分别为“6”“105”“124”，布尔运算类型选择为“减去”，最后单击“确定”按钮，完成圆形腔体的拉伸操作，如图 3-1-13 所示。

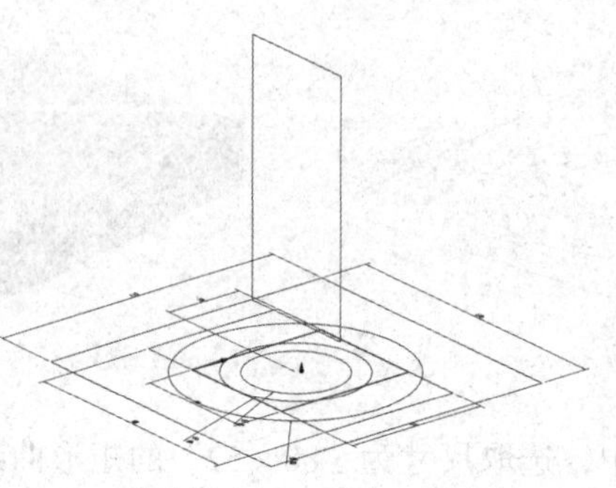
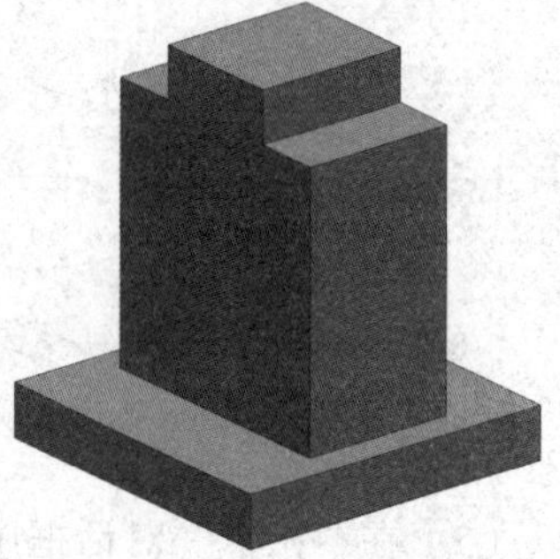

图 3-1-11 凸台 2 拉伸

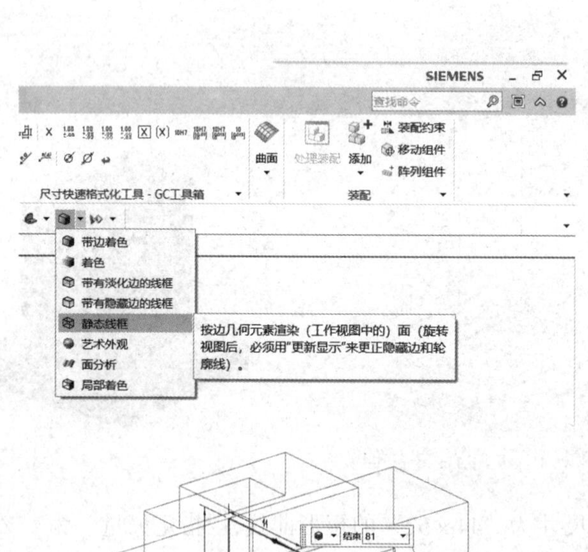

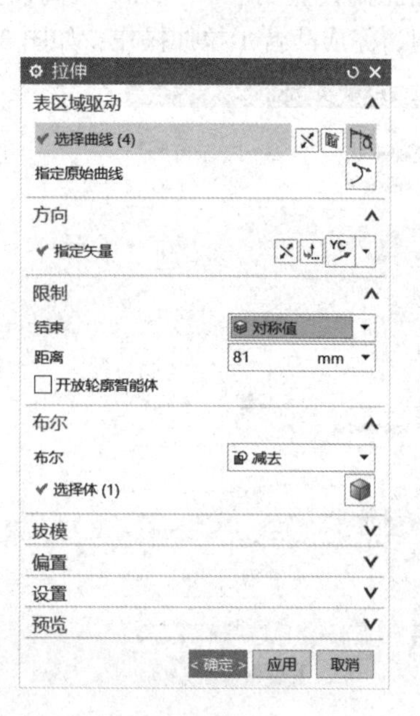

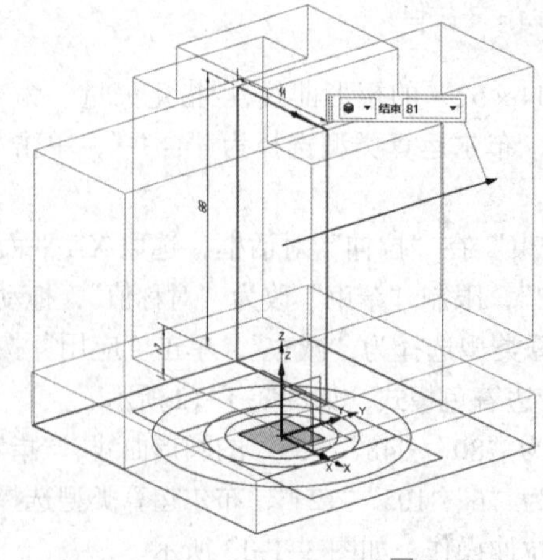

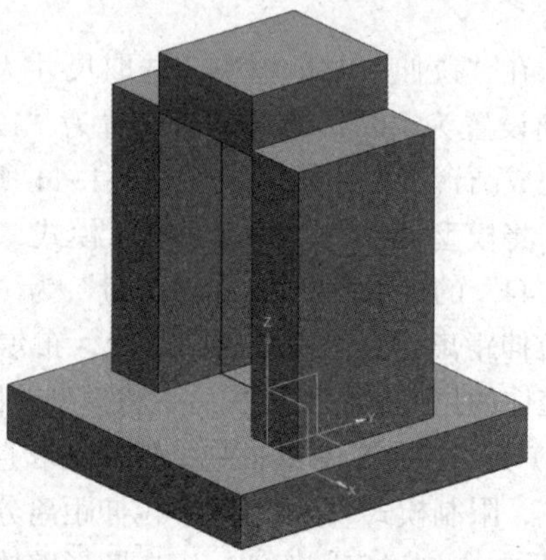

图 3-1-12 矩形腔体拉伸

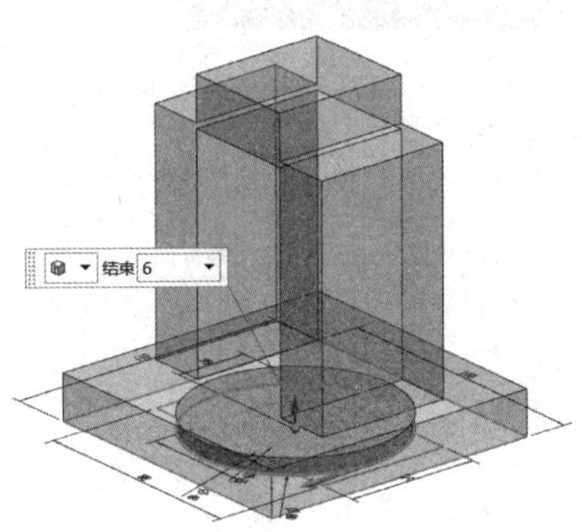

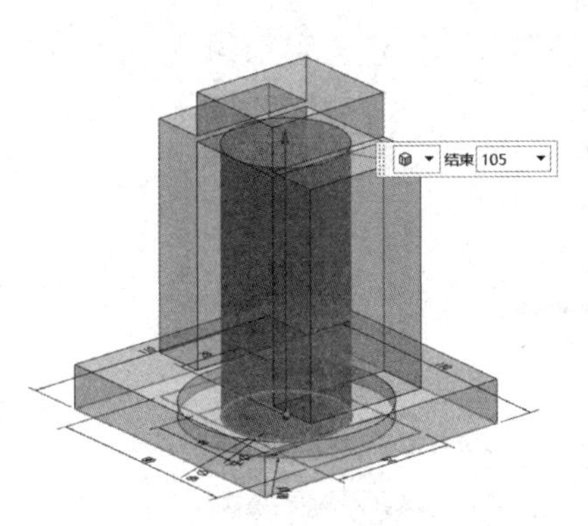

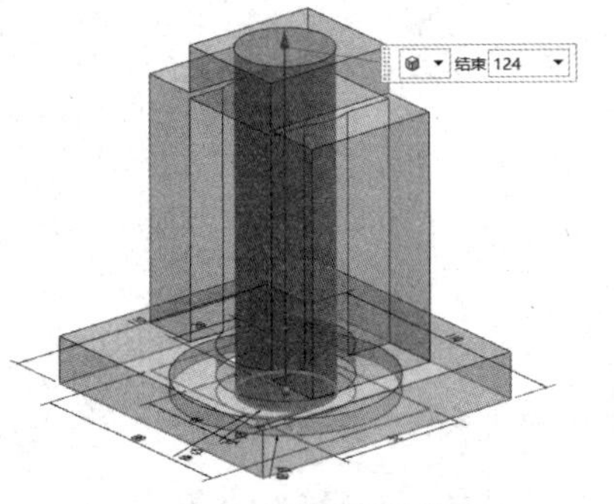

图 3-1-13　圆形腔体拉伸

（11）执行“菜单”—“插入”—“细节特征”—“边倒圆”命令，系统弹出“边倒圆”对话框，分别选择需要倒圆的边，输入半径分别为“10”“5”“3.5”，最后单击“确定”按钮，完成倒圆角的操作，如图 3-1-14 所示。

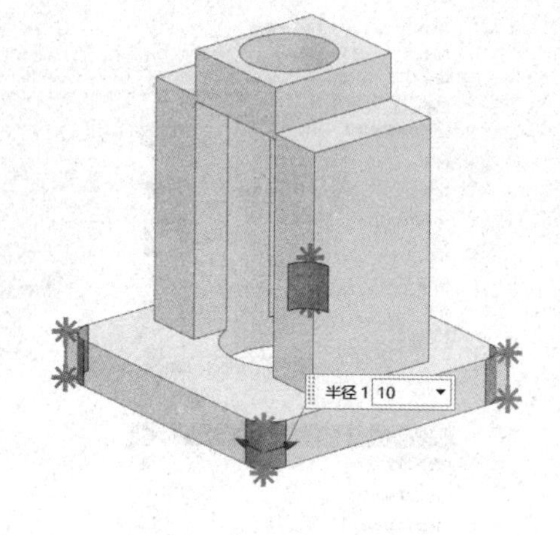

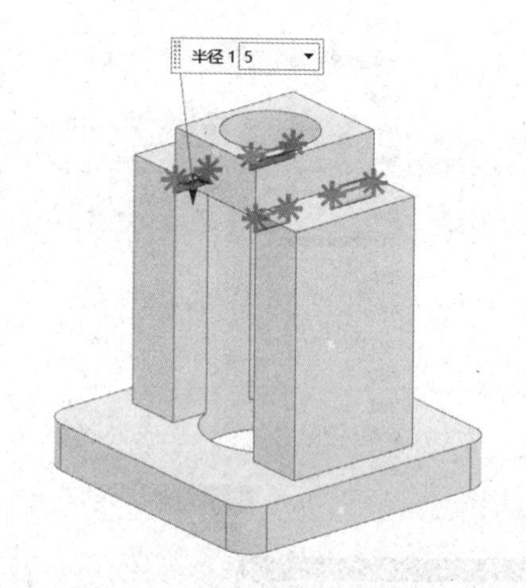

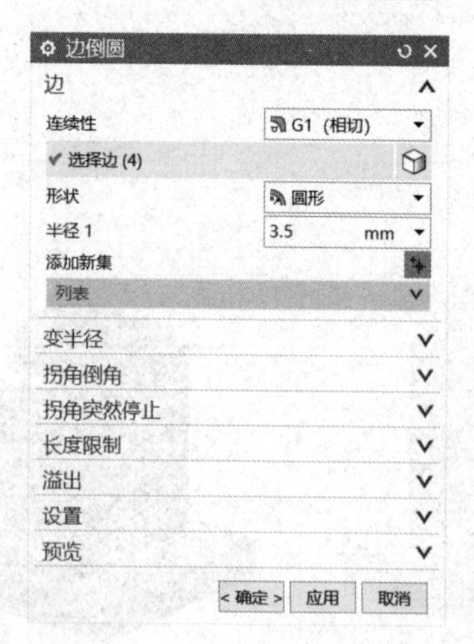

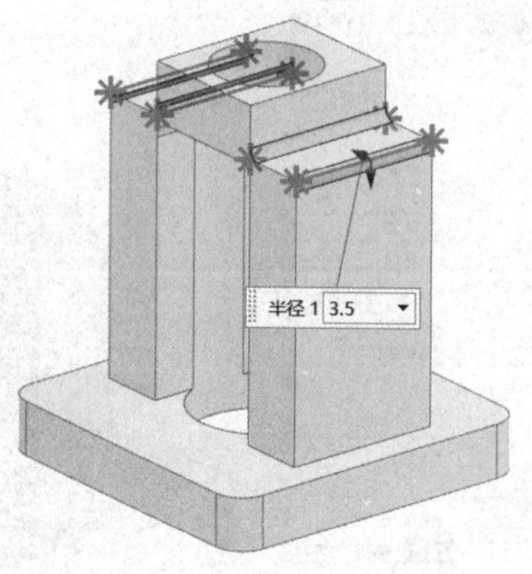

图 3-1-14　倒圆角操作

（12）执行“菜单”—“插入”—“设计特征”—“孔”命令，系统弹出“孔”对话框，孔类型选择为“常规孔”，单击电机安装座底面，进入草绘环境，分别绘制四个通孔中心点，单击完成草图，回到建模环境。在“孔”对话框中继续选择“孔方向”为“垂直于面”，“成形”选择为“简单孔”，“直径”设置为“6.5”，“深度限制”选择为“贯通体”，最后单击“应用”按钮，完成底部通孔的建模操作，如图 3-1-15 所示。

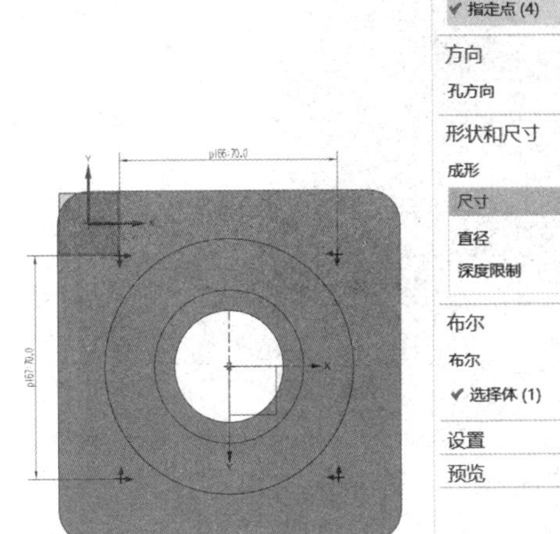

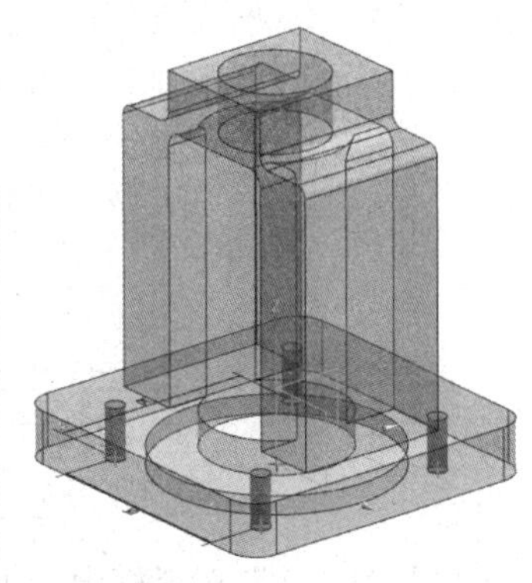

图 3-1-15　底部通孔建模

（13）在“孔”对话框中，孔类型选择为“常规孔”，单击电机安装座侧面，进入草绘环境，绘制左上角通孔的中心点，然后选择阵列曲线，布局方式选择“线性”，方向 1 选择 X 轴方向，“数量”设置为“2”，“节距”设置为“64”，方向 2 选择 Z 轴方向，“数量”设置为“3”，“节距”设置为“28”，单击“确定”按钮，完成侧面 6 个通孔中心点的绘制，如图 3-1-16 所示。

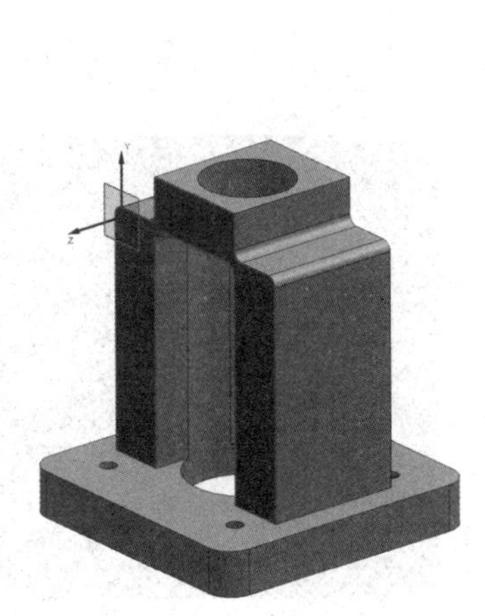

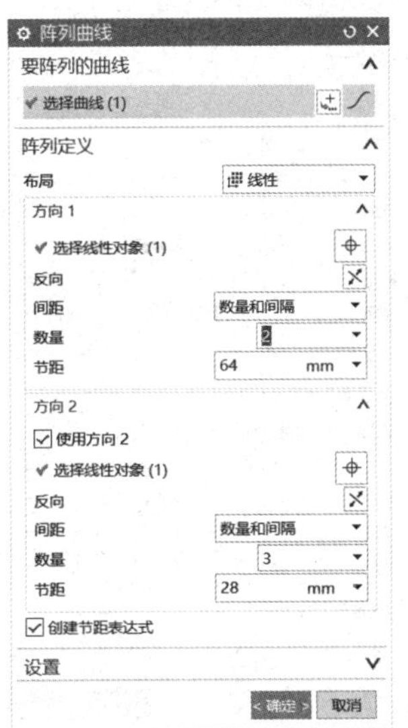

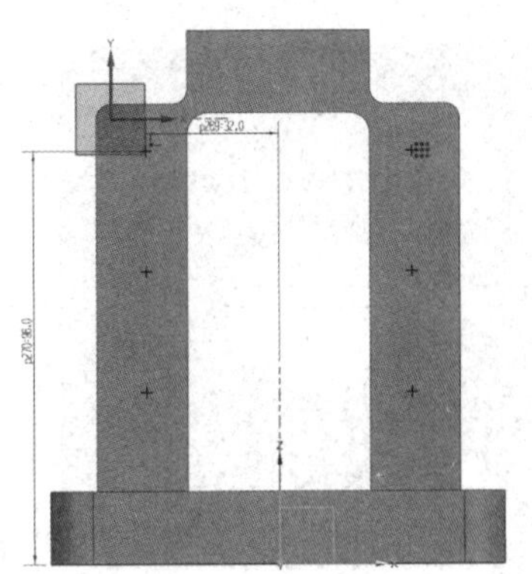

图 3-1-16　侧面通孔中心点草图

（14）单击完成草图，回到建模环境，在“孔”对话框中继续选择“孔方向”为“垂直于面”，“成形”选择为“简单孔”，“直径”设置为“9”，“深度限制”选择为“贯通体”，最后单击“应用”按钮，完成侧面通孔建模操作，如图 3-1-17 所示。

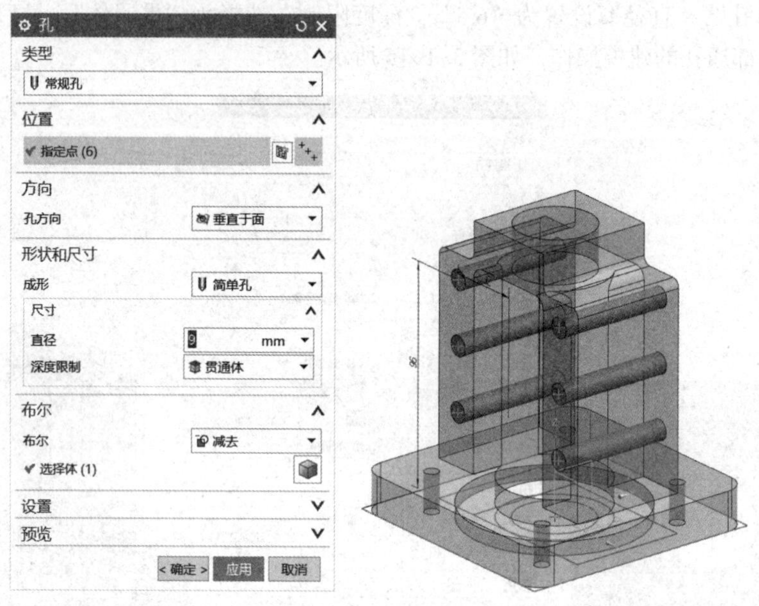

图 3-1-17　侧面通孔建模

（15）在“孔”对话框中，类型选择为“螺纹孔”，单击电机安装座顶面，进入草绘环境，绘制左上角通孔的中心点，然后选择阵列曲线，布局方式选择“线性”，方向 1 选择 X 轴方向，“数量”设置为“2”，“节距”设置为“30”，方向 2 选择 Y 轴方向，“数量”设置为“2”，“节距”设置为“30”，单击“确定”按钮，完成侧面 4 个通孔中心点的绘制，如图 3-1-18 所示。

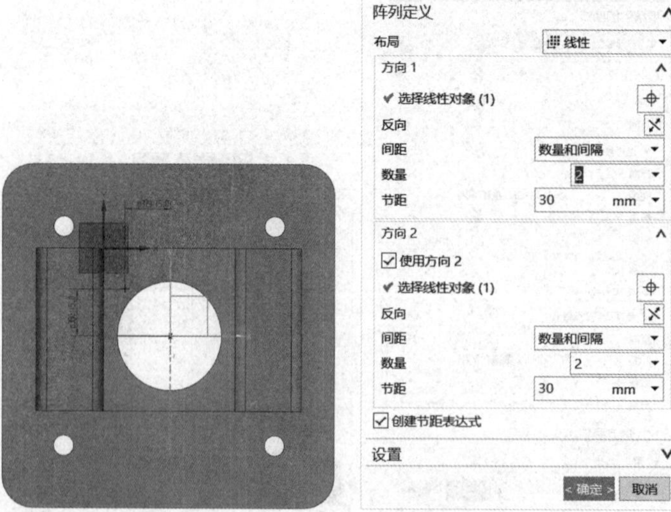

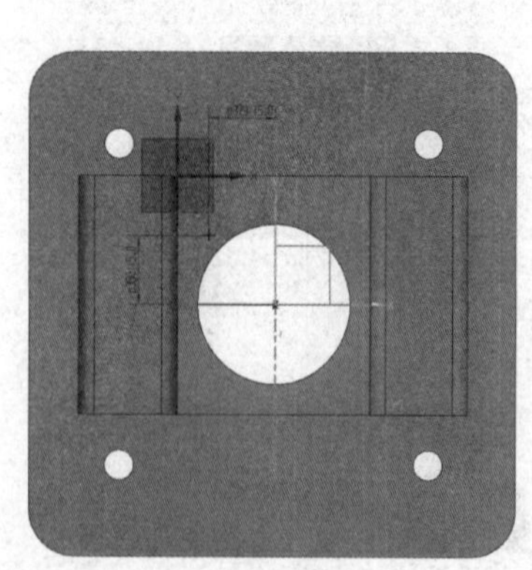

图 3-1-18　顶面螺纹孔中心点草图

（16）单击完成草图，回到建模环境，在“孔”对话框中继续选择“孔方向”为“垂直于面”，螺纹尺寸“大小”设置为“M4 × 0.7”，“螺纹深度”设置为“19”，底孔尺寸“深度限制”选择为“贯通体”，取消起始和终止倒斜角，最后单击“应用”按钮，完成顶面螺纹孔的建模操作，如图 3–1–19 所示。

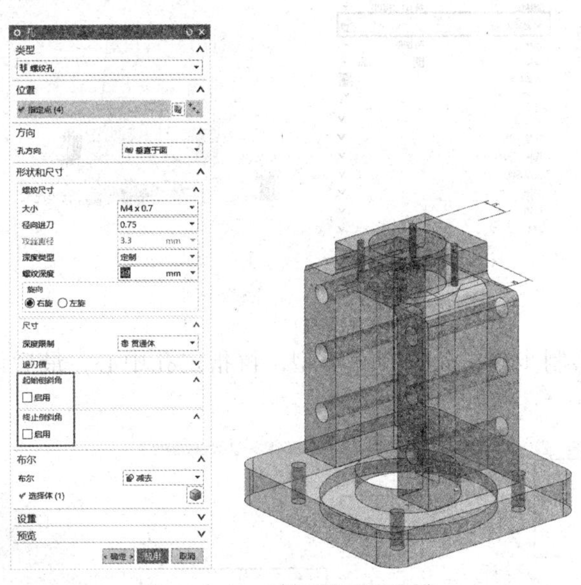

图 3–1–19　顶面螺纹孔建模

（17）在“孔”对话框中，单击电机安装座侧面，进入草绘环境，分别绘制两个螺纹孔中心点，单击完成草图，回到建模环境。在“孔”对话框中继续选择“孔方向”为“垂直于面”，螺纹尺寸“大小”设置为“ M4 × 0.7”，螺纹深度设置为“12”，底孔尺寸“深度”设置为“18”，取消起始和终止倒斜角，最后单击“确定”按钮，完成侧面螺纹孔的建模操作，如图 3–1–20 所示。

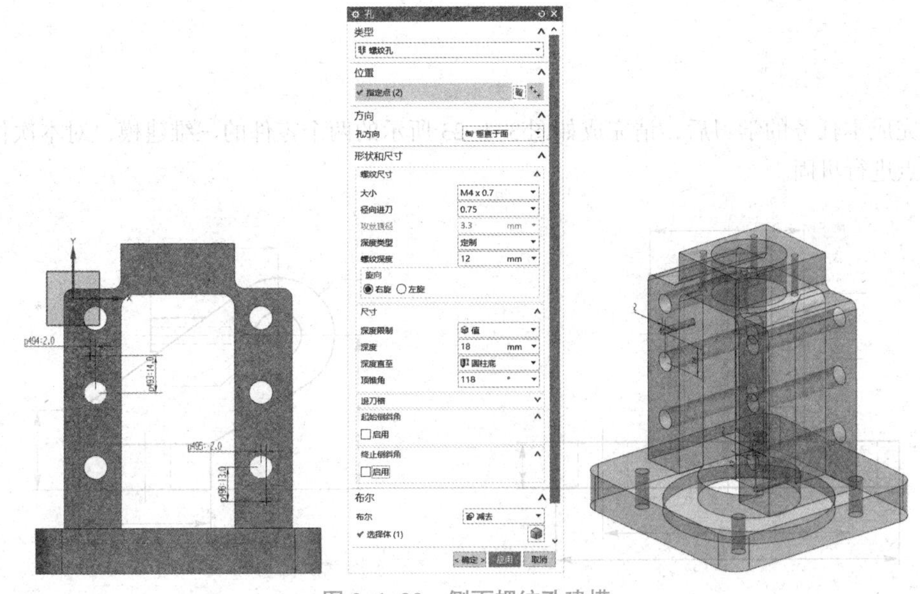

图 3–1–20　侧面螺纹孔建模

五、任务总结

（1）同一半径的圆角特征创建过程中可以一次选择多条边（图 3-1-21）。

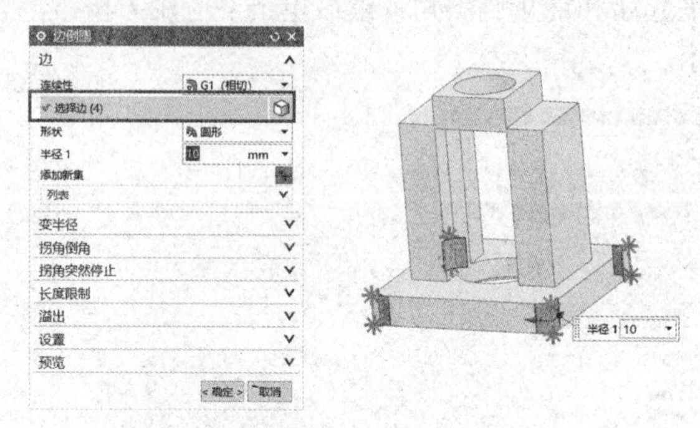

图 3-1-21　一次选择多条边

（2）孔特征的绘制步骤：先选择孔类型，再指定孔中心，最后设置孔的形状和尺寸（图 3-1-22）。

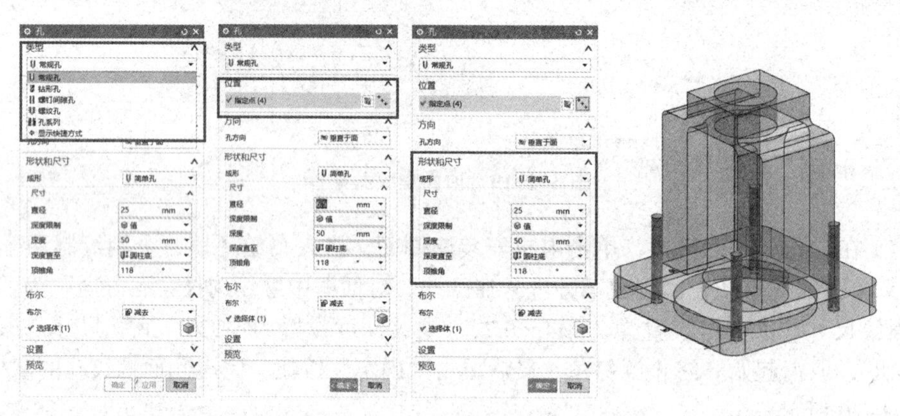

图 3-1-22　孔特征的绘制步骤

六、任务拓展

在完成本任务的学习后，请完成如图 3-1-23 所示的两个零件的三维建模，对本次任务中的知识点进行巩固。

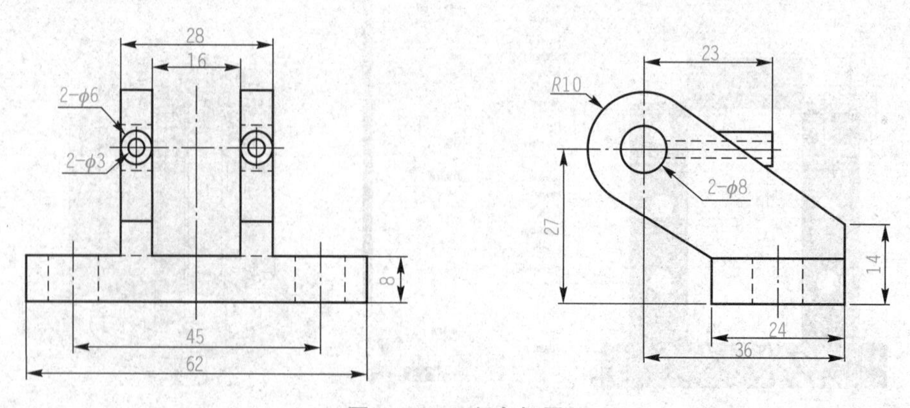

图 3-1-23　任务拓展

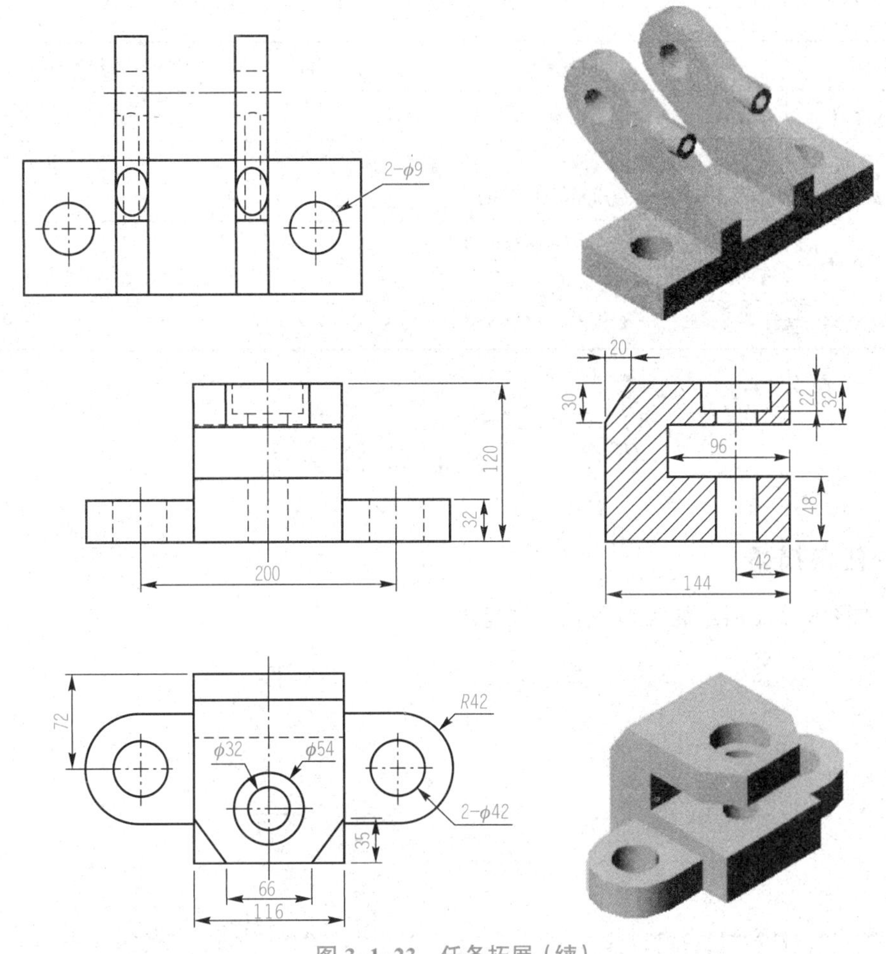

图 3-1-23　任务拓展（续）

七、考核评价

任务评分表见表 3-1-1。

表 3-1-1　任务评分表

任务编号及名称：			姓名：	组号：		总分：
评分项		评价指标	分值	学生自评	小组互评	教师评分
专业能力	识图能力	能够正确分析零件图纸，设计合理的建模步骤				
	命令使用	能够合理选择、使用相关命令				
	建模步骤	能够明确建模步骤，具备清晰的建模思路				
	完成精度	能够准确表达模型尺寸，显示完整细节				
方法能力	创新意识	能够对设计方案进行修改优化，体现创新意识				
	自学能力	具备自主学习能力，课前有准备，课中能思考，课后会总结				
	严谨规范	能够严格遵守任务书要求，完成相应的任务				

续表

评分项		评价指标	分值	学生自评	小组互评	教师评分
社会能力	遵章守纪	能够自觉遵守课堂纪律、爱护实训室环境				
	学习态度	能够针对出现的问题，分析并尝试解决，体现精准细致、精益求精的工匠精神				
	团队协作	能够进行沟通合作，积极参与团队协作，具有团队意识				
备注：按照评价指标分为 4 档，优秀 10 分、良好 7 分、一般 5 分、合格 2 分						

任务二　X 轴丝杠建模

一、任务描述

完成如图 3-2-1 所示的 X 轴丝杠三维建模。

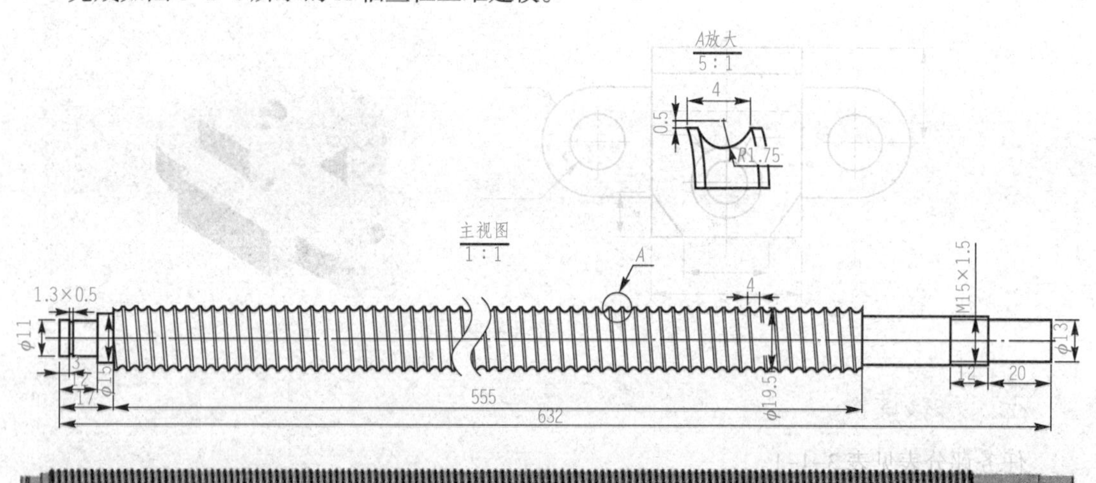

图 3-2-1　X 轴丝杠工程图

二、学习目标

通过本任务的学习，能够完成 X 轴丝杠三维建模，实现以下三维目标。

1. 知识目标

（1）掌握符号螺纹特征及螺旋线的创建方法；

（2）掌握基于路径的草图绘制方法。

2. 能力目标

（1）能够合理运用扫掠命令进行特征建模；

（2）能够完成丝杠轴的实体建模。

3. 素养目标

（1）培养严谨规范的建模素养；

（2）培养对大国重器的敬畏之情和民族自信心。

三、知识储备

本任务涉及的知识点主要包括：

（1）圆柱体中的“指定矢量”“指定点”：详见“知识点索引 1.2”。

（2）垫块“凸台”命令：详见“知识点索引 5.2”。

（3）环形槽命令：详见“知识点索引 5.4”。

（4）螺纹中“符号螺纹”的创建方法：详见“知识点索引 5.5”。

（5）扫掠命令：详见“知识点索引 4.5”。

四、任务实施

（1）打开 UG 软件，执行“文件”—“新建”命令，新建名称为 3_2.prt 的部件文档，单位选择为毫米，如图 3-2-2 所示。单击“确定”按钮，进入建模功能模块。

图 3-2-2 创建新的部件

（2）执行“菜单”—“插入”—“设计特征”—“圆柱体”命令，系统弹出“圆柱”对话框，“指定矢量”默认为“ZC”方向，“指定点”选择“原点”，“直径”设置为“11”，“高度”设置为“12”，单击“确定”按钮，完成第一段轴的建模，如图 3-2-3 所示。

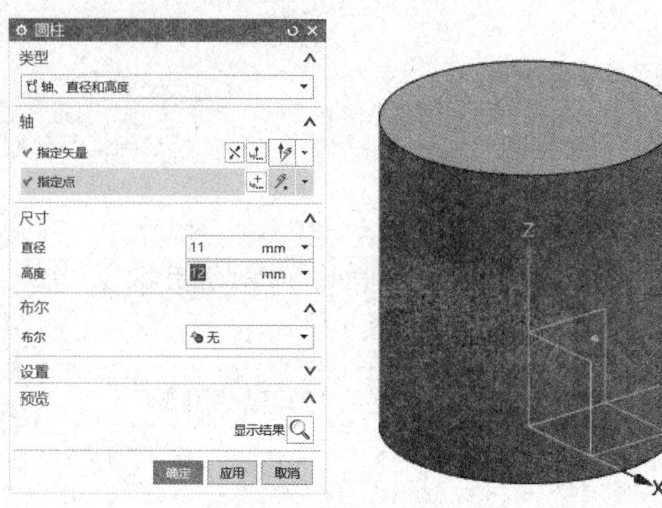

图 3-2-3　圆柱体参数设置

（3）凸台命令在 NX12.0 中默认是隐藏的，通过在功能区最右端“命令查找器”中搜索凸台，系统弹出“命令查找器”对话框，可输入“凸台”进行搜索，并执行“凸台”命令，如图 3-2-4 所示。

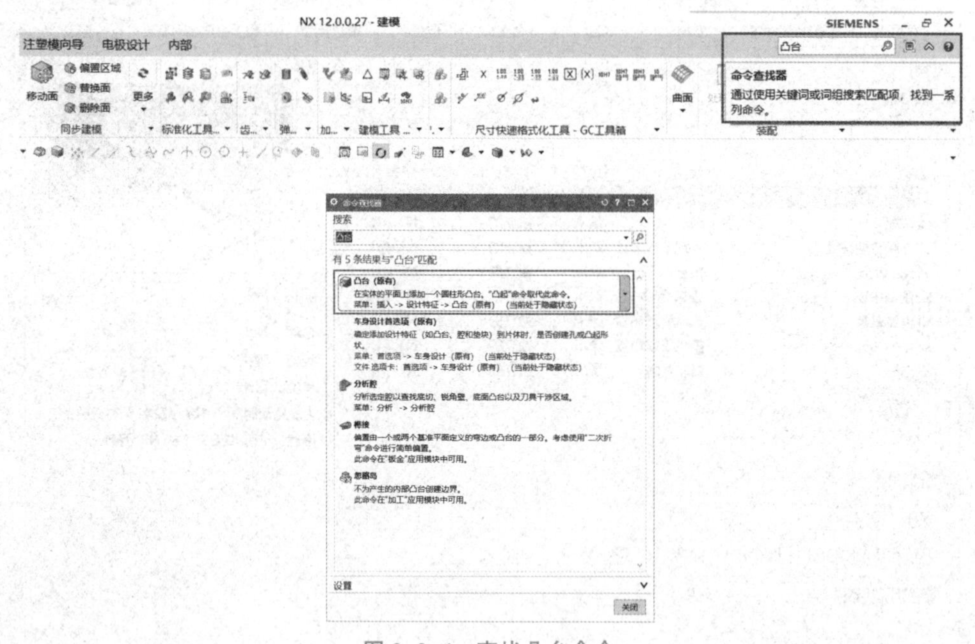

图 3-2-4　查找凸台命令

（4）在系统弹出的凸台“支管”对话框中，“直径”设置为“15”，“高度”设置为“5”，选择凸台放置平面为圆柱体上表面，单击“应用”按钮，如图 3-2-5 所示，系统弹出“定位”对话框，选择“点落在点上”，然后选择圆柱体上表面的边，在系统弹出的“设置圆弧的位置”对话框中选择“圆弧中心”选项，即代表凸台中心与圆柱体中心对齐，如图 3-2-6 所示。

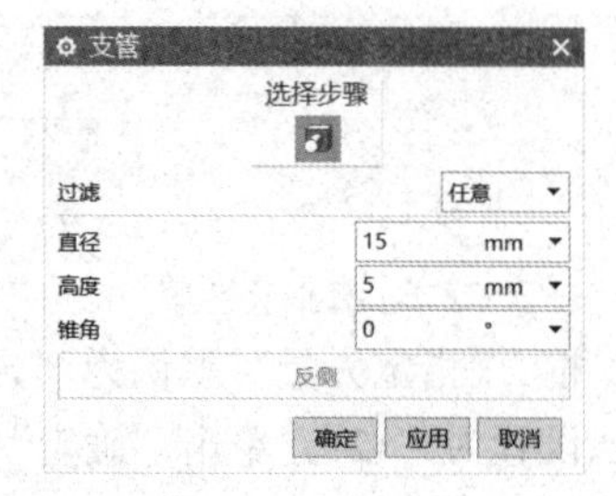

图 3-2-5　凸台参数设置

图 3-2-6　凸台位置参数设置

（5）按照步骤（3）的方法，运用“凸台”命令，完成剩余 3 段阶梯轴的绘制，具体尺寸如图 3-2-7 所示。

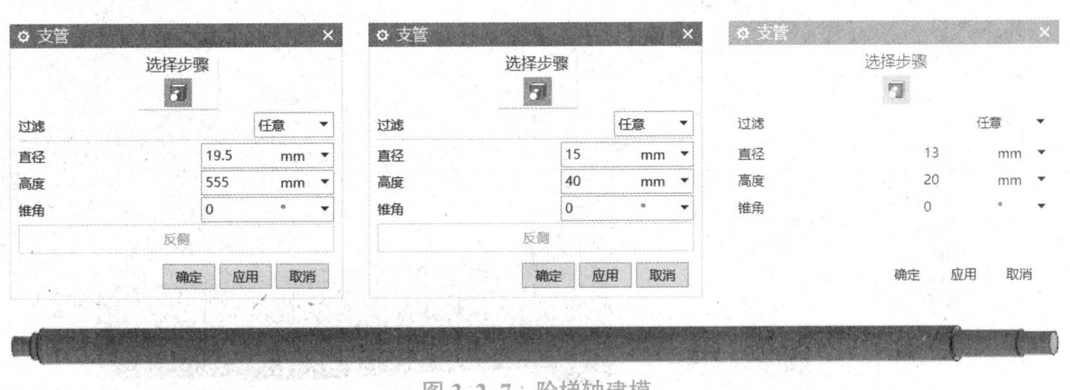

图 3-2-7　阶梯轴建模

（6）执行“菜单”—“插入”—“设计特征”—“槽”命令，系统弹出“槽”对话框，选择“矩形”选项，弹出“矩形槽”对话框，选择槽放置的面为“$\phi 11 \times 12$”的圆柱面，如图 3-2-8 所示。

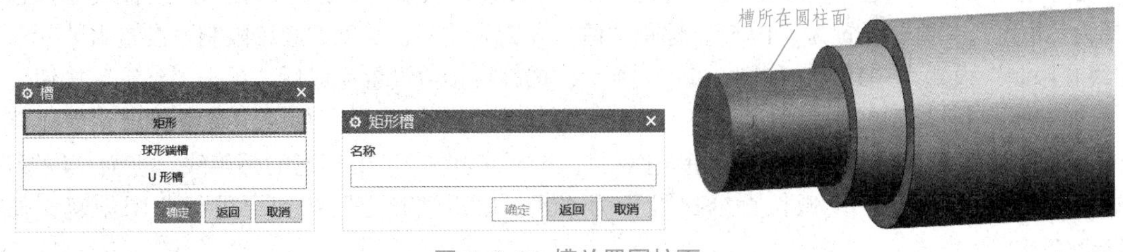

图 3-2-8　槽放置圆柱面

（7）在系统弹出的“矩形槽”对话框中，“槽直径”设置为“10”，“宽度”设置为“1.3”，单击“确定”按钮，系统弹出“定位槽”对话框，分别选择圆柱端面与槽端面，距离设置为

“3”，单击“取消”按钮，完成槽的绘制，如图 3-2-9 所示。

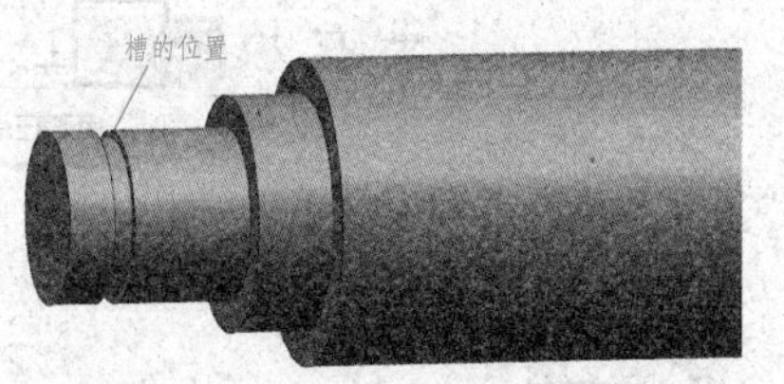

图 3-2-9　槽参数设置

（8）执行“菜单”—“插入”—“设计特征”—“螺纹”命令，系统弹出“螺纹切削”对话框，“螺纹类型”选择为“符号”，选择螺纹所在面为“ϕ15 × 40”的圆柱面，修改“成形”为“GB193”，“长度”为“12”，螺纹其他参数、起始面和方向均为默认，如图 3-2-10 所示。

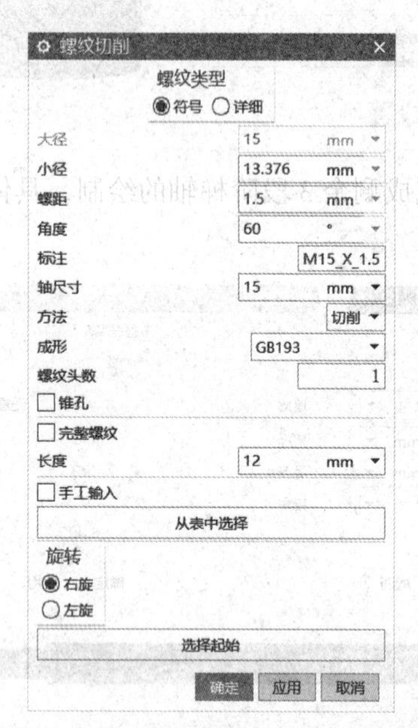

图 3-2-10　螺纹参数和方向设置

（9）执行“菜单”—“插入”—“曲线”—“螺旋”命令，系统弹出“螺旋”对话框，“类型”为“沿矢量”，“方位”为系统自动判断指定坐标系，“角度”设置为“0° ”，单击 ϕ19.5 × 555 圆柱体左端面即可，坐标系如图 3-2-11 所示，螺旋线“大小”选择“直径”，“规律类型”选择为“恒定”，“值”设置为“19.5”，螺距“值”设置为“4”，长度“起始限制”设置为“-2”，“终止限制”设置为“557”，如图 3-2-12 所示，螺旋线参数设置完成后，单击“确定”按钮。

（10）执行“菜单”—“插入”—“在任务环境中绘制草图”命令，系统弹出“创建草图”对话框，“草图类型”选择为“基于路径”，选择步骤（9）中创建的螺旋线，平面“位置”选择为“弧长百分比”，弧长百分比设置为“0”，单击“确定”按钮，进行草图创建，如图 3-2-13 所示。

（11）参照放大视图 A 绘制截面线草图，草图具体尺寸如图 3-2-14 所示，单击▩按钮，退出草图界面。

（12）执行“菜单”—“插入”—“扫掠”—“扫掠”命令，系统弹出“扫掠”对话框，截面线选择步骤（11）草图中所绘半圆，引导线选择步骤（9）中创建的螺旋线，定向“方向”选择为“面的法向”，选择面为$\phi19.5\times555$圆柱面，单击“确定”按钮，完成扫掠操作，如图 3-2-15 所示。

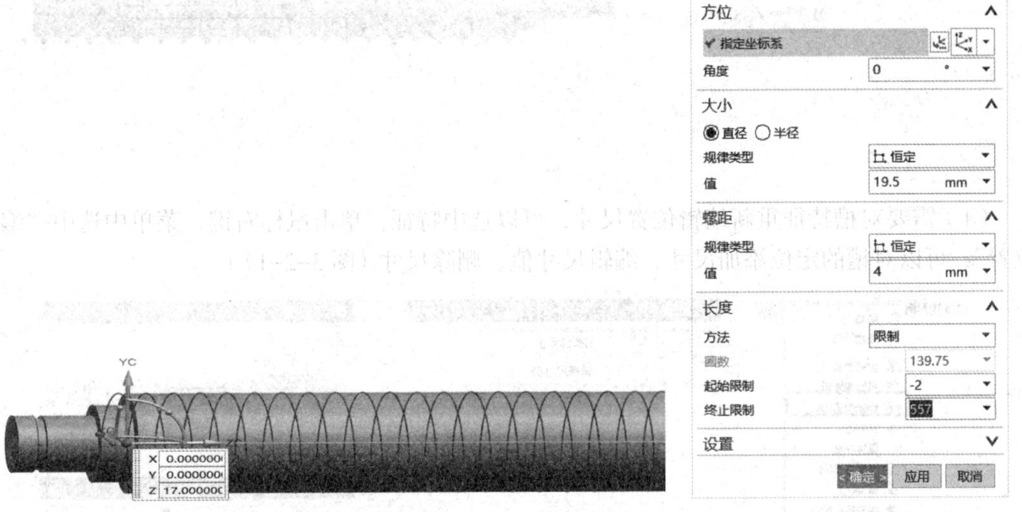

图 3-2-11　螺旋线坐标系

图 3-2-12　螺旋线参数设置

图 3-2-13　创建草图

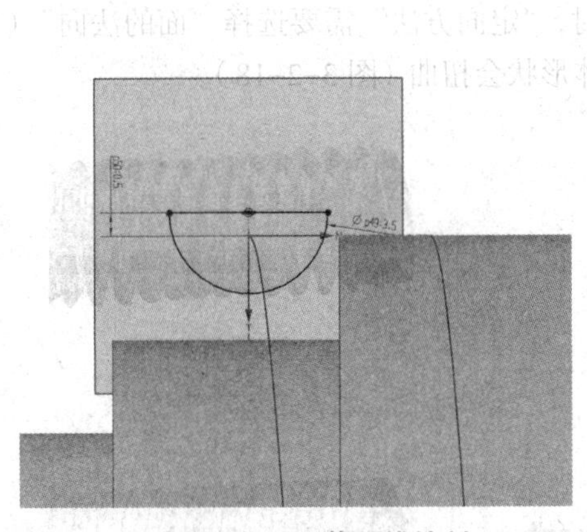

图 3-2-14　截面线绘制

图 3-2-15　扫掠操作

（13）执行“菜单”—“插入”—“组合”—“减去”命令，系统弹出“求差”对话框，选择目标体为阶梯轴，工具体为步骤（12）中扫掠出来的实体，最后单击“确定”按钮，完成求差操作，完成丝杠的建模，如图 3-2-16 所示。

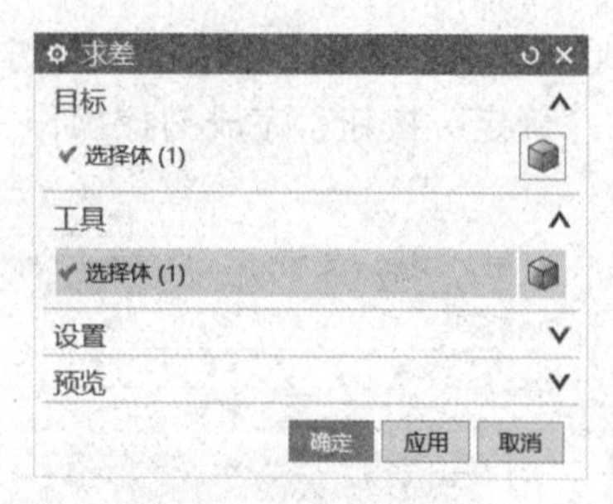

图 3-2-16　求差操作

五、任务总结

（1）需要对槽特征重新编辑位置尺寸，可以选中特征，单击鼠标右键，菜单中选中“编辑位置”，可以对槽的定位添加尺寸、编辑尺寸值、删除尺寸（图 3-2-17）。

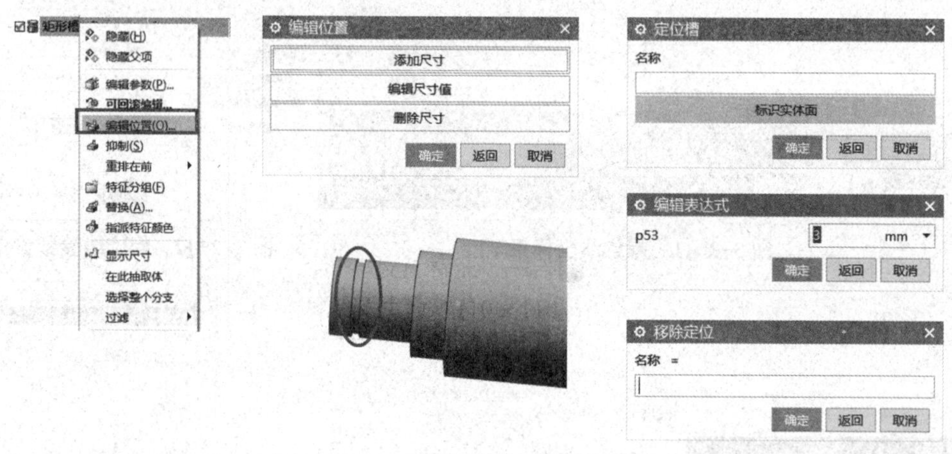

图 3-2-17　对槽特征重新编辑位置尺寸

（2）绘制螺纹扫掠时，“定向方法”需要选择“面的法向”（矢量方向）来对截面方向进行设置，否则扫掠出的实体形状会扭曲（图 3-2-18）。

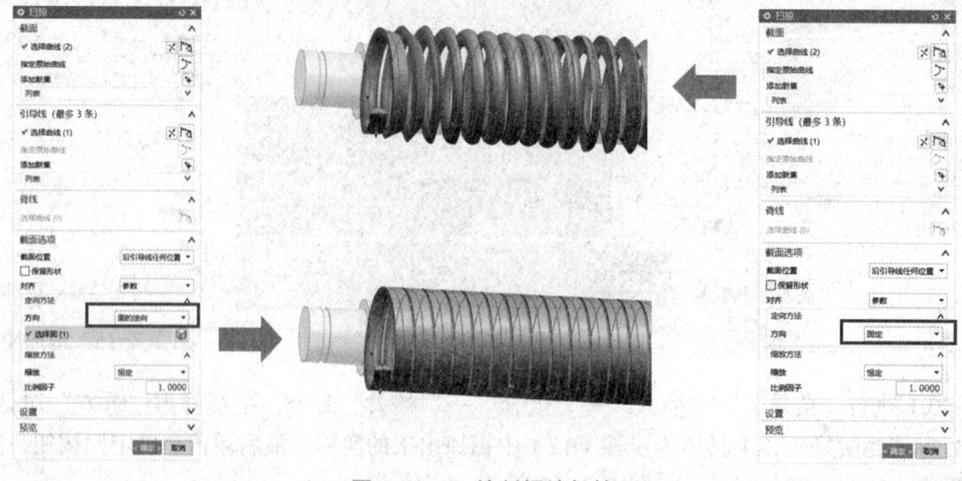

图 3-2-18　绘制螺纹扫掠

六、任务拓展

在完成本任务的学习后，请完成如图 3-2-19 所示的两个零件的三维建模，对本次任务中的知识点进行巩固。

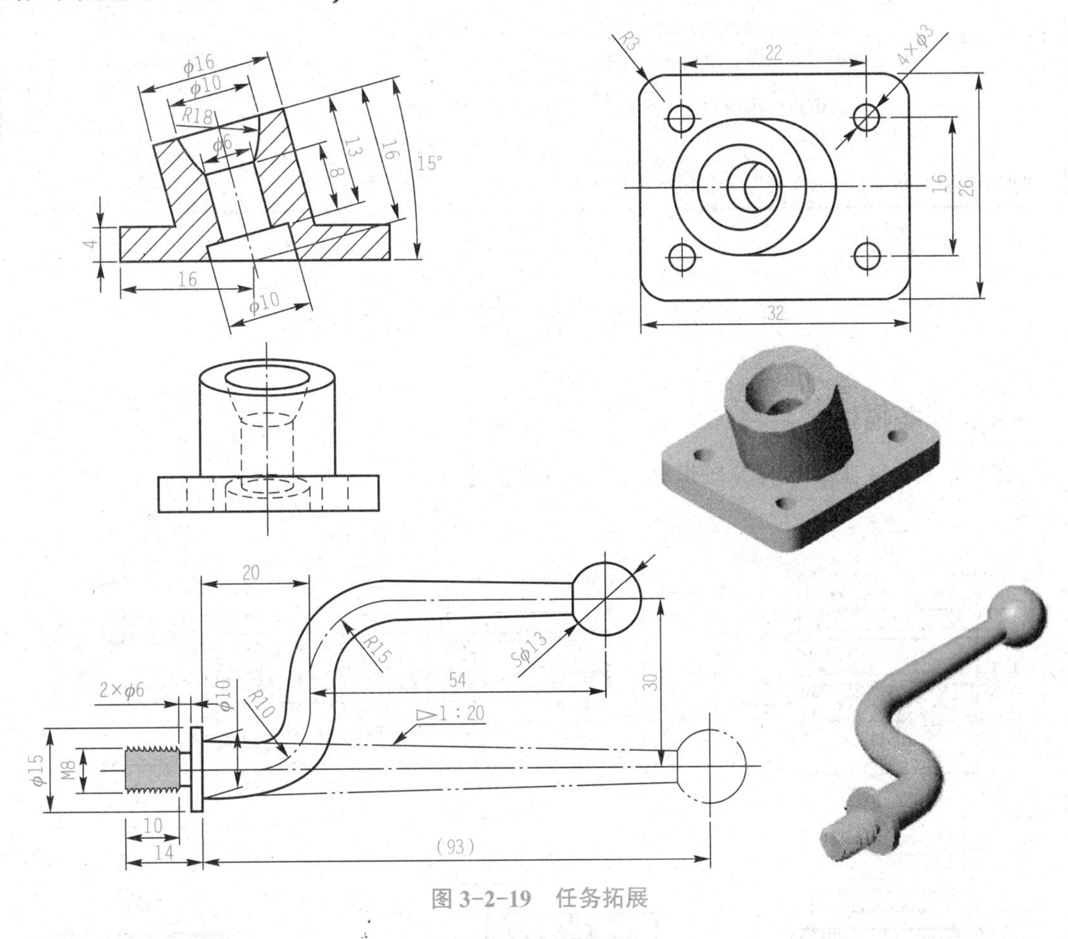

图 3-2-19　任务拓展

七、考核评价

任务评分表见表 3-2-1。

表 3-2-1　任务评分表

任务编号及名称：			姓名：	组号：		总分：
评分项		评价指标	分值	学生自评	小组互评	教师评分
专业能力	识图能力	能够正确分析零件图纸，设计合理的建模步骤				
	命令使用	能够合理选择、使用相关命令				
	建模步骤	能够明确建模步骤，具备清晰的建模思路				
	完成精度	能够准确表达模型尺寸，显示完整细节				
方法能力	创新意识	能够对设计方案进行修改优化，体现创新意识				
	自学能力	具备自主学习能力，课前有准备，课中能思考，课后会总结				
	严谨规范	能够严格遵守任务书要求，完成相应的任务				

续表

<table>
<tr><th colspan="2">评分项</th><th>评价指标</th><th>分值</th><th>学生自评</th><th>小组互评</th><th>教师评分</th></tr>
<tr><td rowspan="3">社会能力</td><td>遵章守纪</td><td>能够自觉遵守课堂纪律、爱护实训室环境</td><td></td><td></td><td></td><td></td></tr>
<tr><td>学习态度</td><td>能够针对出现的问题，分析并尝试解决，体现精准细致、精益求精的工匠精神</td><td></td><td></td><td></td><td></td></tr>
<tr><td>团队协作</td><td>能够进行沟通合作，积极参与团队协作，具有团队意识</td><td></td><td></td><td></td><td></td></tr>
<tr><td colspan="7">备注：按照评价指标分为 4 档，优秀 10 分、良好 7 分、一般 5 分、合格 2 分</td></tr>
</table>

任务三　X 轴焊接工作台建模

一、任务描述

完成如图 3-3-1 所示的 X 轴焊接工作台三维建模。

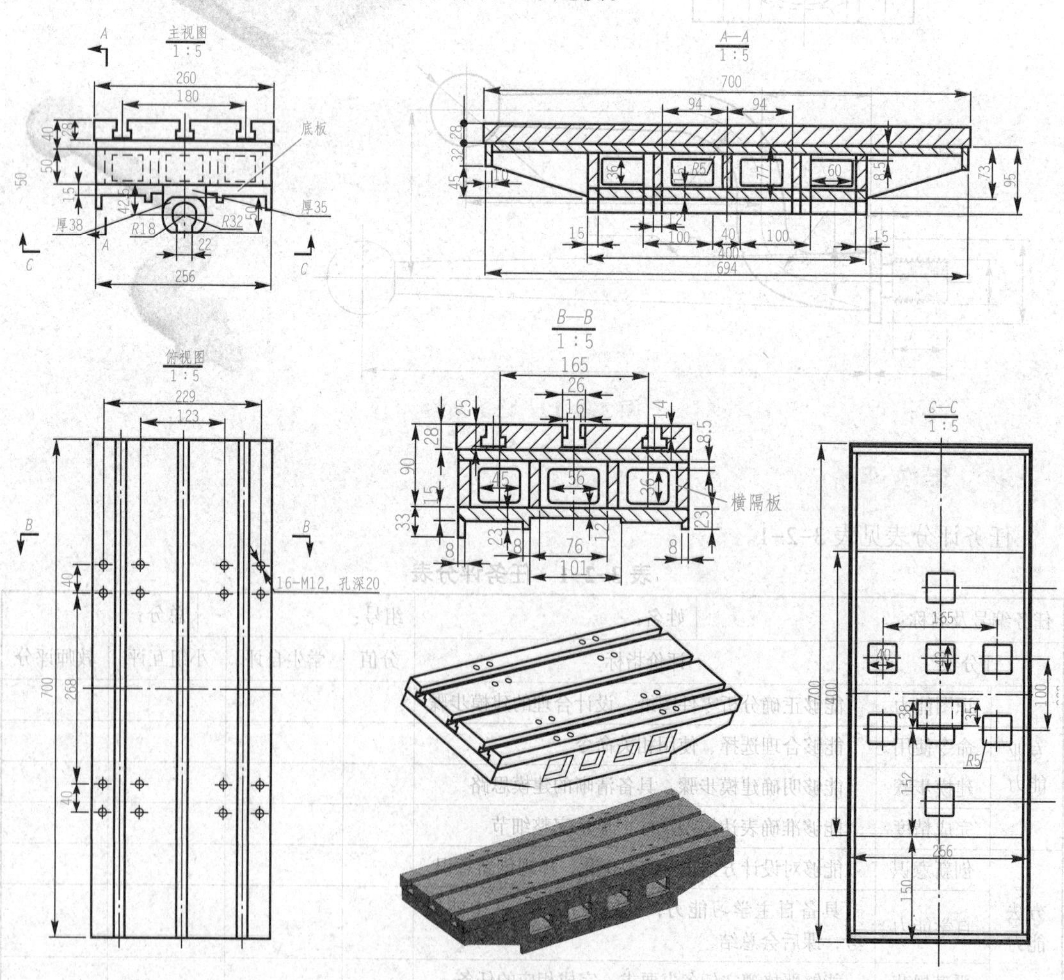

图 3-3-1　X 轴焊接工作台工程图

二、学习目标

通过本任务的学习，能够完成 X 轴焊接工作台三维建模，实现以下三维目标。

1. 知识目标

（1）掌握对称拉伸、偏移拉伸的操作方法；

（2）掌握阵列特征参数设置方法。

2. 能力目标

（1）能够分析复杂模型的建模确定建模步骤；

（2）熟练运用拉伸命令和螺纹孔命令完成焊接工作台的建模。

3. 素养目标

（1）培养严谨规范的建模素养；

（2）培养细致耐心的工作态度。

三、知识储备

本任务涉及的知识点主要包括：

（1）拉伸中的“对称拉伸”“偏移拉伸”：详见“知识点索引 4.1”。

（2）阵列特征中的“线性阵列”：详见“知识点索引 6.3”。

（3）孔命令中“螺纹孔”创建方法：详见“知识索引 5.1”。

四、任务实施

（1）打开 UG 软件，执行“文件”—“新建”命令，新建名称为 3_3.prt 的部件文档，单位选择为毫米，如图 3-3-2 所示。单击“确定”按钮，进入建模功能模块。

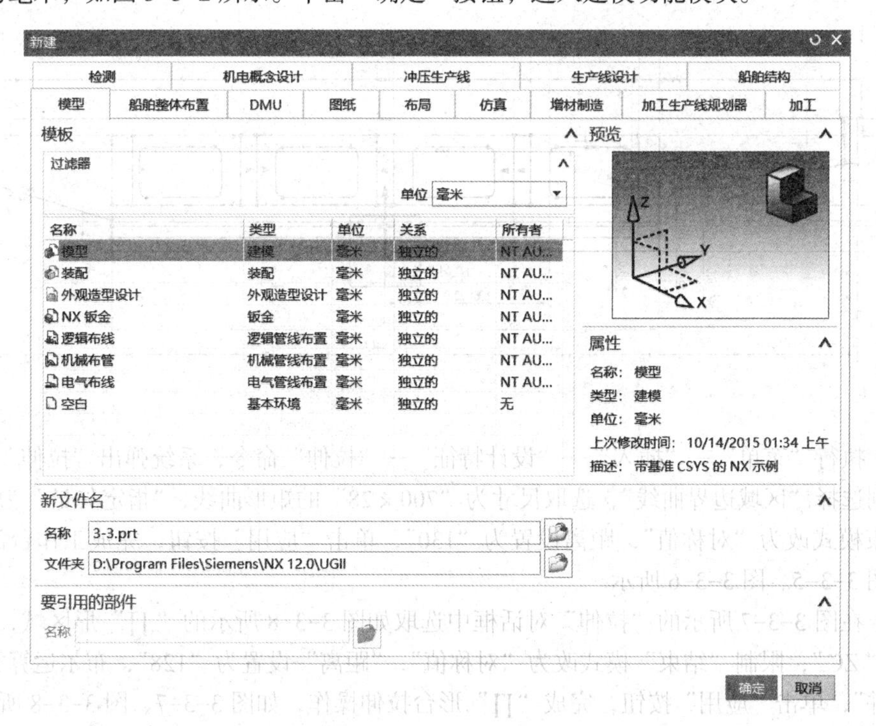

图 3-3-2 创建新的部件

（2）执行“菜单”—“插入”—“在任务环境中绘制草图”命令，系统弹出“创建草图”对话框，类型选择为“在平面上”，单击“确定”按钮进行草图创建，如图 3-3-3 所示，此草图创建在 XC-YC 平面上，进入草图界面后关闭“连续自动标注尺寸”。

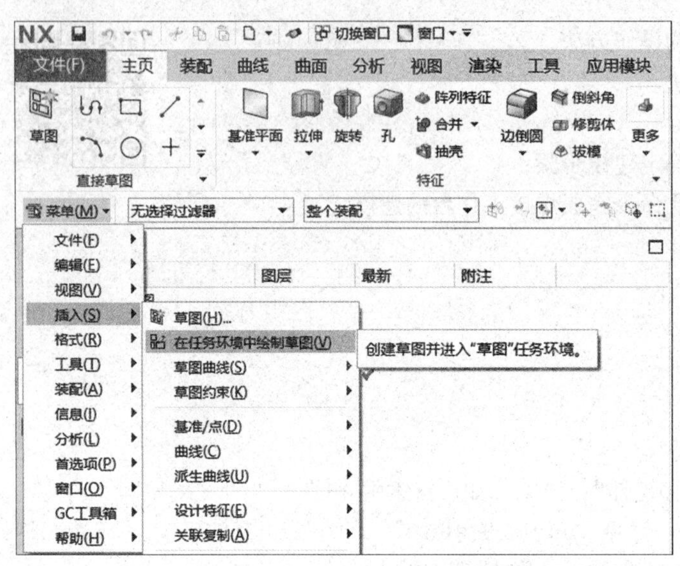

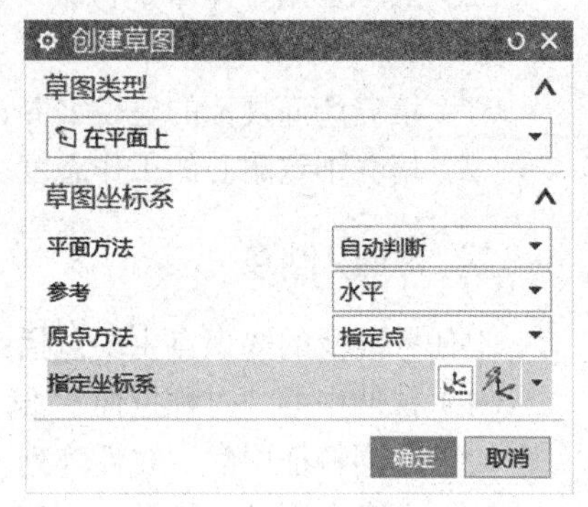

图 3-3-3　创建草图

（3）结合 *A*—*A* 和 *B*—*B* 视图完成 X 轴焊接工作台侧面草图绘制并使草图完全约束，草图具体尺寸如图 3-3-4 所示，单击按钮，退出草图界面。

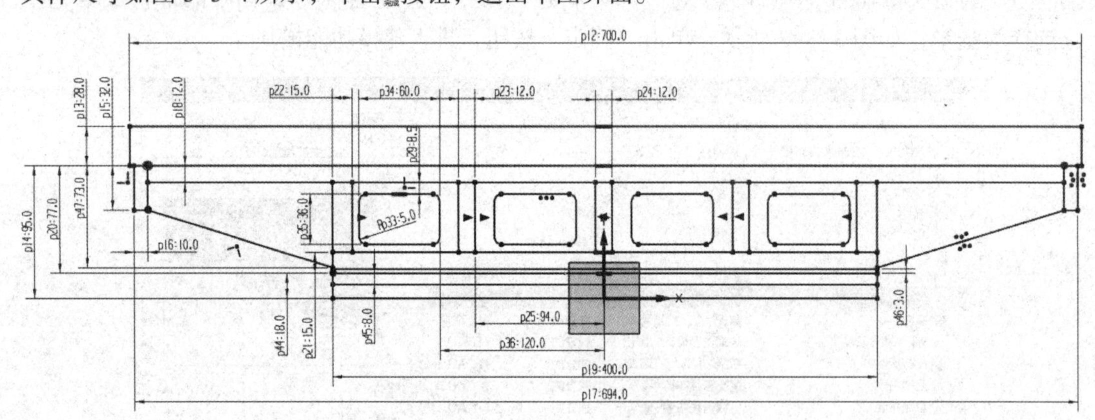

图 3-3-4　工作台侧面草图

（4）执行“菜单”—“插入”—“设计特征”—“拉伸”命令，系统弹出“拉伸”对话框，曲线规则选择“区域边界曲线”，选取尺寸为“700 × 28”的矩形曲线，“指定矢量”为“ZC”，限制结束模式改为“对称值”，距离设置为“130”，单击“应用”按钮，完成工作台面拉伸操作，如图 3-3-5、图 3-3-6 所示。

（5）在图 3-3-7 所示的“拉伸”对话框中选取如图 3-3-8 所示的“∏”形区域，“指定矢量”为“ZC”，限制“结束”模式改为“对称值”，“距离”设置为“128”，布尔运算类型选择为“合并”，单击“应用”按钮，完成“∏”形台拉伸操作，如图 3-3-7、图 3-3-8 所示。

图 3-3-5　工作台面拉伸参数

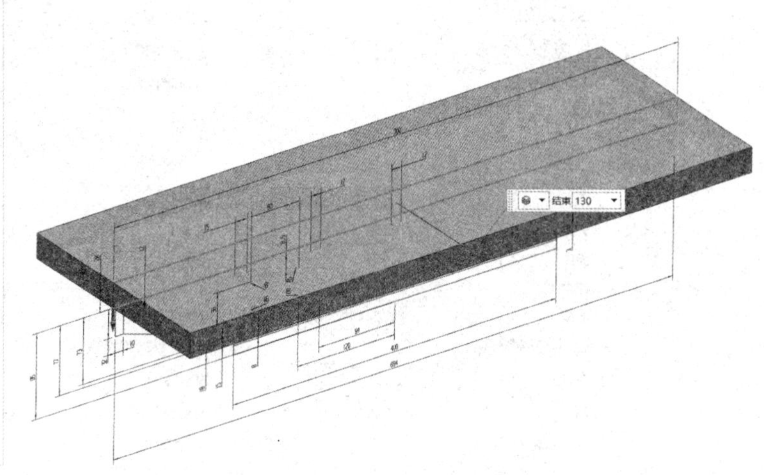

图 3-3-6　工作台面拉伸

图 3-3-7　“∏”形台拉伸参数

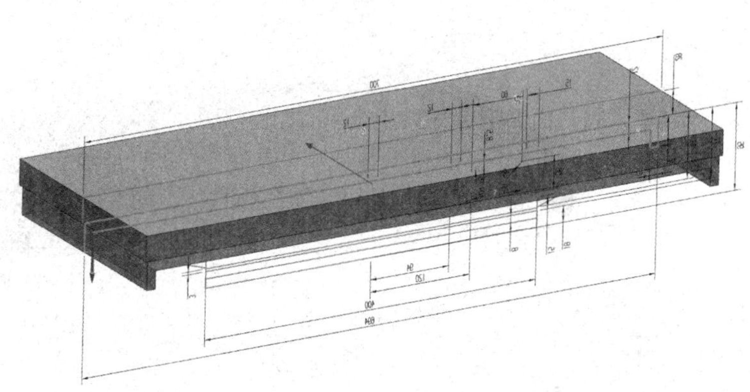

图 3-3-8　“∏”形台拉伸

（6）在图 3-3-9 所示的“拉伸”对话框中选取如图 3-3-10 所示梯形区域，“指定矢量”分别为“ZC”和“-ZC”，开始“距离”设置为“116”，结束“距离”设置为“128”，布尔运算类型选择为“合并”，单击“应用”按钮，通过两次拉伸完成 4 块支撑板的拉伸操作，如图 3-3-9、图 3-3-10 所示。

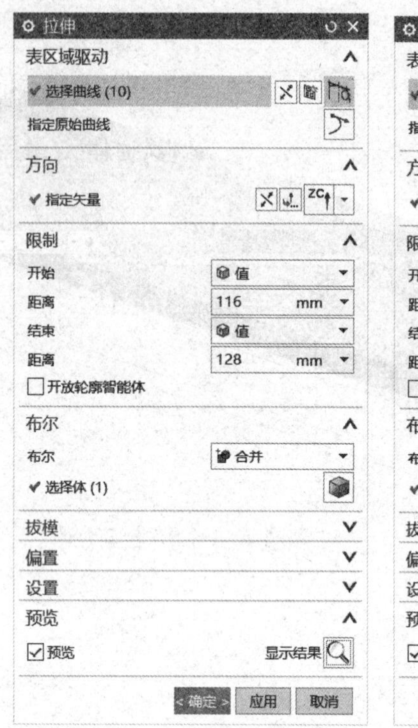

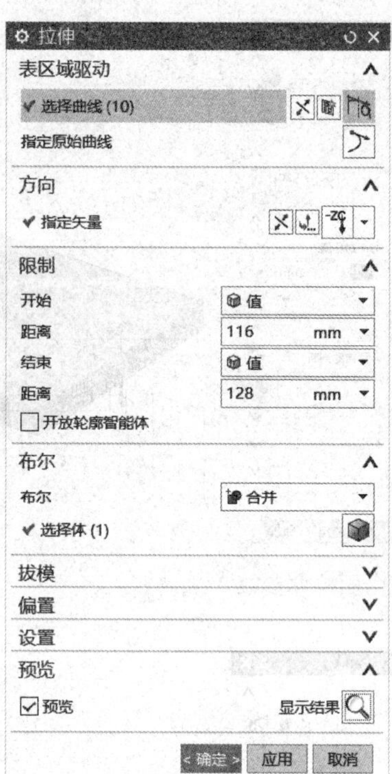

图 3-3-9　支撑板拉伸参数

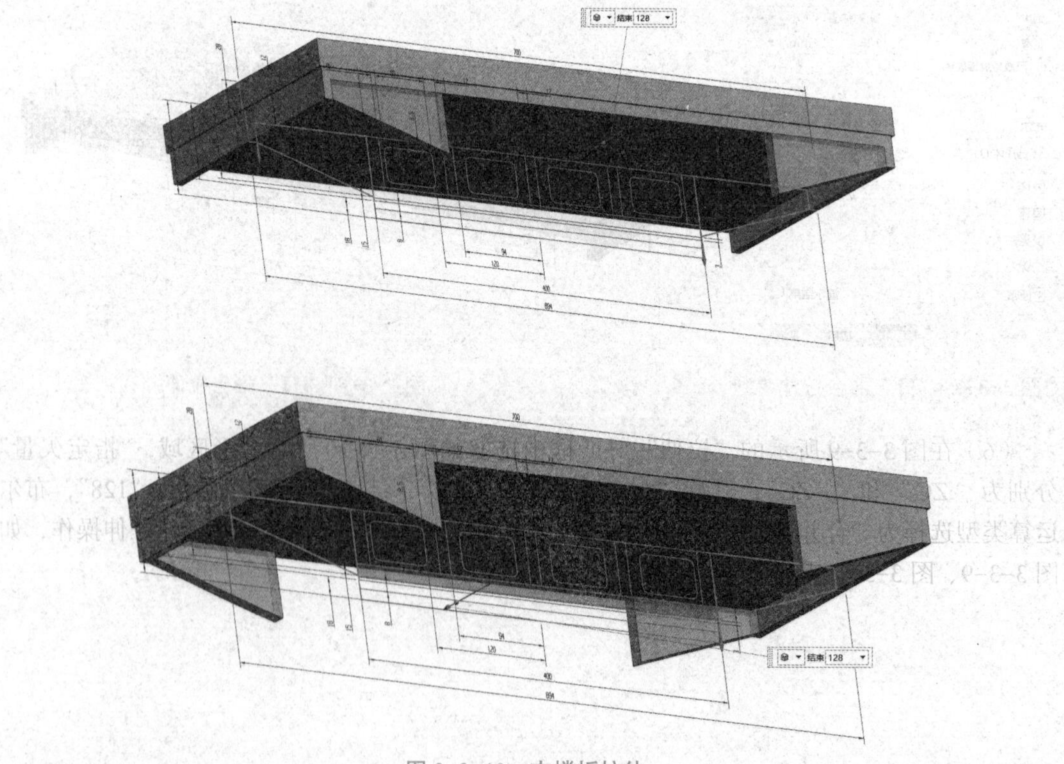

图 3-3-10　支撑板拉伸

（7）在“拉伸”对话框中选取如图 3-3-11 所示的山形区域，“指定矢量”为“ZC”，限制结束模式改为“对称值”，“距离”设置为“128”，布尔运算类型选择为“合并”，单击“应用”按钮，完成工作台主体拉伸操作，如图 3-3-12、图 3-3-13 所示。

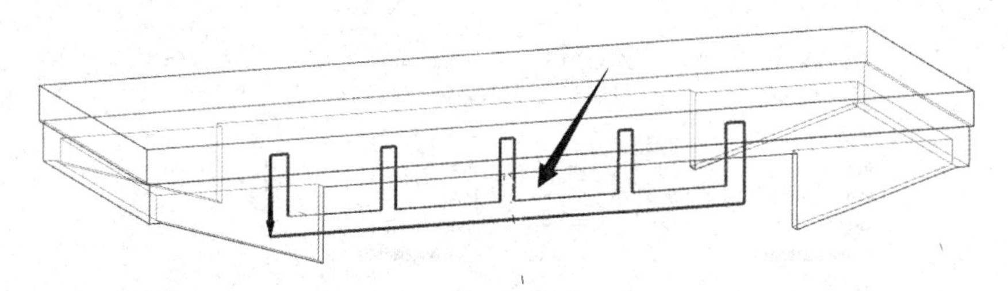

图 3-3-11　工作台主体拉伸区域

图 3-3-12　工作台主体拉伸参数

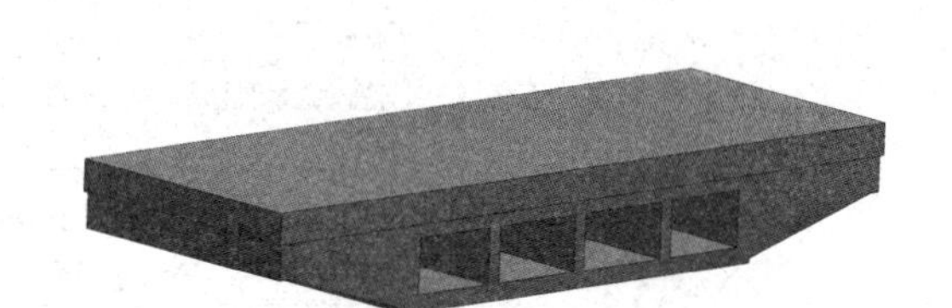

图 3-3-13　工作台主体拉伸

（8）在“拉伸”对话框中选取如图 3-3-14 所示的纵隔板区域，“指定矢量”为“ZC”，进行 4 次拉伸，开始距离和结束距离分别为“116、128”，“38、50”，“-38、-50”，“-116、-128”，布尔运算类型选择为“合并”，单击“应用”按钮，通过 4 次拉伸完成纵隔板的拉伸操作，如图 3-3-15、图 3-3-16 所示。

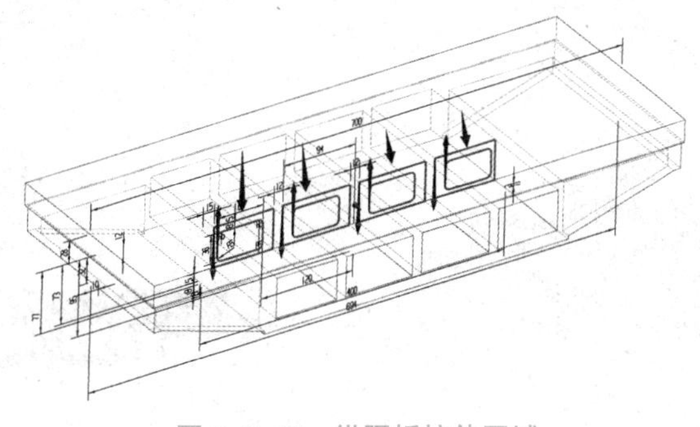

图 3-3-14　纵隔板拉伸区域

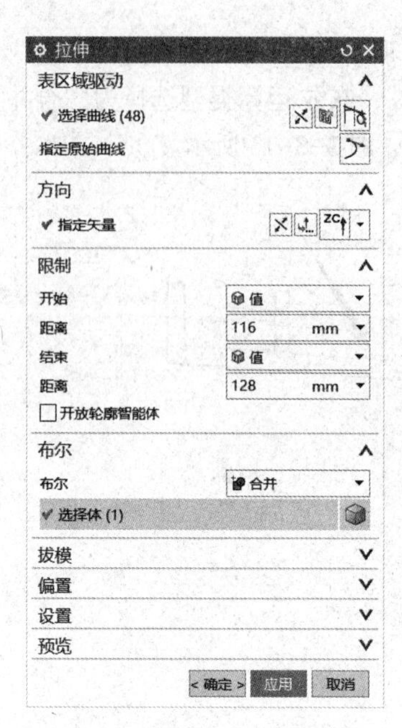

图 3-3-15　纵隔板拉伸参数设置

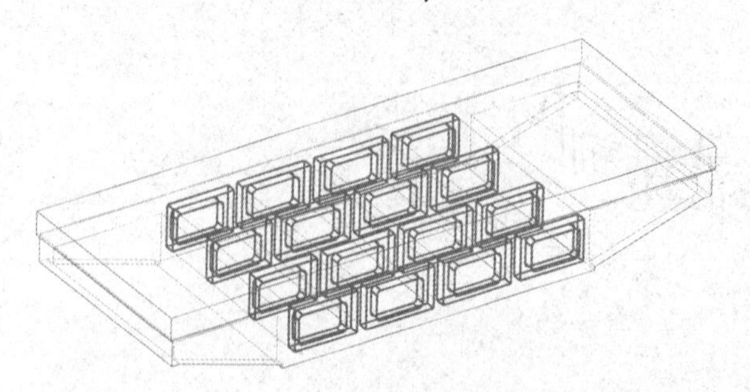

图 3-3-16　纵隔板拉伸

（9）再次执行“菜单”—“插入”—“在任务环境中绘制草图”命令，系统弹出“创建草图”对话框，类型为“在平面上”，平面方法为“自动判断”，鼠标移动到基准坐标系上，选择 YZ 平面，单击“确定”按钮进行草图创建，如图 3-3-17 所示，此草图创建在 YC-ZC 平面上，进入草图界面后，同样关闭“连续自动标注尺寸”。

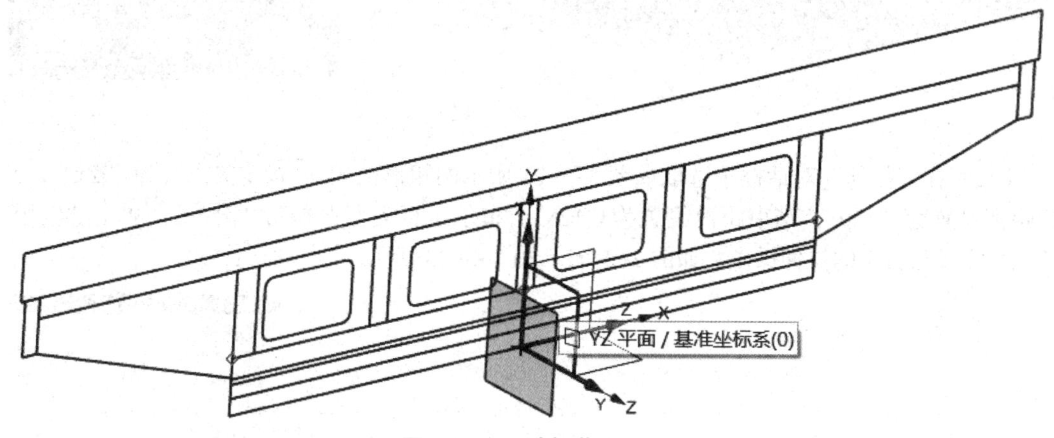

图 3-3-17　选择草图平面

（10）绘制如图 3-3-18 所示 3 个矩形并使草图完全约束，单击按钮，退出草图界面。

（11）在“拉伸”对话框中选取步骤（10）所绘制草图区域，“指定矢量”为“XC”，限制模式改为“对称值”，“距离”设置为“200”，布尔运算类型选择为“减去”，单击“应用”按钮，完成横隔板的拉伸操作，如图 3-3-19、图 3-3-20 所示。

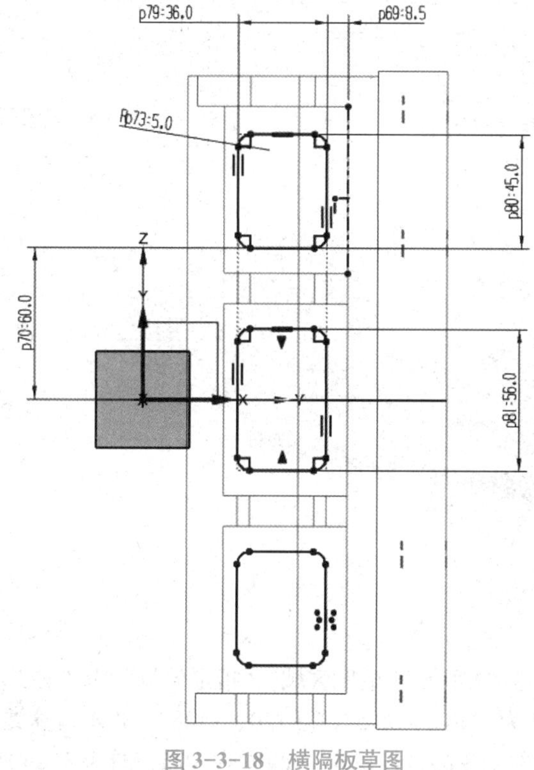

图 3-3-18　横隔板草图

图 3-3-19　横隔板拉伸参数

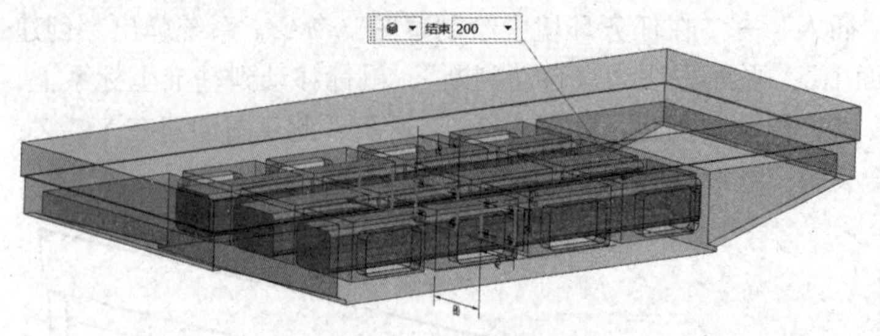

图 3-3-20　横隔板拉伸

（12）在“拉伸”对话框中选取如图 3-3-21 所示的矩形区域，“指定矢量”为“ZC”，开始距离设置为“120”，结束距离设置为“128”，布尔运算类型选择为“合并”，单击“应用”按钮，完成凸台 1 的拉伸操作，如图 3-3-22、图 3-3-23 所示。

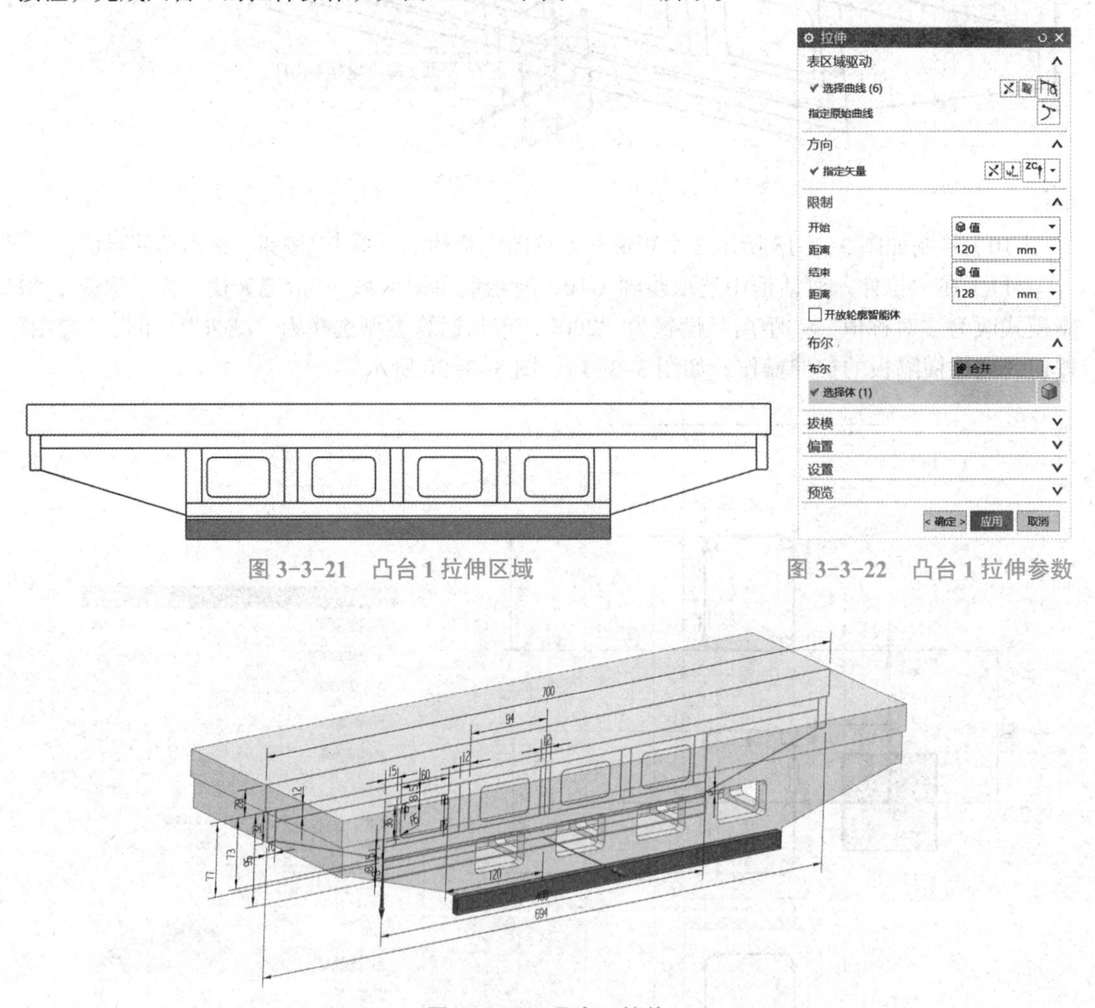

图 3-3-21　凸台 1 拉伸区域

图 3-3-22　凸台 1 拉伸参数

图 3-3-23　凸台 1 拉伸

（13）在“拉伸”对话框中选取如图 3-3-24 所示的矩形区域，“指定矢量”为“ZC”，进行两次拉伸，开始距离和结束距离分别设置为“50.5、58.5”，“-120、-128”，布尔运算类型选择为“合并”，单击“应用”按钮，完成凸台 2、3 的拉伸操作，如图 3-3-25、图 3-3-26 所示。

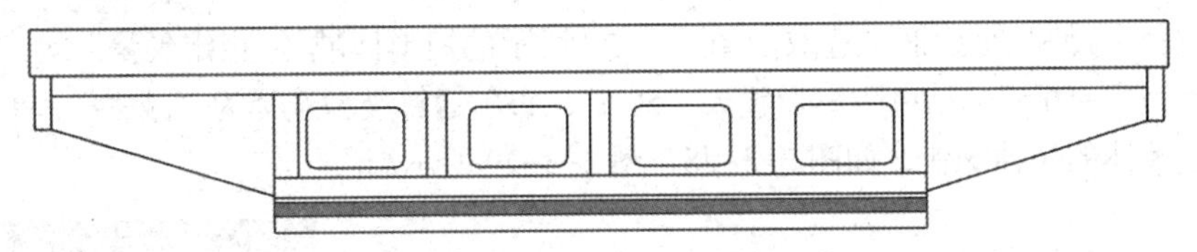

图 3-3-24　凸台 2、3 拉伸区域

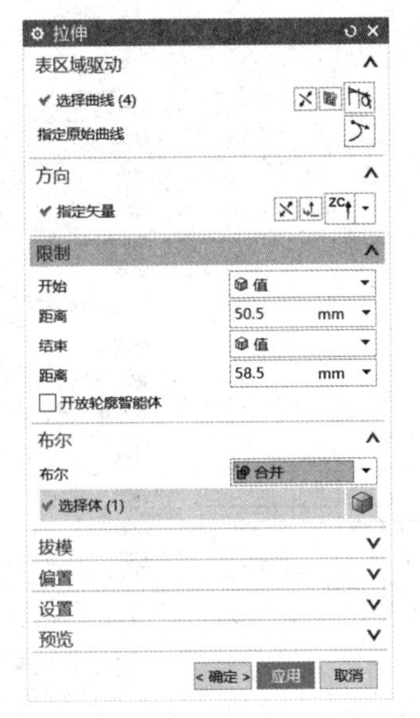

图 3-3-25　凸台 2、3 拉伸参数

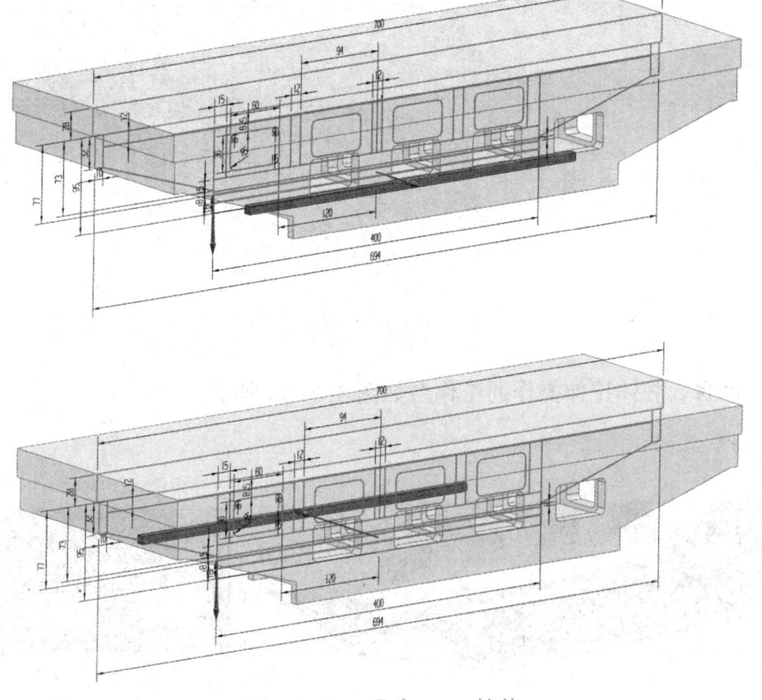

图 3-3-26　凸台 2、3 拉伸

（14）在“拉伸”对话框，选取如图 3-3-27 所示的矩形区域，“指定矢量”为“ ZC”，开始距离设置为“-50.5”，结束距离设置为“50.5”，布尔运算类型选择为“减去”，单击“应用”按钮，完成腔体的拉伸操作，如图 3-3-28、图 3-3-29 所示。

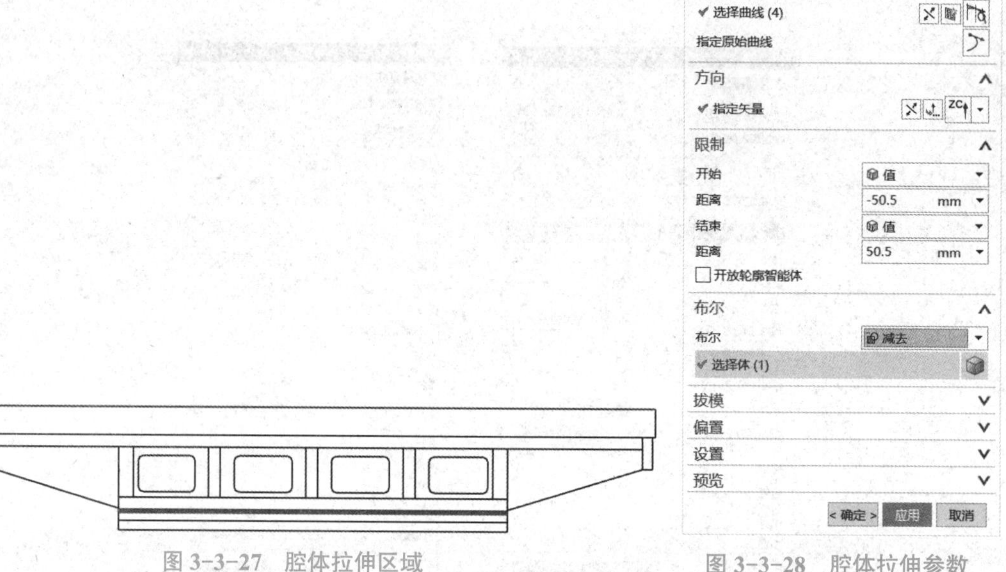

图 3-3-27　腔体拉伸区域　　　图 3-3-28　腔体拉伸参数

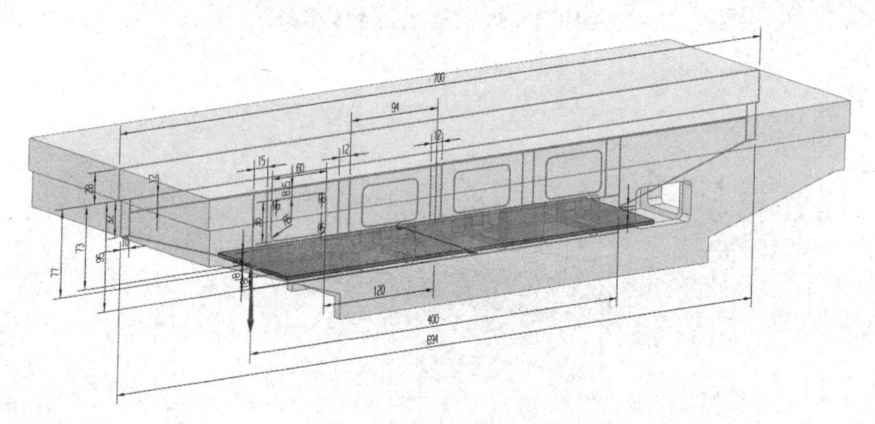

图 3-3-29　腔体拉伸

（15）完成凸台、腔体拉伸操作的工作台如图 3-3-30 所示。

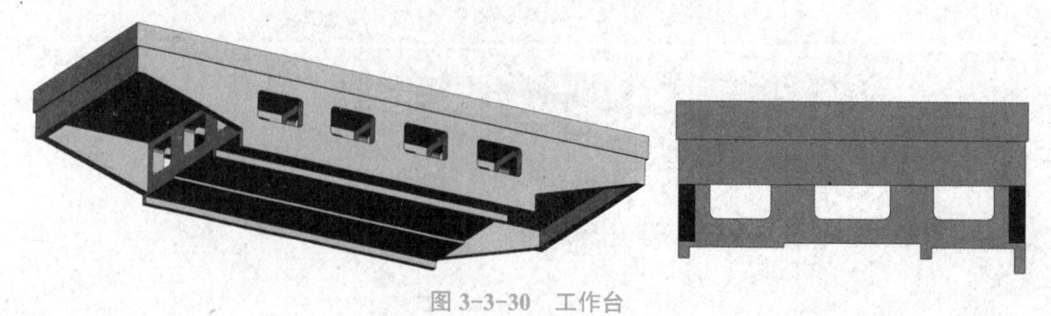

图 3-3-30　工作台

（16）执行“菜单”—“插入”—“在任务环境中绘制草图”命令，系统弹出“创建草图”对话框，类型为“在平面上”，平面方法为“自动判断”，鼠标移动到工作台端面，单击“确定”按钮进行草图创建，如图 3-3-31 所示，进入草图界面后，关闭“连续自动标注尺寸”。

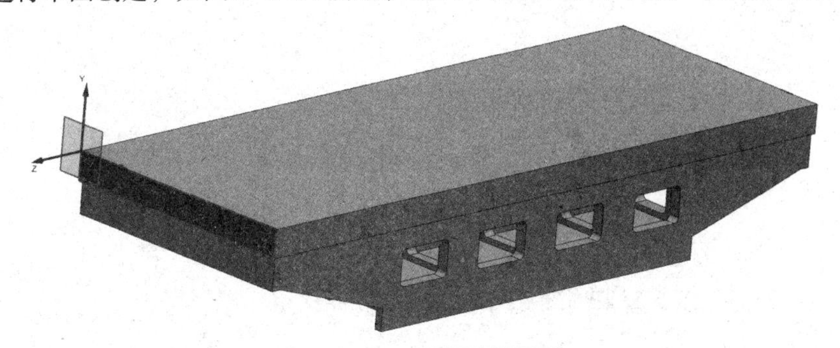

图 3-3-31 选择草图平面

（17）绘制如图 3-3-32 所示的 3 个梯形槽并使草图完全约束，单击按钮，退出草图界面。

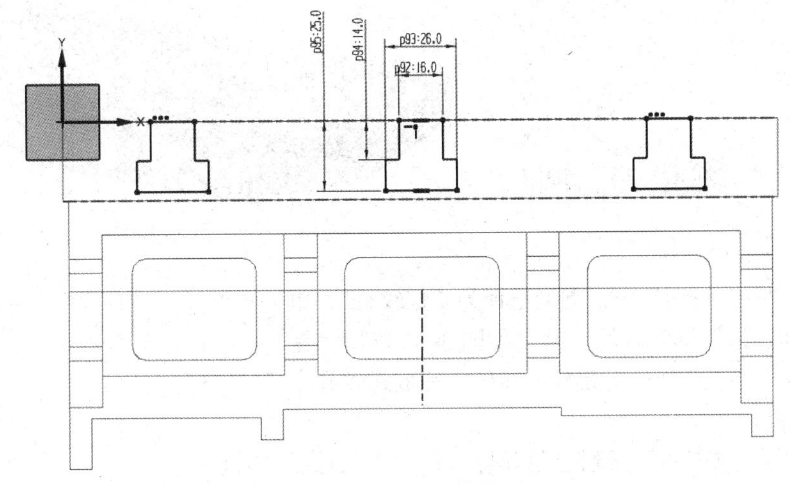

图 3-3-32 梯形槽草图

（18）在“拉伸”对话框中选取如图 3-3-33 所示的梯形槽区域，“指定矢量”为“XC”，开始距离设置为“0”，结束距离设置为“700”，布尔运算类型选择为“减去”，单击“应用”按钮，完成梯形槽的拉伸操作，如图 3-3-34、图 3-3-35 所示。

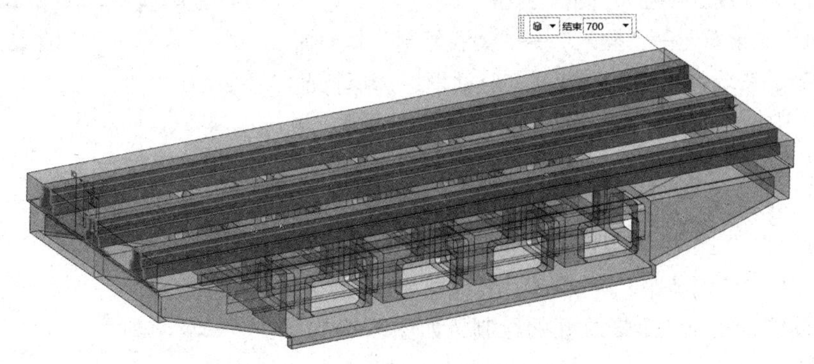

图 3-3-33 梯形槽拉伸区域

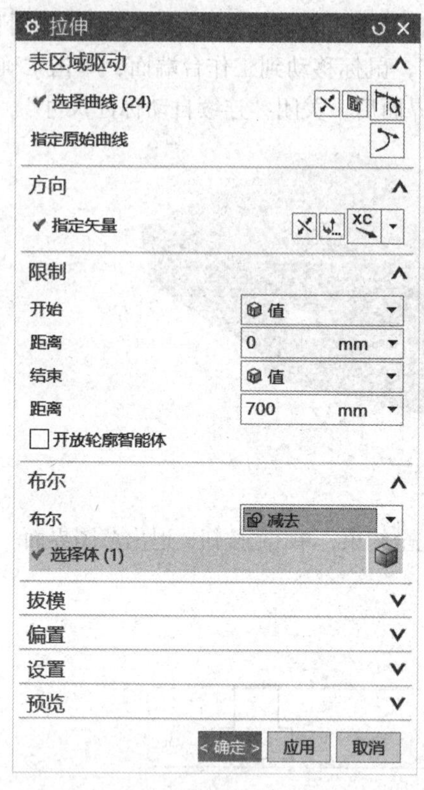

图 3-3-34 梯形槽拉伸参数

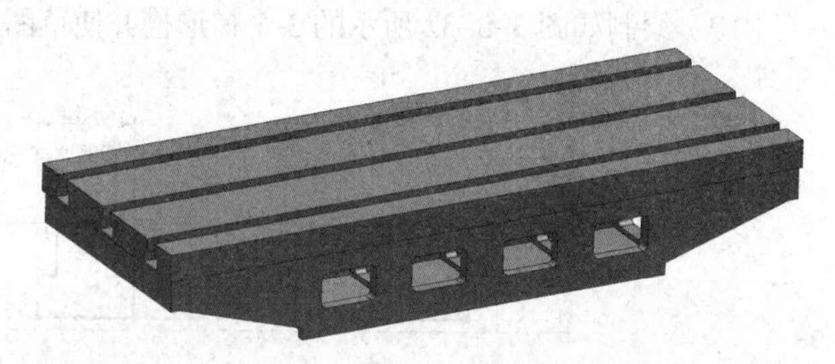

图 3-3-35 梯形槽拉伸

（19）在“孔”对话框中，类型选择为“螺纹孔”，单击工作台顶面，进入草绘环境，绘制如图 3-3-36 所示左上角螺纹孔的中心点，单击“确定”按钮，完成螺纹孔中心点的绘制。

（20）单击完成草图，回到建模环境，在“孔”对话框中继续选择“孔方向”为“垂直于面”，螺纹尺寸“大小”为“M12 × 1.75”，“螺纹深度”设置为“18”，底孔尺寸“深度”设置为“20”，取消起始和终止倒斜角，其他选项默认，最后单击“确定”按钮完成顶面左上角螺纹孔的建模操作，如图 3-3-37、图 3-3-38 所示。

（21）执行“菜单”—“插入”—“关联复制”—“阵列特征”命令，系统弹出“阵列特征”对话框，选择特征为步骤（20）中创建的螺纹孔，布局方式选择“线性”，方向 1“指定矢量”为“–ZC”，“间距”选择为“数量和间隔”，“数量”设置为“2”，“节距”设置为“53”；方向 2“指定矢量”为“ ZC”，“间距”选择为“数量和间隔”，“数量”设置为“2”，“节距”为“40”，其他选项默认，单击“应用”按钮，完成 4 个螺纹孔的绘制，如图 3-3-39、图 3-3-40 所示。

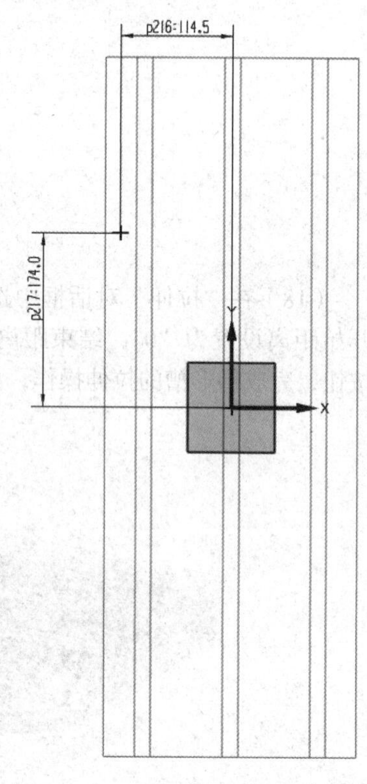

图 3-3-36 顶面螺纹孔中心点草图

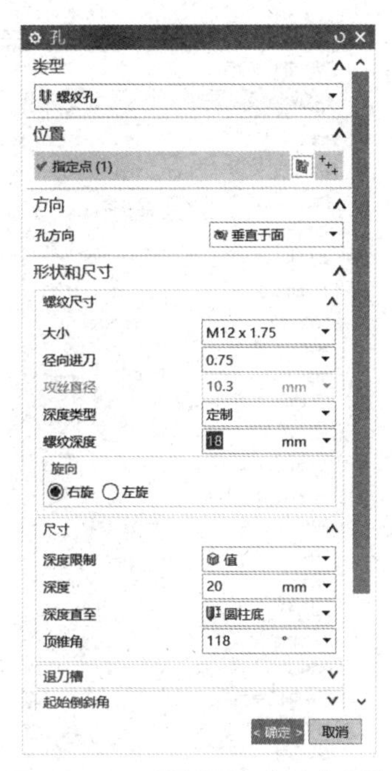

图 3-3-37　顶面螺纹孔创建参数

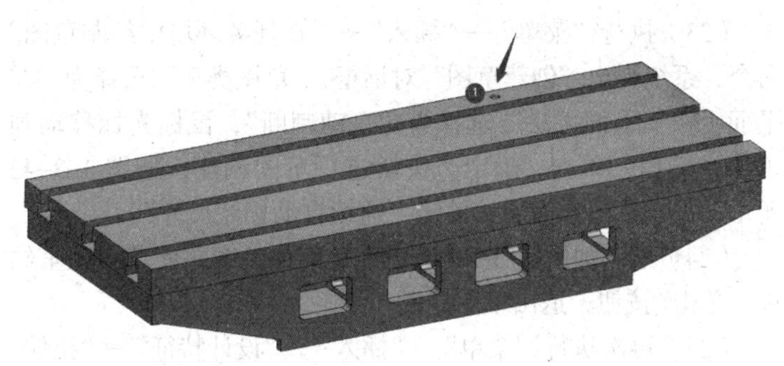

图 3-3-38　顶面螺纹孔 1 创建

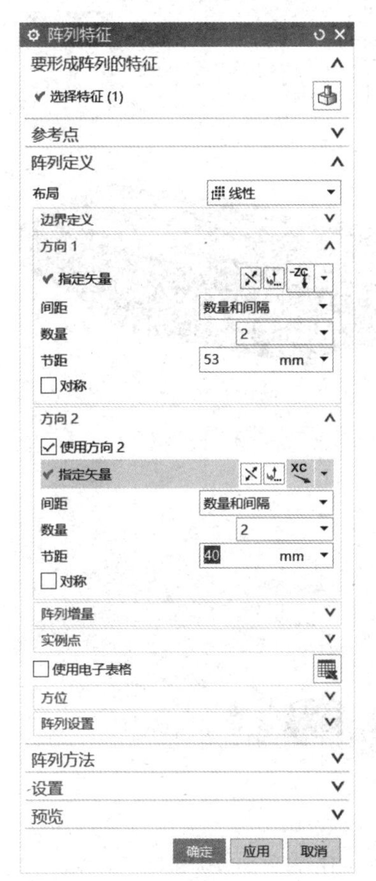

图 3-3-39　阵列特征参数

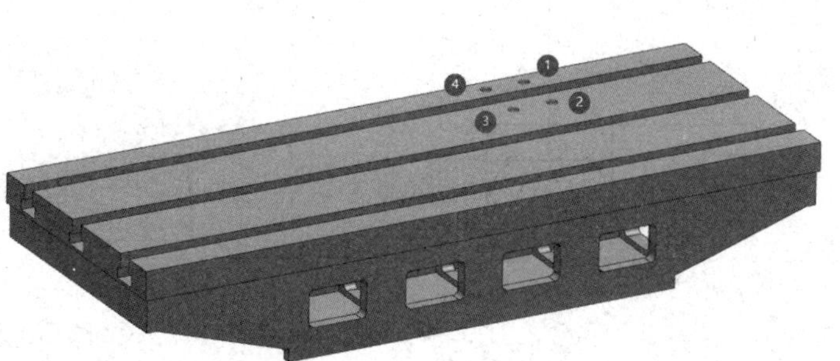

图 3-3-40　4 个螺纹孔阵列

（22）在“阵列特征”对话框中，选择特征为步骤（21）中创建的阵列螺纹孔特征，布局方式选择为“线性”，方向 1“指定矢量”为“-ZC”，“间距”选择为“数量和间隔”，“数量”设置为“2”，“节距”设置为“176”；方向 2“指定矢量”为“ZC”，“间距”选择为“数量和间隔”，“数量”设置为“2”，“节距”设置为“308”，其他选项默认，单击“应用”按钮，完成工作台上表面 16 个螺纹孔的绘制，如图 3-3-41、图 3-3-42 所示。

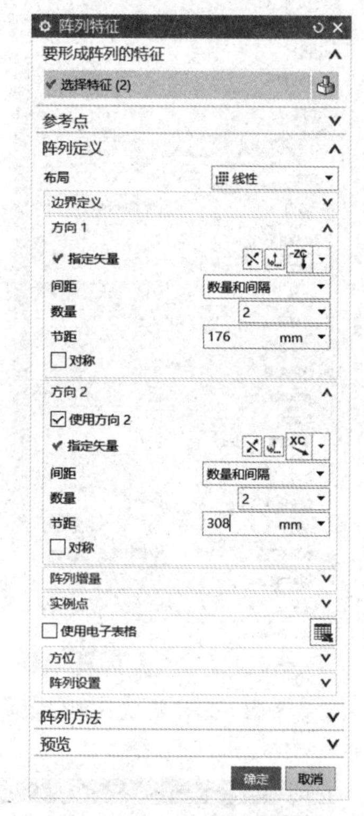

图 3-3-41　阵列特征参数

（23）执行“菜单”—“插入”—“在任务环境中绘制草图”命令，系统弹出“创建草图”对话框，“草图类型”选择为“在平面上”，“平面方法”选择为“自动判断”，鼠标光标移动到工作台端面，单击“确定”按钮进行草图创建，如图 3-3-43 所示，进入草图界面后，关闭“连续自动标注尺寸”。

（24）绘制如图 3-3-44 所示连接部件轮廓并使草图完全约束，单击按钮，退出草图界面。

（25）再次执行“菜单”—“插入”—“设计特征”—“拉伸”命令，系统弹出“拉伸”对话框，曲线规则选择为“区域边界曲线”，选取如图 3-3-45 所示的区域，指定矢量为“XC”，开始距离设置为“304”，结束距离设置为“340”，布尔运算类型选择为“合并”，单击“应用”按钮，完成工作台连接部件 1 拉伸操作，如图 3-3-46、图 3-3-47 所示。

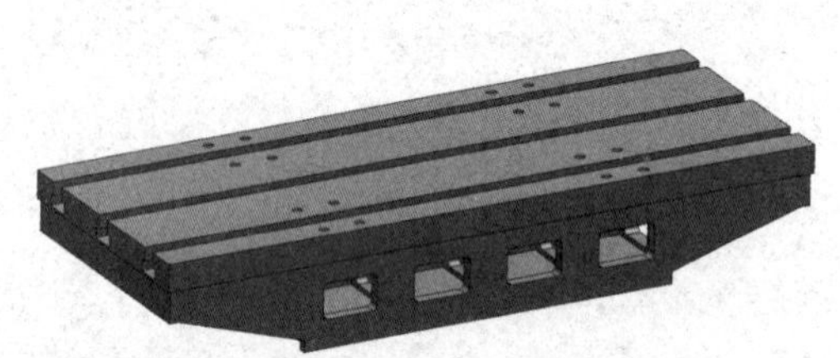

图 3-3-42　工作台螺纹孔阵列

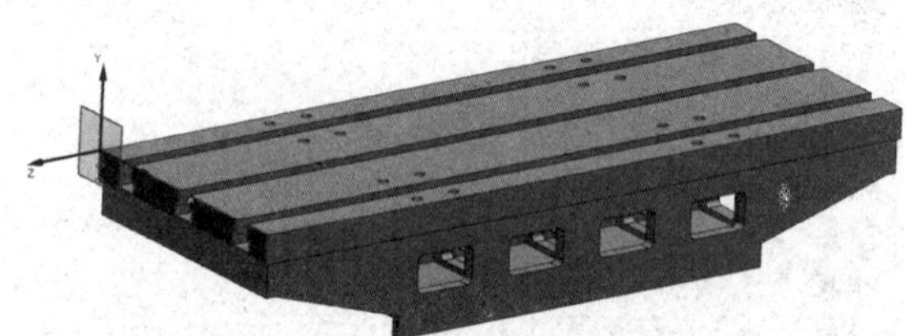

图 3-3-43　选择草图平面

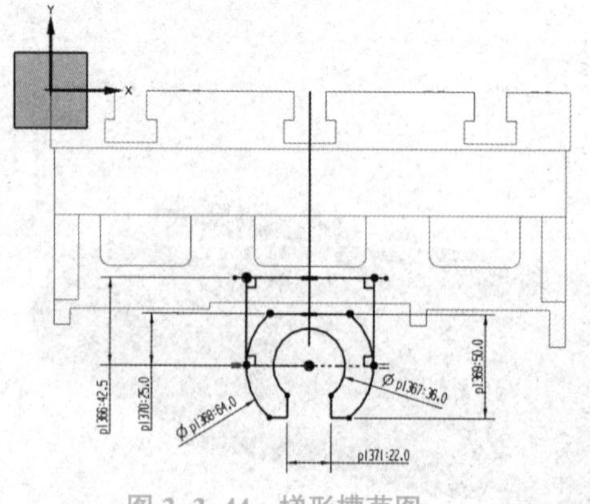

图 3-3-44　梯形槽草图

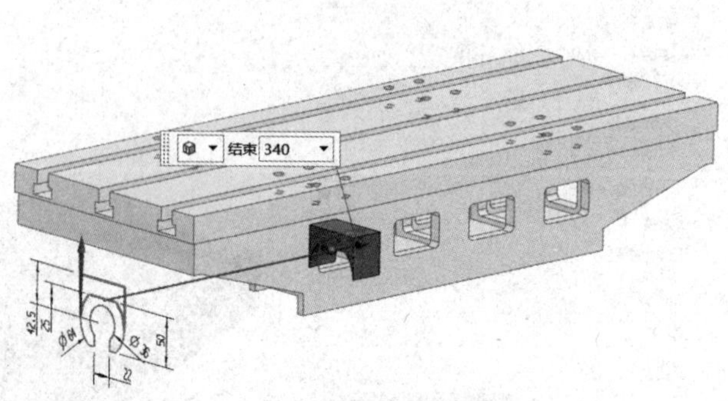

图 3-3-45　连接部件 1 拉伸区域

图 3-3-46　连接部件 1 拉伸参数

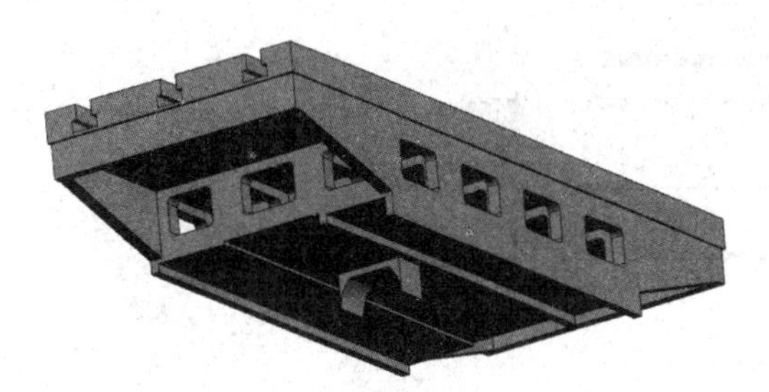

图 3-3-47　连接部件 1 拉伸

（26）在系统弹出的“拉伸”对话框中选取如图 3-3-48 所示的区域，“指定矢量”为“XC”，开始距离设置为“302”，结束距离设置为“340”，布尔运算类型选择为“合并”，单击“应用”按钮，完成工作台连接部件 2 拉伸操作，如图 3-3-49、图 3-3-50 所示。

（27）最终完成的 X 轴焊接工作台如图 3-3-51 所示。

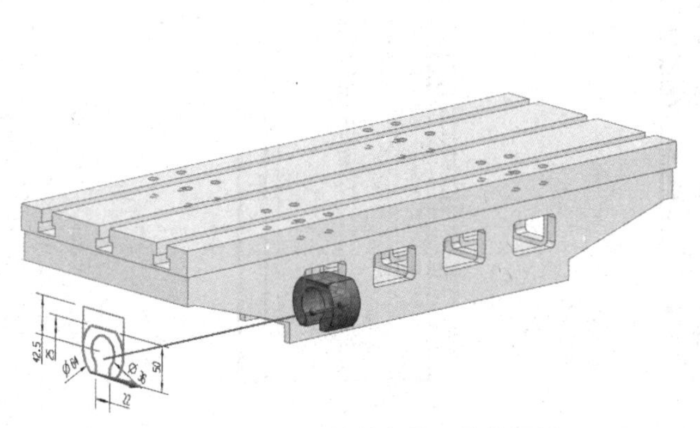

图 3-3-48　连接部件 2 拉伸区域

图 3-3-49　连接部件 2 拉伸参数

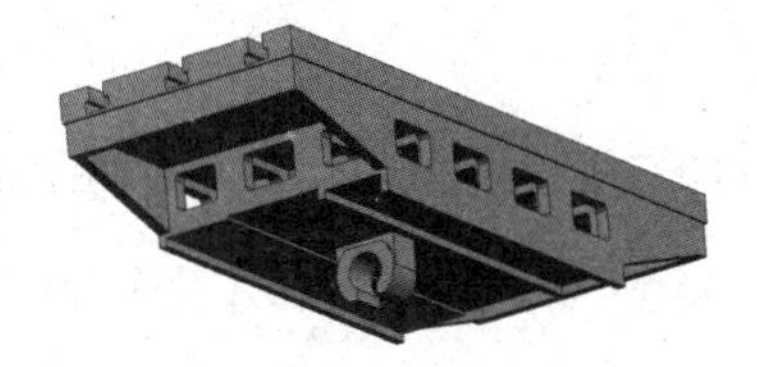

图 3-3-50　连接部件 2 拉伸

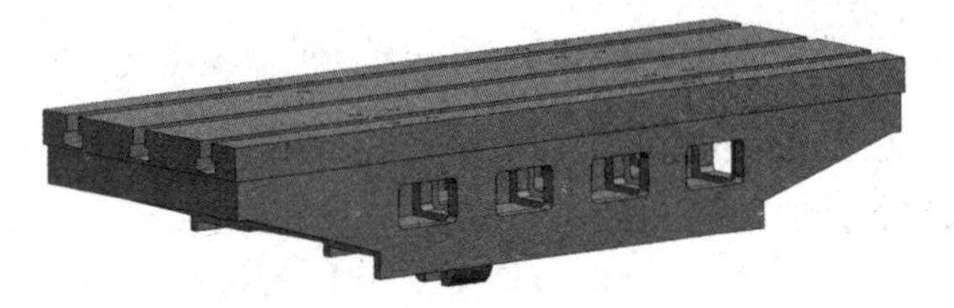

图 3-3-51　X 轴焊接工作台建模

五、任务总结

（1）进行拉伸时，需要灵活选择过滤器中曲线类型与拉伸方法（图 3-3-52）。

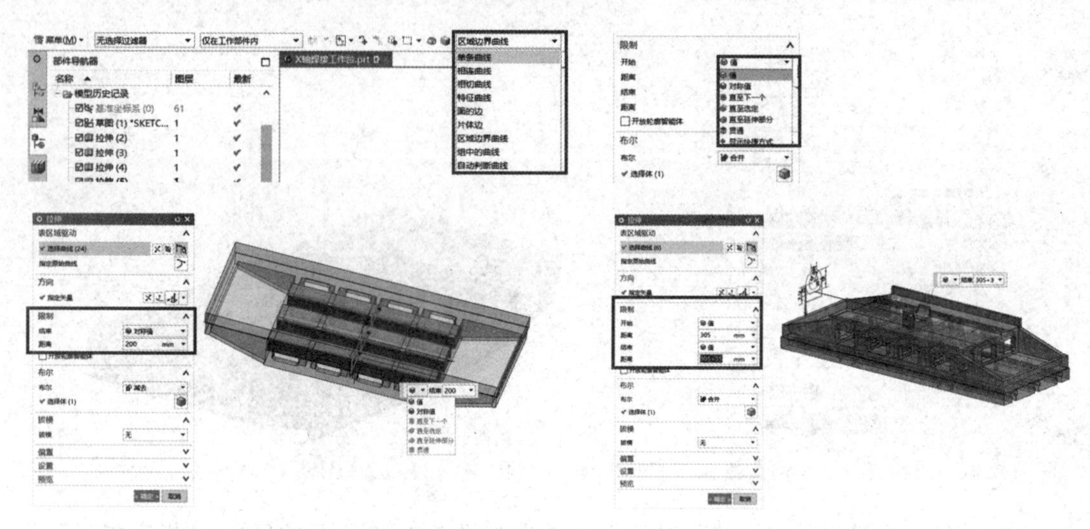

图 3-3-52　拉伸

（2）进行线性阵列特征时，可以一次选择 2 个方向同时进行阵列（图 3-3-53）。

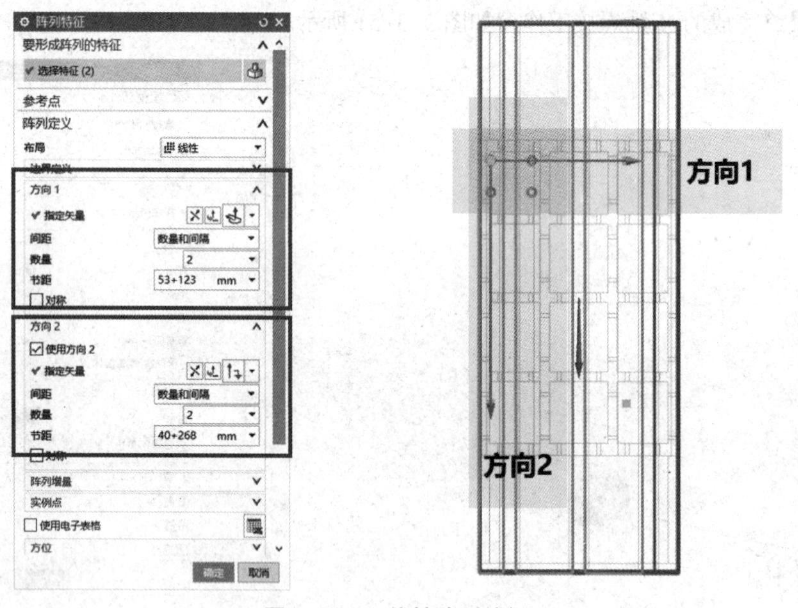

图 3-3-53　线性阵列特征

六、任务拓展

在完成本任务的学习后，请完成如图 3-3-54 所示零件的三维建模，对本次任务中的知识点进行巩固。

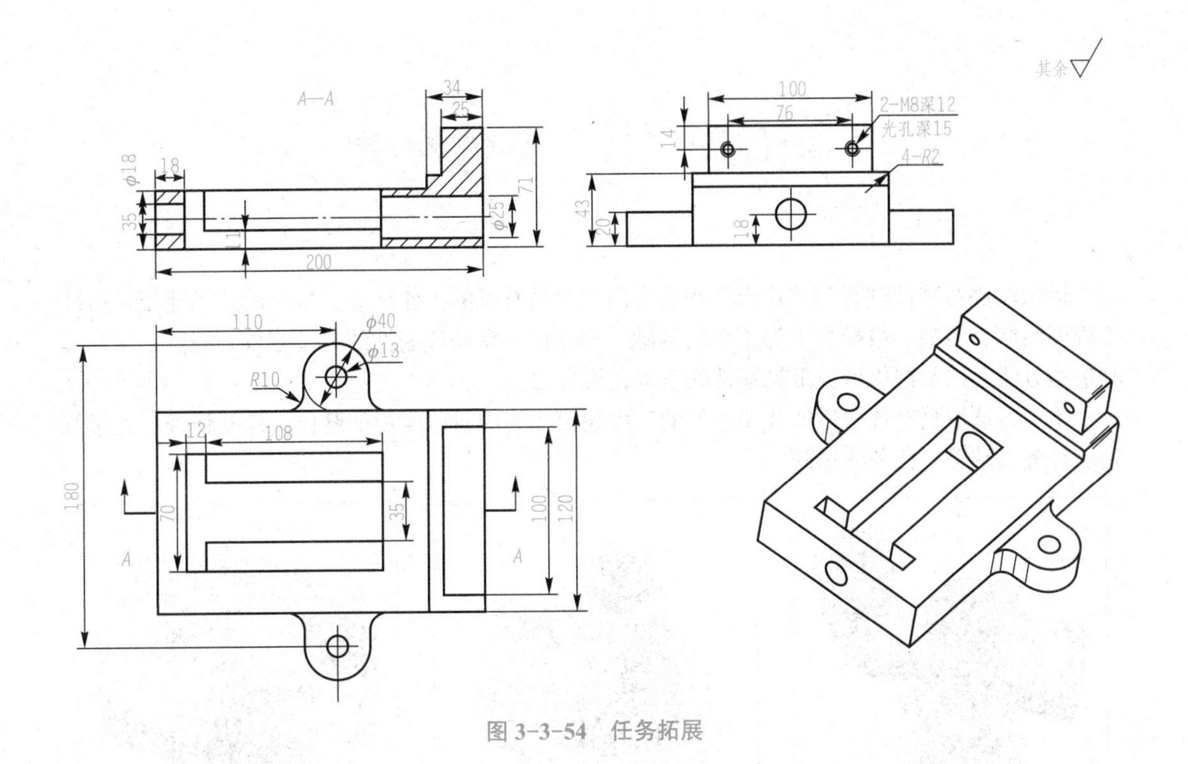

图 3-3-54　任务拓展

七、考核评价

任务评分表见表 3-3-1。

表 3-3-1　任务评分表

任务编号及名称：		姓名：	组号：		总分：	
评分项		评价指标	分值	学生自评	小组互评	教师评分
专业能力	识图能力	能够正确分析零件图纸，设计合理的建模步骤				
	命令使用	能够合理选择、使用相关命令				
	建模步骤	能够明确建模步骤，具备清晰的建模思路				
	完成精度	能够准确表达模型尺寸，显示完整细节				
方法能力	创新意识	能够对设计方案进行修改优化，体现创新意识				
	自学能力	具备自主学习能力，课前有准备，课中能思考，课后会总结				
	严谨规范	能够严格遵守任务书要求，完成相应的任务				
社会能力	遵章守纪	能够自觉遵守课堂纪律、爱护实训室环境				
	学习态度	能够针对出现的问题，分析并尝试解决，体现精准细致、精益求精的工匠精神				
	团队协作	能够进行沟通合作，积极参与团队协作，具有团队意识				
备注：按照评价指标分为 4 档，优秀 10 分、良好 7 分、一般 5 分、合格 2 分						

项目四　典型零件建模

一、项目介绍

运用软件对零件进行三维建模是制造类岗位中最常见的工作任务，零件的三维建模是后续工程图绘制、装配、数控加工等工作的基础。本项目以具备代表性的典型零件为载体，学习多种造型方法，以掌握机械类常见零件的三维建模方法。

本项目选取具有代表性的3个零件的三维建模作为项目六学习的载体，包括任务一连接管道、任务二端盖、任务三球阀。

连接管道

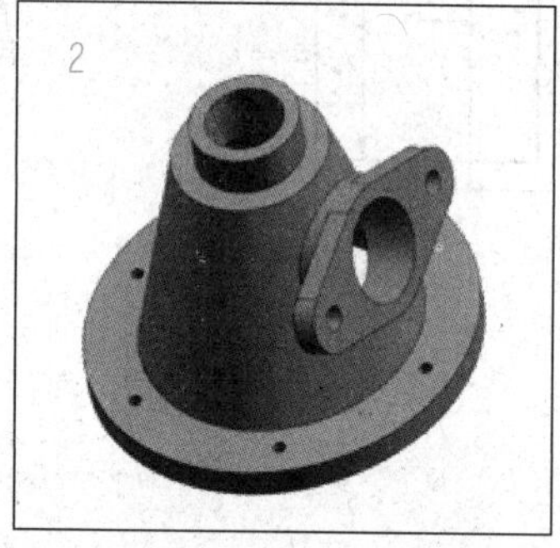

端盖

球阀

◆ 连接管道具有螺纹结构，起到零件之间的连接作用。

◆ 端盖是常见的机械零件，用于端面零件的连接。

◆ 球阀在管路中用来切断、分配和改变介质的流动方向。

二、学习目标

通过本项目的学习，能够完成简单机械零件的建模，实现以下三维目标。

1. 知识目标

（1）掌握实体修剪特征的方法；

（2）掌握实体同步建模的方法；

（3）掌握内螺纹和端面螺纹的建模方法；

（4）掌握辅助点、面的构建和投影的方法。

2. 能力目标

（1）能够根据零件图纸，进行多步骤的管特征建模；

（2）能够根据实体关系进行修剪造型；

（3）能够根据零件图纸剪切出标准螺纹；

（4）能够进行管特征建模完成管道类零件建模。

3. 素养目标

（1）培养严谨规范的工程图制作素养；

（2）培养对工匠精神的敬畏之情。

任务一　连接管道建模

一、任务描述

根据如图 4-1-1 所示“连接管道”的尺寸进行三维建模，完成如图 4-1-2 所示的三维模型。

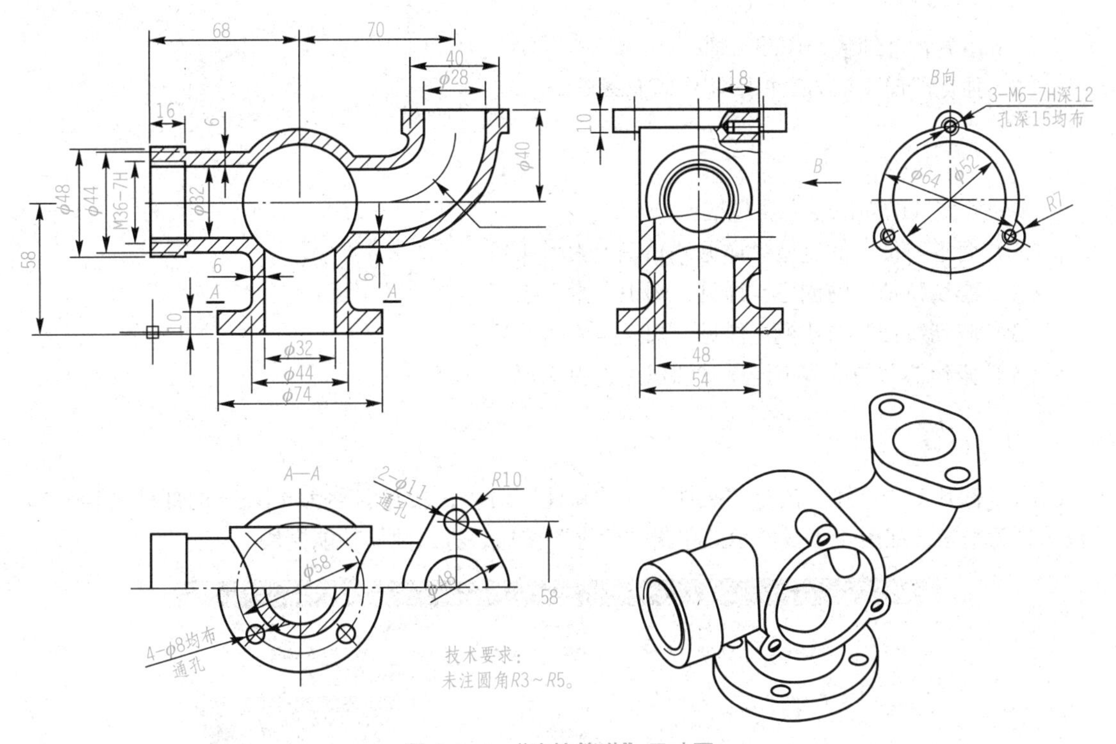

图 4-1-1　“连接管道”尺寸图

图 4-1-2　“连接管道”三维建模

二、学习目标

1. 知识目标

（1）掌握管特征建模的步骤；

（2）了解拉伸中的偏置方式；

（3）了解修剪体造型方法和流程；

（4）了解内螺纹建模方法和打孔类型。

2. 能力目标

（1）能够运用管特征进行分段建模；

（2）能够对相交的管进行修剪；

（3）能够进行单个内螺纹造型和运用阵列完成多个螺纹造型。

3. 素养目标

（1）培养精准细致的作图习惯；

（2）强化严谨规范的工程图制作职业素养。

三、知识储备

本任务涉及的知识点主要包括：

（1）“管道特征”的造型：详见“知识点索引 4.3”。

（2）“螺纹特征”的创建：详见“知识点索引 5.5”。

（3）“阵列特征”的建模：详见“知识点索引 6.3”。

（4）“修建体”的造型：详见“知识点索引 7.1”。

四、任务实施

（1）打开 UG 软件，执行“文件”—“新建”命令，新建名称为 4_1.prt 的部件文档，单位选择为毫米，如图 4-1-3 所示。单击“确定”按钮，进入建模功能模块。

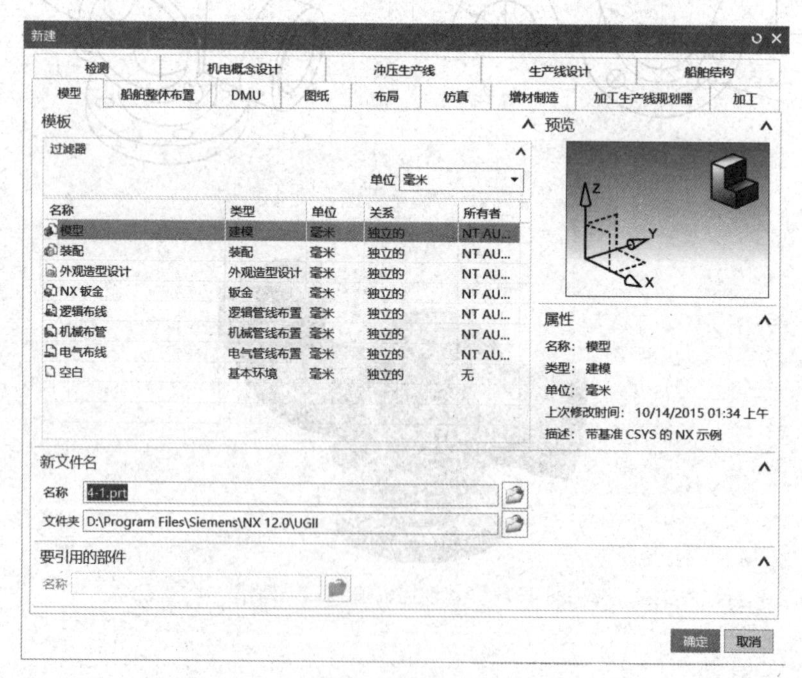

图 4-1-3 新建文件

（2）执行菜单栏“插入”—“在任务环境中绘制草图”命令，选择 ZX 平面，单击“确定”

按钮进入草绘界面，按照图纸要求绘制如图 4-1-4 所示的二维草绘，单击“完成”按钮。

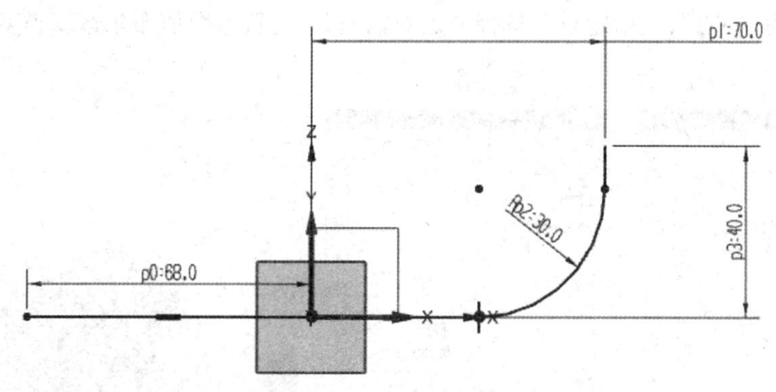

图 4-1-4　绘制草绘

（3）执行菜单栏“插入”—“扫掠”—“管”命令，系统弹出“管”对话框，选择工具栏中的“单条曲线”，只选中左端线段，输入横截面数值，如图 4-1-5 所示，完成左端管道建模。

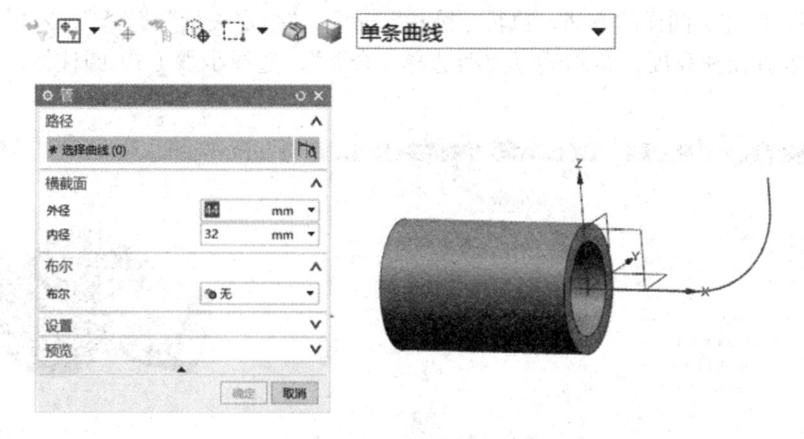

图 4-1-5　左端管道建模

（4）用上述方法，执行菜单栏“插入”—“扫掠”—“管”命令，系统弹出“管”对话框，选择工具栏中的“单调曲线”，只选中左右边 3 段线段与曲线，输入横截面数值，布尔运算类型选择“合并”，如图 4-1-6 所示，完成右端管道建模。

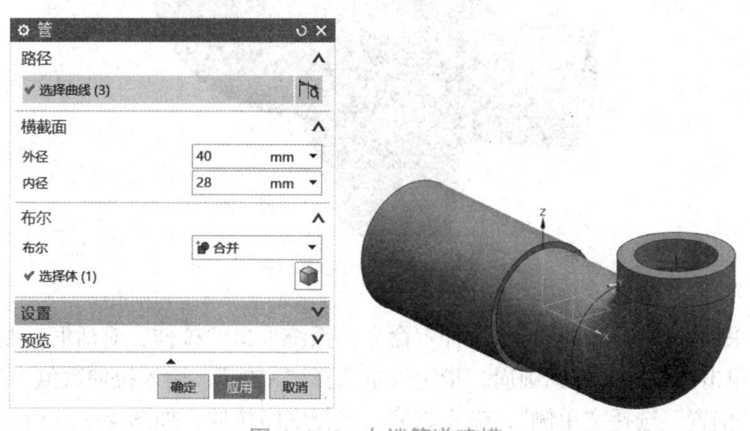

图 4-1-6　右端管道建模

（5）执行菜单栏“插入”—“设计特征”—“圆柱”命令，系统弹出“圆柱”对话框，“指定矢量”选择为“YC”，“指定点”选择“点对话框”，设置参数值布尔运算类型选择为“无”，如图 4–1–7 所示。

图 4–1–7　圆柱造型

（6）用步骤（5）同样的方法，执行“圆柱”命令，“指定矢量”选择“–ZC”，“指定点”为原点，设置直径和高度，布尔运算类型选择“合并”，选择步骤（5）圆柱体，如图 4–1–8 所示。

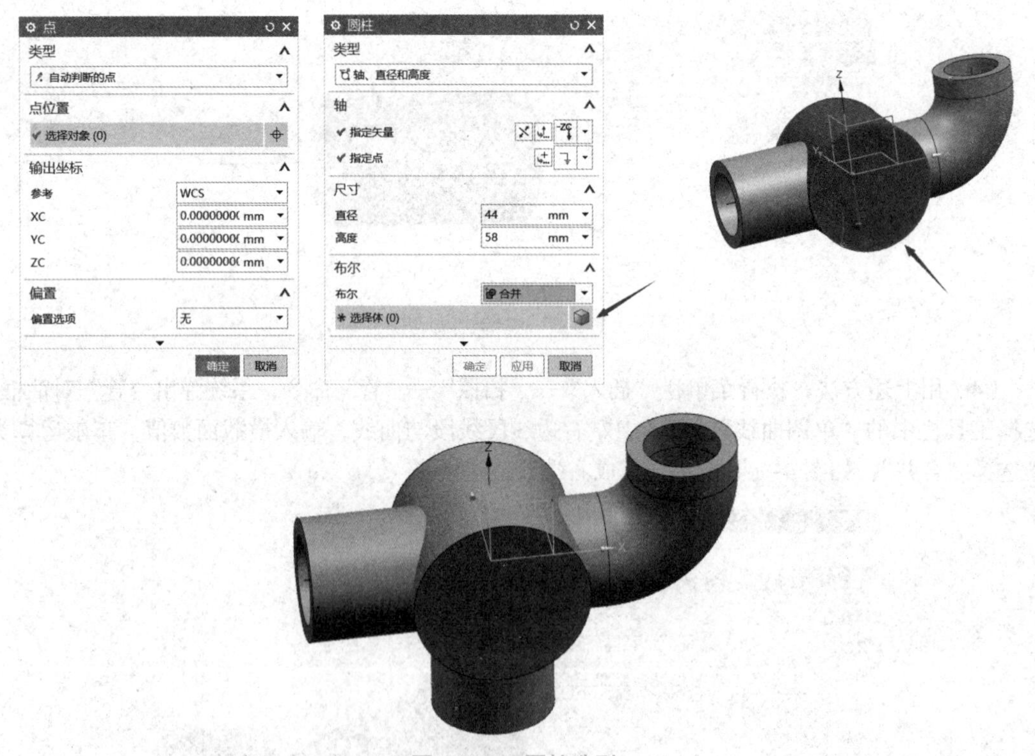

图 4–1–8　圆柱造型

（7）继续采用上述方法，执行“拉伸”命令，系统弹出“拉伸”对话框，曲线类型选择为“相连曲线”，单击圆柱底部外圆圆周，指定矢量选择“–ZC”，输入拉伸数值，与步骤（6）圆柱进行合并，“偏置”选择“单侧”，输入数值，进行底座拉伸，如图 4–1–9 所示。

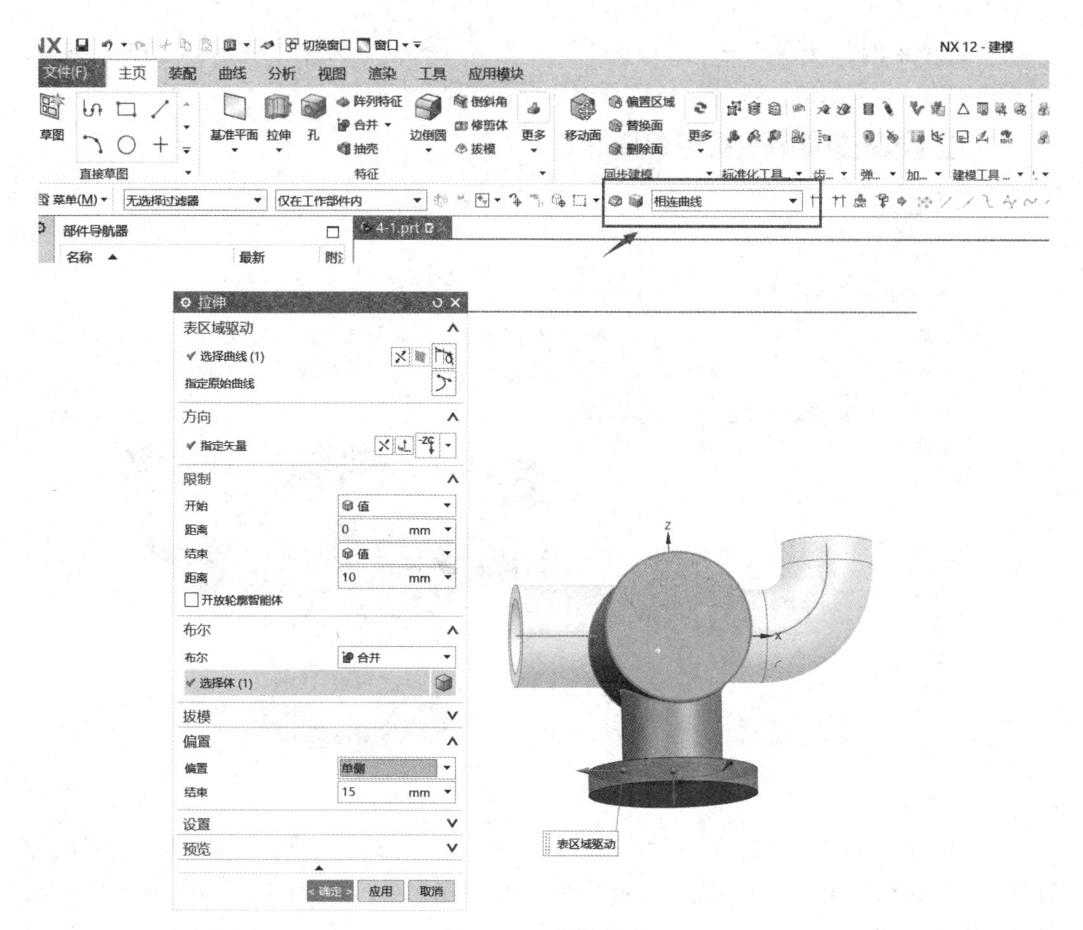

图 4-1-9　拉伸底座

（8）执行菜单栏“插入”—“设计特征”—“孔”命令，系统弹出“孔”对话框，选择大圆面的圆周，设置数值，如图 4-1-10 所示，进行圆面开孔。

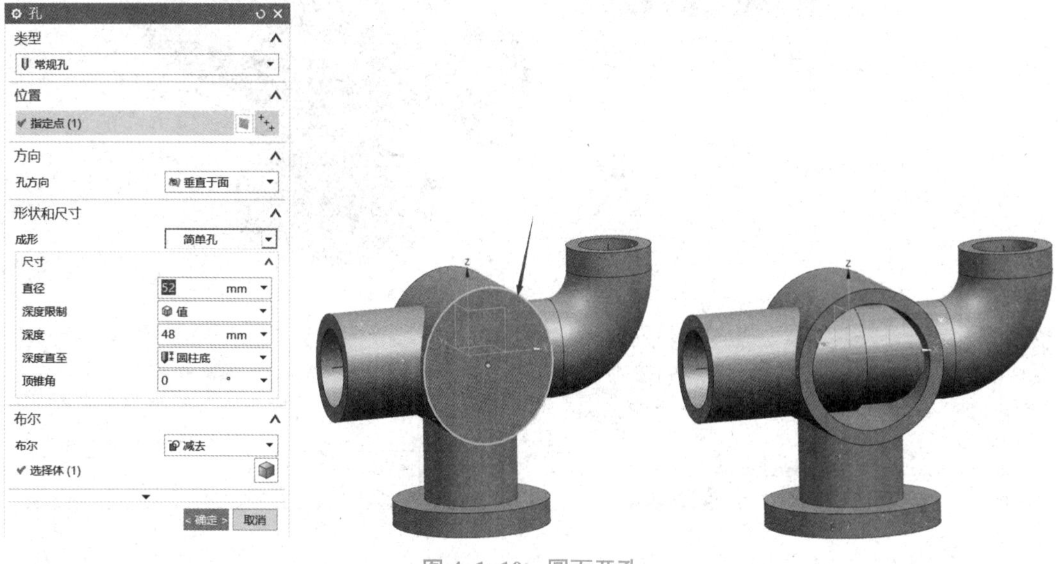

图 4-1-10　圆面开孔

（9）执行菜单栏“插入”—“设计特征”—“孔”命令，系统弹出“孔”对话框，选择底座的圆周的边，设置数值，如图 4-1-11 所示，进行底座开孔。

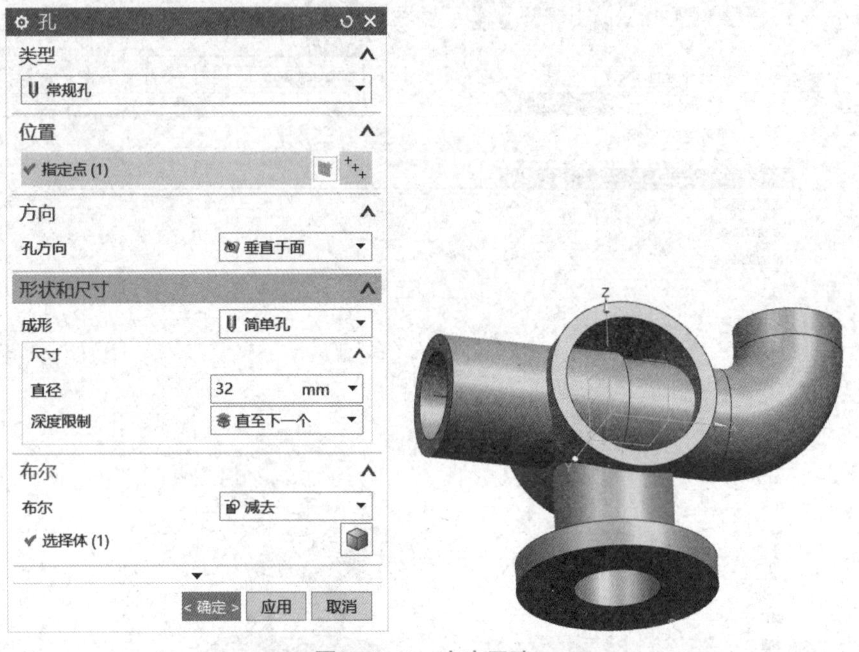

图 4-1-11　底座开孔

（10）执行“插入”—“修剪”—“修剪体”命令，系统弹出“修剪体”对话框，选择圆柱，按住鼠标中键确定，在工具栏中选择“相切面”，选择左端圆柱的内表面，如图 4-1-12 所示，完成左端管道通孔。

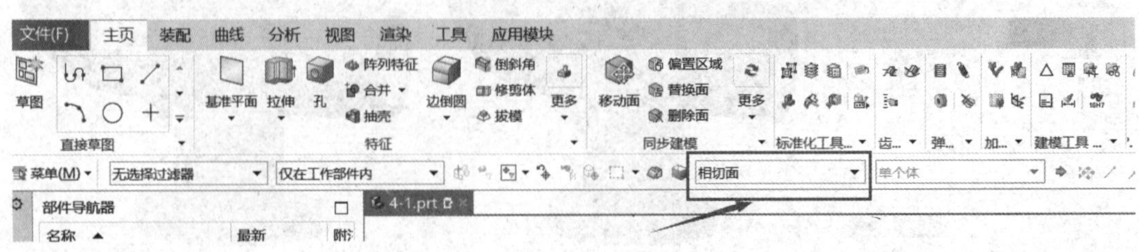

图 4-1-12　左端管道通孔

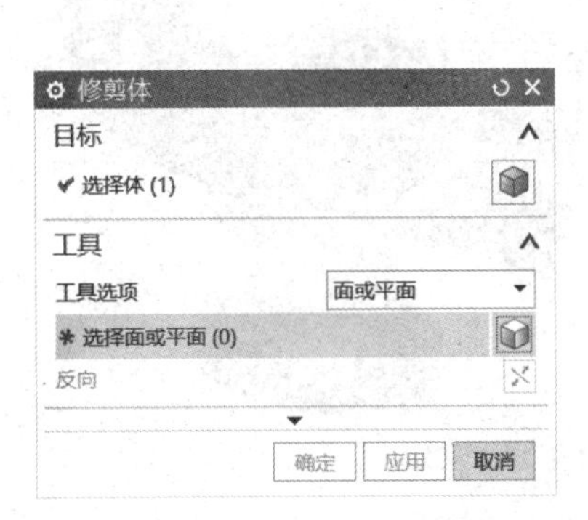

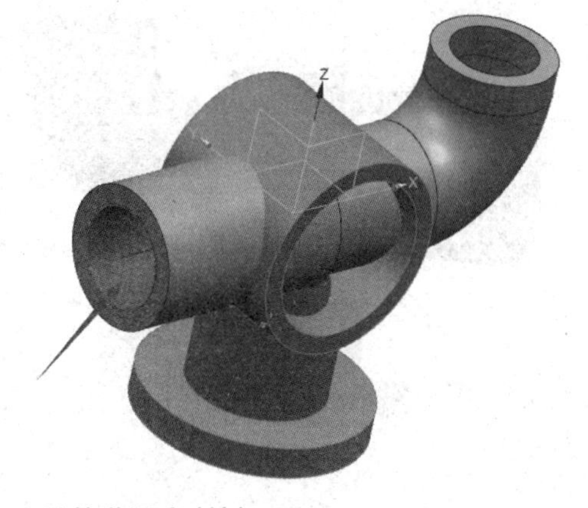

图 4-1-12　左端管道通孔（续）

（11）用上述方法剪切右端的管道通孔，执行“插入”—“修剪”—“修剪体”命令，系统弹出“修剪体”对话框，选择圆柱，按住鼠标中键确定，在工具栏中选择“相切面”，选择左端圆柱的右端的内表面，如图 4-1-13 所示，完成右端管道通孔。

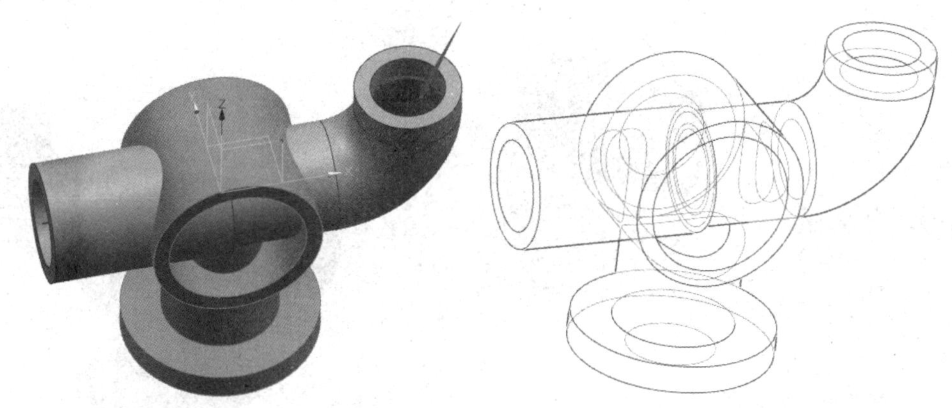

图 4-1-13　管道右端通孔

（12）用上述方法剪切右端的管道通孔，执行“插入”—“修剪”—“修剪体”命令，系统弹出“修剪体”对话框，选择管道，按住鼠标中键确定，在工具栏中选择“相切面”，依次选择如图 4-1-14 所示的 3 个内表面，完成管道剪切。

图 4-1-14　管道正面剪切

图 4-1-14　管道正面剪切（续）

（13）单击“拉伸”按钮，系统弹出“拉伸”对话框，选择“相连曲线”，单击左侧外圆圆周，设置拉伸数值，进行两侧偏置，并拉伸，如图 4-1-15 所示，完成拉伸。

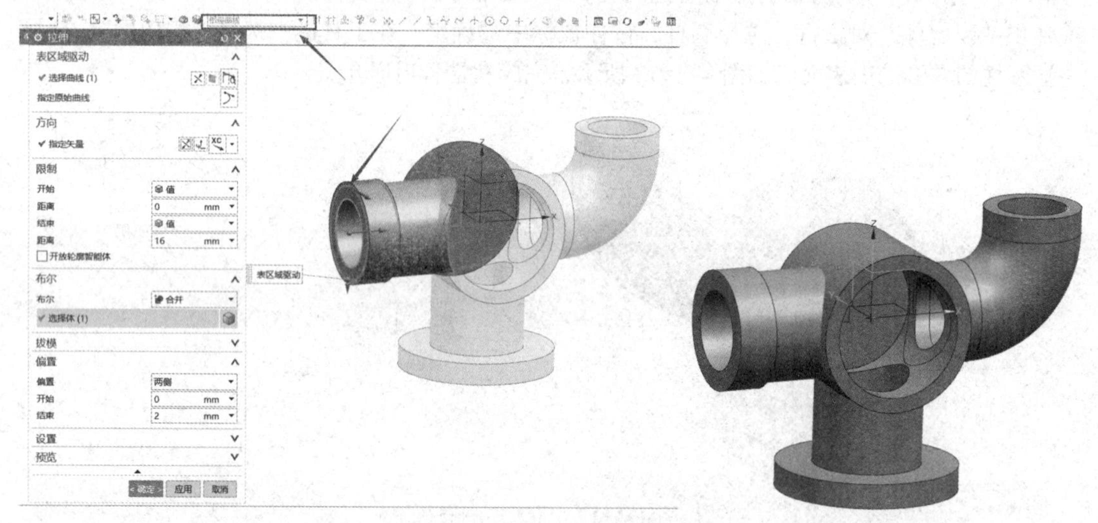

图 4-1-15　左侧拉伸

（14）执行“插入”—“设计特征”—“螺纹”命令，系统弹出“螺纹切削”对话框，选择左端通管内表面，螺纹类型选择“详细”，设置螺纹参数数值，单击“确定”按钮，完成内螺纹造型，如图 4-1-16 所示。

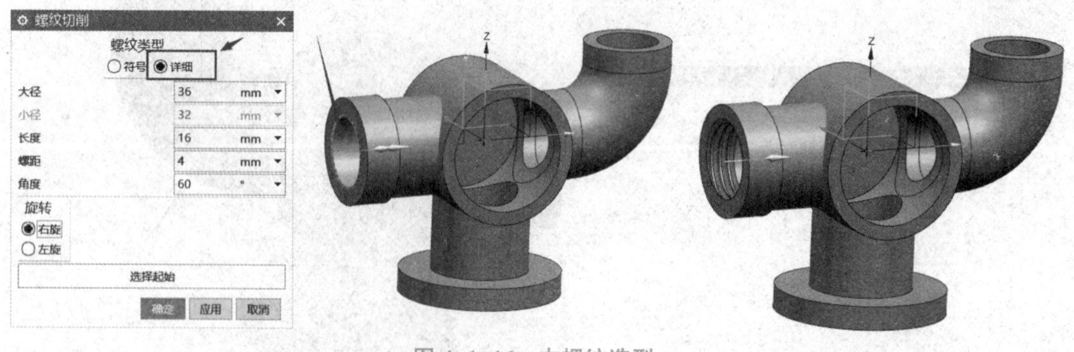

图 4-1-16　内螺纹造型

（15）单击“圆柱”特征，“指定矢量”方向为“+YC”，“指定点”为象限点，选择大圆端面最高点，如图 4-1-17 所示。

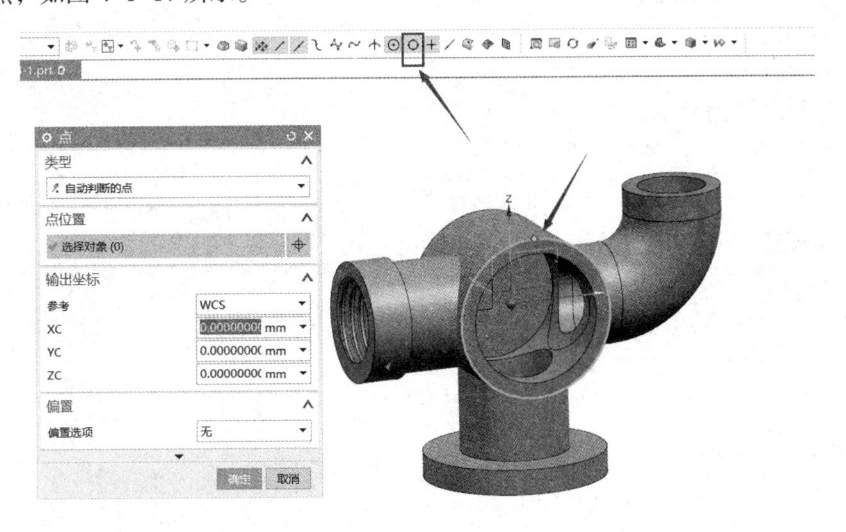

图 4-1-17　端面小圆柱造型

（16）单击“孔”按钮，系统弹出“孔”对话框，类型选择螺纹孔，选择步骤（15）小圆柱外圆圆周，设置螺纹参数，如图 4-1-18 所示，完成端面螺纹造型。

（17）勾选“部件导航器”中的“圆柱”和“螺纹孔”，单击“阵列”按钮，系统弹出“阵列特征”对话框，“布局”选择为圆形，“指定矢量”为“+YC”，“指定点”为圆周的中心点，设置各项参数，如图 4-1-19 所示，完成端面螺纹小圆柱的阵列。

（18）单击“拉伸”按钮，系统弹出“拉伸”对话框，选择右端接口盘上表面，绘制二维草绘，如图 4-1-20 所示，设置拉伸高度，完成接口盘造型。

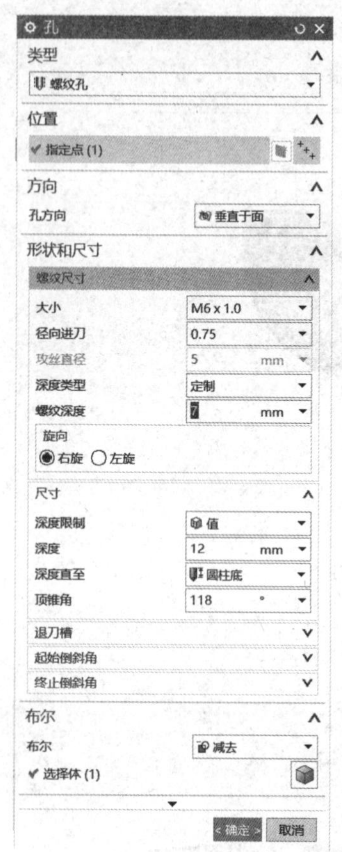

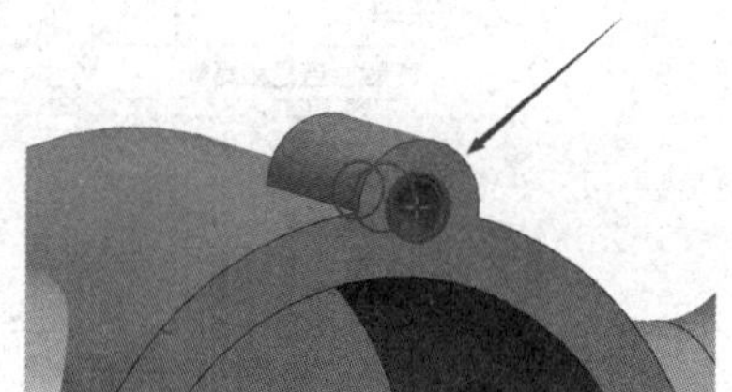

图 4-1-18　端面螺纹造型

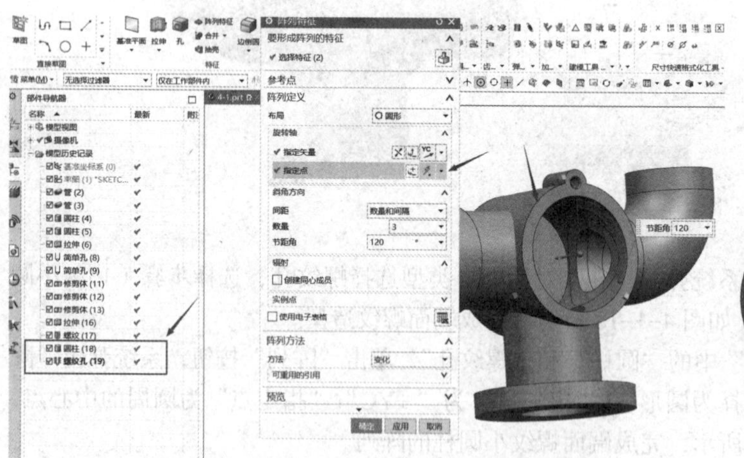

图 4-1-19　端面螺纹阵列

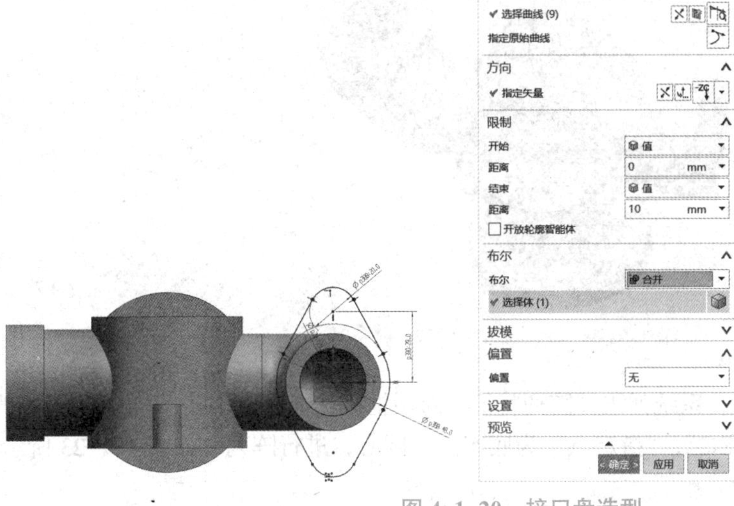

图 4-1-20　接口盘造型

（19）单击“孔”按钮，系统弹出“孔”对话框，选择接口盘，选择两个圆周的圆心，“类型”选择为“常规孔”，“直径”设置为“11”，“深度”限制为“贯通体”，如图 4-1-21 所示，完成两个孔的建模。

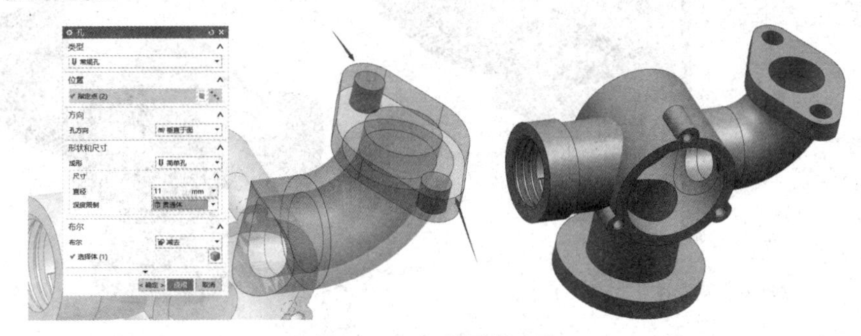

图 4-1-21　接口盘小孔

（20）单击“孔”按钮，选择基座表面上的点，如图 4-1-22 所示，修改尺寸，输入 29*sin（45），尺寸自动计算为 20.5061 mm 完成草绘。

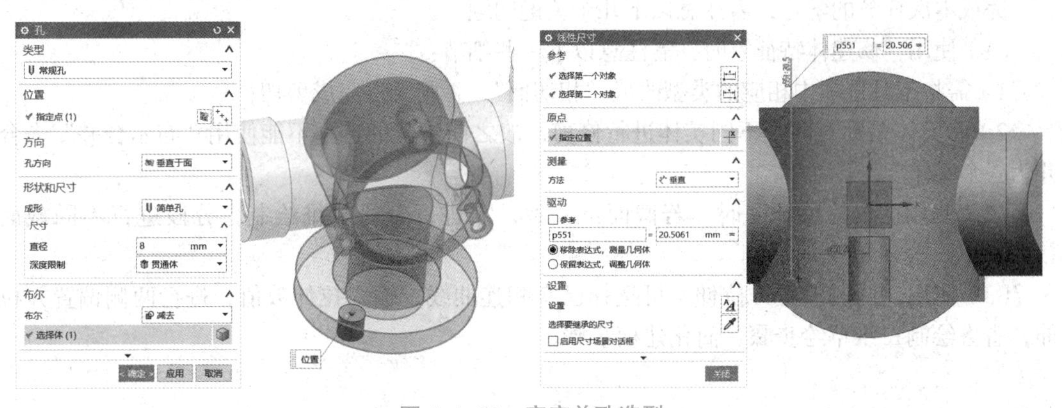

图 4-1-22　底座单孔造型

图 4-1-22　底座单孔造型（续）

（21）单击“阵列”按钮，系统弹出“阵列特征”对话框，选择底座小孔，“布局”选择为“圆形”，“指定矢量”为“+ZC”，“指定点”为底座圆周圆心，进行阵列，如图 4-1-23 所示，完成此模型造型。

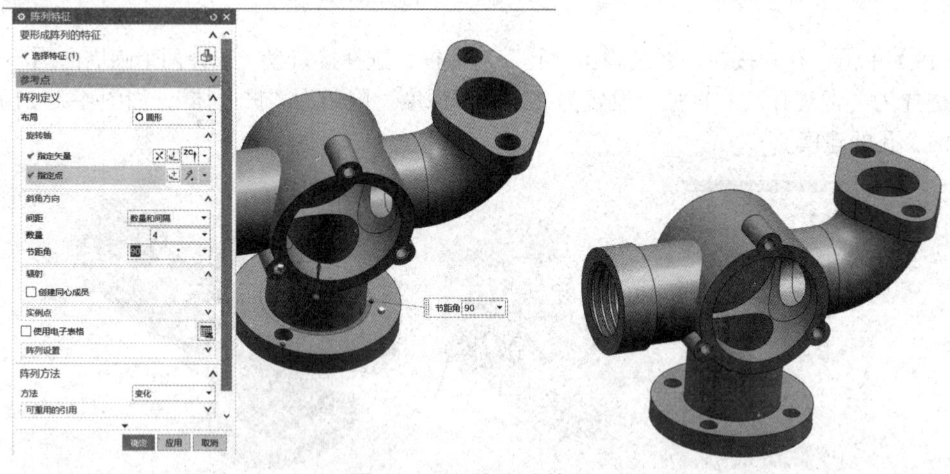

图 4-1-23　底座孔整列

五、任务总结

完成本次任务的学习，需注意以下几个关键问题。

（1）使用“修建体特征”时，需注意以下一些细节：

1）需将工具选项中相应的类型改成“相切面”，否则无法完成剪切；

2）修剪体是针对两个不同实体进行修剪，故之前步骤的造型不能使用“布尔合并”来合并为一个实体。

（2）使用“扫掠特征”时，若截面不一致，需进行分段二维绘制，分段进行不同截面扫掠。

（3）使用“两侧偏置”拉伸，可选择已有相连曲线，输入拉伸数值，进行两侧偏置并拉伸，省去绘制二维草绘步骤，简化建模步骤。

六、任务拓展

在完成本任务的学习后，完成图 4-1-24 所示零件的三维建模，对本次任务进行巩固。

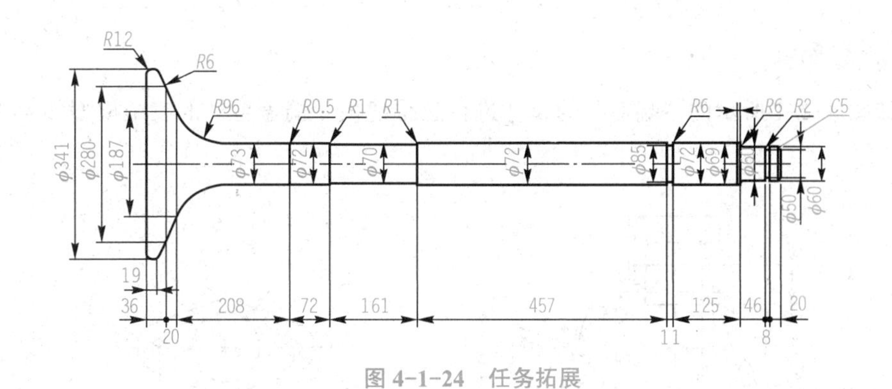

图 4-1-24　任务拓展

七、考核评价

任务评分表见表 4-1-1。

表 4-1-1　任务评分表

任务编号及名称：			姓名：	组号：		总分：
评分项		评价指标	分值	学生自评	小组互评	教师评分
专业能力	识图能力	能够正确分析零件图纸，设计合理的建模步骤				
	命令使用	能够合理选择、使用相关命令				
	建模步骤	能够明确建模步骤，具备清晰的建模思路				
	完成精度	能够准确表达模型尺寸，显示完整细节				
方法能力	创新意识	能够对设计方案进行修改优化，体现创新识				
	自学能力	具备自主学习能力，课前有准备，课中能思考，课后会总结				
	严谨规范	能够严格遵守任务书要求，完成相应的任务				
社会能力	遵章守纪	能够自觉遵守课堂纪律、爱护实训室环境				
	学习态度	能够针对出现的问题，分析并尝试解决，体现精准细致、精益求精的工匠精神				
	团队协作	能够进行沟通合作，积极参与团队协作，具有团队意识				
备注：按照评价指标分为 4 档，优秀 10 分、良好 7 分、一般 5 分、合格 2 分						

任务二　端盖零件建模

一、任务描述

根据如图 4-2-1 所示的“端盖”的尺寸进行三维建模，端盖零件的三维模型如图 4-2-2 所示。

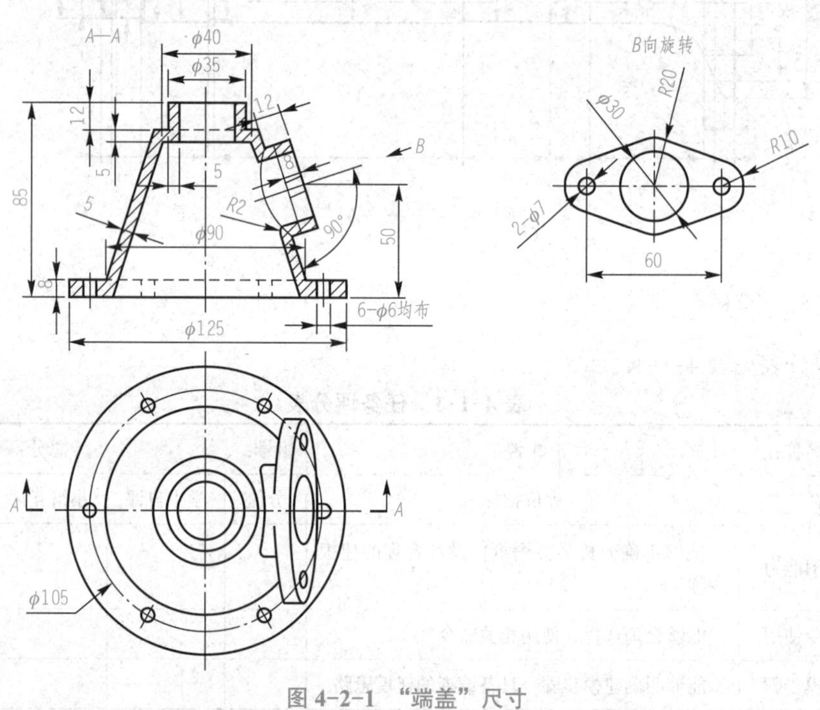

图 4-2-1 “端盖”尺寸

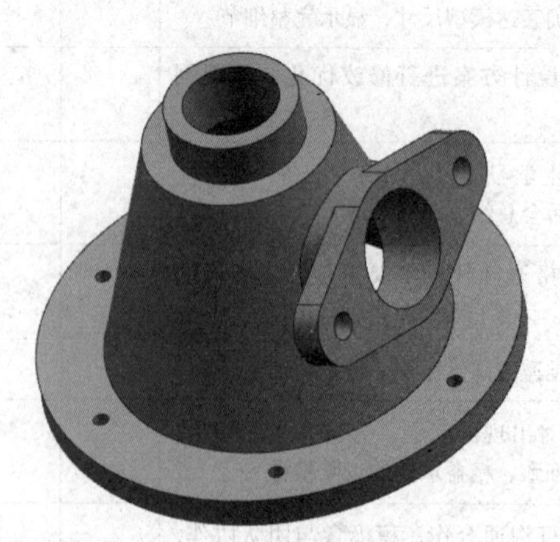

图 4-2-2 “端盖”三维建模

二、学习目标

1. 知识目标

（1）了解同步建模中移动面的作用；

（2）了解同步建模的方法；

（3）了解移动面的指定矢量和指定轴点设置。

2. 能力目标

（1）能够运用同步建模的方式进行实体变换；

（2）能够通过移动面的方式，通过角度变化来完成实体倾斜。

3. 素养目标

（1）培养精准细致的作图习惯；

（2）强化严谨规范的工程图制作职业素养。

三、知识储备

本任务涉及的知识点主要包括：

（1）“孔特征”建模：详见“知识点索引 5.1”。

（2）“同步建模”的移动面方法：详见“知识点索引 8.1”。

（3）“阵列特征”建模：详见“知识点索引 6.3”。

（4）“基准平面”造型：详见“知识点索引 1.5”。

四、任务实施

（1）打开 UG 软件，执行“文件”—“新建”命令，新建名称为 4_2.prt 的部件文档，单位选择为毫米，如图 4-2-3 所示。单击“确定”按钮，进入建模功能模块。

图 4-2-3　新建文件

（2）执行菜单栏“插入”—“在任务环境中绘制草图”命令，系统弹出“创建草图”对话框，选择 XZ 平面，单击“确定”按钮进入草绘界面，按照图纸要求绘制如图 4-2-4 所示的二维草绘，单击“完成”按钮。

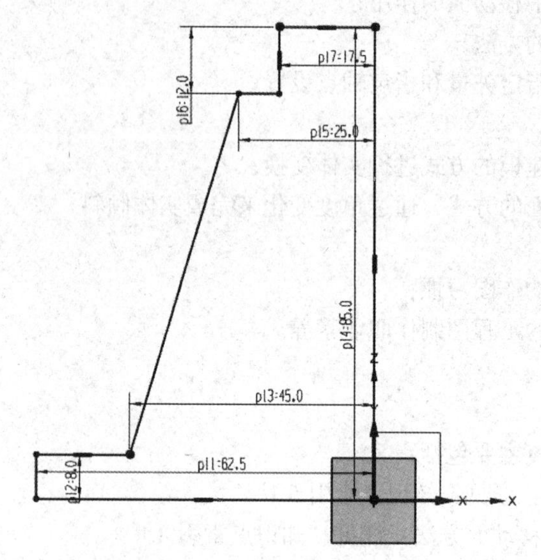

图 4-2-4　底部二维草绘

（3）执行菜单栏“插入”—“设计特征”—“旋转”命令，系统弹出“旋转”对话框，选择边界区域曲线，“指定矢量”为“+ZC”，“指定点”为原点，“角度”设置为“360° ”，如图 4-2-5 所示，完成旋转。

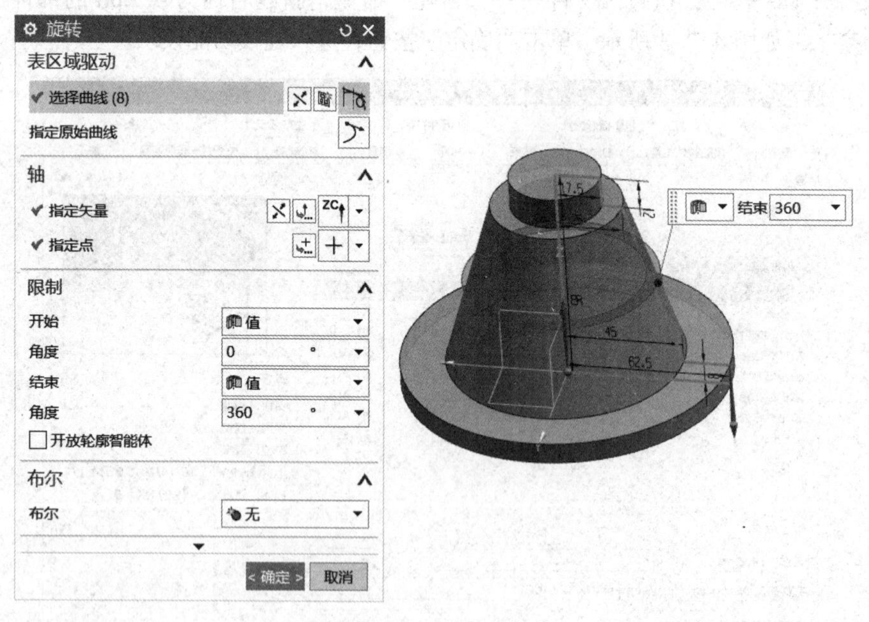

图 4-2-5　旋转实体

（4）执行菜单栏“插入”—“偏置”—“抽壳”命令，系统弹出“抽壳”对话框，单击要去除的上表面和下表面，如图 4-2-6 所示，“厚度”设置为“5”，完成抽壳造型。

图 4-2-6　抽壳造型

（5）执行菜单栏“插入”—“同步建模”—“替换面”命令，系统弹出“替换面”对话框，原始面选择为小侧面，替换面为端盖内壁，如图 4-2-7 所示，进行替换面操作。

图 4-2-7　替换面操作

（6）执行菜单栏“插入”—“基准/点”—“基准平面”命令，选择实体外表面，如图 4-2-8 所示，“距离”设置为“12”，完成辅助平面构建。

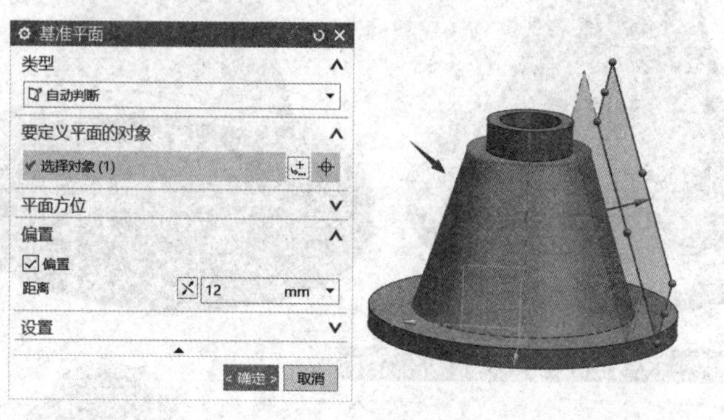

图 4-2-8　制作辅助平面

（7）执行“基准平面”—“点”命令，在“点”对话框中输入坐标值，确定辅助点位置，如图 4-2-9 所示。

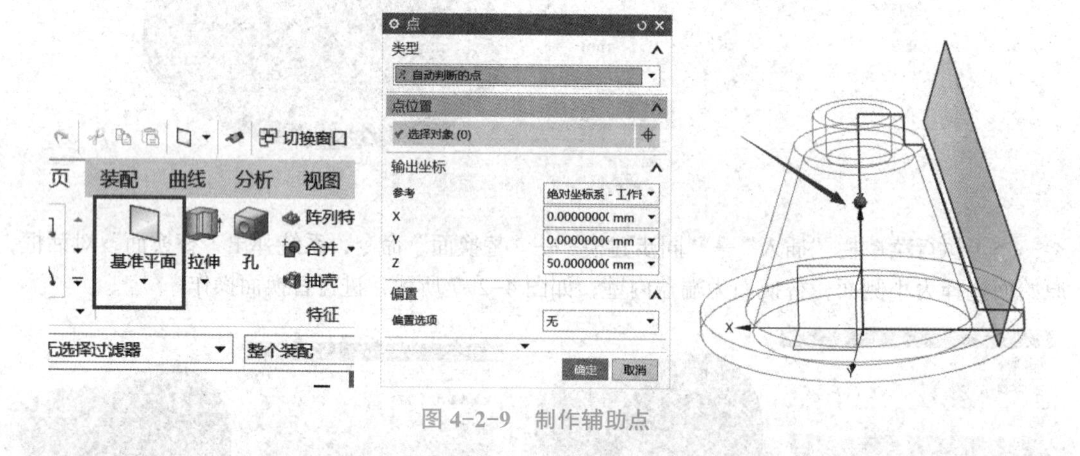

图 4-2-9　制作辅助点

（8）执行菜单栏“插入”—“派生曲线”—“投影”命令，系统弹出“投影曲线”对话框，单击辅助点，要投影的对象选择辅助面，“指定矢量”选择“-XC”，如图 4-2-10 所示，单击“确定”按钮，完成点的投影。

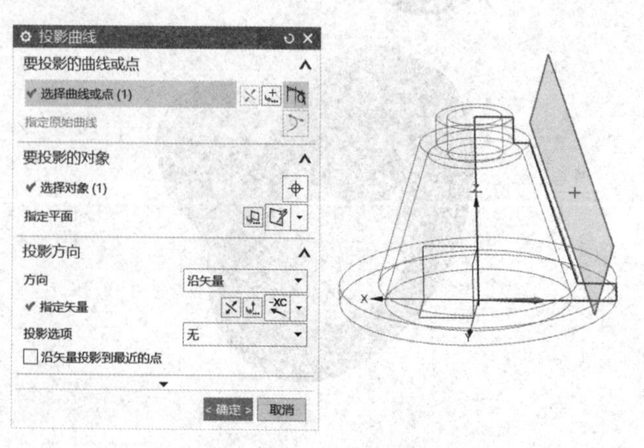

图 4-2-10　投影辅助点

（9）执行菜单栏“插入”—“在任务环境中绘制草图”命令，选择上面做的辅助面，完成如图 4-2-11 所示的草绘绘制，完成草绘。

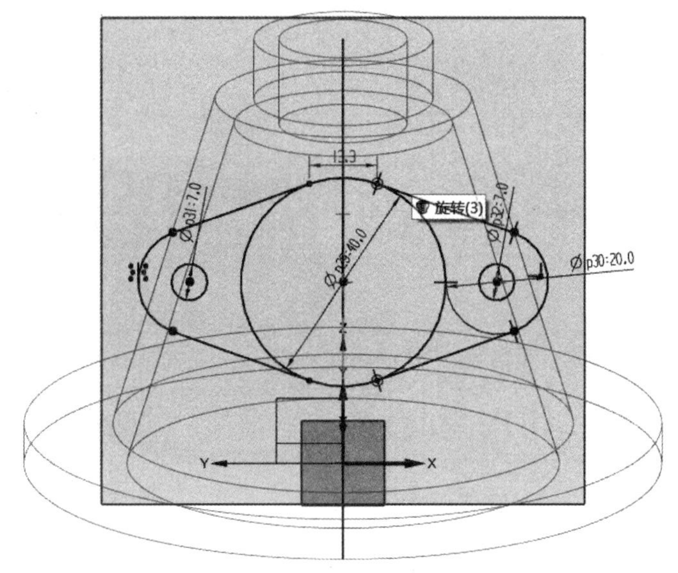

图 4-2-11　辅助平面上绘制草图

（10）单击“拉伸”按钮，系统弹出“拉伸”对话框，选择上面草绘的圆，单击要拉伸的圆锥表面，如图 4-2-12 所示，完成拉伸。

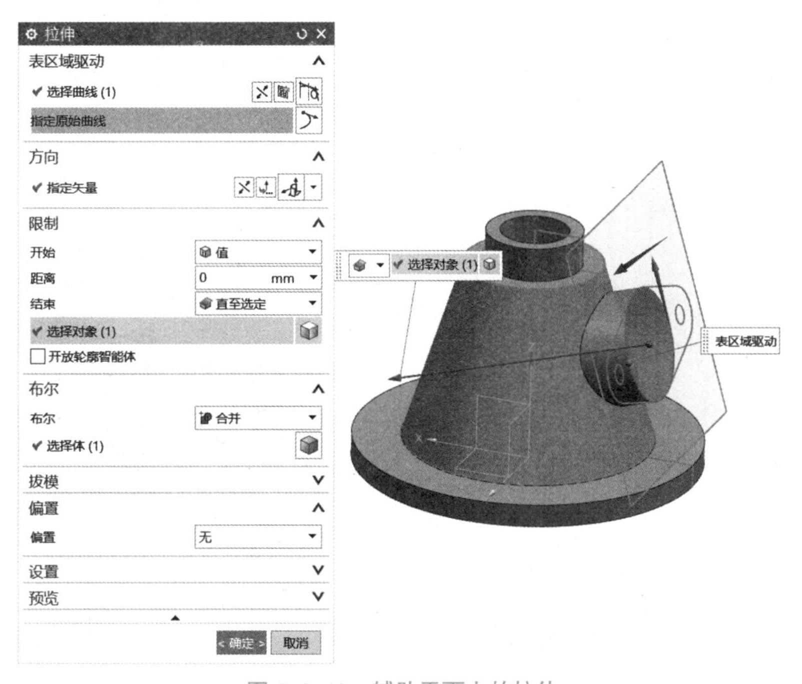

图 4-2-12　辅助平面上的拉伸

（11）单击“拉伸”按钮，系统弹出“接伸”对话框，选择辅助面上未拉伸的草绘截面，结束距离设置为“8”，如图 4-2-13 所示，完成拉伸。

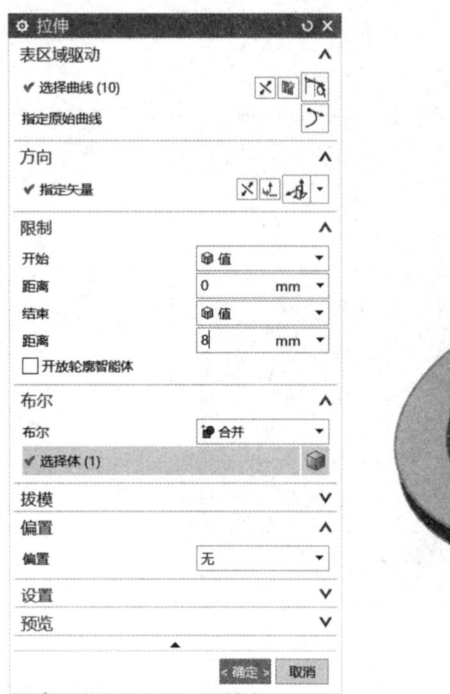

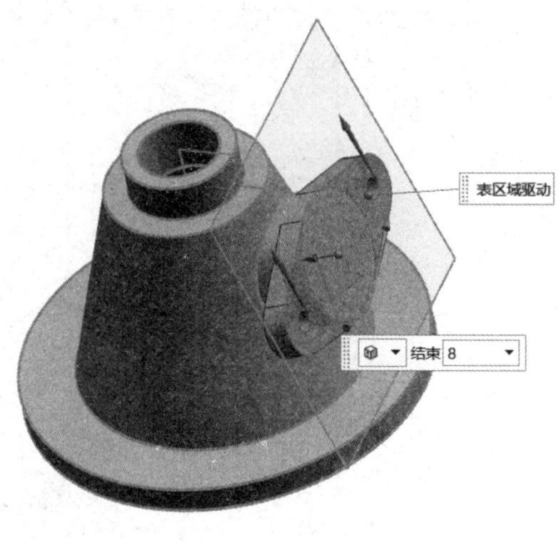

图 4-2-13　辅助平面上的拉伸

（12）单击“孔”按钮，系统弹出“孔”对话框，选择圆的中心，“直径”设置为“30”，“深度限制”设置为“直至下一个”，如图 4-2-14 所示，完成耳板上的孔。

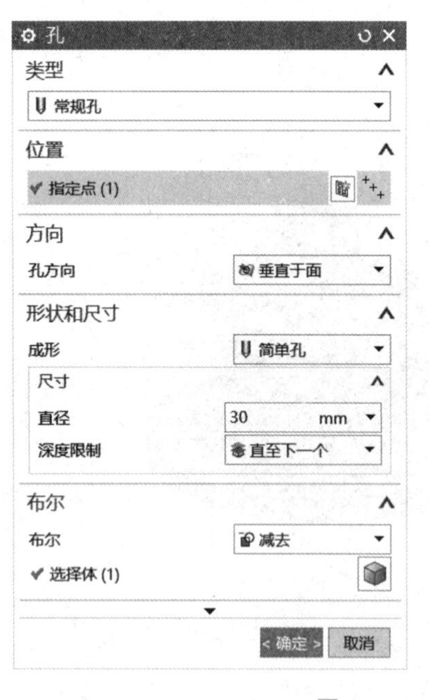

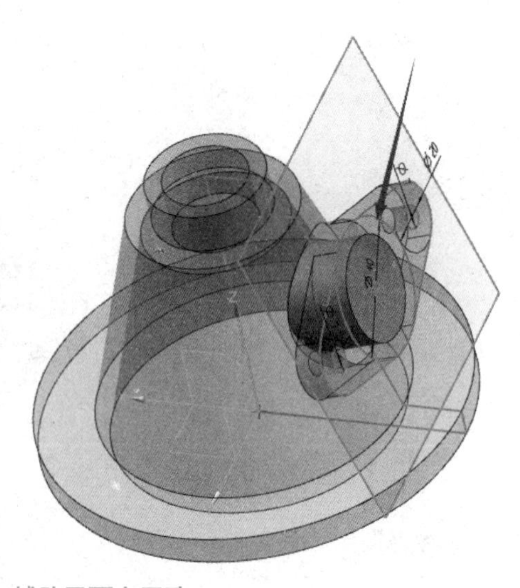

图 4-2-14　辅助平面上开孔

（13）单击“孔”按钮，系统弹出“孔”对话框，在底板上表面放置点，更改尺寸，“直径”设置为“6”，“深度限制”选择为“贯通体”，如图 4-2-15 所示，完成底板打孔。

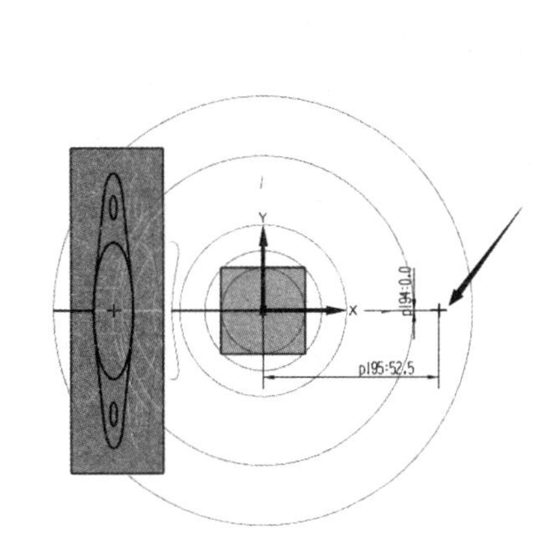

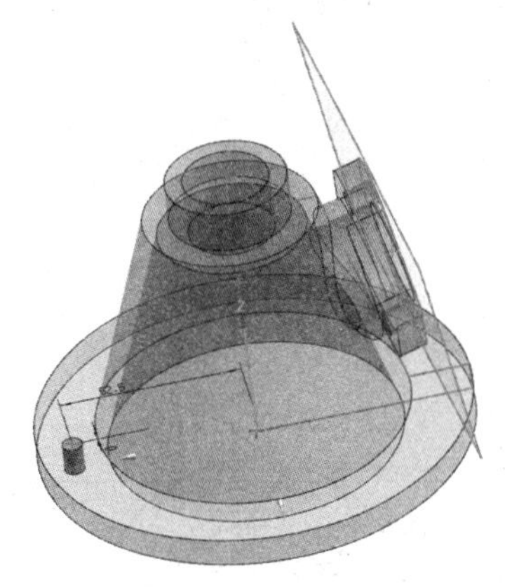

图 4-2-15　底板开孔

（14）单击“阵列特征”按钮，系统弹出“阵列特征”对话框，选择步骤（13）的孔，“布局”选择为圆形，“数量”设置为 6，“节距角”设置为“60° ”，“指定矢量”为“ +ZC”，“指定点”为底板圆的圆心，如图 4-2-16 所示，完成孔阵列。

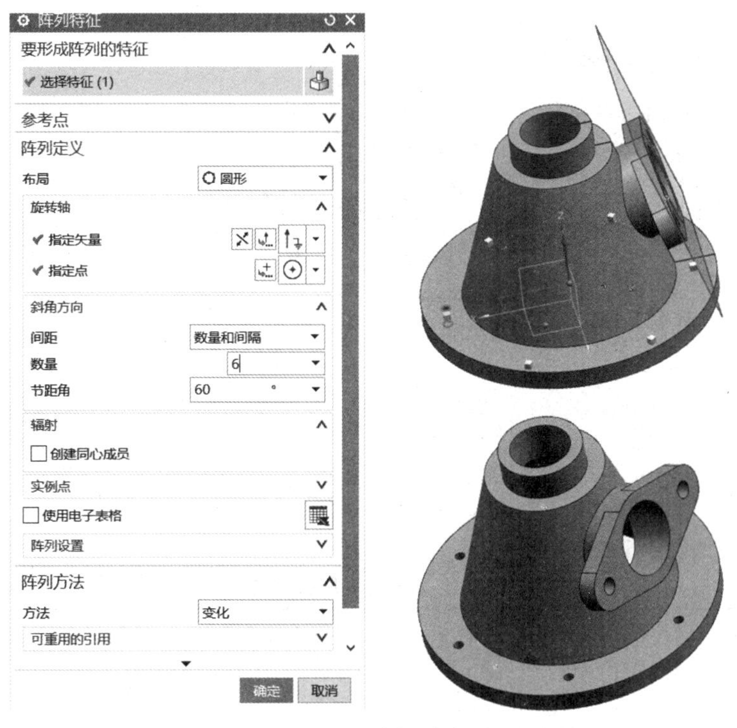

图 4-2-16　底板孔阵列

五、任务总结

完成本次任务的学习，需要注意以下几个关键问题：

（1）使用“抽壳”特征，将实体进行抽壳处理。

（2）对于抽壳后导致的模型厚度不一致，采用“同步建模”的“替换面”可快速解决此类问题。

（3）使用派生曲线的投影方式，将辅助点投影至平面，确定关键点进行二维草图绘制。

六、任务拓展

在完成本任务的学习后，完成图 4-2-17 所示零件的三维建模，对本次任务进行巩固。

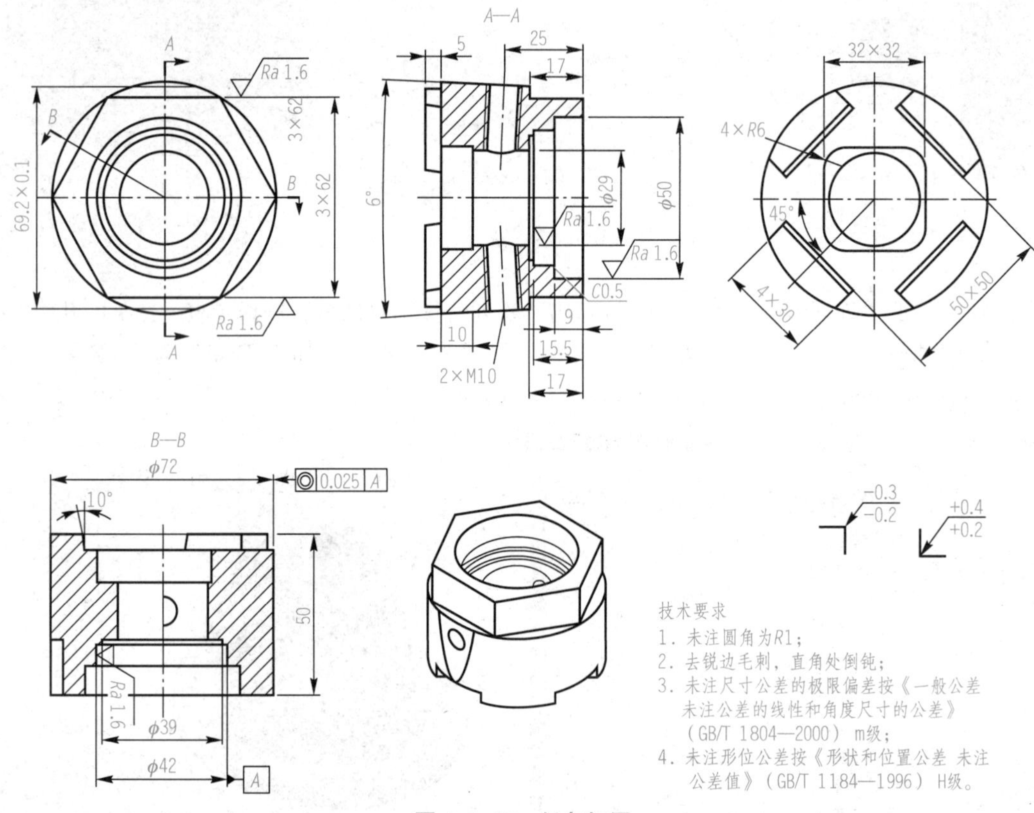

图 4-2-17 任务拓展

七、考核评价

任务评分表见表 4-2-1。

表 4-2-1 任务评分表

任务编号及名称：			姓名：	组号：		总分：	
评分项		评价指标	分值	学生自评	小组互评	教师评分	
专业能力	识图能力	能够正确分析零件图纸，设计合理的建模步骤					
	命令使用	能够合理选择、使用相关命令					
	建模步骤	能够明确建模步骤，具备清晰的建模思路					
	完成精度	能够准确表达模型尺寸，显示完整细节					

续表

评分项		评价指标	分值	学生自评	小组互评	教师评分
方法能力	创新意识	能够对设计方案进行修改优化，体现创新意识				
	自学能力	具备自主学习能力，课前有准备，课中能思考，课后会总结				
	严谨规范	能够严格遵守任务书要求，完成相应的任务				
社会能力	遵章守纪	能够自觉遵守课堂纪律、爱护实训室环境				
	学习态度	能够针对出现的问题，分析并尝试解决，体现精准细致、精益求精的工匠精神				
	团队协作	能够进行沟通合作，积极参与团队协作，具有团队意识				
备注：按照评价指标分为 4 档，优秀 10 分、良好 7 分、一般 5 分、合格 2 分						

任务三　球阀本体建模

一、任务描述

根据如图 4-3-1 所示“球阀本体”的尺寸进行的三维建模，完成如图 4-3-2 所示的三维模型。

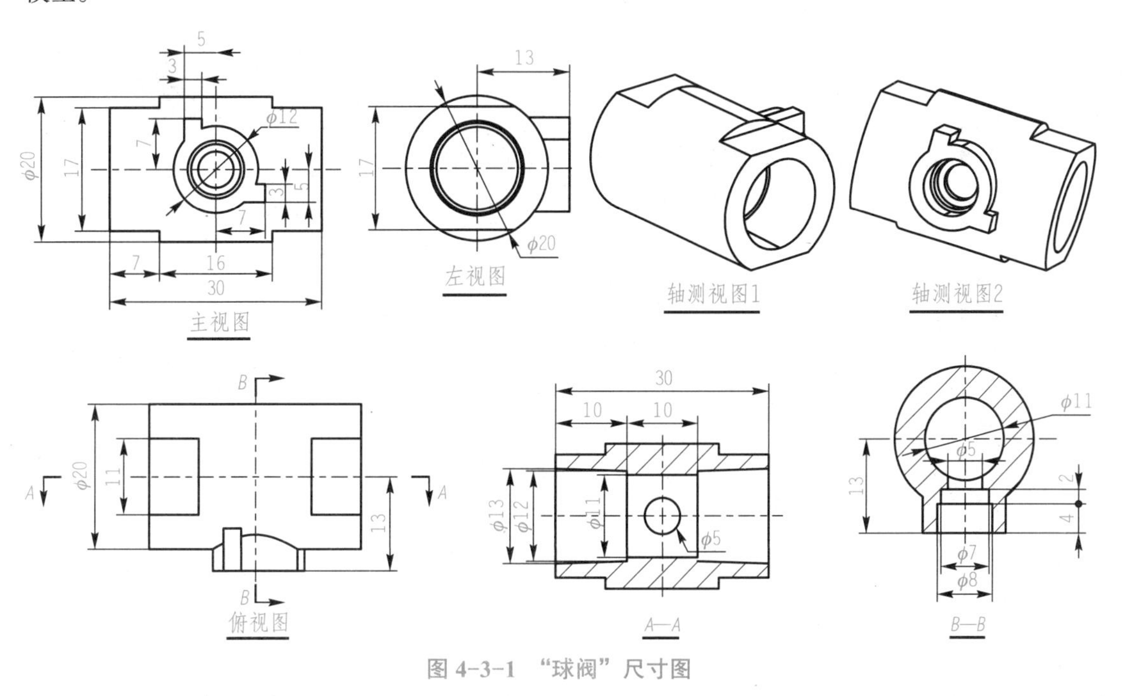

图 4-3-1　“球阀”尺寸图

二、学习目标

图 4-3-2 “球阀”三维建模

1. 知识目标

（1）掌握多次拉伸剪切的步骤；

（2）掌握圆锥特征造型的方法。

2. 能力目标

（1）分辨圆锥造型的矢量方向；

（2）能够多次拉伸修剪进行多方向的修剪造型。

3. 素养目标

（1）培养精准细致的作图习惯；

（2）强化严谨规范的工程图制作职业素养。

三、知识储备

本任务涉及的知识点主要包括：

（1）“圆锥体”造型：详见“知识点索引 1.3”。

（2）“拉伸”造型：详见“知识点索引 4.1”。

四、任务实施

（1）打开 UG 软件，执行“文件”—“新建”命令，新建名称为 4_3.prt 的部件文档，单位选择为毫米，如图 4-3-3 所示。单击“确定”按钮，进入建模功能模块。

图 4-3-3 新建文件

（2）执行菜单栏“插入”—“在任务环境中绘制草图”命令，系统弹出“创建草图”对话框，选择 XY 平面，单击“确定”按钮，进入草绘界面，按照图纸要求绘制如图 4-3-4 所示的二维草绘，单击“完成”按钮。

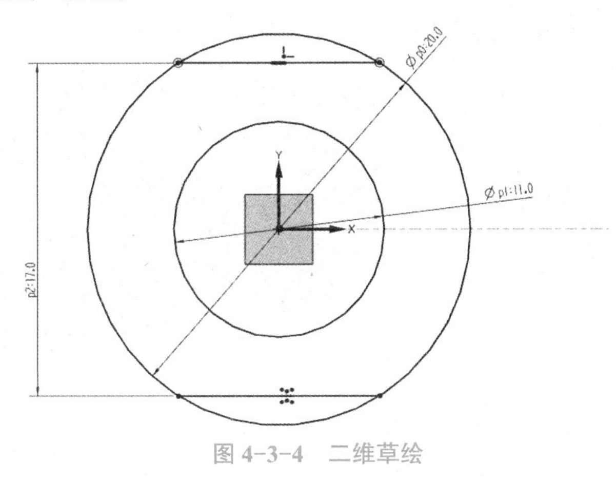

图 4-3-4　二维草绘

（3）执行菜单栏“插入”—“设计特征”—“拉伸”命令，系统弹出“拉伸”对话框，选择中间的主体结构草绘，进行对称拉伸，“距离”设置为“15”，如图 4-3-5 所示。

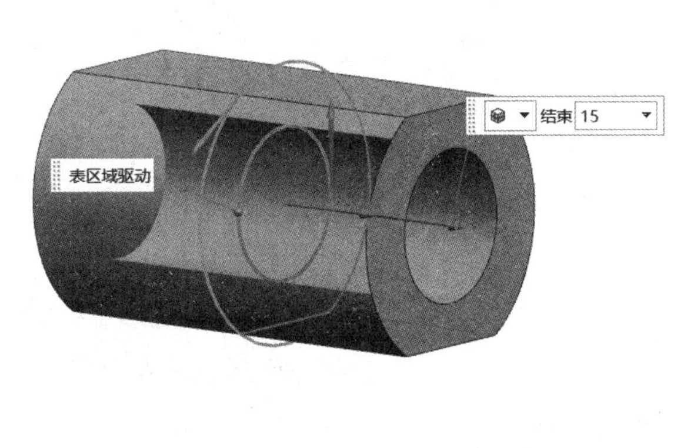

图 4-3-5　拉伸主体

（4）执行菜单栏“插入”—“设计特征”—“拉伸”命令，系统弹出“拉伸”对话框，选择主体两侧的草绘，进行对称拉伸，“距离”设置为“8”，如图 4-3-6 所示。

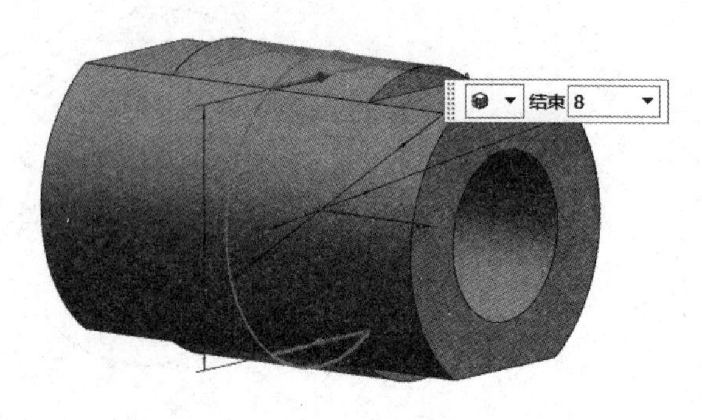

图 4-3-6　拉伸主体两侧

（5）执行“插入”—“在任务环境中绘制草图”命令，绘制如图 4-3-7 所示的草绘截面。

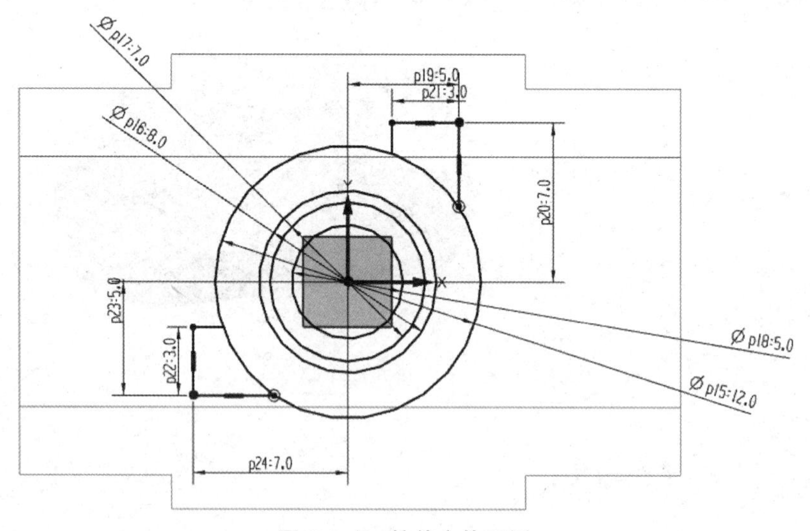

图 4-3-7　拉伸主体两侧

（6）执行菜单栏“插入”—“设计特征”—“拉伸”命令，系统弹出“拉伸”对话框，单击如图 4-3-8 所示的截面，进行拉伸。

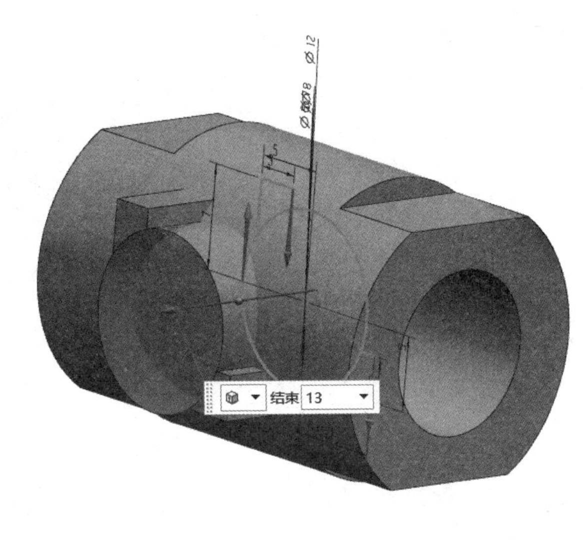

图 4-3-8　侧面拉伸

（7）继续执行“拉伸”命令，选择圆孔，进行拉伸修剪，如图 4-3-9 所示。

（8）继续执行“拉伸”命令，选择小圆孔，进行拉伸修剪，如图 4-3-10 所示。

（9）继续执行“拉伸”命令，选择小圆孔，进行拉伸修剪，如图 4-3-11 所示。

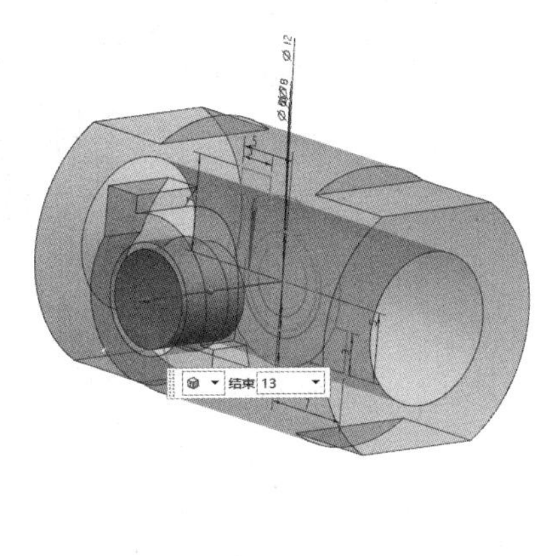

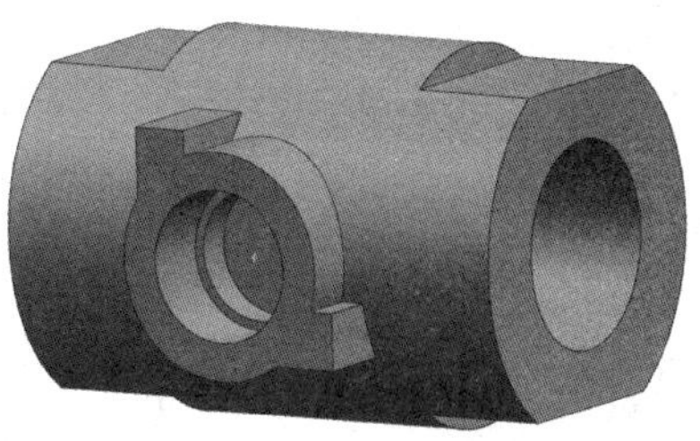

图 4-3-9　侧面圆孔修剪

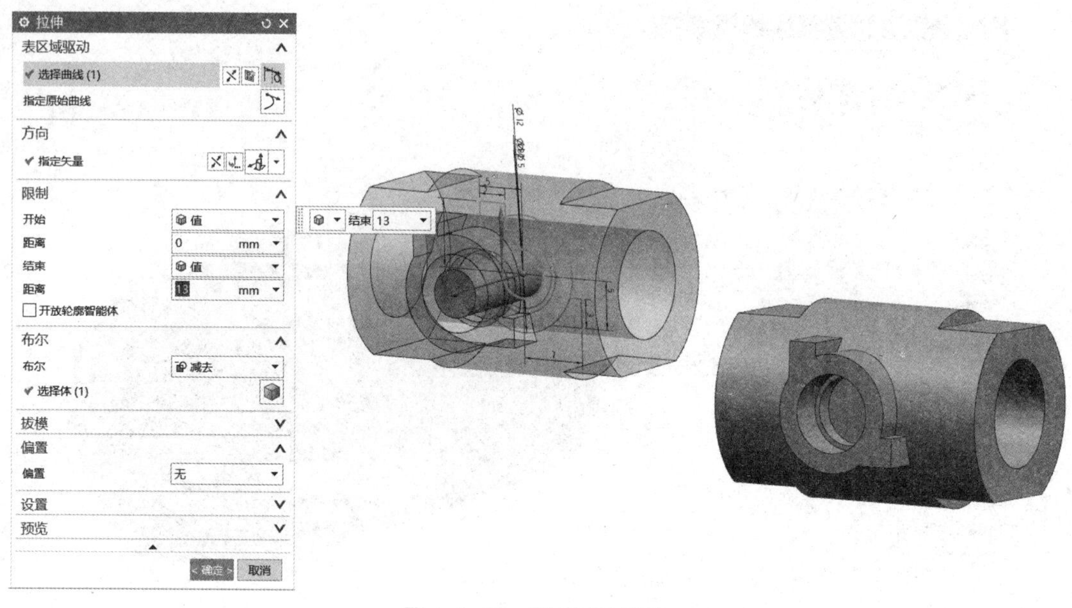

图 4-3-10　侧面圆孔修剪

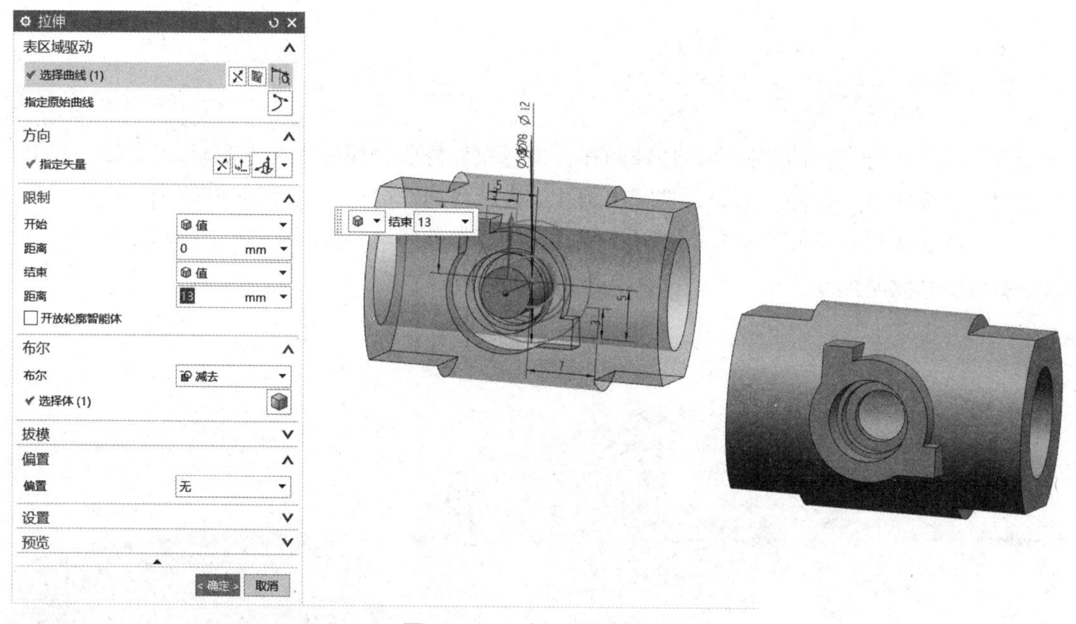

图 4-3-11　侧面圆孔修剪

（10）执行菜单栏“插入”—“圆锥”命令，系统弹出“圆锥”对话框，单击“指定点”设置为（0，-5，0），“矢量”为“-YC 轴”，“底部直径”设置为“13”，“顶部直径”设置为“12”，“高度”设置为“10”，进行布尔修剪，如图 4-3-12 所示。

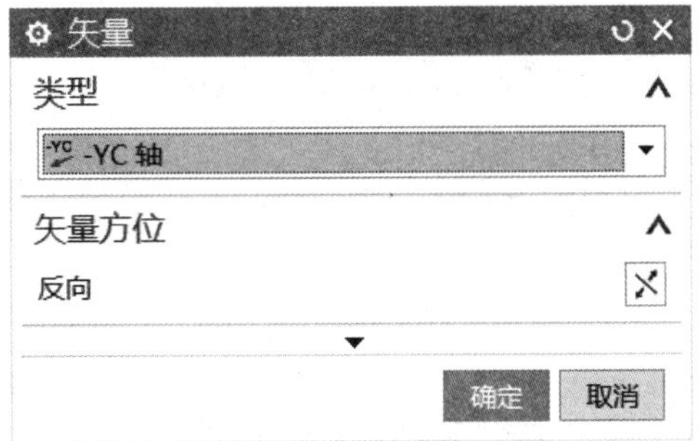

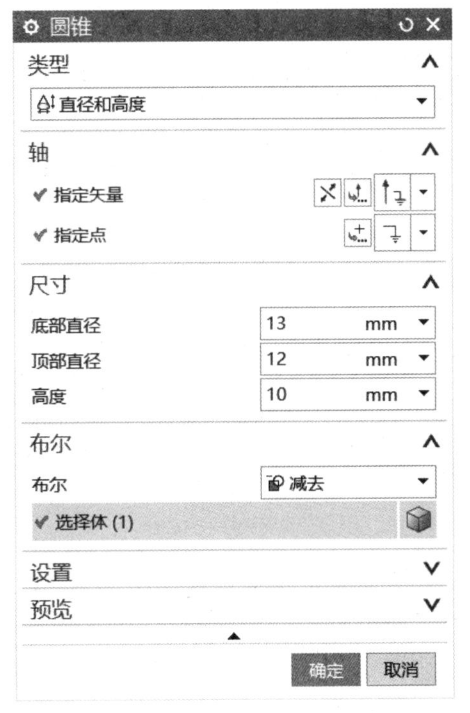

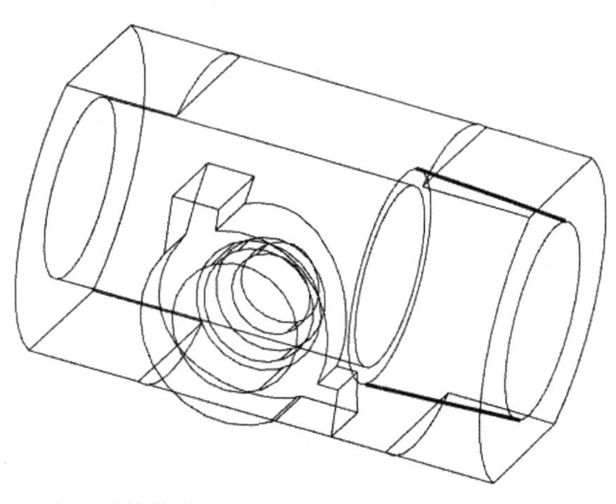

图 4-3-12　右侧圆锥修剪

（11）执行菜单栏“插入”—“圆锥”命令，系统弹出“圆锥”对话框，“矢量”为“+YC轴”，单击“指定点”为（0,5,0），“底部直径”设置为“13”，“顶部直径”设置为“12”，“高度”设置为“10”，进行布尔修剪，如图 4-3-13 所示。

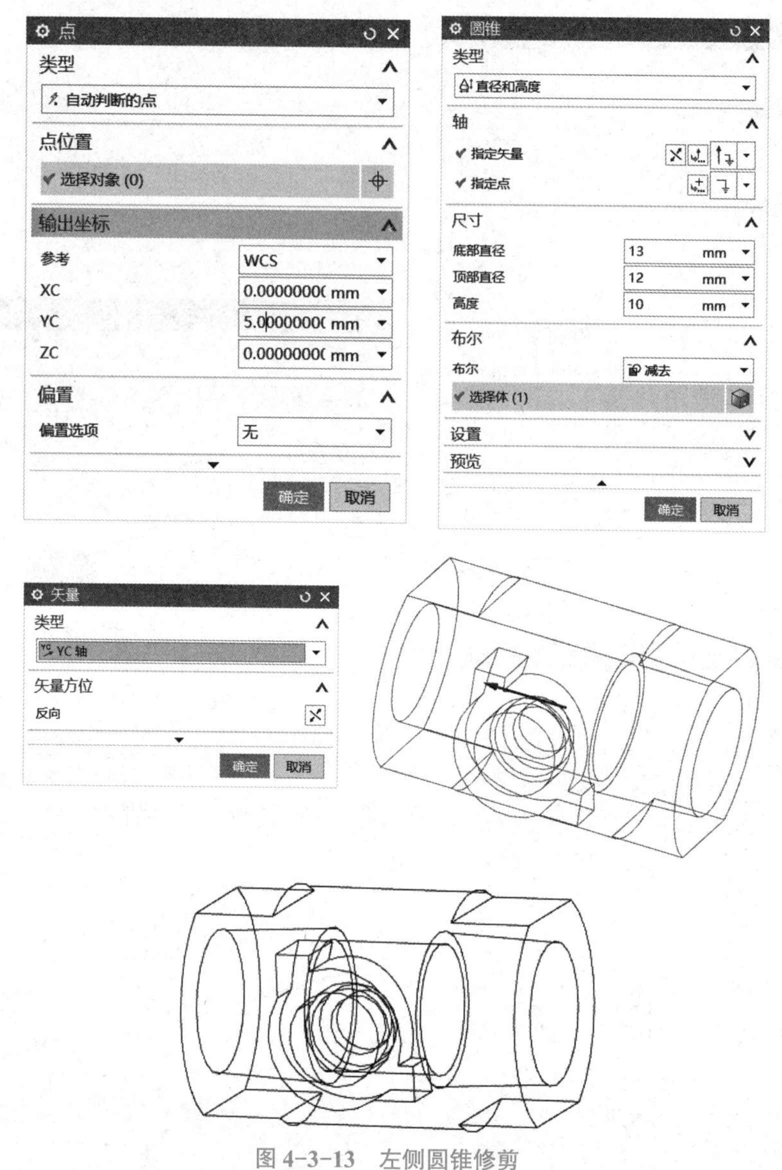

图 4-3-13　左侧圆锥修剪

五、任务总结

完成本次任务的学习，需要注意以下几个关键问题：

（1）实体造型可采用二维草绘拉伸和给定坐标位置、相关的几何特征方法结合进行灵活三维建模，例如本次任务中的“圆锥体”特征。

（2）对同一截面拉伸，可选择不同类型的拉伸，如“数值拉伸”“对称拉伸”等方式，进行快速建模。

六、任务拓展

在完成本任务的学习后，完成图 4-3-14 所示零件的三维建模，对本次任务进行巩固。

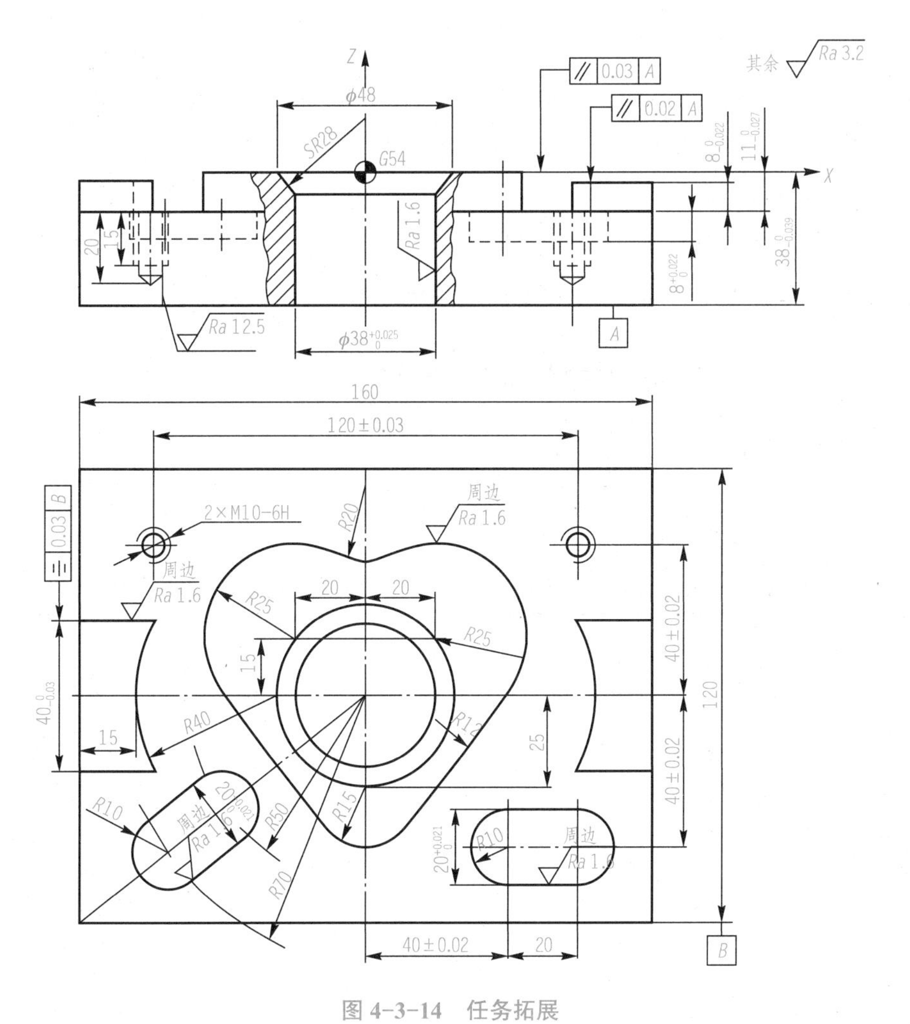

图 4-3-14 任务拓展

七、考核评价

任务评分表见表 4-3-1。

表 4-3-1 任务评分表

任务编号及名称：			姓名：	组号：		总分：
评分项		评价指标	分值	学生自评	小组互评	教师评分
专业能力	识图能力	能够正确分析零件图纸，设计合理的建模步骤				
	命令使用	能够合理选择、使用相关命令				
	建模步骤	能够明确建模步骤，具备清晰的建模思路				
	完成精度	能够准确表达模型尺寸，显示完整细节				

续表

评分项		评价指标	分值	学生自评	小组互评	教师评分
方法能力	创新意识	能够对设计方案进行修改优化，体现创新意识				
	自学能力	具备自主学习能力，课前有准备，课中能思考，课后会总结				
	严谨规范	能够严格遵守任务书要求，完成相应的任务				
社会能力	遵章守纪	能够自觉遵守课堂纪律、爱护实训室环境				
	学习态度	能够针对出现的问题，分析并尝试解决，体现精准细致、精益求精的工匠精神				
	团队协作	能够进行沟通合作，积极参与团队协作，具有团队意识				
备注：按照评价指标分为 4 档，优秀 10 分、良好 7 分、一般 5 分、合格 2 分						

项目五　机床总装装配

一、项目介绍

机床本体是加工运动的实际机械部件，主要包括主运动部件、进给运动部件（如工作台、刀架）和支撑部件（如床身、立柱等），还有冷却、润滑、转位部件（如夹紧、换刀机械手）等辅助装置。

本项目以机床本体作为载体，以部件的装配及机床总装为任务，以掌握 UG NX 中零件装配为学习目标。

机床的部件相对较多，本项目选取其中具有代表性的两个装配任务作为本项目学习的载体，包括任务一刀库装配、任务二机床总装。

刀库装配

机床总装

二、学习目标

通过本项目的学习，能够完成机床装配，实现以下三维目标。

1. 知识目标

（1）掌握“接触”“距离”“平行”等装配约束相关设定；

（2）掌握阵列组件的操作方法。

2. 能力目标

（1）能够在装配模块中添加和移动部件；

（2）能够熟练使用装配条件进行部件装配。

3. 素养目标

（1）培养严谨规范的装配素养；

（2）培养对制造大国的敬畏之情。

任务一　刀库装配

一、任务描述

完成如图 5–1–1 所示的刀库装配。

图 5–1–1　刀库装配

二、学习目标

通过本任务的学习，能够完成刀库装配，实现以下三维目标。

1. 知识目标

（1）掌握矩形绘制、对称命令和阵列曲线命令的草绘方法；

（2）掌握阵列组件的操作方法。

2. 能力目标

（1）能够在装配模块中添加和移动部件；

（2）能够熟练使用装配条件进行部件装配。

3. 素养目标

培养严谨规范的装配素养。

三、任务实施

（1）打开 UG 软件，执行“文件”—“新建”命令，新建名称为 _asm5_1.prt 的装配文档，如图 5–1–2 所示。单击“确定”按钮，系统弹出“添加组件”对话框，如图 5–1–3 所示。

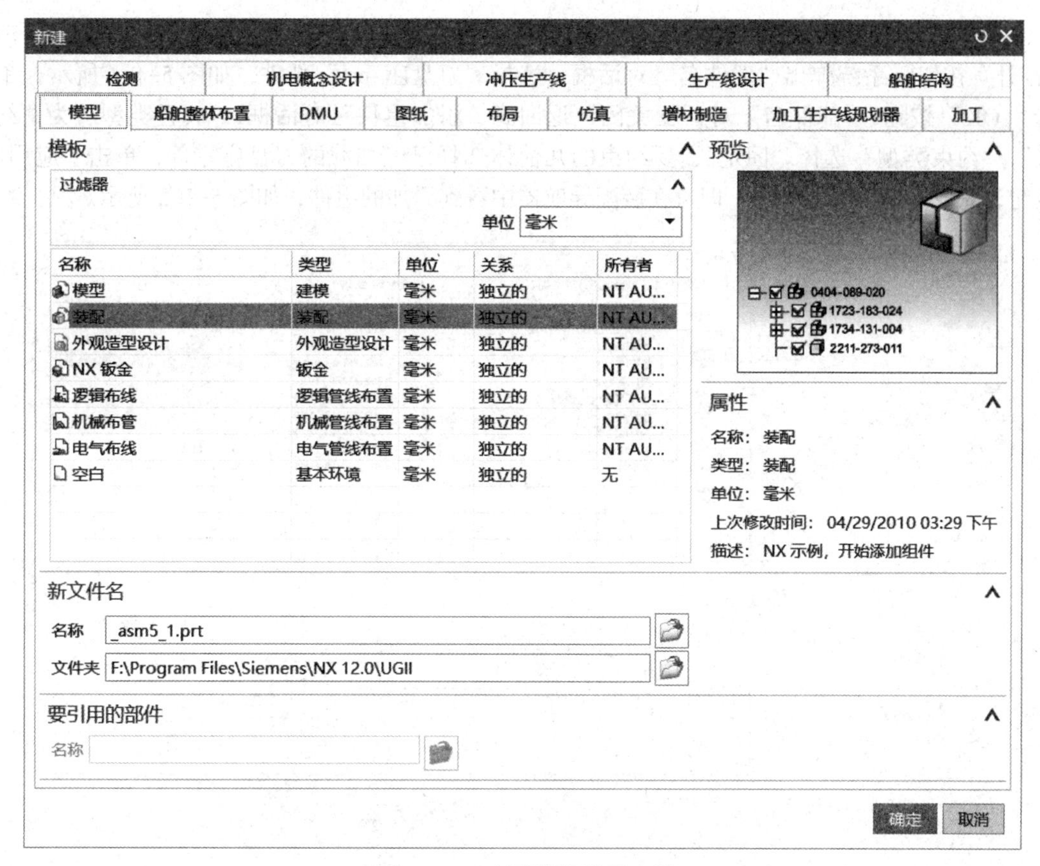

图 5-1-2　创建新的装配文件

添加组件
要放置的部件
* 选择部件 (0)
已加载的部件
打开
保持选定
数量 1
位置
组件锚点 绝对坐标系
装配位置 工作坐标系
循环定向
放置
移动 约束
设置
确定 应用 取消

图 5-1-3　“添加组件”对话框

（2）执行“装配”—“组件”—“添加”命令，系统弹出“添加组件”对话框，单击“打开”按钮，系统弹出“部件名”对话框，选择“刀盘座.prt”部件，如图 5-1-4 所示，单击“OK”按钮，“部件名”对话框关闭，返回到“添加组件”对话框，“放置类型”为“约束”，“约束类型”选择“固定”，要约束的几何体选择已经加载的刀盘座零件，单击“应用”按钮，完成固定约束的添加，即可在装配导航器中看到添加的组件，如图 5-1-5 所示。

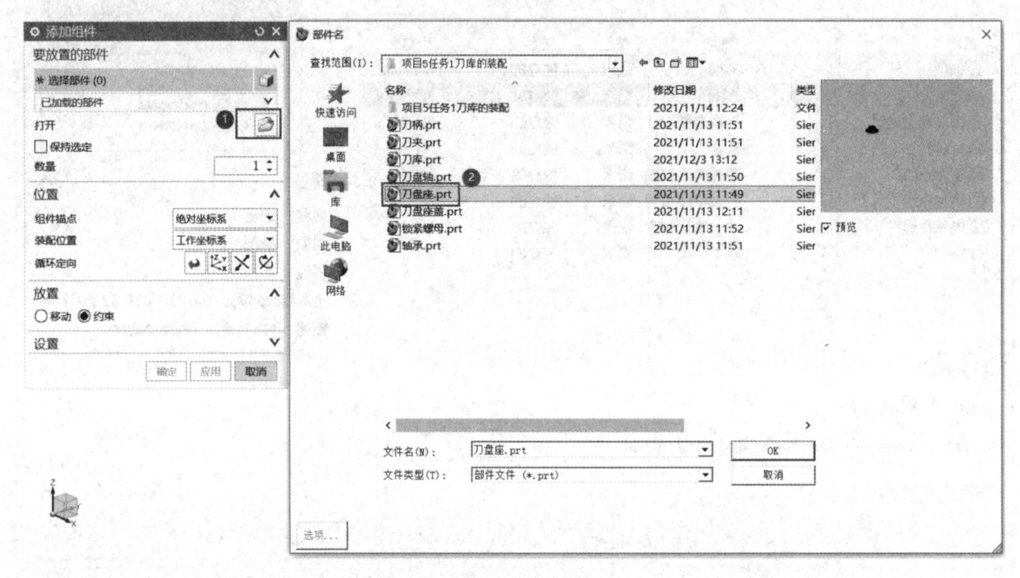

图 5-1-4　添加刀盘座组件

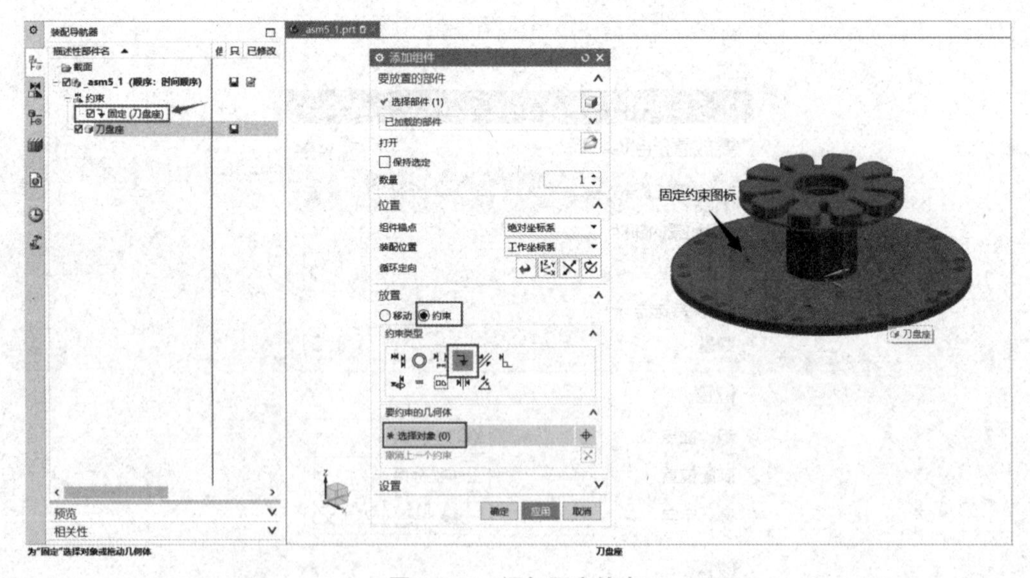

图 5-1-5　添加固定约束

（3）重复步骤（2）操作，添加“轴承.prt”部件，如图 5-1-6 所示。执行“装配”—“组件位置”—“移动组件”命令，系统弹出“移动组件”对话框，要移动的组件选择为“轴承”，“运动”选择为“动态”，单击“指定方位”，通过移动坐标轴原点和绕坐标轴旋转，使轴承摆放位置如图 5-1-7 所示，方便添加装配约束。

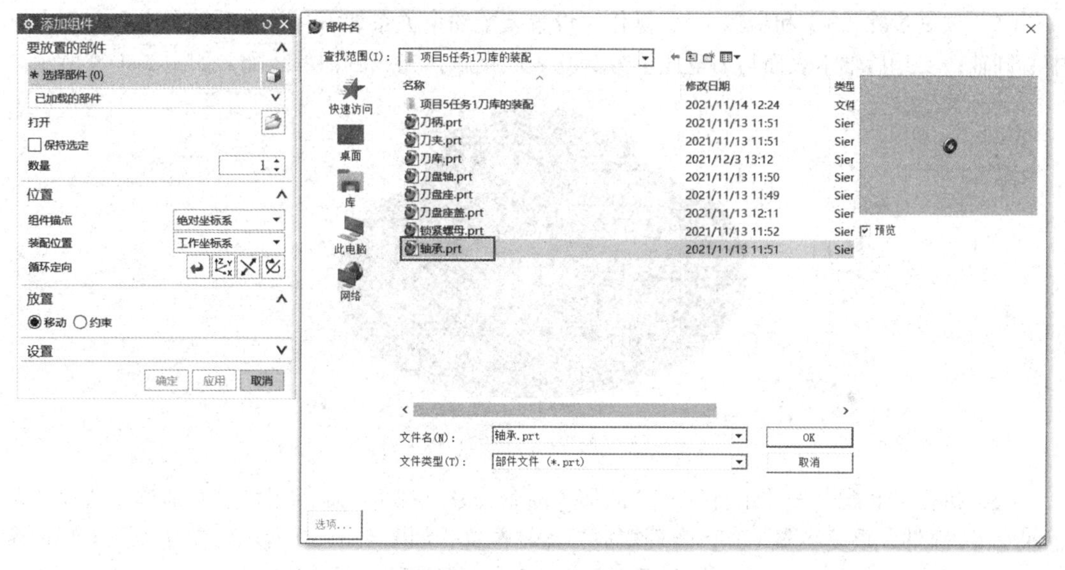

图 5-1-6 添加轴承组件

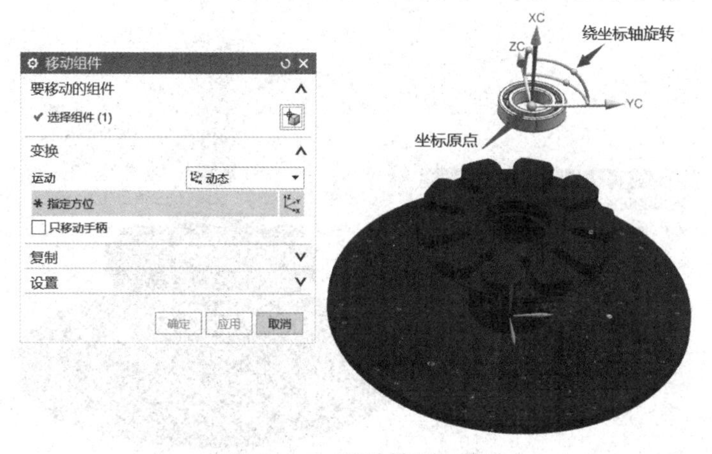

图 5-1-7 移动轴承组件

（4）执行“装配”—“组件位置”—“装配约束”命令，系统弹出“装配约束”对话框，通过“自动判断中心 / 轴”和“接触”设置如下装配约束关系：一是前轴承中心和刀盘座中心同轴；二是前轴承表面与刀盘座上表面接触，如图 5-1-8 所示。

图 5-1-8 前轴承装配

（5）重复步骤（3）和步骤（4）操作，设置装配约束关系如下：一是后轴承中心和刀盘座中心同轴；二是后轴承表面与刀盘座下方深孔表面接触，完成后轴承装配，如图 5-1-9 所示。

图 5-1-9　后轴承装配

（6）执行“装配”—“组件”—“添加”命令，系统弹出“添加组件”对话框，选择“刀盘轴.prt”部件，重复步骤（3），合理摆放刀盘轴位置，如图 5-1-10 所示。重复步骤（4），通过“自动判断中心 / 轴”和“接触”设置如下装配约束关系：一是刀盘座中心和刀盘轴中心同轴；二是前轴承上表面与刀盘轴阶梯面接触，如图 5-1-11 所示。

图 5-1-10　移动刀盘轴组件

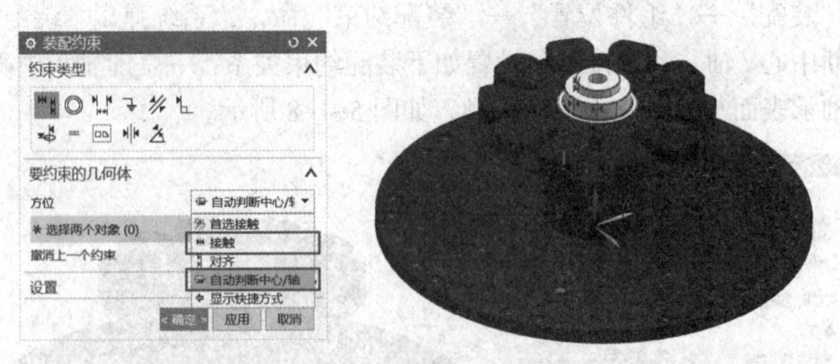

图 5-1-11　刀盘轴装配

（7）执行“装配”—“组件”—“添加”命令，系统弹出“添加组件”对话框，选择“锁紧螺母.prt”部件，重复步骤（3），合理摆放锁紧螺母位置，如图 5-1-12 所示。重复步骤（4），通过“自动判断中心 / 轴”和“接触”设置如下装配约束关系：一是锁紧螺母中心和后轴承中心同轴；二是锁紧螺母上表面与后轴承下表面接触，如图 5–1–13 所示。

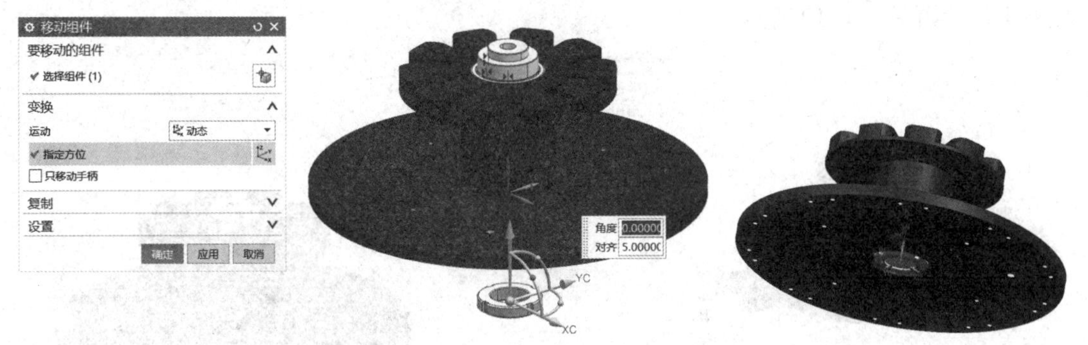

图 5–1–12　移动锁紧螺母组件　　　　图 5–1–13　锁紧螺母装配

（8）执行“装配”—“组件”—“添加”命令，系统弹出“添加组件”对话框，选择“刀盘座盖 .prt”部件，重复步骤（3），合理摆放刀盘座盖位置，如图 5–1–14 所示。重复步骤（4），通过“自动判断中心 / 轴”和“接触”设置如下装配约束关系：一是刀盘座盖上 4 个孔中心和刀盘座底部 4 个孔中心同轴；二是刀盘座盖上表面与刀盘座下表面接触，如图 5–1–15 所示。

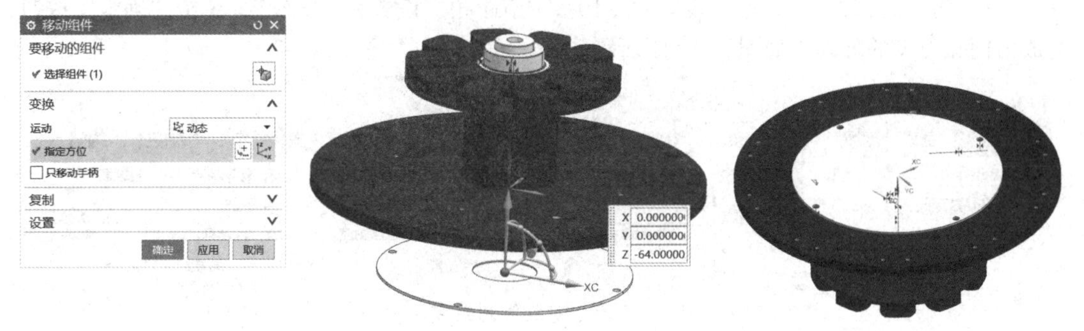

图 5–1–14　移动刀盘座盖组件　　　　图 5–1–15　刀盘座盖装配

（9）执行“装配”—“组件”—“添加”命令，系统弹出“添加组件”对话框，选择“刀夹 .prt”部件，重复步骤（3），合理摆放刀夹位置，如图 5–1–16 所示。重复步骤（4），通过“自动判断中心轴”和“接触”设置如下装配约束关系：一是刀夹上孔中心和刀盘座表面孔中心同轴；二是刀夹基座下表面与刀盘座圆盘上表面接触，如图 5–1–17 所示。

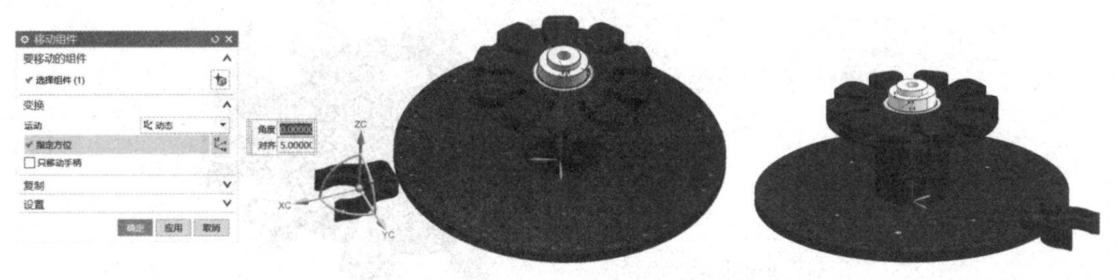

图 5–1–16　移动刀夹组件　　　　图 5–1–17　刀夹装配

（10）执行“装配”—“组件”—“添加”命令，系统弹出“添加组件”对话框，选择“刀柄 .prt”部件，重复步骤（3），合理摆放刀柄位置，如图 5–1–18 所示。重复步骤（4），通过“自动判断中心 / 轴”“距离”“平行”设置如下装配约束关系：一是刀夹头中心和刀柄中心同轴；二是刀夹基座上表面与刀柄圆柱上表面距离为 0.5 mm；三是刀柄凹槽侧壁与刀夹基座侧壁平行，如图 5-1-19 所示。

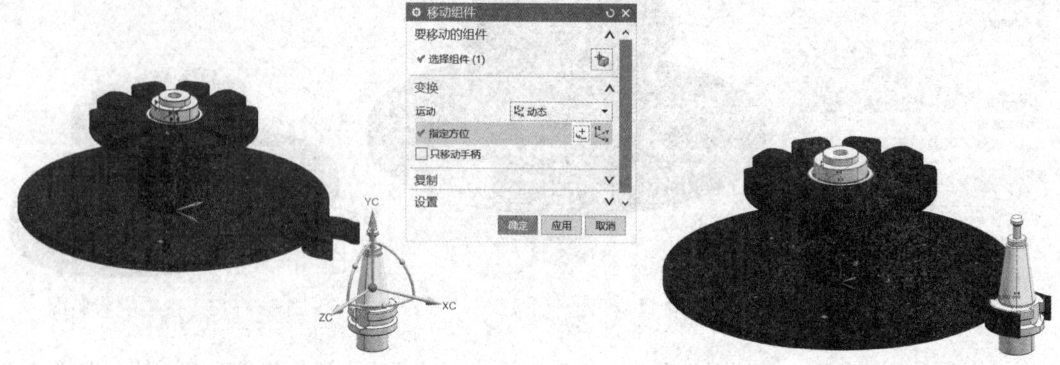

图 5-1-18　移动刀柄组件　　图 5-1-19　刀柄装配

（11）执行“装配”—“组件”—“阵列组件”命令，如图 5-1-20 所示。系统弹出“阵列组件”对话框，选择组件为“刀柄”和“刀夹”部件，“布局”选择为“圆形”，“指定矢量”为“ZC”，“指定点”为“0,0,0”，“数量”设置为“10”，“节距角”设置为“36° ”，单击“确定”按钮，完成刀柄和刀夹的阵列，如图 5-1-21 所示。

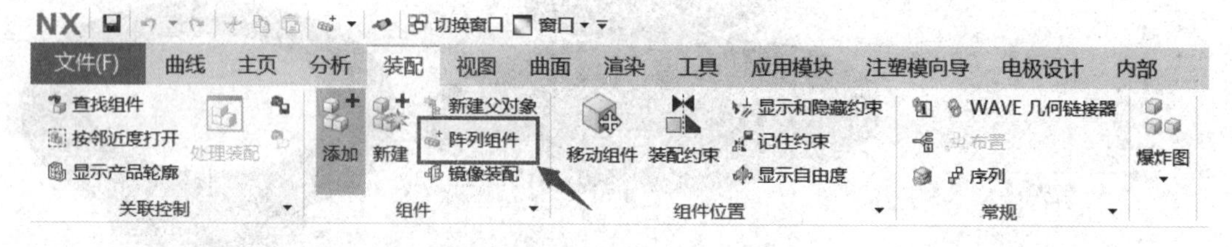

图 5-1-20　创建阵列组件命令

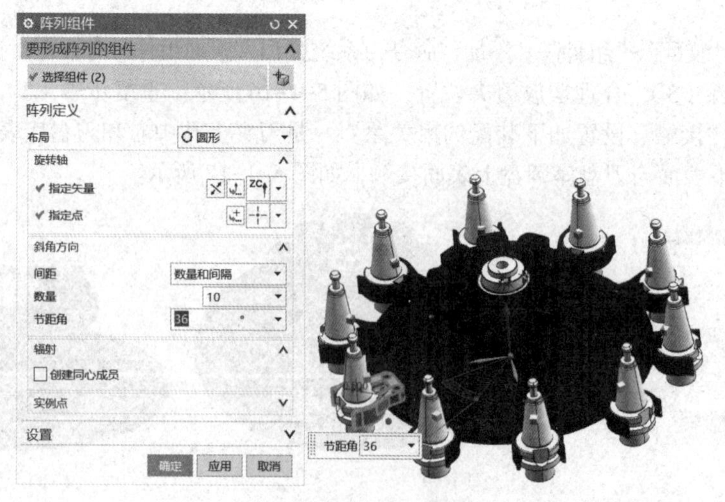

图 5-1-21　组件阵列参数

（12）进入“装配导航器”，选择“约束”并单击鼠标右键，取消“在图形窗口中显示约束”，即可以隐藏所有约束图标，最终完成刀库装配，如图 5-1-22 所示。

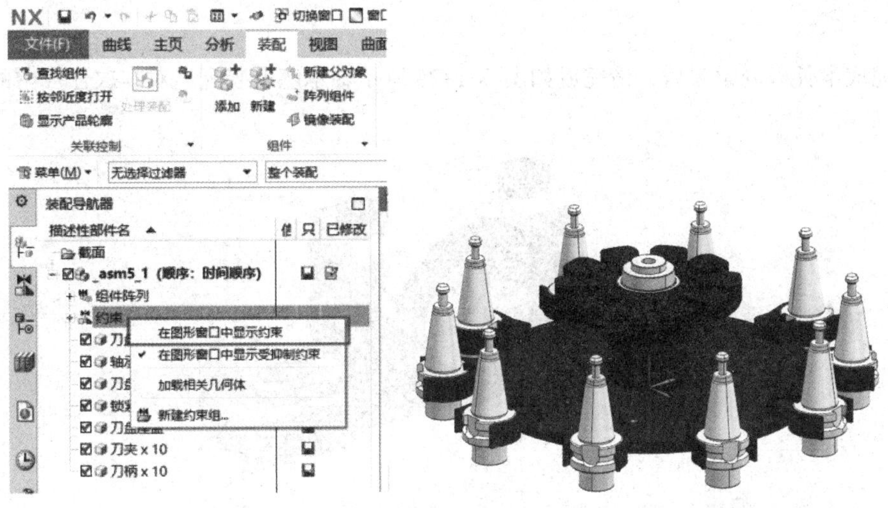

图 5-1-22　刀库装配模型

四、任务总结

（1）可以通过移动组件调整零件的位置，方便添加约束（图 5-1-23）。

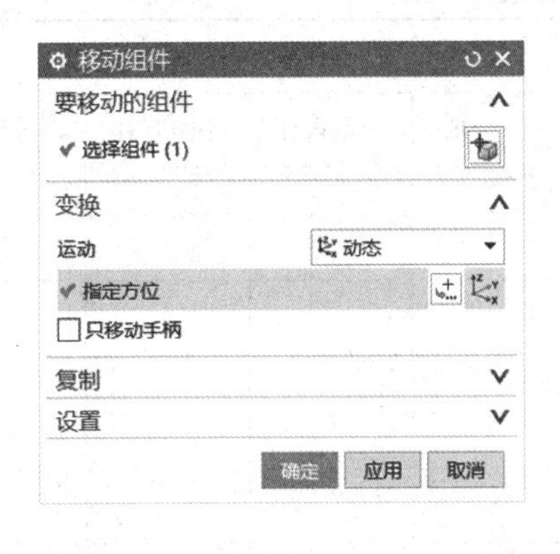

图 5-1-23　移动组件

（2）选择自动判断中心轴时，一定要选择绿色的轴中心线（图 5-1-24）。

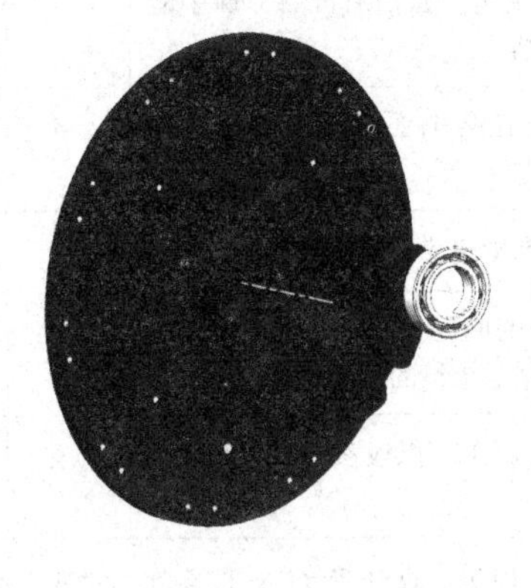

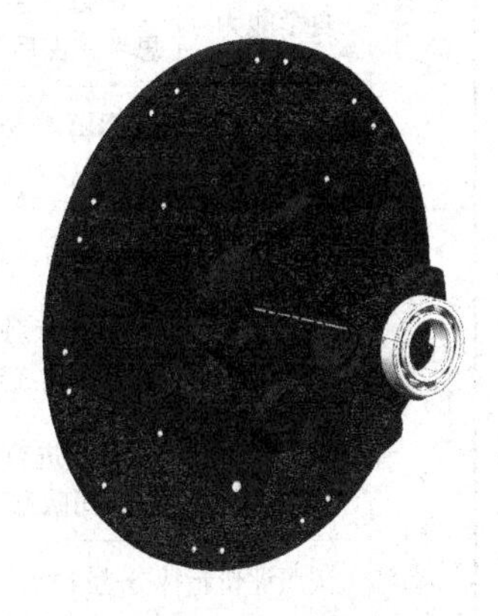

图 5-1-24　装配约束

五、任务拓展

在完成本任务的学习后，请完成如图 5-1-25 所示轴承座的装配，对本次任务中的知识点进行巩固。

图 5-1-25　轴承座

六、考核评价

任务评分表见表 5-1-1。

表 5-1-1　任务评分表

<table>
<tr><td colspan="3">任务编号及名称：</td><td colspan="2">姓名：</td><td colspan="2">组号：</td><td>总分：</td></tr>
<tr><td colspan="2">评分项</td><td>评价指标</td><td>分值</td><td>学生自评</td><td>小组互评</td><td colspan="2">教师评分</td></tr>
<tr><td rowspan="4">专业能力</td><td>识图能力</td><td>能够正确分析零件图纸，明确每个尺寸的含义</td><td></td><td></td><td></td><td colspan="2"></td></tr>
<tr><td>命令使用</td><td>能够合理选择、使用相关命令</td><td></td><td></td><td></td><td colspan="2"></td></tr>
<tr><td>制图步骤</td><td>能够明确工程图绘制步骤，具备清晰的制图思路</td><td></td><td></td><td></td><td colspan="2"></td></tr>
<tr><td>完成精度</td><td>能够准确表达工程图尺寸，显示完整细节</td><td></td><td></td><td></td><td colspan="2"></td></tr>
<tr><td rowspan="3">方法能力</td><td>创新意识</td><td>能够对设计方案进行修改优化，体现创新意识</td><td></td><td></td><td></td><td colspan="2"></td></tr>
<tr><td>自学能力</td><td>具备自主学习能力，课前有准备，课中能思考，课后会总结</td><td></td><td></td><td></td><td colspan="2"></td></tr>
<tr><td>严谨规范</td><td>能够严格遵守任务书要求，完成相应的任务</td><td></td><td></td><td></td><td colspan="2"></td></tr>
<tr><td rowspan="3">社会能力</td><td>遵章守纪</td><td>能够自觉遵守课堂纪律、爱护实训室环境</td><td></td><td></td><td></td><td colspan="2"></td></tr>
<tr><td>学习态度</td><td>能够针对出现的问题，分析并尝试解决，体现精准细致、精益求精的工匠精神</td><td></td><td></td><td></td><td colspan="2"></td></tr>
<tr><td>团队协作</td><td>能够进行沟通合作，积极参与团队协作，具有团队意识</td><td></td><td></td><td></td><td colspan="2"></td></tr>
<tr><td colspan="8">备注：按照评价指标分为 4 档，优秀 10 分、良好 7 分、一般 5 分、合格 2 分</td></tr>
</table>

任务二　机床总装

一、任务描述

完成如图 5-2-1 所示的机床总装。

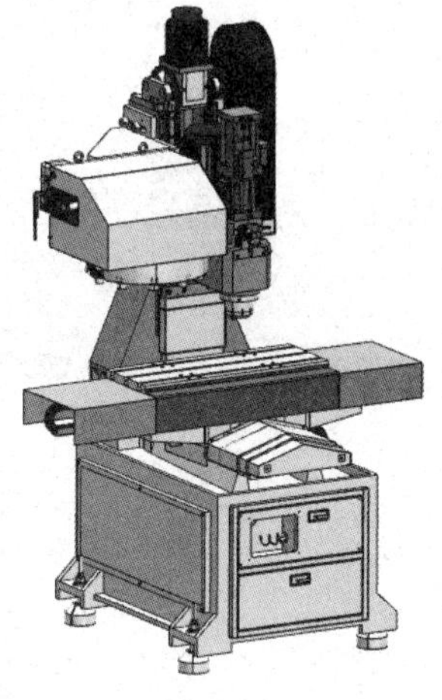

图 5-2-1　机床总装

二、学习目标

通过本任务的学习，能够完成机床总装，实现以下三维目标。

1. 知识目标

掌握“自动判断中心 / 轴”等装配约束相关设定。

2. 能力目标

（1）能够在装配模块中添加和移动部件；

（2）能够熟练使用装配条件进行复杂部件装配。

3. 素养目标

培养严谨规范的建模素养。

三、任务实施

（1）打开 UG 软件，执行“文件”—“新建”命令，新建名称为 _asm5_2.prt 的装配文档，如图 5-2-2 所示。单击“确定”按钮，系统弹出“添加组件”对话框，如图 5-2-3 所示。

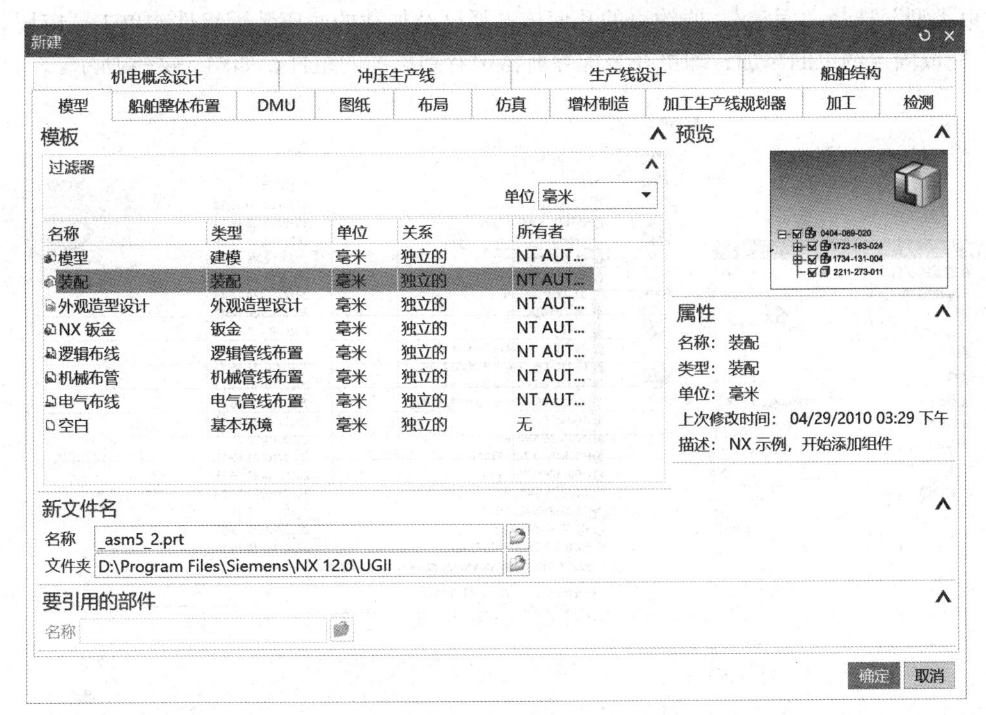

图 5-2-2　创建新的装配文件

图 5-2-3 “添加组件”对话框

（2）执行“装配”—“组件”—“添加”命令，系统弹出“添加组件”对话框，单击“打开”按钮，系统弹出“部件名”对话框，选择“01 底座装配 .prt”组件，如图 5-2-4 所示，单击“OK”按钮，“部件名”对话框关闭，返回到“添加组件”对话框，“放置”类型为“约束”，“约束类型”选择“固定”，要约束的几何体选择已经加载的底座装配组件，单击“应用”按钮，完成固定约束的添加，即可在装配导航器中看到添加的组件，如图 5-2-5 所示。

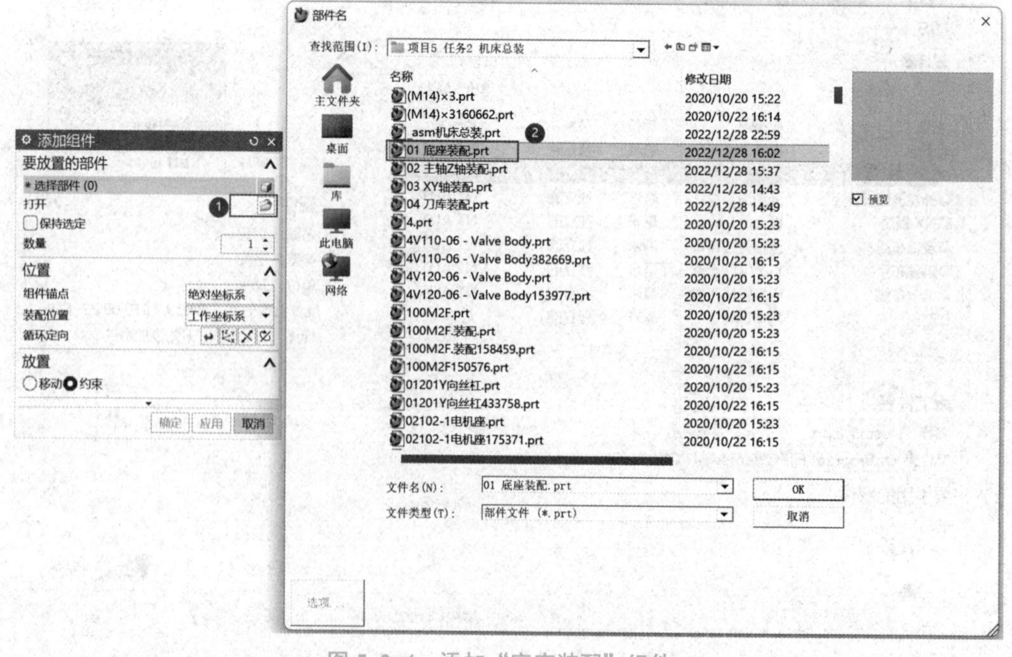

图 5-2-4 添加“底座装配”组件

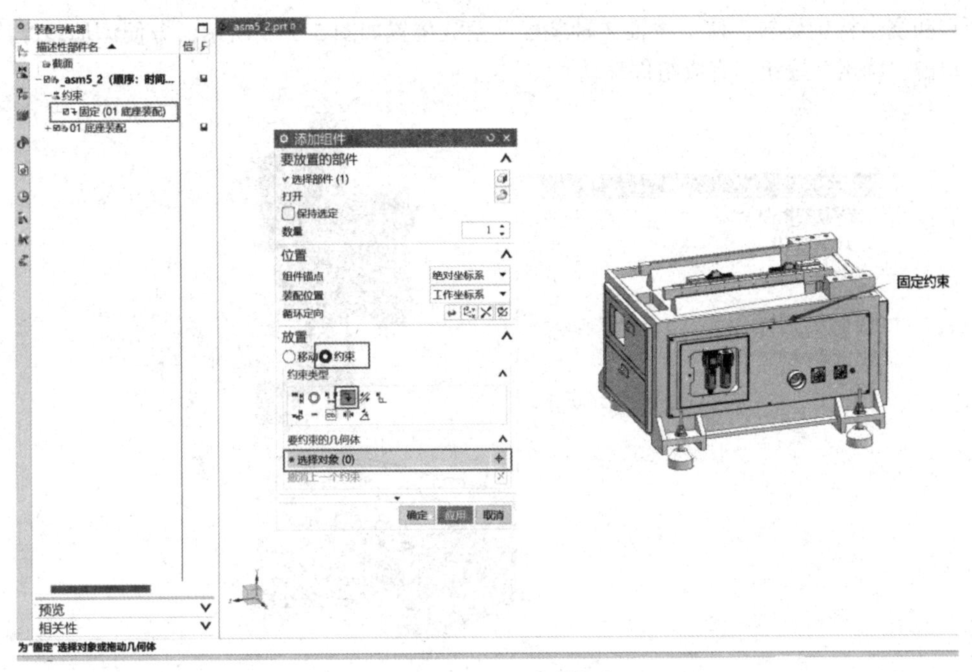

图 5-2-5 添加固定约束

（3）重复步骤（2），再次单击“打开”按钮，选择“02 主轴 Z 轴装配 .prt”组件，在“部件名”对话框中单击“OK”按钮，完成部件选择，接着单击“添加组件”对话框中的“确定”按钮，完成“主轴 Z 轴装配”组件的添加，如图 5-2-6 所示。

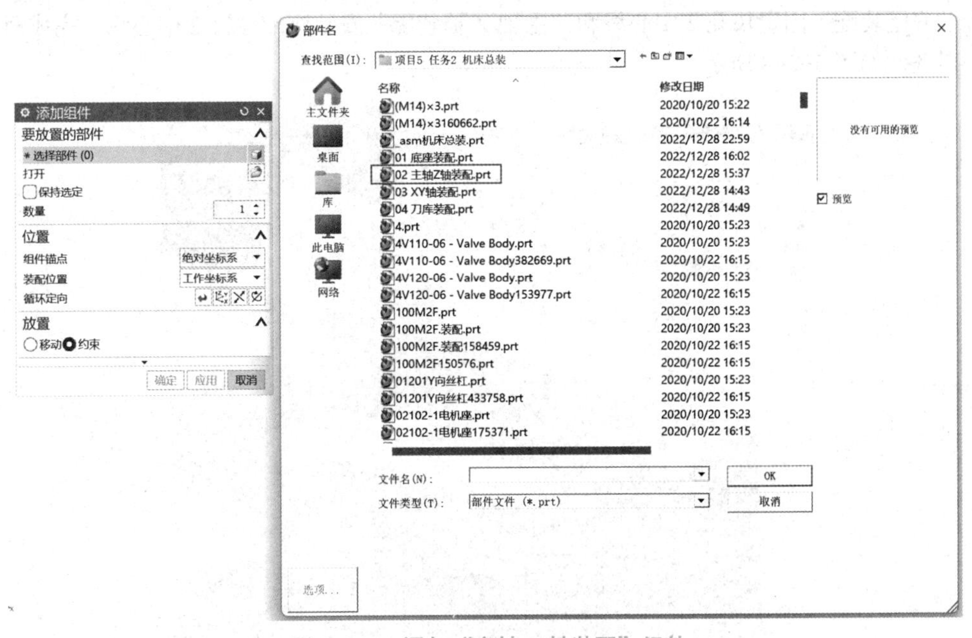

图 5-2-6 添加“主轴 Z 轴装配”组件

（4）执行“装配”—“组件位置”—“移动组件”命令，系统弹出“移动组件”对话框，选择要移动的组件为“主轴 Z 轴装配”，“运动”方式为“动态”，单击“指定方位”，移动坐标轴原点和绕坐标轴旋转，使“主轴 Z 轴装配”摆放位置如图 5-2-7 所示，方便添加装配约束，最后单击“确定”按钮，完成组件移动。

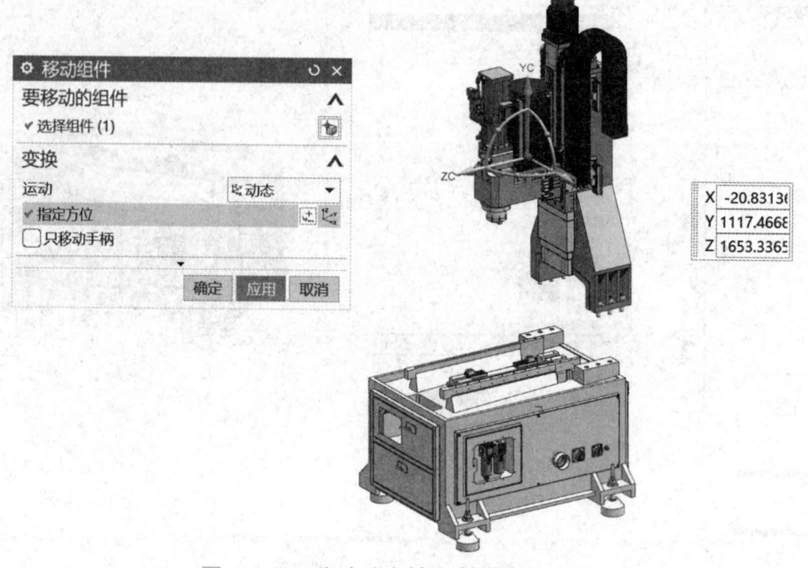

图 5-2-7　移动“主轴 Z 轴装配”组件

（5）执行“装配”—“组件位置”—“装配约束”命令，系统弹出“装配约束”对话框，在“装配约束”对话框中，“方位”选择“自动判断中心 / 轴”，选择两个对象分别为“底座装配”固定块孔 1 中心线和“主轴 Z 轴装配”安装座配螺钉 1 中心线，完成第一组中心对齐；接着继续选择“底座装配”固定块孔 2 中心线和“主轴 Z 轴装配”安装座配螺钉 2 中心线，完成第二组中心对齐，如图 5-2-8 所示。

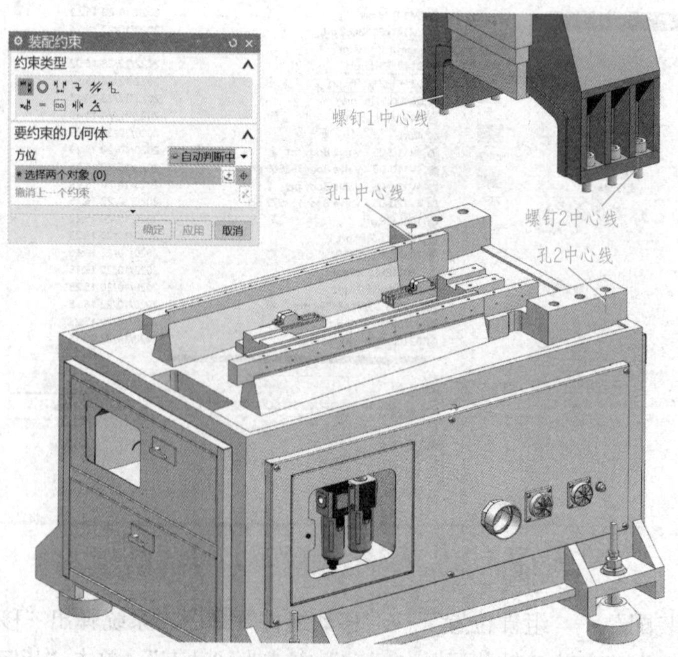

图 5-2-8　“底座装配”固定块与“主轴 Z 轴装配”安装座中心对齐

（6）在“装配约束”对话框中，修改“方位”为“接触”，选择两个对象分别为“底座装配”固定块上表面与“主轴 Z 轴装配”安装座下表面，使两个面接触，如图 5-2-9 所示。

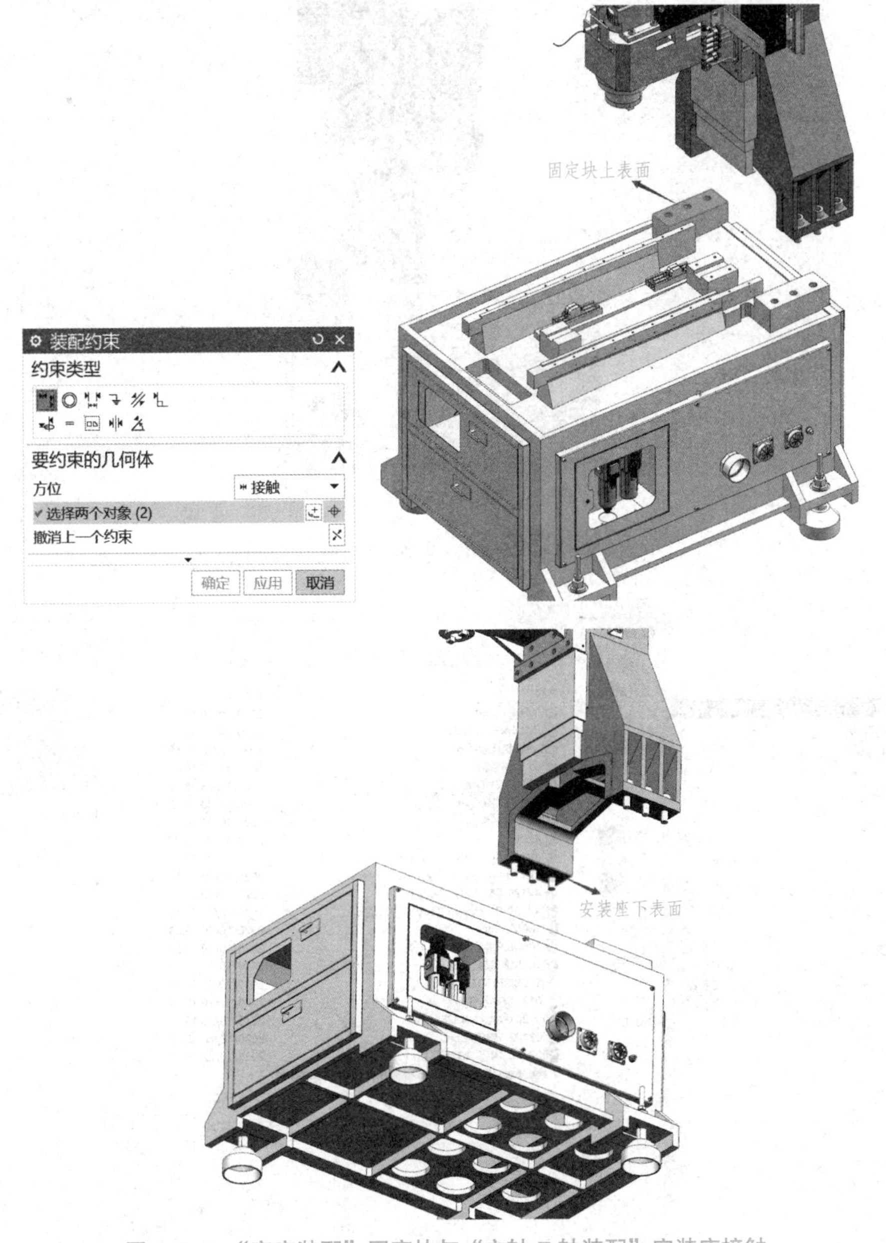

图 5-2-9 “底座装配”固定块与“主轴 Z 轴装配”安装座接触

（7）“自动判断中心 / 轴”和“接触”约束设置后，单击“确定”按钮，完成“主轴 Z 轴装配”组件的装配，如图 5-2-10 所示。

（8）重复步骤（2）继续单击“打开”按钮，选择“03 XY 轴装配 .prt”组件，在“部件名”对话框中单击“ OK”按钮，完成部件选择，接着单击“添加组件”对话框中的“确定”按钮，完成“XY 轴装配”组件的添加，如图 5-2-11 所示。

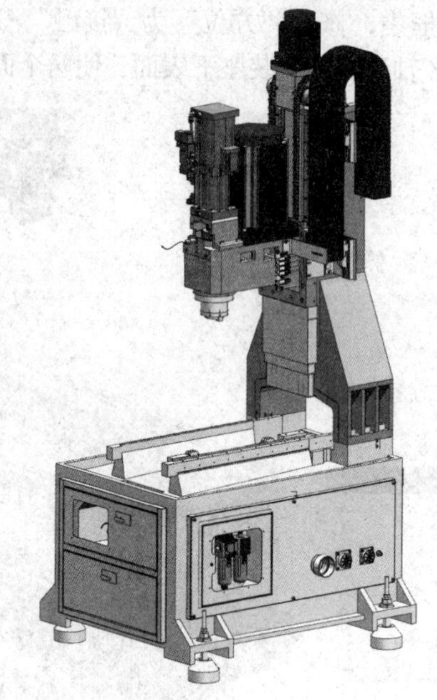

图 5-2-10 “主轴 Z 轴装配”组件的装配

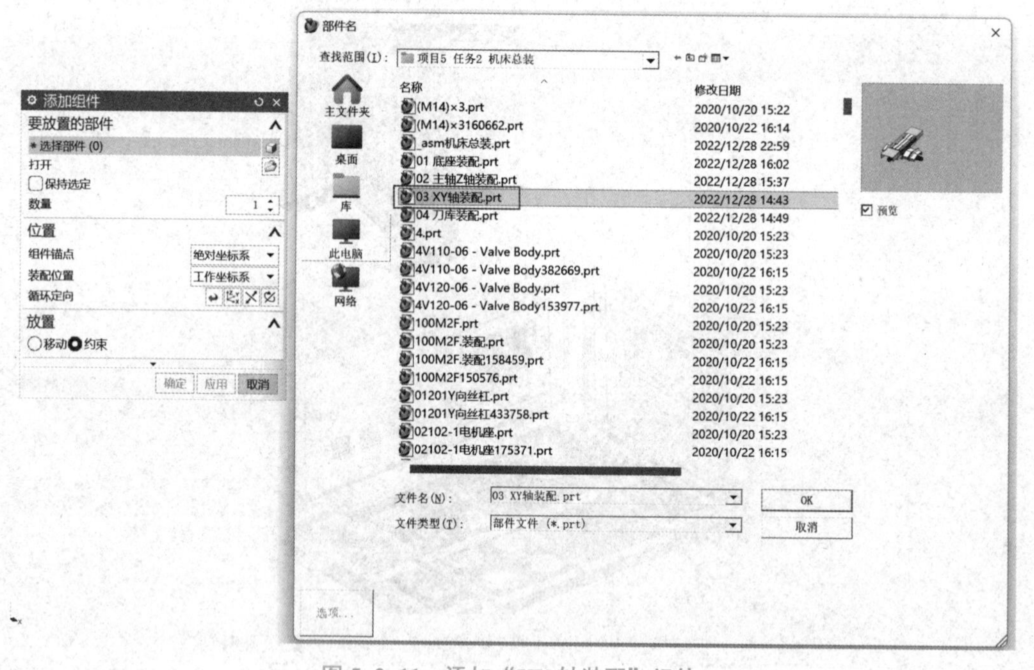

图 5-2-11 添加“XY 轴装配”组件

（9）执行“装配”—“组件位置”—“移动组件”命令，系统弹出“移动组件”对话框，选择要移动的组件为“XY 轴装配”，运动方式为“动态”，单击“指定方位”，通过移动坐标轴原点和绕坐标轴旋转，使“XY 轴装配”摆放位置如图 5-2-12 所示，方便添加装配约束，最后单击“确定”按钮，完成组件移动。

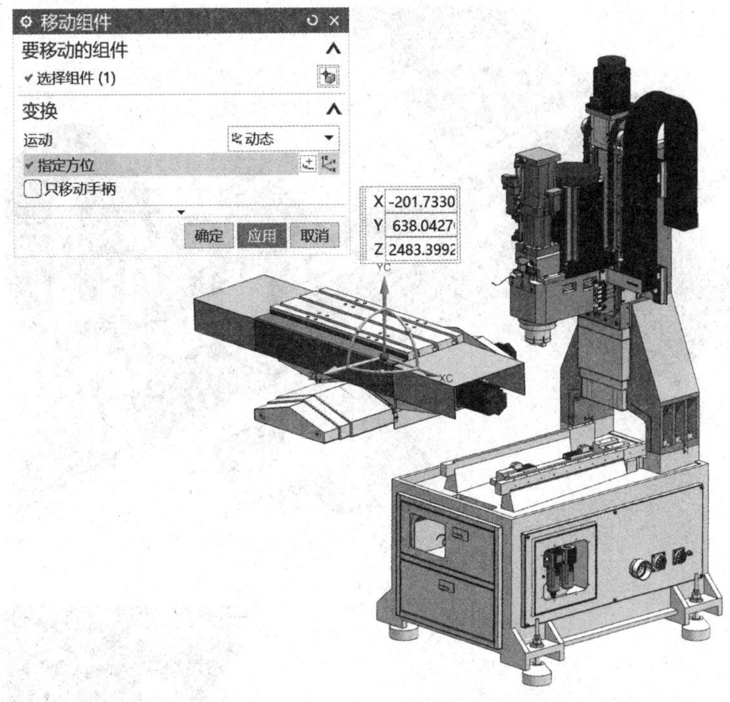

图 5-2-12　移动“XY 轴装配”组件

（10）执行“装配”—“组件位置”—“装配约束”命令，系统弹出“装配约束”对话框，“方位”选择“接触”，选择两个对象分别为“底座装配”导轨上表面与“XY 轴装配”导轨下表面，使两个面接触，如图 5-2-13 所示。

（11）在“装配约束”对话框中，修改方位为“自动判断中心 / 轴”，选择两个对象分别为“底座装配”固定导轨孔 1 中心线和“XY 轴装配”滑动导轨孔 1 中心线，完成第一组中心对齐；接着继续选择“底座装配”固定导轨孔 9 中心线和“XY 轴装配”滑动导轨孔 9 中心线，完成第二组中心对齐，如图 5-2-14 所示。

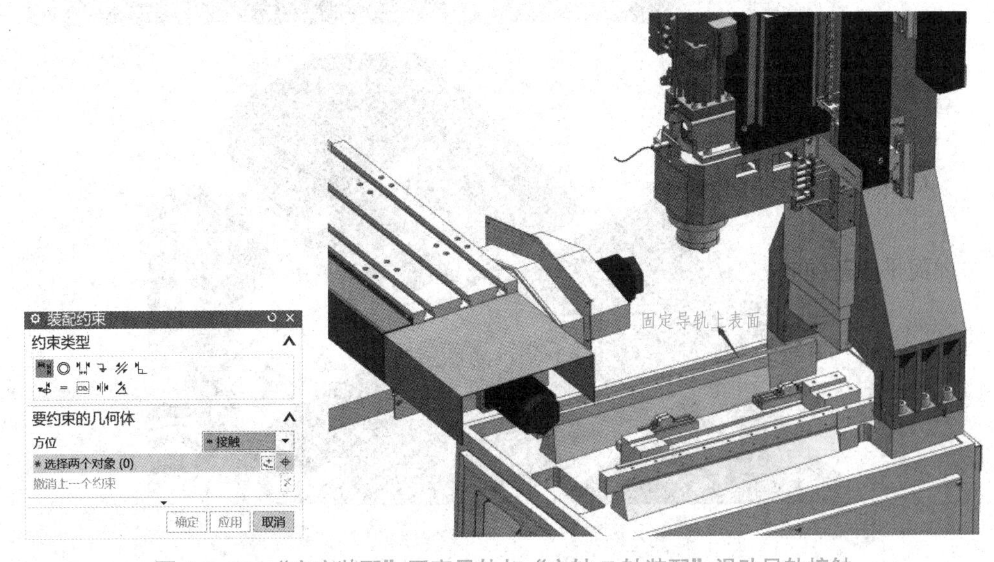

图 5-2-13　“底座装配”固定导轨与“主轴 Z 轴装配”滑动导轨接触

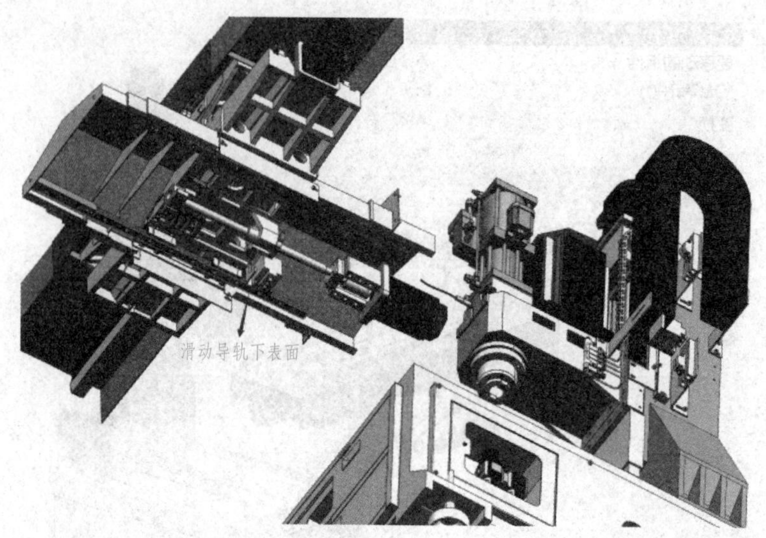

图 5-2-13 “底座装配”固定导轨与“主轴 Z 轴装配”滑动导轨接触（续）

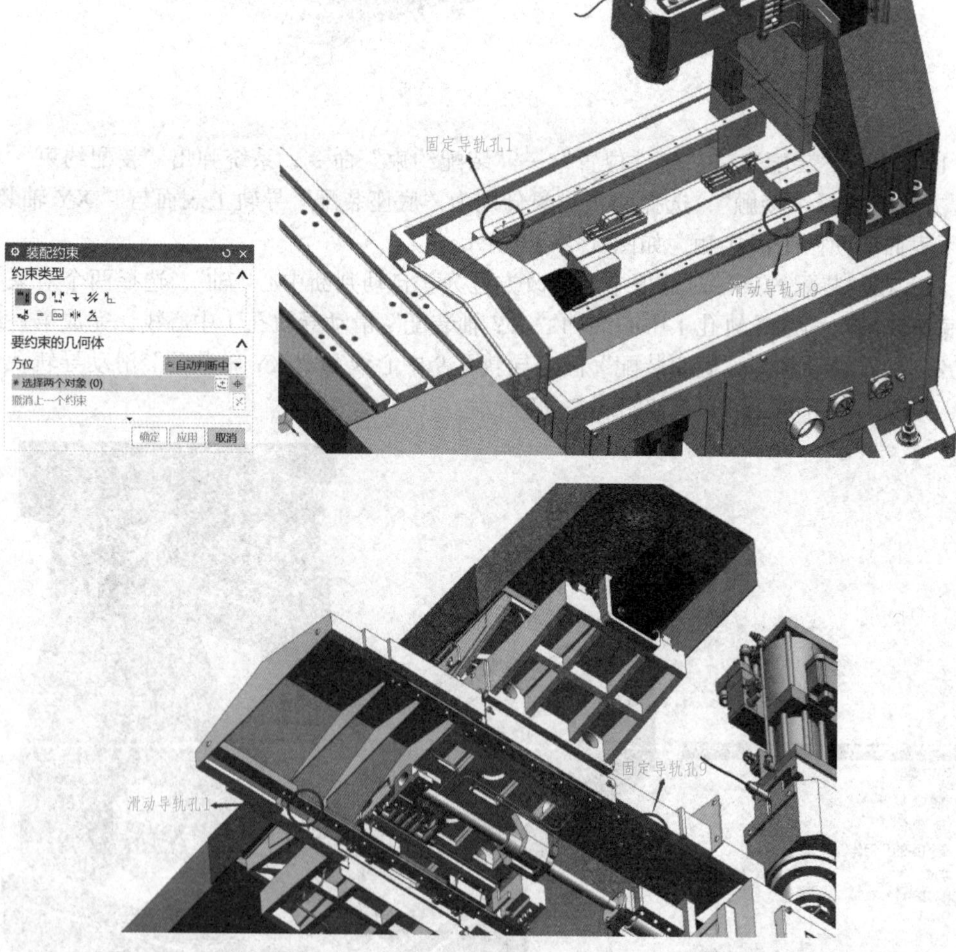

图 5-2-14 “底座装配”固定导轨与“主轴 Z 轴装配”滑动导轨中心对齐

（12）“自动判断中心 / 轴”和“接触”约束设置后，单击“确定”按钮，完成“XY 轴装配”组件的装配，如图 5-2-15 所示。

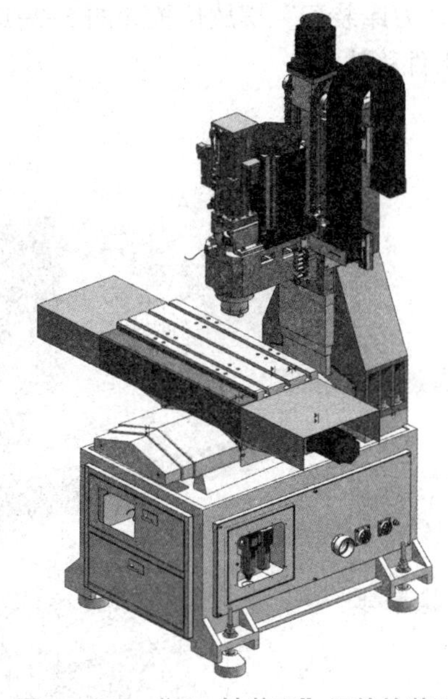

图 5-2-15 “XY 轴装配”组件的装配

（13）重复步骤（2）再次单击“打开”按钮，选择“04 刀库装配 .prt”组件，在“部件名”对话框中单击“OK”按钮，完成部件选择，接着单击“添加组件”对话框中的“确定”按钮，完成“刀库装配”组件的添加，如图 5-2-16 所示。

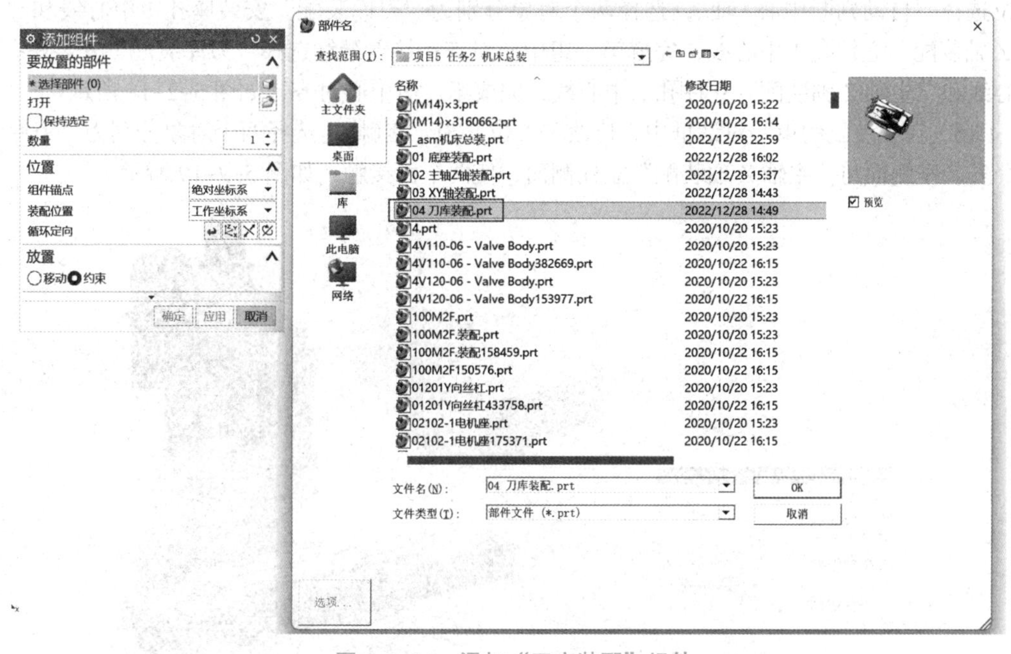

图 5-2-16 添加“刀库装配”组件

（14）执行“装配”—“组件位置”—“移动组件”命令，系统弹出“移动组件”对话框，选择要移动的组件为“XY 轴装配”，“运动”方式为“动态”，单击“指定方位”，通过移动坐标轴原点和绕坐标轴旋转，使“刀库装配”摆放位置如图 5-2-17 所示，方便添加装配约束，最后单击“确定”按钮，完成组件移动。

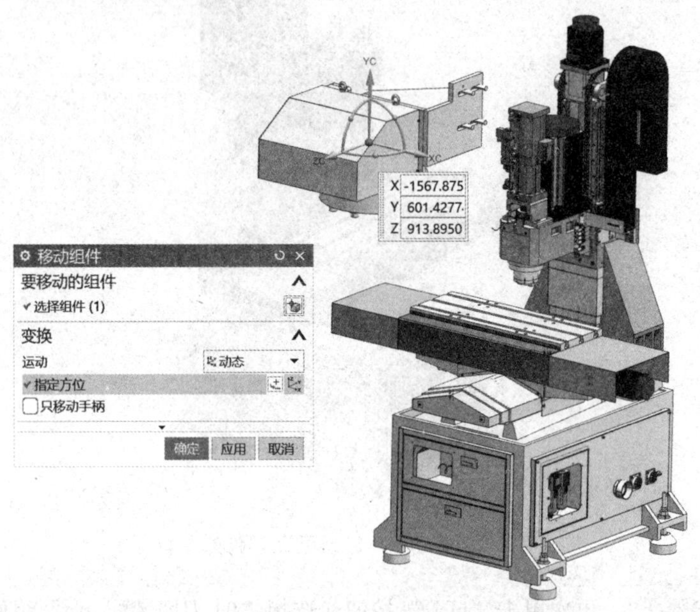

图 5-2-17　移动“刀库装配”组件

（15）执行“装配”—“组件位置”—“装配约束”命令，系统弹出“装配约束”对话框，方位选择“自动判断中心 / 轴”，选择两个对象分别为“刀库装配”安装座孔 1 中心线和“主轴 Z 轴装配”立柱孔 1 中心线，完成第一组中心对齐；接着继续选择“刀库装配”安装座孔 2 中心线和“主轴 Z 轴装配”立柱孔 2 中心线，完成第二组中心对齐，如图 5-2-18 所示。

（16）在“装配约束”对话框中，修改“方位”为“接触”，选择两个对象分别为“刀库装配”安装座侧面与“主轴 Z 轴装配”立柱侧面，使两个面接触，如图 5-2-19 所示。

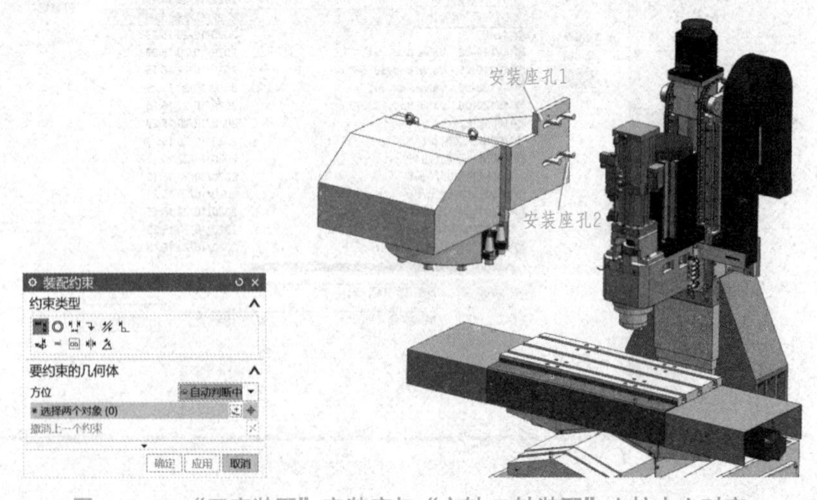

图 5-2-18　“刀库装配”安装座与“主轴 Z 轴装配”立柱中心对齐

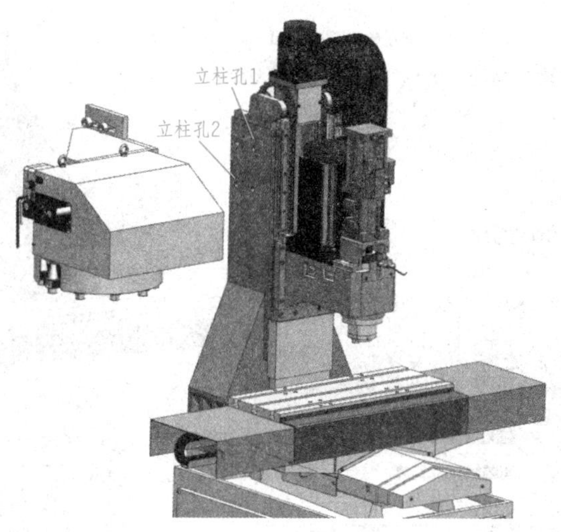

图 5-2-18 “刀库装配”安装座与“主轴 Z 轴装配”立柱中心对齐（续）

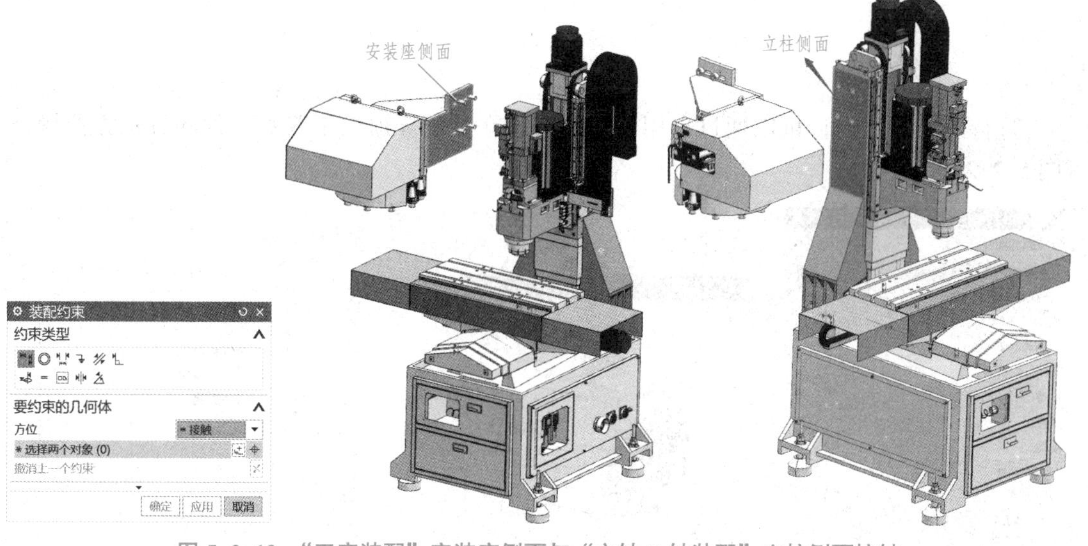

图 5-2-19 “刀库装配”安装座侧面与“主轴 Z 轴装配”立柱侧面接触

（17）“自动判断中心 / 轴”和“接触”约束设置后，单击“确定”按钮，完成“刀库装配”组件的装配，如图 5-2-20 所示。

（18）进入“装配导航器”，选择“约束”并单击鼠标右键，取消“在图形窗口中显示约束”的勾选，即可以隐藏所有约束图标，最终完成机床总装装配，如图 5-2-21 所示。

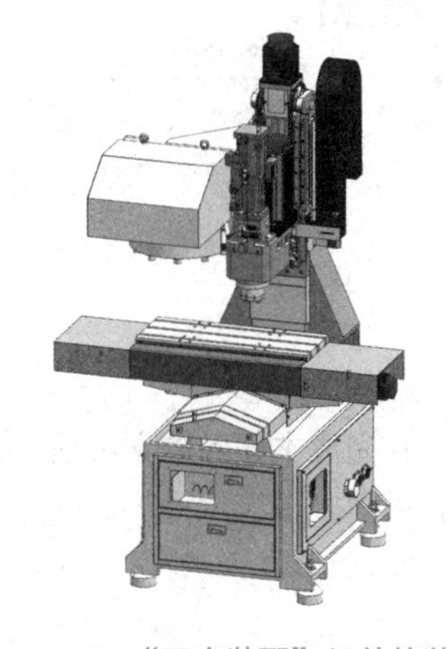

图 5-2-20 “刀库装配”组件的装配

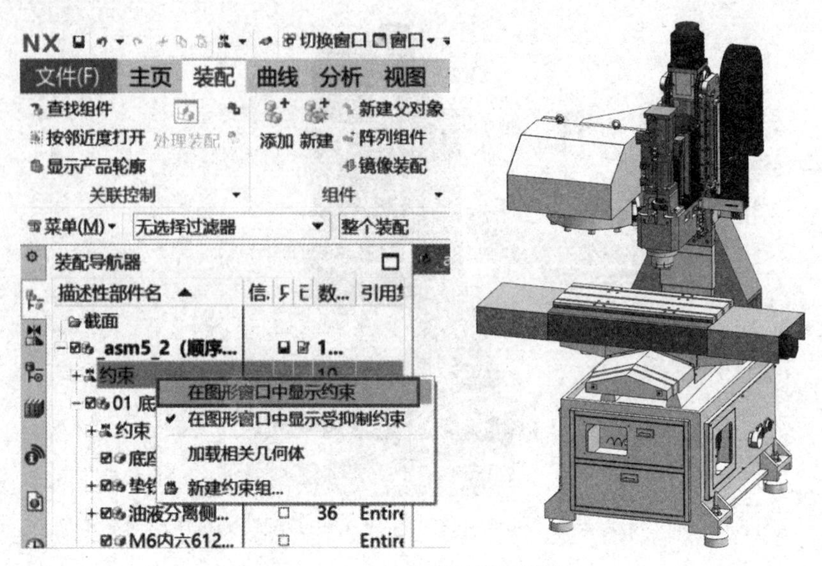

图 5-2-21　机床总装装配模型

四、任务总结

进行约束添加时，可以通过启用预览窗口或在装配导航器下隐藏部件的方式方便操作（图 5-2-22）。

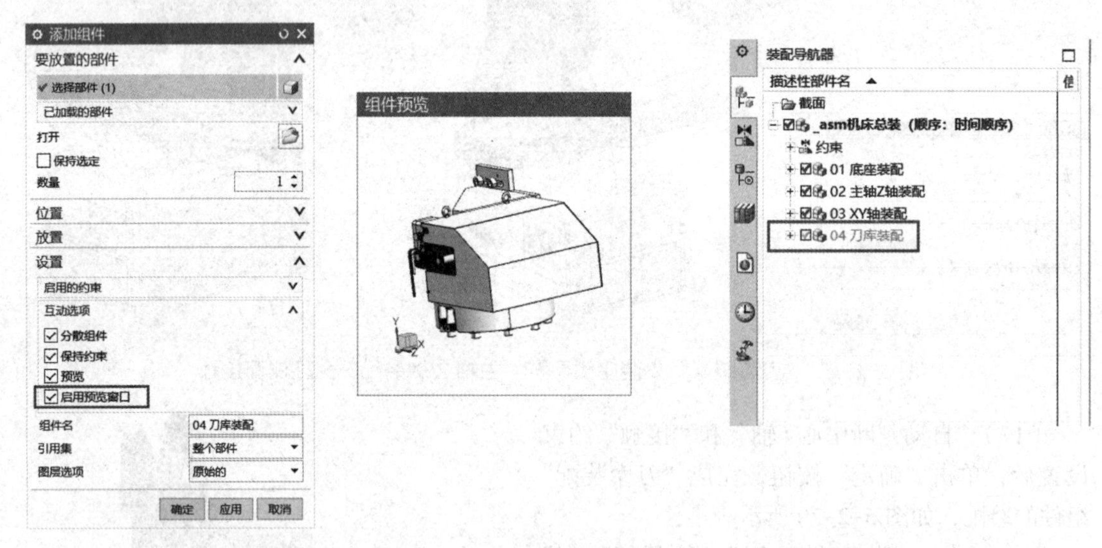

图 5-2-22　约束添加

五、任务拓展

在完成本任务的学习后，请完成如图 5-2-23 所示减速箱的总装，对本次任务中的知识点进行巩固。

图 5-2-23　减速箱

七、考核评价

任务评分表见表 5-2-1。

表 5-2-1　任务评分表

任务编号及名称：		姓名：	组号：		总分：	
评分项		评价指标	分值	学生自评	小组互评	教师评分
专业能力	识图能力	能够正确分析零件图纸，明确每个尺寸的含义				
	命令使用	能够合理选择、使用相关命令				
	制图步骤	能够明确工程图绘制步骤，具备清晰的制图思路				
	完成精度	能够准确表达工程图尺寸，显示完整细节				
方法能力	创新意识	能够对设计方案进行修改优化，体现创新意识				
	自学能力	具备自主学习能力，课前有准备，课中能思考，课后会总结				
	严谨规范	能够严格遵守任务书要求，完成相应的任务				
社会能力	遵章守纪	能够自觉遵守课堂纪律、爱护实训室环境				
	学习态度	能够针对出现的问题，分析并尝试解决，体现精准细致、精益求精的工匠精神				
	团队协作	能够进行沟通合作，积极参与团队协作，具有团队意识				
备注：按照评价指标分为 4 档，优秀 10 分、良好 7 分、一般 5 分、合格 2 分						

项目六 工程图制作

一、项目介绍

工程图是在已有UG零件三维模型的基础上，利用制图模块中的基本视图、剖视图等工具自动生成二维图纸，再利用尺寸及精度标注等，形成完整的工程图纸。本项目以数控加工及数控机床典型零件为载体，以零件的工程图制作为任务，以掌握简单零件的工程图制作流程和方法为学习目标。

本项目选取其中具有代表性的两个零件的工程图任务作为本项目学习的载体，包括任务一铣削试切块、任务二Z向主轴。

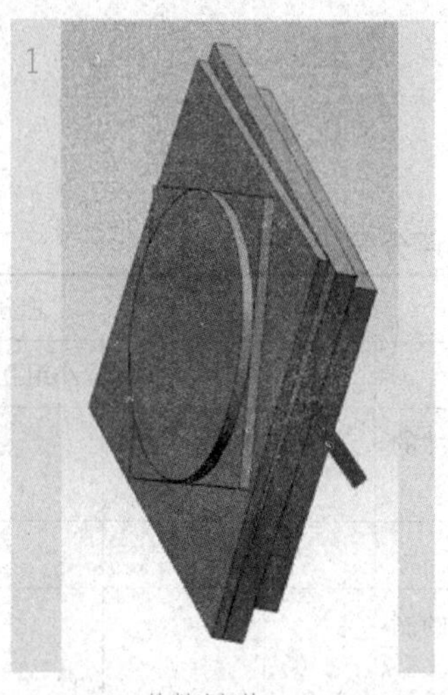

铣削试切块

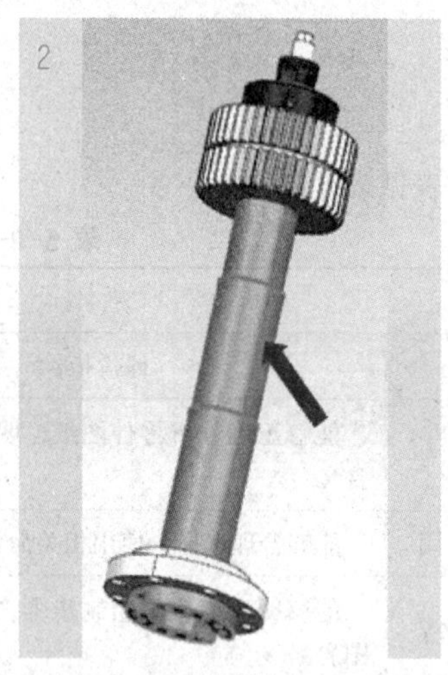

Z向主轴

二、学习目标

通过本项目的学习，能够完成简单机械零件的建模，实现以下三维目标。

1. 知识目标

（1）掌握工程图“标准图框”模板调用的方法；

（2）掌握工程图“基本视图”的创建方法；

（3）掌握工程图“快速尺寸”的标注方法；

（4）掌握“全剖视图”的创建方法；

（5）掌握“局部放大图”的创建方法。

2. 能力目标

（1）能够根据零件的位置精度要求，利用“位置精度”，完成相关的位置精度标注；

（2）能够通过增设剖视图和局部剖视图，清晰地反映零件的细部构造。

3. 素养目标

（1）培养严谨规范的工程图制作素养；

（2）培养精准细致的工匠精神。

任务一　铣削试切块工程图

一、任务描述

利用 UG 制图模块中的视图创建、尺寸标注和位置精度标注，根据如图 6-1-1 所示的“铣削试切块”的三维模型，完成如图 6-1-2 所示的工程图纸。

图 6-1-1　“铣削试切块”三维模型

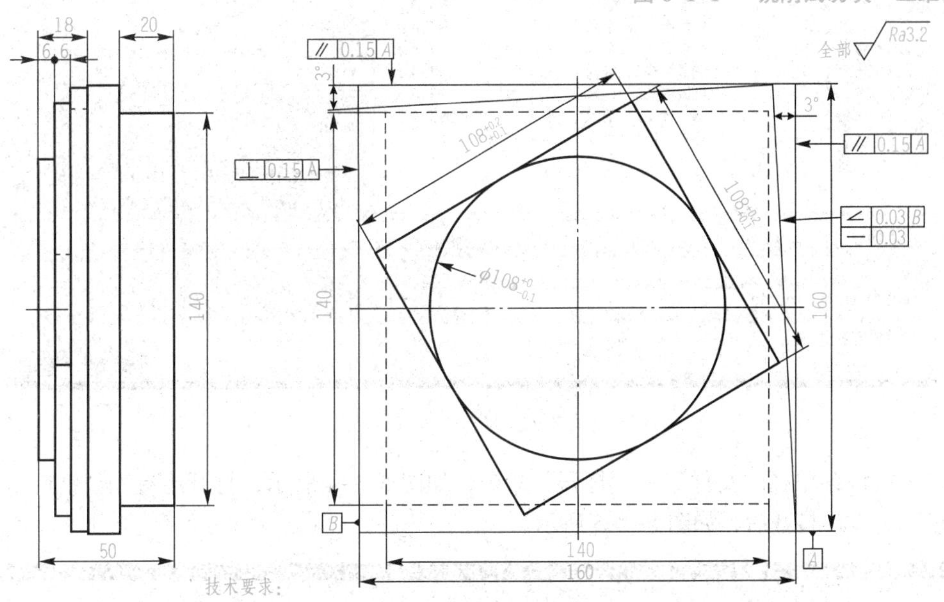

图 6-1-2　“铣削试切块”工程图

二、学习目标

1. 知识目标

（1）掌握工程图“标准图框”模板调用的方法；

（2）掌握工程图“基本视图”的创建方法；

（3）掌握工程图“快速尺寸”的标注方法。

2. 能力目标

能够根据零件的位置精度要求，利用“位置精度”，完成相关的位置精度标注。

3. 素养目标

（1）培养严谨规范的工程图制作职业素养。

（2）培养精准细致的工匠精神。

三、任务实施

（1）打开 UG 软件，执行“文件”—“新建”命令，新建名称为 6-1.prt 的部件文档，单位选择为毫米，如图 6-1-3 所示。单击“确定”按钮，进入建模功能模块。

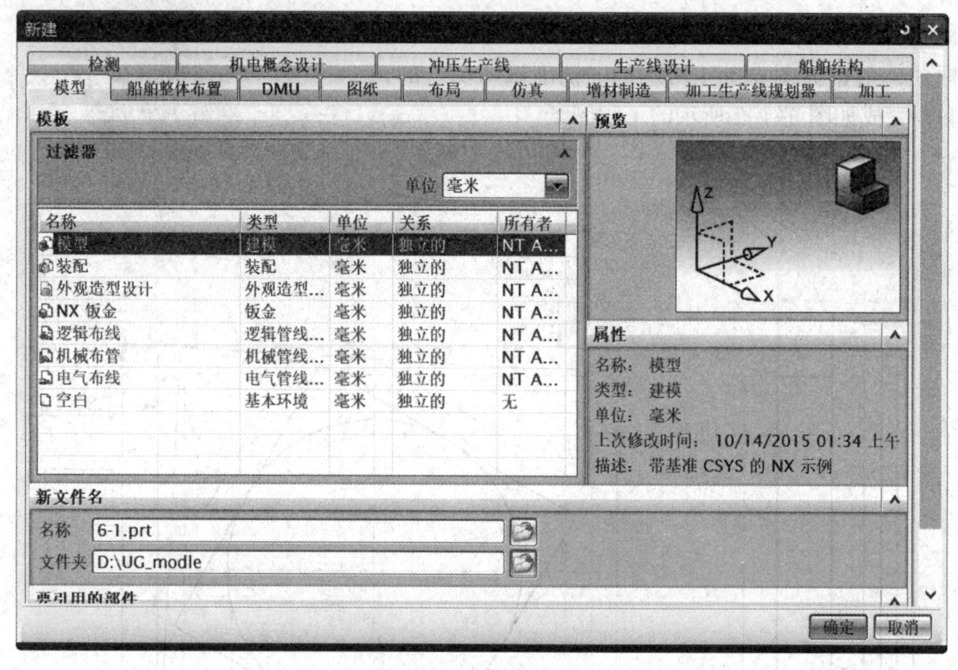

图 6-1-3 新建文件

（2）执行菜单栏“文件”—“打开”命令，如图 6-1-4 所示，打开已有的“铣削试切块”三维模型。文件打开后，如图 6-1-5 所示。

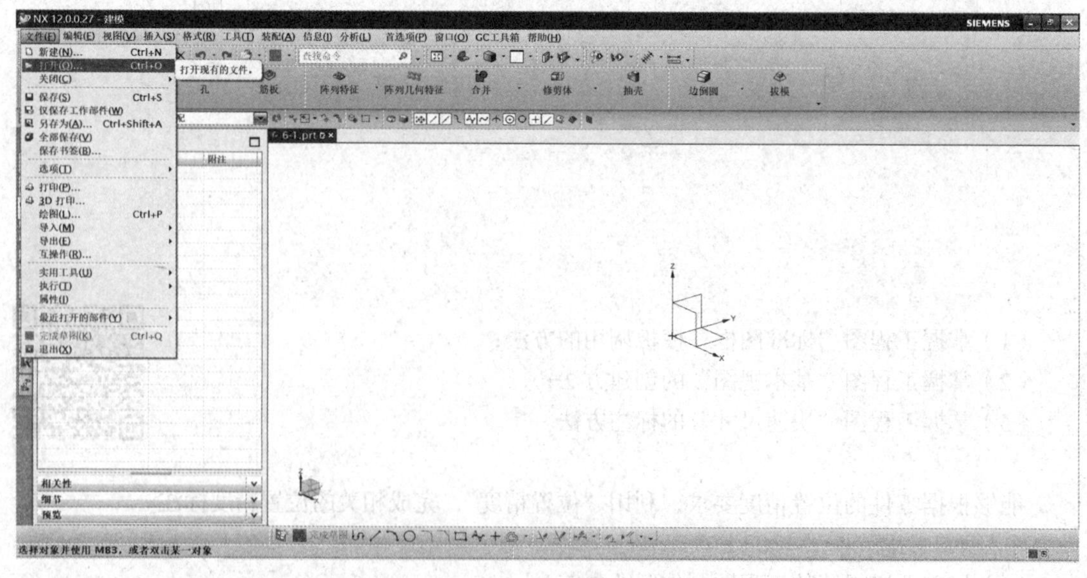

图 6-1-4 打开三维模型

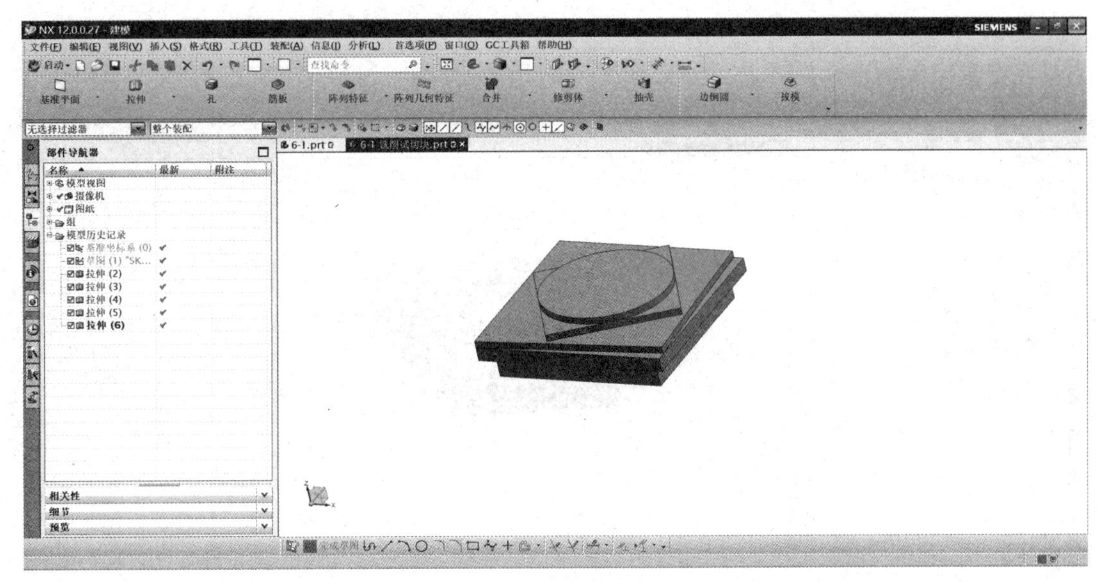

图 6-1-5　打开“铣削试切块”三维模型

（3）执行“启动”—“制图”命令，进入制图模块，如图 6-1-6 所示。

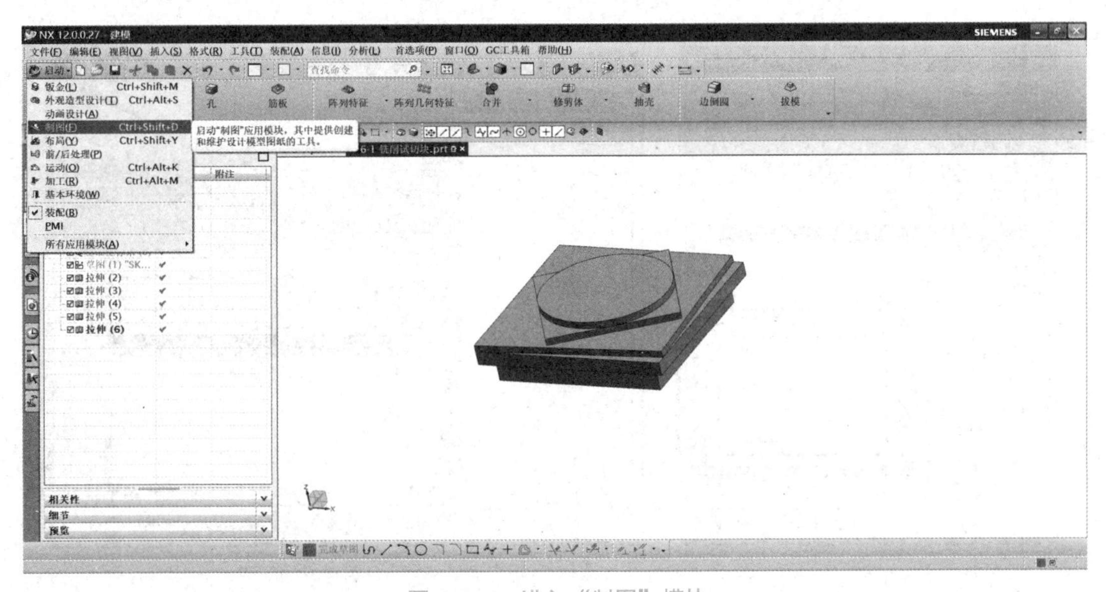

图 6-1-6　进入“制图”模块

单击“新建图纸页”按钮，如图 6-1-7 所示。在弹出的对话框中选择“使用模板”，再选择“A3- 装配无视图”，调用标准的图框，并单击“确定”按钮，关闭系统弹出的“视图创建向导”，如图 6-1-8 所示。

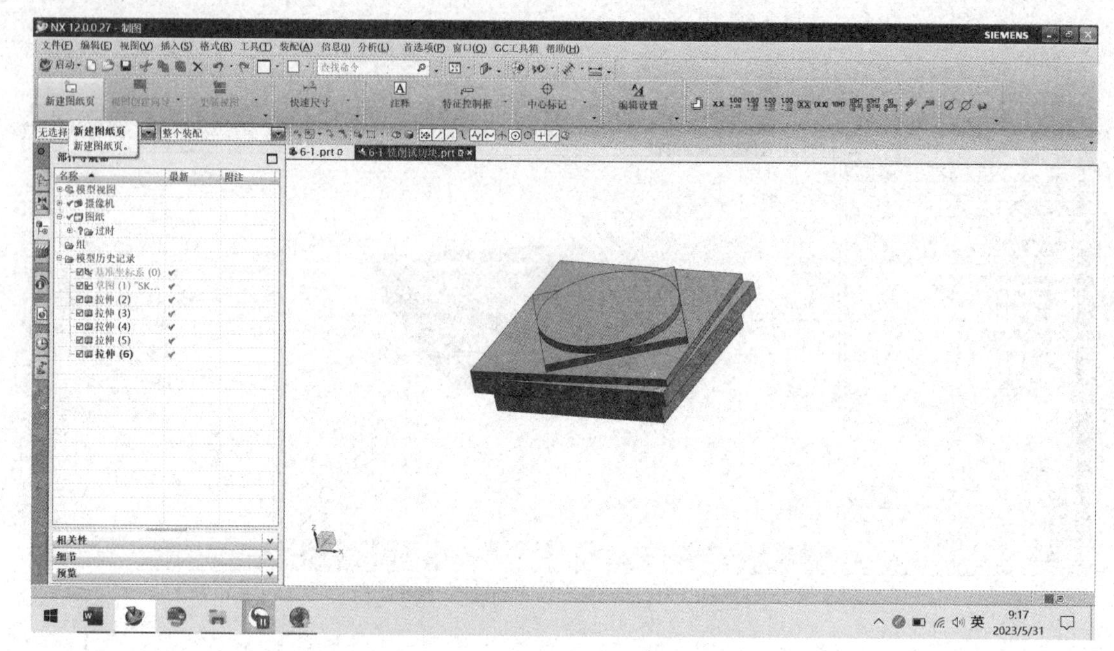

图 6-1-7　新建图纸页

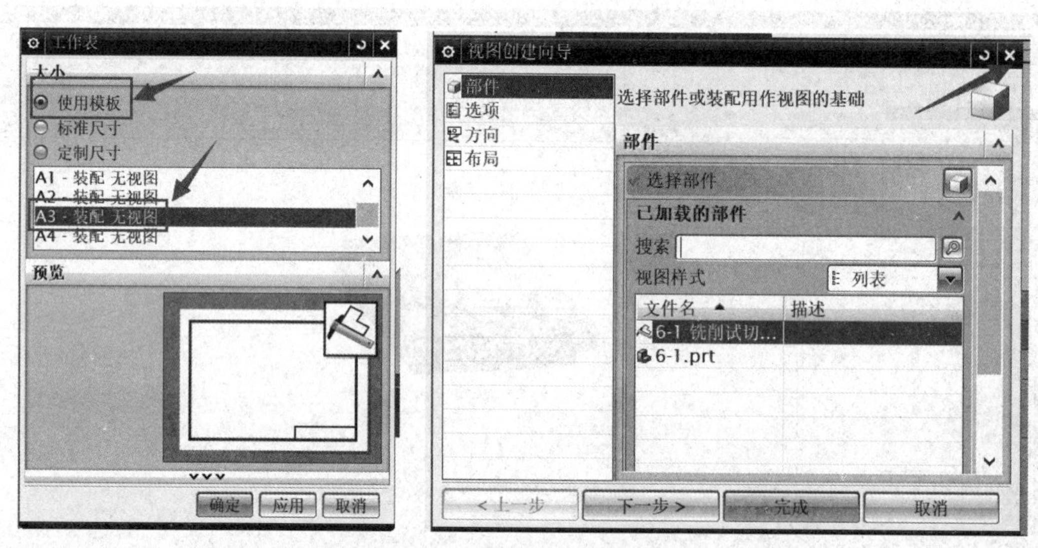

图 6-1-8　调用“标准 A3 图纸模板”并关闭“视图创建向导”

（4）执行菜单栏“格式”—“图层设置”命令，并在弹出的“图层设置”对话框中勾选图层“170”和“173”，如图 6-1-9 所示。单击“关闭”按钮，观察主窗口，A3 标准图框就被完全调用进来。通过鼠标双击标题栏的文字和空白处，可以修改相关标题栏信息，如图 6-1-10 所示。修改单位名称，填写部件名称及设计人员姓名等信息。

选中标题栏文字，单击鼠标右键，在弹出的快捷菜单中，选择“设置”选项。系统弹出“设置”对话框，可以进行字体设置，如图 6-1-11 所示。

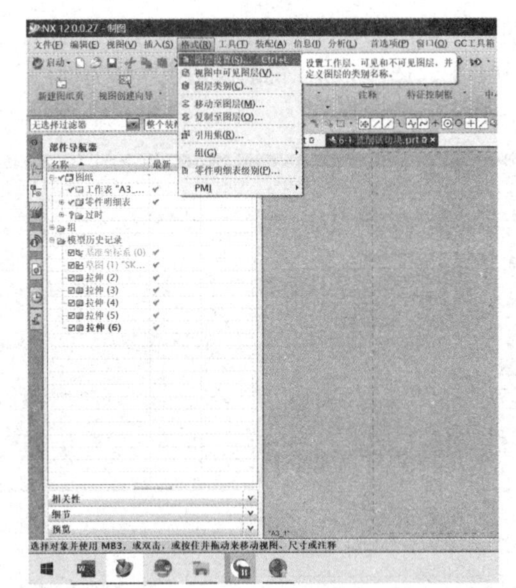

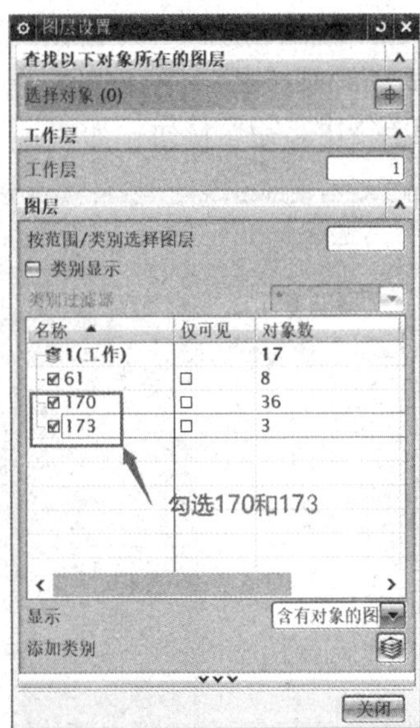

图 6-1-9　图层设置

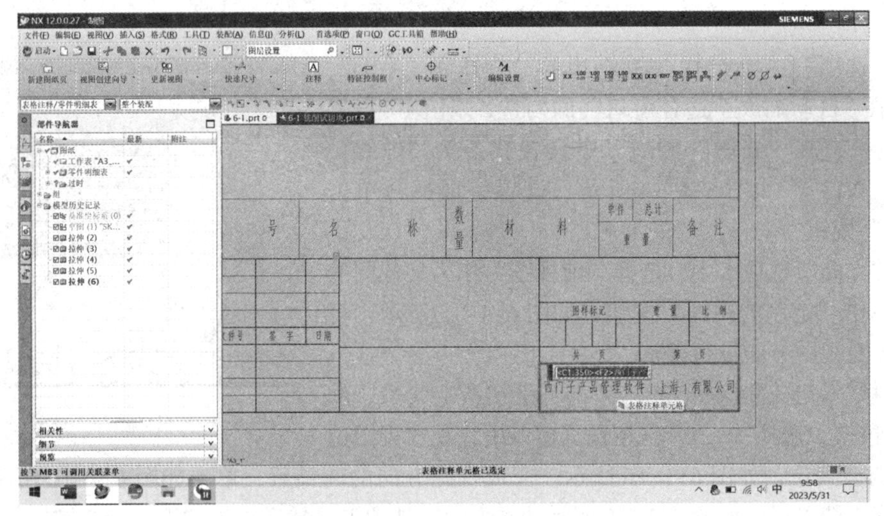

图 6-1-10　标题栏信息修改及填写

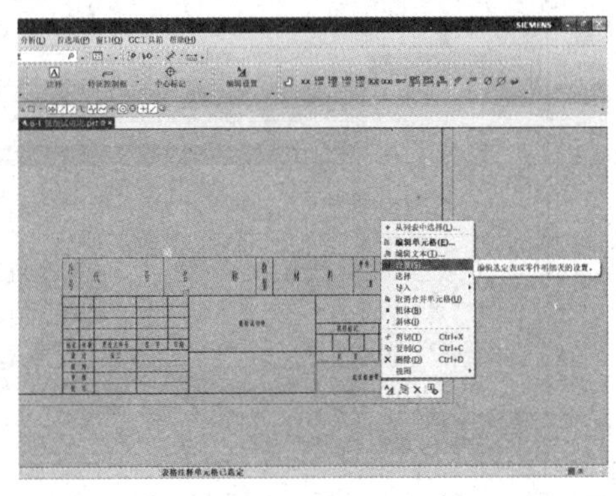

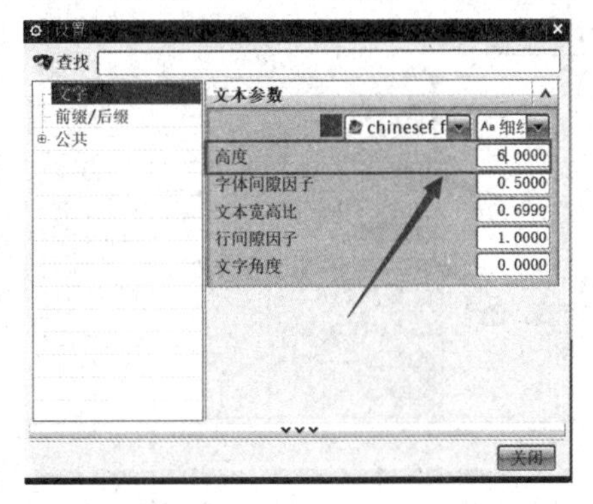

图 6-1-11　标题栏文字的字体高度调整

（5）单击“视图创建向导”按钮，进入工程图的视图创建，如图 6–1–12 所示，系统弹出“视图创建向导”对话框，在“部件”选项卡中，选择“6–1 铣削试切块”作为部件。完成部件选择后，单击“下一步”按钮，如图 6–1–13 所示。

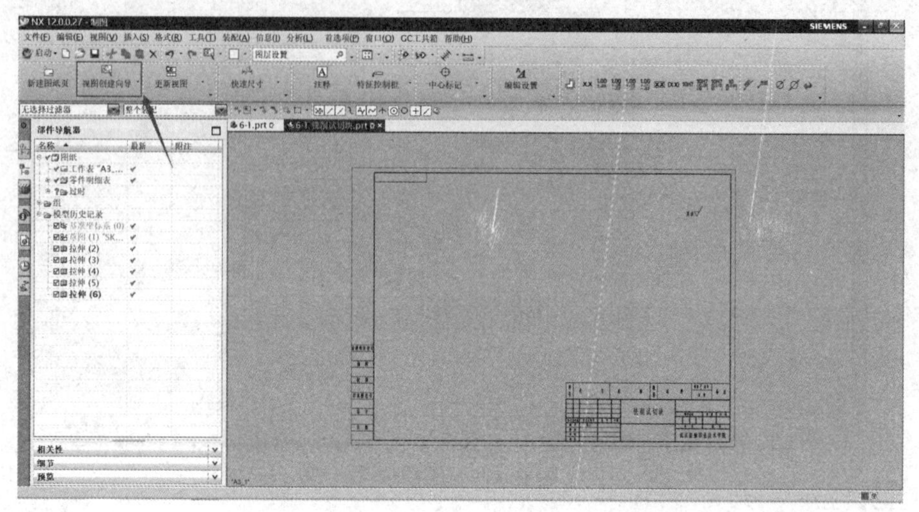

图 6–1–12　单击“视图创建向导”，进入视图创建

在“选项”选项卡中，“视图边界”选择为“手动”，同时取消“自动缩放至适合窗口”的勾选；“比例”设置为“1∶1”；在“处理隐藏线”中设置线条为“虚线”，线宽为“0.13”，如图 6–1–14 所示。设置完成后，单击“下一步”按钮。

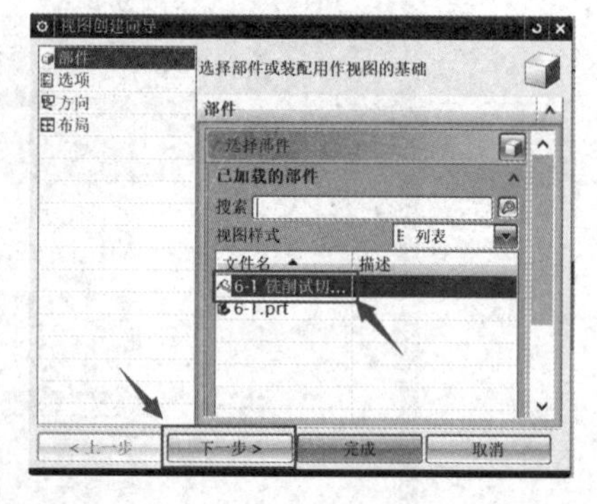

图 6–1–13　“部件”卡的相关设置

在“方向”选项卡中，选择“前视图”作为父视图的方位。单击“定制的视图”按钮，如图 6–1–15 所示，可以进一步对视图方向进行调整。

通过“指定矢量”，单击“X 向”下“指定矢量”的“扩展”按钮，选择“–ZC”，在预览窗口中，观察视图位置是否调整到位，如图 6–1–16 所示。完成视图方向的调整后，单击如图 6–1–16 所示的“确定”按钮，即可返回如图 6–1–15 所示的“方向”选项卡，然后单击“下一步”按钮。

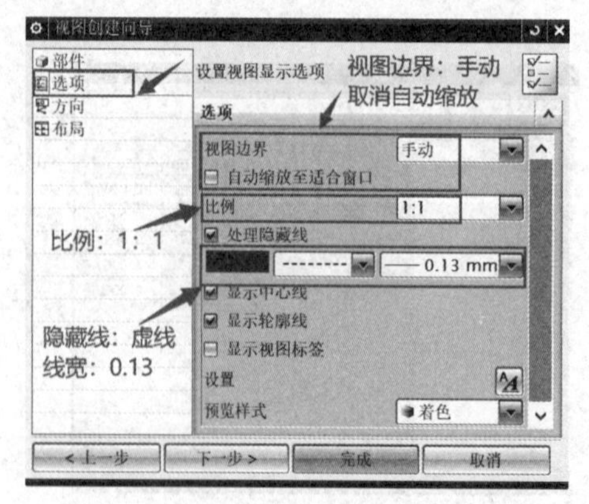

图 6–1–14　“选项”选项卡的相关设置

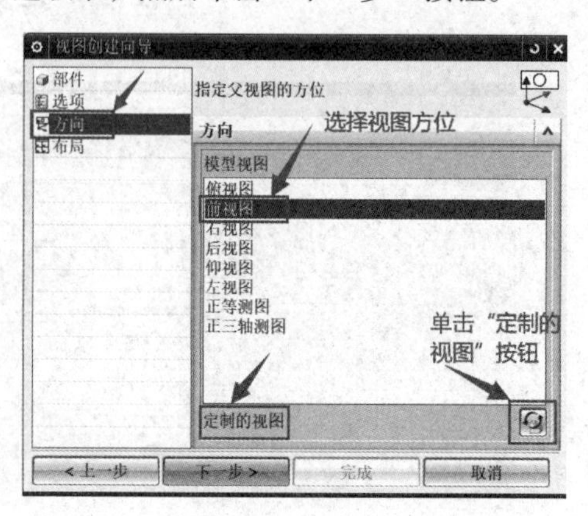

图 6–1–15　“方向”选项卡的相关设置

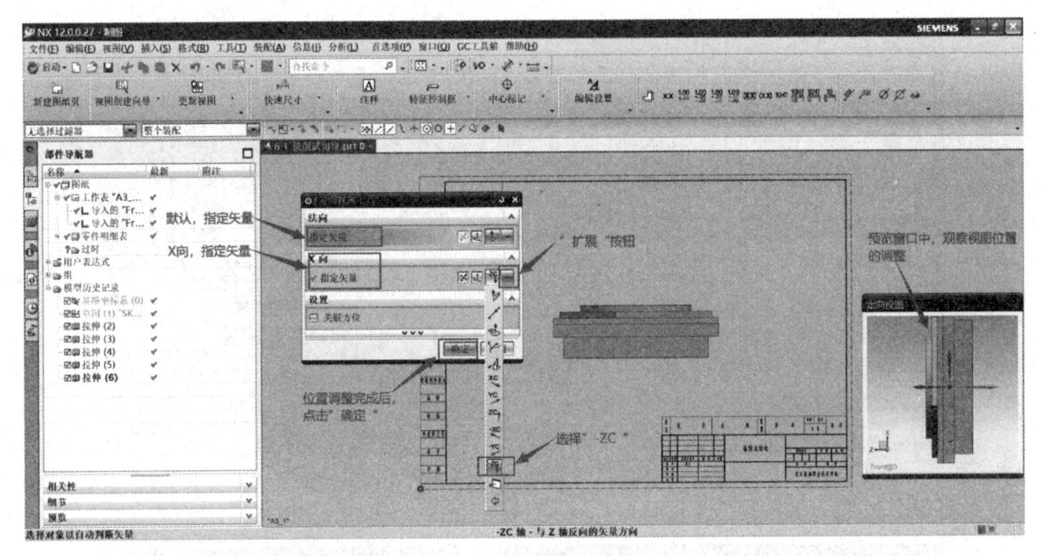

图 6-1-16　通过“指定矢量”，选择“-ZC”，对视图方向进行调整

在“布局”选项卡中，选择要投影的视图：主视图与左视图；“放置”方式选择为“手动”，如图 6-1-17 所示。

在主窗口中选定合适的放置位置后，单击鼠标左键进行确认，即可完成基本视图的创建，如图 6-1-18 所示。

（6）对基本视图进行“编辑”调整。选中左视图的中心线，单击鼠标右键，在弹出的快捷菜单中，选择“编辑”选项，如图 6-1-19 所示。

单击中心的箭头不松，通过拖曳可以调整中心线的长度至合适位置，如图 6-1-20 所示。调整完成后，单击“确定”按钮。

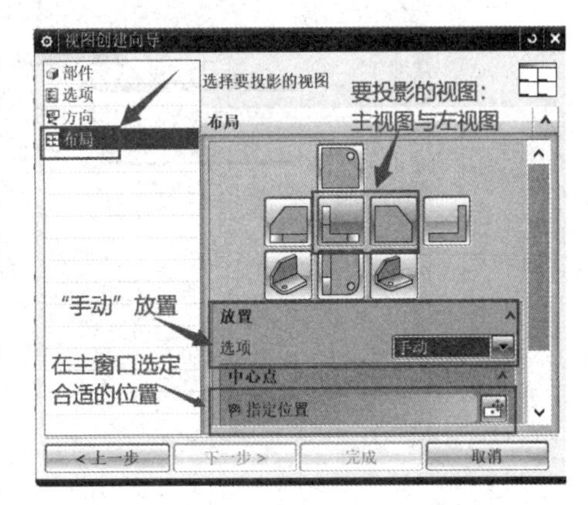

图 6-1-17　“布局”选项卡的相关设置

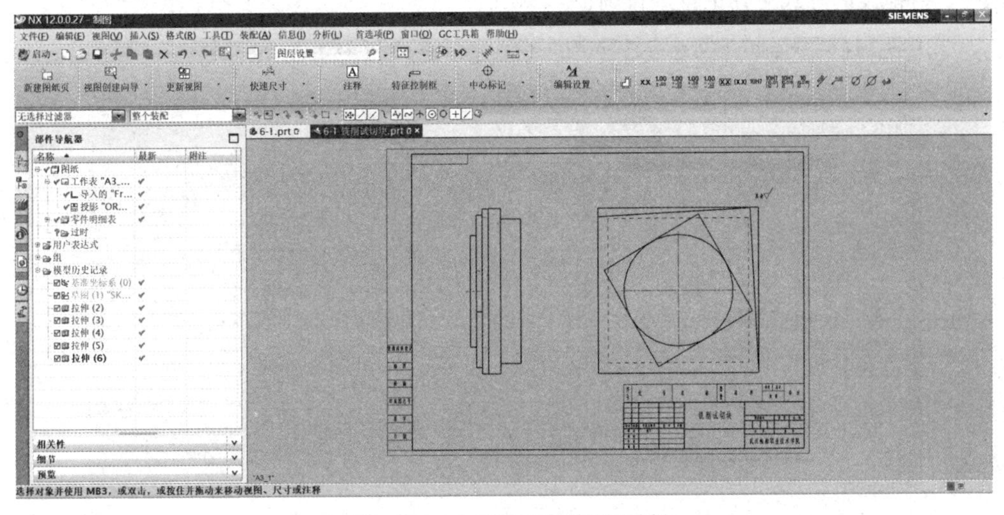
图 6-1-18　基本视图创建完成

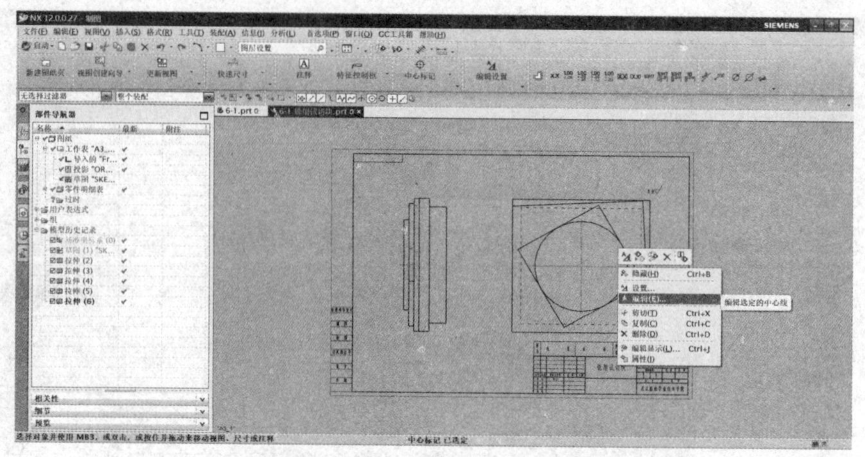

图 6-1-19　对“左视图的中心线”进行编辑

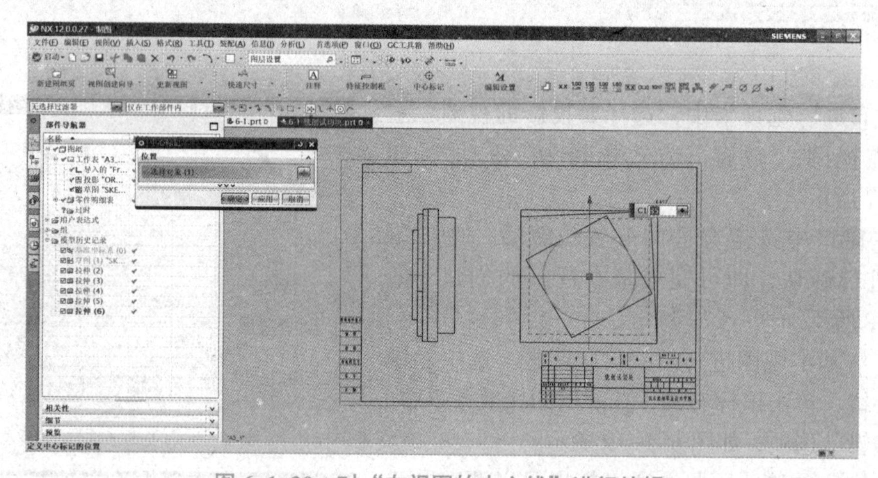

图 6-1-20　对“左视图的中心线”进行编辑

选中“粗糙度”符号，对粗糙度的符号进行相关编辑，如图 6-1-21 所示。同时可以通过先选中、再拖曳的方式对其位置进行调整。

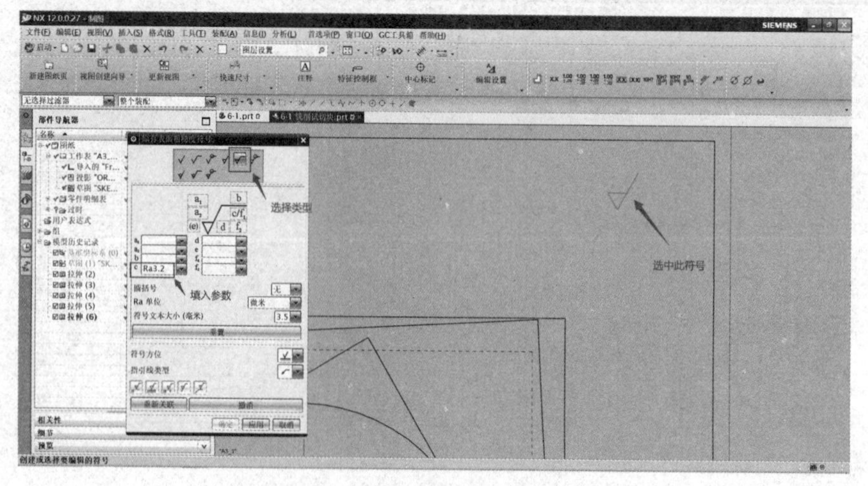

图 6-1-21　对“粗糙度”符号进行编辑

单击“注释”按钮，系统弹出“注释”对话框，通过“文本输入”的方式可以在粗糙图符号前添加文本，如图 6-1-22 所示。通过在主窗口中选定文本的位置，即可完成文本的添加。

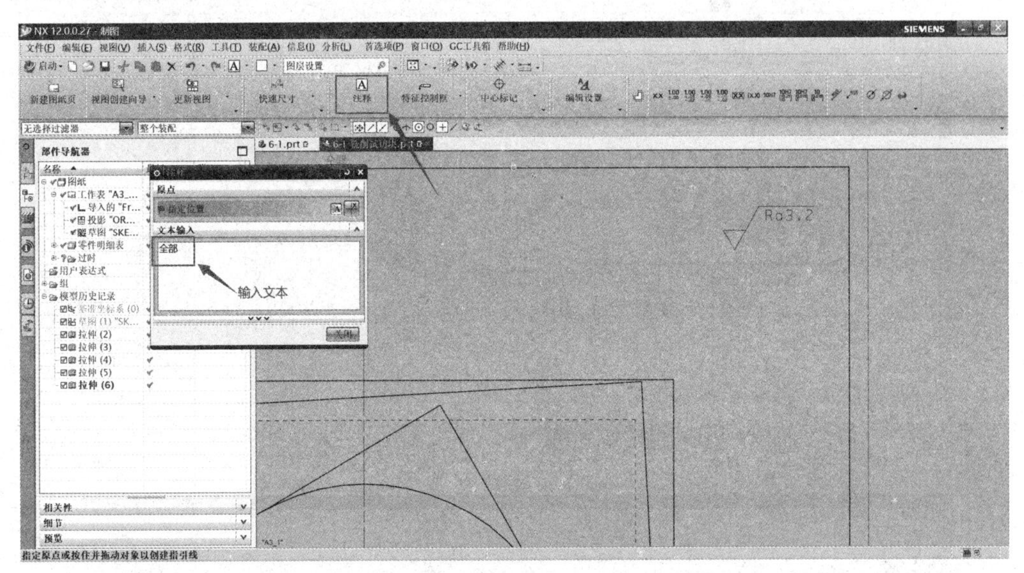

图 6-1-22 在“粗糙度”符号前添加文本

（7）单击“快速尺寸”按钮，在主窗口中选中要标注的对象，并利用鼠标指定标注位置，可以完成工程图的普通尺寸标注，如图 6-1-23 所示。

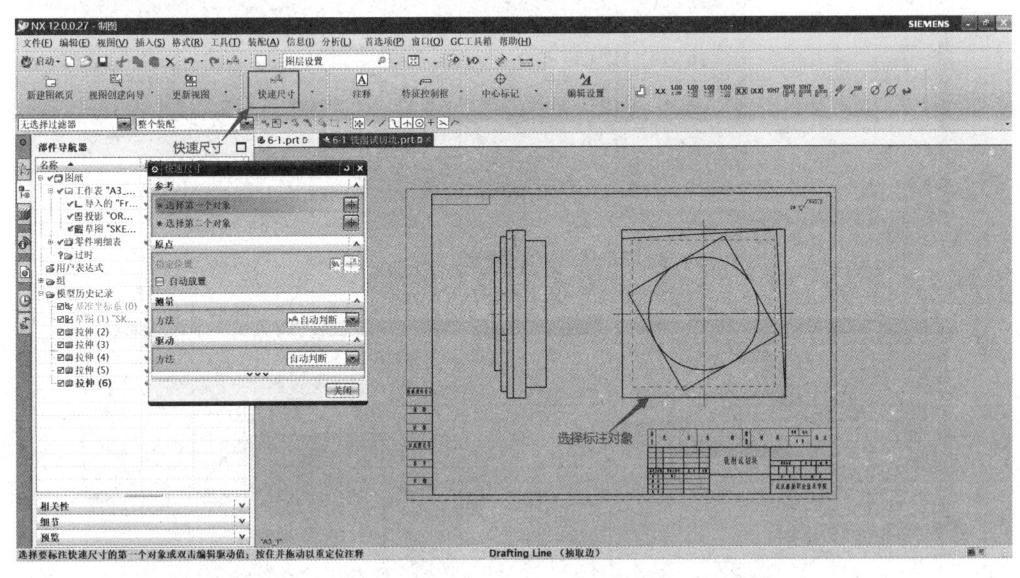

图 6-1-23 利用“快速尺寸”完成工程图的普通尺寸标注

利用“公差”配合“快速尺寸”，可以完成带有公差要求的尺寸标注，如图 6-1-24 所示。

选中标注尺寸后，单击鼠标右键，可以通过“编辑”命令对标注尺寸进行调整，如图 6-1-25 和图 6-1-26 所示。

选中标注尺寸后，单击鼠标右键，可以通过“设置”对“公差文本”的高度进行调整，如图 6-1-27 和图 6-1-28 所示。

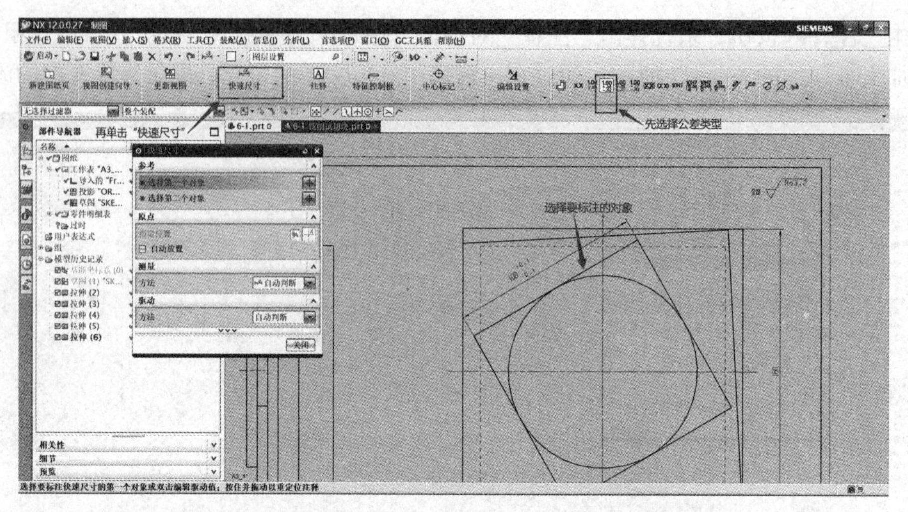

图 6-1-24　利用“公差”配合“快速尺寸”，完成有公差要求的尺寸标注

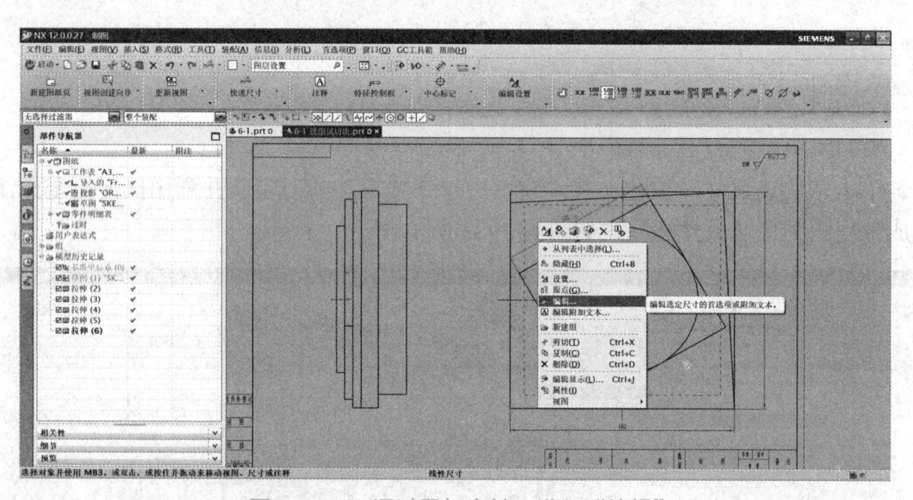

图 6-1-25　通过鼠标右键，进入“编辑”

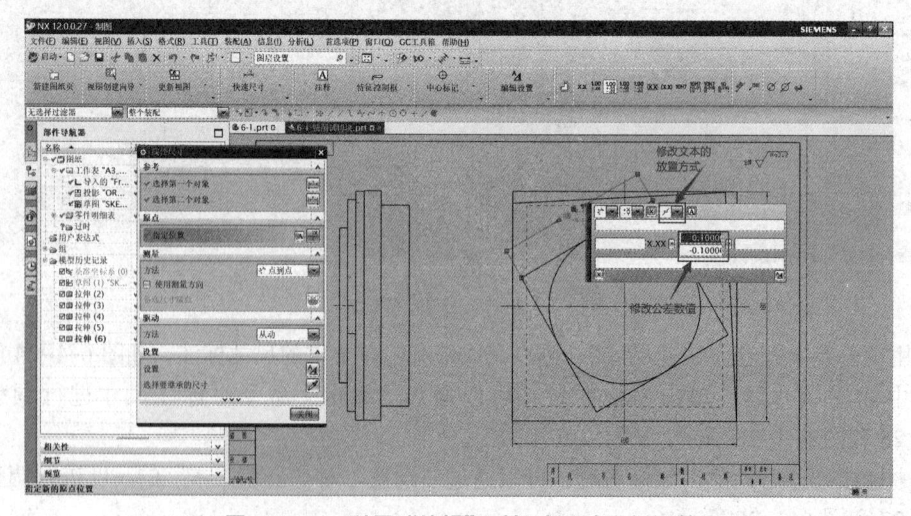

图 6-1-26　利用“编辑”对标注尺寸进行调整

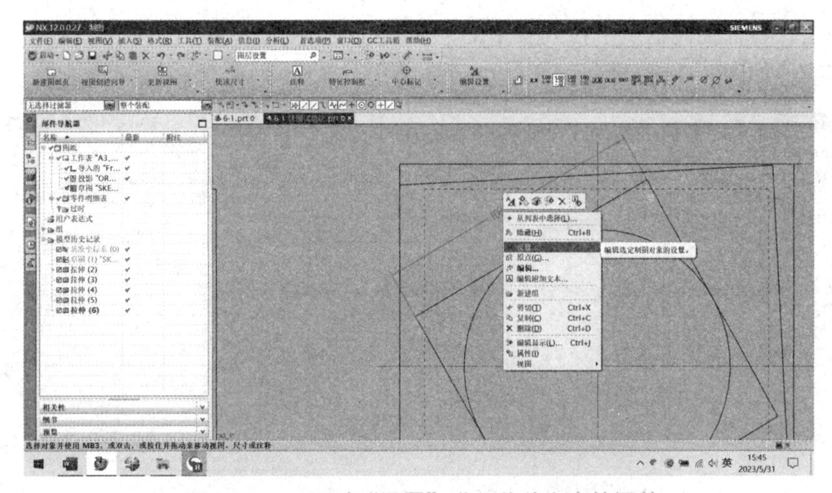

图 6-1-27　通过“设置”进入公差文本的调整

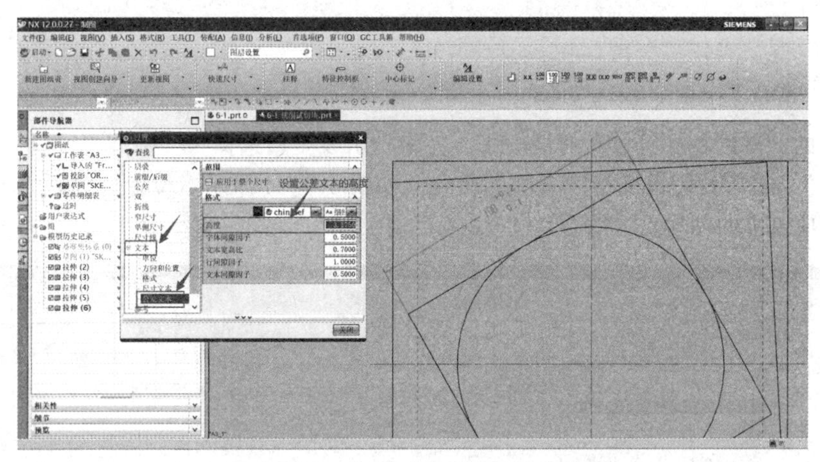

图 6-1-28　调整“公差文本”的高度

（8）利用“样式继承”，先选择要继承的尺寸样式，再单击“快速尺寸”，可以对类型相同的尺寸进行快速标注，如图 6-1-29 所示。

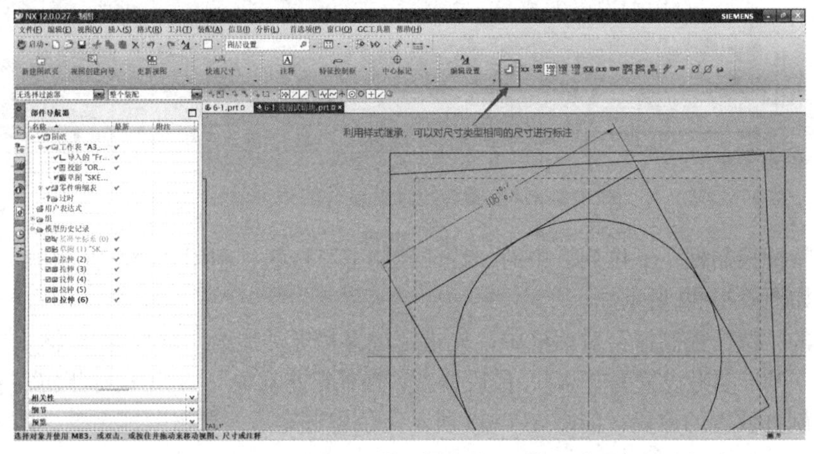

图 6-1-29　利用“样式继承”对类型相同的尺寸进行快速标注

（9）单击“特征控制框”下拉列表中的“基准特征”按钮，利用“基准特征符号”指定位置精度的基准，如图 6-1-30 所示。

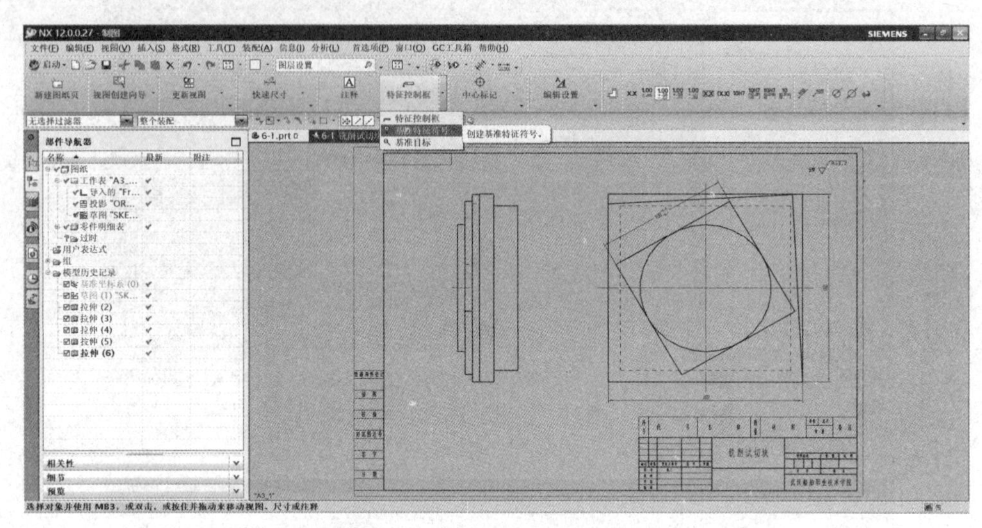

图 6-1-30　调用“基准特征符号”

在弹出的“基准特征符号”对话框中，先将指引线类型选择为“基准”，再将标识符字母设置为“A”，最后利用鼠标指定基准的位置，如图 6-1-31 所示。位置选定后，单击鼠标左键，即可完成基准的创建。

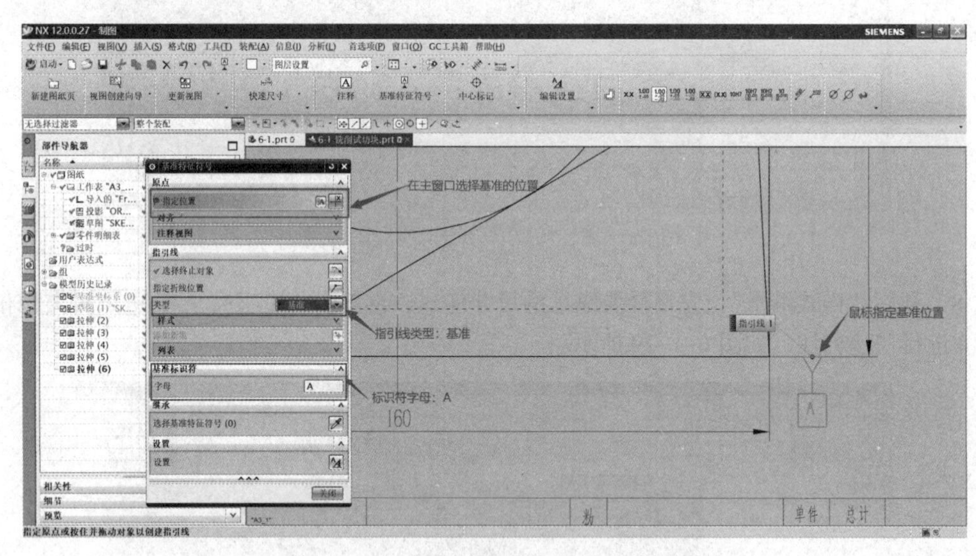

图 6-1-31　“基准特征符号”的相关设置

单击“特征控制框”下拉列表中的“特征控制框”按钮，利用“特征控制框”，进行位置精度标注，如图 6-1-32 所示。

在弹出的“特征控制框”对话框中，先指定位置精度类型为“垂直度”，输入位置精度数值，再将第一基准参考设置为“A”，最后单击“选择终止对象”，利用鼠标指定需要标注的线条和精度控制框放置的位置，如图 6-1-33 所示。位置选定后，单击鼠标左键，即可完成基准的创建。

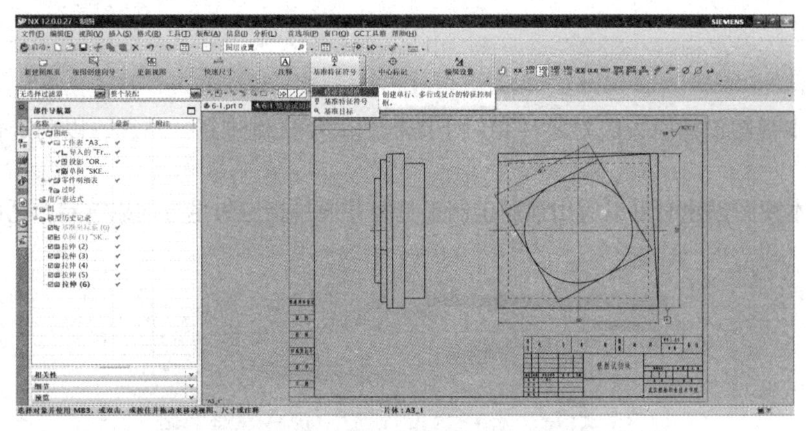

图 6-1-32　利用“特征控制框”进行位置精度标注

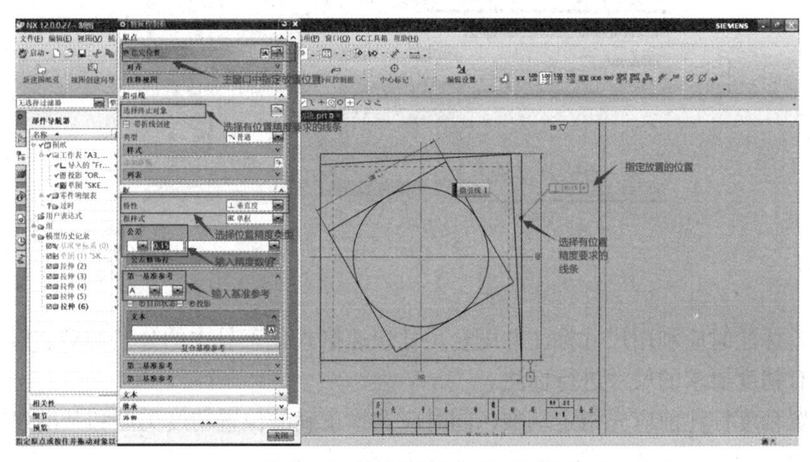

图 6-1-33　“位置精度标注”的相关设置

（10）根据步骤（7）~（9），完成工程图其余的尺寸标注及位置精度标注。执行菜单栏“文件”—“导出”—“PDF”命令，如图 6-1-34 所示，即可完成工程的 PDF 文件的生成。

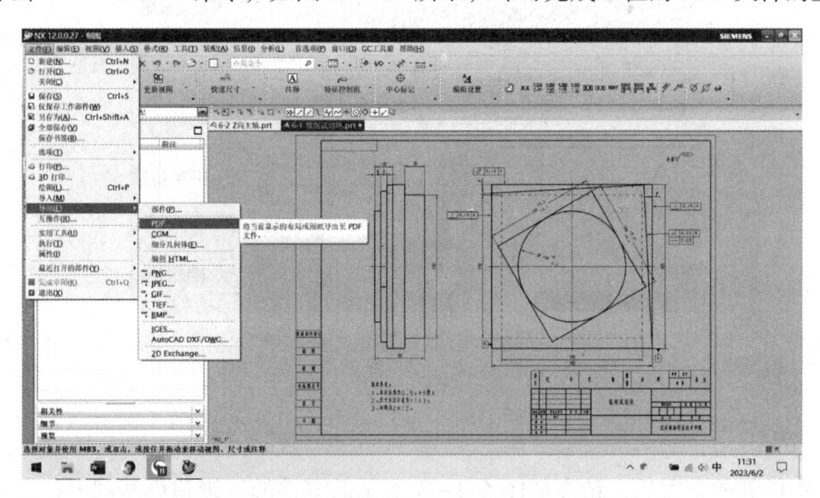

图 6-1-34　“导出”为 PDF 格式的工程图

四、任务总结

1. 基本视图创建注意事项（图 6-1-35）

（1）基本视图创建时，应对零件相对于图框的大小比例进行预估算，以确定合适的视图比例。

（2）基本视图创建时可以应用视图定制工具，并通过指定矢量方向以选定合适的视图作为主视图。

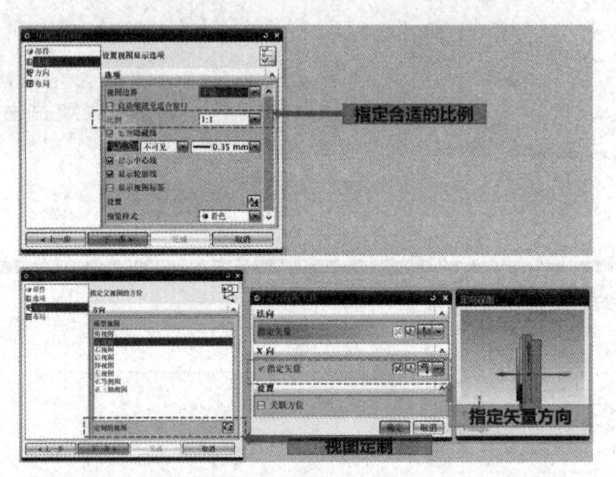

图 6-1-35　基本视图创建注意事项

2. 图纸标注注意事项（图 6-1-36）

（1）公差标注时应利用尺寸标注并配合尺寸快速格式化工具中的公差类型、样式继承等工具，快速对有精度要求的尺寸进行标注。

（2）位置精度标注前应先指定基准，同时应选择正确的位置精度类型和基准参考。

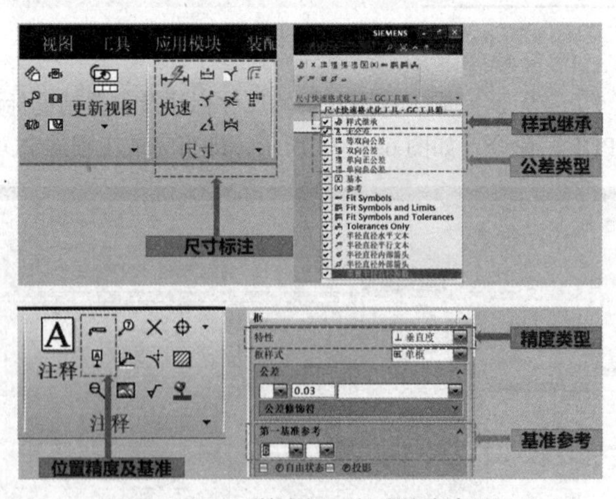

图 6-1-36　基本视图创建注意事项

五、任务拓展

在完成本任务的学习后，请在如图 6-1-37 所示的零件的三维建模基础上，完成该零件的工程图，对本任务中的知识点进行巩固。

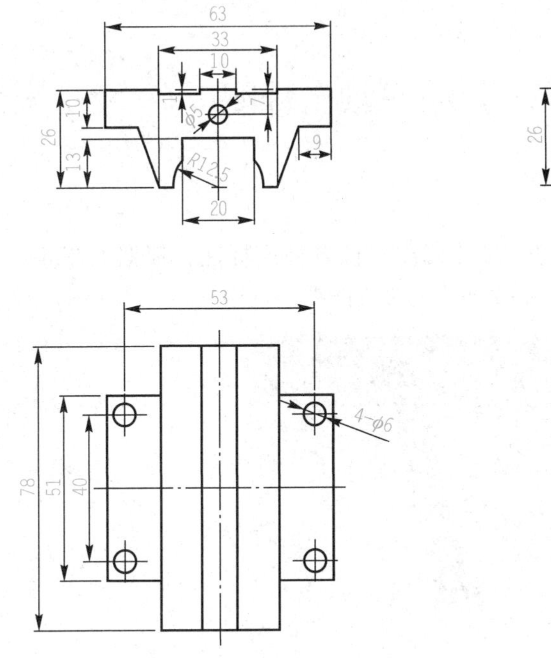

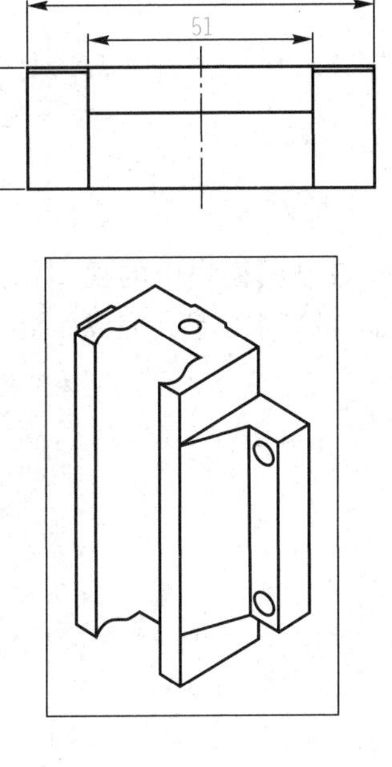

图 6-1-37　任务拓展

六、考核评价

任务评分表见表 6-1-1。

表 6-1-1　任务评分表

任务编号及名称:		姓名:	组号:		总分:	
评分项		评价指标	分值	学生自评	小组互评	教师评分
专业能力	识图能力	能够正确分析零件装配关系，设计合理的装配步骤				
	命令使用	能够合理选择、使用相关命令				
	装配步骤	能够明确装配步骤，具备清晰的装配思路				
	完成精度	能够准确表达装配关系，显示完整细节				
方法能力	创新意识	能够对设计方案进行修改优化，体现创新意识				
	自学能力	具备自主学习能力，课前有准备，课中能思考，课后会总结				
	严谨规范	能够严格遵守任务书要求，完成相应的任务				
社会能力	遵章守纪	能够自觉遵守课堂纪律、爱护实训室环境				
	学习态度	能够针对出现的问题，分析并尝试解决，体现精准细致、精益求精的工匠精神				
	团队协作	能够进行沟通合作，积极参与团队协作，具有团队意识				
备注：按照评价指标分为 4 档，优秀 10 分、良好 7 分、一般 5 分、合格 2 分						

任务二　Z 向主轴工程图

一、任务描述

利用 UG 制图模块中的视图创建、尺寸标注和位置精度标注，根据如图 6-2-1 所示的“Z 向主轴”的三维模型，完成如图 6-2-2 所示的工程图纸。

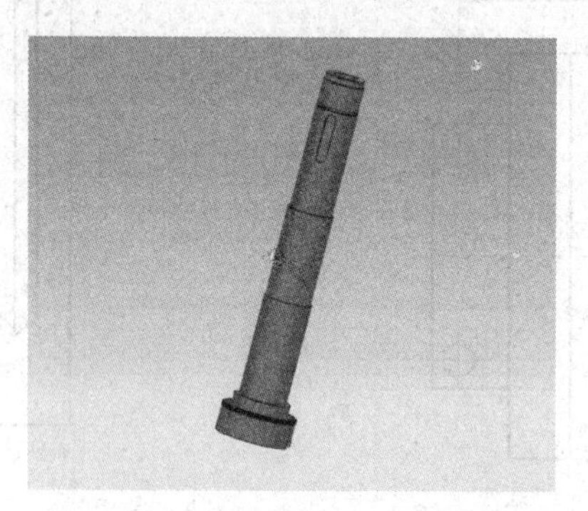

图 6-2-1　“Z 向主轴”三维模型

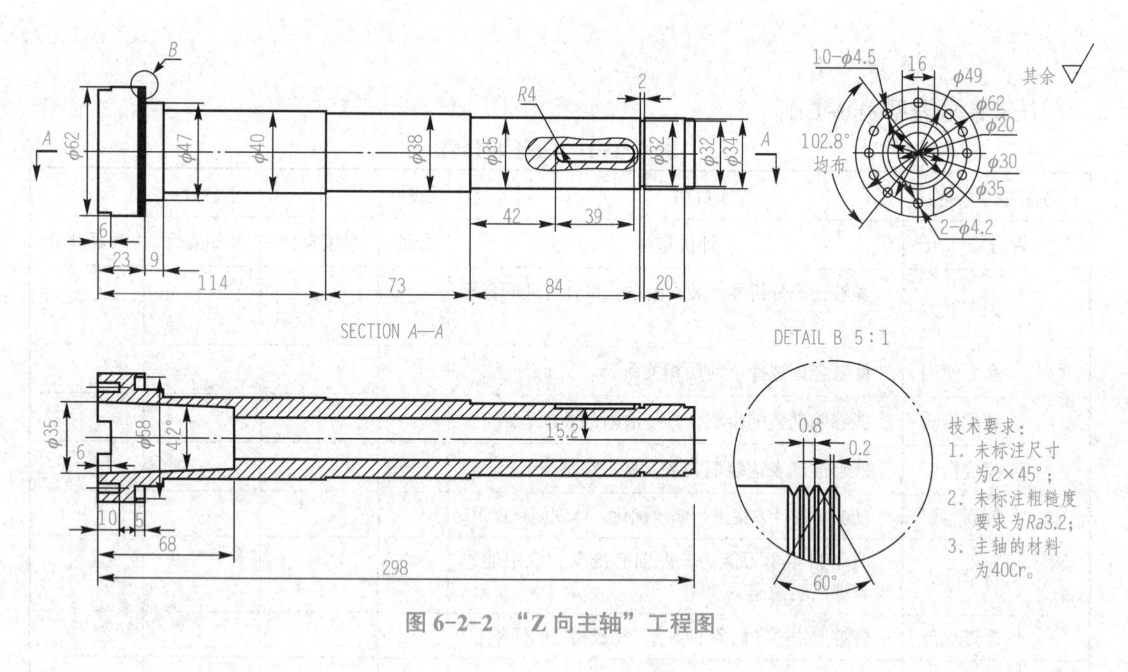

图 6-2-2　“Z 向主轴”工程图

二、学习目标

1. 知识目标

（1）掌握“全剖视图”的创建方法；

（2）掌握“局部放大图”的创建方法。

2. 能力目标

能够根据零件的位置精度要求，利用“位置精度”，完成相关的位置精度标注。

3. 素养目标

（1）培养严谨规范的工程图制作职业素养；

（2）培养精准细致的工匠精神。

三、任务实施

（1）打开 UG 软件，完成 A3 图框调用、标题栏编辑，通过“视图创建向导”完成如图 6-2-3 所示的主视图及左视图，并完成相关编辑和调整工作［此部分操作与任务一的前 6 个步骤基本一样（比例需要调整为“1 ： 1.5”，隐藏线设置为“不可见”）］，此次不再进行赘述。

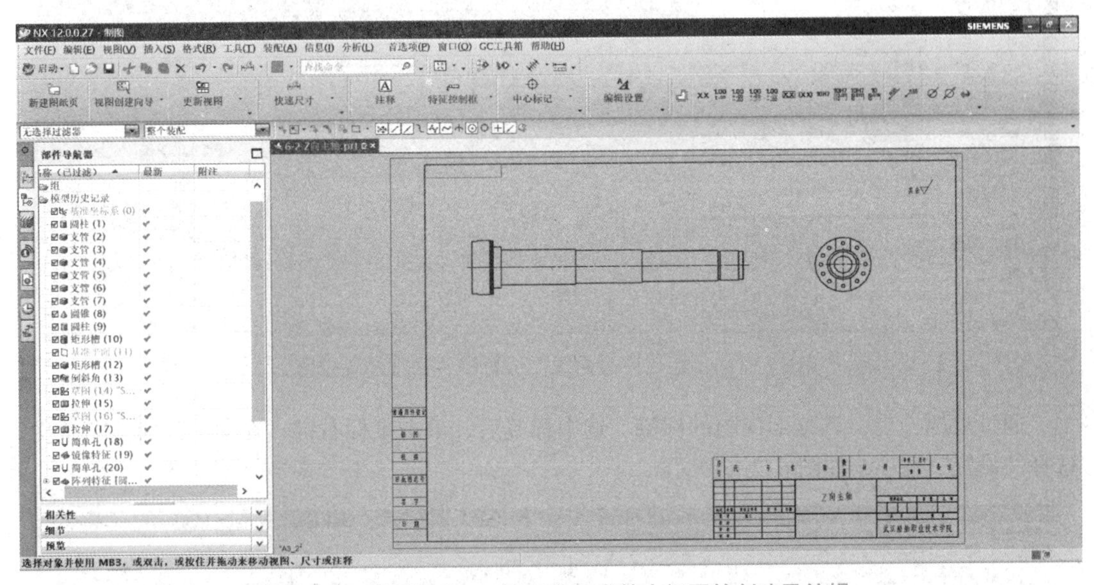

图 6-2-3　调用标准 A3 图框并完成基本视图的创建及编辑

（2）单击“视图创建向导”下拉列表中的“剖视图”按钮，如图 6-2-4 所示。

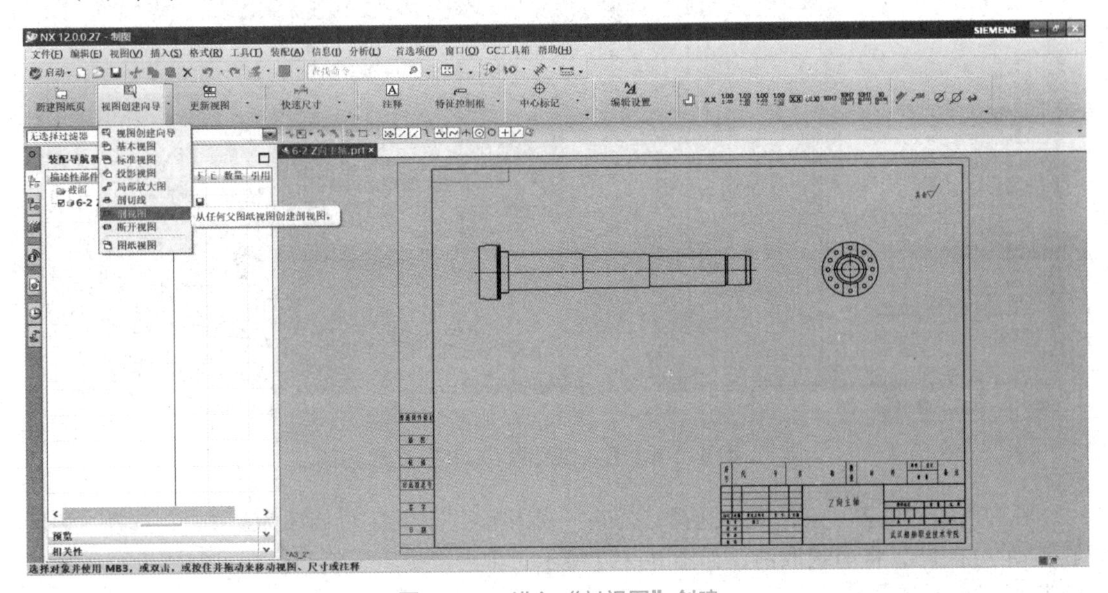

图 6-2-4　进入“剖视图”创建

利用鼠标，在主窗口中依次选定“截面线”位置和“剖视图”放置的位置，如图 6-2-5 所示。单击鼠标左键，完成全剖视图的创建。

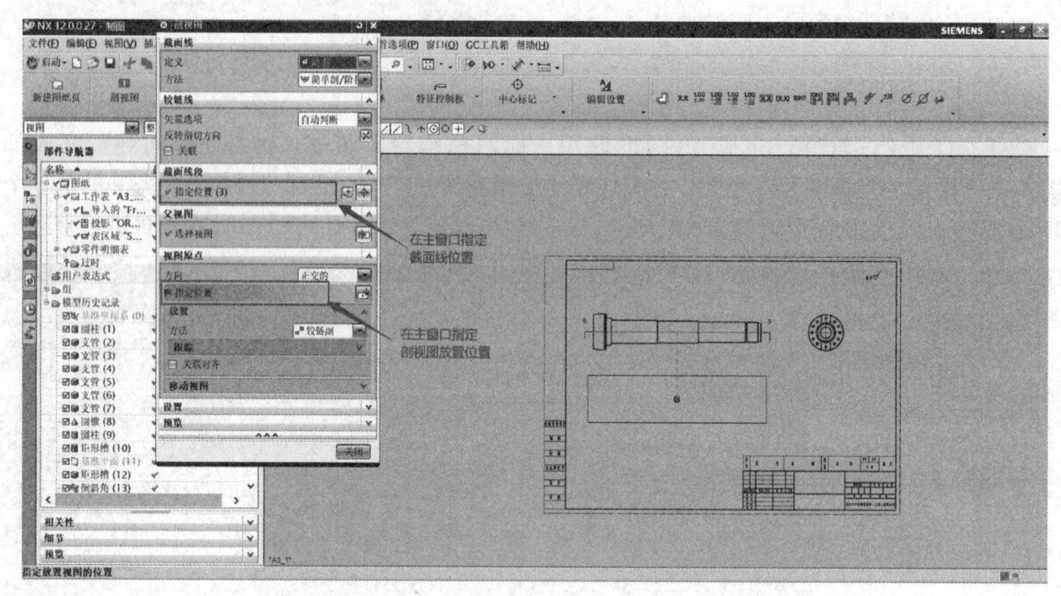

图 6-2-5　选定“截面线”位置和“剖视图”位置

通过鼠标拖曳，调整剖视图的标签。选中标签后，单击鼠标右键，在弹出的快捷菜单中，选择“设置”选项，如图 6-2-6 所示。

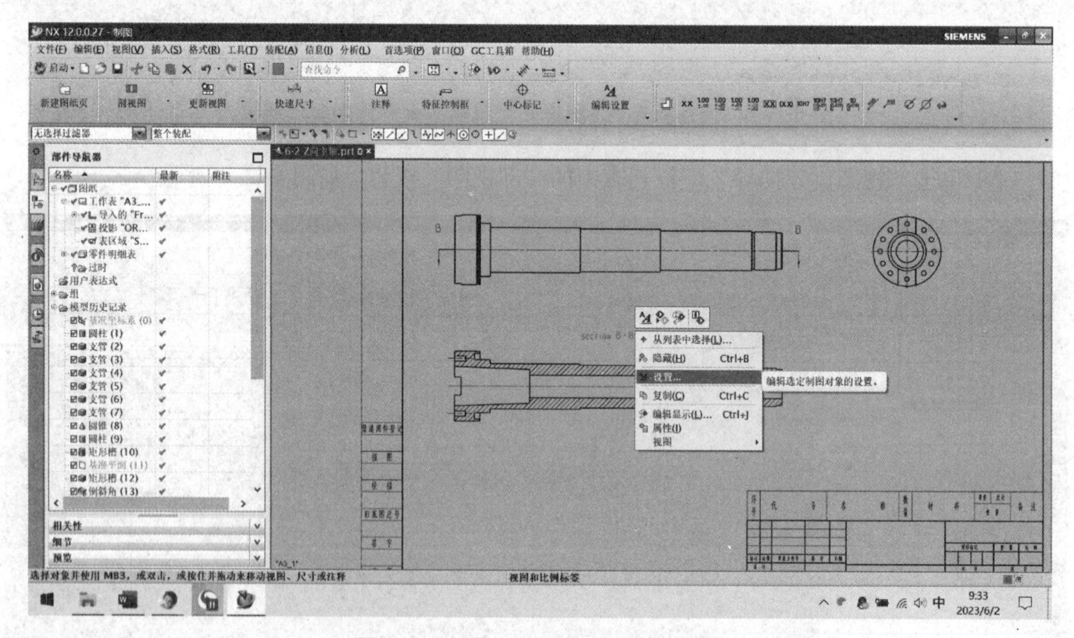

图 6-2-6　进入剖视图“标签”设置

在弹出的“设置”对话框中选择“公共 - 视图标签”，将字母修改为“A”；选择“表区域驱动 - 标签”，将前缀取消，如图 6-2-7 所示。单击“确定”按钮，即可完成剖视图标签的设置。

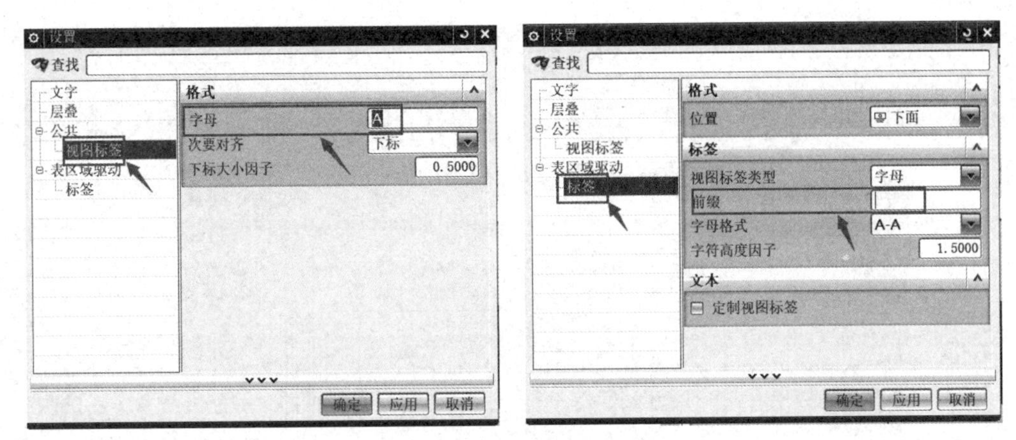

图 6-2-7　剖视图标签设置

（3）单击“剖视图”下拉列表中的“局部放大图”按钮，进入局部放大图创建，如图 6-2-8 所示。

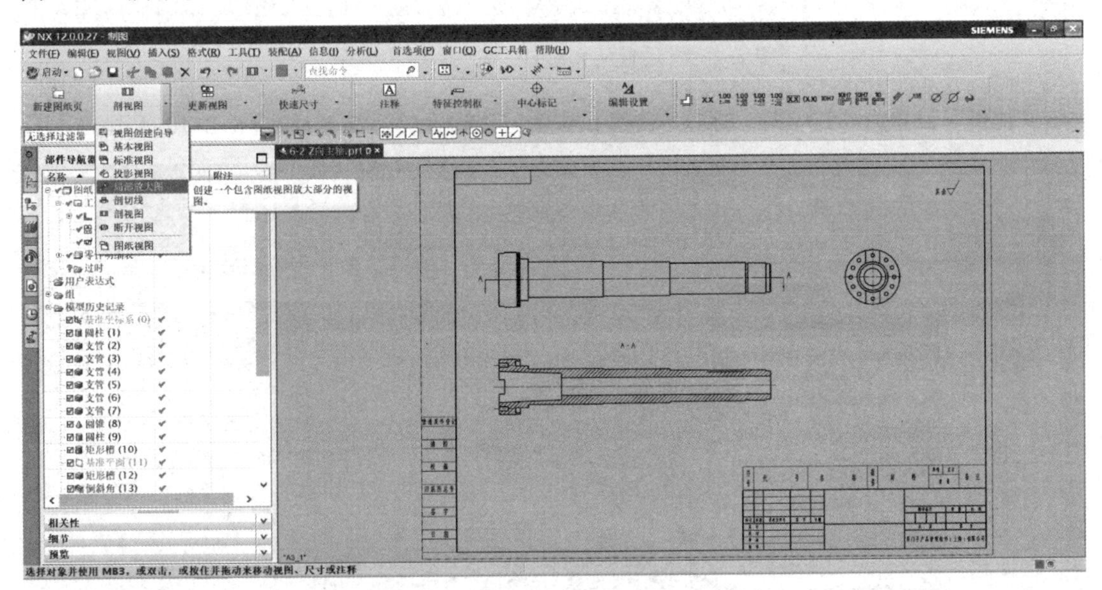

图 6-2-8　进入“局部放大图”创建

在弹出的“局部放大图”对话框中，将“类型”设置为“圆形”；利用鼠标依次在主窗口选定“边界”的中心点和边界点，如图 6-2-9 所示。“边界”选定完成后，单击鼠标左键进行确认。

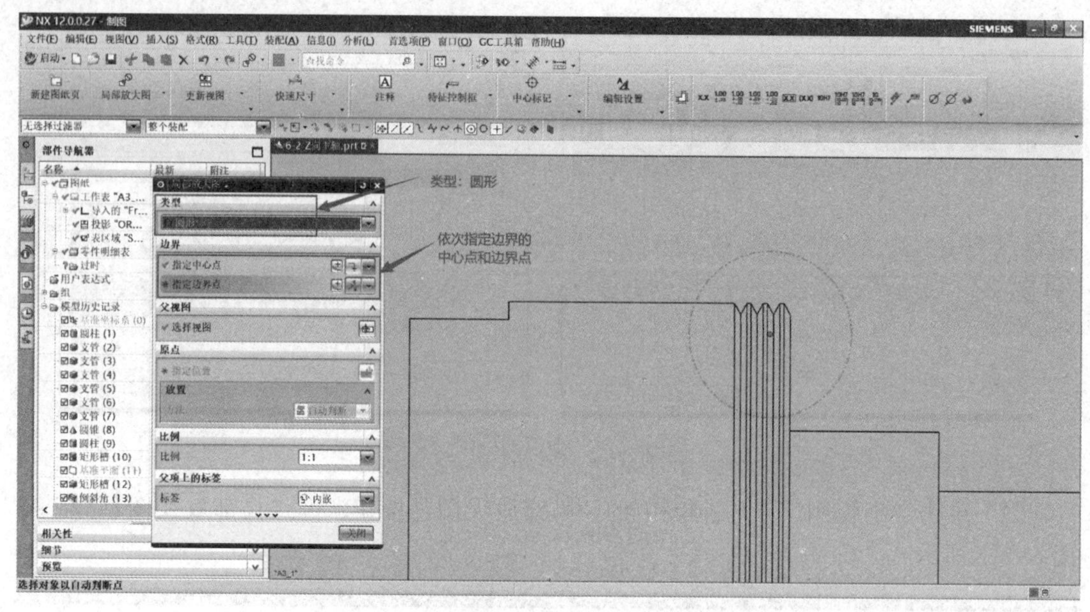

图 6-2-9　设置放大图的“类型”和“边界”

“比例”设置为“5∶1”；“标签”类型设置为“边界上的标签”，如图 6-2-10 所示。

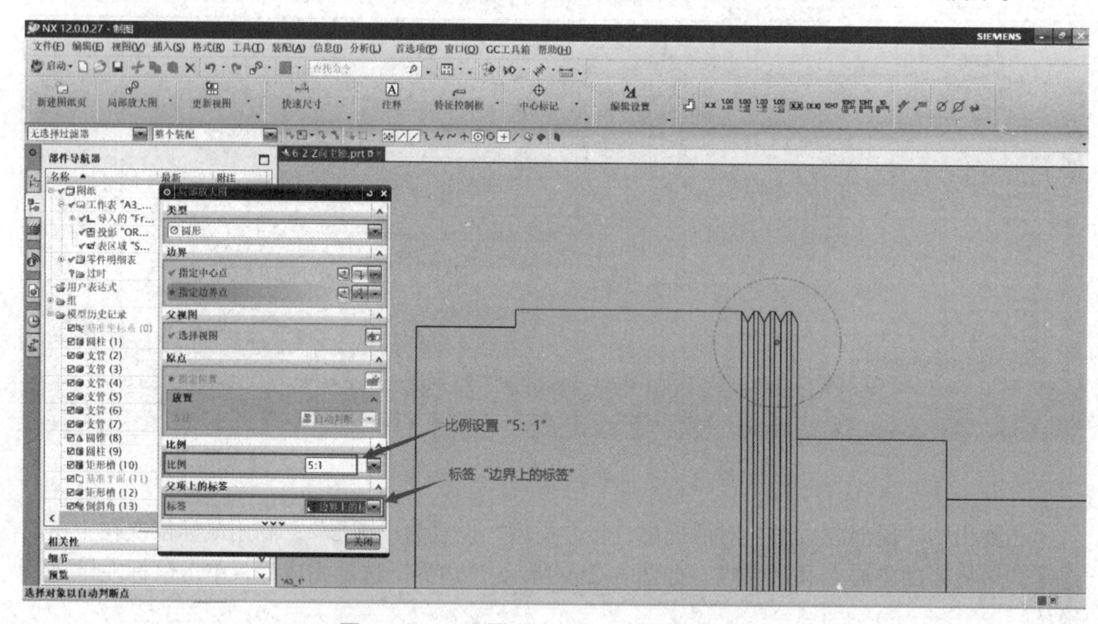

图 6-2-10　设置“比例”和“标签”类型

利用鼠标，选定“局部放大图”在主窗口的位置，如图 6-2-11 所示。位置选定后，单击鼠标左键进行确认。

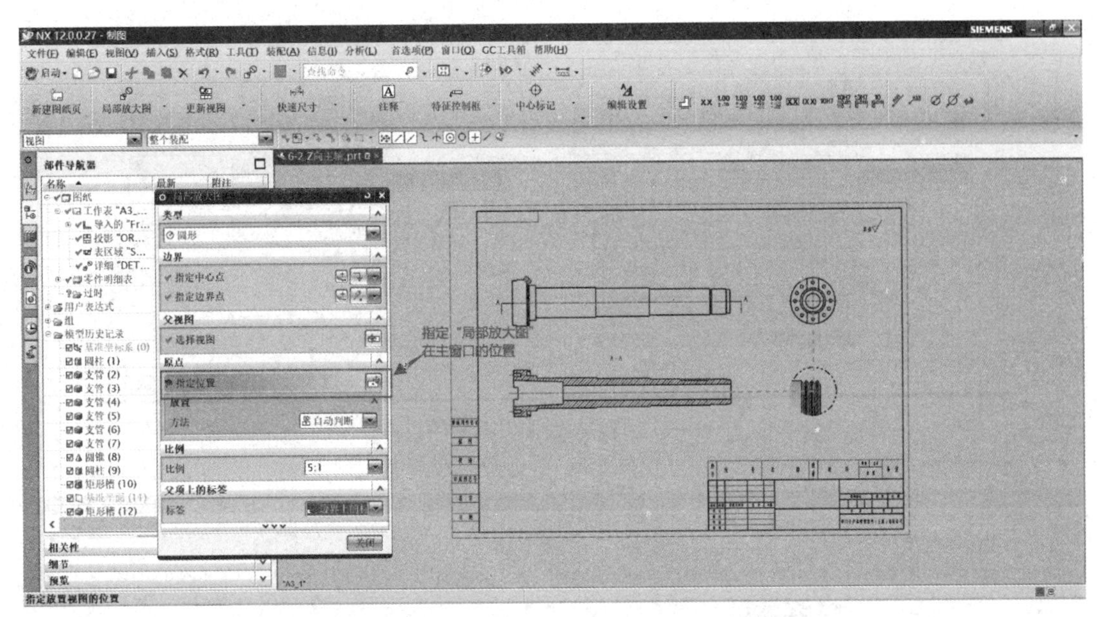

图 6-2-11　选定"局部放大图"在主窗口的位置

选中"局部放大图"的标签，单击鼠标右键，在弹出的快捷菜单中，选择"设置"选项，进入标签的设置界面，如图 6-2-12 所示。

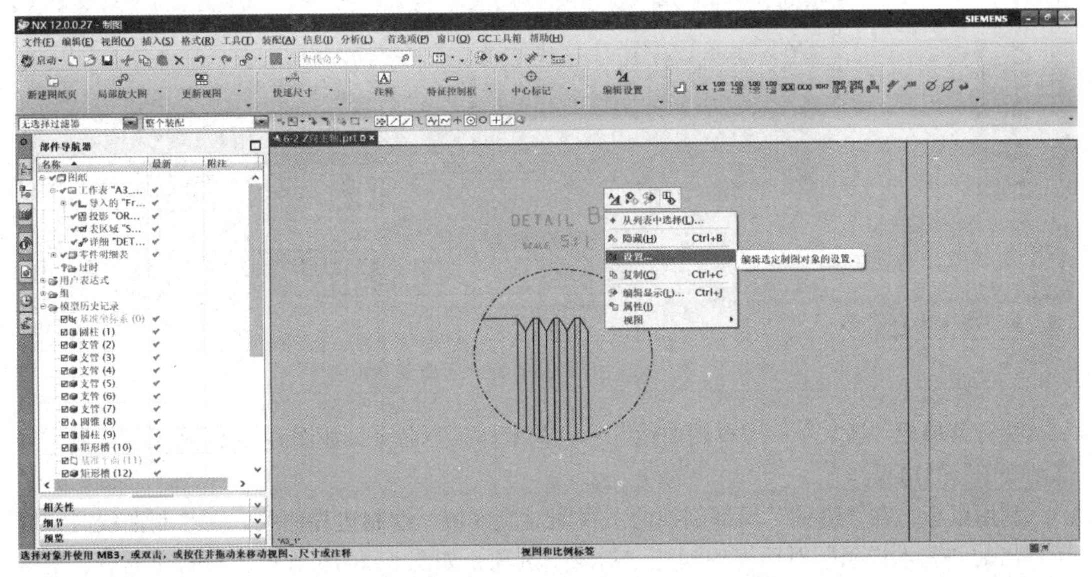

图 6-2-12　进入"局部放大图"的标签设置

在弹出的"设置"对话框中选择"详细 - 标签"，将标签的"前缀"修改为"大样图"，"父项上的标签"设置为"水平放置"；选择"详细 - 标签"，将比例的"前缀"取消，如图 6-2-13 所示。单击"确定"按钮，即可完成"局部放大图"标签的设置。

（4）选中主视图，单击鼠标右键，在弹出的快捷菜单中，选择"活动草图视图"选项，为"局部剖视图"的创建作准备，如图 6-2-14 所示。

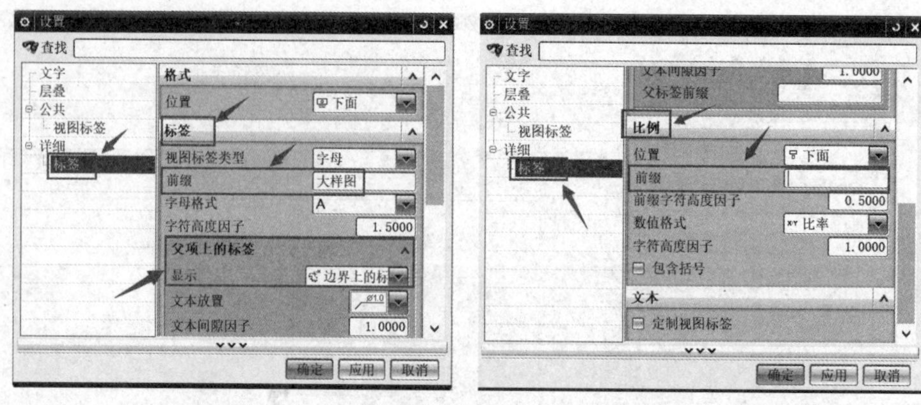

图 6-2-13 “局部放大图”标签的具体设置

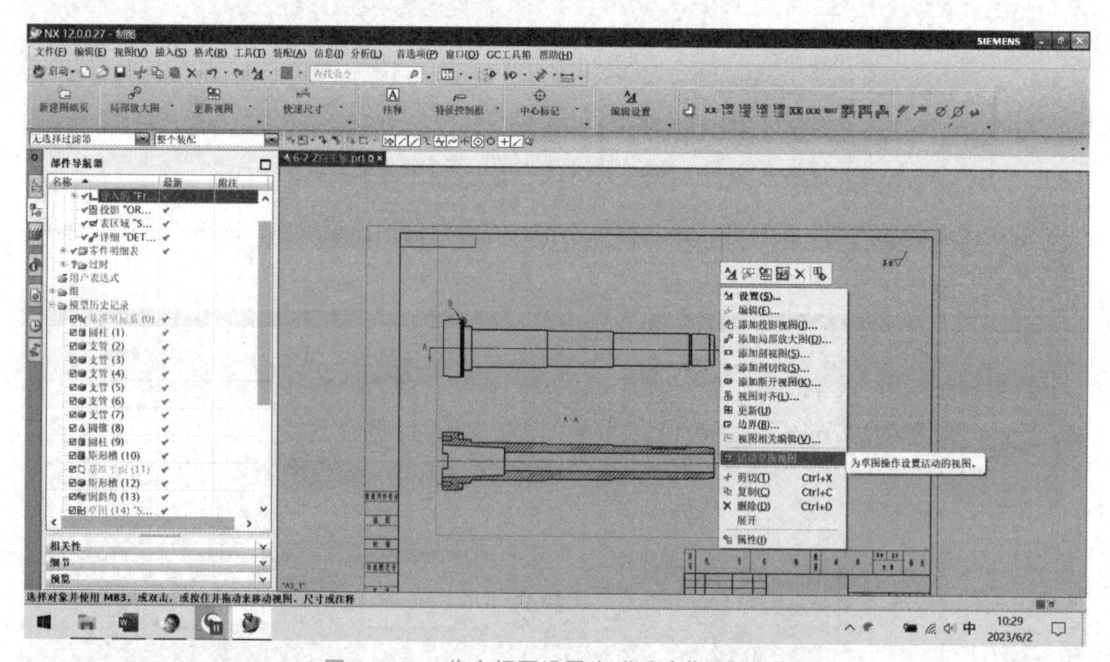

图 6-2-14 将主视图设置为“活动草图视图”

执行菜单栏“插入”—“草图曲线”—“艺术样条”命令，如图 6-2-15 所示，绘制“局部剖视图”的边界。

利用鼠标，在“键槽”局部剖视的主视图对应区域，绘制边界曲线。在绘制曲线时，应在弹出的“艺术样条”对话框中勾选“封闭”选项，如图 6-2-16 所示。绘制完成后，单击“确定”按钮，完成绘制。

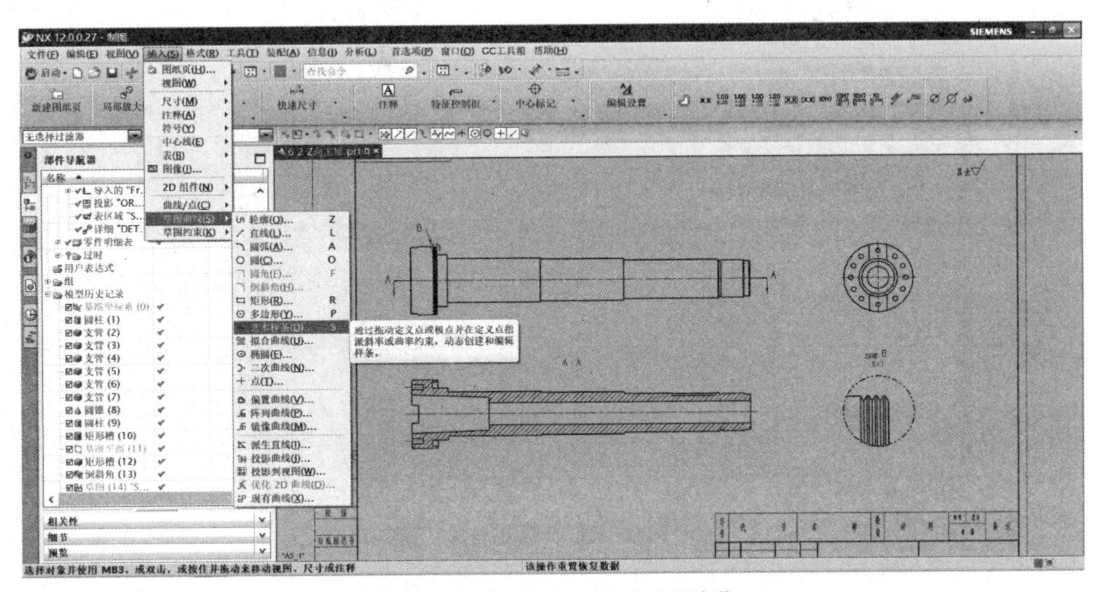

图 6-2-15　调用草图“艺术样条”

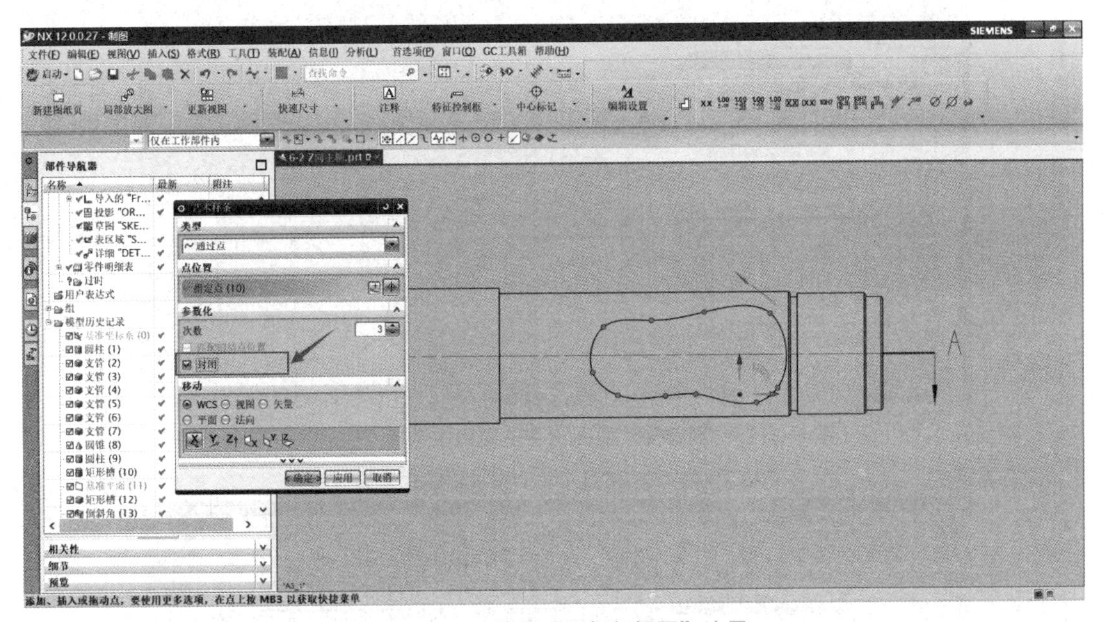

图 6-2-16　绘制“局部剖视图”边界

执行菜单栏“插入”—“视图”—“局部剖”命令，如图 6-2-17 所示，进入“局部剖”的创建。

在弹出的“局部剖”对话框中，“视图”在主窗口中选择“主视图”选项，如图 6-2-18 所示。

“基点”在主窗口中选择 *A*–*A* 视图中“键槽的底线”，如图 6-2-19 所示。

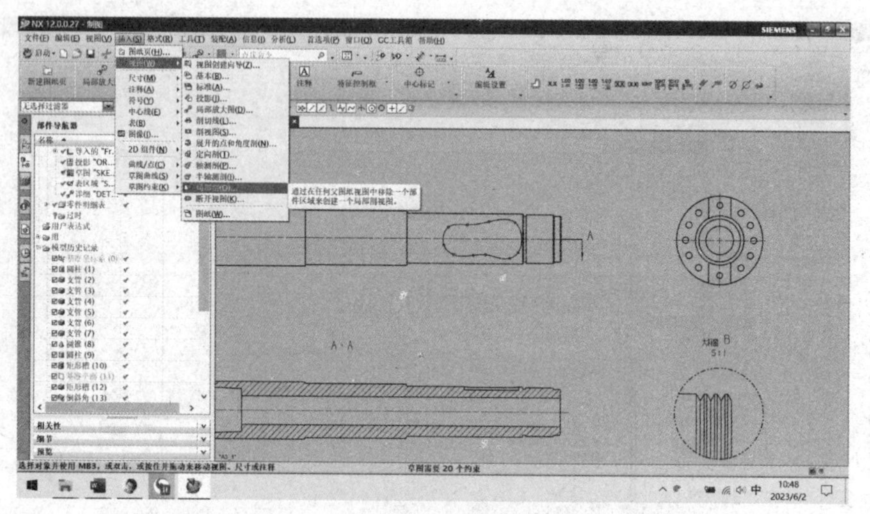

图 6-2-17　进入“局部剖”创建

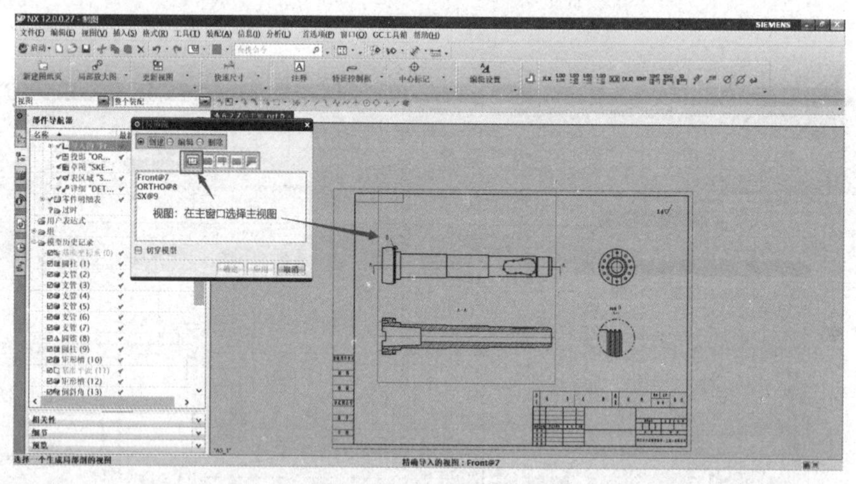

图 6-2-18　局部剖“视图”在主窗口中选择“主视图”

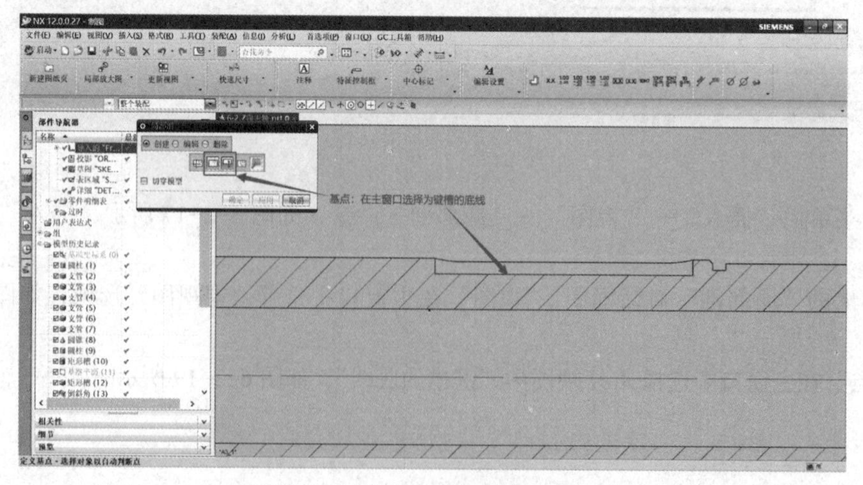

图 6-2-19　局部剖“基点”在主窗口中选择键槽的“槽底直线”

“曲线”在主窗口中选择“绘制边界线”，如图 6-2-20 所示。

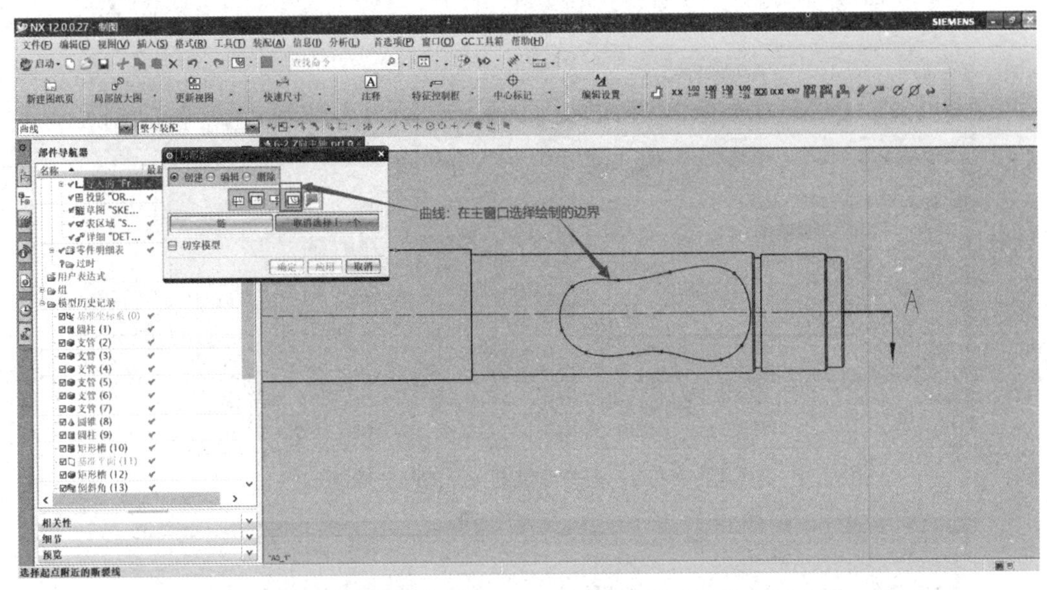

图 6-2-20　局部剖“边界”在主窗口中选择“绘制的边界线”

单击“应用”按钮，即可完成“局部剖”视图的创建，如图 6-2-21 所示。

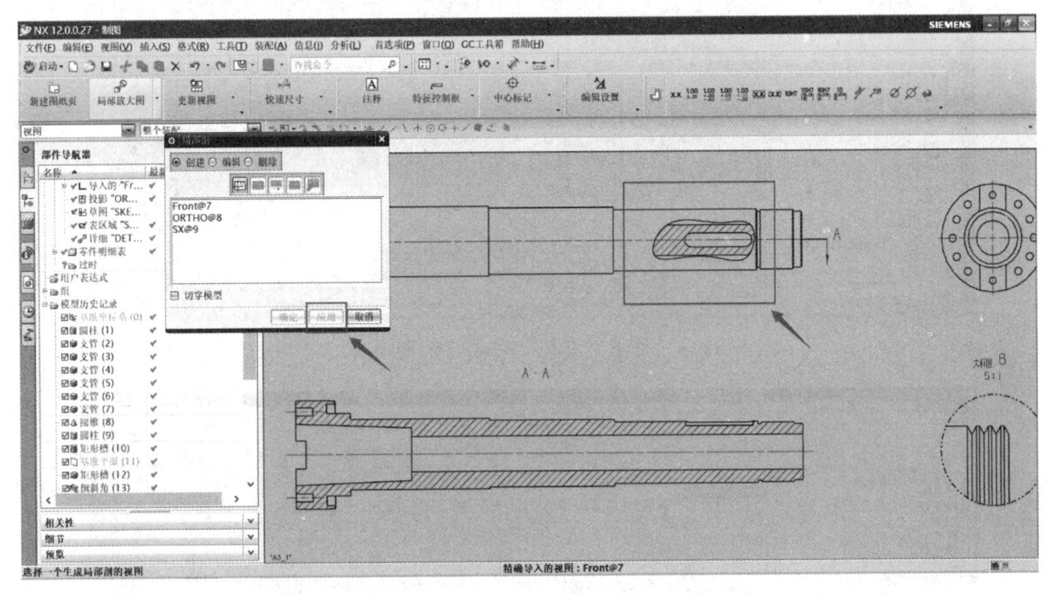

图 6-2-21　创建完成的“局部剖”

（5）利用“快速尺寸”对图纸进行尺寸标注。特别需要注意的是，在进行圆的直径或半径标注时，通过“设置”，将“文本 - 方向和位置”中的“方位”设置为“水平文本”，“位置”设置为“文本在短画线之上”，如图 6-2-22 所示。

（6）利用“注释”，如图 6-2-23 所示，完成工程图的“技术要求”。

（7）执行菜单栏“文件”—“导出”—“ PDF”命令，如图 6-2-24 所示，即可完成工程 PDF 文件的生成。

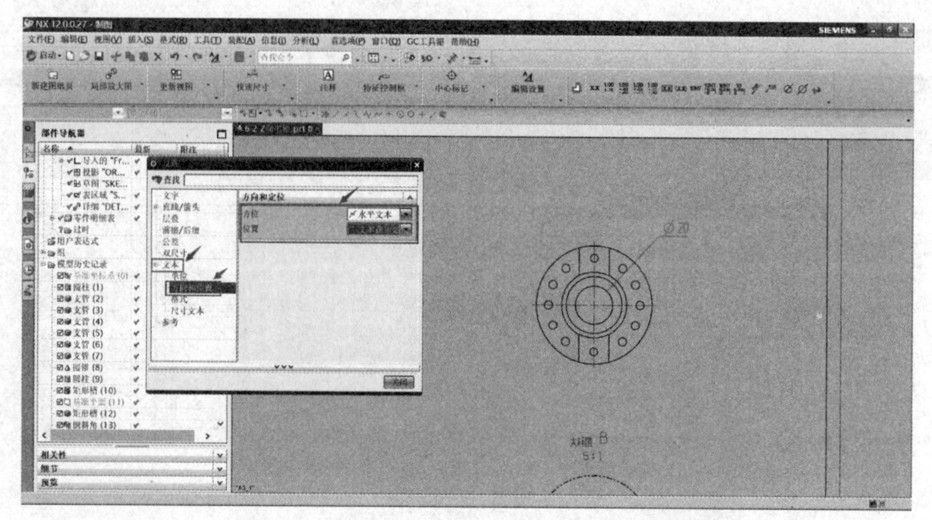

图 6-2-22　圆的直径或半径的标注设置

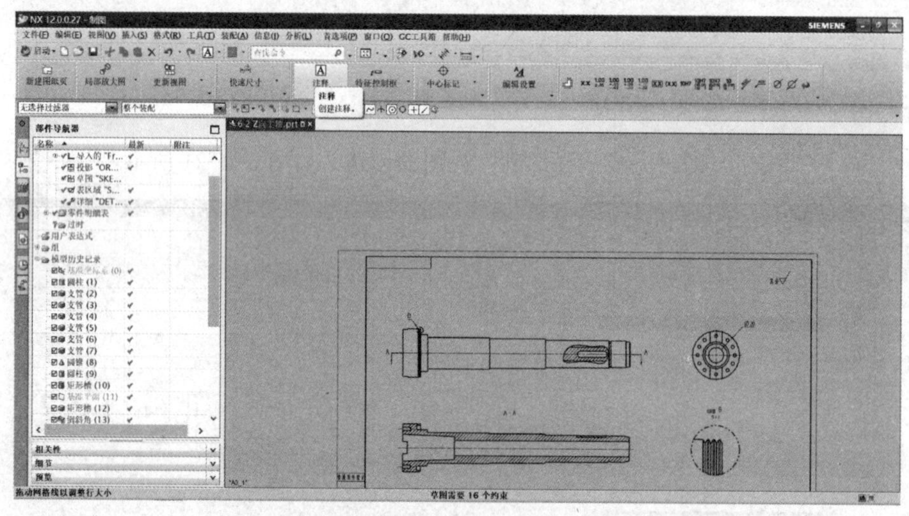

图 6-2-23　利用“注释”完成“技术要求”文本

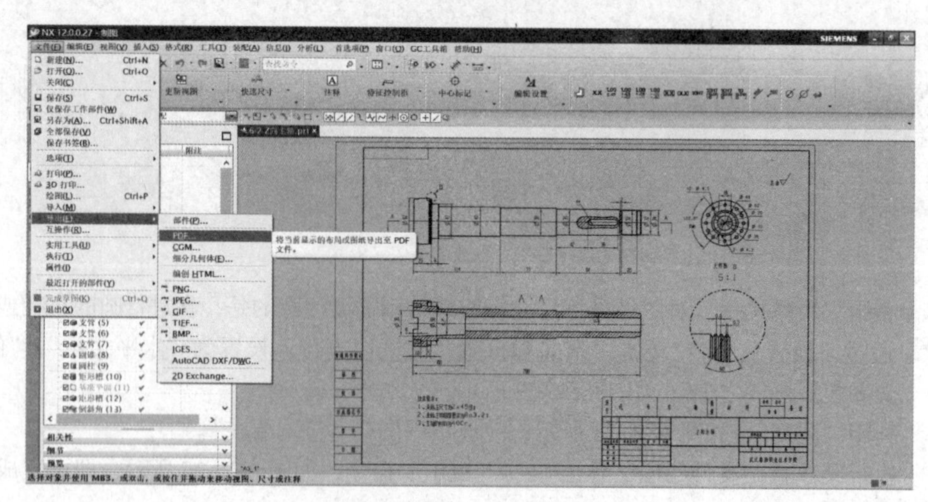

图 6-2-24　“导出”为 PDF 格式的工程图

四、任务总结

1. 局部剖视图注意事项（图 6–2–25）

（1）局部剖视图制作之前，应先将对应视图激活为活动视图；同时需要草绘出局部剖的边界曲线。

（2）局部剖视图的创建过程中，应去另外一个能够反映该特征的视图中指定局部特征所在的位置。

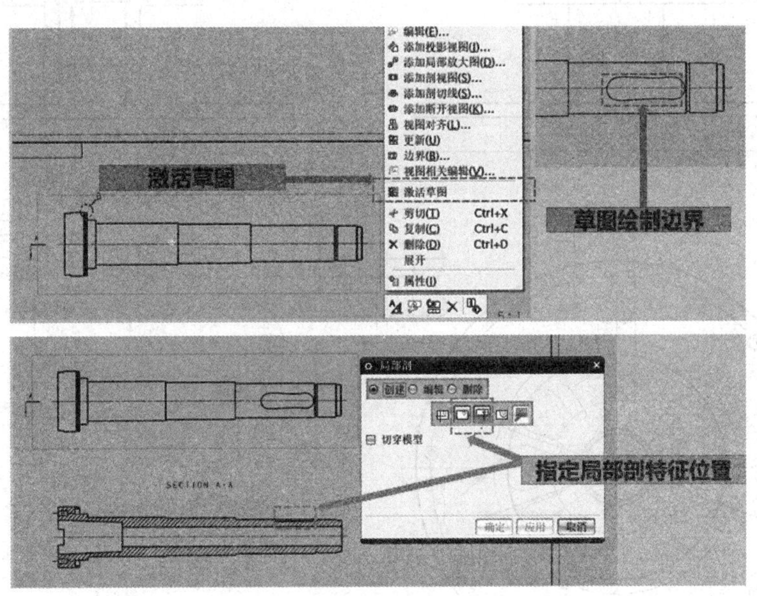

图 6–2–25　局部剖视图注意事项

2. 圆周孔标注注意事项（图 6–2–26）

（1）圆周孔标注前，应利用中心标记工具中的圆形中心线，先将圆周孔所在的分度圆中心线添加出来。

（2）圆周孔标注时，可以利用设置中的前后缀完成圆周孔的数量 + 直径等方式标注。

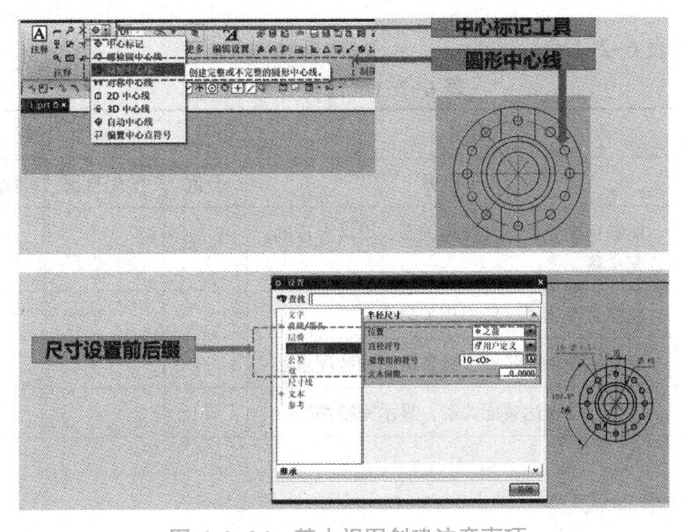

图 6–2–26　基本视图创建注意事项

五、任务拓展

在完成本任务的学习后，请在如图 6-2-27 所示的零件的三维建模基础上，完成该零件的工程图，对本任务中的知识点进行巩固。

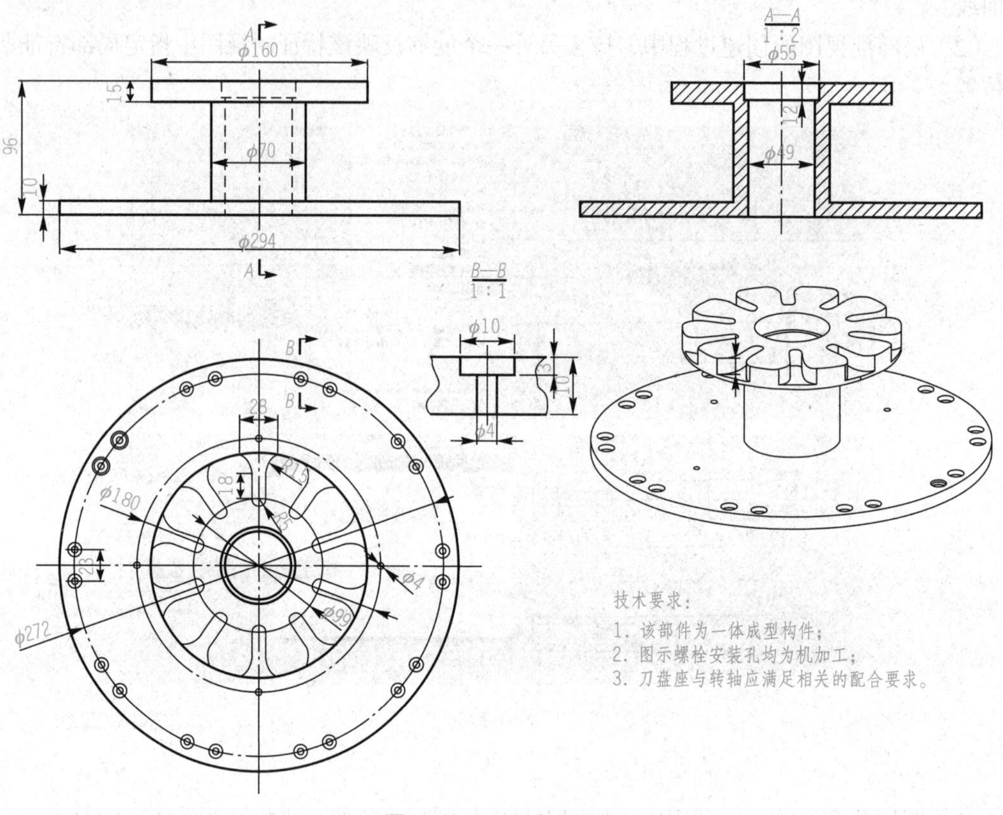

A—A
1:2
B—B
1:1
技术要求：
1. 该部件为一体成型构件；
2. 图示螺栓安装孔均为机加工；
3. 刀盘座与转轴应满足相关的配合要求。

图 6-2-27　任务拓展

六、考核评价

任务评分表见表 6-2-1。

表 6-2-1　任务评分表

任务编号及名称：		姓名：		组号：		总分：
评分项		评价指标	分值	学生自评	小组互评	教师评分
专业能力	识图能力	能够正确分析零件装配关系，设计合理的装配步骤				
	命令使用	能够合理选择、使用相关命令				
	装配步骤	能够明确装配步骤，具备清晰的装配思路				
	完成精度	能够准确表达装配关系，显示完整细节				

续表

评分项		评价指标	分值	学生自评	小组互评	教师评分
方法能力	创新意识	能够对设计方案进行修改优化，体现创新意识				
	自学能力	具备自主学习能力，课前有准备，课中能思考，课后会总结				
	严谨规范	能够严格遵守任务书要求，完成相应的任务				
社会能力	遵章守纪	能够自觉遵守课堂纪律、爱护实训室环境				
	学习态度	能够针对出现的问题，分析并尝试解决，体现精准细致、精益求精的工匠精神				
	团队协作	能够进行沟通合作，积极参与团队协作，具有团队意识				
备注：按照评价指标分为 4 档，优秀 10 分、良好 7 分、一般 5 分、合格 2 分						

项目七　数控车削类零件的自动编程

一、项目介绍

CAM (Computer Aided Manufacturing) 是计算机辅助制造技术，已广泛应用于制造业，本项目介绍利用 UG 软件，针对典型的数控车削类零件加工，学习车削类零件的加工工艺设计，制定零件的工艺路线和工序内容，输出刀具加工时的运动轨迹和自动程序。

本项目选取其中具有代表性的 3 个零件的任务作为本项目学习的载体，包括任务一简单外轮廓轴类零件自动编程、任务二复杂外轮廓轴类零件自动编程、任务三综合内外轮廓轴类零件自动编程。

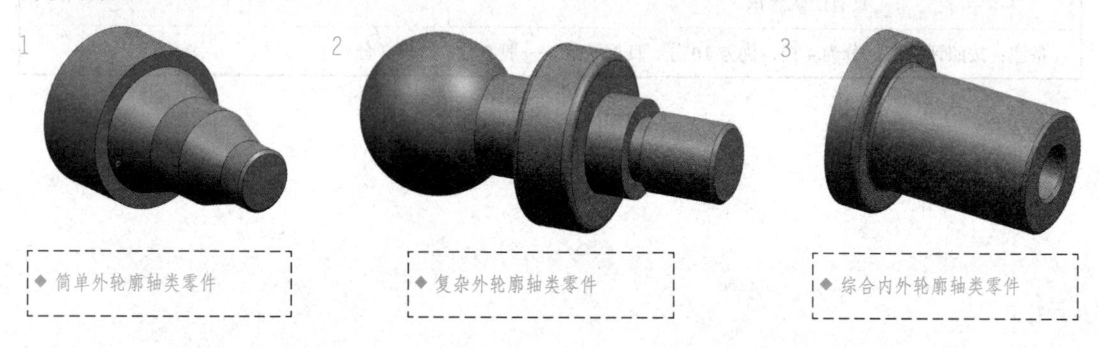

◆ 简单外轮廓轴类零件　◆ 复杂外轮廓轴类零件　◆ 综合内外轮廓轴类零件

二、学习目标

通过本项目的学习，能够完成简单机械零件的建模，实现以下三维目标。

1. 知识目标

（1）掌握车削加工坐标系设置方法；

（2）掌握外径粗车工序相关参数设置方法；

（3）掌握车螺纹工序相关参数设置方法；

（4）掌握轴类零件调头加工的操作方法。

2. 能力目标

（1）能够合理设计零件车削加工工艺，选择合适加工工序；

（2）能够利用外径粗车工序进行简单轴类零件的外轮廓加工；

（3）能够合理设计零件内外轮廓车削加工工艺，选择合适加工工序；

（4）能够利用外径粗车、切槽、车螺纹等工序进行复杂轴类零件的外轮廓加工。

3. 素养目标

（1）培养严谨规范的职业素养；

（2）培养精益求精的工匠精神。

任务一　简单外轮廓轴类零件自动编程

一、任务描述

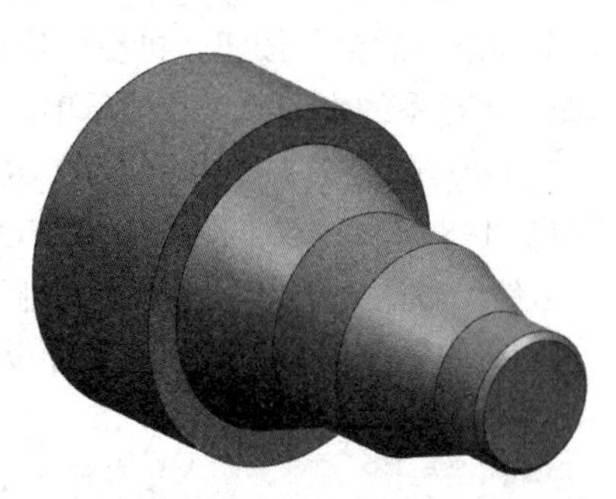

图 7-1-1　外轮廓轴类零件三维模型

完成如图 7-1-1 所示的轴类零件外径车削加工，毛坯尺寸为 $\phi100\times158$，材料为 45 钢，圆角半径不超过 0.8。

二、学习目标

通过本任务的学习，能够完成简单外轮廓轴类零件自动编程，实现以下三维目标。

1. 知识目标

（1）掌握车削加工坐标系设置方法；

（2）掌握外径粗车工序相关参数设置方法。

2. 能力目标

（1）能够合理设计零件车削加工工艺，选择合适加工工序；

（2）能够利用外径粗车工序进行简单轴类零件的外轮廓加工。

3. 素养目标

（1）培养严谨规范的自动编程素养；

（2）培养对制造大国的敬畏之情。

三、任务实施

（1）打开 UG 软件，单击“打开”按钮，选择文件名称为“8.1_ 外轮廓轴类零件 .prt”的三维模型，如图 7-1-2 所示。单击“OK”按钮，进入建模功能模块。

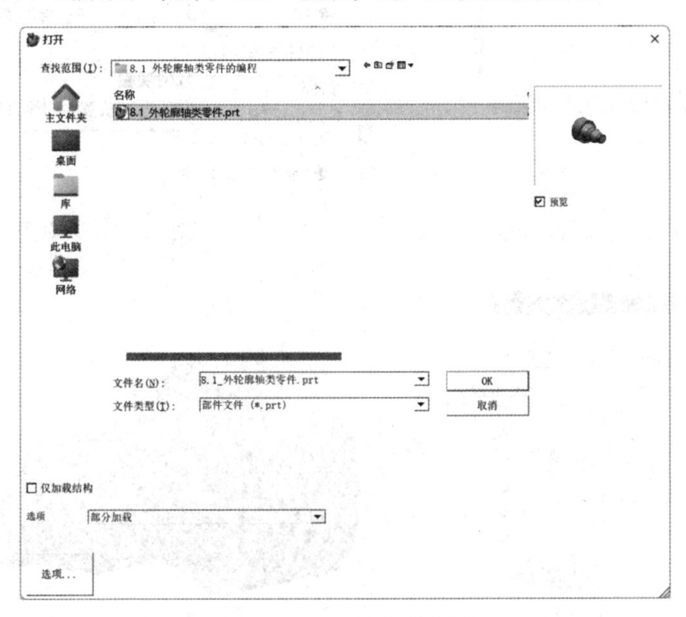

图 7-1-2　打开三维模型

（2）如图 7-1-3 所示，执行“应用模块”—“加工”命令，系统弹出如图 7-1-4 所示的“加工环境”对话框，在“CAM 会话配置”中选择“cam_general”，在“要创建的 CAM 组装”中选择“turning”(车削加工)，进入加工模块。

（3）单击“几何视图图标”按钮，将工序导航器设置为几何视图，如图 7-1-5 所示。在软件界面左侧双击“MCS_SPINDLE”，在弹出如图 7-1-6 所示的“MCS 主轴”对话框中，单击“坐标系对话框”按钮，再在图形窗口中单击零件右端面的边缘，自动捕捉零件右端面中心为加工坐标系的坐标原点。然后单击“确定”按钮，完成加工坐标系设定，如图 7-1-7 所示。

（4）在图 7-1-5 中单击“MCS_SPINDLE”左侧的“+”号，展开 MCS_SPINDLE，如图 7-1-8 所示，双击图中的“WORKPIECE”，系统弹出如图 7-1-9 所示“工件”对话框，在“工件”对话框中单击“指定部件”按钮，在图形窗口中选中外轮廓轴类零件三维模型，单击“确定”按钮，完成加工零件设定，再次单击“确定”按钮，退出“工件”对话框。

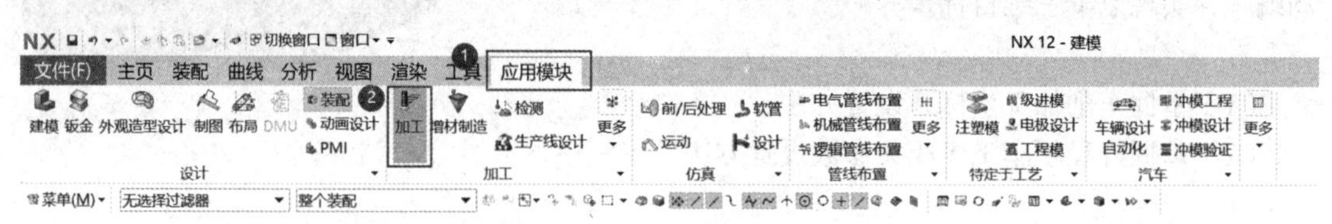

图 7-1-3　选择加工模块

图 7-1-4　加工环境设置

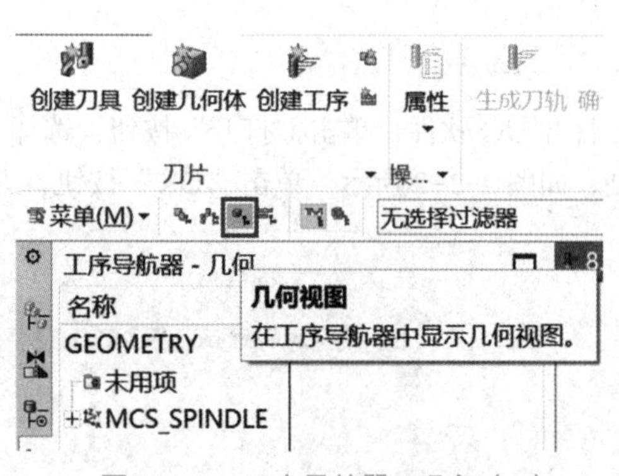

图 7-1-5　工序导航器 - 几何（1）

图 7-1-6　“MCS 主轴”对话框设置

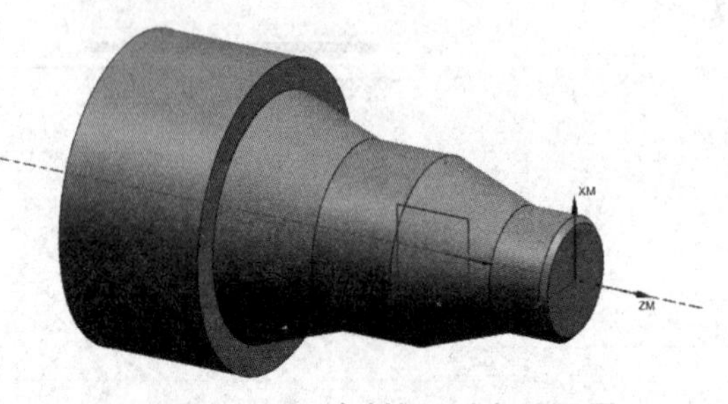

图 7-1-7　车削加工坐标系设置

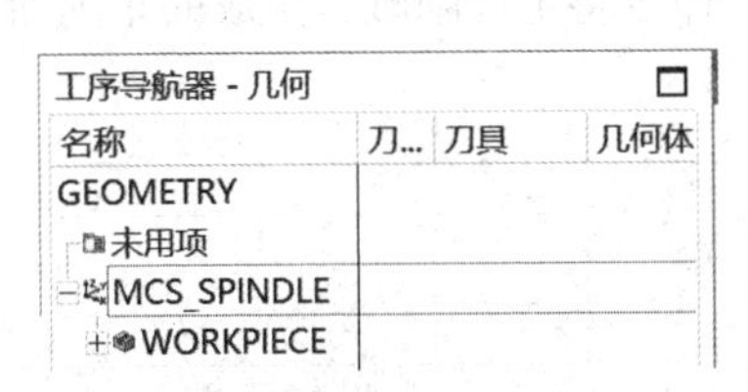

图 7-1-8　工序导航器 - 几何（2）

图 7-1-9　工件

（5）单击如图 7-1-8 所示的工序导航器中“WORKPIECE”左侧的“+”号，展开 WORKPIECE，如图 7-1-10 所示，双击“TURNING_WORKPIECE”，系统弹出如图 7-1-11 所示的“车削工件”对话框。

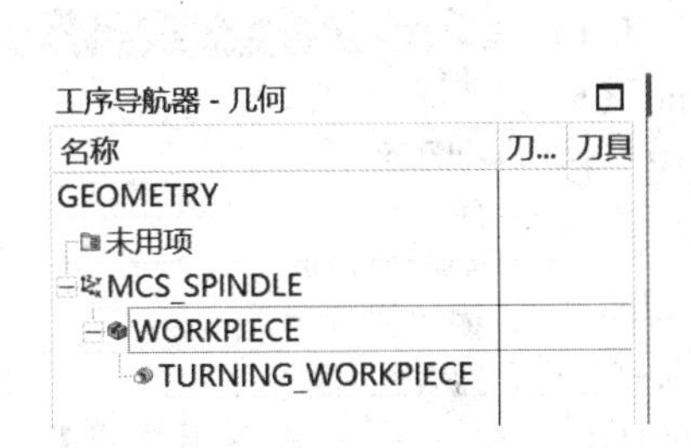

图 7-1-10　工序导航器 - 几何（3）

图 7-1-11　车削工件

（6）在“车削工件”对话框中单击“指定毛坯边界”按钮，系统弹出“毛坯边界”对话框。在“毛坯边界”对话框中，“类型”选择为“棒材”，“安装位置”选择为“在主轴箱处”，“长度”设置为“158.0000”，“直径”设置为“100.0000”，如图 7-1-12 所示。然后单击“指定点”中“点对话框”按钮，观察图形区域中装夹点是否处于工件左端面中心，如图 7-1-13 所示，确认无误后单击“确定”按钮，返回到“毛坯边界”对话框。

图 7-1-12　毛坯边界

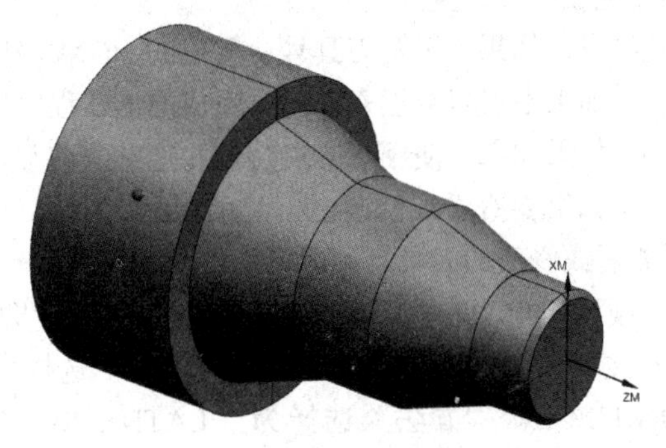

图 7-1-13　工件装夹点位置

（7）在如图 7–1–12 所示的“毛坯边界”对话框中，单击“预览”下的“显示”按钮，在图形窗口中观察毛坯是否包容零件，如图 7–1–14 所示，确认无误后单击“确定”按钮，完成毛坯设定。

（8）同时按下“ Ctrl + Alt + F”三个键，将视图切换到“ X–Z”平面，在图形窗口的零件上单击鼠标右键，在弹出的快捷菜单上单击“隐藏”命令将工件隐藏，生成的车削加工横截面如图 7–1–15 所示。

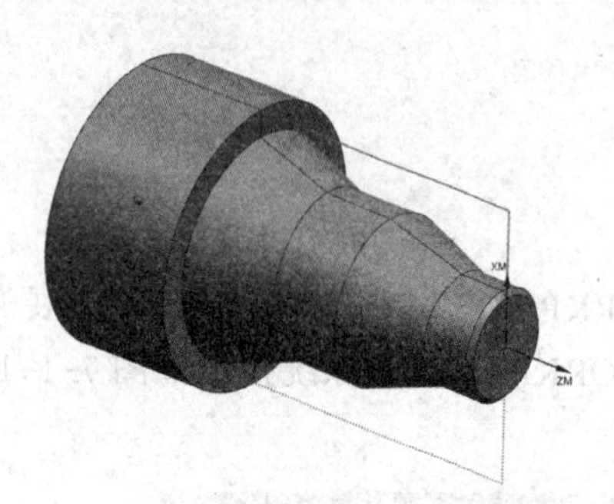

图 7–1–14　毛坯设定

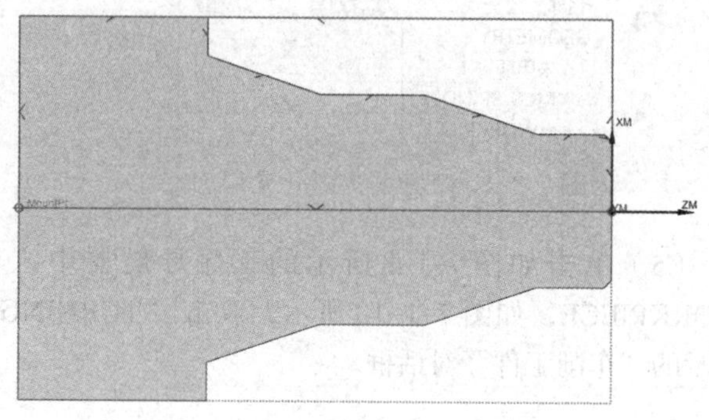

图 7–1–15　车削加工横截面

（9）单击“创建刀具”按钮，系统弹出如图 7–1–16 所示的“创建刀具”对话框，“类型”选择为“turning”(车削)，刀具“名称”选择为“ OD_55_L”，单击“确定”按钮，系统弹出“车刀 – 标准”对话框。

注：1）常用车削类刀具命名规则：SPODDRILLING–定心钻；DRILL–钻头；OD/ID–外 / 内轮廓；L/R–左 / 右；80、55 等 – 刀心角，80 即 C 型刀片，55 即 D 型刀片；GROOVE–切槽刀；THREAD–螺纹刀。

2）加工外轮廓时，粗加工一般用 C 型刀片，精加工一般用 D 型刀片。

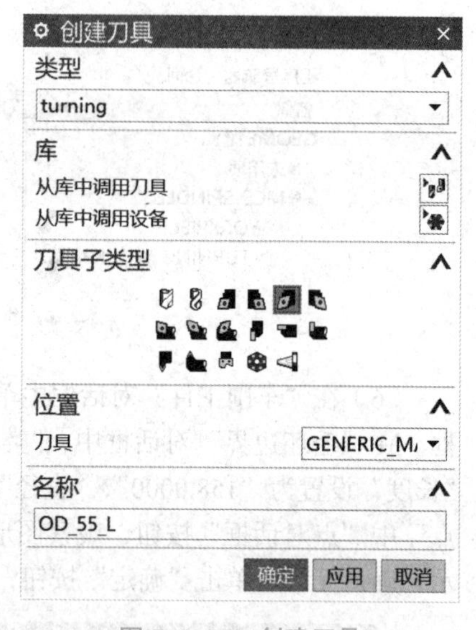

图 7–1–16　创建刀具

（10）在“车刀 – 标准”对话框“工具”选项卡中，将“刀尖半径”改为“0.8.000”，“刀具号”设置为“1”；“夹持器”选项卡保持默认；在“跟踪”选项卡中，将“补偿寄存器”设置为“1”，如图 7–1–17 所示，单击“确定”按钮，完成刀具设置。

注：1）如果不设置刀具号，生成的 NC 程序里刀具将为 T00 或 T0000。

2）如果不设置补偿寄存器，生成的 NC 程序里刀具将为 T0100 或 T0000。

3）如果勾选“使用车刀夹持器”选项，将显示整个车刀，否则只显示车刀刀片。

4）如果要查看或修改已创建的刀具，单击“机床视图”按钮，然后在工序导航器里双击要查看或修改的刀具名称即可。

（11）单击“创建工序”按钮，系统弹出“创建工序”对话框，“类型”选择为“turning”，“工序子类型”选择为“外径粗车”，“刀具”选择为“OD_55_L”，“几何体”选择“TURNING_WORKPIECE”，“方法”选择为“ LATHE_ROUGH”，如图 7–1–18 所示。设置完成后单击“确定”按钮，系统弹出“外径粗车”对话框。

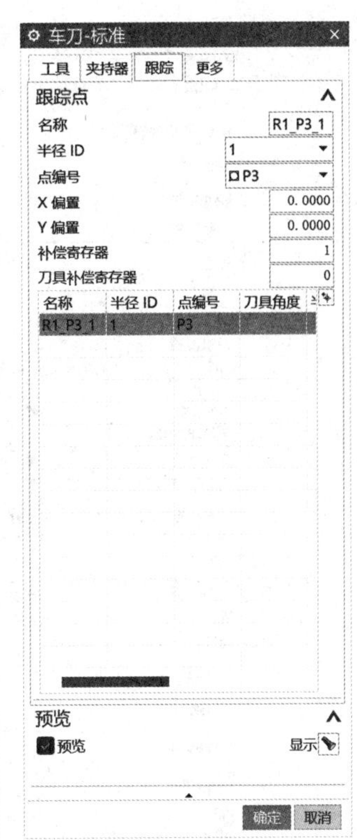

图 7-1-17　标准车刀

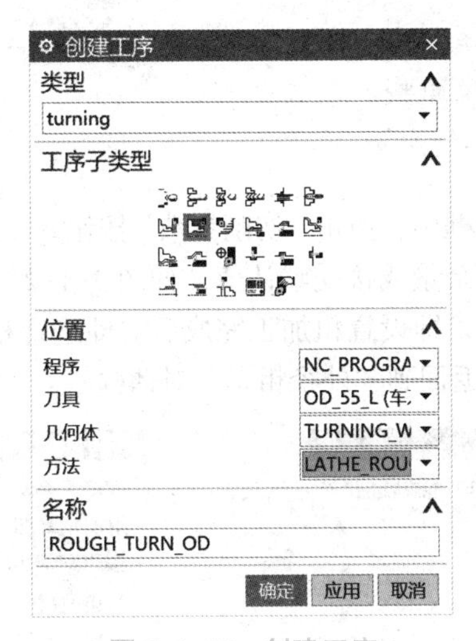

图 7-1-18　创建工序

（12）在“外径粗车”对话框中，“切削策略”选择为“单向线性切削”，切削深度最大值和最小值接受默认设置，如图 7-1-19 所示。

（13）在“外径粗车”对话框中，单击“进给率和速度”按钮，系统弹出“进给率和速度”对话框，主轴速度“输出模式”选择为“RPM”（每分钟转速），勾选“主轴速度”选项，“主轴速度值”设置为“1000.000”，进给率“切削”设置为“0.3000 mmpr”，如图 7-1-20 所示。设定完成后，单击“确定”按钮，返回到“外径粗车”对话框。

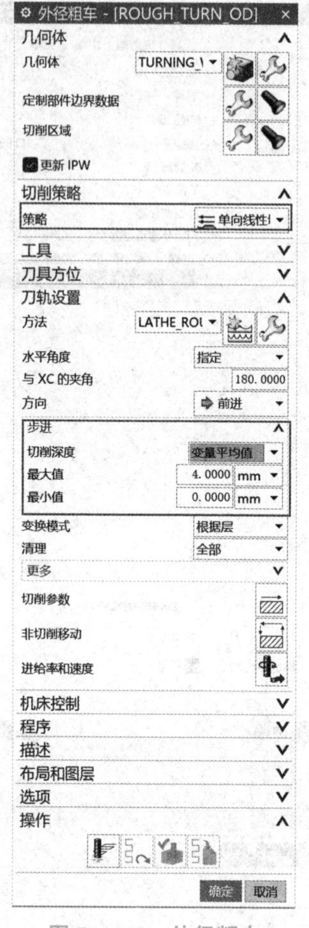

图 7-1-19　外径粗车

图 7-1-20　进给率和速度

（14）在“外径粗车”对话框中，单击“切削参数”按钮，系统弹出“切削参数”对话框，在“余量”选项卡中更改加工余量或接受默认值，如图 7-1-21 所示。在“轮廓加工”选项卡中勾选“附加轮廓加工”选项，即设置粗加工完成后立即进行精加工，如图 7-1-22 所示。设定完成后单击“确定”按钮，返回到“外径粗车”对话框。

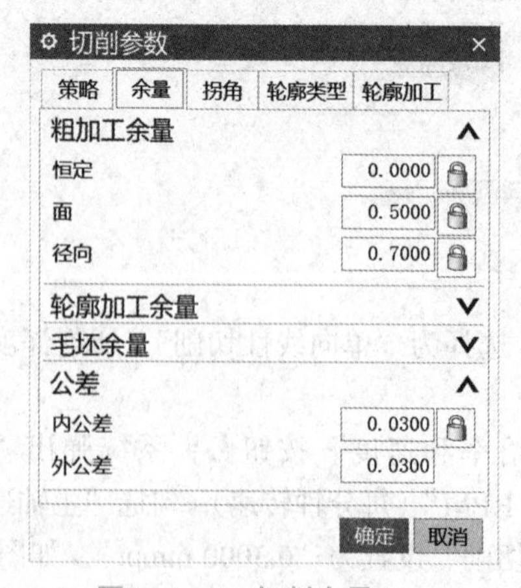

图 7-1-21　切削余量

图 7-1-22　精加工设置

（15）在“外径粗车”对话框中，单击“非切削移动”按钮，系统弹出“非切削移动”对话框，将“进刀”和“退刀”选项卡中的“进刀类型”和“退刀类型”选择为“线性－自动”，如图 7-1-23 所示。在“逼近”选项卡中将出发点（即换刀点）的“点选项”选择为“指定”，如图 7-1-24 所示，然后单击“指定点”后的按钮，在弹出的“点”对话框中设置坐标参考为“绝对坐标系－工作部件”，修改点的位置值设置为“60，0，208”，如图 7-1-25 所示。完成设定后单击“确定”按钮，返回到“非切削移动”对话框。

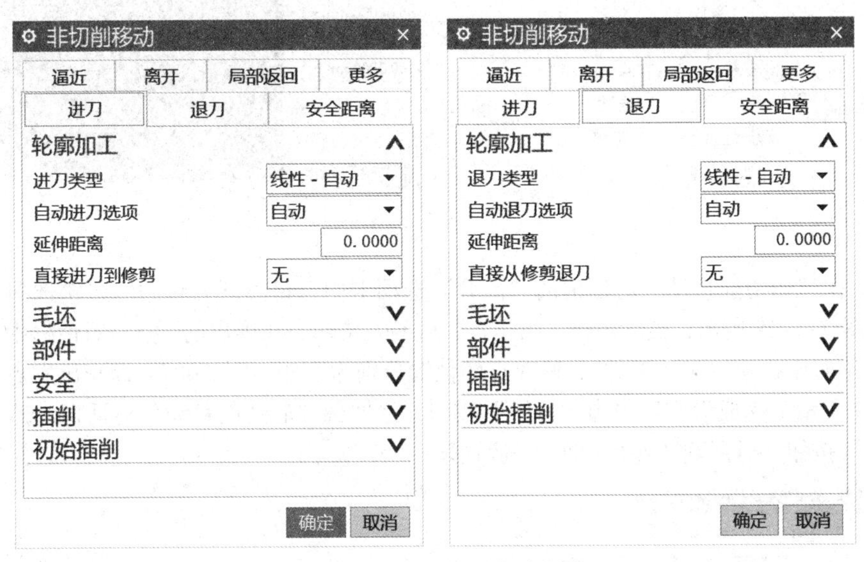

图 7-1-23　进退刀类型设置

图 7-1-24　出发点选项

图 7-1-25　指定出发点（换刀点）

注：换刀点的位置以刀盘回转时刀具不碰到工件和机床上的其他设备为原则。

（16）在“非切削移动”对话框的“逼近”选项卡中，将运动到起点的“运动类型”选择为“直接”，如图 7-1-26 所示，然后单击“指定点”后的按钮，在弹出的“点”对话框中设置坐标参考为“绝对坐标系－工作部件”，修改点的位置值为“55,0,160”，如图 7-1-27 所示。完成设定后单击“确定”按钮，返回到“非切削移动”对话框。

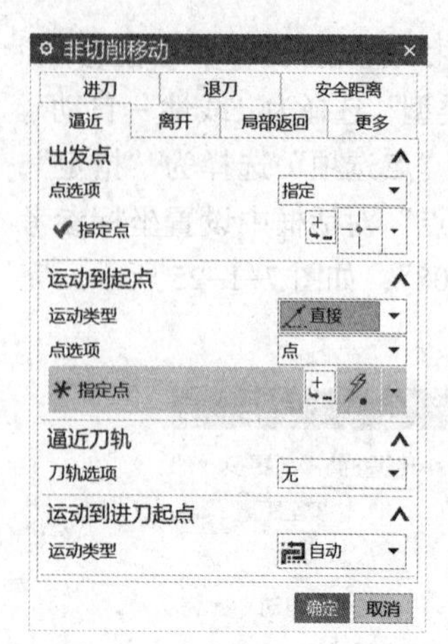

图 7-1-26　运动到起点选项

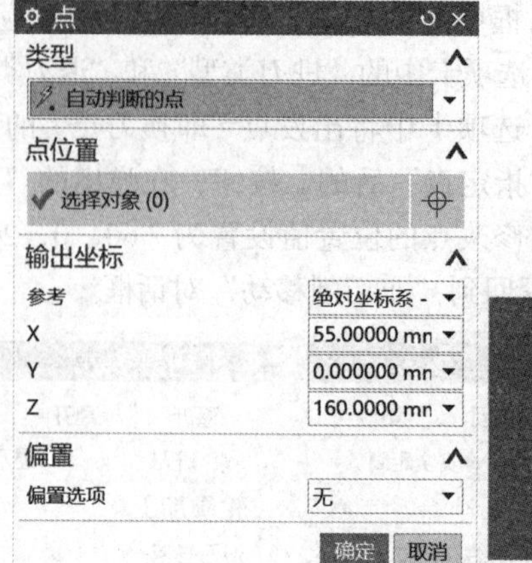

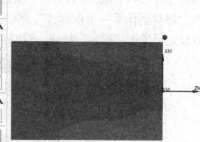

图 7-1-27　指定起点

（17）在“非切削移动”对话框的“离开”选项卡中，将离开刀轨的“刀轨选项”选择为“点”，如图 7-1-28 所示，然后单击“指定点”后的按钮，在弹出的“点”对话框中设置坐标参考为“绝对坐标系－工作部件”，修改点的位置分别为“60，0，208”，即与出发点相同，如图 7-1-29 所示。完成设定后单击“确定”按钮，返回到“非切削移动”对话框。然后再次单击“确定”按钮，返回到“外径粗车”对话框。

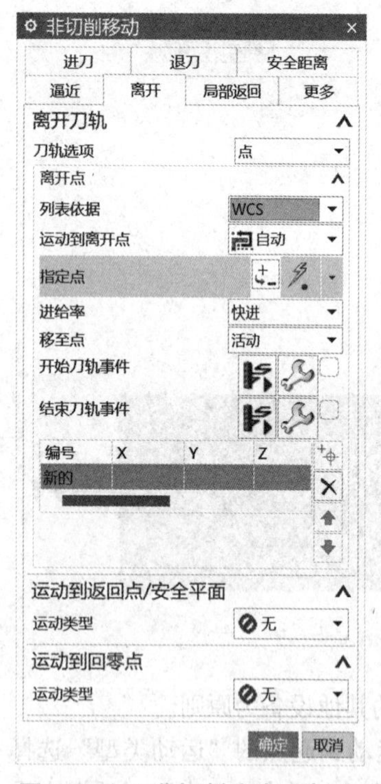

图 7-1-28　非切削移动－离开

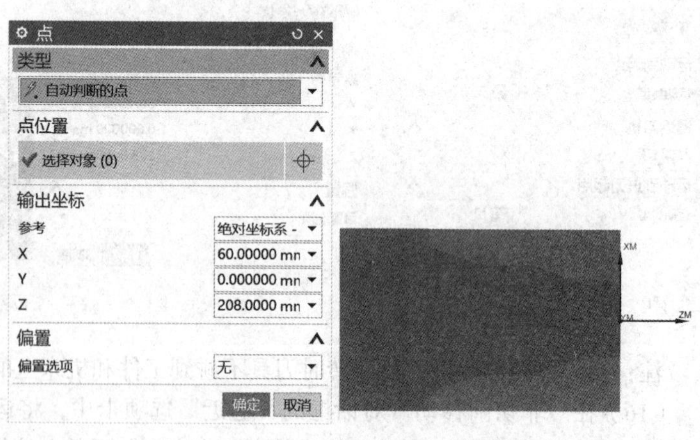

图 7-1-29　指定离开点

（18）在“外径粗车”对话框中，单击“操作”下的“生成”按钮，如图 7-1-30 所示，将在图形窗口生成刀轨，如图 7-1-31 所示。

（19）在“外径粗车”对话框中，单击“操作”下的“确认”按钮，系统弹出“刀轨可视化”对话框，在“3D 动态”中单击下方的“播放”按钮▶，仿真车削加工，如图 7-1-32 所示，确认零件加工仿真无误后，单击“确定”按钮，完成外轮廓轴类零件的编程。

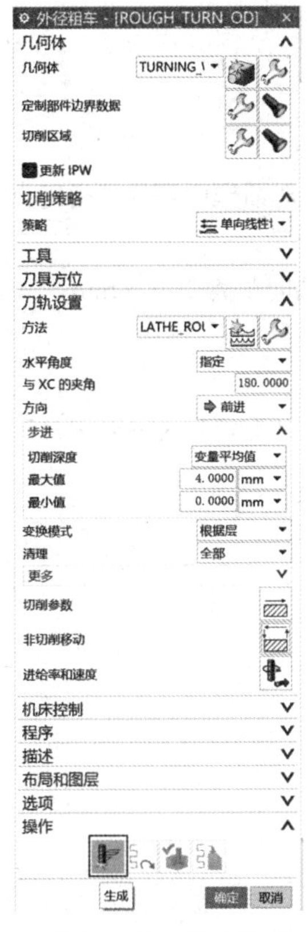

图 7-1-30　生成轨迹

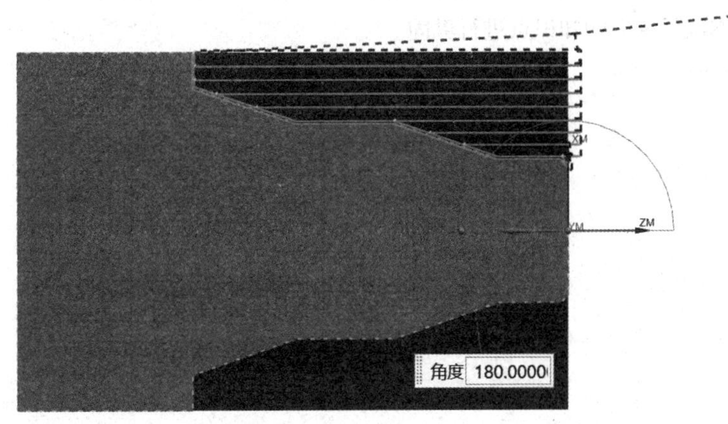

图 7-1-31　刀轨

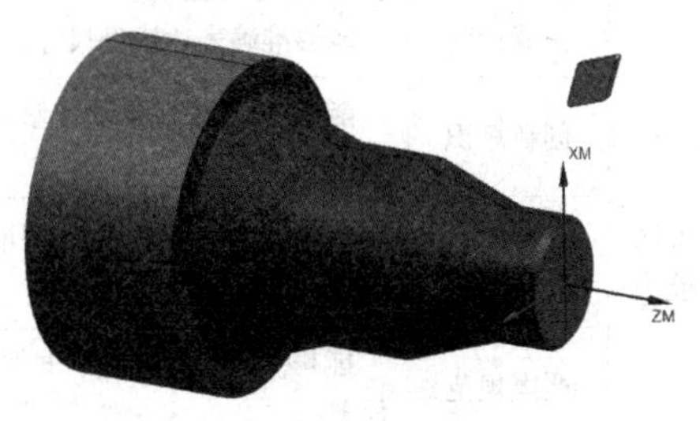

图 7-1-32　确认刀轨

注：1）如播放速度太快，可调慢其上方的速度控制条。

2）在生成和确认刀轨时，如果发现某步骤有问题，直接更改该步骤，更改完成后需重新生成和确认刀轨。

四、任务总结

（1）设定车削加工坐标时，原点一般设在零件左端面或右端面中心。

（2）设定毛坯时，如果矩形框与零件的方向相反，在“毛坯边界”对话框中切换“指定点”即可。

（3）选择“逼近”列中车外轮廓起点时，一般设为离毛坯径向和轴向距离 2 ～ 5 mm。

五、任务拓展

在完成本任务的学习后，请完成如图 7–1–33 所示的零件车削编程（毛坯尺寸 $\phi85\times115$），对本次任务中的知识点进行巩固。

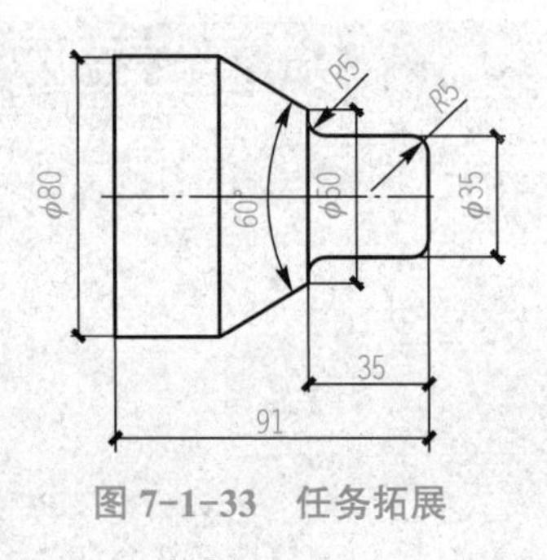

图 7–1–33　任务拓展

六、考核评价

任务评分表见表 7–1–1。

表 7–1–1　任务评分表

任务编号及名称：			姓名：		组号：		总分：
评分项		评价指标	分值	学生自评	小组互评	教师评分	
专业能力	识图能力	能够正确分析零件图纸，设计合理的加工工序					
	命令使用	能够合理选择、使用相关命令					
	编程步骤	能够明确编程步骤，具备清晰的自动编程思路					
	完成精度	能够准确表达模型尺寸，显示完整细节					
方法能力	创新意识	能够对设计方案进行修改优化，体现创新意识					
	自学能力	具备自主学习能力，课前有准备，课中能思考，课后会总结					
	严谨规范	能够严格遵守任务书要求，完成相应的任务					

续表

评分项		评价指标	分值	学生自评	小组互评	教师评分
社会能力	遵章守纪	能够自觉遵守课堂纪律、爱护实训室环境				
	学习态度	能够针对出现的问题，分析并尝试解决，体现精准细致、精益求精的工匠精神				
	团队协作	能够进行沟通合作，积极参与团队协作，具有团队意识				
备注：按照评价指标分为4档，优秀10分、良好7分、一般5分、合格2分						

任务二　复杂外轮廓轴类零件自动编程

一、任务描述

完成如图7-2-1所示的复杂外轮廓轴类零件自动编程，零件右端螺纹为M20×1，毛坯尺寸为$\phi50\times105$，材料为45钢。

图 7-2-1　复杂外轮廓轴类零件三维模型

二、学习目标

通过本任务的学习，能够完成复杂外轮廓轴类零件自动编程，实现以下三维目标。

1. 知识目标

（1）掌握切槽工序相关参数设置方法；

（2）掌握车螺纹工序相关参数设置方法；

（3）掌握轴类零件调头加工的操作方法。

2. 能力目标

（1）能够合理设计零件掉头车削加工工艺，选择合适加工的工序；

（2）能够利用外径粗车、切槽、车螺纹等工序进行复杂轴类零件的外轮廓加工。

3. 素养目标

（1）培养严谨规范的自动编程素养；

（2）培养对制造大国的敬畏之情。

三、任务实施

（1）打开 UG 软件，单击“打开”按钮，选择文件名称为“8.2_ 复杂外轮廓轴类零件 .prt”的三维模型，如图 7-2-2 所示。单击“OK”按钮，进入建模功能模块。

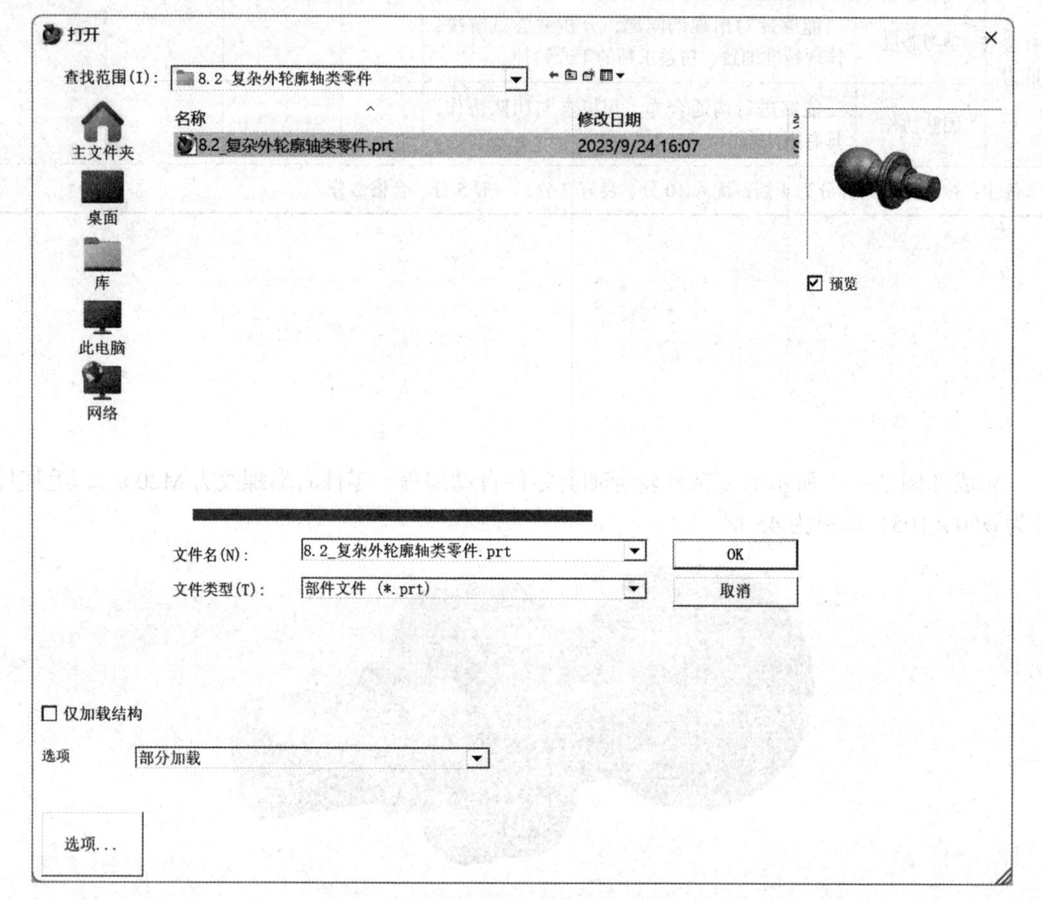

图 7-2-2　打开三维模型

（2）如图 7-2-3 所示，执行“应用模块”—“加工”命令，系统弹出图 7-2-4 所示的“加工环境”对话框，在“CAM 会话配置”中选择“cam_general”，在“要创建的 CAM 组装”中选择“turning”(车削加工)，进入加工模块。

（3）单击“几何视图”按钮，将工序导航器设置为几何视图，如图 7-2-5 所示。在软件界面左侧双击“MCS_SPINDLE”，在弹出如图 7-2-6 所示的“MCS 主轴”对话框中，单击“坐标系对话框”按钮，再在图形窗口中单击零件右端面的边缘，自动捕捉零件右端面中心为加工坐标系的坐标原点。然后单击“确定”按钮，完成加工坐标系设定，如图 7-2-7 所示。

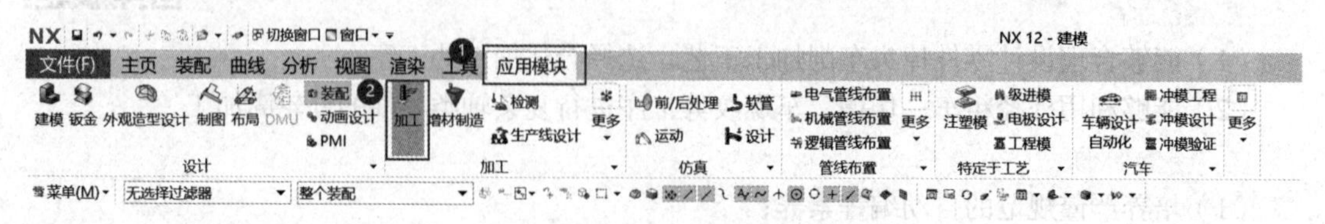

图 7-2-3　选择加工模块

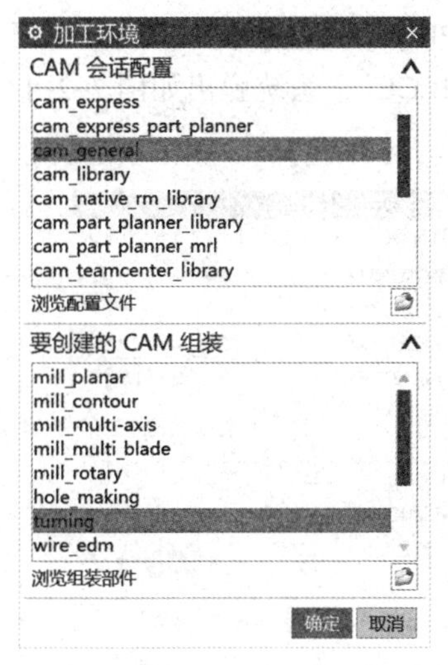

图 7-2-4　加工环境设置

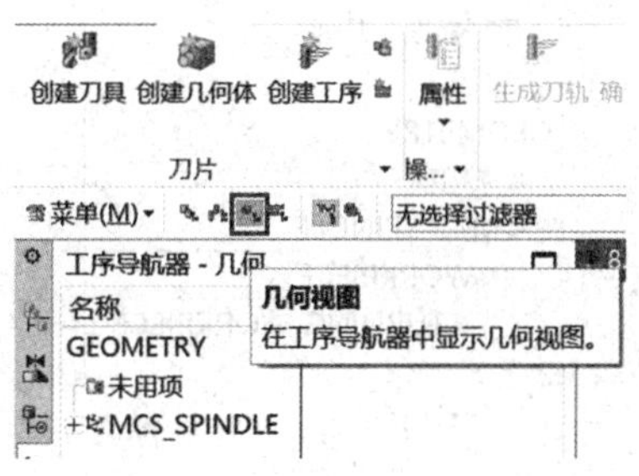

图 7-2-5　工序导航器 - 几何

图 7-2-6　“MCS 主轴”对话框设置

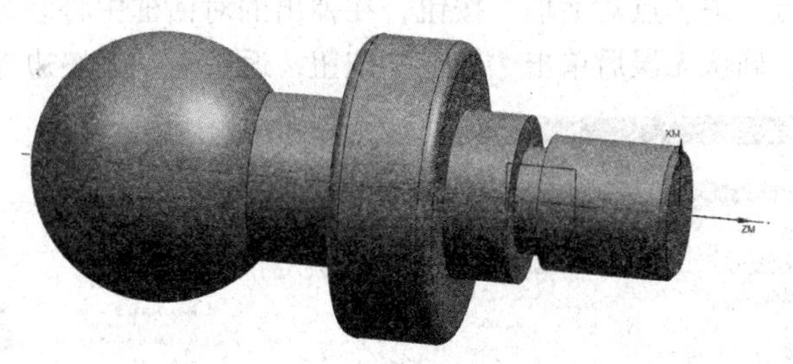

图 7-2-7　车削加工坐标系设置

（4）在图 7-2-5 中单击 MCS_SPINDLE 左侧的“+”号，展开 MCS_SPINDLE，如图 7-2-8 所示，双击图中的“WORKPIECE”，系统弹出图 7-2-9 所示“工件”对话框，在“工件”对话框中单击“指定部件”按钮，在图形窗口中选中外轮廓轴类零件三维模型，单击“确定”按钮，完成加工零件设定，再次单击“确定”按钮，退出“工件”对话框。

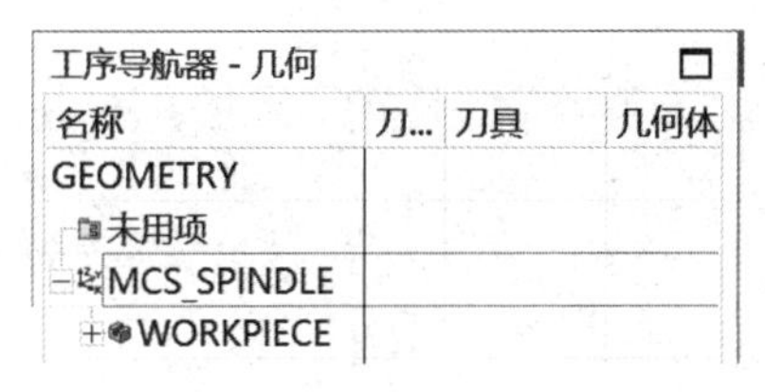

图 7-2-8　工序导航器 - 几何

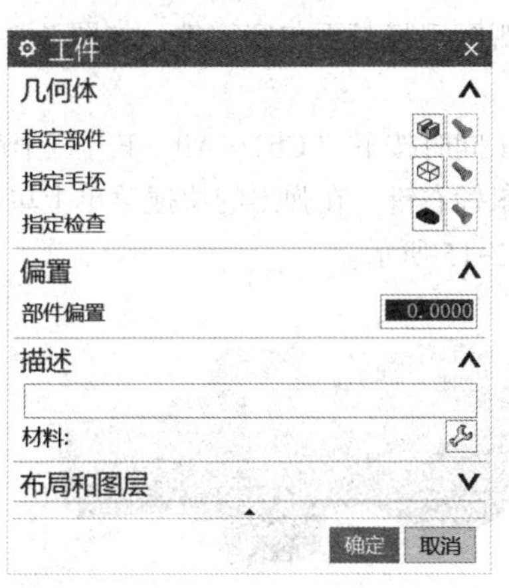

图 7-2-9　工件

（5）单击如图 7-2-8 所示的工序导航器中“WORKPIECE”左侧的“+”号，展开 WORK PIECE，如图 7-2-10 所示，双击“TURNING_WORKPIECE”，系统弹出如图 7-2-11 所示的“车削工件”对话框。

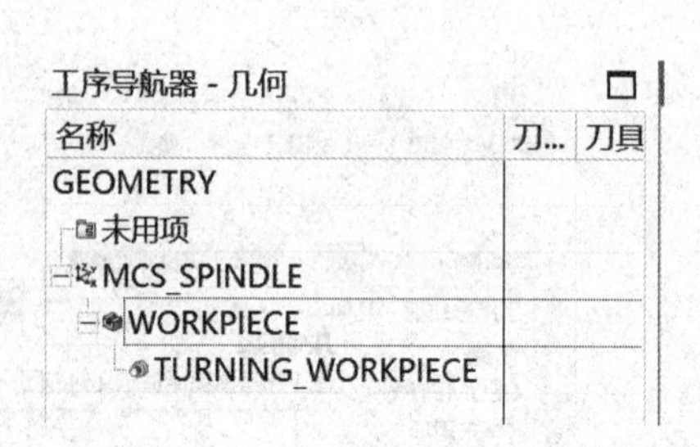

图 7-2-10　工序导航器 - 几何

图 7-2-11　车削工件

（6）在“车削工件”对话框中单击“指定毛坯边界”按钮，系统弹出“毛坯边界”对话框。在“毛坯边界”对话框中，“类型”选择为“棒材”，安装位置选择为“在主轴箱处”，“长度”设置为“105.0000”，“直径”设置为“50.0000”，如图 7-2-12 所示。然后单击“指定点”中“点对话框”按钮，在弹出的对话框中将装夹点改为“0，0，-5”，如图 7-2-13 所示，确认无误后单击“确定”按钮，返回到“毛坯边界”对话框。

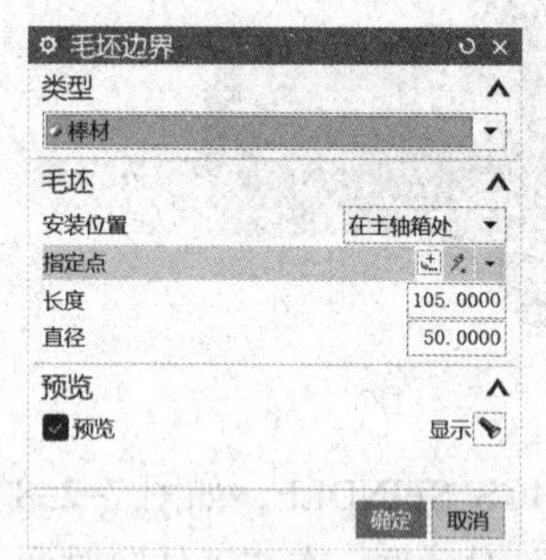

图 7-2-12　毛坯边界

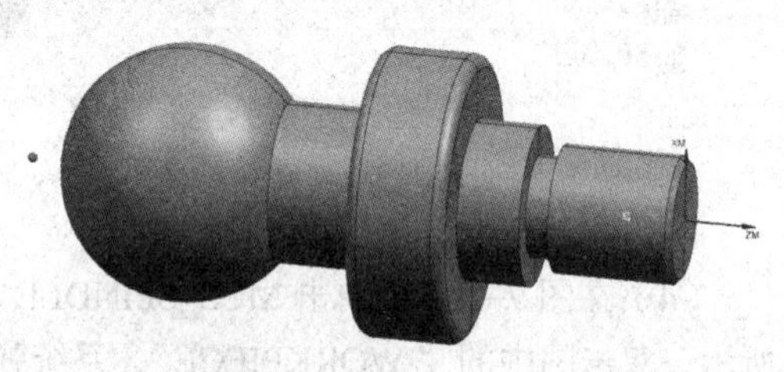

图 7-2-13　工件装夹点位置

（7）在如图 7-2-12 所示的“毛坯边界”对话框中，单击预览下的“显示”按钮，在图形窗口中观察毛坯是否包容零件，如图 7-2-14 所示，确认无误后单击“确定”按钮，完成毛坯设定。

（8）同时按下“Ctrl + Alt + F”三个键，将视图切换到“X-Z”平面，在图形窗口的零件上单击鼠标右键，在弹出的快捷菜单上单击“隐藏”命令将工件隐藏，生成的车削加工横截面如图 7-2-15 所示。

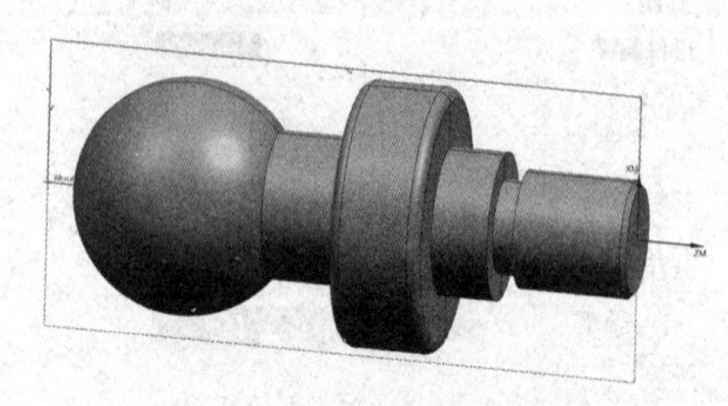
图 7-2-14　毛坯设定

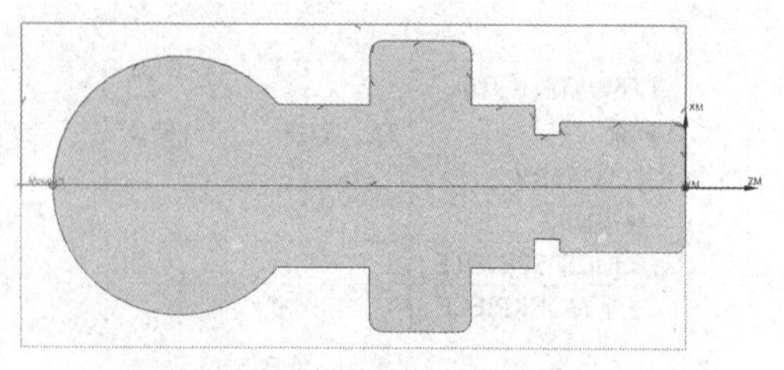
图 7-2-15　车削加工横截面

（9）单击“创建刀具”按钮，系统弹出如图 7–2–16 所示的“创建刀具”对话框，类型选择为“turning”（车削），刀具选择为“OD_55_L”，单击“确定”按钮，系统弹出“车刀－标准”对话框。

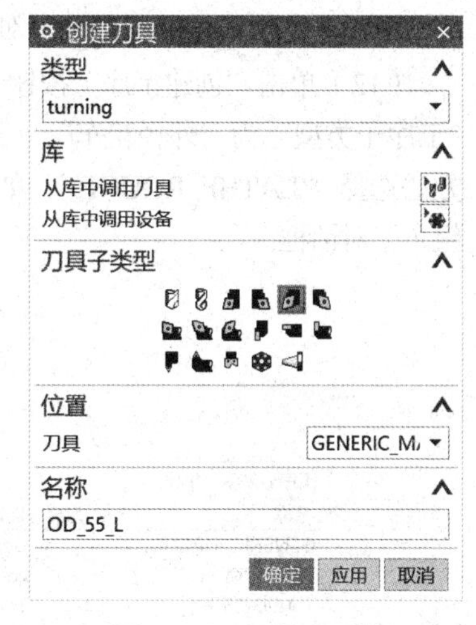

图 7–2–16　创建刀具

（10）在“车刀－标准”对话框中，在“工具”选项卡，将“刀尖半径”改为“0.4000”，“刀具号”设置为“1”；“夹持器”选项卡保持默认；在“跟踪”选项卡中，将“补偿寄存器”设置为“1”，如图 7–2–17 所示，单击“确定”按钮，完成刀具设置。

（11）用同样的方法完成其他刀具的创建，如图 7–2–18 所示。

T0108（注：前两位为刀具号，后两位为寄存器号，下同）：OD_55_R，除补偿寄存器号不同外，其他参数与 OD_55_L 相同，实际加工时此刀与第一把刀其实是同一把刀，08 号补偿寄存器里存储的是该刀在工件调头后的对刀数据。

T0202：OD_GROOVE_L（外切槽刀），刀片宽度设 3 mm。

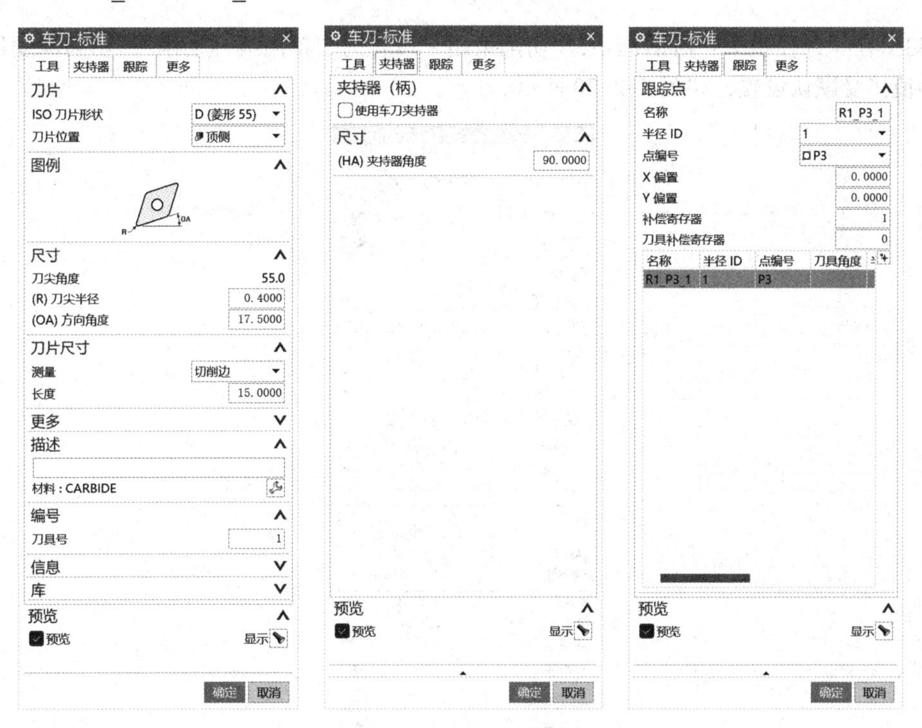

图 7–2–17　标准车刀

注：切槽刀有左右两个刀尖，对外槽刀而言，如果采用左刀尖编程，在刀具对话框中的跟踪列的跟踪点下的半径 ID 选择“1”，如果用右刀尖编程则选择“2”。

T0207：OD_GROOVE_L_1（外切槽刀），除补偿寄存器号不同外，其他参数与 OD_GROOVE _L 相同。实际加工时此刀与 OD_GROOVE_L 其实是同一把刀，07 号补偿寄存器里存储的是该刀在工件调头后的对刀数据。

T0303：OD_THREAD_L（外螺纹车刀）。

（12）单击“创建工序”按钮，系统弹出“创建工序”对话框中，“类型”设置为“turning”，“工序子类型”为“外径粗车”，刀具选择“OD_55_L”，几何体选择“TURNING_WORKPIECE”，方法选择“LATHE_ROUGH”，如图 7-2-19 所示。设置好后单击“确定”按钮，系统弹出“外径粗车”对话框。

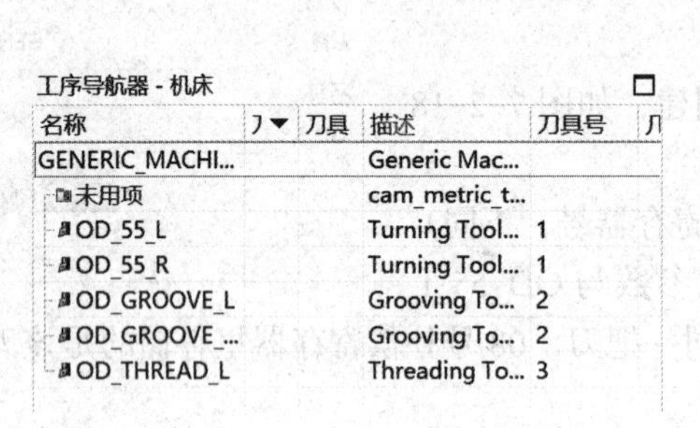

图 7-2-18　刀具创建

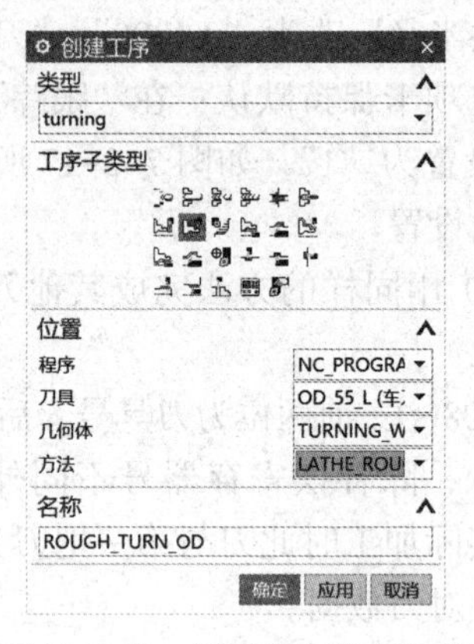

图 7-2-19　创建外圆加工工序

（13）在“外径粗车”对话框中，“切削策略”设置为“单向线性切削”，切削深度最大值和最小值接受默认设置，如图 7-2-20 所示。

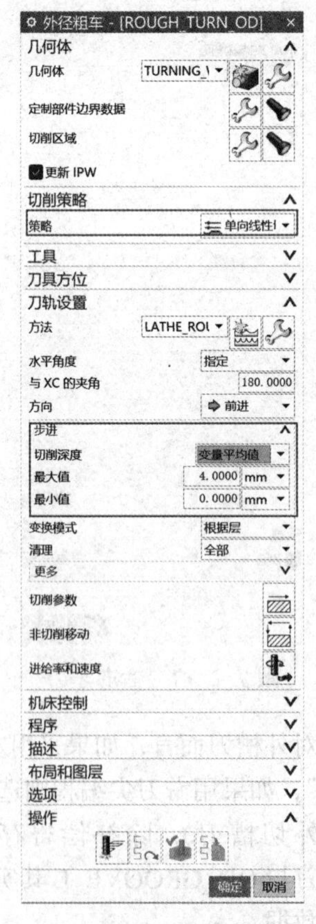

图 7-2-20　外径粗车

（14）在“外径粗车”对话框中，单击“切削区域”后的按钮，系统弹出“切削区域”对话框，将“轴向修剪平面 1”的“限制选项”选择为“点”，修改点的位置为（12.5，0，49），表示该点右边为切削区域，如图 7–2–21 所示。设定完成后，单击“确定”按钮，返回到“外径粗车”对话框。

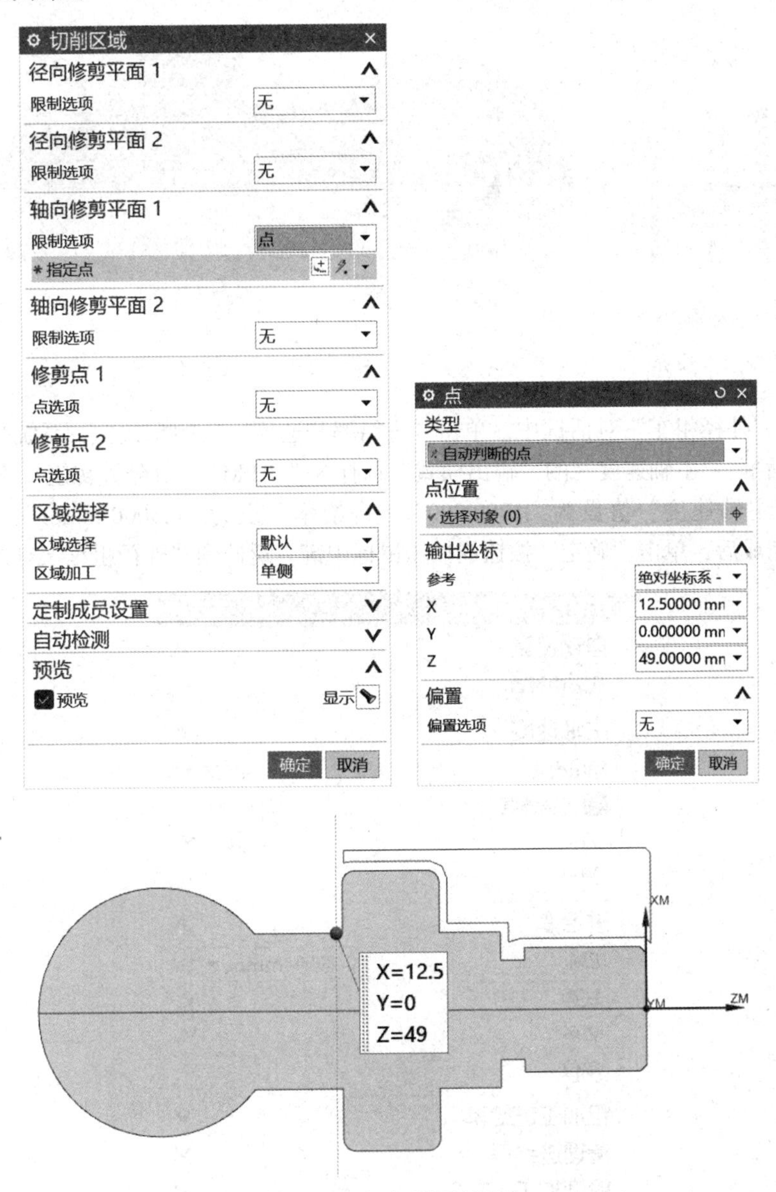

图 7–2–21　切削区域限制

（15）在“外径粗车”对话框中，单击“定制部件边界数据”后的按钮，系统弹出“部件边界”对话框，在“成员”展开列表下，选择“Member10”和“Member11”，勾选“忽略成员”，如图 7–2–22 所示。设定完成后，部件边界随之改变，如图 7–2–23 所示，单击“确定”按钮，返回到“外径粗车”对话框。

注：此步骤操作的目的是不让外圆车刀试图去加工槽。

图 7-2-22　定制部件边界

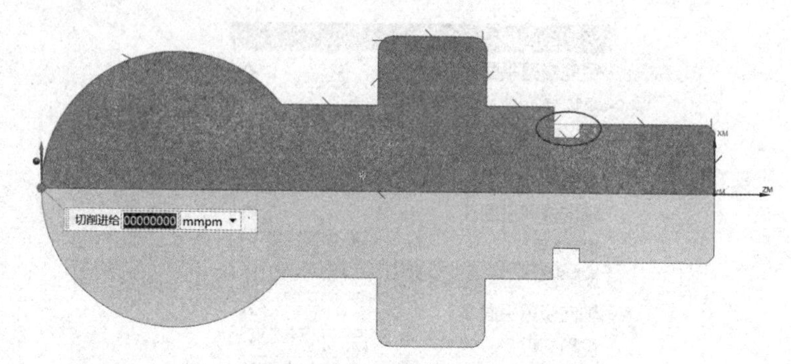

图 7-2-23　忽略槽边界

（16）在“外径粗车”对话框中，单击“进给率和速度”后的按钮，系统弹出“进给率和速度”对话框，“主轴速度”的“输出模式”选择为“RPM”（每分钟转速），勾选“主轴速度”选项，“主轴速度”值设为“1200.000”，“进给率”设为“0.3000 mmpr”，如图 7-2-24 所示。设定完成后，单击“确定”按钮或按压鼠标中键，返回到“外径粗车”对话框。

进给率和速度
自动设置
从表中重置
主轴速度
输出模式　RPM
主轴速度　1200. 000
方向
更多
进给率
切削　0. 3000　mmpı
快速
更多
单位
粗加工进给率
清理进给率
轮廓加工
清理和轮廓加工中的斜坡
短段
逼近距离限制
加速/减速限制
确定　取消

图 7-2-24　进给率和速度

（17）在“外径粗车”对话框中，单击“切削参数”后的按钮，系统弹出“切削参数”对话框，在“余量”选项卡更改加工余量或接受默认值，如图 7-2-25 所示。在“轮廓加工”选项卡中勾选“附加轮廓加工”选项，即设置粗加工完成后立即进行精加工，如图 7-2-26 所示，设定完成后单击“确定”按钮，返回到“外径粗车”对话框。

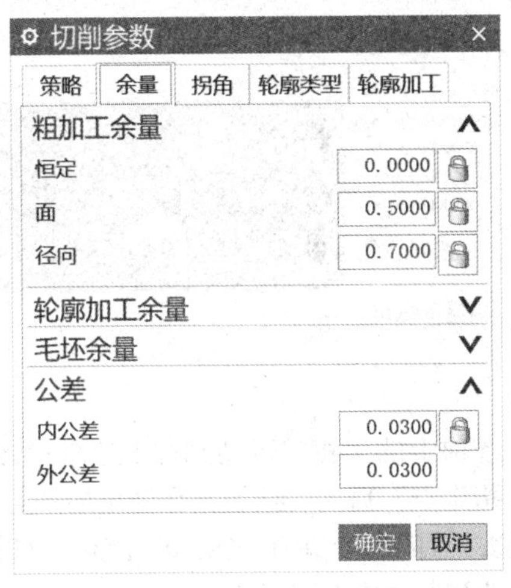

图 7-2-25　切削余量

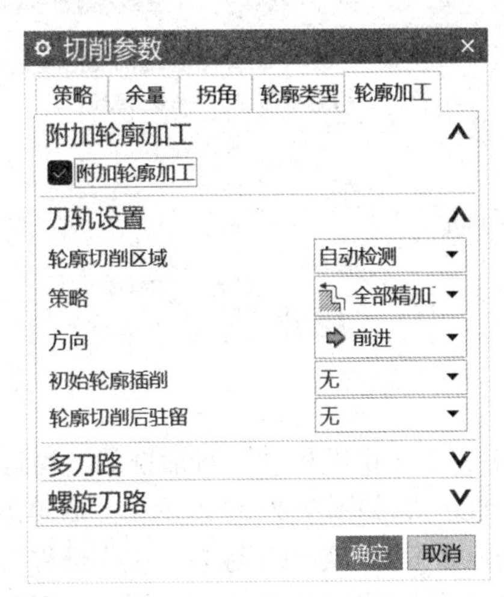

图 7-2-26　精加工设置

（18）在“外径粗车”对话框中，单击“非切削移动”后的按钮，系统弹出“非切削移动”对话框，将“进刀”和“退刀”选项卡中“进刀类型”和“退刀类型”选择为“线性－自动”，如图 7-2-27 所示。在“逼近”选项卡中将“出发点”(即换刀点）的“点选项”更改为“指定”，如图 7-2-28 所示，然后单击“指定点”后的按钮，在弹出的“点”对话框中设置坐标参考为“绝对坐标系－工作部件”，修改点的位置值为“40，0，120”，如图 7-2-29 所示。完成设定后单击“确定”按钮，返回到“非切削移动”对话框。

注：换刀点的位置以刀盘回转时刀具不碰到工件和机床上的其他设备为原则。

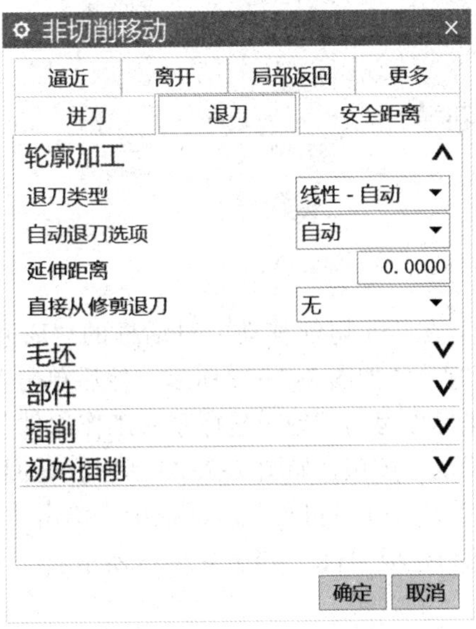

图 7-2-27　进退刀类型设置

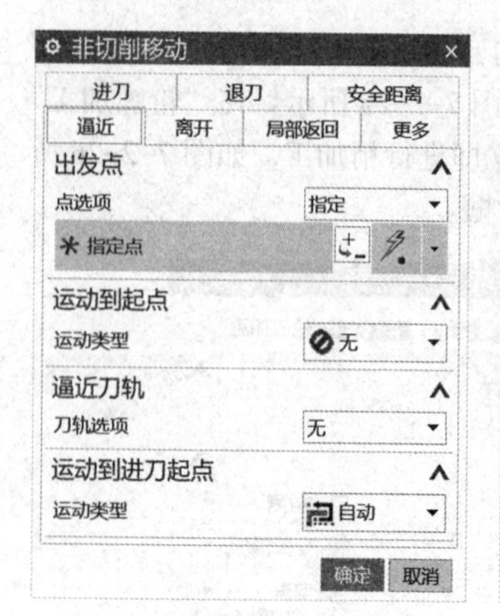

图 7-2-28　出发点选项

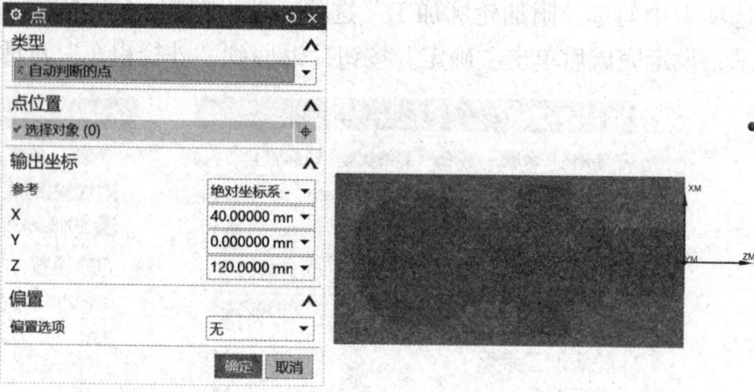

图 7-2-29　指定出发点（换刀点）

（19）在“非切削移动”对话框的“逼近”选项卡的，将“运动到起点”的“运动类型”选择为“直接”，如图 7-2-30 所示，然后单击“指定点”后的按钮，在弹出的“点”对话框中设置坐标参考为“绝对坐标系 - 工作部件”，修改点的位置值为“28，0，103”，如图 7-2-31 所示。完成设定后单击“确定”按钮，返回到“非切削移动”对话框。

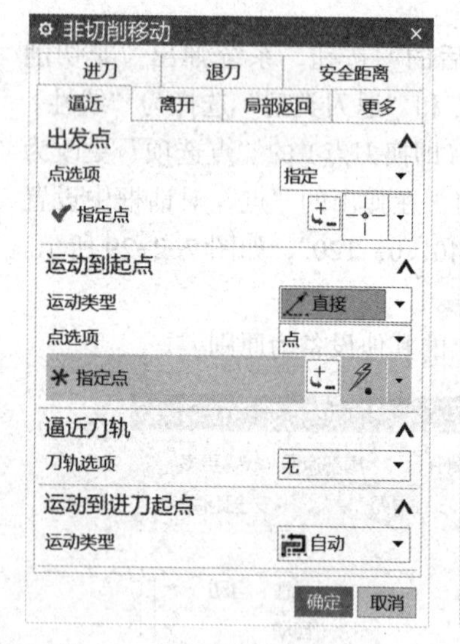

图 7-2-30　运动到起点选项

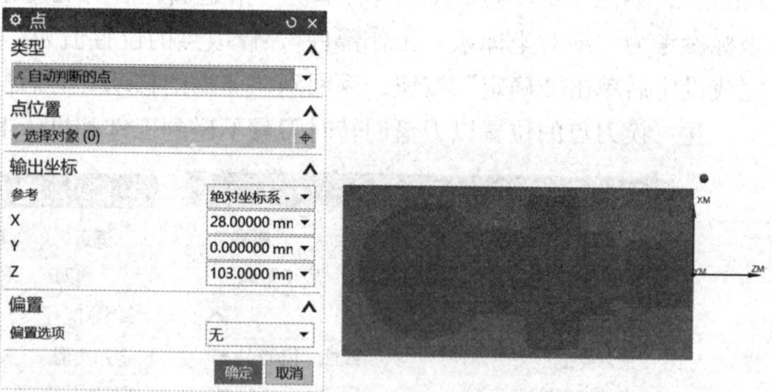

图 7-2-31　指定起点

（20）在“非切削移动”对话框的“离开”选项卡中，将“离开刀轨”的“刀轨选项”选择为“点”，如图 7-2-32 所示，然后单击“指定点”后的按钮，在弹出的“点”对话框中设置坐标参考为“绝对坐标系 - 工作部件”，修改点的位置值为“40，0，120”，然后再次单击“确定”按钮，如图 7-2-33 所示，返回到“外径粗车”对话框。

（21）在“外径粗车”对话框中，单击“操作”下方的“生成”按钮（图 7-2-34），将在图形窗口生成刀轨，如图 7-2-35 所示。

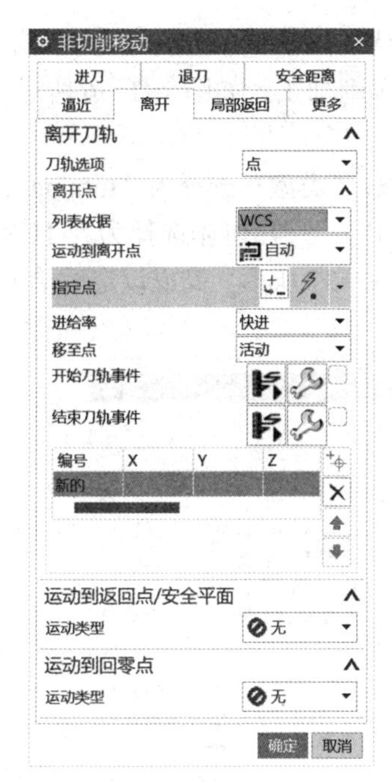

图 7-2-32　非切削移动 - 离开

图 7-2-33　指定离开点

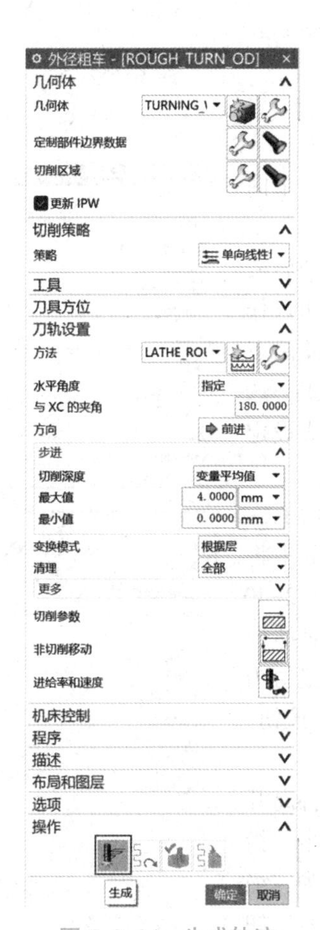

图 7-2-34　生成轨迹

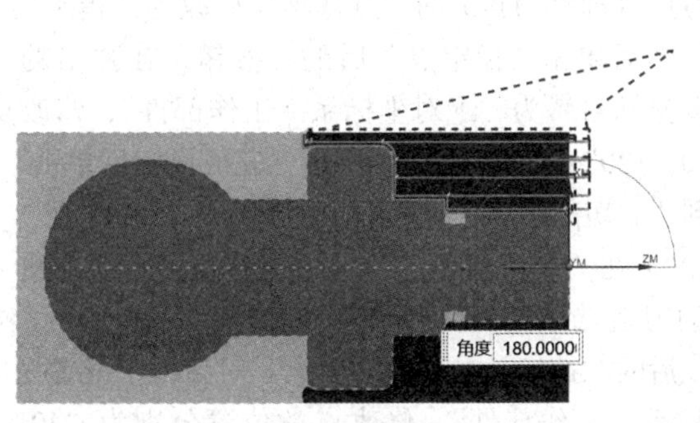

图 7-2-35　外圆粗车刀轨

（22）在“外径粗车”的对话框中，单击“操作”下的“确认”按钮，系统弹出“刀轨可视化”对话框，在“3D动态”中单击“播放”按钮▶，仿真车削加工，如图7-2-36所示，确认仿真无误后，单击“确定”按钮，完成外圆粗车工序。

（23）单击“创建工序”按钮，系统弹出“创建工序”对话框，“类型”选择为“turning”，“工序子类型”选择为“外径开槽”，刀具选择为“OD_GROOVE_L”，几何体选择为“TURNING_WORKPIECE”，方法选择为“LATHE_ROUGH”，如图7-2-37所示。完成设定后单击“确定”按钮，系统弹出“外径开槽”对话框。

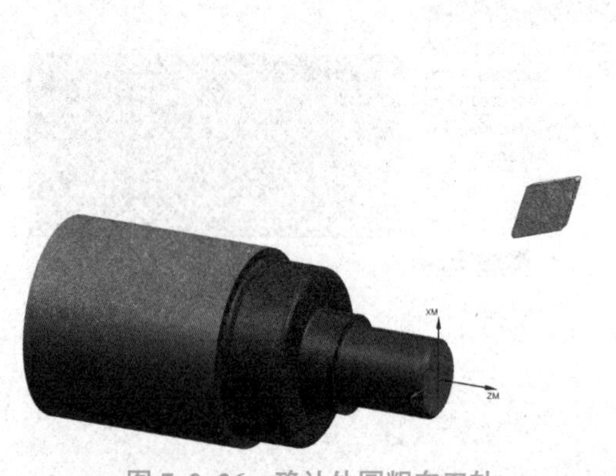

图 7-2-36　确认外圆粗车刀轨

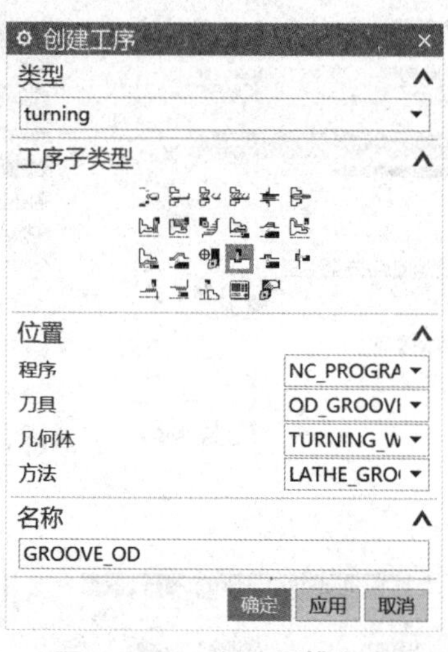

图 7-2-37　创建切槽工序

（24）在“外径开槽”对话框中，设置“切削策略”为“单向插削”，“方向”选择为“前进”，如图7-2-38所示。

（25）在“外径开槽”对话框中，单击“切削区域”后的按钮，系统弹出“切削区域”对话框，将如图7-2-39所示标记的两点作为“轴向修剪平面1”和“轴向修剪平面2”的限制点，即此两点之间的轴向区域为切削区域，然后将区域选择下的“区域加工”选项选择为“多个”，单击“确定”按钮或按压鼠标中键。完成设定后单击“确定”按钮，返回“外径开槽”对话框。

（26）在“外径开槽”对话框中，单击“非切削移动”后的按钮，系统弹出“非切削移动”对话框，在“逼近”选项卡中将“出发点”（即换刀点）的“点选项”更改为“指定”，如图7-2-40所示，然后单击“指定点”后的按钮，在弹出的“点”对话框中设置坐标参考为“绝对坐标系－工作部件”，修改点的位置值为“40，0，120”，如图7-2-41所示。完成设定后单击“确定”按钮，返回到“非切削移动”对话框。

（27）在“非切削移动”对话框的“离开”选项卡中，将离开刀轨的刀轨选项选择为“点”，如图7-2-42所示，然后单击“指定点”后的按钮，在弹出的“点”对话框中设置坐标参考为“绝对坐标系－工作部件”，修改点的位置分别为“40，0，120”，如

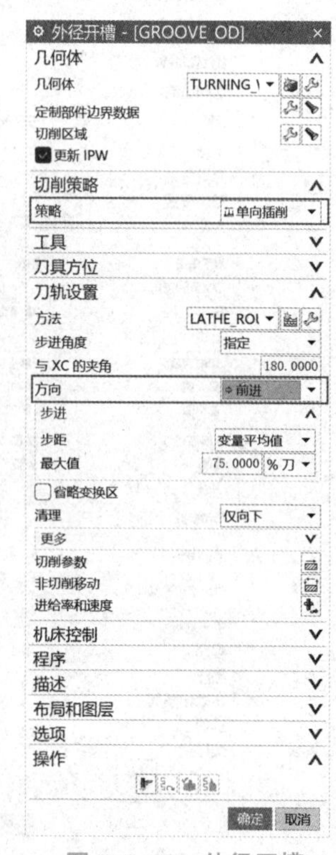

图 7-2-38　外径开槽

图 7-2-43 所示。完成设定后单击“确定”按钮返回到“非切削移动”对话框。然后再次单击“确定”按钮，返回到“外径开槽”对话框。

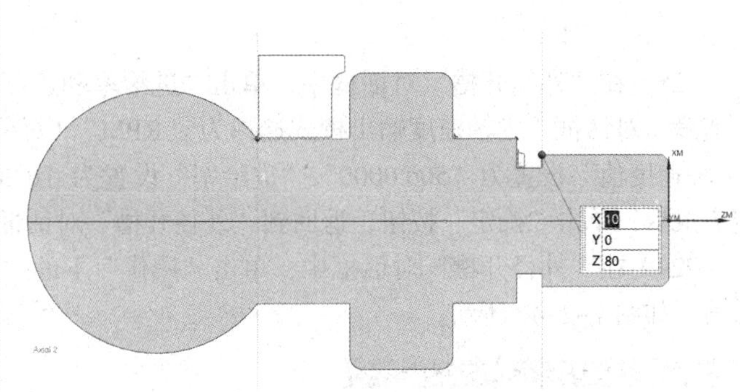

图 7-2-39　切削区域设置

图 7-2-40　出发点选项

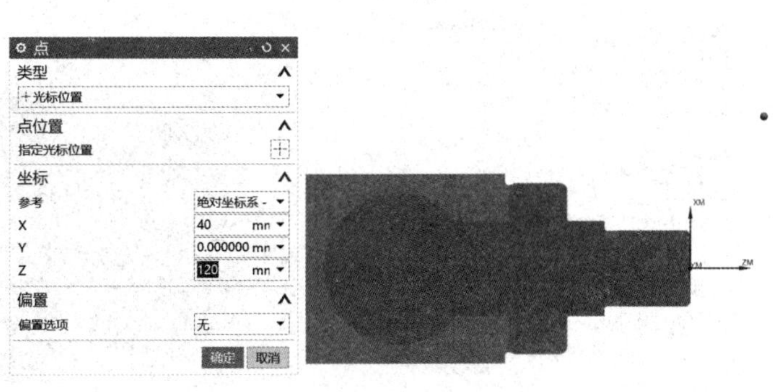

图 7-2-41　指定出发点（换刀点）

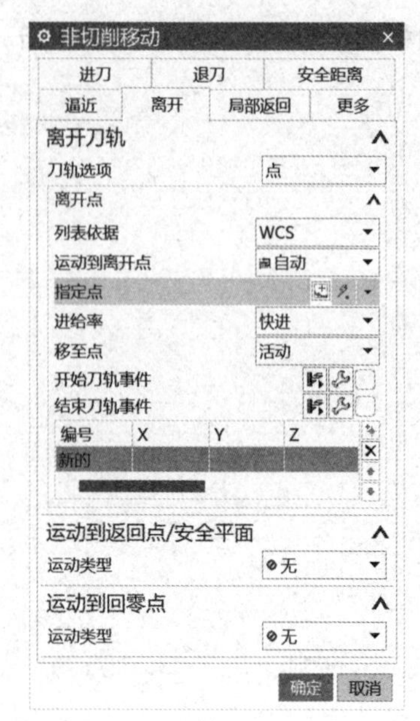

图 7-2-42　非切削移动 - 离开　　　　图 7-2-43　指定离开点

（28）在“外径开槽”对话框中，单击“进给率和速度”后的按钮，系统弹出“进给率和速度”对话框，主轴速度输出模式选择为“RPM”（每分钟转速），勾选“主轴速度”选项，“主轴速度值”设置为“500.0000”，“进给率”设置为“0.2000 mmpr”，如图 7-2-44 所示。设定完成后，单击“确定”按钮，返回到“外径开槽”对话框。

（29）在“外径开槽”对话框中，单击“操作”下的“生成”按钮，将在绘图区域生成刀轨，如图 7-2-45 所示。

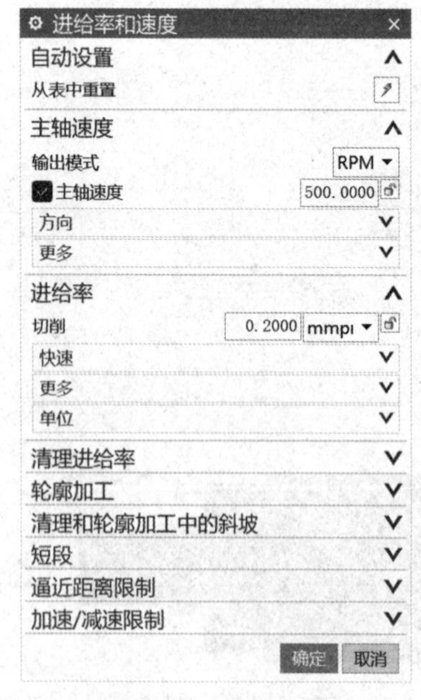

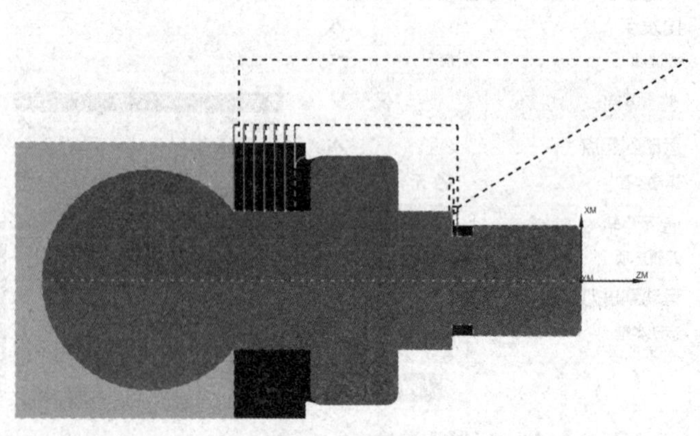

图 7-2-44　进给率和速度　　　　图 7-2-45　切槽刀轨

（30）单击“操作”下的“确认”按钮，系统弹出“刀轨可视化”对话框，单击“3D 动态”中的“播放”按钮▶，仿真车削加工，如图 7-2-46 所示，确认仿真无误后，单击“确定”按钮，完成切槽工序。

（31）单击“创建工序”按钮，系统弹出“创建工序”对话框，“类型”选择为“turning”，“工序子类型”选择为“外径螺纹铣”，“刀具”选择为“ OD_THREAD_L”，“几何体”选择为“ TURNING_WORKPIECE”，“方法”选择为“ LATHE_THREAD”，如图 7-2-47 所示。完成设定后单击“确定”按钮，系统弹出“外径螺纹铣”对话框。

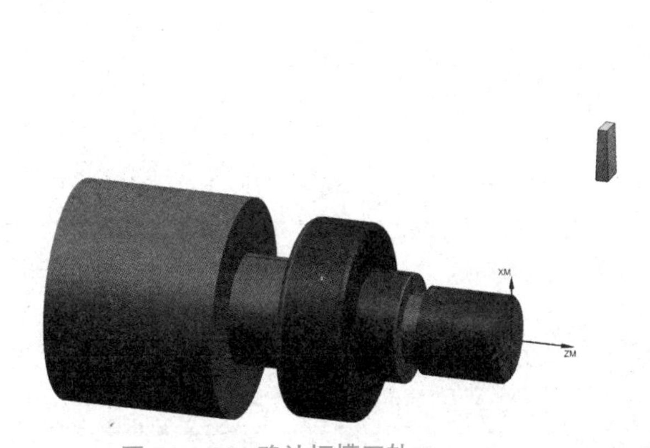

图 7-2-46　确认切槽刀轨

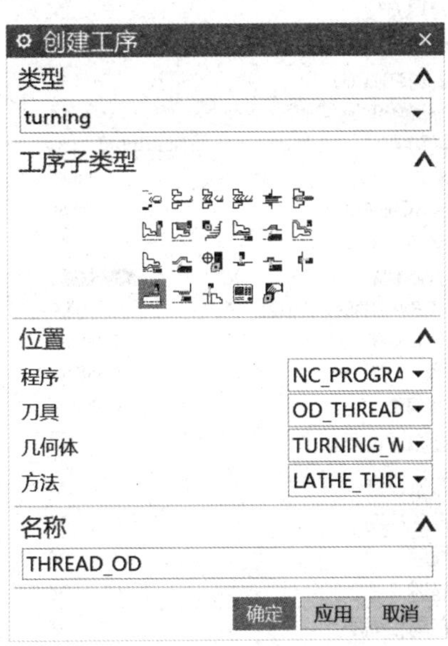

图 7-2-47　创建车螺纹工序

（32）在“外径螺纹铣”对话框中，在“螺纹形状”下单击“选择顶线”，然后在图形窗口中选择螺纹顶线。单击顶线时要注意：如果单击该线的右端，则该线的右端为 Start，左端为 End，即车螺纹时从右向左车；反之，如果单击该线的左端，则该线的左端为 Start，右端为 End，即车螺纹时从左向右车。

注：1）前置刀架车床，车右旋螺纹时应选择从右往左车，车左旋螺纹时则相反。

2）后置刀架车床，车右旋螺纹时应选择从左往右车，车左旋螺纹时则相反。

（33）选择好顶线后，在“外径螺纹铣”对话框中，单击“选择终止线”，将“深度选项”选择为“深度和角度”，“深度”设置为“0.6500”，“与 XC 的夹角”设置为 180°，“起始偏置”设置为“4.000”，“终止偏置”值接受默认值 0，完成螺纹形状参数设置，如图 7-2-48 所示。

注：1）如果建模时预先画好了牙底线，选择螺纹终止线可设置为“根线”，然后在图形窗口中选择画好的牙底线即可。

2）标准普通螺纹的牙型深度= 0.6495P（P 为螺纹导程）。

3）与 XC 的夹角：从左往右车为 0°，从右往左车为 180°。

（34）在“外径螺纹铣”对话框中，单击“切削参数”按钮，在弹出的“切削参数”对话框中，按照如图 7-2-49 所示设置相关参数。在“策略”选项卡中，“螺纹头数”设置为“1”，“切削深度”选择为“剩余百分比”，接受默认的 30，“最大距离”和“最小距离”分别设置为“0.4000”和“0.0800”；在“螺距”选项卡中设定螺距距离为“1.0000”；在“附加刀路”选项卡中将精加工刀路下的“刀路数”设置为“1”，单击“确定”按钮，返回到“外径螺纹铣”对话框。

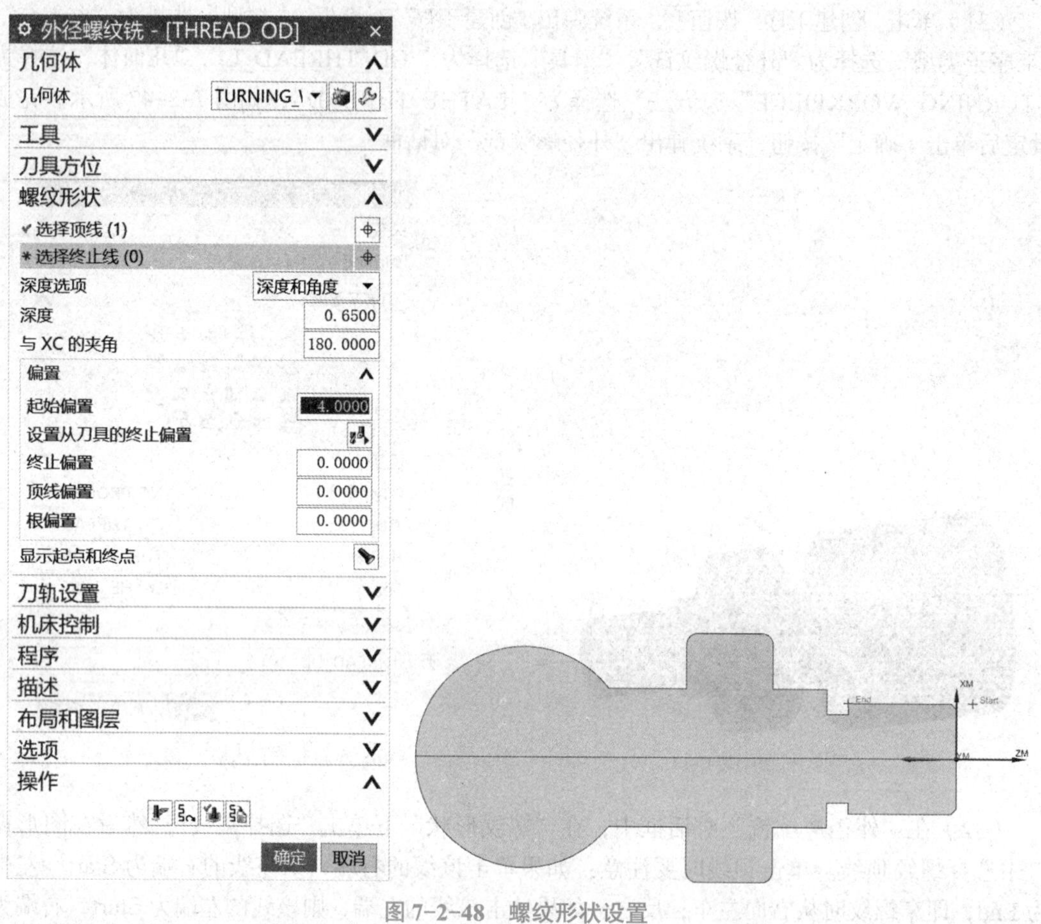

图 7-2-48　螺纹形状设置

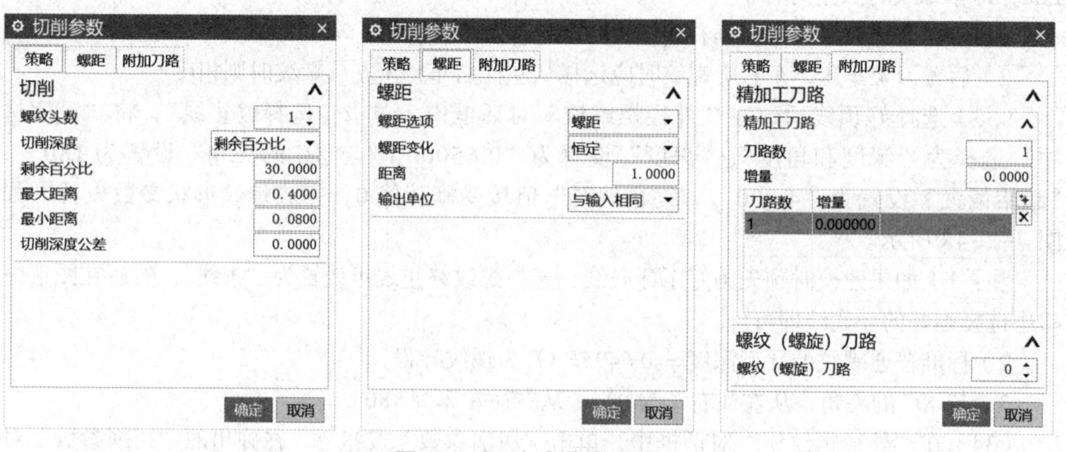

图 7-2-49　切削参数设置

（35）在“外径螺纹铣”对话框中，单击“非切削移动”按钮，系统弹出“非切削移动”

对话框，在“逼近”选项卡将“出发点”（即换刀点）的“点选项”更改为“指定”，然后单击“指定点”后的按钮，在弹出的“点”对话框中设置坐标参考为“绝对坐标系－工作部件”，修改点的位置值为“40，0，120”，如图 7-2-50 所示。完成设定后单击“确定”按钮，返回到“非切削移动”对话框。

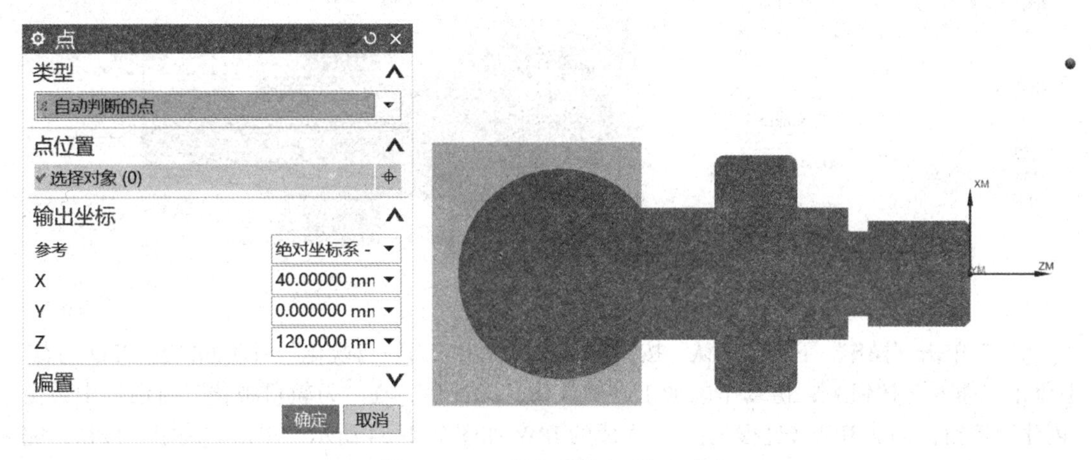

图 7-2-50　指定出发点（换刀点）

（36）在“外径螺纹铣”对话框的“离开”选项卡中，将离开刀轨的刀轨选项选择为“点”，然后单击“指定点”后的按钮，在弹出的“点”对话框中设置坐标参考为“绝对坐标系－工作部件”，修改点的位置分别为“40，0，120”，如图 7-2-51 所示。完成设定后单击“确定”按钮，返回到“非切削移动”对话框。然后再次单击“确定”按钮，返回到“外径螺纹铣”对话框。

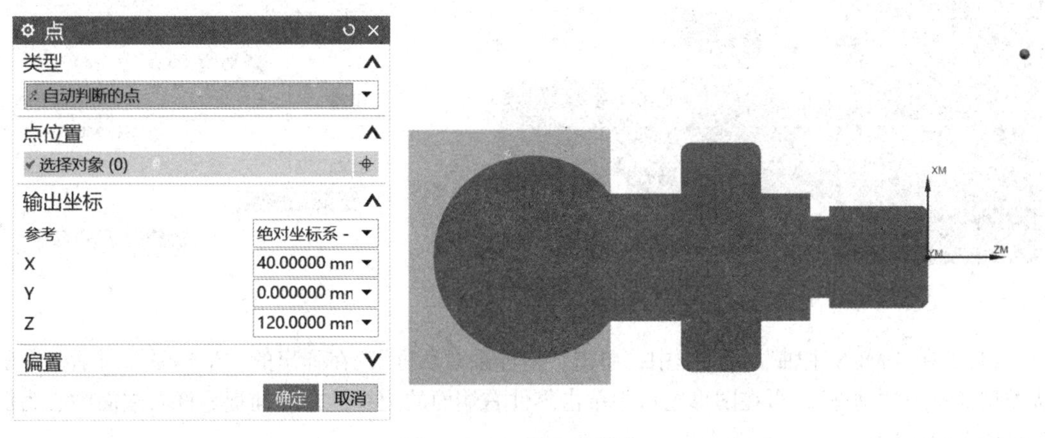

图 7-2-51　指定离开点

（37）在“外径螺纹铣”对话框中，单击“进给率和速度”后的按钮，系统弹出“进给率和速度”对话框，主轴速度输出模式选择为“RPM”（每分钟转速），勾选“主轴速度”选项，主轴速度值设置为“600.0000”，进给率设置为“0.4000 mmpr”，如图 7-2-52 所示。设定完成后，单击“确定”按钮，返回到“外径螺纹铣”对话框。

（38）在“外径螺纹铣”对话框中，单击“操作”下方的“生成”按钮，将在绘图区域生成刀轨，如图 7-2-53 所示。

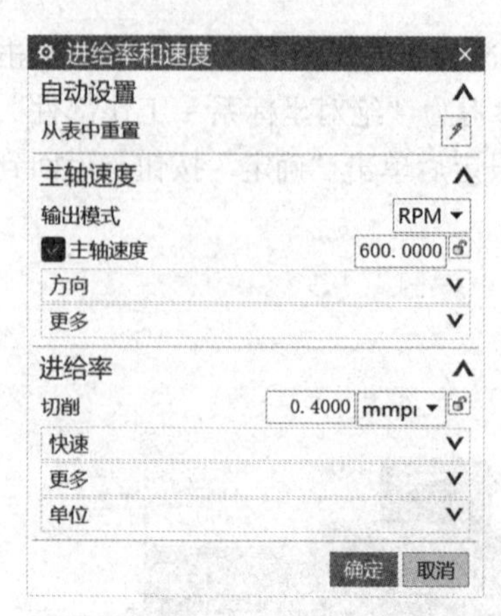

图 7-2-52 进给率和速度

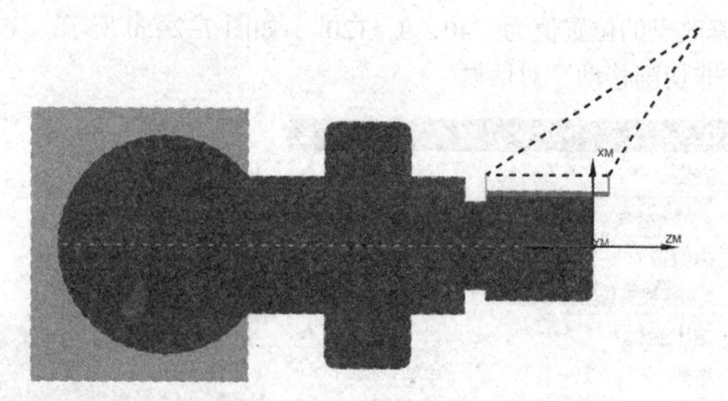

图 7-2-53 车螺纹刀轨

（39）单击“操作”下的“确认”按钮，系统弹出“刀轨可视化”对话框，在“3D 动态”中单击“播放”按钮▶，仿真车削加工，确认仿真无误后，在“刀轨可视化”对话框中单击“创建”按钮，创建 IPW（过程工件），生成的 IPW 如图 7-2-54 所示，单击“确定”按钮，完成切槽工序。

（40）单击“创建几何体”按钮，系统弹出“创建几何体”对话框，类型选择为“turning”，创建几何体名称为“MCS_SPINDLE_1”（第一个图标），其他选项接受默认值，如图 7-2-55 所示。完成设定后单击“确定”按钮，系统弹出“MCS 主轴”对话框。

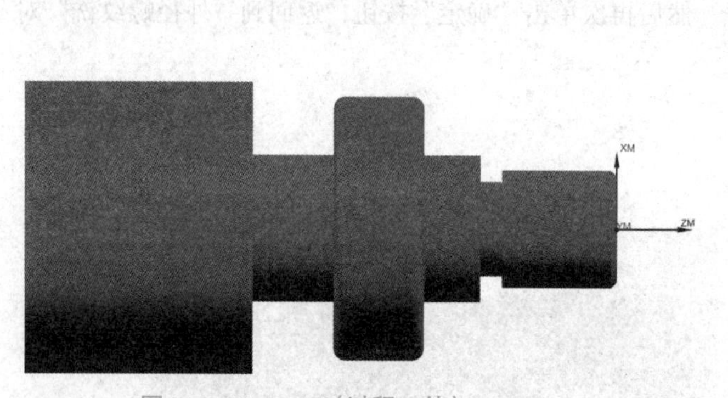

图 7-2-54 IPW（过程工件）

图 7-2-55 创建几何体

（41）在“MCS 主轴”对话框中，单击“坐标系对话框”，在弹出的“坐标系”对话框中确认类型选择为“动态”，再在图形窗口中单击零件右端面的边缘，自动捕捉零件右端面中心为加工坐标系的坐标原点，接着双击坐标系的 ZM 轴，将 ZM 轴反向，再双击 XM 轴将 XM 轴反向，然后单击“确定”按钮，完成加工坐标系设定，如图 7-2-56 所示。此时，“工序导航器 - 几何”中新增几何体 MCS_SPINDLE_1，工件调头后的方位如图 7-2-57 所示。

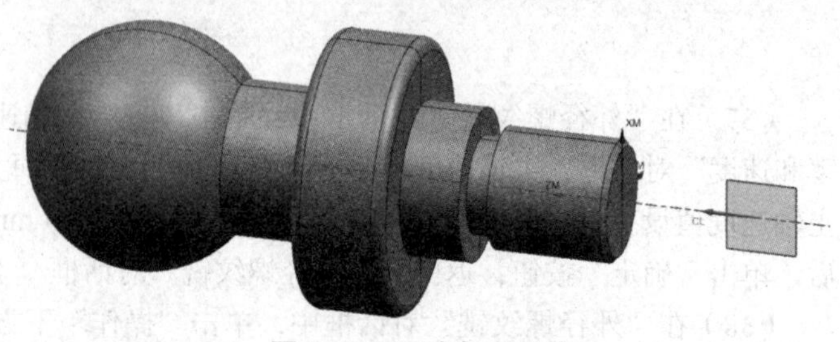

图 7-2-56 坐标系设定

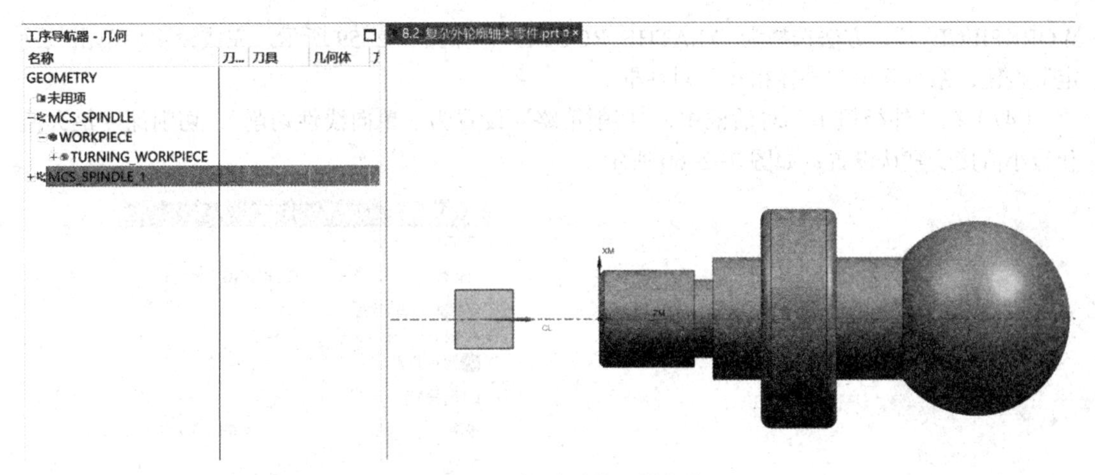

图 7-2-57　调头后的工件方位

（42）在“工序导航器 - 几何”中单击 MCS_SPINDLE_1 左侧的 + 号，展开 MCS_SPINDLE_1，双击 WORKPIECE_1，在弹出的“工件”对话框中单击“指定毛坯”按钮，在图形窗口选中上一步创建的 IPW 过程工件，单击“确定”按钮，完成加工毛坯设定，关闭“工件”对话框。

（43）单击“部件导航器”按钮，将加工零件显示出来，同时隐藏 IPW 零件（即毛坯）。继续单击“工序导航器”按钮，在“工序导航器 - 几何”中单击 MCS_SPINDLE_1 左侧的 + 号，展开 MCS_SPINDLE_1，双击图中的 WORKPIECE_1，在弹出的“工件”对话框中单击“指定部件”按钮，再在图形窗口中选中零件，单击“确定”按钮，完成加工零件设定，关闭“工件”对话框。

（44）单击“工序导航器 - 几何”中 WORKPIECE_1 左侧的 + 号，展开 WORKPIECE_1，单击 TURNING_WORKPIECE_1，完成工件的设定。

（45）同时按下“Ctrl + Alt + L”三个键，将视图切换至“X–Z”平面，在图形窗口的零件上单击鼠标右键，在弹出的快捷菜单上单击“隐藏”命令将零件隐藏，生成的车削加工横截面如图 7-2-58 所示。

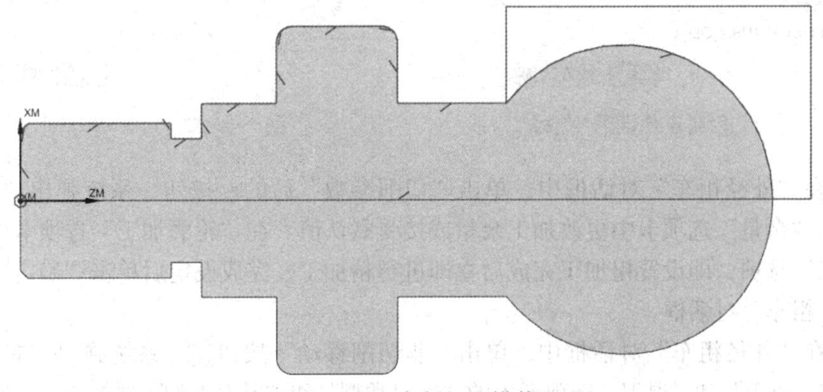

图 7-2-58　车削加工横截面

（46）单击“创建工序”按钮，系统弹出“创建工序”对话框，类型选择为“turning”，工序子类型选择为“外径粗车”，刀具选择为“OD_55_R”，几何体选择为“TURNING_

WORKPIECE_1”，方法选择为“LATHE_ROUGH”，如图 7-2-59 所示。完成设定后单击“确定”按钮，系统弹出“外径粗车”对话框。

（47）在“外径粗车”对话框中，“切削策略”设置为“单向线性切削”，切削深度最大值和最小值接受默认设置，如图 7-2-60 所示。

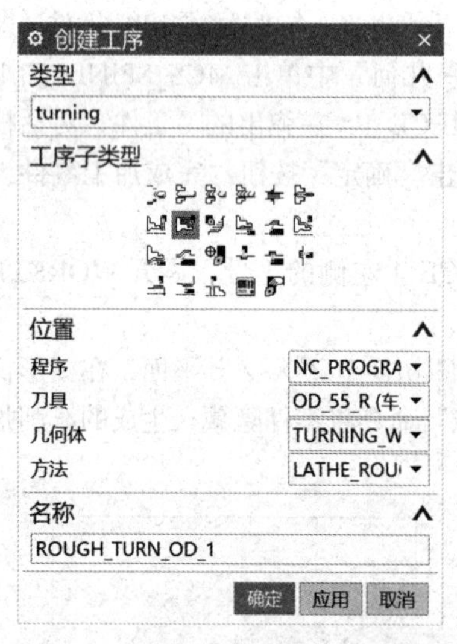

图 7-2-59　创建车外圆兼平端面工序

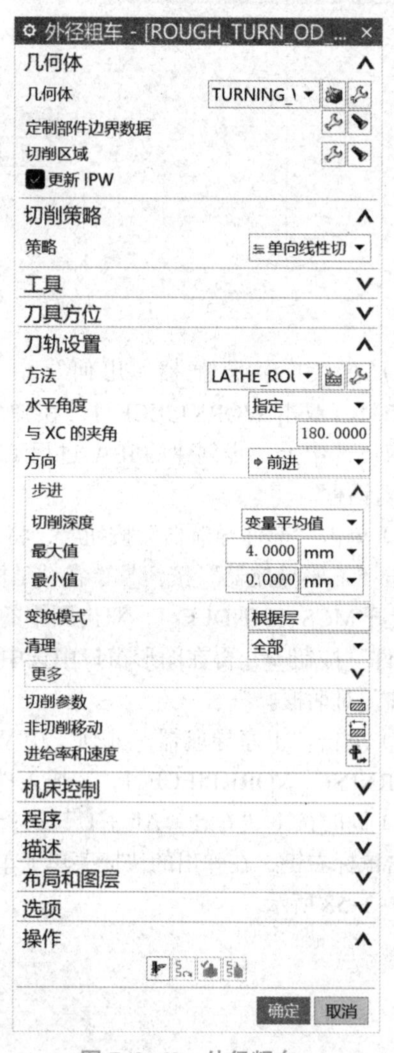

图 7-2-60　外径粗车

（48）在“外径粗车”对话框中，单击“切削参数”后的按钮，系统弹出“切削参数”对话框，在“余量”选项卡中更改加工余量或接受默认值。在“轮廓加工”选项卡中勾选“附加轮廓加工”选项，即设置粗加工完成后立即进行精加工，完成设定后单击“确定”按钮，返回到“外径粗车”对话框。

（49）在“外径粗车”对话框中，单击“非切削移动”按钮，系统弹出“非切削移动”对话框，将“进刀”和“退刀”选项卡中的“进刀类型”和“退刀类型”选择为“线性 - 自动”。在“逼近”选项卡中将“出发点”（即换刀点）的“点选项”选择为“指定”，然后单击“指定点”按钮，在弹出的“点”对话框中设置坐标参考为“绝对坐标系 - 工作部件”，修改点的位置值为“40，0，–20”。完成设定后单击“确定”按钮返回到“非切削移动”对话框。

（50）在“非切削移动”对话框的“逼近”选项卡中，将“运动到起点”的“运动类型”选择为“直接”，如图 7-2-30 所示，然后单击“指定点”后的按钮，在弹出的“点”对话框中设置坐标参考为“绝对坐标系 - 工作部件”，修改点的位置值为“28，0，-7”。完成设定后单击“确定”按钮，返回到“非切削移动”对话框。

（51）在“非切削移动”对话框的“离开”选项卡中，将“离开刀轨”的“刀轨选项”选择为“点”，然后单击“指定点”后的按钮，在弹出的“点”对话框中设置坐标参考为“绝对坐标系 - 工作部件”，修改点的位置分别为“40，0，-20”。完成设定后单击“确定”按钮，返回到“非切削移动”对话框。然后再次单击“确定”按钮，返回到“外径粗车”对话框。

（52）在“外径粗车”对话框中，单击“进给率和速度”后的按钮，系统弹出“进给率和速度”对话框，主轴速度输出模式选择为“RPM”（每分钟转速），勾选“主轴速度”选项，“主轴速度”值设置为“1200.000”，“进给率”设置为“0.2000 mmpr”。完成设定后，单击“确定”按钮返回到“外径粗车”对话框。

（53）在“外径粗车”对话框中，单击“操作”下的“生成”按钮，将在图形窗口生成刀轨，如图 7-2-61 所示。

（54）单击“操作”下的“确认”按钮，系统弹出“刀轨可视化”对话框，在“3D 动态”中单击“播放”按钮，仿真车削加工，如图 7-2-62 所示，确认零件加工仿真无误后，单击“确定”按钮，完成车外圆兼平端面工序。

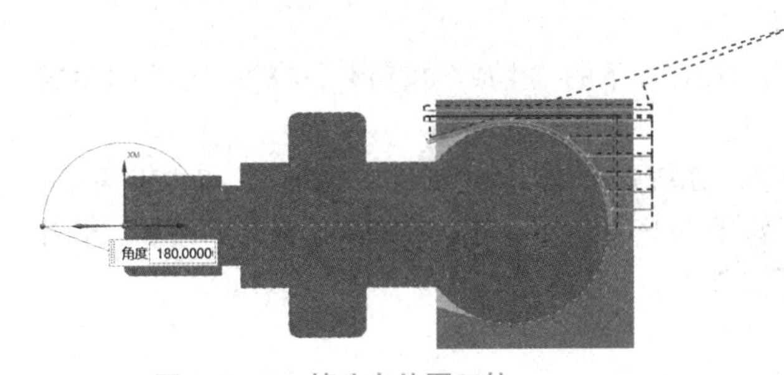

图 7-2-61　掉头车外圆刀轨

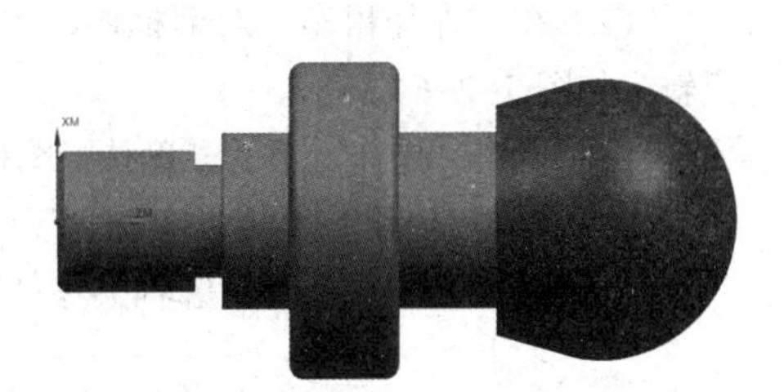

图 7-2-62　确认掉头车外圆刀轨

（55）单击“创建工序”按钮，系统弹出“创建工序”对话框，“类型”选择为“turning”，“工序子类型”选择为“外径粗车”，“刀具”选择为“OD_GROOVE_L_1”，“几何体”选择为“TURNING_WORKPIECE_1”，“方法”选择为“LATHE_ROUGH”，如图 7-2-63 所示。完成设定后单击“确定”按钮，系统弹出“外径粗车”对话框。

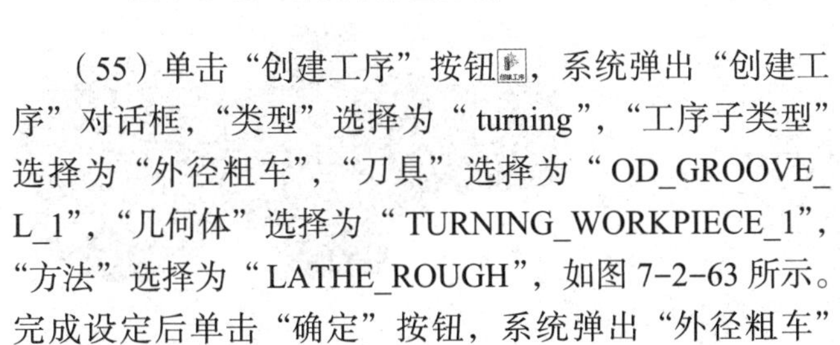

（56）在“外径粗车”对话框中，切削策略设置为“单向插削”，切削深度最大值设置为“1”，最小值接受默认设置。

（57）在“外径粗车”对话框中，单击“切削参数”按钮，系统弹出“切削参数”对话框，在“余量”选项卡中更改加工余量或接受默认值。在“轮廓加工”选项卡中勾选“附加轮廓加工”选项，即设置粗加工完成后立即

创建工序
类型
turning
工序子类型
位置
程序 NC_PROGRA
刀具 OD_GROOVI
几何体 TURNING_W
方法 LATHE_ROU
名称
ROUGH_TURN_OD_2
确定 应用 取消

图 7-2-63　创建车外圆工序

进行精加工，完成设定后单击“确定”按钮，返回到“外径粗车”对话框。

（58）在“外径粗车”对话框中，单击“非切削移动”按钮▨，系统弹出“非切削移动”对话框，将“进刀”和“退刀”选项卡中的“进刀类型”和“退刀类型”选择为“线性 - 自动”。在“逼近”选项卡中将“出发点”(即换刀点）的“点选项”更改为“指定”，然后单击“指定点”后的⊞按钮，在弹出的“点”对话框中设置坐标参考为“绝对坐标系 - 工作部件”，修改点的位置值为“40，0，-40”。完成设定后单击“确定”按钮，返回到“非切削移动”对话框。

（59）在“非切削移动”对话框的“逼近”选项中，将“运动到起点”的运动类型更改为“轴向—径向”，然后单击“指定点”后的⊞按钮，在弹出的“点”对话框中设置坐标参考为“绝对坐标系 - 工作部件”，修改点的位置值为“28，0，40”。完成设定后单击“确定”按钮，返回到“非切削移动”对话框。

（60）在“非切削移动”对话框的“离开”选项卡中，将“离开刀轨”的“刀轨选项”设置为“点”，然后单击“指定点”后的⊞按钮，在弹出的“点”对话框中设置坐标参考为“绝对坐标系 - 工作部件”，修改点的位置分别为“40，0，-20”。完成设定后单击“确定”按钮，返回到“非切削移动”对话框。然后再次单击“确定”按钮返回到“外径粗车”对话框。

（61）在“外径粗车”对话框中，单击“进给率和速度”后的⊾按钮，系统弹出“进给率和速度”对话框，主轴速度输出模式选择为“RPM”（每分钟转速），勾选“主轴速度”选项，“主轴速度”值设置为“1200.000”，“进给率”设置为“0.2000 mmpr”。完成设定后，单击“确定”按钮，返回到“外径粗车”对话框。

（62）在“外径粗车”对话框中，单击“操作”下的“生成”按钮▶，将在图形窗口生成刀轨，如图 7-2-64 所示。

（63）单击“操作”下的“确认”图标▣，系统弹出“刀轨可视化”对话框，在“3D 动态”中单击“播放”按钮▶，仿真车削加工，如图 7-2-65 所示，确认零件加工仿真无误后，单击“确定”按钮，完成复杂外轮廓轴类零件综合加工。

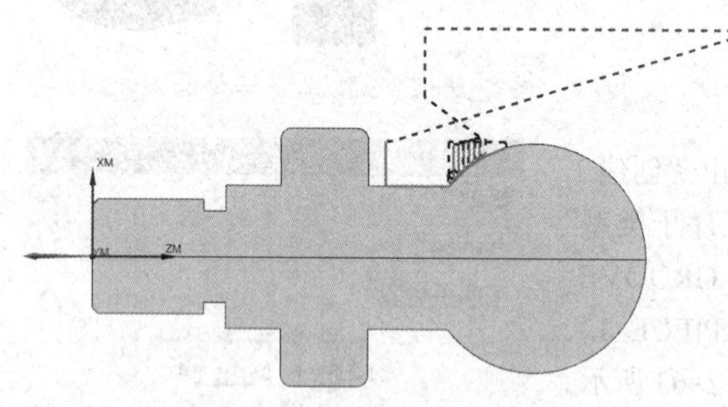

图 7-2-64　车外圆工序刀轨

图 7-2-65　完工零件

四、任务总结

（1）在车外轮廓时，可以通过设定部件边界数据和切削区域，忽略不需加工的特征。

（2）通过生成 IPW（过程工件），将其作为调头加工时的毛坯，可以使调头后不必限制某些切削区域。

五、任务拓展

在完成本任务的学习后，请完成如图 7-2-66 所示的零件车削编程（毛坯尺寸 $\phi65 \times 145$），对本次任务中的知识点进行巩固。

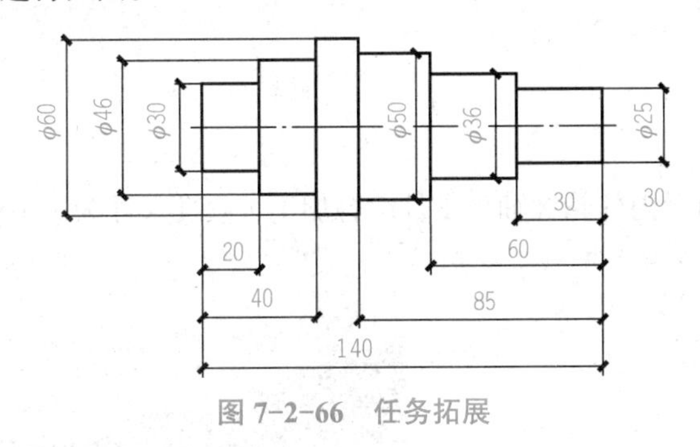

图 7-2-66　任务拓展

六、考核评价

任务评分表见表 7-2-1。

表 7-2-1　任务评分表

任务编号及名称：			姓名：	组号：		总分：
评分项		评价指标	分值	学生自评	小组互评	教师评分
专业能力	识图能力	能够正确分析零件图纸，设计合理的加工工序				
	命令使用	能够合理选择、使用相关命令				
	编程步骤	能够明确编程步骤，具备清晰的自动编程思路				
	完成精度	能够准确表达模型尺寸，显示完整细节				
方法能力	创新意识	能够对设计方案进行修改优化，体现创新意识				
	自学能力	具备自主学习能力，课前有准备，课中能思考，课后会总结				
	严谨规范	能够严格遵守任务书要求，完成相应的任务				
社会能力	遵章守纪	能够自觉遵守课堂纪律、爱护实训室环境				
	学习态度	能够针对出现的问题，分析并尝试解决，体现精准细致、精益求精的工匠精神				
	团队协作	能够进行沟通合作，积极参与团队协作，具有团队意识				
备注：按照评价指标分为 4 档，优秀 10 分、良好 7 分、一般 5 分、合格 2 分						

任务三　综合内外轮廓轴类零件自动编程

一、任务描述

完成如图 7–3–1 所示内外轮廓轴类零件综合加工，毛坯尺寸为 $\phi105\times125$，材料为 45 钢。

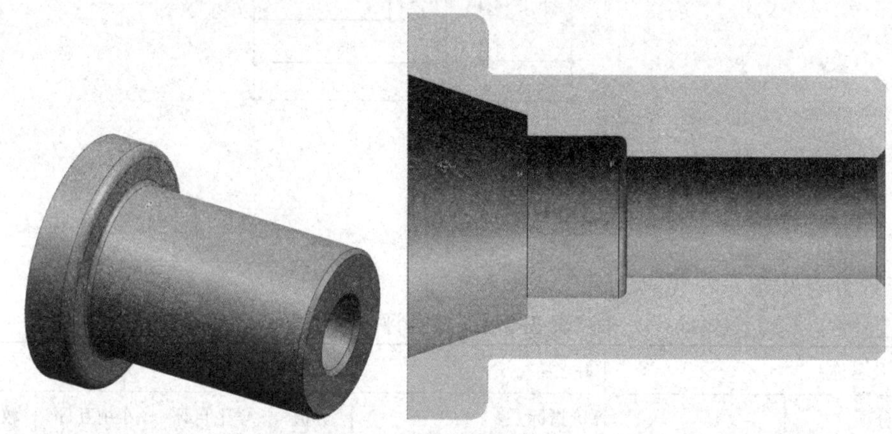

图 7–3–1　内外轮廓轴类零件三维模型

二、学习目标

通过本任务的学习，能够完成内外轮廓轴类零件自动编程，实现以下三维目标。

1. 知识目标

（1）掌握钻孔工序相关参数设置方法；

（2）掌握镗孔工序相关参数设置方法；

（3）掌握轴类零件调头加工的操作方法。

2. 能力目标

（1）能够合理设计零件内外轮廓车削加工工艺，选择合适的加工工序；

（2）能够利用外径粗车、钻孔、内径粗镗等工序进行轴类零件的内外轮廓加工。

3. 素养目标

（1）培养严谨规范的自动编程素养；

（2）培养对制造大国的敬畏之情。

三、任务实施

（1）打开 UG 软件，单击“打开”按钮，选择文件名称为“8.3_ 内外轮廓综合零件 .prt”的三维模型，如图 7–3–2 所示。单击“OK”按钮，进入建模功能模块。

（2）如图 7–3–3 所示，执行“应用模块”—“加工”命令，系统弹出“加工环境”对话框，在“CAM 会话配置”中选择“cam_general”，在“要创建的 CAM 组装”中选择“turning”（车削加工），如图 7–3–4 所示，进入加工模块。

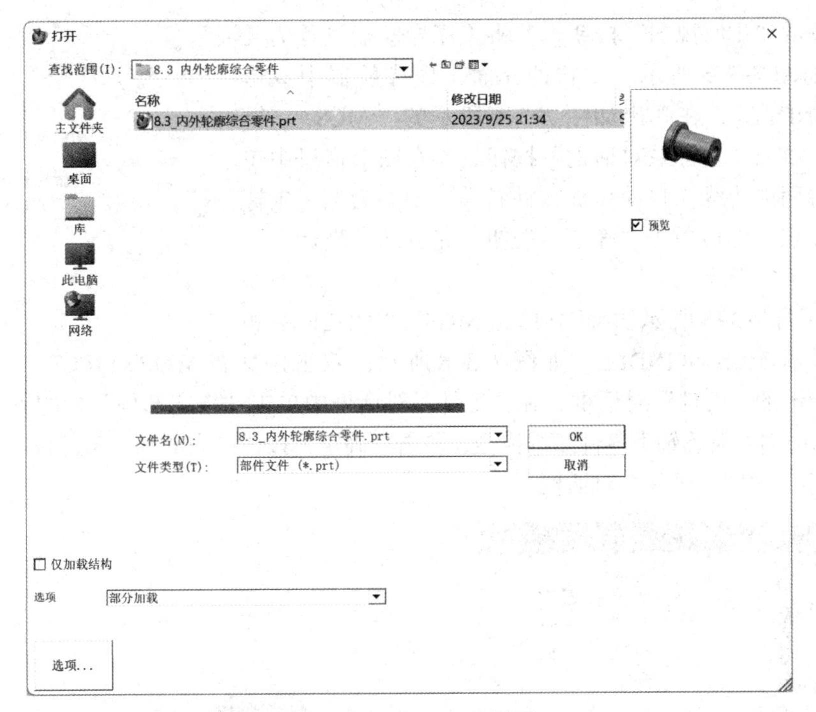

图 7-3-2　打开三维模型

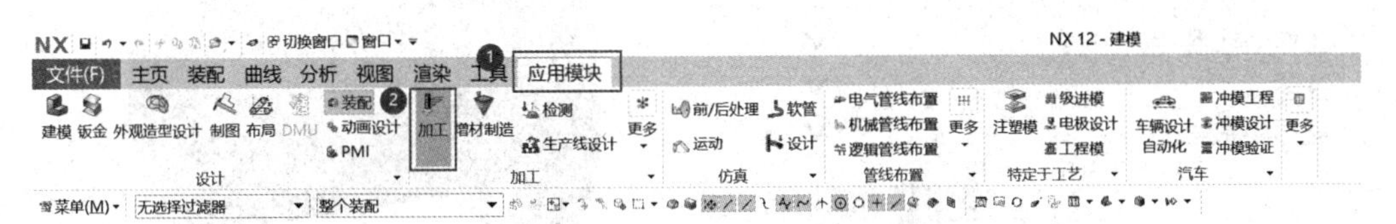

图 7-3-3　选择加工模块

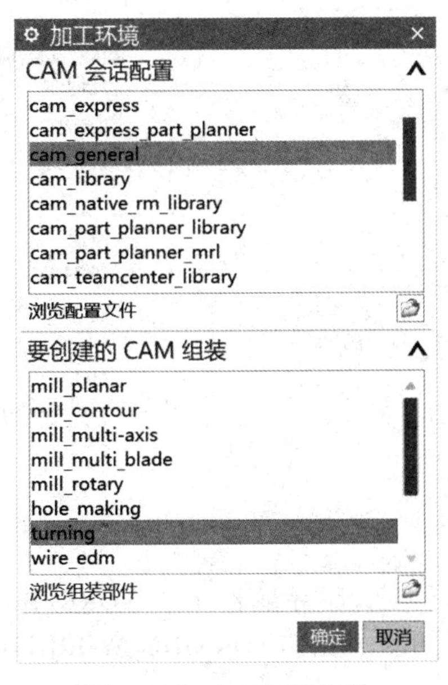

图 7-3-4　加工环境设置

（3）单击“几何视图”按钮，将工序导航器设置为几何视图，如图 7-3-5 所示。在软件界面工序导航器中双击“MCS_SPINDLE”，在弹出如图 7-3-6 所示的“MCS 主轴”对话框中，单击“坐标系对话框”按钮，再在图形窗口中单击零件右端面的边缘，自动捕捉零件右端面中心为加工坐标系的坐标原点。然后单击“确定”按钮，完成加工坐标系设定，如图 7-3-7 所示。

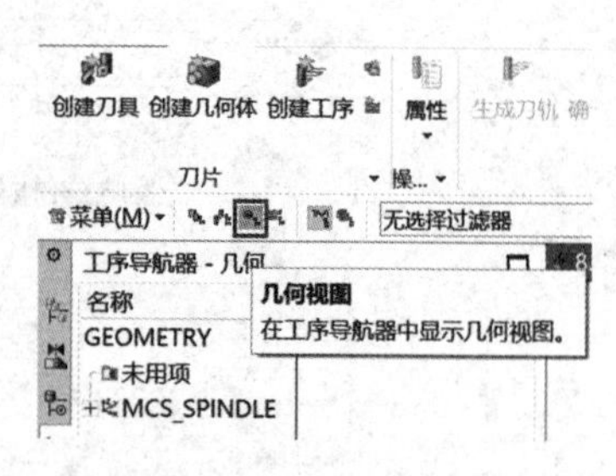

图 7-3-5　工序导航器 - 几何

（4）在图 7-3-5 所示界面中单击 MCS_SPINDLE 左侧的 + 号，展开 MCS_SPINDLE，如图 7-3-8 所示，双击图中的 WORKPIECE，系统弹出如图 7-3-9 所示的“工件”对话框，在“工件”对话框中单击“指定部件”后的按钮，在图形窗口中选中内外轮廓轴类零件三维模型，单击“确定”按钮，完成加工零件设定，再次单击“确定”按钮，关闭“工件”对话框。

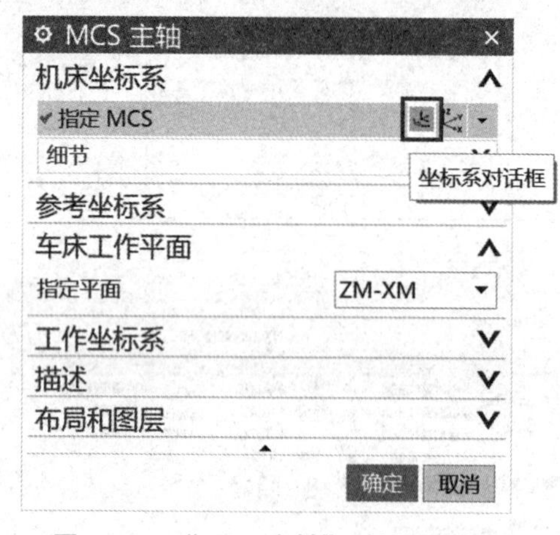

图 7-3-6　“MCS 主轴”对话框设置

图 7-3-7　车削加工坐标系设置

工序导航器 - 几何

名称	刀...	刀具	几何体
GEOMETRY			
未用项			
MCS_SPINDLE			
WORKPIECE			

图 7-3-8　工序导航器 - 几何

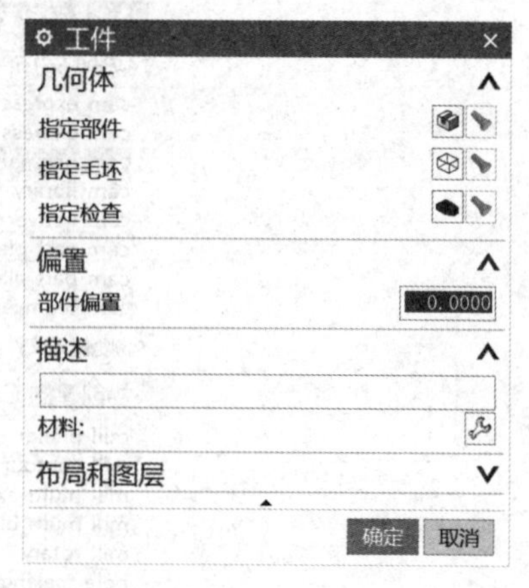

图 7-3-9　工件

（5）单击如图 7-3-8 所示的工序导航器中“WORKPIECE”左侧的“+”号，展开 WORKPIECE，如图 7-3-10 所示，双击“TURNING_WORKPIECE”，系统弹出如图 7-3-11 所示的“车削工件”对话框。

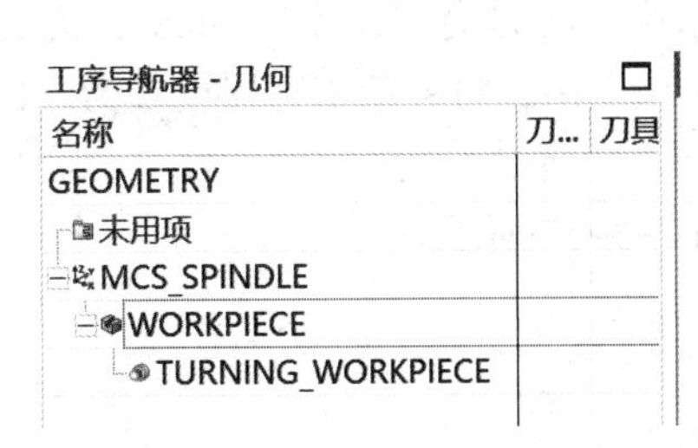

图 7-3-10 工序导航器 - 几何

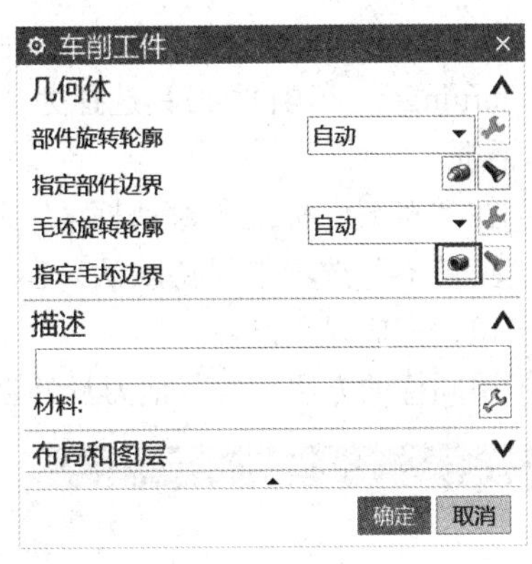

图 7-3-11 车削工件

（6）在“车削工件”对话框中单击“指定毛坯边界”后的按钮，系统弹出“毛坯边界”对话框。在“毛坯边界”对话框中，“类型”选择为“棒材”，“安装位置”选择为“在主轴箱处”，“长度”设置为“125.0000”，“直径”设置为“105．0000”，如图 7-3-12 所示。然后单击“点对话框”按钮，在弹出的对话框中将装夹点改为（0，0，-5），如图 7-3-13 所示，确认无误后单击“确定”按钮，返回到“毛坯边界”对话框。

图 7-3-12 毛坯边界

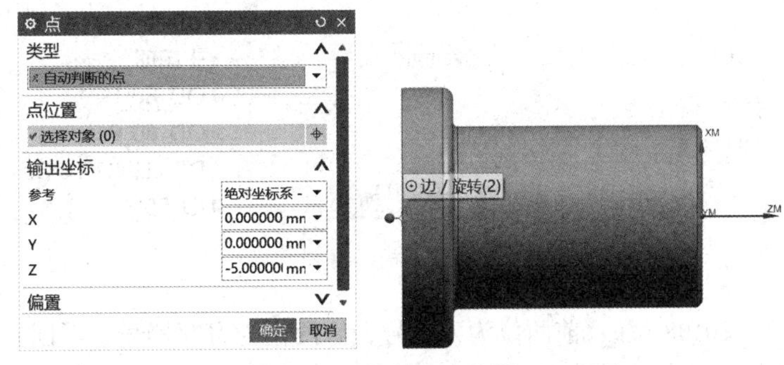

图 7-3-13 工件装夹点位置

（7）在如图 7-3-12 所示的“毛坯边界”对话框中，单击“预览”下的“显示”按钮，在图形窗口中观察毛坯是否包容零件，如图 7-3-14 所示，确认无误，单击“确定”按钮，完成毛坯设定。

（8）同时按下“ Ctrl + Alt + F”三个键，将视图切换到“ X–Z”平面，在图形窗口的零件上单击鼠标右键，在弹出的快捷菜单中单击“隐藏”命令将工件隐藏，生成的车削加工横截面如图 7-3-15 所示。

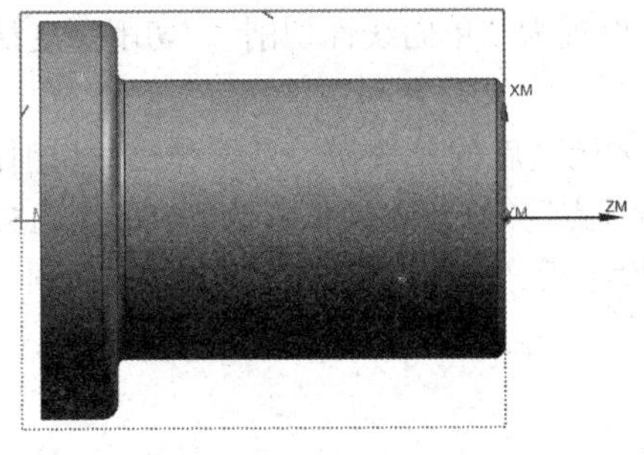

图 7-3-14 毛坯设定

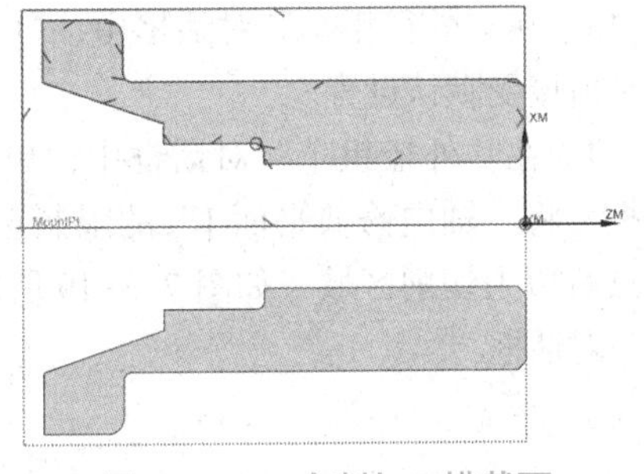

图 7-3-15 车削加工横截面

（9）单击“创建刀具”按钮，系统弹出如图 7-3-16 所示的“创建刀具”对话框，“类型”选择为“turning”（车削），刀具选择为“OD_80_L”，单击“确定”按钮，系统弹出“车刀 - 标准”对话框。

（10）在“车刀 - 标准”对话框“工具”选项卡中，将刀尖半径改为“0.8”，刀具号设置为“1”，“夹持器”选项卡保持默认，在“跟踪”选项卡中，将补偿寄存器设置为“1”，单击“确定”按钮，完成刀具设置。

（11）用同样的方法完成其他刀具的创建，如图 7-3-17 所示。

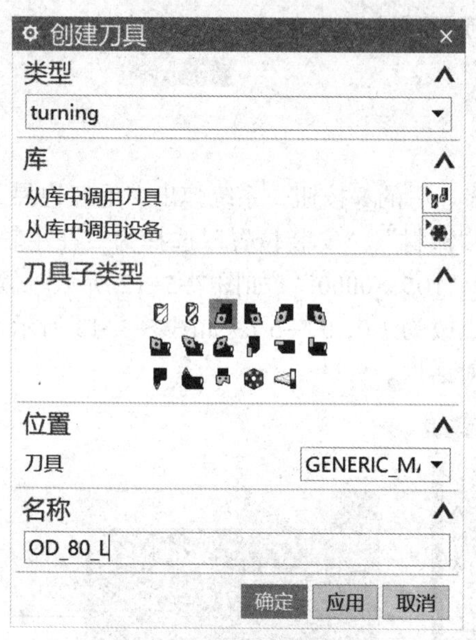

图 7-3-16 创建刀具

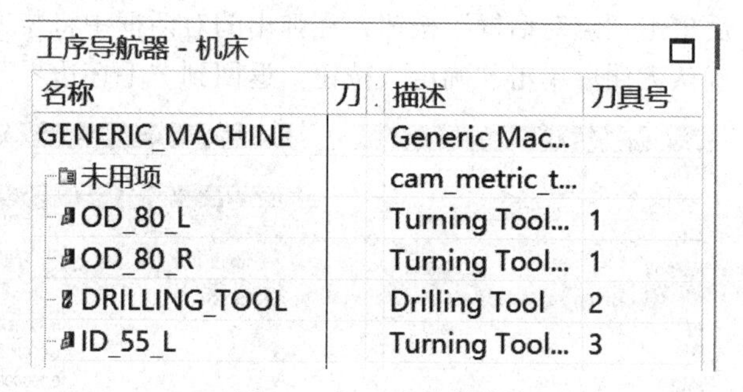

图 7-3-17 刀具创建

T0108（注：前两位为刀具号，后两位为寄存器号，下同）：OD_80 _R，除补偿寄存器号不同外，其他参数与 OD_80 _L 相同，实际加工时此刀与第一把刀其实是同一把刀，08 号补偿寄存器里存储的是该刀在工件调头后的对刀数据。

T0202：DRILLING_TOOL（麻花钻），直径 $\phi25$。

T0303：ID_55_L（内孔镗刀）。

（12）单击“创建工序”按钮，系统弹出“创建工序”对话框，“类型”选择为“turning”，“工序子类型”选择为“外径粗车”，“刀具”选择为“OD_80_L”，“几何体”选择“TURNING_WORKPIECE”，“方法”选择为“LATHE_ROUGH”，如图 7-3-18 所示。完成设定好后单击“确定”按钮，系统弹出“外径粗车”对话框。

（13）在“外径粗车”对话框中，“切削策略”设置为“单向线性切削”，切削深度最大值和最小值接受默认设置。

（14）在“外径粗车”对话框中，单击“切削区域”后的按钮，系统弹出“切削区域”对话框，将“轴向修剪平面 1”的限制选项选择为“点”，修改点的位置为（50，0，15），表示该点右边为切削区域，如图 7-3-19 所示。完成设定后，单击“确定”按钮，返回到“外径粗车”对话框。

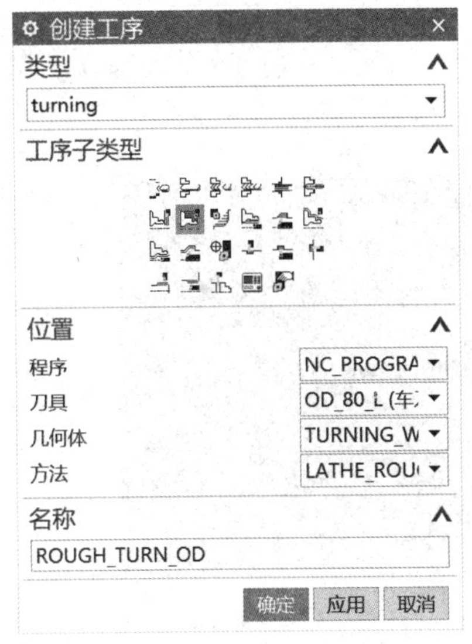

图 7-3-18　创建外圆加工工序

图 7-3-19　切削区域限制

（15）在“外径粗车”对话框中，单击“切削参数”后的按钮，系统弹出“切削参数”对话框，在“余量”选项卡中更改加工余量或接受默认值。在“轮廓加工”选项卡中勾选“附加轮廓加工”选项，即设置粗加工完成后立即进行精加工，完成设定后单击“确定”按钮，返回到“外径粗车”对话框。

（16）在“外径粗车”对话框中，单击“非切削移动”后的按钮，系统弹出“非切削移动”对话框，将“进刀”和“退刀”选项卡中的“进刀类型”和“退刀类型”改为“线性－自动”。在“逼近”选项卡中将“出发点”（即换刀点）的“点选项”更改为“指定”，然后单击“指定点”按钮，在弹出的“点”对话框中设置坐标参考为“绝对坐标系－工作部件”，修改点的位置值为“60，0，140”，如图 7-3-20 所示。完成设定后单击“确定”按钮，返回到“非切削移动”对话框。

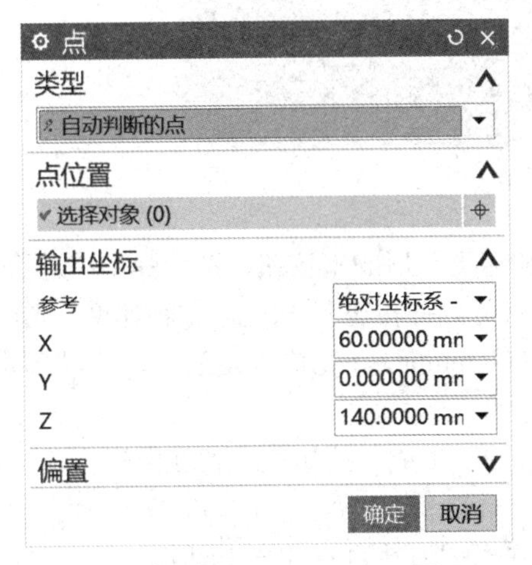

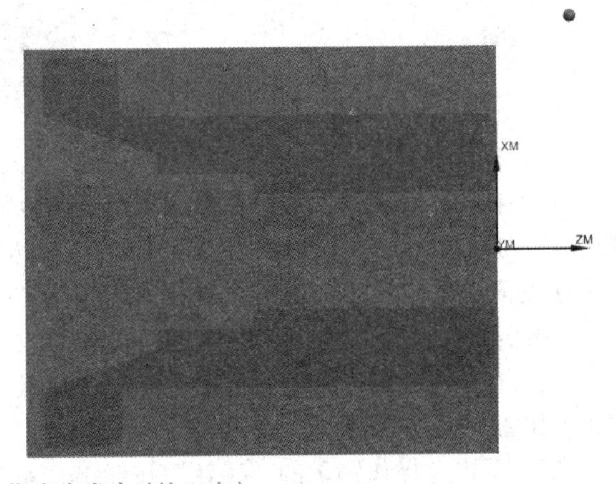

图 7-3-20　指定出发点（换刀点）

（17）在“非切削移动”对话框的“逼近”选项卡中，将“运动到起点”的运动类型更改为“直接”，然后单击“指定点”按钮，在弹出的“点”对话框中设置坐标参考为“绝对坐

标系 - 工作部件”，修改点的位置值为“52，0，123”，如图 7-3-21 所示。完成设定后单击“确定”按钮，返回到“非切削移动”对话框。

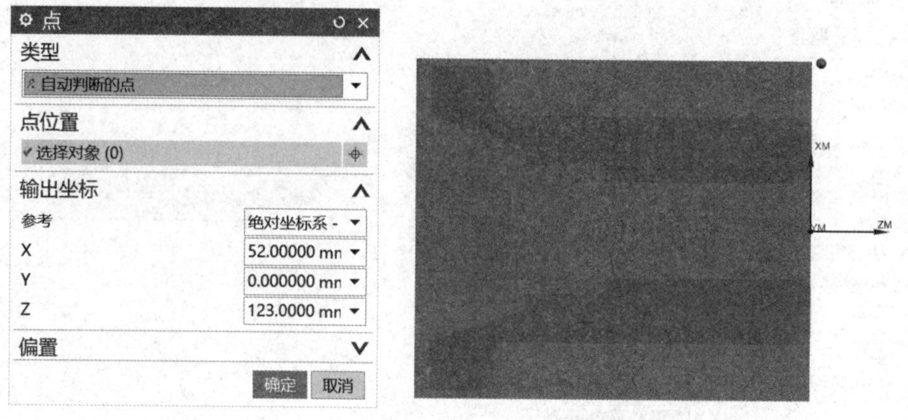

图 7-3-21　指定起点

（18）在“非切削移动”对话框的“离开”选项卡中，将离开刀轨的刀轨选项选择为“点”，然后单击“指定点”按钮，在弹出的“点”对话框中设置坐标参考为“绝对坐标系 - 工作部件”，修改点的位置值为“60，0，140”，如图 7-3-22 所示。然后再次单击“确定”按钮，返回到“外径粗车”对话框。

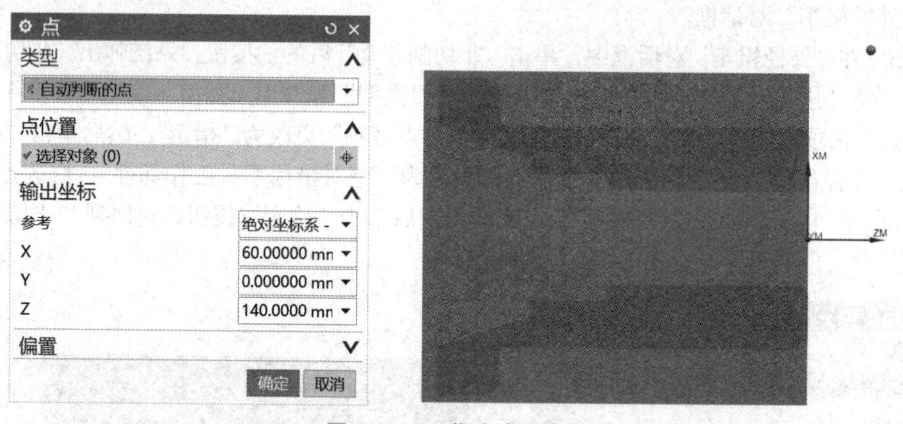

图 7-3-22　指定离开点

（19）在“外径粗车”对话框中，单击“进给率和速度”后的按钮，系统弹出“进给率和速度”对话框，主轴速度输出模式选择为“RPM”（每分钟转速），勾选“主轴速度”选项，主轴速度值设置为“1200.000”，进给率设置为“0.3000 mmpr”。完成设定后，单击“确定”按钮或按压鼠标中键，返回到“外径粗车”对话框。

（20）在“外径粗车”对话框中，单击“操作”下的“生成”按钮，将在图形窗口生成刀轨，如图 7-3-23 所示。

（21）单击“操作”下的“确认”按钮，系统弹出“刀轨可视化”对话框，在“3D 动态”中单击“播放”按钮，仿真车削加工，确认仿真无误后，在“刀轨可视化”对话框中单击“创建”按钮，创建 IPW（过程工件），生成的 IPW 如图 7-3-24 所示，单击“确定”按钮，完成外圆粗车工序。

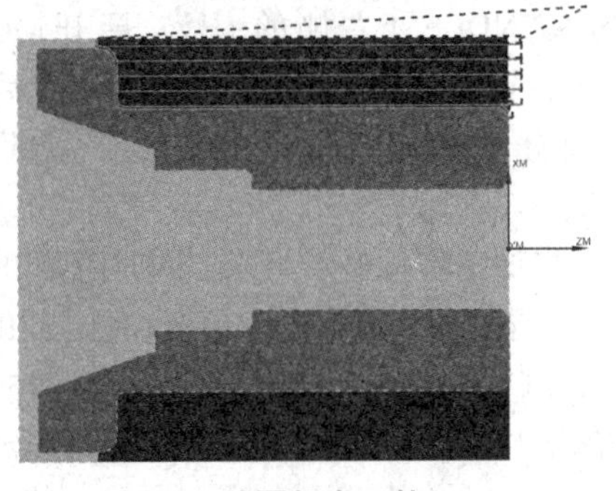

图 7-3-23　外圆粗车刀轨

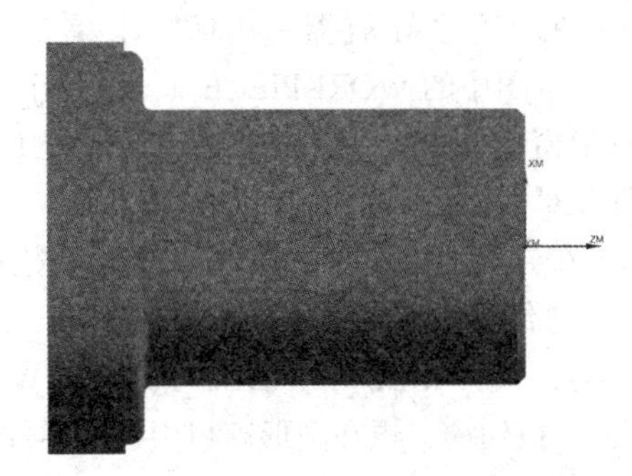

图 7-3-24　IPW（过程工件）

（22）单击“创建几何体”按钮，系统弹出“创建几何体”对话框，“类型”选择为“turning”，创建几何体选择为“MCS_SPINDLE”（第一个图标），其他选项接受默认值，如图 7-3-25 所示。完成设定单击“确定”按钮，系统弹出“MCS 主轴”对话框。

（23）在“MCS 主轴”对话框中，单击“坐标系对话框”按钮，在弹出的“坐标系”对话框中确认类型选择为“动态”，再在图形窗口中单击零件右端面的边缘，自动捕捉零件右端面中心为加工坐标系的坐标原点，接着双击坐标系的 ZM 轴，将 ZM 轴反向，再双击 XM 轴将 XM 轴反向，然后单击“确定”按钮，完成加工坐标系设定，如图 7-3-26 所示。此时，“工序导航器 - 几何”中新增几何体 MCS_SPINDLE_1，工件调头后的方位如图 7-3-27 所示。

图 7-3-25　创建几何体

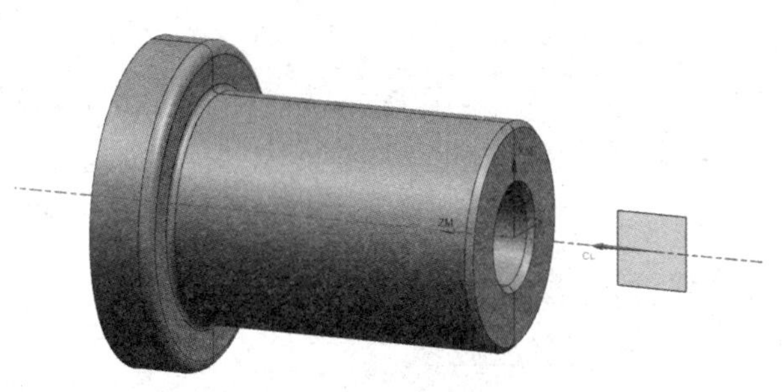

图 7-3-26　坐标系设定

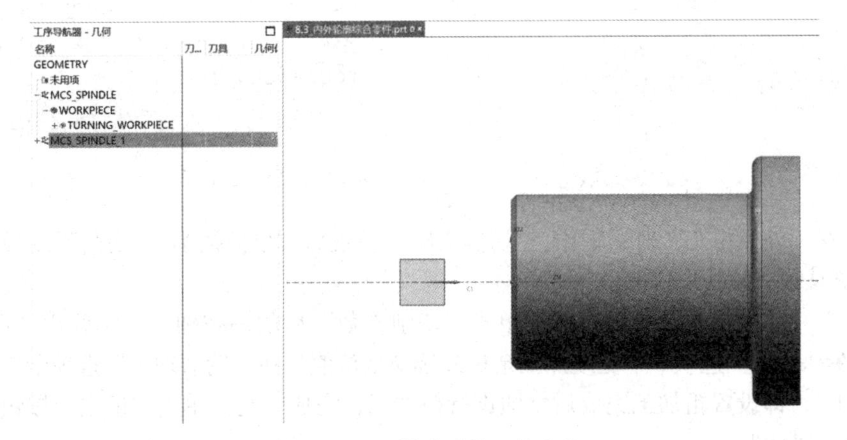

图 7-3-27　调头后的工件方位

（24）在“工序导航器 – 几何”中单击 MCS_SPINDLE_1 左侧的 + 号，展开 MCS_SPINDLE_1，双击图中的 WORKPIECE_1，在弹出的“工件”对话框中单击“指定毛坯”后的按钮，在图形窗口选中上一步创建的 IPW 过程工件，单击“确定”按钮，完成加工毛坯设定，关闭“工件”对话框。

（25）在导航器中单击“部件导航器”按钮，将加工零件显示出来，同时隐藏 IPW 零件（即毛坯）。继续单击“工序导航器”按钮，在“工序导航器 – 几何”中单击 MCS_SPINDLE_1 左侧的 + 号，展开 MCS_SPINDLE_1，双击 WORKPIECE_1，在弹出的“工件”对话框中单击“指定部件”按钮，再在图形窗口中选中零件，单击“确定”按钮，完成加工零件设定，关闭“工件”对话框。

（26）单击“工序导航器 – 几何”中 WORKPIECE_1 左侧的 + 号，展开 WORKPIECE_1，单击 TURNING_WORKPIECE_1，完成工件的设定。

（27）同时按下“Ctrl + Alt + L”三个键，将视图切换至“X–Z”平面，在图形窗口的零件上单击鼠标右键，在弹出的快捷菜单中单击“隐藏”命令将零件隐藏，生成的车削加工横截面如图 7–3–28 所示。

（28）单击“创建工序”按钮，系统弹出“创建工序”对话框，“类型”选择为“turning”，“工序子类型”选择为“外径粗车”，“刀具”选择为“OD_80_R”，“几何体”选择为“TURNING_WORKPIECE_1”，“方法”选择为“LATHE_ROUGH”，如图 7–3–29 所示。完成设定后单击“确定”按钮，系统弹出“外径粗车”对话框。

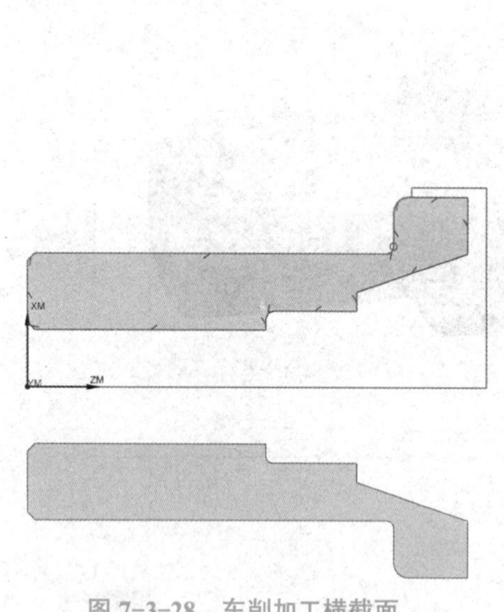

图 7–3–28　车削加工横截面

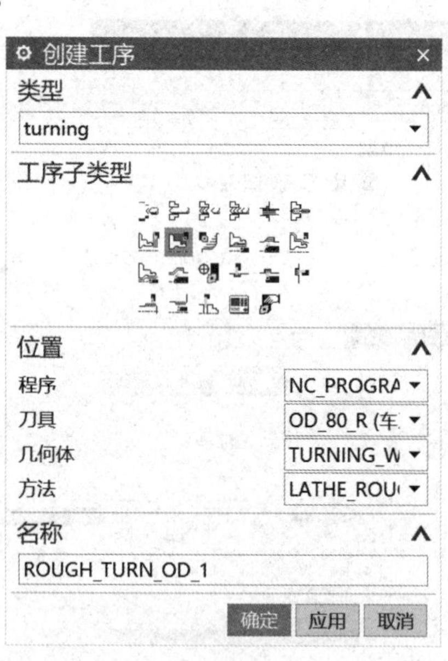

图 7–3–29　创建车外圆兼平端面工序

（29）在“外径粗车”对话框中，“切削策略”设置为“单向插削”，切削深度最大值和最小值接受默认设置。

（30）在“外径粗车”对话框中，单击“切削参数”后的按钮，系统弹出“切削参数”对话框，在“余量”选项卡中更改加工余量或接受默认值。在“轮廓加工”选项卡中勾选“附加轮廓加工”，即设置粗加工完成后立即进行精加工，完成设定后单击“确定”按钮，返回到“外径粗车”对话框。

（31）在“外径粗车”对话框中，单击“非切削移动”后的按钮，系统弹出“非切削移动”对话框，将“进刀”和“退刀”选项卡中的“进刀类型”和“退刀类型”改为“线性－自动”。在“逼近”选项卡中将“出发点”(即换刀点）的“点选项”更改为“指定”，然后单击“指定点”按钮，在弹出的“点”对话框中设置坐标参考为“绝对坐标系－工作部件”，修改点的位置值为“60，0，-20”。完成设定后单击“确定”按钮，返回到“非切削移动”对话框。

（32）在“非切削移动”对话框的“逼近”选项卡中，将“运动到起点”的运动类型更改为“直接”，然后单击“指定点”按钮，在弹出的“点”对话框中设置坐标参考为“绝对坐标系－工作部件”，修改点的位置值为“52，0，-8”。完成设定后单击“确定”按钮，返回到“非切削移动”对话框。

（33）在“非切削移动”对话框的“离开”选项卡中，将离开刀轨的刀轨选项选择为“点”，然后单击“指定点”按钮，在弹出的“点”对话框中设置坐标参考为“绝对坐标系－工作部件”，修改点的位置分别为“60,0,-20”。完成设定后单击“确定”按钮，返回到“非切削移动”对话框。然后再次单击“确定”按钮，返回到“外径粗车”对话框。

（34）在“外径粗车”对话框中，单击“进给率和速度”后的按钮，系统弹出“进给率和速度”对话框，主轴速度输出模式选择为“RPM”（每分钟转速)，勾选“主轴速度”选项，“主轴速度”值设置为“1000.000”，“进给率”设置为“0.2000 mmpr”。完成设定后，单击“确定”按钮，返回到“外径粗车”对话框。

（35）在“外径粗车”对话框中，单击“操作”下的“生成”按钮，将在图形窗口生成刀轨，如图 7-3-30 所示。

（36）单击“创建工序”按钮，系统弹出“创建工序”对话框，“类型”选择为“turning”，“工序子类型”选择为“中心线钻孔”，刀具选择为“DRILLING_TOOL”，“几何体”选择为“TURNING_WORKPIECE_1”，“方法”选择为“LATHE_CENTERLINE”，如图 7-3-31 所示。完成设定后单击“确定”按钮，系统弹出“中心线钻孔”对话框。

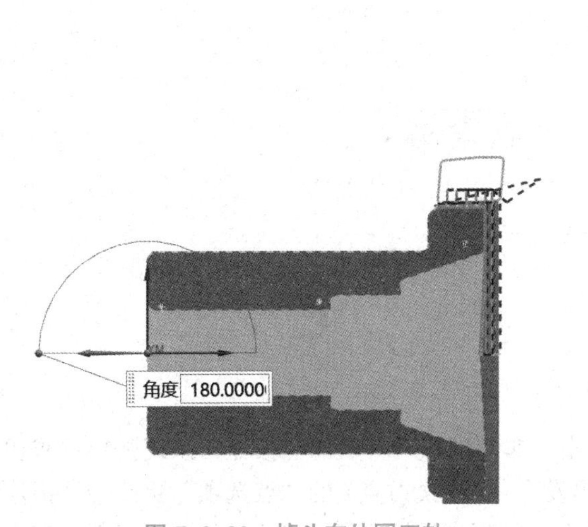

图 7-3-30　掉头车外圆刀轨

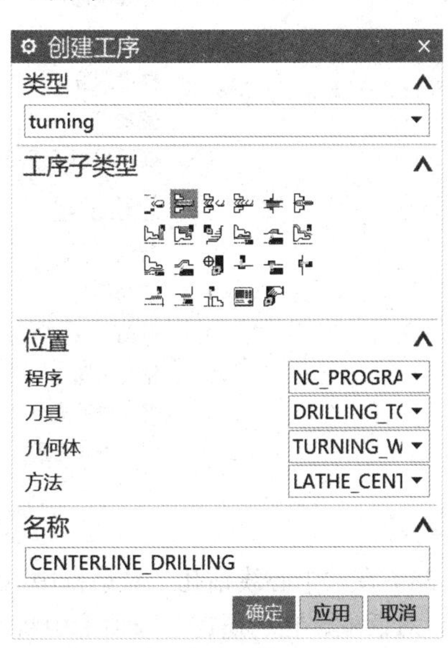

图 7-3-31　创建钻孔工序

（37）在“中心线钻孔”对话框中，将“循环类型”下的“循环”改为“钻，深”，将“排屑”下的“增量类型”选择为“恒定”，“恒定增量”设置为“30.0000”，即每钻 30 mm 深退刀一次。将“深度选项”选择为“终点”，单击“指定点”按钮，在绘图区域中点选孔的终点（即零件左端面中心），“参考深度”选择为“刀尖”，“偏置”设置为“8.0000”，将“刀轨设置”下的“安全距离”改为“10.0000”，其他的接受默认值，如图 7-3-32 所示。

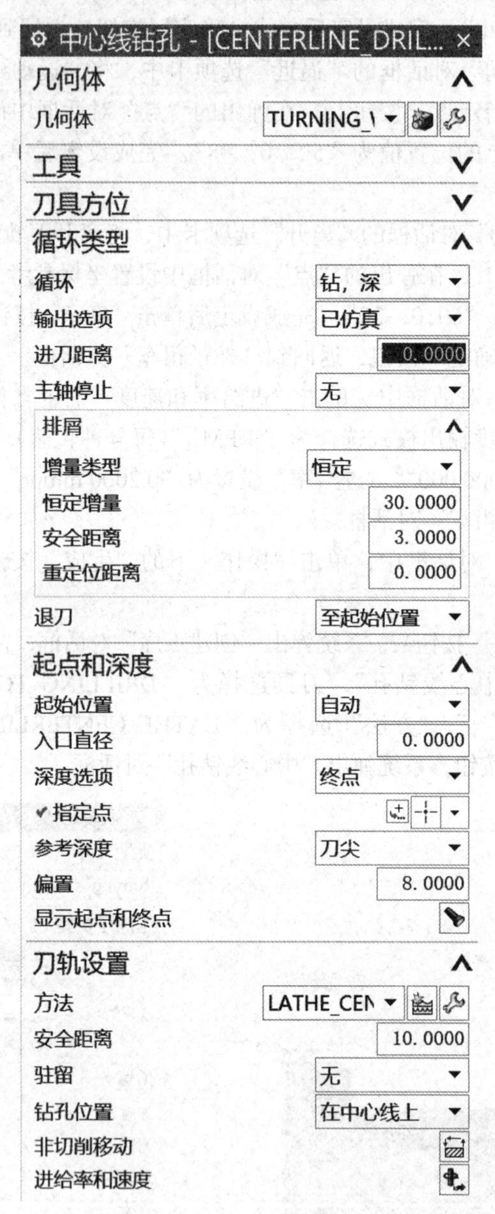

图 7-3-32　中心线钻孔

（38）在“中心线钻孔”对话框中，单击“非切削移动”后的按钮，系统弹出“非切削移动”对话框，在“逼近”选项卡中将“出发点”（即换刀点）的“点选项”更改为“指定”，然后单击“指定点”按钮，在弹出的“点”对话框中设置坐标参考为“绝对坐标系 - 工作部件”，修改点的位置值为“60，0，-20”。完成设定后单击“确定”按钮，返回到“非切削移动”对话框。

（39）在“非切削移动”对话框的“离开”选项卡中，将“离开刀轨”的“刀轨选项”设为“点”，将“运动到离开点”选择为“轴向—径向”，然后单击“指定点”按钮，在弹出的“点”对话框中设置坐标参考为“绝对坐标系 - 工作部件”，修改点的位置分别为“60,0,-20”。完成设定后单击“确定”按钮，返回到“非切削移动”对话框。然后再次单击“确定”按钮，返回到“中心线钻孔”对话框。

（40）在“中心线钻孔”对话框中，单击“进给率和速度”按钮，系统弹出“进给率和速度”对话框，主轴速输出模式选择为“RPM”（每分钟转速），勾选“主轴速度”选项，“主轴速度值”设置为“500.0000”，“进给率”设置为“0.3000 mmpr”。完成设定后，单击“确定”按钮，返回到“中心线钻孔”对话框。

（41）在“中心线钻孔”对话框中，单击“操作”下的“生成”按钮，将在图形窗口生成刀轨，如图 7-3-33 所示。

（42）单击“操作”下的“确认”按钮，系统弹出“刀轨可视化”对话框，勾选“2D 材料移除”，然后单击“播放”按钮，仿真车削加工，如图 7-3-34 所示，确认零件加工仿真无误后，单击“确定”按钮，完成钻孔工序。

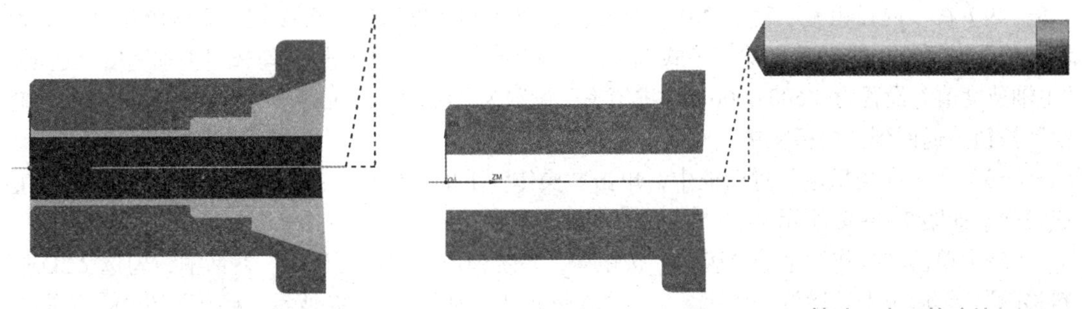

图 7-3-33　钻孔工序刀轨　　　　图 7-3-34　钻孔工序刀轨确认

（43）单击“创建工序”按钮，系统弹出“创建工序”对话框，“类型”选择为“turning”，“工序子类型”选择为“内径粗镗”，“刀具”选择为“ID_55_L”，“几何体”选择为“TURNING_WORKPIECE_1”，“方法”选择为“LATHE_ROUGH”，如图 7-3-35 所示。完成设定后单击“确定”按钮，系统弹出“内径粗镗”对话框。

（44）在“内径粗镗”对话框中，“切削策略”设置为“单向线性切削”，切削深度最大值和最小值接受默认设置。

（45）在“内径粗镗”对话框中，单击“切削参数”后的按钮，系统弹出“切削参数”对话框，在“余量”选项卡中更改加工余量或接受默认值。在“轮廓加工”选项卡中勾选“附加轮廓加工”选项，即设置粗加工完成后立即进行精加工，完成设定后单击“确定”按钮，返回到“内径粗镗”对话框。

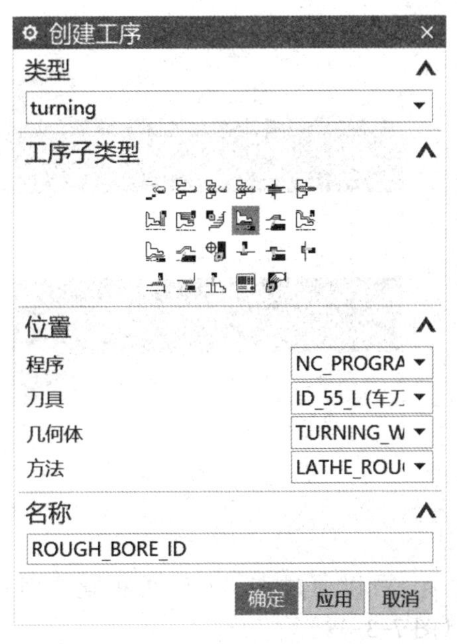

图 7-3-35　创建镗孔工序

（46）在“内径粗镗”对话框中，单击“非切削移动”后的按钮，在系统弹出的“非切削移动”对话框中，将“进刀”和“退刀”选项卡中的“进刀类型”和“退刀类型”改为“线性 - 自动”。在“逼近”选项卡中将“出发点”（即换刀点）的“点选项”更改为“指定”，然后单击“指定点”按钮，在弹出的“点”对话框中设置坐标参考“绝对坐标系 - 工作部件”，修改点的位置值为“60,0,-20”。完成设定后单击“确定”按钮返回到“非切削移动”对话框。

（47）在“非切削移动”对话框的“逼近”选项卡中，将“运动到起点”的运动类型更改为“直接”，然后单击“指定点”按钮，在弹出的“点”对话框中设置坐标参考为“绝对坐标系 - 工作部件”，修改点的位置值为“13，0，-5”。完成设定后单击“确定”按钮，返回到“非切削移动”对话框。

（48）在“非切削移动”对话框的“离开”选项卡中，将“离开刀轨”的“刀轨选项”选择为“点”，在“运动到离开点”选项中选择为“轴向—径向”，然后单击“指定点”按钮，在弹出的“点”对话框中设置坐标参考“绝对坐标系 - 工作部件”，修改点的位置分别为“60，0,-20”。完成设定后单击“确定”按钮，返回到“非切削移动”对话框。然后再次单击“确定”按钮，返回到“内径粗镗”对话框。

（49）在“内径粗镗”对话框中，单击“进给率和速度”后的按钮，系统弹出“进给率和速度”对话框，主轴速度输出模式选择为“RPM”（每分钟转速），勾选“主轴速度”选项，“主轴速度值”设置为“600.0000”，“进给率”设置为“0.3000 mmpr”。完成设定后，单击“确定”按钮，返回到“内径粗镗”对话框。

（50）在“内径粗镗”对话框中，单击“操作”下的“生成”按钮，将在图形窗口中生成刀轨，如图 7-3-36 所示。

（51）单击“操作”下的“确认”按钮，系统弹出“刀轨可视化”对话框，勾选“2D 材料移除”，然后单击“播放”按钮▶，仿真车削加工，如图 7-3-37 所示，确认零件加工仿真无误后，单击“确定”按钮，完内外轮廓轴类零件综合加工。

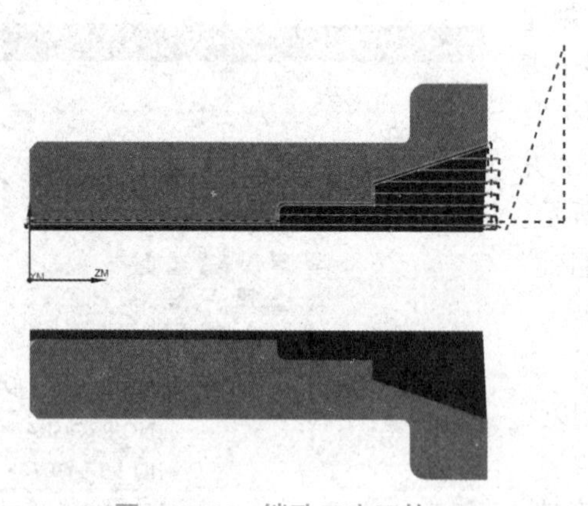

图 7-3-36　镗孔工序刀轨

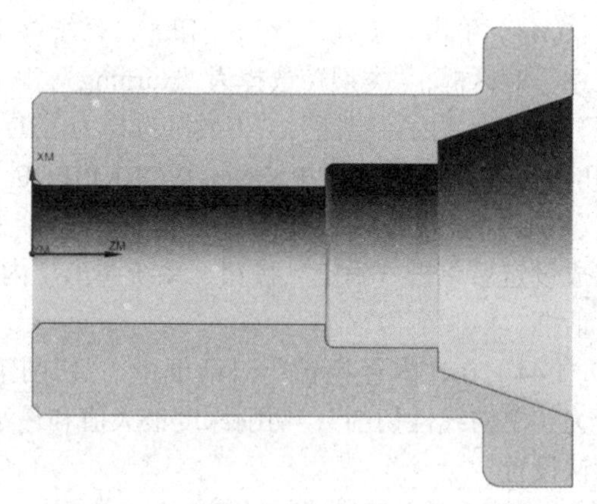

图 7-3-37　内外轮廓轴类零件图（剖切）

四、任务总结

可以通过在“刀轨可视化”对话框中勾选“2D 除料”选项，观察内轮廓仿真结果（图 7-3-38）。

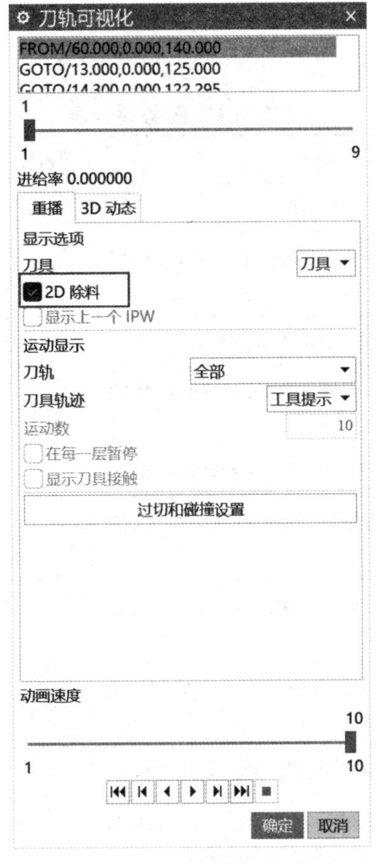

图 7-3-38 刀轨可视化

五、任务拓展

在完成本任务的学习后，请完成如图 7-3-39 所示的零件车削编程（毛坯尺寸为 $\phi85\times115$），对本次任务中的知识点进行巩固。

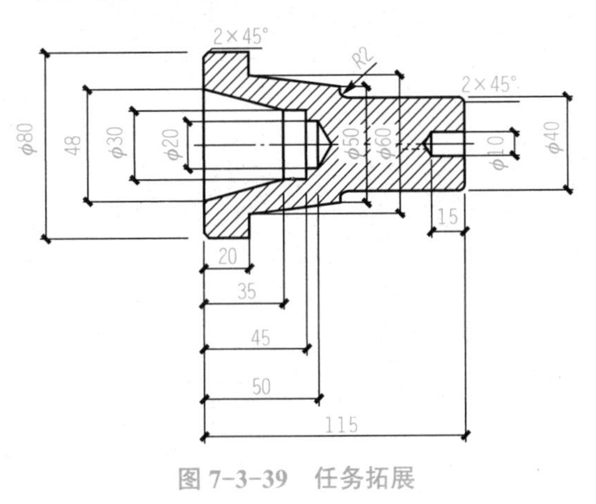

图 7-3-39 任务拓展

六、考核评价

任务评分表见表 7–3–1。

表 7–3–1　任务评分表

任务编号及名称：		姓名：		组号：		总分：
评分项		评价指标	分值	学生自评	小组互评	教师评分
专业能力	识图能力	能够正确分析零件图纸，设计合理的加工工序				
	命令使用	能够合理选择、使用相关命令				
	编程步骤	能够明确编程步骤，具备清晰的自动编程思路				
	完成精度	能够准确表达模型尺寸，显示完整细节				
方法能力	创新意识	能够对设计方案进行修改优化，体现创新意识				
	自学能力	具备自主学习能力，课前有准备，课中能思考，课后会总结				
	严谨规范	能够严格遵守任务书要求，完成相应的任务				
社会能力	遵章守纪	能够自觉遵守课堂纪律、爱护实训室环境				
	学习态度	能够针对出现的问题，分析并尝试解决，体现精准细致、精益求精的工匠精神				
	团队协作	能够进行沟通合作，积极参与团队协作，具有团队意识				
备注：按照评价指标分为 4 档，优秀 10 分、良好 7 分、一般 5 分、合格 2 分						

项目八　数控铣削类零件自动编程

一、项目介绍

本项目介绍利用 UG 软件，针对典型的数控铣削类零件加工，学习铣削类零件的加工工艺设计，制定零件的工艺路线和工序内容，输出刀具加工时的运动轨迹和自动程序。

本项目选取其中具有代表性的 2 个零件的任务作为项目八学习的载体，包括任务一平面类零件自动编程、任务二型腔类零件自动编程。

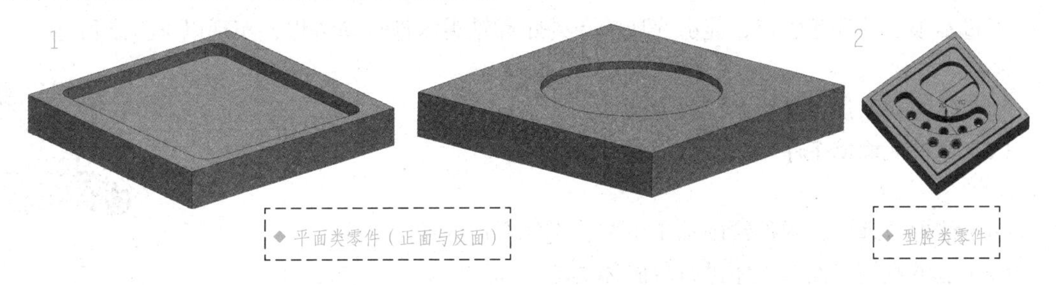

二、学习目标

通过本项目的学习，能够完成简单机械零件的建模，实现以下三维目标。

1. 知识目标

（1）掌握铣削加工坐标系设置方法；

（2）掌握底面壁工序相关参数设置方法；

（3）掌握 CAM“型腔铣”和“孔加工”的创建方法。

2. 技能目标

（1）能够合理设计零件铣削加工工艺，选择合适的加工工序；

（2）能够利用底面壁工序进行型腔体类零件加工；

（3）能够利用“型腔铣”完成中等复杂零件的轮廓粗加工；

（4）能够根据零件孔的特征，选用合适的孔加工刀具和策略。

3. 素养目标

（1）培养严谨规范的职业素养；

（2）培养精益求精的工匠精神。

任务一　平面类零件自动编程

一、任务描述

完成如图 8-1-1 所示翻面零件铣削加工，毛坯尺寸为 200 × 200 × 30，材料为 45 钢。

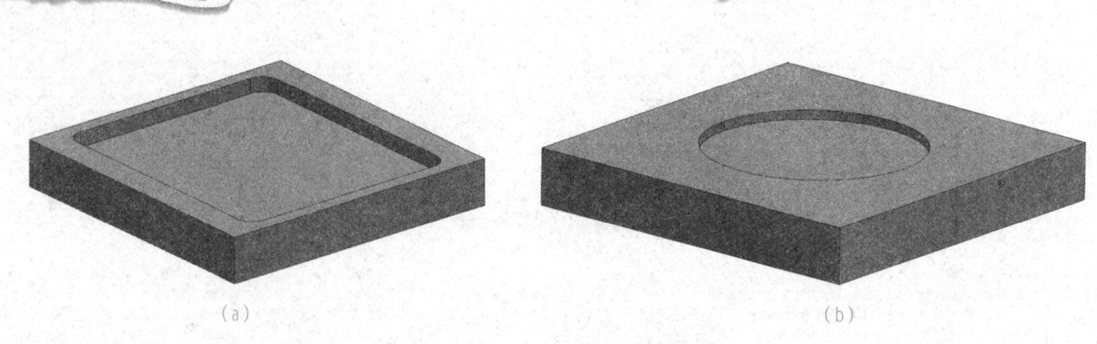

图 8-1-1　翻面零件三维模型

(a) 正面；(b) 背面

二、学习目标

通过本项目的任务学习，能够完成简单外轮廓轴类零件自动编程，实现以下三维目标。

1. 知识目标

（1）掌握铣削加工坐标系设置方法；

（2）掌握底面壁工序相关参数设置方法。

2. 能力目标

（1）能够合理设计零件铣削加工工艺，选择合适的加工工序；

（2）能够利用底面壁工序进行单腔体类零件加工。

3. 素养目标

（1）培养严谨规范的自动编程素养；

（2）培养精益求精的工匠精神。

三、任务实施

（1）执行“应用模块”—“加工”命令，系统弹出“加工环境”对话框，在“CAM 会话配置”中选择“cam_general”，在“要创建的 CAM 组装”中选择“mill_planar”，进入加工模块。

（2）单击“几何视图”按钮，将工序导航器设置为几何视图。在软件界面工序导航器中双击 MCS_MILL，在弹出的“MCS 铣削”对话框中单击按钮，设置加工坐标系的坐标原点为（100，100，30），即工件上表面中心为坐标原点。单击“确定”按钮，完成加工坐标系设定。

（3）单击 MCS_MILL 左侧的 + 号，展开 MCS_MILL，双击图中的 WORKPIECE，在弹出的“工件”对话框中单击“指定部件”按钮，再在图形窗口中选中零件，单击“确定”按钮，完成加工零件设定。单击“指定毛坯”按钮，在弹出的“毛坯”对话框中选择“包容块”，单击“确定”按钮，完成零件和毛坯的设定。

（4）单击“创建刀具”按钮，系统弹出“创建刀具”对话框，“类型”选择为“mill_planar”，刀具选择为“MILL”，“名称”选择为“D20”，单击“确定”按钮，在弹出的“铣刀”对话框中，将刀具直径设置为“20.000”，刀具号和补偿寄存器均设置为“1”，单击“确定”按钮，完成刀具创建。

（5）单击“创建工序”按钮，在弹出的“创建工序”对话框中，“类型”选择为“mill_planar”，“工序子类型”选择为“底面和壁”，刀具选择为“D20”，“几何体”选择为“WORKPIECE”，“方法”为“METHOD”。完成设定后单击“确定”按钮，弹出如图 8-1-2 所示的“底面壁”对话框。

（6）在“底面壁”对话框中，单击“指定切削区底面”后的按钮，在图形窗口零件上单击要矩形腔的底面，然后单击“确定”按钮，返回到“底面壁”对话框。勾选“自动壁”选项，将“切削模式”选择为“跟随部件”，“底面毛坯厚度”设置为“10.0000”，“每刀切削深度”设置为“5.0000”，其他接受默认值。

（7）在“底面壁”对话框中，单击“切削参数”后的按钮，在弹出的“切削参数”对话框中，在“策略”选项卡中勾选“添加精加工刀路”选项，在“余量”选项卡中将“部件余量”“壁余量”和“最终底面余量”均设置为“0”，在“空间范围”选项卡中，将“刀具延展量”设置为“100% 刀具直径”，单击“确定”按钮，完成切削参数设置并返回到“底面壁”对话框。

（8）在“底面壁”对话框中，单击“进给率和速度”后的按钮，在弹出的“进给率和速度”对话框中勾选“主轴速度”选项，并设其值为“1 500 rpm”，“进给率”接受默认值。

图 8-1-2　底面壁

（9）在“底面壁”对话框中，单击“生成刀轨”后的按钮，则生成刀轨，单击确认刀轨按钮，单击 3D 动态（或 2D 动态），单击“播放”按钮开始切削仿真。

（10）单击“创建几何体”按钮，则弹出如图 8-1-3 所示的“创建几何体”对话框，选择“几何体子类型”为“MCS”，单击“确定”按钮，弹出如图 8-1-4 所示的“MCS”对话框，单击鼠标所指向的指定 MCS 按钮，在图形窗口中零件圆形腔的边缘上单击，选择圆的中心为坐标原点，然后双击 ZM 轴使其反向，单击“确定”按钮，完成 MCS 几何体创建，如图 8-1-5 所示。

图 8-1-3　创建 MCS 几何体

图 8-1-4　MCS 几何体

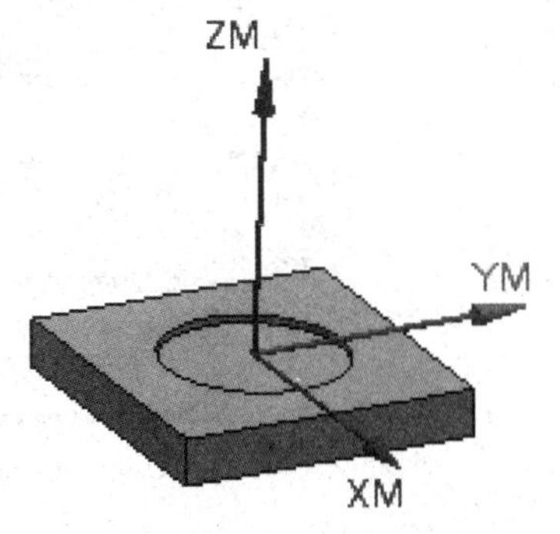

图 8-1-5　MCS

（11）在“工序导航器 - 几何”中，在 MCS 上单击鼠标右键，在弹出的快捷菜单中依次单击“插入”—“几何体”，在弹出的如图 8-1-6 所示的“创建几何体”对话框中，选择“几何体子类型”为“WORKPIECE”，单击“确定”按钮，弹出如图 8-1-7 所示的“工件”对话框，单击“指定部件”按钮，再在图形窗口中选中零件，单击“确定”按钮，完成加工零件设定。单击“指定毛坯”后的按钮，在弹出的“毛坯”对话框中选择“包容块”，单击“确定”按钮，完成零件和毛坯的设定。这时可在软件界面的“工序导航器 - 几何”中的 MCS 下面可看到 WORKPIECE_1 几何体，如图 8-1-8 所示。

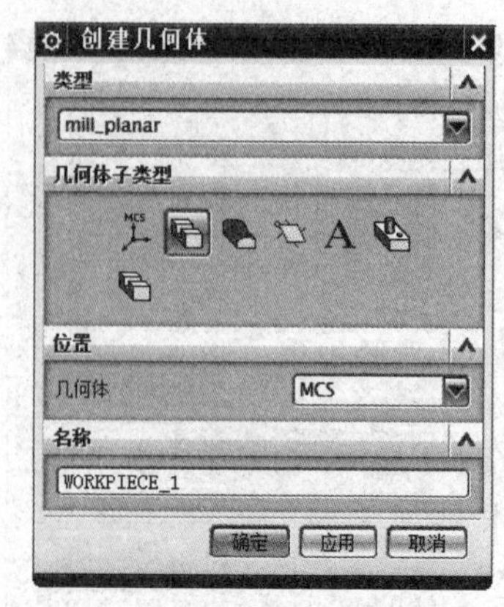

图 8-1-6　创建 WORKPIECE_1 几何体

图 8-1-7　工件

图 8-1-8　工序导航器 - 几何

（12）单击“创建工序”按钮，在弹出的“创建工序”对话框中按图 8-1-9 设置，“类型”选择“ mill_planar”，“工序子类型”选择“底面和壁”，“刀具”选择“ D20”，“几何体”选择“WORKPIECE_1”，“方法”选择“METHOD”。完成设定后单击“确定”按钮，弹出如图 8-1-10 所示的“底面壁”对话框。

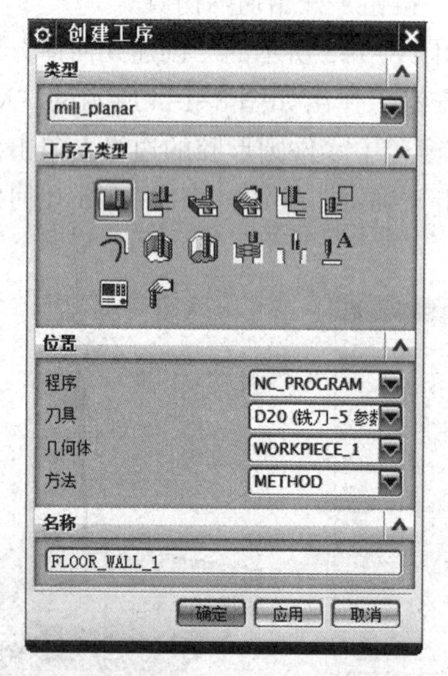

图 8-1-9　创建工序

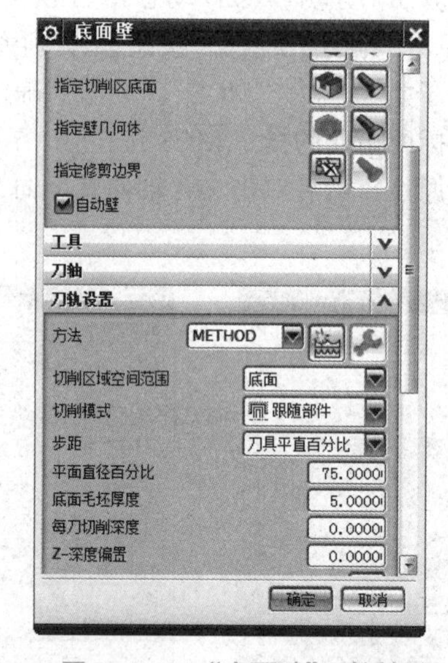

图 8-1-10　“底面壁”对话框

（13）单击“指定切削区底面”后的按钮，在图形窗口零件上单击圆形腔的底面，然后单击“确定”按钮，返回到“底面壁”对话框。勾选“自动壁”选项，将“切削模式”选择为“跟随部件”，“底面毛坯厚度”设置为“5.0000”，“每刀切削深度”设置为“0.0000”（一次切完），其他接受默认值。

（14）在“底面壁”对话框中，单击“切削参数”后的按钮，在弹出的“切削参数”对话框中，在“策略”选项卡中勾选“添加精加工刀路”选项，在“余量”选项卡中将“部件余量”“壁余量”和“最终底面余量”均设置为“0”，在“空间范围”选项卡中，将“刀具延展量”设置为“100% 刀具直径”，单击“确定”按钮，完成切削参数设置，返回到“底面壁”对话框。

（15）在“底面壁”对话框中，单击“进给率和速度”后的按钮，在弹出的“进给率和速度”对话框中勾选“主轴速度”选项，并设其值为“1 500 rpm”，进给率接受默认值。

（16）单击“生成刀轨”后的按钮，则生成刀轨，单击“确认刀轨”按钮，单击3D动态（或2D动态），单击“播放”按钮开始切削仿真，最终零件如图8-1-11所示。

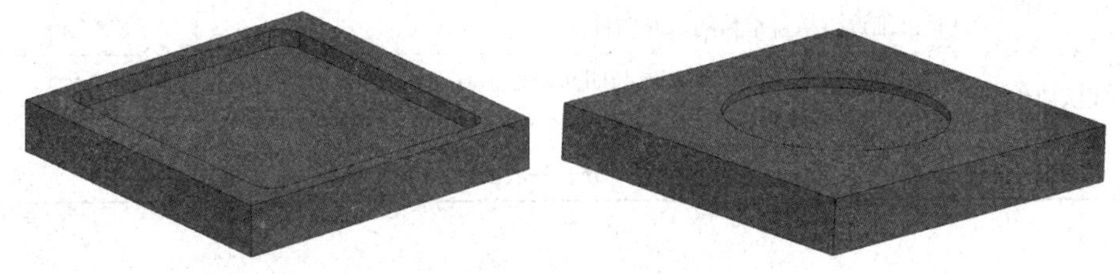

图 8-1-11　最终零件

四、任务总结

完成本次任务的学习，需注意以下几个关键问题：

（1）加工的工件坐标系和建模坐标系保持一致，若X、Y、Z方向不一致，工件坐标系原点和建模坐标系原点不一致，都需要进行调整一致后才能进行后续步骤。

（2）在“底面壁”加工工序中，根据实际加工条件和设备，给定合适的进给率和速度等加工参数，生成自动程序。

五、任务拓展

在完成本任务的学习后，请根据如图8-1-12所示的零件的三维模型，完成该零件的CAM加工。

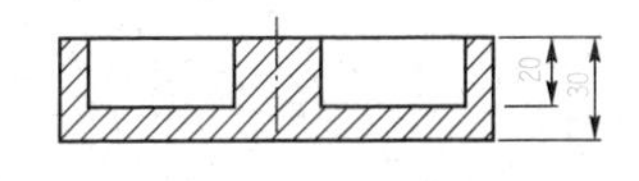

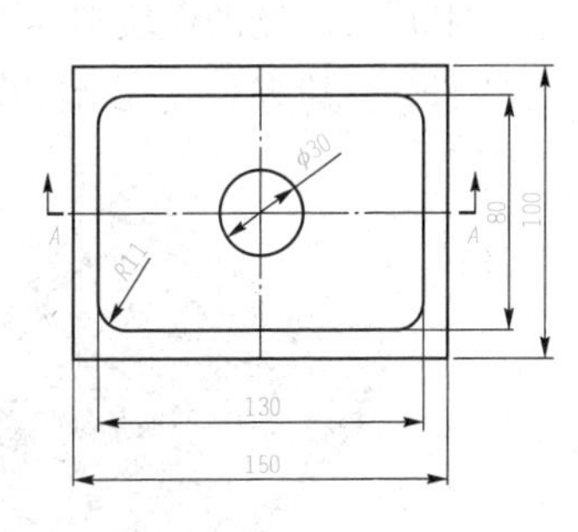

图 8-1-12　任务拓展

六、考核评价

任务评分表见表8-1-1。

表 8-1-1　任务评分表

任务编号及名称：		姓名：	组号：		总分：	
评分项		评价指标	分值	学生自评	小组互评	教师评分
专业能力	识图能力	能够正确分析零件图纸，设计合理的加工工序				
	命令使用	能够合理选择、使用相关命令				
	编程步骤	能够明确编程步骤，具备清晰的自动编程思路				
	完成精度	能够准确表达模型尺寸，显示完整细节				
方法能力	创新意识	能够对设计方案进行修改优化，体现创新意识				
	自学能力	具备自主学习能力，课前有准备，课中能思考，课后会总结				
	严谨规范	能够严格遵守任务书要求，完成相应的任务				

续表

评分项		评价指标	分值	学生自评	小组互评	教师评分
社会能力	遵章守纪	能够自觉遵守课堂纪律、爱护实训室环境				
	学习态度	能够针对出现的问题，分析并尝试解决，体现精准细致、精益求精的工匠精神				
	团队协作	能够进行沟通合作，积极参与团队协作，具有团队意识				
备注：按照评价指标分为 4 档，优秀 10 分、良好 7 分、一般 5 分、合格 2 分						

任务二　型腔类零件自动编程

一、任务描述

利用 UG 制图模块中的视图创建、尺寸标注和位置精度标注，根据如图 8-2-1 所示的“箱体零件”三维模型，完成如图 8-2-2 所示的 CAM 加工。

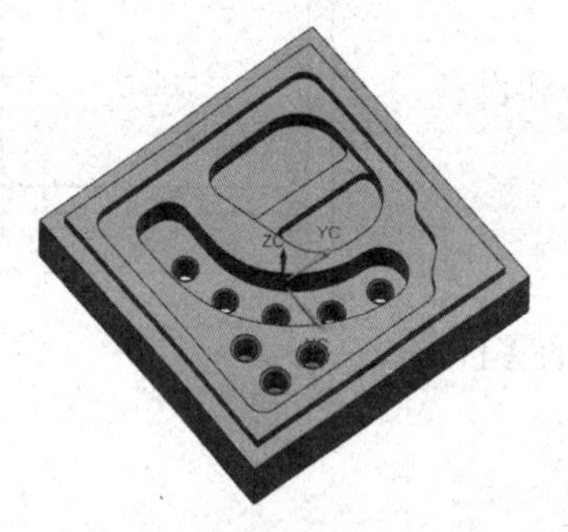

图 8-2-1 “箱体零件”三维模型

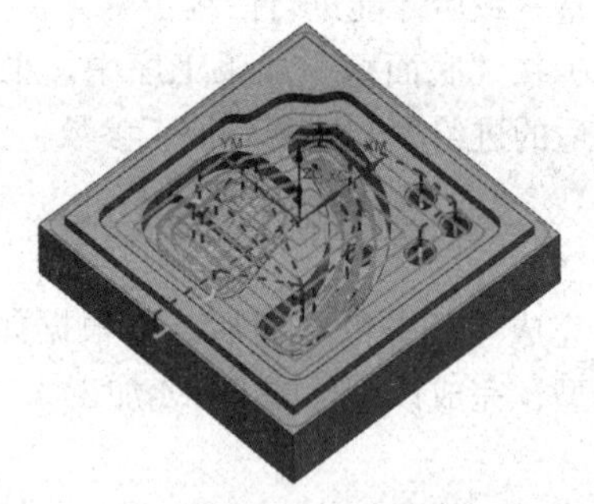

图 8-2-2 “箱体零件”CAM 加工刀路示意图

二、学习目标

1. 知识目标

（1）掌握 CAM“型腔铣”的创建方法；

（2）掌握 CAM“孔加工”的创建方法。

2. 能力目标

（1）能够利用“型腔铣”完成中等复杂零件的轮廓粗加工；

（2）能够根据零件的孔的特征，选用合适的孔加工刀具及孔加工策略。

3. 素养目标

培养严谨规范的 CAM 加工职业素养。

三、任务实施

（1）进入 UG 软件，打开模型文件。执行“启动”—“加工”命令，如图 8-2-3 所示，进入 CAM 加工环境。

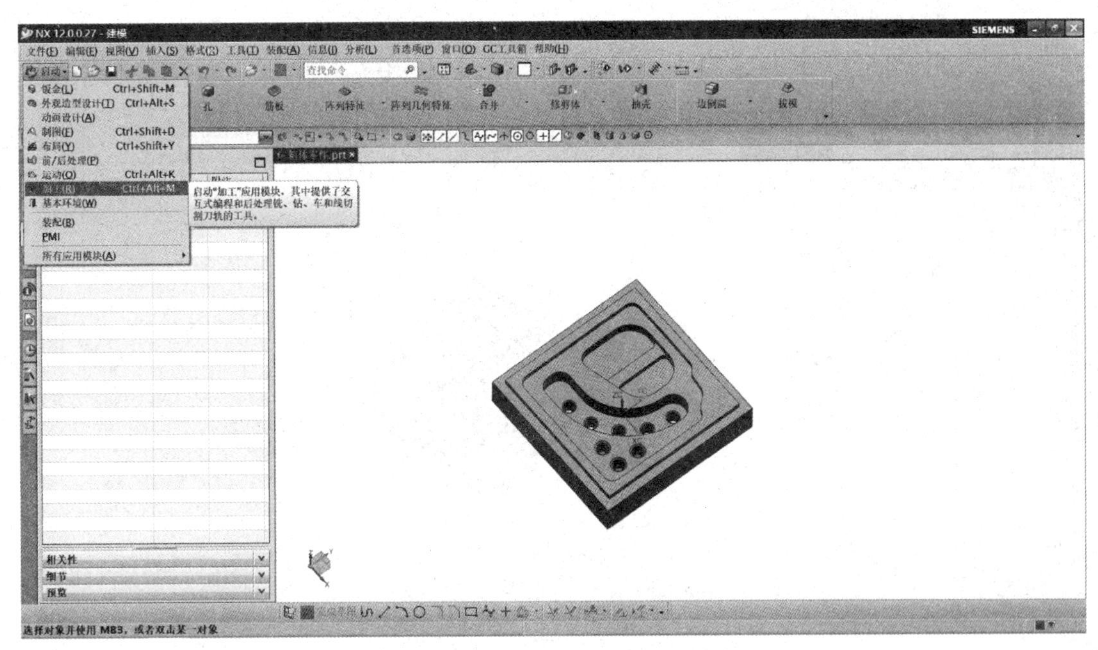

图 8-2-3　进入 CAM 加工环境

在弹出的“加工环境”对话框中，在“CAM 会话配置”中选择“cam_general”，在“要创建的 CAM 组装”中选择“mill_contour”，如图 8-2-4 所示，单击“确定”按钮，进入 CAM“轮廓铣”。

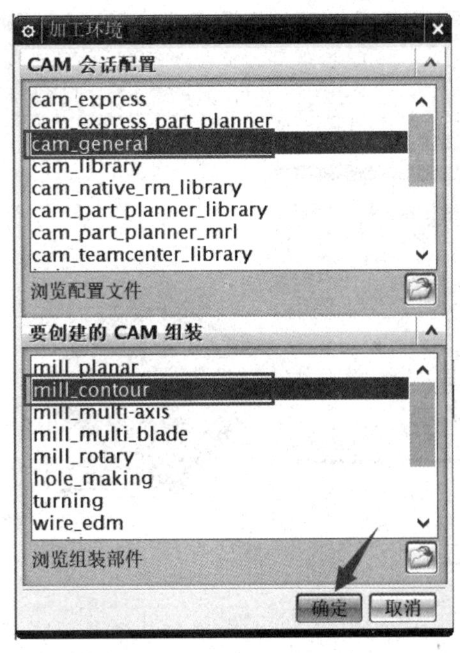

图 8-2-4　选择 CAM“轮廓铣”

（2）执行“几何视图”命令，单击“MCS_MILL”上的“+”，将“坐标系及部件”展开，如图 8-2-5 所示。

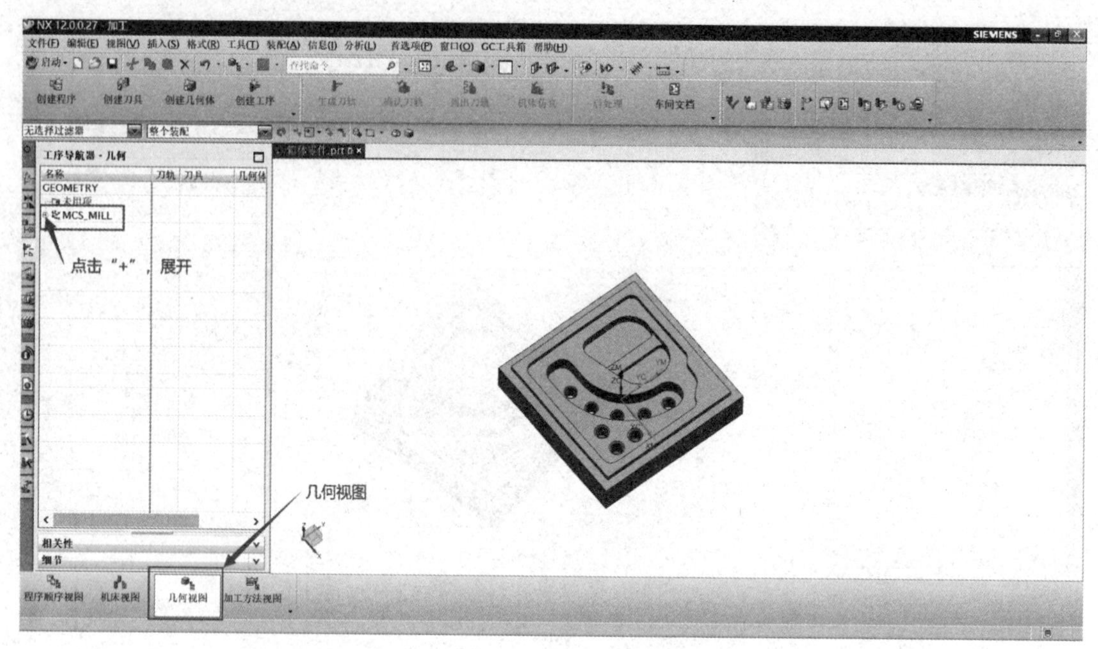

图 8-2-5　进入“几何视图”，展开“坐标系及部件”

双击“MCS_MILL”，在弹出的对话框中将 Z 方向坐标数值修改为 35，如图 8-2-6 所示。单击“确定”按钮，将 CAM 加工坐标系的原点移动至零件上表面正中心（若建模坐标系在零件上表面中心上，则无须修改 Z 值）。

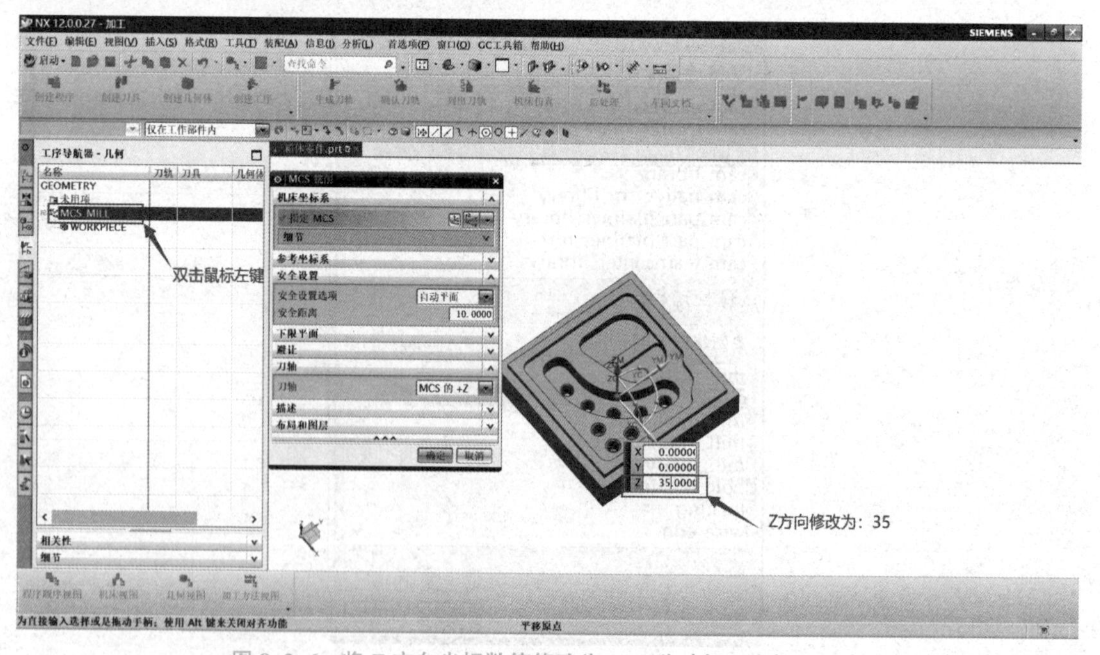

图 8-2-6　将 Z 方向坐标数值修改为 35，移动加工坐标系原点

选中“WORKPIECE”，双击，在弹出的快捷菜单中，单击“指定部件”按钮，在主窗口中选择零件，如图 8-2-7 所示。零件选择完成后，单击“确定”按钮。

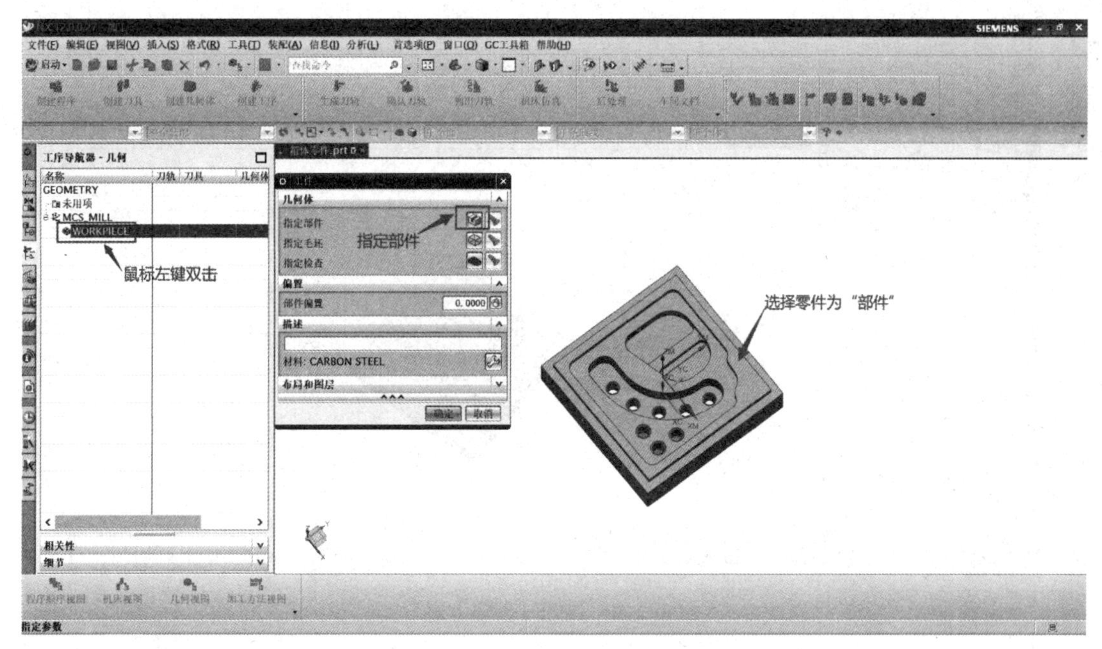

图 8-2-7 “加工部件”设定

单击“指定毛坯”图标，选择“包容块”，如图 8-2-8 所示。所有数值均为默认，单击“确定”按钮，即可完成加工毛坯的设置。

图 8-2-8 “加工毛坯”设定

（3）单击“创建工具”按钮，如图 8-2-9 所示。依次创建 5 把加工刀具，具体规格如下：直径 12 mm 的平底立铣刀、直径 4 mm 的定心钻、直径 10 mm 的钻头、直径 16 mm 的倒角刀、直径 10.5 mm 的螺纹丝锥。

第 1 把刀的“类型”选择为“ mill_contour”，“刀具子类型”选择为“平底立铣刀”，“名称”修改为“ T1D12”，单击“确定”按钮，在弹出的对话框中，将“直径”修改为“12”，其余选项均为默认，单击“确定”按钮即可，如图 8-2-10 所示。

第 2 把刀的“类型”选择为“ hole_making”，“刀具子类型”选择为“钻头”，“名称”修改为“ T2D4”，单击“确定”按钮，在弹出的对话框中，将“直径”修改为“4”，其余选项均为默认，单击“确定”按钮即可，如图 8-2-11 所示。

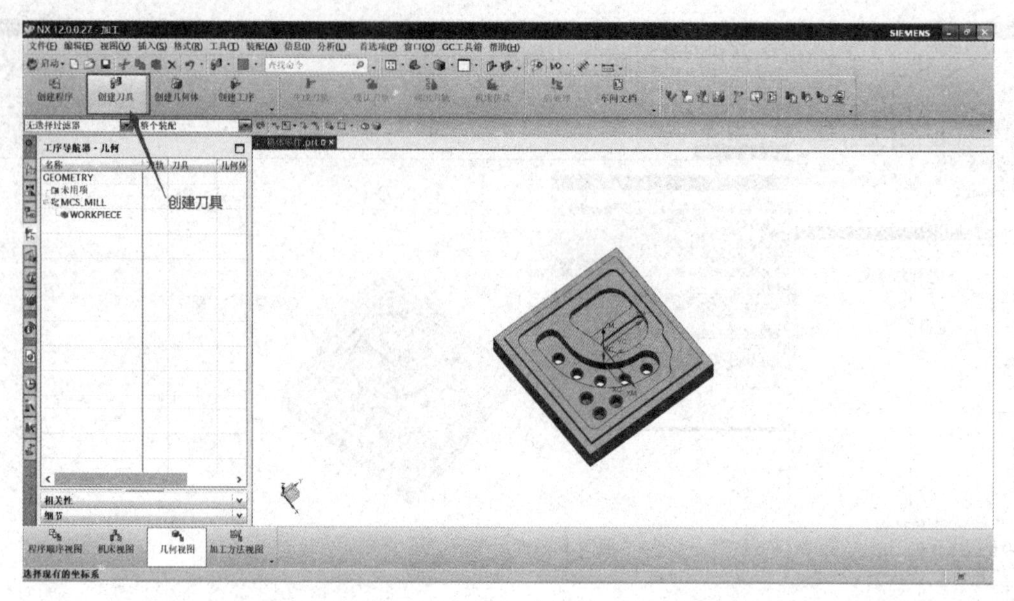

图 8-2-9　进入“创建刀具”

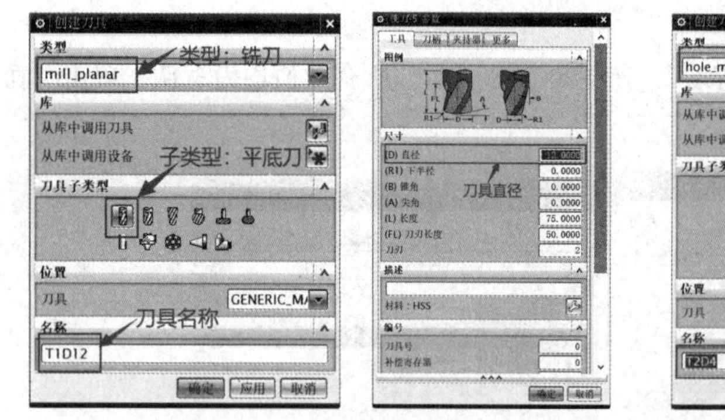

图 8-2-10　创建直径 12 mm 的平底立铣刀

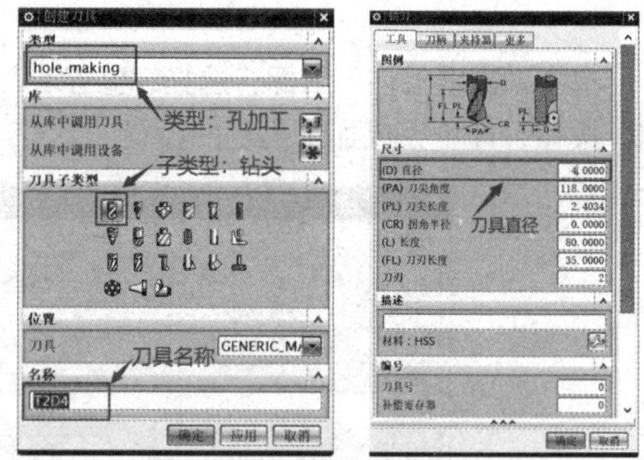

图 8-2-11　创建直径 4 mm 的钻头

第 3 把刀的“类型”选择为“ hole_making”，“刀具子类型”选择为“钻头”，“名称”修改为“ T3D10”，单击“确定”按钮，在弹出的对话框中，将“直径”修改为“10”，其余选项均为默认，单击“确定”按钮即可，如图 8-2-12 所示。

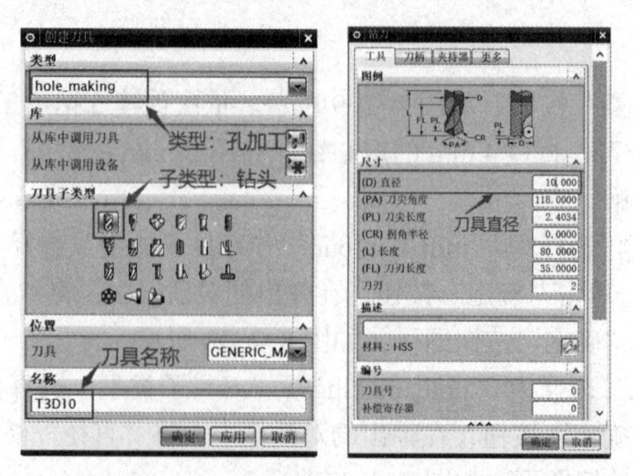

图 8-2-12　创建直径 10 mm 的钻头

第 4 把刀的“类型”选择为“ hole_making”，“刀具子类型”选择为“埋头刀”，“名称”修改为“ T4D16”，单击“确定”按钮，在弹出的对话框中，将“直径”修改为“16”，其余选项均为默认，单击“确定”按钮即可，如图 8–2–13 所示。

第 5 把刀的“类型”选择为“ hole_making”，“刀具子类型”选择为“丝锥”，“名称”修改为“T5D10.5”，单击“确定”按钮，在弹出的对话框中，将“直径”修改为“10.5”，将“螺距”修改为 2，其余选项均为默认，单击“确定”按钮即可，如图 8–2–14 所示。

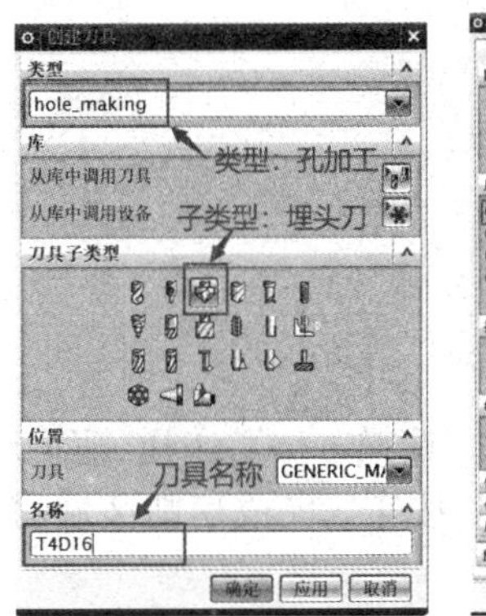

图 8–2–13　创建直径 16 mm 的埋头刀

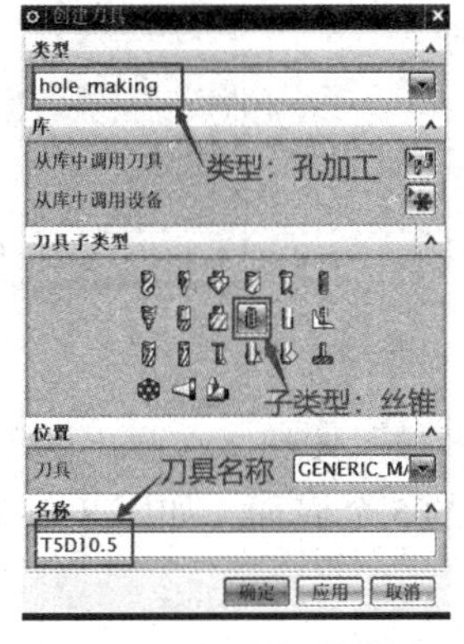

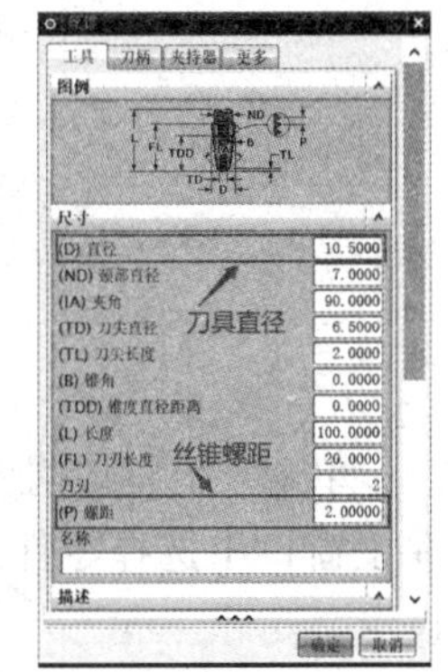

图 8–2–14　创建直径 10.5 mm 的丝锥

（4）单击“创建工序”按钮，进入 CAM 加工工序的创建，如图 8–2–15 所示。利用创建好的 5 把刀具，依次有 5 道加工工序，具体为：零件腔体的型腔铣（指定底面后，软件可以自动识别腔体的高度及范围）、8 个孔的定心钻（深度设置为 2 mm）、8 个孔的钻削加工（软件可以自动识别通孔、盲孔）、8 个孔的倒角（软件可以自动识别倒角的大小和深度）、3 个孔的 M10.5 × 2 的螺纹加工。

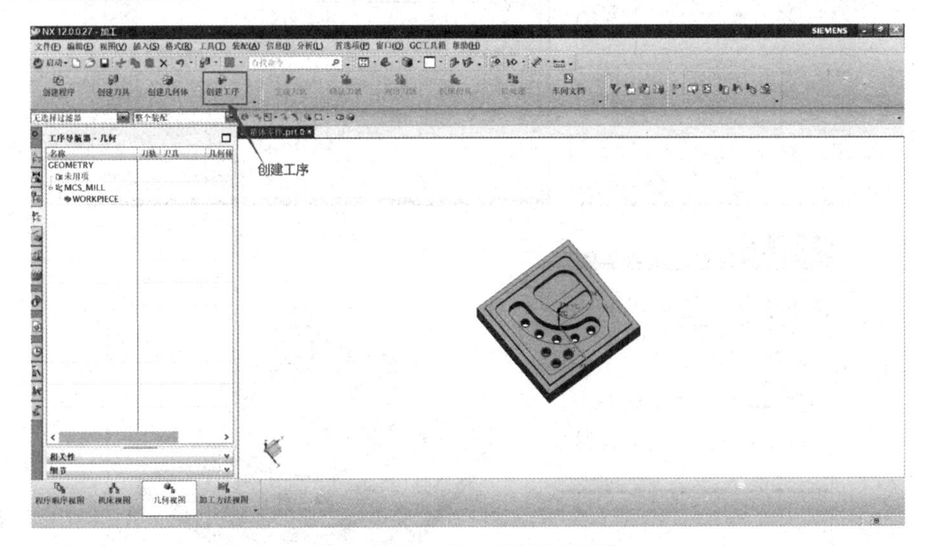

图 8–2–15　进入“创建工序”

在弹出的“创建工序”对话框中，“类型”选择为“ mill_contour”，“子类型”选择为“型腔铣”，“刀具”选择为“T1D12”，“几何体”选择为“WORKPIECE”，“方法”选择为“MILL_ROUGH”，如图 8–2–16 所示。单击“确定”按钮，进入“型腔铣”参数设定。

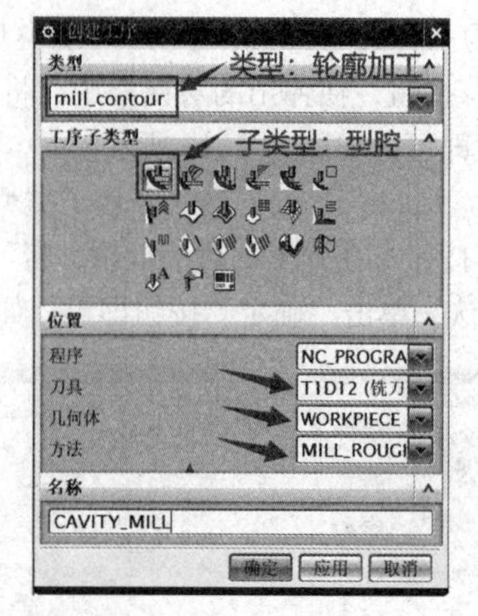

图 8-2-16 创建“型腔铣”工序

单击“指定切削区域”按钮，在弹出的“切削区域”对话框中“选择方法”选择“面”，在主窗口中选择零件的 5 个底面，如图 8-2-17 所示。单击“确定”按钮，完成切削区域的设定。

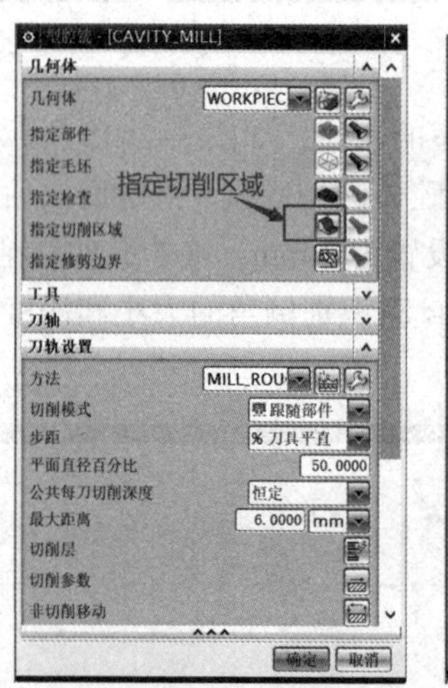

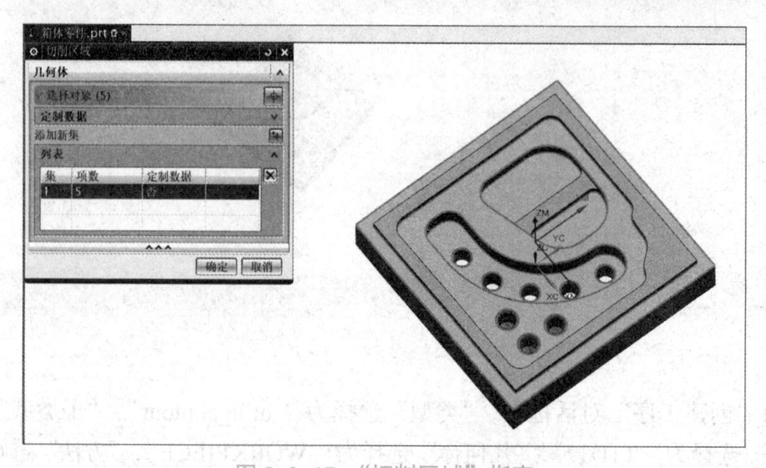

图 8-2-17 “切削区域”指定

将“切削模式”修改为“跟随部件”，切削深度设定为 5 mm，如图 8-2-18 所示。

单击“切削参数”按钮，在弹出的对话框中将“余量”均设置为 0，如图 8-2-19 所示。

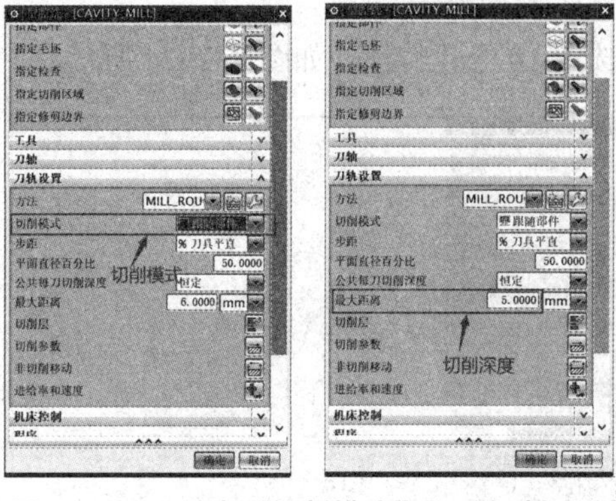

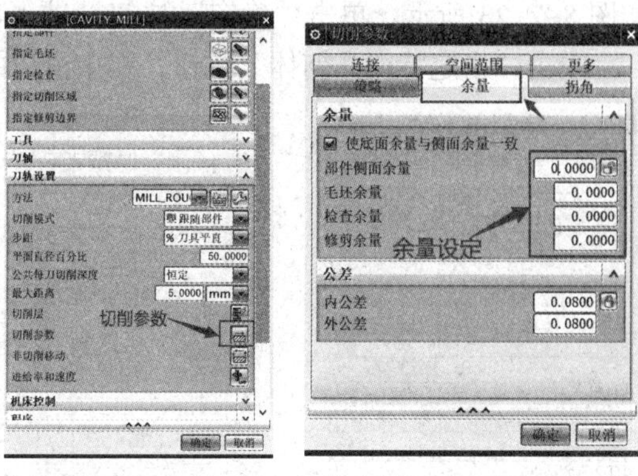

图 8-2-18　设定“切削模式”和“切削深度”

图 8-2-19　“切削参数”中的“余量”设定

单击“进给率和速度”按钮，将“主轴速度”设定为“800 rpm”，“进给率”设定为“150 mmpm”，如图 8-2-20 所示。

单击“刀路生成”按钮，主窗口中会显示刀路，如图 8-2-21 所示。

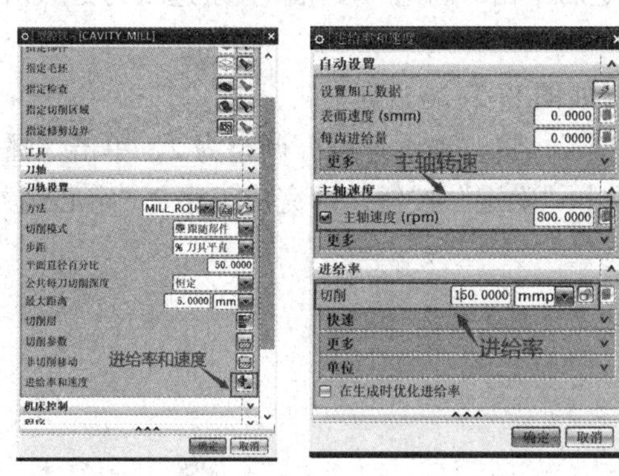

图 8-2-20　“进给率和转速”设定

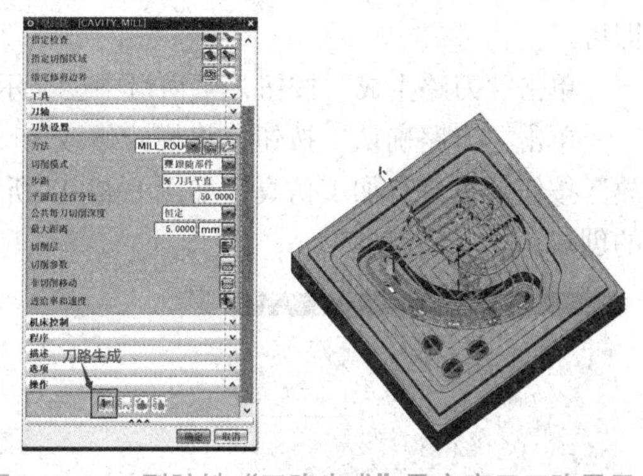

图 8-2-21　型腔铣“刀路生成”及主窗口刀路显示

单击“刀路确认”按钮，将模式修改为“3D 动态”，将“动画速度”调整为 2，单击“播放”按钮，可进行加工仿真，如图 8-2-22 所示。单击“确定”按钮，即完成工序 1“型腔铣”的创建。

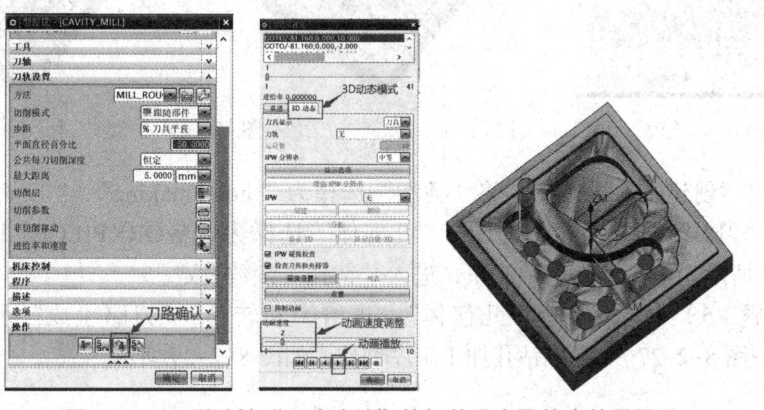

图 8-2-22　型腔铣“刀路确认”的相关设定及仿真结果显示

（5）单击“创建工序”按钮，将“类型”选择为“hole_making”，“工序子类型”选择为“定心钻”，“刀具”选择为“T2D4”，“几何体”选择为“WORKPIECE”，其余为默认，如图 8-2-23 所示。单击“确定”按钮，进入“定心钻”参数设定。

单击“指定特征几何体”按钮，在主窗口中依次选定 10 个孔特征，如图 8-2-24 所示。

图 8-2-23 创建“定心钻”工序

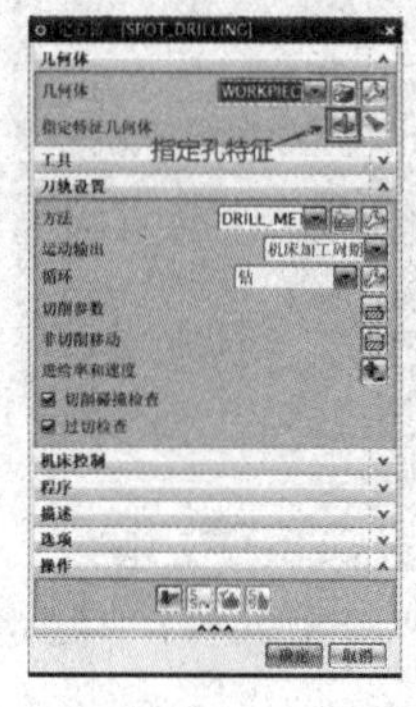

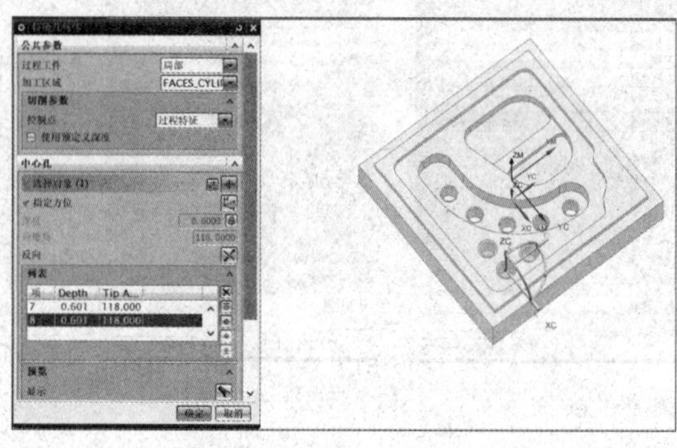

图 8-2-24 进入“指定孔特征”，在主窗口中选择 10 个孔特征

单击“进给率和转速”按钮，在弹出的对话框中，将“主轴速度”设置为 500 rpm，“进给率”设置为 100 mmpm，如图 8-2-25 所示，完成设定后单击“确定”按钮。其余选项均为默认即可。

单击“刀路生成”按钮，主窗口中会显示刀路，如图 8-2-26 所示。

单击“刀路确认”按钮，将模式修改为“3D 动态”，将“动画速度”调整为 2，单击“播放”按钮，可进行加工仿真，如图 8-2-27 所示。单击“确定”按钮，即完成工序 2“定心钻”的创建。

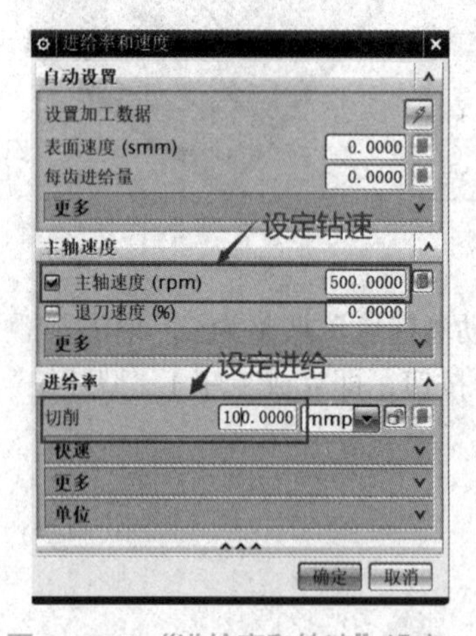

图 8-2-25 “进给率和转速”设定

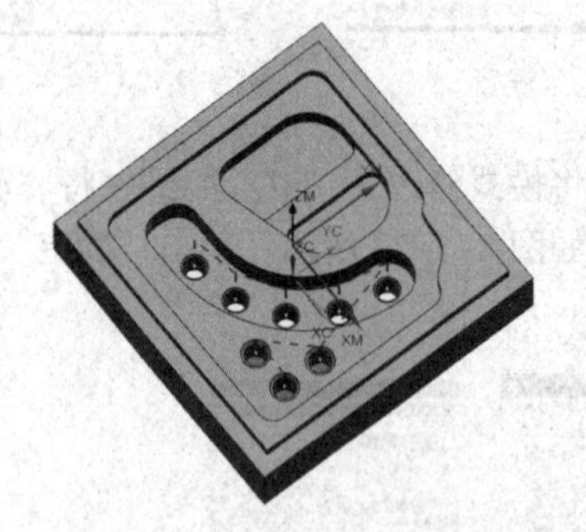

图 8-2-26 定心钻“刀路生成”

图 8-2-27 “定心钻”仿真结果显示

（6）单击“创建工序”按钮，将“类型”选择为“hole_making”，“工序子类型”选择为“钻孔”，“刀具”选择为“T3D10”，“几何体”选择为“WORKPIECE”，其余为默认，如图 8-2-28 所示。单击“确定”按钮，进入“钻孔”参数设定。

重复步骤（5）中“指定特征几何体”“进给率和转速”“刀路生成”及“刀路确认”（图 8-2-24～图 8-2-27）。完成钻孔加工工序创建，如图 8-2-29 所示。

图 8-2-28　创建“钻孔”工序

图 8-2-29　“钻孔”仿真结果显示

（7）单击“创建工序”按钮，将“类型”选择为“ hole_making”，“工序子类型”选择为“钻埋头孔”，“刀具”选择为“ T4D16”，几何体选择为“ WORKPIECE”，其余为默认，如图 8-2-30 所示。单击“确定”按钮，进入“钻埋头孔”参数设定。

重复步骤（5）中“指定特征几何体”“进给率和转速”“刀路生成”及“刀路确认”（图 8-2-24 ～图 8-2-27）。完成钻孔加工工序创建，如图 8-2-31 所示。

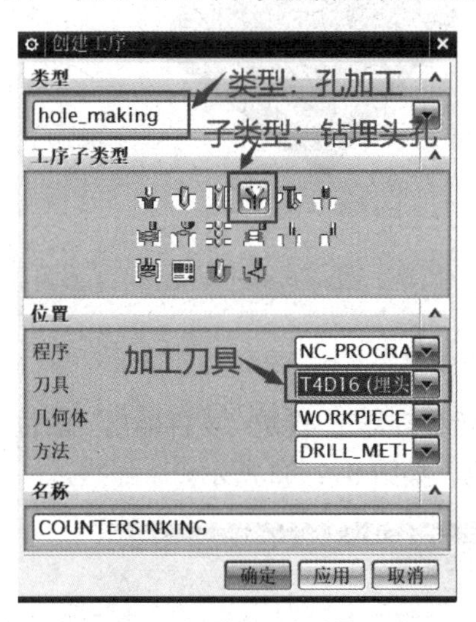

图 8-2-30　创建“钻埋头孔”工序

图 8-2-31　“钻埋头孔”仿真结果显示

（8）单击“创建工序”按钮，将“类型”选择为“ hole_making”，“工序子类型”选择为“攻丝”，“刀具”选择为“ T5D10.5”，“几何体”选择为“ WORKPIECE”，其余为默认，如图 8-2-32 所示。单击“确定”按钮，进入“攻丝”参数设定。

重复步骤（5）中“指定特征几何体”（选择 3 个盲孔）、“进给率和转速”“刀路生成”及“刀路确认”（图 8-2-24 ～图 8-2-27）。完成钻孔加工工序创建，如图 8-2-33 所示。

（9）选中前面创建的 5 个工序，单击“后处理”按钮，如图 8-2-34 所示，进入“程序后处理”参数设定。

图 8-2-32　创建“攻丝”工序

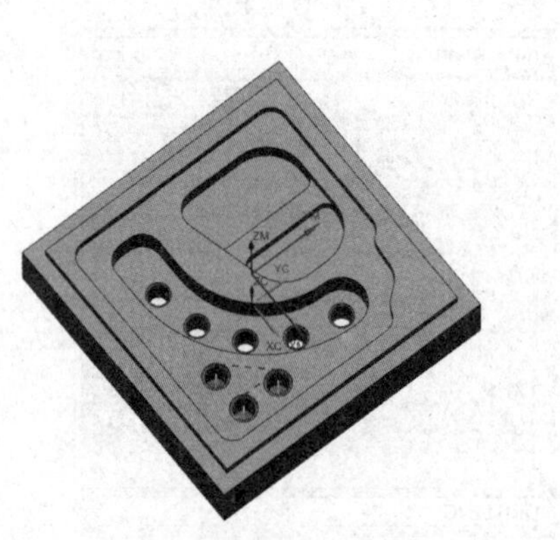

图 8-2-33　“攻丝”仿真结果显示

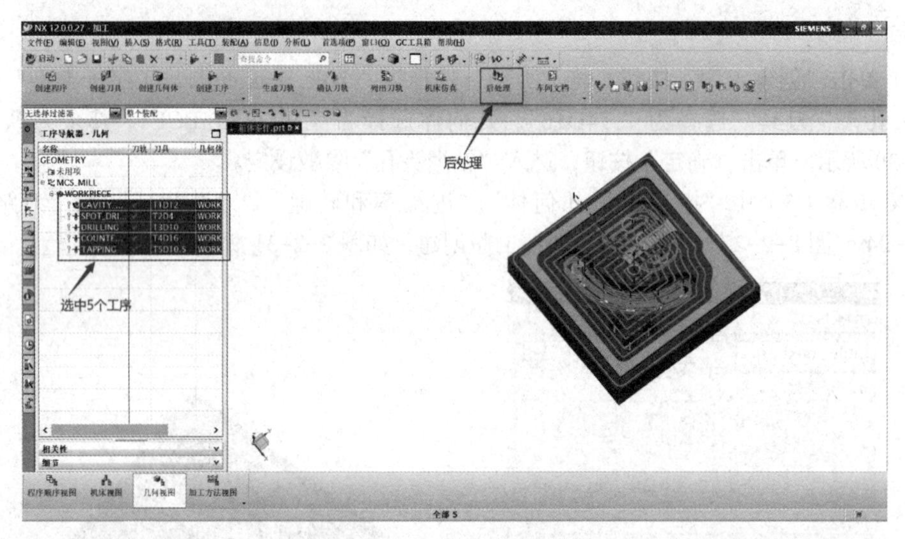

图 8-2-34　进入“后处理”

在弹出的对话框中，选择一个与机床对应的“后处理器”，设定“文件输出”的位置及“文件拓展名”，单击“确定”按钮，即可生成程序代码，如图 8-2-35 所示。

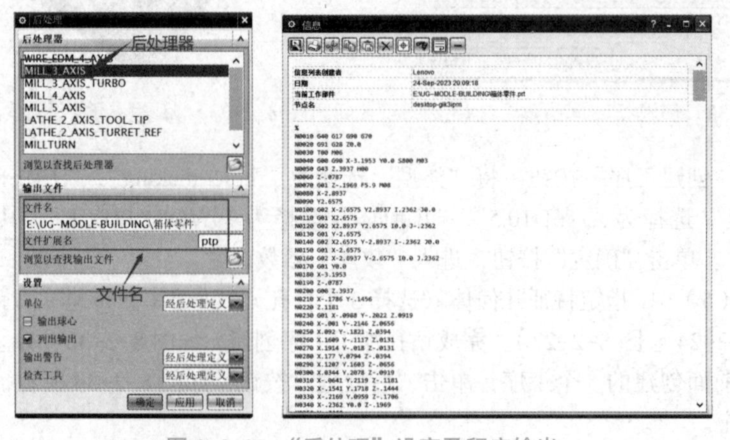

图 8-2-35　“后处理”设定及程序输出

四、任务总结

完成本次任务的学习，需注意以下几个关键问题：

（1）刀具的选择，根据加工工艺，选取 5 把刀具来完成型腔铣和加工孔，分别是直径 12 mm 的平底立铣刀、直径 4 mm 的定心钻、直径 10 mm 的钻头、直径 16 mm 的倒角刀、直径 10.5 mm 的螺纹丝锥。

（2）加工多个孔时，选择孔要素的顺序即孔的加工顺序。

五、任务拓展

在完成本任务的学习后，请根据如图 8-2-36 所示的零件的三维模型，完成该零件的 CAM 加工，对本次任务中的知识点进行巩固。

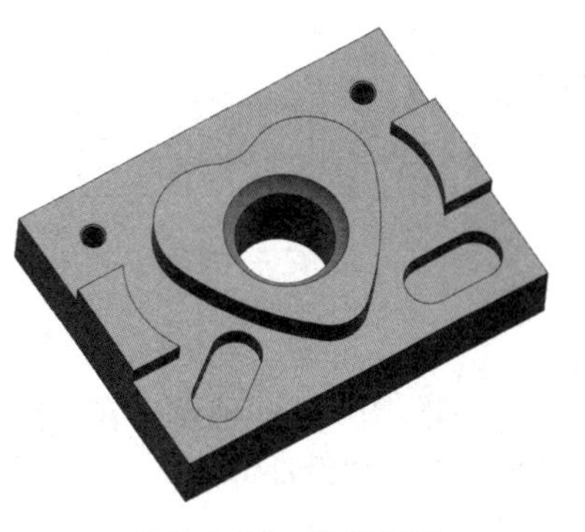

图 8-2-36　任务拓展

六、考核评价

任务评分表见表 8-2-1。

表 8-2-1　任务评分表

任务编号及名称：		姓名：	组号：			总分：
评分项		评价指标	分值	学生自评	小组互评	教师评分
专业能力	识图能力	能够正确分析零件图纸，设计合理的加工工序				
	命令使用	能够合理选择、使用相关命令				
	编程步骤	能够明确编程步骤，具备清晰的自动编程思路				
	完成精度	能够准确表达模型尺寸，显示完整细节				
方法能力	创新意识	能够对设计方案进行修改优化，体现创新意识				
	自学能力	具备自主学习能力，课前有准备，课中能思考，课后会总结				
	严谨规范	能够严格遵守任务书要求，完成相应的任务				
社会能力	遵章守纪	能够自觉遵守课堂纪律、爱护实训室环境				
	学习态度	能够针对出现的问题，分析并尝试解决，体现精准细致、精益求精的工匠精神				
	团队协作	能够进行沟通合作，积极参与团队协作，具有团队意识				
备注：按照评价指标分为 4 档，优秀 10 分、良好 7 分、一般 5 分、合格 2 分						

模块二　知识附录

1　基本体和基准平面

1.1　长方体

如附图 1-1-1 所示，在“拉伸”下拉菜单中单击“长方体”命令或在主菜单下依次单击“插入”—“设计特征”—“长方体”命令（以下简称单击 ×× 命令或 ×× 按钮），均会弹出如附图 1-1-2 所示的长方体对话框，其中：

类型：①原点和边长（指定定位点和三边长度）；②两点和高度（指定底面两个对角点坐标及高度）；③两个对角点（指定空间两个对角点坐标），最常用的是原点和边长。

原点：指定点，长方体底面的一个角点，默认为（0，0，0），单击按钮可更改定位点的位置，如附图 1-1-3 所示。

附图 1-1-1

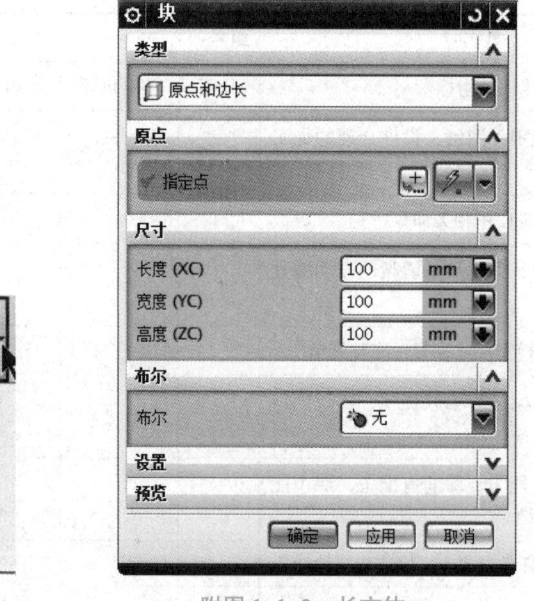

附图 1-1-2　长方体

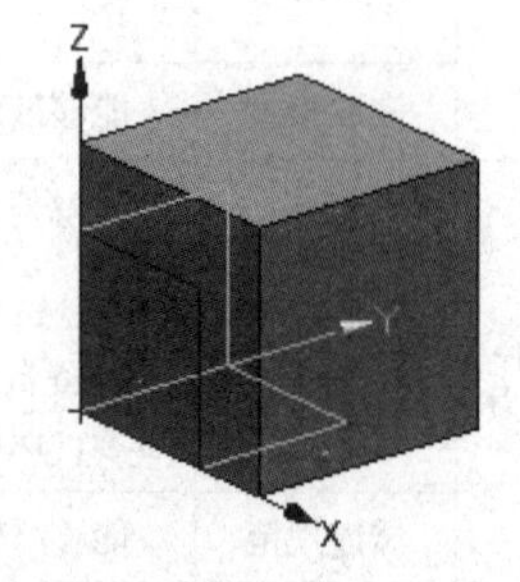

附图 1-1-3　长方体

长度、宽度、高度：X 向、Y 向、Z 向边长值。

布尔：指定本长方体和绘图区（工作区）中其他实体的关系，无——独立实体；求和——相加成一个实体；求差——从另一个实体中减去两者公共部分；求交——得到两个实体的公共部分。

如果要修改已生成的长方体，可在绘图区域（工作区）中双击要修改的长方体（或在屏幕左侧的部件导航器中双击该长方体的名称），又会弹出附图 1-1-2 所示的长方体对话框，修改完成后单击“确定”按钮或按压鼠标中键即可。这是 UG 的一个特点，如果要修改某要素，直接双击其图形或其名称即可。

1.2　圆柱体

单击“圆柱”按钮，系统弹出如附图 1-2-1 所示的“圆柱”对话框，其中：

圆柱类型：①轴、直径和高度（指定轴向、底面直径和圆柱高度）；②圆弧和高度（以已有的圆弧的圆心和直径为底面参数生成完整圆柱），最常用的是轴、直径和高度。

指定矢量：圆柱轴向，默认为 +Z 轴，通过单击按钮可选择其他方向，如果是坐标轴方向，可直接单击绘图区域中的蓝色坐标轴。单击按钮可使轴向反向。

指定点：圆柱底面圆心，默认为（0，0，0），单击按钮可更改定位点的位置，如附图 1-2-2 所示。

布尔：指定本圆柱体和绘图区域（工作区）中其他实体的关系。

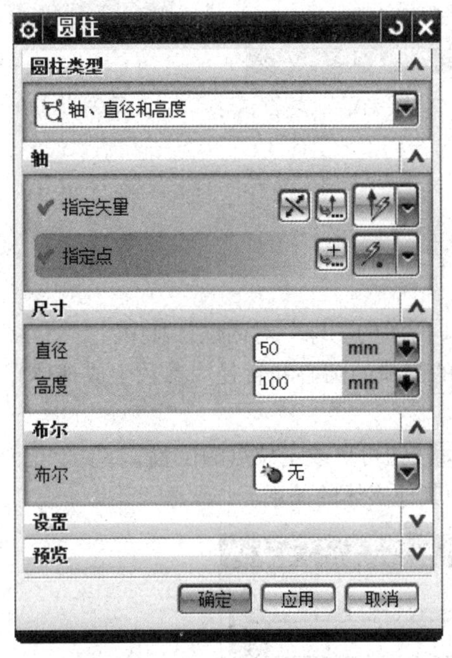

附图 1-2-1　圆柱

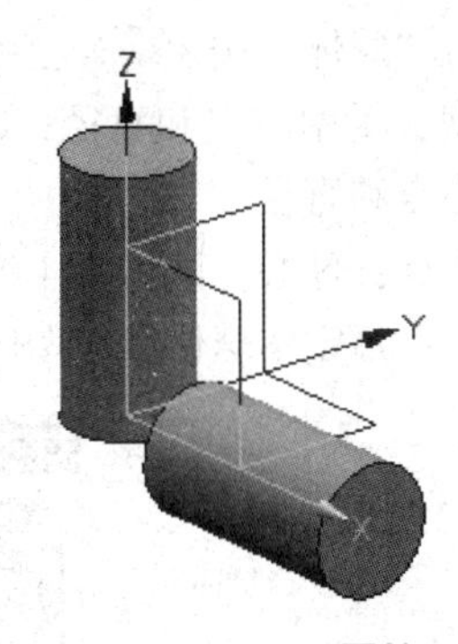

附图 1-2-2　圆柱

1.3　圆锥体

单击“圆锥”按钮，会弹出如附图 1-3-1 所示的“圆锥”对话框，其中：

类型：如附图 1-3-2 所示，画图时应根据已知条件选择绘制方法。

指定矢量：圆锥轴向，默认为 +Z 轴，通过单击按钮可选择其他方向，如果是坐标轴方向，可直接单击绘图区域中的蓝色坐标轴。单击按钮可使轴向反向。

指定点：圆锥底面圆心，默认为（0，0，0），单击按钮可更改定位点的位置，如附图 1-3-3 所示。

半角：圆锥顶角的一半。

布尔：指定本圆锥体和绘图区域（工作区）中其他实体的关系。

附图 1-3-1　圆锥

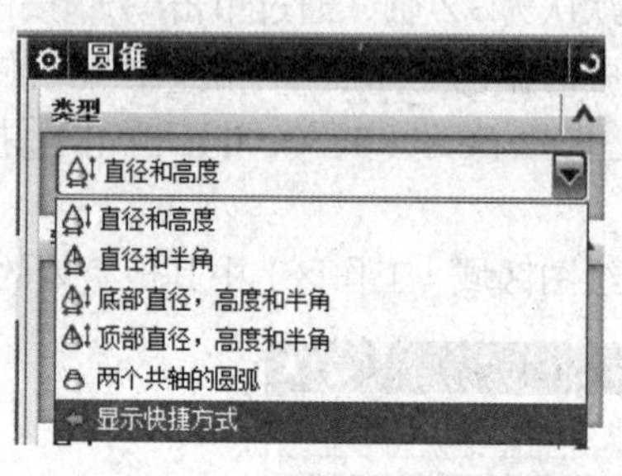

附图 1-3-2　圆锥画法类型

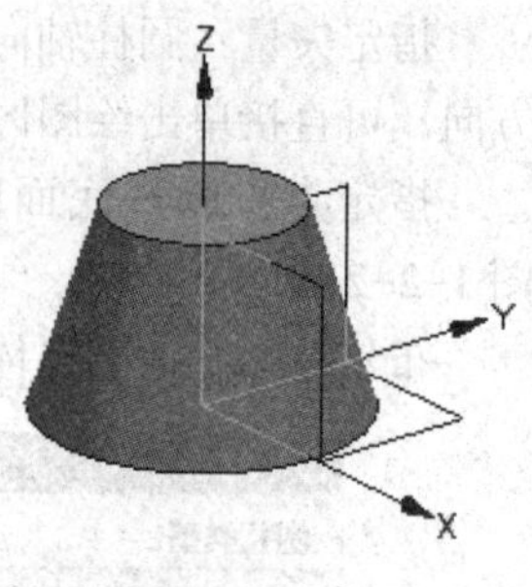

附图 1-3-3　圆锥

1.4　球体

单击“球体”按钮，会弹出如附图 1-4-1 所示的“球”对话框，其中：

类型：①中心点和直径；②圆弧（以已有的圆弧的圆心和直径为参数生成球体），最常用的是中心点和直径。

指定点：球心，默认为（0，0，0），单击按钮可更改定位点的位置。

布尔：指定本球体和绘图区域（工作区）中其他实体的关系。

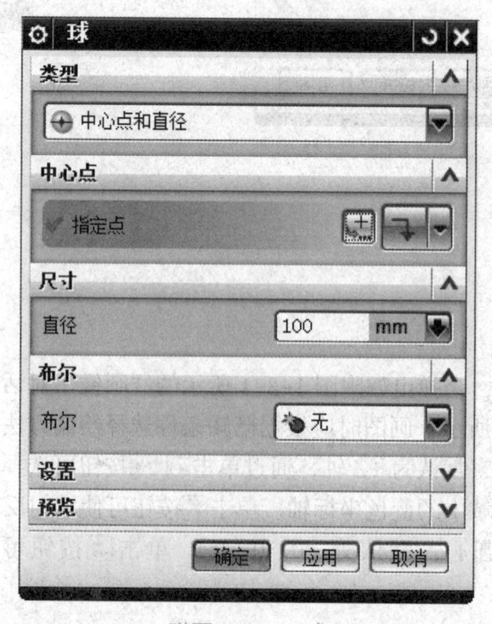

附图 1-4-1　球

1.5 基准平面

UG 的基准特征包括基准平面、基准轴、基准 CSYS（基准坐标系）、点和点集，其他几个命令都非常简单，这里只介绍基准平面。

单击“基准平面”按钮或依次执行主菜单“插入”—“基准 / 点”—“基准平面”命令，均会弹出如附图 1-5-1 所示的基准平面对话框，构建基准平面的方法有很多，其中：

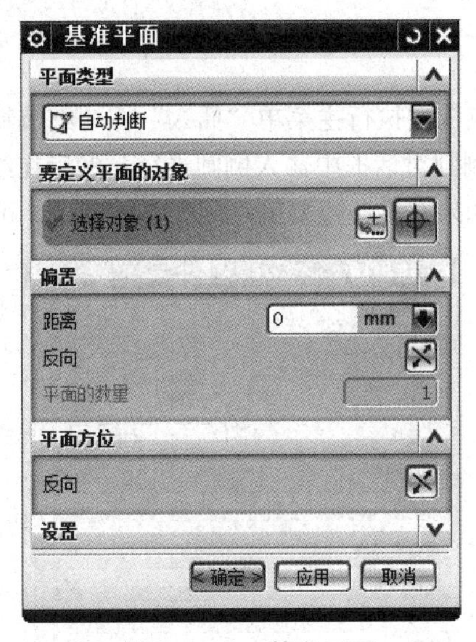

附图 1-5-1 基准平面

自动判断：根据操作者选定的几何要素自动推断，如选择两个相交面，系统将创建的基准平面作为它们的中分面。

按某一距离：根据指定的方向创建与选定对象相距指定距离的基准平面。

成一角度：通过指定一平面、一直线和一角度创建基准平面。

二等分：创建两个平面的等分面为基准平面。

曲线和点：有多种子类型，可通过点的线构建包含点和线的平面，也可构建线的法平面，还可通过三点构建平面等。

两直线：通过两条直线构建基准平面。

相切：作选定对象的切平面。

通过对象：创建包含选定对象的基准平面。

点和方向：通过点和平面法向来创建基准平面。

曲线上：创建曲线上某点的法平面。

YC–ZC 平面：创建 YC–ZC 平面或与其平面的面为基准平面。

XC–ZC 平面：创建 XC–ZC 平面或与其平面的面为基准平面。

XC–YC 平面：创建 XC–YC 平面或与其平面的面为基准平面。

视图平面：以视图平面为基准平面。

按系数：根据方程 $aX+bY+cZ=d$ 创建基准平面。

以上平面构建方式几乎都支持偏置，即在指定的平面按指定的方向偏置一段距离。

2　细节特征

2.1　边倒圆

单击“边倒圆”按钮或依次执行主菜单“插入”—“细节特征”—“边倒圆”命令，在弹出如附图 2-1-1 所示的边倒圆对话框中输入倒圆半径，然后在绘图区域中单击实体要倒圆的边，即完成对该边倒圆角。如果有多条边要倒相同大小的圆角，可连续拾取这些边。

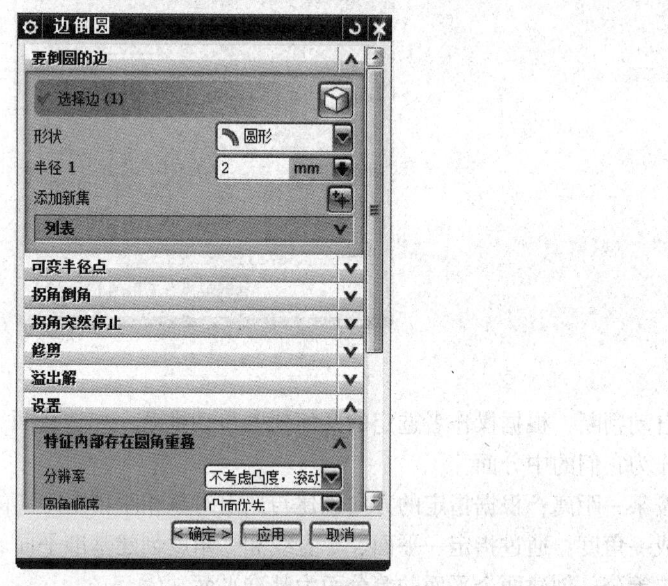

附图 2-1-1　边倒圆

2.2　倒斜角

单击“倒斜角”按钮或依次执行主菜单“插入”—“细节特征”—“倒斜角”命令，在弹出的如附图 2-2-2 ～附图 2-2-4 所示的“倒斜角”对话框中输入倒斜角参数，然后在绘图区域中单击实体要倒斜角的边，即完成对该边倒斜角。如果有多条边要倒相同大小的斜角，可连续拾取这些边。

对称：两边倒的尺寸一样。

非对称：两边倒的尺寸不一样，如发现倒反了，可单击“反向”按钮。

偏置和角度：给定一个偏置量和角度倒斜角，如发现倒反了，可单击“反向”按钮。

倒斜角时应根据图纸已知条件选择倒角方法。

附图 2-2-2 倒斜角—对称

附图 2-2-3 倒斜角—非对称

附图 2-2-4 倒斜角—偏置和角度

2.3 拔模

拔模命令一般用于模具设计，用来将 90° 的侧面变成非竖直面。

单击“倒斜角”按钮或依次执行主菜单“插入”—“细节特征”—“拔模”命令，弹出如附图 2-3-1 所示的“拔模”对话框，在其中输入拔模角度数，然后在绘图区域中单击固定面和要拔模的面即可完成拔模。

指定矢量：拔模方向，默认为 +Z 轴，通过单击按钮可选择其他方向，如果是坐标轴方向，可直接单击绘图区域中的蓝色坐标轴。单击按钮可使轴向反向。

固定面：拔模前后面积不变的面，如对长方体进行拔模操作，可选择上表面或下表面为固定面（但结果不同）。

要拔模的面：要变成非竖直面的竖直面。

角度：拔模后侧面与拔模方向之间的夹角。

附图 2-3-1 拔模

3 草图

3.1 常用草图工具简介

常用的草图工具如附图 3-1-1 所示。

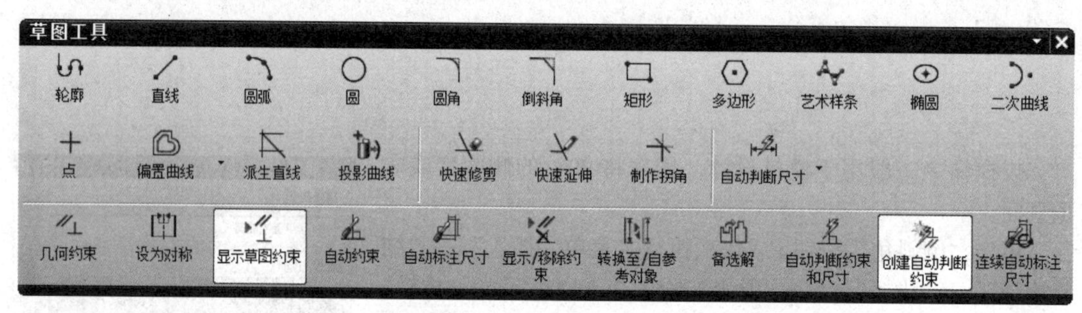

附图 3-1-1 草图工具

轮廓：画连续的直线和圆弧，按住鼠标左键移动可切换直线和圆弧。
直线：画单条直线。
圆弧：有 3 点定圆弧及中心和端点定圆弧两种方法。
圆：有圆心和直径定圆及 3 点定圆两种方法。
圆角：曲线倒圆角。
倒斜角：曲线倒斜角。
矩形：可用三种方法画正的或斜的矩形。
多边形：可用内切圆半径、边长和外接圆半径三种方法画正多边形。
艺术样条：可用通过点和根据极点两种方法画样条线。
椭圆：用指定长半轴和短半轴的方法画椭圆。
二次曲线：画抛物线、双曲线等二次曲线。
偏置曲线：生成等距线。
派生直线：生成两直线的中分线。
投影曲线：沿草图平面的法向将草图外的曲线、边或点投影到草图上。
快速修剪：修剪曲线。
快速延伸：将曲线延伸至另一邻近的曲线或选定的边界。
制作拐角：修剪或延伸两条曲线以制作拐角。
自动判断尺寸：尺寸约束，约束曲线的尺寸参数。
几何约束：约束曲线之间的平行、垂直、共线、相切等几何关系。
设为对称：将草图上的两个点或线约束为关于草图内某直线对称。
显示草图约束：显示活动草图的几何约束，默认是点亮的。

自动约束：设置自动施加于草图的几何约束类型。

自动标注尺寸：根据设置的规则在曲线上自动创建尺寸。

显示 / 移除约束：显示与选定的草图几何图形关联的几何约束，并移除所有这些约束或列出信息，此功能用来删除那些不必要的约束。

转换至 / 自参考对象：将草图曲线或草图尺寸从活动转换为参考，或者反过来转换。拉伸、回转等指令不使用参考曲线，参考尺寸不控制几何图形。

备选解：备选尺寸或几何约束解算方案。

自动判断约束和尺寸：控制哪些约束和尺寸在曲线构造过程中被自动判断。

创建自动判断约束：在曲线构造过程中启用自动判断约束。

连续自动标注尺寸：在曲线构造过程中启用自动标注尺寸，默认是点亮的，建议关闭。

以下三项在菜单栏“插入”“来自曲线集的曲线”下：

陈列曲线：陈列位于草图平面上的曲线链，有线性、圆形和常规三种方式。

镜像曲线：创建位于草图平面上的曲线链的镜像图样。

现有曲线：将现有的共面曲线或点添加到草图中。

3.2 几何约束

几何约束的目的是使草图内各对象保持正确的形状和相互位置关系，UG 的不同版本几何约束的操作方法和步骤不一定相同，NX8.5 ～ NX12.0 的操作方法是一样的：单击“几何约束”按钮，先选择约束类型（附图 3-2-1），再选择要约束的对象。之前的版本是先选择要约束的对象，系统弹出可能的约束类型以供选择。

从附图 3-2-1 可以看出，几何约束的类型主要有以下几项：

附图 3-2-1　几何约束

重合：约束两个或多个顶点或点，使其重合。

点在曲线上：将顶点或点约束到一条曲线上。

相切：约束两条曲线，使之相切。

平行：约束两条或多条曲线，使之平行。

垂直：约束两条曲线，使之垂直。

水平：约束一条或多条线，使之水平放置。

竖直：约束一条或多条线，使之竖直放置。

中点：约束顶点或点，使之与某条曲线的中点对齐。

共线：约束两条或多条线，使之共线。

同心：约束两条或多条曲线，使之同心。

等长：约束两条或多条线，使之等长。

等半径：约束两个或多个圆弧或圆，使之具有相同半径。

固定：约束一个或多个曲线或顶点，使之固定。

完全固定：约束一个或多个曲线或顶点，使之完全固定。

定角：约束一条或多条线，使之具有定角。

定长：约束一条或多条线，使之具有定长。

点在线串上：约束一个顶点或点，使之位于（投影的）曲线串上。

非均匀比例：约束一个样条曲线，以沿样条长度按比例缩放定义点。

均匀比例：约束一个样条曲线，以在两个方向上缩放定义点，从而保持样条形状。

曲线的斜率：在定义点处约束样条的相切方向，使之与某条曲线平行。

3.3　尺寸约束

单击“尺寸约束”按钮或其右边的小三角形箭头展开尺寸约束（附图 3-3-1），尺寸约束同标注尺寸。

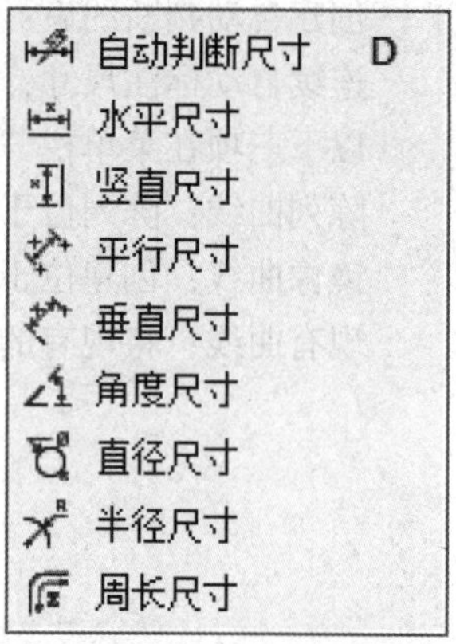

自动判断尺寸：通过基于选定的对象和光标的位置自动判断尺寸类型来创建尺寸约束，定位草图到坐标轴的距离须使用此方式。

水平尺寸：在两点之间创建水平距离约束。

竖直尺寸：在两点之间创建竖直距离约束。

平行尺寸：在两点之间创建平行距离约束，即两点之间的最短距离。

垂直尺寸：在直线和点之间创建垂直距离约束。

角度尺寸：在两条不平行的直线之间创建角度约束。

直径尺寸：为圆弧或圆创建直径约束。

半径尺寸：为圆弧或圆创建半径约束。

周长尺寸：创建周长约束以控制选定直线和圆弧的集体长度。

自动判断尺寸　D
水平尺寸
竖直尺寸
平行尺寸
垂直尺寸
角度尺寸
直径尺寸
半径尺寸
周长尺寸

附图 3-3-1　尺寸约束

3.4　修改草图

草图绘制和约束完毕后，单击按钮退出草图返回到建模环境。完成草图后，在后续的操作中（如拉伸）如果发现草图有错误，通过以下方法之一可以重新进入要修改的草图：

（1）在部件导航器里双击要修改的草图名称。

（2）单击按钮，在中选择要修改的草图名称。

重新进入原草图后，如要改正尺寸错误，直接双击要修改的尺寸改正过来即可，如为几何约束错误，可能需要添加或删除一些约束。另外，UG 的草图并没有要求必须封闭，但十字线、丁字线、重叠线是不能被拉伸和回转的。

关于约束，再强调一次：

（1）草图最好完全约束，欠约束草图最常见的一个错误是尺寸错误，原因是添加一个约束时（如相切），可能会使自以为画好的形状出现了没有觉察的变动。

（2）出现过约束时图形颜色变红，过约束是不允许的，必须删除多余的相互冲突的约束。

（3）在 UG 的很多版本里只有“自动判断的尺寸”才能选中坐标轴，因此，要标注草图与坐标轴的尺寸关系时，建议使用“自动判断尺寸”。

4　拉伸和回转

4.1　拉伸

单击“拉伸”按钮或依次执行菜单栏“插入”—“设计特征”—“拉伸”命令，则弹出如附图 4-1-1 所示的“拉伸”对话框，如果已画好了被拉伸曲线（草图曲线或非草图曲线），此时直接选择被拉伸曲线即可，如果事先没有画被拉伸曲线，此时可按压鼠标中键进入任务草图模式，画好草图后单击“完成草图”按钮即返回到“拉伸”对话框。

附图 4-1-1　拉伸

指定矢量：指定拉伸方向，默认为被拉伸曲线所在平面的法向。

开始 / 结束限制选项：

值：根据沿方向矢量测量的值来定义距离，拉伸距离等于结束值减去开始值。

对称值：在截面的两侧应用距离值，即同时向指定矢量的正反两个方向拉伸相同的距离。

直至下一个：通过查找与模型中的下一个面的相交部分来确定限制。

直至选定：通过在某个面或体内查找相交部分，或是查找与某个延伸的基准平面的相交部分来确定限制。

直至延伸部分：通过查找与某个延伸面或基准平面的相交部分，或是在某个体内查找相交部分来确定限制。

布尔：确定拉伸体和其他实体之间的关系。

拔模：可收缩拉伸或发散拉伸，其中：

从起始限制：从拉伸开始位置处设置拔模的固定面，如附图 4-1-2（a）所示。

从截面：从截面位置设置拔模的固定面，如附图 4-1-2（b）所示。

从截面 - 不对称角：在截面的前后允许不同的拔模角，如附图 4-1-2（c）所示。

从截面 - 对称角：在截面的前后使用相同的拔模角，如附图 4-1-2（d）所示。

从截面匹配的中止处：调整后拔模角，以使前后端盖匹配，如附图 4-1-2（e）所示。

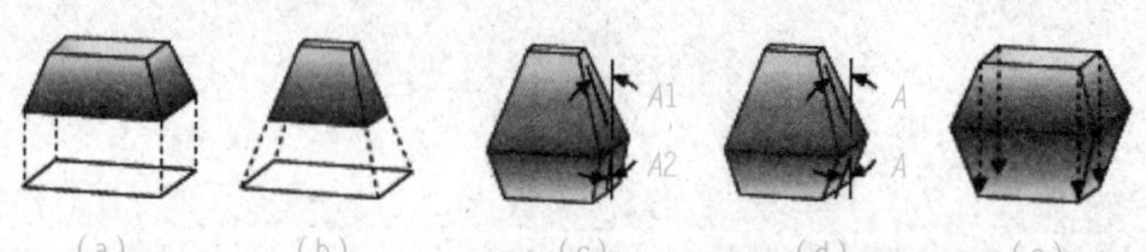

附图 4-1-2　拉伸 - 拔模

偏置：截面线生成偏置线再拉伸，利用此功能可将一直线拉伸成长方体、将矩形拉伸成回字形等，有单侧、两侧和对称三种方法。

注：（1）封闭曲线和开放曲线均可被拉伸，如果不使用偏置，开放曲线将被拉伸成片体（曲面）。

（2）草图曲线和非草图平面曲线均可被拉伸。

（3）十字线、丁字线、重叠线不能被拉伸。

（4）外部草图即先用草图指令画草图再拉伸，内部草图即拉伸时再画草图。

4.2　回转

单击“回转”按钮或依次执行菜单栏“插入”—“设计特征”—“回转”命令，则弹出如附图 4-2-1 所示的“回转”对话框，如果已画好了要回转的曲线（草图曲线或非草图曲线），此时直接选择要回转的曲线即可，如果事先没有画要回转的曲线，此时可按压鼠标中键进入任务草图模式，画好草图后单击“完成草图”按钮即返回到“回转”对话框。

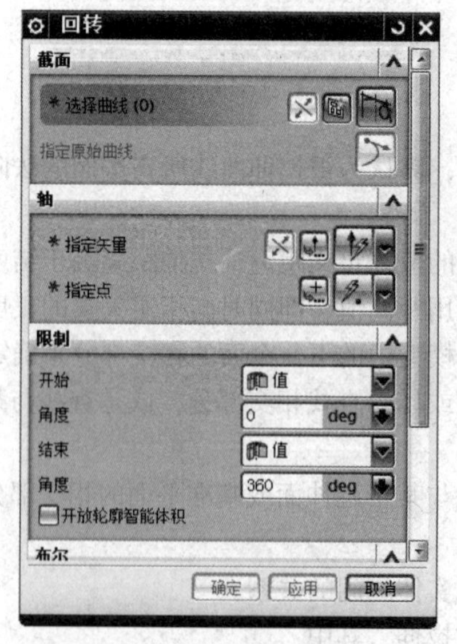

附图 4-2-1　回转

指定矢量：指定回转轴的方向。

指定点：指定回转中心。

开始 / 结束限制：含义与拉伸相同，数值为角度值。如果回转不到一圈，开放曲线将生成片体。

4.3 管道

管道是由一个圆或两个同心圆沿一曲线运动形成的。单击“管道”按钮或依次执行菜单栏“插入”—“扫掠”—“管道”命令，则弹出如附图 4-3-1 所示的“管道”对话框，如果内径为零，则为实心管道，否则为空心管道。

附图 4-3-1 管道

4.4 沿引导线扫掠

沿引导线扫掠是截面线沿引导线运动形成的，其与管道的区别在于其截面线可以不是圆。单击“沿引导线扫掠”按钮或依次执行菜单栏“插入”—“扫掠”—“沿引导线扫掠”命令，则弹出如附图 4-4-1 所示的“沿引导线扫掠”对话框，其中偏置的含义与管道的相同。

附图 4-4-1 沿引导线扫掠

4.5 扫掠

扫掠是截面线沿引导线（1～3 根）运动形成的。单击“扫掠”按钮或依次执行菜单栏“插入”—“扫掠”—“扫掠”命令，则弹出如附图 4-5-1 所示的“扫掠”对话框，与沿引导线扫掠相比，扫掠支持多截面线和多引导线，因此，在不同的位置，截面形状和大小有可能不同。如果截面线或引导线不止一条，选了一条后压一下滚轮再选择第二条。脊线是用来控制扫掠的方向和距离的，如果没有脊线，扫掠的方向和距离将由引导线控制。

附图 4-5-1　扫掠

5　孔、腔体、槽和螺纹

5.1　孔

单击“孔”按钮或依次执行菜单栏“插入”—“设计特征”—“孔”命令，则弹出如附图5-1-1所示的“孔”对话框，孔的类型有常规孔、钻形孔、螺钉间隙孔、螺纹孔和孔系列等，成形方法有简单、沉头、埋头和锥形等。各种孔虽然尺寸和形状参数不尽相同，但操作步骤是一样的，共两步：一是在“孔”对话框中设置孔的形状和尺寸参数；二是单击孔的放置面进入草图指定孔的中心位置后单击“完成草图”按钮返回到“孔”对话框，这两步先做哪一步均可。

附图5-1-1　孔

5.2　腔体和垫块

依次执行菜单栏“插入”—“设计特征”—“腔体”命令，则弹出如附图5-2-1所示的“腔体”对话框，共有圆形腔、矩形腔和任意形状腔三种形式，选择好类型后，在实体的表面上单击即弹出如附图5-2-2所示的腔体类型对话框，其中：

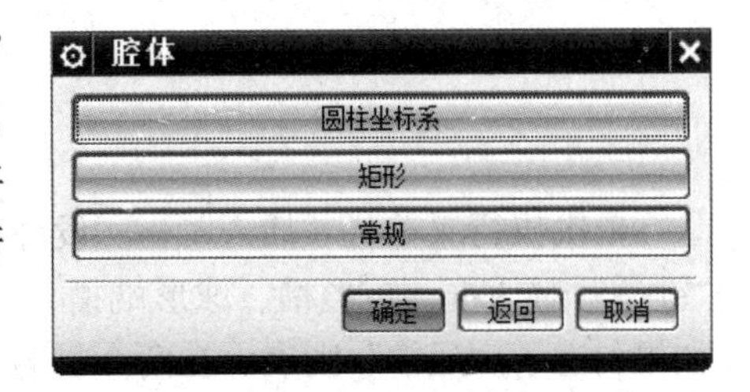

附图5-2-1　腔体类型

水平参考：矩形槽的长度方向。

拐角半径：型腔侧面与侧面间的倒圆半径。

底面半径：型腔底面与侧面间的倒圆半径。

锥角：侧面倾斜角度，即拔模角。

常规腔体事先要画好底面曲线，如果顶面曲线形状和底面曲线不一样还需要画顶面曲线。

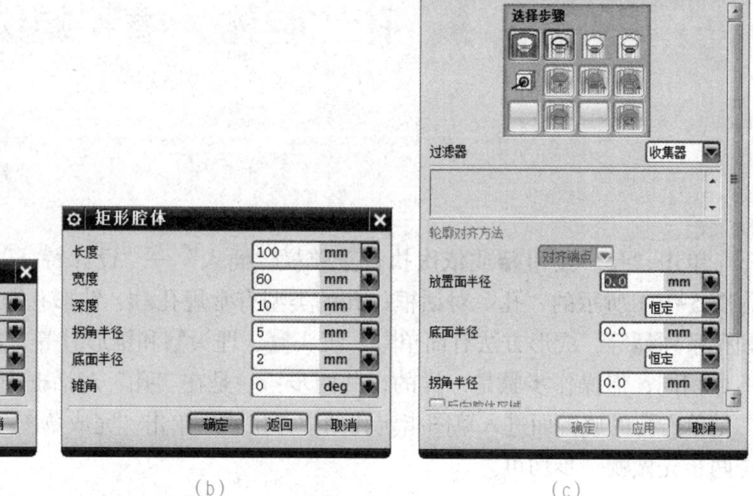

(a)　　(b)　　(c)

附图 5-2-2　腔体类型对话框

(a) 圆柱形腔体；(b) 矩形腔体；(c) 常规腔体

在附图 5-2-2 所示对话框中单击“确定”按钮后即弹出如附图 5-2-3 所示的“定位”对话框，用来确定型腔与附着实体间的位置关系，如果要标记两个方向的尺寸，建议用“垂直的”。

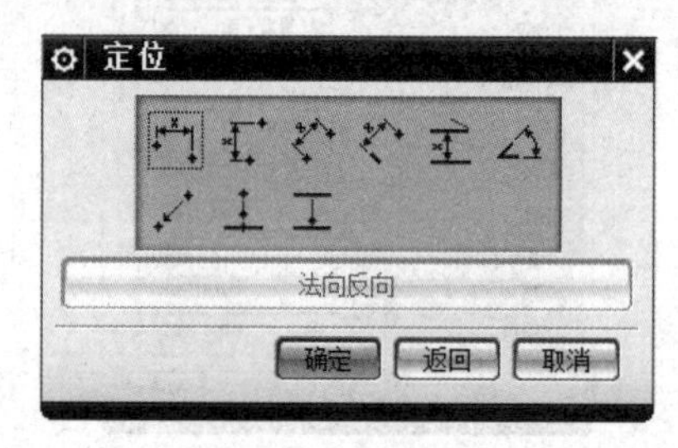

附图 5-2-3　定位

目标边 / 基准：实体上的边。

工具边：腔体的边或特征线。

垫块的操作与腔体是一样的，不同之处是垫块是向外拉伸的（求和）。

5.3　键槽

依次执行菜单栏“插入”—“设计特征”—“键槽”命令，则弹出如附图 5-3-1 所示的“键槽”对话框，矩形槽、球形端槽、U 形槽、T 形键槽和燕尾槽的截面如附图 5-3-2 所示。如果勾选了“通槽”则表示在两个贯通面之间开槽，水平参考即为键槽的长度方向。初学者画键槽时请注意提示区的提示信息，可提示用户一步一步完成操作。键槽的定位与附图 5-2-3 相同。

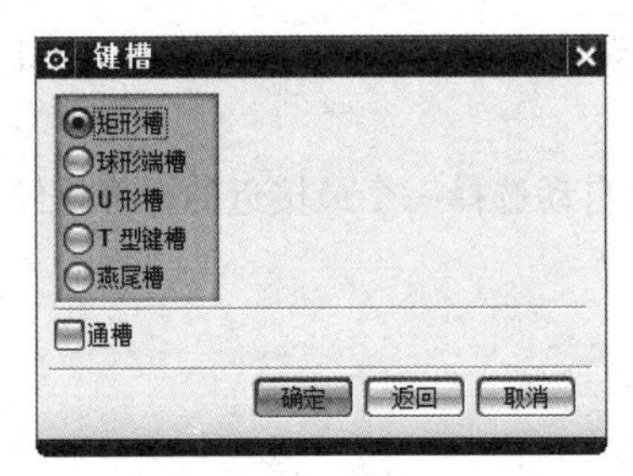

附图 5-3-1　键槽类型

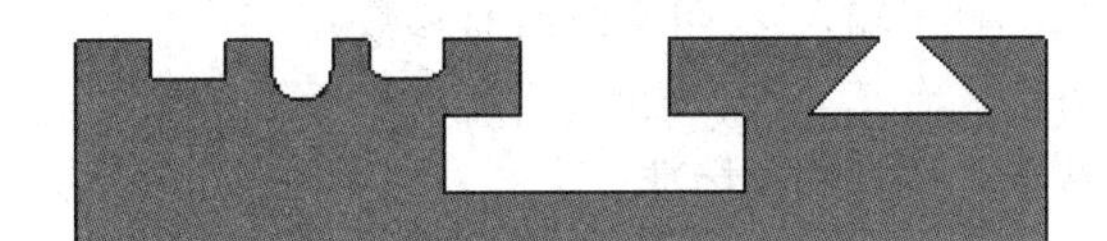

附图 5-3-2　键槽截面形状

键槽的放置面必须是平面，因此，在轴上开键槽时须预先用基准平面指令作某圆柱面或圆锥面的一个切平面，然后再在该基准平面上开键槽。

5.4　环形槽

依次执行菜单栏“插入”—“设计特征”—“槽”命令，则弹出如附图 5-4-1 所示的“槽”对话框，可以在圆柱面和圆锥面上开矩形槽、球形端槽和 U 形槽。

附图 5-4-2 中参数含义为：槽直径为槽底部直径，宽度（或球直径）为环形槽宽度，拐角半径为 U 形槽底面和侧面间的倒圆角半径。

附图 5-4-1　环形槽类型

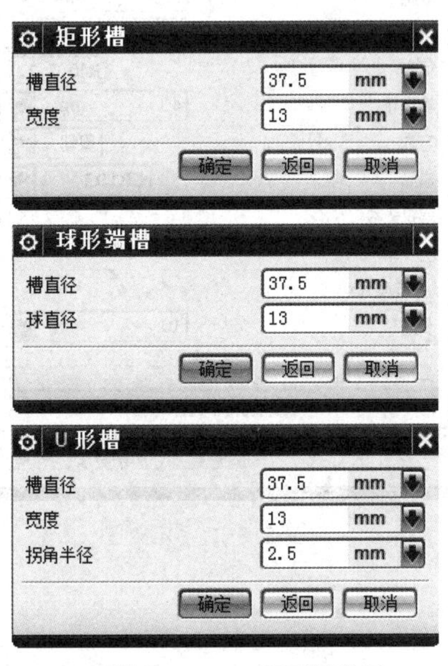

附图 5-4-2　环形槽参数

5.5　螺纹

依次执行菜单栏“插入”—“设计特征”—“螺纹”命令，则弹出如附图 5-5-1 所示的“螺纹”对话框，其中：

螺纹类型：有“符号”和“详细”两种，“符号”在建模中不显示螺纹，在制图模块中显示，一般建议用符号螺纹。

螺纹大小径等参数：选择好圆柱面或圆锥面后系统会自动选择一个最接近的标准螺纹（如果勾选“手工输入”，可更改所有参数）。

方法：有车、铣、滚等。

成形：选择螺纹标准。

锥形：勾选则为锥螺纹，否则为圆柱螺纹。

完整螺纹：勾选则在整个选择面上作螺纹，否则需指定螺纹长度和螺纹起始面。

从表格中选择：从标准螺纹表中选择螺纹，如附图 5-5-2 所示，选好后轴或孔的尺寸会自动匹配螺纹尺寸。

左旋 / 右旋：螺纹旋向。

选择起始：系统不能自动判断起始位置时需手工指定螺纹开始位置，注意要将螺纹作在实体上，如果方向不对应单击螺纹轴反向。

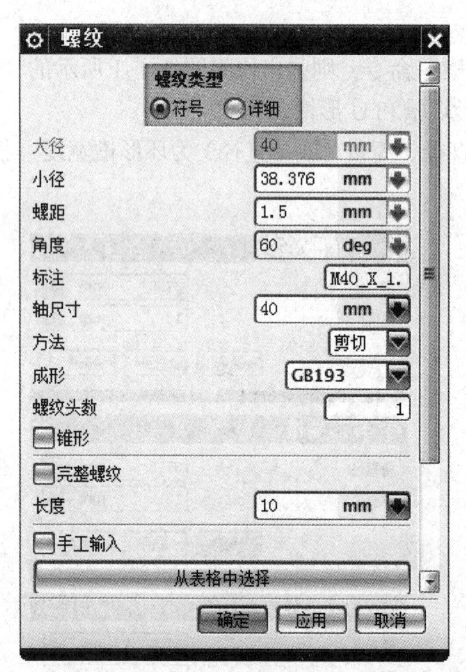

附图 5-5-1　螺纹

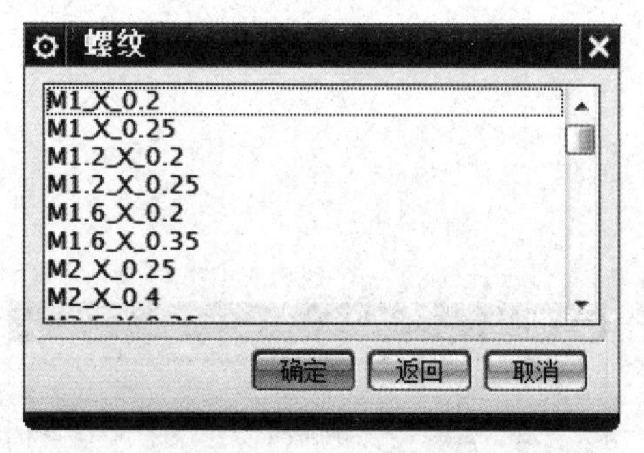

附图 5-5-2　从表格中选择

6 阵列和镜像

6.1 实例几何体

实例几何体可实现对几何体进行阵列和镜像，UG 的几何体可以是点、线、面、坐标系、实体等几何要素，几何体并不仅仅指实体。

依次执行菜单栏“插入”—“关联复制”—“生成实例几何特征”命令，则弹出如附图 6-1-1 所示的“实例几何体”对话框，其中：

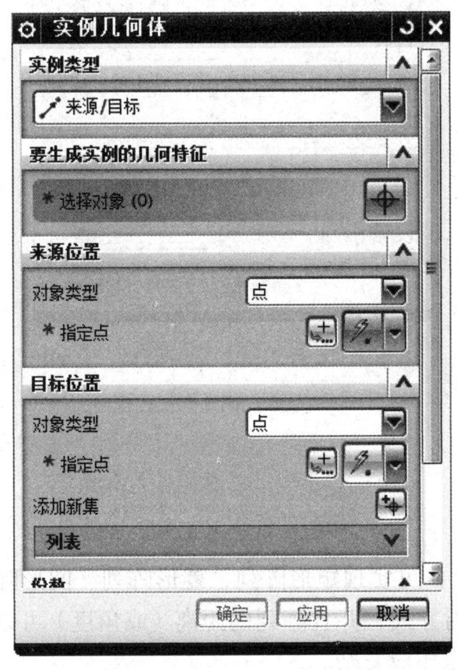

附图 6-1-1 实例几何体

实例类型：

来源 / 目标：以两点之间的相对距离来阵列几何体。

镜像：关于某一平面镜像几何体。

平移：沿指定矢量的方向线性阵列几何体。

旋转：绕某轴圆周阵列几何体。

沿路径：沿某一曲线或曲线链阵列几何体。

其他参数：

副本数：要阵列的数量，不包含原始几何体。

关联：如果勾选关联，修改原始几何后，副本也跟着更改。

6.2 阵列面

依次执行菜单栏“插入”—“关联复制”—“阵列面”命令，则弹出如附图 6-2-1 所示的“阵列面”对话框，阵列的对象为一个或多个面，类型有矩形阵列、圆形阵列和镜像三种，此命令简单实用。

附图 6-2-1 阵列面

6.3 阵列特征

阵列特征命令功能强大，可实现矩形阵列、菱形阵列、圆形阵列、多边形阵列、螺旋阵列及沿曲线阵列等多种阵列方式，并且阵列的距离（或角度）可以是变化的（如递增或在两个值之间循环等），但操作也相应复杂。

依次执行菜单栏“插入”—“关联复制”—“阵列特征”命令，则弹出如附图 6-3-1 所示的“阵列特征”对话框，其中：

布局：

线性：使用一个或两个线性方向定义布局，两个方向互相垂直时为矩形阵列。

圆形：使用旋转轴和可选的径向间距参数定义布局，即圆周阵列。

多边形：使用正多边形和可选的径向参数定义布局，即沿多边形阵列。

螺旋式：使用螺旋路径定义布局，即沿螺旋线阵列。

沿：该布局遵循一个连续的曲线链和可选的第二曲线链和矢量，即沿曲线阵列。

常规：使用按一个或多个目标点或坐标系定义的位置来定义布局。

参考：使用现有阵列的定义来定义布局。

附图 6-3-1　阵列特征

部分参数的含义：

数量：某一方向上的数量，包含第一个。

节距：相邻两个对象（对应点）间的距离。

跨距：最后一个对象和第一个对象（对应点）间的距离。

列表：如附图 6-3-2 所示，如在某一方向上要实现节距递增阵列 5 个特征，可用添加新集的方法来设置 4 个节距，图中的节距增量为 5，如果列表中只设两个节距，则第三个特征将又调用第一个节距，第四个特征将又调用第二个节距，第五个特征将又调用第一个节距等。

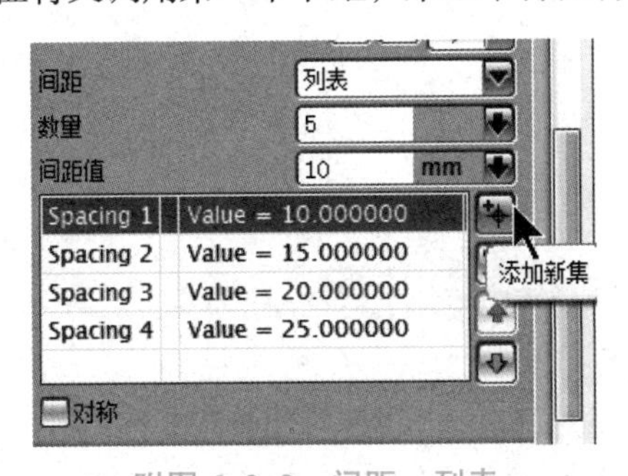

附图 6-3-2　间距 - 列表

对称：同时往某一方向的正反两个方向阵列。

阵列增量：可将阵列对象的一些参数增量阵列，如附图 6-3-3 就是将孔的直径增量阵列的例子。

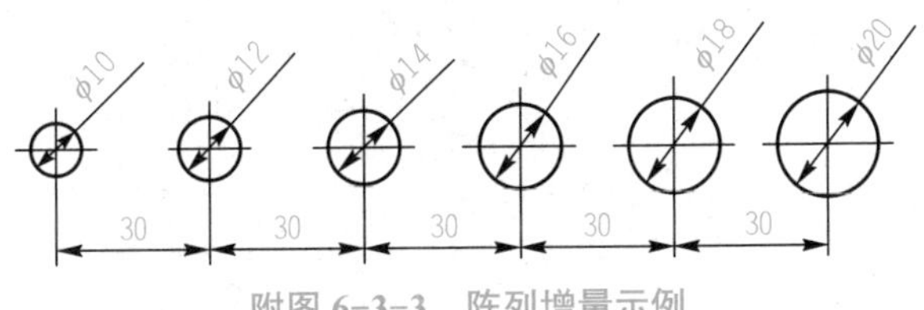

附图 6-3-3　阵列增量示例

创建同心成员：例如圆形阵列、多边形阵列等，在径向也实现阵列。

6.4 镜像特征

依次执行菜单栏“插入”—“关联复制”—“镜像特征”命令，则弹出如附图 6-4-1 所示的“镜像特征”对话框，其中：

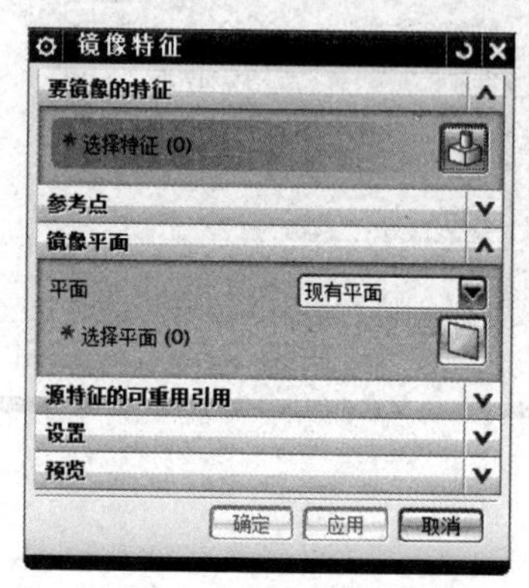

附图 6-4-1 镜像特征

现有平面：选择已有的基准平面或实体面作为镜像平面。

新平面：可在本指令内构建一平面作为镜像平面。

7 修剪和分割

7.1 修剪体

修剪体是使用面或基准平面修剪一部分体。

依次执行菜单栏“插入”—“修剪”—“修剪体”命令，则弹出如附图 7-1-1 所示的“修剪体”对话框，修剪面可预先准备好或在本命令里构建，可通过反向切换保留和舍弃部分。

附图 7-1-1 修剪体

7.2 拆分体

拆分体是使用面、基准平面或另一个几何体将一个体分为多个体。

依次执行菜单栏“插入”—“修剪”—“拆分体”命令，则弹出如附图 7-2-1 所示的“拆分体”对话框，工具面可预先准备好或在本命令里构建，拉伸 / 回转是指用拉伸 / 回转的方法创建工具面或工具体。

附图 7-2-1 拆分体

7.3　分割面

分割面是使用曲线、面或基准平面将一个面分为多个面。

依次执行菜单栏“插入”—“修剪”—“分割面”命令，则弹出如附图 7-3-1 所示的“分割面”对话框，工具对象采用向目标面投影的方法生成分割边界。

附图 7-3-1　分割面

8　同步建模

8.1　移动面

移动面是移动一组面并调整要适应的相邻面。

依次执行菜单栏“插入”—“同步建模”—“移动面”命令，则弹出如附图 8-1-1 所示的“移动面”对话框，其变换中的运动类型有：

附图 8-1-1　移动面

距离：按沿某一矢量的距离来定义运动。

角度：按绕某一轴的旋转角度来定义运动。

距离 - 角度：通过单一线性变换、单一角度变换或两者的组合来定义运动。

点之间的距离：按原点与沿某一轴的测量点之间的距离来定义运动。

径向距离：按测量点到某一轴之间的距离来定义运动，该距离是垂直于轴测量的。

点到点：按一点到另一点的变换来定义运动。

根据三点旋转：按绕某一轴的旋转来定义运动，该角度是在三点之间测量的。

将轴与矢量对齐：按绕某一枢轴点转动轴来定义运动，这样该轴即与某一参考矢量平行。

CSYS 到 CSYS：按一个坐标系到另一个坐标系的重定位来定义运动。

增量 XYZ：使用相对于绝对或工作坐标系的 X、Y 和 Z 增量值确定变换，此变换是不关联的。

总之，移动面是将选定面进行平移、旋转或两者的组合来定义运动，并同时调整选定面的相邻面。

8.2 拉出面

拉出面是从模型中抽取面以添加材料，或将面抽取到模型中以减去材料。

依次执行菜单栏“插入”—“同步建模”—“移动面”命令，则弹出如附图 8-2-1 所示的“拉出面”对话框，拉出面只有移动没有旋转，变换的运动类型的含义与移动面相同。另外，即使同样是平移某一面，移动面和拉出面的区别如附图 8-2-2 所示。

附图 8-2-1　拉出面

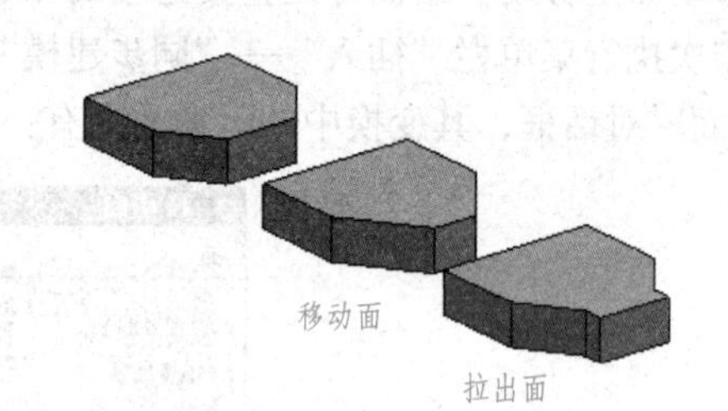

图 8-2-2　移动面和拉出面

8.3 偏置区域

偏置区域是使一组面偏离当前位置，调节相邻圆角面以适应。其功能类似于偏置面指令。

依次执行菜单栏“插入”—“同步建模”—“移动面”命令，则弹出如附图 8-3-1 所示的“偏置区域”对话框，偏置面和偏置区域的区别如附图 8-3-2 所示，图中均是对左图模型的上表面往上偏置相同距离。

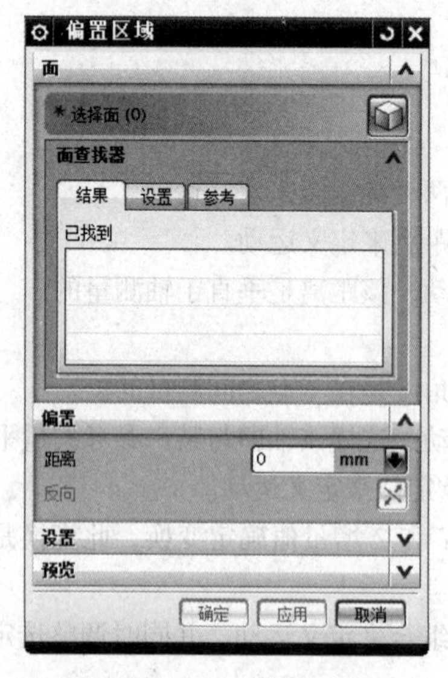

附图 8-3-1　偏置区域

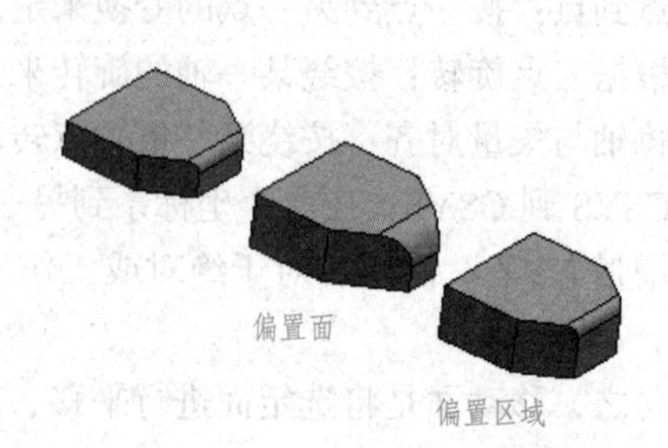

附图 8-3-2　偏置面和偏置区域

8.4　替换面

替换面是将一组面替换为另一组面。

依次执行菜单栏“插入”—“同步建模”—“移动面”命令，则弹出如附图 8-4-1 所示的“替换面”对话框，附图 8-4-2 的右图是左图中将圆柱的上表面替换长方体上表面后的结果。

附图 8-4-1　替换面

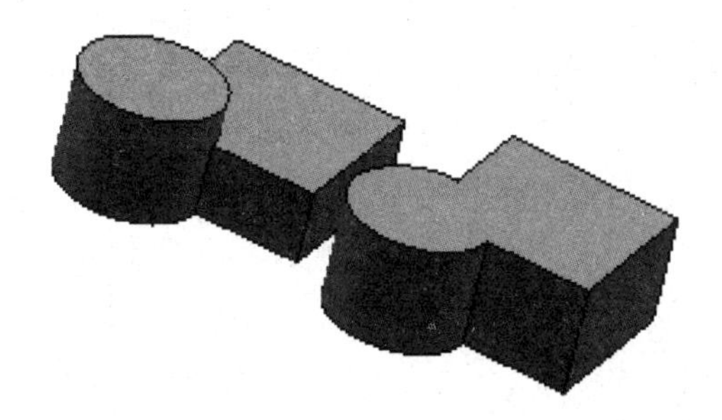

附图 8-4-2　替换面示例

参考文献

[1] 李东君．机械 CAD/CAM 项目教程（UG 版）[M]．北京：北京理工大学出版社，2017.
[2] 徐家忠，金莹．UG NX10.0 三维建模及自动编程项目教程 [M]．北京：机械工业出版社，2019.